武器装备研制质量管理与审核

主　审　程旭辉

主　编　殷世龙
副主编　殷　波
　　　　殷　涛

国防工业出版社
·北京·

图书在版编目(CIP)数据

武器装备研制质量管理与审核/殷世龙主编. —北京:国防工业出版社,2022.1 重印
ISBN 978-7-118-10084-6

Ⅰ.①武... Ⅱ.①殷... Ⅲ.①武器装备 - 研制 - 质量 - 管理 Ⅳ.①E139

中国版本图书馆 CIP 数据核字(2015)第 064925 号

※

国防工业出版社出版发行
(北京市海淀区紫竹院南路 23 号 邮政编码 100048)
三河市众誉天成印务有限公司印刷
新华书店经售

*

开本 710 × 1000 1/16 **印张** 38½ **字数** 718 千字
2022 年 1 月第 1 版第 2 次印刷 **印数** 5001—7000 册 **定价** 105.00 元

(本书如有印装错误,我社负责调换)

国防书店:(010)88540777 发行邮购:(010)88540776
发行传真:(010)88540755 发行业务:(010)88540717

前　言

随着新型武器装备的大量使用，武器装备研制质量管理的科学性、规范性要求日渐突出。现代科技迅猛发展与先进质量管理的完美结合，对武器装备发展和战斗力生成具有重要意义，并且对占领未来装备建设发展的战略制高点，在激烈的国际竞争中夺取战略优势具有重要作用。

科学技术的快速发展大大推动了武器装备技术的进步，而武器装备建设的飞跃发展，不仅仅依赖于装备技术进步，还依赖于装备质量管理能力、技能以及工艺管理水平的共同提升。装备质量管理水平应与装备技术的发展水平相适应，才能满足系统的、集成的、信息化的武器装备技术飞跃发展的需要。

武器装备的跨越发展，对武器装备研制的质量管理和武器装备研制的条件建设提出了更高的质量要求，中国新时代认证中心为了规范武器装备研制质量管理和承制方质量管理体系的审核工作，提高武器装备训练和作战适应能力，组织编写了《武器装备研制质量管理与审核》一书。

本书集作者四十七年对武器装备研制质量管理、监督的经验与工作实践于一体，依据国家有关法律法规、国家军用标准的规定，全面系统地阐述了武器装备研制质量管理与审核内容、方法和要求，包括综论、装备研制质量工作策划、装备研制质量管理、装备质量管理要求与评审指南、装备承制单位资格审查、内部质量审核和质量管理体系要求检查与案例等章节，是继《武器装备研制工程管理与监督》之后，根据对武器装备研制质量管理和审核特点编著的又一本实用工具书，对规范武器装备研制过程中质量管理与控制和监督，提高装备使用质量具有重要的应用价值。

本书针对军工战线广大科研技术人员和军事代表实施质量管理、监督和审核工作的特点,为武器装备研制质量管理与控制汇编了工作程序;为武器装备质量管理要求与评定提出了检查思路;为质量管理体系的内审引荐了内容及方法。

书中内容理论与实践相结合,深入浅出,从装备质量管理的顶层策划到质量管理体系的内审,全面系统地阐述了装备研制质量管理的方法、程序和要求。本书实用性强,规范性好,是质量管理人员、工程技术人员和监督人员了解、掌握规范化的装备研制过程的质量管理和监督方法,提高武器装备研制质量和产品质量的一本工具书。既可供从事装备研制的质量管理、工程技术人员和军事代表学习参考,也可为从事装备生产、试验、修理和维护保障的人员提供借鉴。

本书由中国新时代认证中心主任程旭辉主审,殷世龙主编,殷波、殷涛副主编;刘金刚、张航义、史一宁、杜春、石永红、张晓峰、王刚(上海局)、王刚(军通局)、苏涛参加了本书的编写;纪敦、李阳、韦亚、田坤对书中相关章节进行了专审。

作者感谢空军驻上海、成都、西安、贵阳、沈阳和军械通用装备军事代表局在本书编写过程中提供的支持和帮助;感谢中国航空工业集团第607研究所及空军驻无锡地区军事代表室总代表张子华、上海航空电子公司及驻公司军事代表室总代表吴强、安徽地区军事代表室总代表孙江河同志和中国人民解放军驻061基地军事代表室的大力协助;感谢空军级专家毕可军同志的指导帮助。对中国新时代认证中心李阳、王树海同志提出的宝贵意见和建议,在此表示衷心感谢。

目　录

第一章　综　论

第一节　质　量

质量是我国武器装备建设发展的一个永恒的课题。“质量第一”是国防军工企业的最高准则。作为武器装备质量的优劣直接维系着战争的胜负、国家的存亡和人民生命财产的安全。下面从四个方面简述“质量”一词。

一、质量概述

从一般概念角度,质量是指产品的适用性,是产品满足需要所具备的自然属性。这些属性区别了不同产品的不同用途,满足社会或个人不同的需要。产品总是通过使用反映出满足用户要求的程度,人们通常是根据产品所具备的属性能否满足需要及满足的程度来衡量质量的高低优劣的。

GJB 1405A《武器装备质量管理术语》中把质量定义为“一组固有特性满足要求的程度”。“质量”可使用形容词如差、好或优秀来修饰;“固有的”(其反义是“赋予的”)就是指在某事或某物中本来就有的,尤其是那种永久的特性。由此可见,质量是满足要求的程度的一种描述。

“质量”一词不能从比较意义上表示相对优良程度,也不能在定量意义上用作技术评价。在一些特定场合需要时,可使用“相对质量”、“质量水平”和“质量度量”等术语。相对质量是在优良程度或相比较意义上说的,是按有关基准进行排列次序时使用的;质量水平是在抽样检验等情况下,从定量意义上使用;质量度量则用于精确的技术评价。总的来说,满意的质量成效,是通过质量环的工作而取得的,为此又可分为四类,即确定需要的质量、产品设计的质量、生产符合性质量以及产品全寿命保障的质量。

武器装备的质量,反映了一项活动或过程、一个产品、一项服务、一个单位、一个体系或个人,或者是它们之间的任意组合满足规定需要和潜在需要的能力特性总和(规定需要是指由合同或法规所规定的;潜在需要是指实际运用过程中还提不出明确的要求,但也应适当地予以标识和确定)。需要是随时间变化的,因而对质量要求也是变化的,必须进行定期评审。需要不能是原则性的,必须转换为有规定指标的特性,其内容包括特性、实用性、可靠性、维修性、保障性、测试性、安全性、环境适应性、经济性等诸多方面。

二、质量内涵

在“质量”的定义术语中涉及“特性”和“要求”两个关键术语，想了解“质量”内涵，必须先了解“特性”和“要求”这两个术语的含义，方能帮助我们更好地理解“质量”内涵。

（一）“特性”的含义

1. “特性”的定义

国家军用标准把特性定义为可区分的特征。同时解释道，特性可以是固有的或赋予的，也可以是定性的或定量的。从类别细分的特性可分为物理特性（如力学性能、电性能、化学性能），感官特性（如因嗅觉而感受的气味、因触觉而感受的感觉、因味觉而感受的味道、因视觉而感受的色彩、因听觉而感受的噪声），行为特性（如礼貌、诚实、正直），时间特性（如准时性、可靠性、可用性），人体工效特性（如生理的特性或有关人身安全的特性）和功能特性（如飞机的最快速度和飞行高度）等。

2. 特性的分类

“特性”按内外可分为固有特性和赋予特性两大类。

固有特性是指某事或某物中本来就有的特性，尤其是那种永久的特性，比如螺栓的直径、机器的生产率或接通电话的时间等技术特性。有的产品只具有一种类别的固有特性，有的产品可能具有多种类别的固有特性。例如：化学试剂只具有一类固有特性，即化学性能；而对彩色电视机来说，则具有多类固有特性，如物理特性中的电性能、环境适应性能、安全性等，感官特性中的听觉（音质）和视觉（色彩），时间特性中的可靠性等。

赋予特性不是固有特性，不是某事或某物本来就有的，而是完成产品后因不同的要求对产品所增加的特性，如产品的价格、硬件产品的供货时间和运输要求（如运输方式）、售后服务要求（如保修时间）等特性。

3. 特性转换

不同产品的固有特性与赋予特性是不相同的。某些产品的赋予特性可能是另一些产品的固有特性，例如，供货时间及运输方式对硬件产品而言属于赋予特性；但对运输服务而言就属于固有特性。

（二）“要求”的含义

1. “要求”的定义

国家军用标准把“要求”定义为明示的、通常隐含的或必须履行的需求或期望。同时解释：一是特定要求可使用修饰词表示，如产品要求、质量管理要求、顾客要求；二是规定要求是经明示的要求，如在文件中阐明。

从理解术语的角度，在武器装备研制领域，对过程控制的技术状态文件，也称规范性文件，“要求”往往用“规范”代言，换言之，规范就是要求。从

GJB 1405A《装备质量管理术语》中可知，规范就是阐明要求的文件。如系统规范、研制规范、产品规范、软件规范、材料规范、工艺规范等专用规范以及品质规范、安全规范、调试规范、试验规范、检验规范等，都是装备研制过程设计活动的规范性文件。

2. “要求”的类别

从定义中可知，要求可分为明示的要求、通常隐含的要求和必须履行的要求三大类。

(1) 明示的要求可以理解为规定的要求。如在文件、合同中阐明的要求或顾客明确提出的要求。明示的要求可以是以书面方式规定的要求，也可以是以口头方式规定的要求。

(2) 通常隐含的要求是指组织、顾客和其他相关方的惯例或一般做法，所考虑的需求或期望是不言而喻的，例如，产品的运输性试验对产品本身的要求等。一般情况下，顾客或相关的文件(如标准)中不会对这类要求给出明确的规定，由于不是直接考核产品，仅提示产品按相关要求包装、放置。由此，遇到上述情况，组织应根据其自身产品的用途和特性进行识别，并作出规定。

(3) 必须履行的要求是指法律法规的要求和强制性标准的要求。如我国对与人身、财产的安全有关的产品，发布了相应的法律法规和强制性的行政规章或制定了代号为“GB”“GJB”的强制性标准，如食品卫生安全法、GB 8898《电网电源供电的家用和类似一般用途的电子及有关设备的安全要求》、有关武器装备研制生产的《武器装备质量管理条例》、GJB 9001B《质量管理体系要求》等，组织在产品的实现过程中必须执行这类法规和标准。

3. 要求的相互性

要求可以由不同的相关方提出，也可以相互提出，不同的相关方对同一产品的要求可能是不相同的，例如，对汽车来说，顾客要求美观、舒适、轻便、省油、安全，但社会要求环境不能产生超标准的污染。因此，组织在确定产品要求时，应充分兼顾各相关方的要求。要求可以是多方面的，当需要特指时，可以采用修饰词表示，如产品要求、质量管理体系要求、顾客要求等。

三、质量的特点

人们对质量的认识是随着生产力和科学技术水平的发展而发展的，在生产力低下的社会里，人们尚认识不到质量的深远含义，通常对质量的解释是产品最基本最原始的属性。在武器装备发展建设过程中，我们逐步认识到质量表述的是某事或某物中的固有特性满足要求的程度，其定义本身没有“好”或“不好”的含义。假如其固有特性满足要求的程度越高，其质量越好，反之则质量越差。由此，对质量的理解：一是质量可使用形容词来修饰，以表明其满足要求的程度；二是质量具有广义性、时效性和相对性的特点。

（一）质量的广义性

狭义质量观认为制造产品是为了满足人类社会需要，产品对人的有用性就是质量。产品质量是为满足社会一定需要而规定的技术条件即性能的总和，能满足人们一定需要所具有的自然属性和物理属性。衡量产品质量好坏的依据，是按产品规定的技术性能指标而确定的技术标准。可见，狭义质量观认为质量就是产品质量，因此对产品质量的检验和监督也只限于对产品质量的检验监督。符合标准的产品就是质量合格，不符合标准就是质量不合格。质量概念局限于产品范畴的狭义质量观维系到20世纪七八十年代，直到全面质量管理普及推广之后，质量观才发生了根本的变化。

随着科学技术发展和人们对质量内涵认识的深化，大大丰富了人们的质量概念，形成的广义质量观对质量概念的扩充、完善主要表现在：一是使用要求方面，除产品符合技术性能指标外，还包括可靠性、维修性、保障性、测试性、安全性、环境适应性、互换性、耐久性和经济性等的要求构成质量的新要素；二是从质量形成的角度看，质量概念从原来单纯强调的制造质量扩展为全过程质量观念，如设计质量、制造质量和使用质量；三是从目的上看，是以产品质量为中心（如产品质量、成本质量，交货期质量等），互相依存，互相影响；四是从范畴上看，质量概念扩展到工作质量、工程质量和产品质量。如企业经济生产、技术和组织管理等活动对于产品质量的保证程度；五是从满足用户要求角度看，质量从符合性要求扩展为适用性要求，以适用性为标准满足用户对真正质量特性的要求。总之，产品质量是工程质量、工作质量的具体反映和衡量优劣的客观标准。

在质量管理体系所涉及的范围内，组织的相关方对组织的产品、过程和质量管理体系都可能提出要求，而产品、过程和质量管理体系又都具有各自的固有特性，因此，质量不仅指产品质量，也可指过程质量、工作质量和质量管理体系的质量等。

（二）质量的时效性

质量的时效性一是组织的顾客和其他相关方对组织和产品、过程和质量管理体系的需求及期望不是一成不变的，而会根据环境的变化、物价的变化和需求的变化而不断变化和提高；二是随着科学技术的发展，对产品、过程和质量管理体系的要求也在不断变化和提高。以前被认为质量好的产品、过程和质量管理体系，对于这些不断变化和提高的需求及期望而言，有可能被认为不再被接受，例如，原先顾客认为质量好的产品会因为顾客要求的提高而不再受到顾客的欢迎，因此，组织为了保持其满足要求的能力，应不断地调整对质量的要求。

（三）质量的相对性

不同的顾客和其他相关方可能对同一产品、过程和质量管理体系的固有特性提出不同的需求,也可能对同一产品、过程和质量管理体系的同一功能提出不同的要求,由此可见,不同的需求,对质量的要求也不同。例如,由于对同一种产品的质量要求不同,有些顾客或其他相关方认为质量好的产品而不被另一些顾客或相关方所认同。因此界定质量的好坏取决于是否满足相应的质量要求,只要满足需求就应该认为质量好。

四、质量术语

武器装备质量常用术语是指构成产品质量的特性及参数。常用术语包含质量的基本术语、质量的生产术语和质量的使用术语等。如作战适用性是指武器装备在满足使用需求中发挥的作用,即通常所说的功能性。功能性包括产品正常性能(指标参数)、特殊性能(指标参数)、效率(指标参数)以及外观(指标参数)。

为加深对有关术语的理解和应用,将装备研制过程中常用术语汇集并注“理解要点”加以说明。

(一)质量基本术语

1. 质量(quality)

一组固有特性满足要求的程度。

理解要点:

(1)固有特性是指在标准、规范、技术要求及图样和其他文件中已经明确规定的特性。显然,在合同或法规规定的情况下,特性是明确规定的。

(2)特性是指实体所特有的性质,它反映了实体满足需要的能力。

① 对于硬件和流程材料类别的产品可归结为六个特性。

性能。它反映了综合顾客和社会的需要对产品所规定的功能。性能可分为使用性能和外观性能。

可信性。它反映了产品可用的程度及其影响因素——可靠性、维修性和维修保障性。

安全性。它反映了产品在贮存、流通和使用过程中不发生由于产品质量而导致的人员伤亡、财产损失和环境污染的能力。

适应性。它反映了产品适应外界环境变化的能力。

经济性。它反映了产品合理的寿命周期费用。

时间性。它反映了在规定时间内满足顾客对产品交货期和数量要求的能力,以及满足随时间变化而顾客需要变化的能力。

② 对于“服务”这个类别的产品也可归结为六个特性。

功能性。它反映了某项服务所发挥的作用。

经济性。它反映了顾客为得到不同的服务所需要费用的合理程度。

安全性。它反映了为保证服务过程中顾客的生命不受到危害,健康和精神不受到伤害,货物不受到损失的能力。

时间性。它反映了服务在时间上能够满足顾客需求的能力。时间性包括了及时、准时和省时三个方面。

舒适性。它反映了在满足功能性、经济性、安全性和时间性等方面质量特性情况下,服务过程的舒适程度。

文明性。它反映了顾客在接受服务过程中满足精神需求的程度。

③ 对于软件类别的产品质量特性可归结为功能性、可靠性、易使用性、效率、可维修性、可移植性、保密性和经济性八个方面质量特性。

(3)“质量”前面常常可以加上某个恰当的形容词,以进行优良程度的比较和定量的技术评价。如可用“相对质量”来表示实体按某基准所进行的优良程序的排序,用“质量水平”和“质量度量”表示对质量所作的定量意义上的技术评价。

(4)“质量”能否满足要求是靠全过程来保证的,涉及质量环所描述的全过程的每一阶段。这些阶段常常是依它对质量的作用来加以划分和区别的。因此不同类别的产品以及同类别产品不同的具体情况可以有不同的阶段。

2. 可靠性(reliability)

产品在规定的条件下和规定的时间内完成规定功能的能力。

理解要点:

(1)“产品”是指作为研究和试验对象的任何零件、部件、组件、设备、分系统和系统(注:GJB 6117《装备环境工程术语》规定)。

(2)产品的可靠性是与规定条件分不开的,这里所说的规定条件包括使用时的环境条件,如温度、湿度、振动、冲击、辐射等;使用时的应力条件、维护方法,存储时的存储条件,以及使用时对操作人员技术等级的要求,在不同的条件下,产品的可靠性是不同的。

(3)产品的可靠性与规定时间密切相关,因为随着时间的延长,产品的可靠性是降低的。因此在不同的规定时间内,产品的可靠性将不同。

(4)产品的可靠性与规定功能有密切关系,这里的规定功能,就是产品所具备的技术性能。完成规定功能的能力,指产品在特定时间内,功能正常发挥的技术性能,如果到某一特定时间,产品的功能丧失了,就是没有完成规定功能。对一个特定产品来说,到某一特定的时间,或者完成了规定的功能,或者没有完成规定的功能,两者必居其一。

(5)对于一个具体指定产品来说,在规定的条件下和规定的时间内,能否完成规定功能是无法事先知道的,也就是说,这是一个随机事件。但是对相当数量的这种产品来说,大量的随机事件中包含着一定的规律性和必然性。我们虽然不能准确地知道发生失效的时刻,但是可以估计出在某一个时刻内,产品完成规定功能的能力的大小。不难理解可靠性定义中的“能力”一词,具有统计学意义。如果产品可靠性用可靠度表示,其定义是产品在规定条件和规定时间内完成规定功能的概率。

3. 维修性(maintainability)

产品在规定的条件下和规定的时间内,按规定的程序和方法进行维修时,保持或恢复到规定状态的能力。

理解要点:

(1) 维修性是产品的一种质量特性,即由产品设计赋予的使其维修简便、迅速和经济的固有特性。

(2) 为了度量产品的维修性,需对它加以明确定义。即维修性是产品在规定条件下和规定的时间内,按规定程序和方法进行维修时,保持或恢复其规定状态的能力。

(3) 保持或恢复产品的规定状态,是产品维修的目的。维修性是在规定约束(维修条件、时间、程序与方法)下能够完成维修的可能性。所谓规定条件,主要是指维修的机构和场所(如工厂或维修基地,专门的维修车间以及使用现场)及相应的人员与设备、设施、工具、备件、技术资料等资源。

(4) 程序和方法,是指技术文件规定采用的维修工作类型、步骤、方法。维修性还同维修时间有关,发生故障便于修理,使功能迅速得到恢复。所以维修性是在上述种种约束条件下定义的。这里的维修包括修复性维修、预防性维修保养和战场损伤修复等内容。

4. 保障性(support ability)

装备的设计特性和计划的保障资源满足平时战备和战时使用要求的能力。

理解要点:

(1) 保障性是产品质量的重要特性,是设计时形成的。

(2) 这种特性包括两个不同性质的内容,即设计特性和保障资源。这里的设计特性是指与保障有关的设计特性,如与可靠性和维修性等有关的,以及保障资源要求装备所具有的设计特性。这些设计特性,可以通过设计直接影响装备的硬件和软件。从保障性的角度看,良好的保障设计特性是使装备具有可保障的特征,或者说所设计的装备是可保障的。保障资源并非设计特性,它是保证装备完成平时和战时使用的人力和物力。计划的保障资源是在设计时确定的满足保障对象(装备)的任务需求所必需的资源,从保障性的角度来看,充足并与装备匹配完善的保障资源,是达到保障性的重要条件。

(3) 装备具有可保障的特性和能保障的特性,才是具有完整保障性的装备。装备保障性的目标是满足平时和战时的使用要求。通常可用战备完好性来衡量。战备完好性是对装备在预计的平时和战时使用率的情况下,完成并保持一系列规定任务的能力。比如飞机采用能执行任务率(MCR)和出动率(SGR)等术语分别表现平时和战时的战备完好性;坦克采用使用可用度、战伤修复率等术语来表示坦克平时和战时的战备完好性。

5. 测试性(testability)

产品能及时并准确地确定其状态(可工作、不可工作或性能下降),并隔离其内部故障的一种涉及特性。

6. 安全性(safety)

不导致人员伤亡、危害健康及环境,不给设备或财产造成破坏或损失的能力。

7. 环境适应性(environmental worthiness)

装备(产品)在其寿命期内可能遇到的各种环境的作用下能实现其所有预定功能、性能和(或)不被破坏的能力,是装备(产品)的质量重要特性之一。

8. 通用性(commonability)

产品满足多组使用要求的能力。

理解要点:

(1) 一个产品不加改变即可应用到多种情况,比如一台发动机可装在多种机械上都能满足使用要求,我们就认为这种产品具有通用性,也可以讲这种产品具有能适用于多种用途的品质或能力。

(2) 通用性的产品具有功能互换性,反之具有功能互换性的产品,即具有通用性。

9. 互换性(interchangeability)

两个或多个产品在性能、配合和寿命上具有相同功能和物理特征,而且除了调整之外,不改变产品本身或与之相邻产品便能将一个产品更换成另一个产品时所应具有的能力。

理解要点:

(1) 互换性首先应按 GJB 190《特性分类》的要求进行互换性设计,在互换性设计分析中确定哪些产品能互换,哪些产品不能互换。

(2) 互换性设计验证必须是两个或多个的互换,一般只在设备以下级产品中进行互换;系统和分系统级的产品验证,一般采取替换的方式。

(3) 互换性试验一般为批生产考核方式,即在规定的一批产品中任意抽取两个进行互换,验证后换回原处,都合格后表明试验成功。

(二) 质量生产术语

1. 质量特性(quality characteristics)

产品、过程或体系与要求有关的固有特性。

注:“固有”就是指在某事或某物中本来就有的,尤其是那种永久的特性。

注：赋予产品、过程或体系的特性（如：产品的价格、产品的所有者）不是它们的质量特性。

理解要点：

质量特性要由“过程”或“活动”来保证。上面所讨论的质量特性应在设计、研制、生产制造、销售服务或服务前、服务中、服务后的全过程中实现并得到保证。也就是说，这些质量特性受到了过程或过程中各项活动的影响，过程中各项活动的质量就决定了特性，从而决定了产品质量。

2. 特性分类（classification of characteristics）

根据特性的重要程度，对其实施分类的过程。

注：特性分三类，即关键特性、重要特性和一般特性。

3. 关键特性（critical characteristic）

指如果不满足要求，将危及人身安全并导致产品不能完成主要任务的特性。

4. 重要特性（major characteristic）

指如果不满足要求，将导致产品不能完成主要任务的特性。

5. 关键件（critical unit）

含有关键特性的单元件。

6. 重要件（major unit）

不含关键特性，但含有重要特性的单元件。

7. 外购器材（purchased equipment and materials）

形成产品所直接使用的、非本承制单位自制的器材。

注：外购器材包括外购的原材料、元器件、零部（组）件、配套设备（含软件及软件承载平台）以及其他外协件等。

8. 关键过程（关键工序）（critical process）

对形成产品质量起决定作用的过程。

注：关键过程一般包括形成关键、重要特性的过程；加工难度大、质量不稳定、易造成重大经济损失的过程等。

理解要点：

（1）由注解可知，关键过程（关键工序）一般由两个方面确定：一方面是设计开发策划时，形成关键、重要特性的过程；另一方面是在设计开发过程中，工艺工作策划时加工难度大、质量不稳定、易造成重大经济损失的过程等。

（2）设计开发策划时，按 GJB 190 进行特性分析，确定含有关键（重要）特性的单元件即关键（重要）件，而形成关键（重要）特性的过程为关键过程。

（3）在设计开发工艺工作策划过程中，承制单位是根据产品生产过程中的复杂程度、基础设施、生产设备、环境、人员、测试、工序确定的。

9. 特殊过程(特种工艺)(special process)

直观不易发现、不易测量或不能经济地测量产品内在质量特性的形成过程。

注:特殊过程亦称特种工艺,通常包括化学、冶金、生物、光学、电子等过程。在机械加工中,常见的有铸造、锻造、焊接、表面处理、热处理以及复合材料的胶接等过程。

理解要点:

(1) 生产和服务提供过程的确认是 GJB 9001B 7.5.2 的要求:"当生产和服务提供过程的输出不能由后续的监视或测量加以验证,使问题在产品使用后或服务交付后才显现时,组织应对任何这样的过程实施确认。

(2) 我们习惯将这样的过程称为特殊过程。这样的过程在装备研制中种类繁多。

10. 产品标识(product identification)

产品的名称、型号、承制单位名称(或代号)、质量状况、生产日期、批号、保存期限、警示等识别标志。

11. 技术状态文件更改(configuration document change)

对已确认的现行技术状态文件所作的变更修改。

12. 可追溯性(traceability)

追溯所考虑对象的历史、应用情况或所处场所的能力。

理解要点:

(1) 可追溯性是根据已经在活动或过程中记载的标识,来追溯实体的历史、应用情况和所处场所的能力。其目的是通过这种追踪达到:一是对已经发生了故障、问题或事故的实体加以追溯,以便于进行分析和研究,在所涉及的范围内(如同一批次的实体),采取纠正和改进措施,从而防止类似事件的发生;二是需要时,对未发生故障、问题或事故的实体加以追溯,了解实体状况,进行分析和研究,以便采取必要的措施,防止故障、问题和事故的发生。

(2) 可追溯性包括三种含义:

一是对产品而言,可追溯性涉及:

① 原材料和零部件的来源;

② 产品形成过程的历史;

③ 交付后产品分布的场所。

二是对校准而言,是指测量器具、设备与国家或国际标准、基准,基本物理常数或特性,标准物质的联系。这时,可追溯性又称为"溯源性"。

三是对数据收集而言,是指实体质量环全过程中产生的计算结果和数据,有时直接追溯到实体的质量要求。

(3) 当有要求时,应明确规定可追溯性要求的所有方面,如时间期限、源点或标识方式等方面。

13. 批次管理(batch order management)

为保持同批产品的可追溯性,分批次进行投料、加工、转工、入库、装配、检验、交付,并做出标识的活动。

14. 计量确认(metrological confirmation)

为确保测量设备符合预期使用要求所需要的一组操作。

注:计量确认通常包括:校准或检定(验证)、各种必要的调整或维修(返修)及随后的再校准、与设备预期使用的计量要求相比较以及所要求的封印和标签。

注:只有测量设备已被证实适合于预期使用并形成文件,计量确认才算完成。

注:预期使用要求包括量程、分辨率、最大允许误差等。

15. 校准(calibration)

在规定条件下,为确定测量仪器、测量系统所指示的量值或实物量具、标准物质所代表的量值与对应的测量标准所复现的量值之间关系的一组操作。

16. 不合格品管理(nonconforming material management)

对不合格品进行的鉴别、标识、隔离、审理、处置、记录等一系列活动。

17. 不合格品审理系统(nonconforming material review system)

由供方不合格品审理委员会及其常设机构(质量管理部门)、不合格品审理小组和审理员等组成的分级审理不合格品的系统。

注:不合格品审理系统应独立行使职权。如果要改变其审理结论时,需由最高管理者签署书面决定。

注:参与不合格品审理的人员,须经资格确认,并征得顾客的同意,由最高管理者授权。

18. 偏离许可(deviation permit)

产品实现前,偏离原规定要求的许可。

注:偏离许可通常是在限定的产品数量或期限内并针对特定的用途。

19. 让步(concession)

对使用或放行不符合规定要求的产品的许可。

注:让步有时亦称超差特许。

注:让步通常仅限于在商定的时间或数量内,对含有不合格特性的产品的交付。

20. 放行(release)

对进入一个过程的下一阶段的许可。

21. 纠正(correction)

为消除已发现的不合格所采取的措施。

注:返工或降级可作为纠正的示例。

22. 质量问题归零(quality problem close loop)

对可能发生或已发生的质量问题,从技术、管理上分析产生的原因、机理,并采取预防措施或纠正措施,以避免问题重复发生的活动。

23. 产品责任(product liability)

供方对因产品造成的与人员伤害、财产损坏或其他损害有关的损失赔偿应担负的责任。

24. 包装(package)

确保产品在整个流通过程中质量不受损害而采取保护措施的过程。

注:军工产品包装要求标准化、系列化和集装化,所用的材料、容器、包装技术、方法及外观识别均有严格的规定。

理解要点:

按照 GJB 6387《武器装备研制项目专用规范编写规定》,“包装”应规定防护包装、装箱、运输、贮存和标志要求。其内容:

(1) 防护包装,包括清洗、干燥、涂覆防护剂、裹包、单元包装、中间包装等要求;

(2) 装箱,包括包装箱,箱内内装物的缓冲、支撑、固定、防水,封箱等要求;

(3) 运输和贮存,包括运输和贮存方式、条件,装卸注意事项等;

(4) 标志,包括防护标志、识别标志、收发货标志、储运标志、有效期标志和其他标志,以及标志的内容、位置等。有关危险品的标志要求应符合国家有关标准或条例的规定。

(三) 质量使用术语

1. 备件(spare parts)

备用于维修或保障装备的元器件、零件、组合件和部件。

2. 耐久性(durability)

规定实体在规定的使用与维修条件下,直到极限状态前完成规定功能的能力。

理解要点:

(1) 实体的耐久性定量要求可视情采用下述多个适用的参数指标表示:有用寿命、经济寿命、贮存寿命、总寿命、首翻期与翻修间隔期限等。

(2) 需说明的是,确定耐久性指标时,应明确:

① 实体的类别及使用特点(例如具有耗损失效特征);

② 实体所采取的维修方案或贮存方案。

(3) 规定耐久性寿命参数的定量要求时,还应综合权衡实体的极限状态和经济性。

3. 贮存期(storage period)

在规定贮存条件下,产品能够贮存的日历持续时间。在此时间内,产品启封使用能满足规定的要求。

4. 保证期(guarantee period)

供方对其产品实行包修、包换、包退的责任期限。

5. 使用寿命(operationallife)

产品在规定的条件下,从规定时刻开始,到故障间隔变得不可接受或产品的故障被认为不可修理时止的期限。

6. 首飞

新型飞机的第一次飞行。

理解要点:

1) 首飞会议

在首飞前由工业部门召开首飞前会议,检查飞机技术状态和地面试验结果以及飞行、机务、场务等其他技术准备工作,确定首飞日期。

2) 首飞要求

为确保新机首飞安全,必须:

(1) 在飞机上完成首飞前必须的地面试验;

(2) 首飞前空勤组应进行地面训练(包括机上和地面飞行模拟器的训练)和地面滑行(含低速、中速和高速滑行);

(3) 总设计师提出飞机首飞使用限制;

(4) 对首飞的气象、空域、机场及空中飞行监视提出专门的要求;

(5) 对首飞的飞机进行必要的内部和外部飞行数据测量,测量设备及其安装由研制单位承担;

(6) 经工业部门技术负责人批准首飞。

7. 调整试飞

在首飞以后,验证试飞(设计定型或生产定型试飞)以前,为调整飞机及其各系统、机载设备使其符合验证试验飞机移交状态而进行的飞行试验。

理解要点:

(1) 飞机经过首飞,确信能安全飞行,即可开始进行飞机调整试飞。

(2) 调整试飞的目的。

① 检查飞机的设计、制造质量。排除故障、调整飞机,使飞机系统及设备工作正常、可靠。

② 初步评定飞机主要性能和飞行品质基本情况,使飞机达到可以进行验证试飞的技术状态(即定型试飞状态),为向验证单位移交飞机提供依据。

(3) 调整试飞的内容。

① 在飞机飞行使用包线80%范围内,在规定的飞行使用限制条件下,初步检查飞机的飞行性能,检查飞机动力装置,飞机系统和机载设备的工作稳定性及所达到的技术性能。发现设计缺陷及飞机故障并予以排除,使飞机能安全飞行。

② 初步评定飞机的可靠性和使用维修品质。

③ 初步检查和评定飞机地面设备(含专用场站设备、特种设备),随机工具的适用性。

(4) 测试。

研制单位根据调整试飞大纲提出测试任务书,在飞机上加装测试设备进行调整试飞测试。

8. 定型(验证)试飞

用飞行试验的手段验证新型飞机是否满足研制总要求规定的战术技术指标和作战使用要求,以及有关试验规范的引用情况以及剪裁理由等。

理解要点:

(1) 用于验证试飞的飞机,必须符合已批准的飞机设计定型技术状态。除经验收权威批准的安装测试仪器、为达到规定的重心位置而加装配重外,验证机不得作任何安装和更改。

(2) 定型(验证)试飞的目的是:

① 验证试飞的飞机性能是否满足战术技术指标和使用要求,以便尽早获得有关新型飞行作战能力及其机载设备使用性基本资料;

② 验证飞机所达到的极限与飞机设计的限制是否一致;以确定该飞机是否可以安全使用;

③ 验证飞机与动力装置、机载设备的匹配性、适用性、可靠性、维修性、保障性、测试性、安全性和环境适用性是否满足设计要求;

④ 随机工具、设备、备件、文件是否配套适用;

⑤ 为编写飞机技术性能、使用维修手册及飞行手册提供依据。

9. 产品质量跟踪(product quality tracking)

对售后产品的性能、使用情况、用户意见进行一个时期持续的调查了解,从中收集质量信息的活动。

10. 售后技术服务(after - Sale technical service)

在产品售出后承制单位向使用单位提供有偿或无偿技术支援的活动。

注:售后技术服务通常包括提供技术文件、供应维修零备件和有限寿命部件、培训使用维修人员、提供技术咨询以及协助装备改装、延寿,排除故障等。

11. 技术通报(technical bulletin)

装备主管机关或承制单位发往使用部门的涉及产品改装、排故,使用维护条款增减、技术数据更改和预防事故(故障)措施等方面的技术文件。

12. 装备综合保障(equipment – integrated logistics support)

在装备的寿命周期内,为满足系统战备完好性要求,降低寿命周期费用,综合考虑装备的保障问题,确定保障性要求,进行保障性设计,规划并研制保障资源,及时提供装备所需保障的一系列管理和技术活动。

理解要点:

1) 装备综合保障的内涵

(1) 研究的对象是装备系统。

(2) 是一项系统的管理活动,它的作用是将保障与设计有机地联系起来。

(3) 目的是以合理的寿命周期费用实现平时和战时系统战备完好性要求。

(4) 其主要任务是:综合考虑保障问题、确定保障性要求、同步进行保障性设计和规划保障资源、及时研制并提供保障资源、建立经济有效的保障系统。

(5) 包含了两类要素。一类是设计接口和规划保障的协调性要素,其作用是使装备和所需资源之间具有最佳的匹配;另一类是人力和人员、供应保障、保障设备、技术资料、训练和训练保障、计算机资源保障、保障设施以及包装、装卸、贮存和运输保障等资源要素,对资源要素要综合协调以获得优化的保障资源。要素可根据需要增减。

(6) 贯穿于装备的整个寿命周期,研制过程的主要工作是综合考虑保障问题、确定保障性要求、进行保障性设计、规划并研制保障资源;部署使用阶段(GJB 630A《飞机质量与可靠性信息分类和编码要求》中表3规定,使用阶段用"F"表示)的主要工作是提供装备所需保障、建立经济有效的保障系统,研制过程的工作效果决定了使用阶段装备获得保障的难易和充足程度。

(7) 强调"综合"。在装备的论证和设计中要尽早地综合考虑保障问题,使装备的保障设计和规划保障资源同步进行;在备选设计方案和保障方案以及费用等因素之间要进行综合权衡;保障资源彼此之间的综合优化等。

(8) 开展综合保障的主要技术途径是进行保障性分析,主要工作包括分析、设计、规划与评价。GJB 1371《装备保障性分析》中规定了5个工作系列共15个工作项目。

(9) 以军方为主导,军方与承制单位密切协作。研制早期的保障性分析、保障性要求、使用阶段保障性要求的验证等是由军方或军方为主完成的。在方案和工程研制阶段中,虽然大部分综合保障工作是承制单位完成的,但必须在军方的密切配合和监督下进行并经其许可。在部署与使用过程中,综合保障工作也需要承制单位的参与和配合。

2) 装备综合保障工作主要内容

(1) 确定保障性要求;

(2) 规划、研制和提供保障资源;

(3) 建立保障系统,并提供装备所需的保障。

3)装备综合保障的目标

以可承受的寿命周期费用,最大限度地实现装备系统的战备完成性目标,使装备部署后能尽快形成战斗力是装备综合保障的目标。

13. 保障设备(support equipment)

使用与维修装备所需的设备,包括测试设备、维修设备、试验设备、计量与校准设备、搬运设备、拆装设备、工具等。

14. 保障资源(support resources)

使用与维修装备所需的全部物资与人员的统称。

15. 保障能力(support capability)

保障装备完成任务的能力。

注:保障能力是保障人员、设施、手段、技术和管理水平等因素的综合能力反映。

16. 排故(failure removel)

采取措施,消除装备发生的故障或故障隐患,使之恢复到良好状态的过程。

17. 装备质量等级(equipment quality grade)

根据装备的质量状况所作的分类。

注:装备质量等级通常分为新品、堪用品、待修品和废品四个等级。

18. 堪用品(usable materiel)

尚有剩余寿命,可以继续使用的装备。

19. 待修品(materiel to be repaired)

质量(技术)状况不符合使用要求,需修理后才能用于作战或训练的装备。

20. 基层级维修(organizational levelmaintenance)

由使用人员或团以下部队维修机构对装备所进行的维修。主要完成装备的维护检查、小修或规定的维修项目。

注:基层级维修又称外场级维修。

21. 中继级维修(intermediate level maintenance)

由中继级维修机构对装备所进行的维修,主要完成装备中修或规定的维修项目。

注:中继级维修又称野战级维修。

注:中继级维修机构一般指军、师(旅)、后勤分部的修理机构,航空部队修理厂和海军修理所及修理船等。

22. 基地级维修(depot level maintenance)

由基地级维修机构对装备所进行的维修。主要完成装备大修(舰船中修)、改装及规定的维修项目。

注:基地级维修又称后方级维修。

注:基地级维修机构一般指总部、军(兵)种和军区(海军基地)的企业化修理厂以及装备制造厂。

23. 质量成本(quality - related costs)

在装备质量上所发生的一切费用支出。

注:质量成本包括内部故障成本、外部故障成本、鉴定成本和预防成本。

第二节 质量管理

一、管理概述

(一)管理的概念

"管理"的字面之意为管辖、处理。在管理科学中指一个或更多的人有意识、有组织、不断地协调他人的活动,以达到任何个人单独行动所无法达到的某一共同目标。

理解管理有三层意思:一是有意识、有组织的群体活动,不是盲目无计划的、本能的活动;二是一个动态的协调过程,协调人与人之间的活动和利益关系,贯穿于整个管理过程的始终;三是围绕着某一共同目标进行的,目标是否明确、切合实际,直接关系到管理的成败和成效。由此,管理是一个古老而又长期的社会现象,与人类同始终;又是一个普遍的现象,存在于人类社会生活各个领域和各个层次,小到个人、家庭,大到单位、团体乃至整个社会和国家,都离不开管理。

管理是一门科学,管理者如果不掌握科学的管理知识,他们所进行的管理只能靠直观、运气和经验办事。而有了系统的管理理念、管理知识和管理方法等,管理者就有可能对管理上存在的问题找到可行的、正确的解决方法。管理分为行政管理、经济管理、社会管理、社会组织管理、城市管理、卫生管理、工商管理等。这些类型的管理都是指在特定的环境条件下,以人为中心,对组织所拥有的资源进行有效的决策、计划、组织、领导、控制,以便达到既定组织目标的过程。它不同于文化活动、科学技术活动和教育活动等,它有自己的特征。狭义的管理就是指挥他人用最好的工作方法去工作。

管理的高级阶段是信息化管理,信息化管理是以信息化带动工业化,实现企业管理现代化的过程,它是将现代信息技术与先进的管理理念相融合,转变企业生产方式、经营方式、业务流程、传统管理方式和组织方式,重新整合企业内外部资源,提供企业效率和效益,增强企业竞争力的过程。信息化管理具有科学性、动态性、艺术性和创造性。随着企业改革的深化,人们将越来越认识到加强管理的必要性和迫切性。

在武器装备研制过程中,管理工作与技术进步一样显得尤为重要,此时的管理在研制工程、质量控制、工艺控制和质量成本等方面一直伴随着武器装备的快速建设发展。科技创新是管理创新的物资基础,管理思想、管理组织、管理方法和管理制度的创新,即以科学的管理方式和技巧的管理手段,使技术的进步和管理创新相辅相承,并行发展。奥地利管理学家彼得·德鲁克讲得好:管理是一种以绩效、责任为基础的专业职能。管理,从根本意义上讲,意味着用智慧代替鲁莽,用知识代替习惯和传统,用合作代替强制。

(二) 管理的内涵

管理的内涵需从管理的主体、管理的对象、管理的目标、管理的本质、管理的职能和管理的核心六个方面理解:一是管理的主体就是区分操作者和管理者,实际活动的出发者管理是组织中的管理,管理的载体是组织,由担任主管工作的人员完成;二是管理的对象,实际上就是一切可调用的资源,如原材料、人员、资本、土地、厂房、设备、顾客、信息等;三是管理的目标,即对组织的资源进行有效地整合和利用,管理的根本任务是完成组织既定目标;四是管理的本质,就是活动或过程(分配、协调活动或过程);五是管理的职能,是获取信息、决策、计划、组织、领导、控制和创新,许多新的管理理论和管理实践一再证明:计划、组织、领导、控制和创新这五种职能是一切管理活动的基本职能;六是管理的核心,就是协调人际关系。

国家军用标准把“管理”定义为“指挥和控制组织的协调的活动”。在“管理”的定义术语中涉及“组织”这个关键术语,想了解“管理”内涵,必须先了解“组织”这个词语的含义,方能帮助我们更好地理解武器装备研制过程中“管理”的内涵。

国家军用标准把“组织”定义为职责、权限和相互关系得到安排的一组人员及设施,如:公司、集团、商行、企事业单位、研究机构、代理商、社团或上述组织的部分或组合。同时解释到:一是安排通常是有序的;二是组织可以是公有的或私有的两种类型。

由此可见,武器装备研制过程的管理特点:一是具备管理的科学性,首先是管理活动的规律性,是有章可循;二是针对管理的动态性,具备一整套资料,保证动态中的一致性,可追溯性;三是管理的创新性,根据科学技术的发展,促进技术管理水平的提高和适应性管理创新。

(三) 管理常用术语

1. 管理(management)

指挥和控制组织的协调的活动。

2. 管理体系(management system)

建立方针和目标并实现这些目标的体系。

注:一个组织的管理体系可有若干个不同的管理系统,如质量管理系统、财务管理系统或环境管理系统。

注:体系(系统)就是相互关联或相互作用的一组要素。

3. 管理标准(administration standard)

以标准化领域中需要协调统一的管理事项为对象所制订的标准。

4. 合同管理(contracts management)

合同签订前的准备、签订和保证合同履行的全部活动。

理解要点:

(1) 准备阶段工作内容:核对订货计划内容与订货产品资料是否一致;审核承制单位的质量管理体系;与承制单位协商合同条款;监督承制单位进行合同评审等。

(2) 签订阶段工作内容:参加相关的订货会议,与承制单位签订合同;合同签订后,将合同副本报送有关部门。

(3) 履行合同阶段工作内容:合同的变更,需经双方主管领导机关批准;监督承制单位按合同要求制订生产计划,安排生产;按质量保证文件检验验收承制单位提交的产品,其质量应符合合同要求,并且按合同要求交付发运等。

5. 技术管理(technical management)

企业的技术进步、新产品开发、工程技术活动的组织、指挥、协调、控制等工作的总称。

理解要点:

技术管理的内容包括:产品设计;生产技术准备;现场技术问题处理;试生产;技术革新、科学研究和技术改造;科技信息;标准化;理化试验;技术档案管理等。

技术管理的目的是按照技术工作的规律性,建立科学的工作程序,有计划地、合理地利用企业的技术力量和资源,把最新的科技成果运用到产品开发中去,尽快地转化为现实的生产力,以推进企业的技术进步和生产发展。

6. 技术状态管理(configuration management)

对技术文件中规定并在产品中达到的功能特性和物理特性,运用技术和行政手段进行标识、控制、记实和审核活动。

理解要点:

(1) 标识就是分解和识别。根据相关法规、标准要求,将系统分解成六个层次;每个层次再根据特点进行分解和识别,描述其功能特性和物理特性并形成相应文件。

(2) 控制就是控制这些特性的更改。

(3) 记实就是适时记录更改的过程和执行情况。

(4) 审核就是审核产品是否符合技术状态基线文件的要求。

7. 软件配置管理(software configuration management)

《英汉技术词典》对 Configuration 一词的译法,直译为外形、轮廓,构造、构型,配置等。但从 Configuration 的定义看,显然不仅是外形或构造。以前用法较多的是构型、技术状态和配置,并且,在民用飞机研制过程中,认为"构型"的提法更符合他们的实际情况,至今仍采用"构型"的概念;1987 年颁发的《军工产品质量管理条例》提出了要实行技术状态管理的要求,并明确了技术状态管理的内容就是 Configuration 的内容;在软件工程中,根据软件研制的特点和习惯,采用了"配置"的提法。

理解要点:

描述软件整个研制或开发过程中软件配置管理的情况。软件配置管理应包括如下内容:软件配置管理情况综述;软件配置管理基本信息;专业组划分及权利分配;配置项记录;变更记录;基线记录;入库记录;出库记录;审核记录;备份记录;测量。

8. 基线管理(baseline management)

基线管理指的是技术状态基线管理。技术状态基线的定义是:在产品寿命周期内的某一特定时刻,被正式确认并作为今后研制生产、使用保障活动的基础,以及技术状态改变判定基准的技术状态文件。

将已经确认(批准)的基线纳入研制合同,并据此对新型武器系统的研制工作进行控制的管理称为基线管理,通常以军方为主组织实施。

理解要点:

基线管理是美国国防部采办管理术语,其内涵是功能基线、分配基线和产品基线。在新型武器研制过程中,论证阶段结束时,确认(批准)通过的功能技术状态标识文件(主要文件是系统规范,实际操作为阶段评审通过后,报请主管部门审批),是论证阶段结束的标志(也可以在论证阶段草拟初稿,方案阶段早期进一步确认),也是方案阶段乃至今后工作的起始点和依据。系统规范的内容主要是系统功能特性、为验证达到规定功能特性所需要的试验、与有关系统必要的界面特性、关键功能特性及部件要求和设计限制等。

阶段评审通常以军方为主组织实施。合同签订后,对于双方确认的基线内容,研制方与军方均不得随意变更,必要时履行规定的批准手续。

9. 设备管理(equipment management)

对企业生产设备的选购(自制设计)到报废处理全过程的管理。

理解要点:

设备管理工作的主要内容是:根据技术先进、经济合理、生产可行的原则选定设备;建立与健全设备使用、维护与修理的制度,提高设备利用率和良好率;根据实际需要,有计划、有重点地对现有设备进行改造和更新,实现企业的技术进步;设备的分类、编号、记录、调拨和报废注销等。自制设备必须履行试验、鉴定手续,方可用于装备的研制生产中。

10. 物资管理(materials management)

对企业生产过程中所需物资的全过程管理。

理解要点:

物资管理工作的主要内容是编制物资计划、组织货源、仓库管理、物资消耗定额管理、库存量控制和储备资金管理、物资统计;制定各项物资管理制度等。

11. 能源管理(energy management)

对能源的生产、分配、转换和消耗的全过程进行科学地计划、组织、指挥、监督和调节的工作。

12. 计量管理(meterage management)

国家运用法律建立统一的计量制度并加以监督管理的一系列总称。

理解要点:

计量管理工作的主要内容是:制定计量法,以法定形式统一计量单位制;建立计量基准器具、计量标准器具,进行计量检定,对制造、修理、销售、使用计量器具进行监督管理等。《中华人民共和国计量法》规定,国务院计量行政部门对全国计量工作实施统一监督管理。

二、质量管理概述

(一) 质量管理概念

质量管理的定义是在质量方面指挥和控制组织协调的活动。在注解中同时也提到,在质量方面的指挥和控制活动,通常包括制定质量方针、质量目标、质量策划、质量控制、质量保证和质量改进等。由此可见,质量管理是组织全部管理工作的一个重要组成部分,在武器装备研制的全过程中,始终并行于装备研制的工程管理。质量管理必须由最高管理者领导,各级管理者应承担相应的质量管理职责。质量管理与组织内每一个成员密切相关,他们的工作都直接或间接地影响着产品的质量。所以,必须要求组织内所有成员参与质量管理活动,并承担相应的责任。质量管理是一项系统性的活动,它是在质量体系中通过质量策划、质量控制、质量保证和质量改进活动等进行的,可以这样理解,质量管理主要体现在建设一个有效运作的质量管理体系上,是属于组织内部控制行为。

(二) 质量管理内涵

质量管理是为提高产品、服务质量而实施的全部管理职能的全部活动。主要内容包括:确定质量方针、目标和职责并在质量体系中通过诸如质量策划、质量控制、质量保证和质量改进使其实施的全部管理职能的所有活动。从一个单位来说,质量管理是各级管理者的职责,但该单位的最高领导者必须起到领导和引导责任。质量管理的实施,又涉及本单位的所有成员和所有岗位,要求他们自觉贯彻落实。在实施质量管理中,还要注意到经济因素。质量管理与质量方针、质量管理体系、质量控制、质量保证、质量改进等质量概念之间的关系见图1-1。

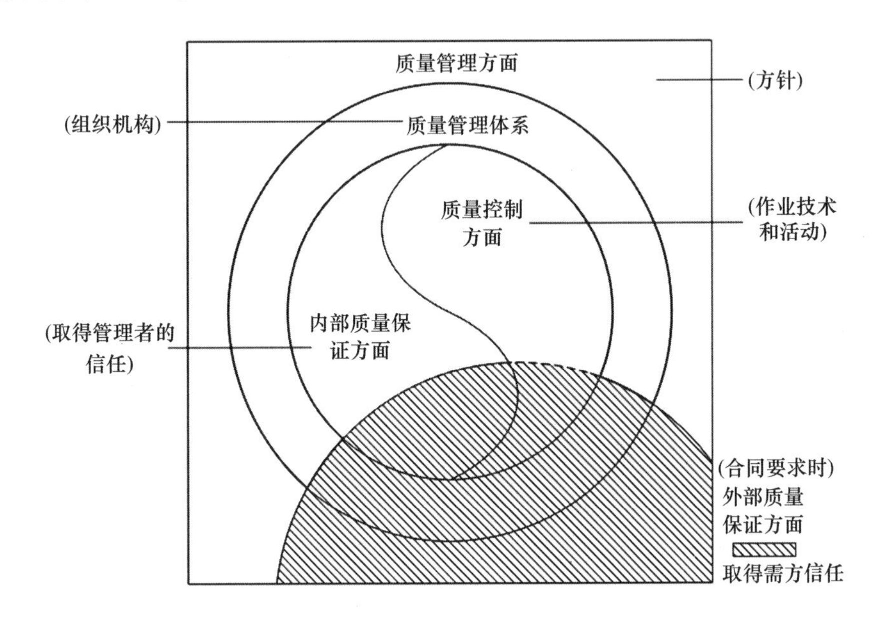

图1-1　五个基本术语之间的关系

(三) 质量管理术语

1. 质量管理(quality management)

在质量方面指挥和控制组织的协调的活动。

注: 在质量方面的指挥和控制活动,通常包括制定质量方针、质量目标、质量策划、质量控制、质量保证和质量改进等。

理解要点:

(1) 质量管理是组织全部管理工作的一个重要的组成部分,它的职能是制定并实施质量方针、质量目标和质量职责。

(2) 质量管理必须由最高管理者领导,不能推卸给其他领导者,也不能由质量职能部门领导。

(3) 各级管理者应承担相应的质量管理职责。

(4) 质量和质量管理是和组织内每一个成员密切相关的,他们的工作都直接或间接地影响着产品的质量。因此,应要求组织内所有成员参与质量管理活动,并承担相应的责任。

(5) 质量管理是一项系统性的活动,它是在质量管理体系中通过质量策划、质量控制、质量保证和质量改进活动等进行的,可以说,质量管理主要体现在建设一个有效运作的质量管理体系上。

2. 质量方针(quality policy)

由组织的最高管理者正式发布的该组织总的质量宗旨和方向。

注:通常质量方针与组织的总方针相一致并为制定质量目标提供框架。

注:本标准中提出的质量管理原则可以作为制定质量方针的基础。

3. 质量目标(quality objective)

在质量方面所追求的目的。

注:质量目标通常依据组织的质量方针制定。

注:通常对组织的相关职能和层次分别规定质量目标。

4. 质量策划(quality planning)

质量管理的一部分,致力于制定质量目标并规定必要的运行过程和相关资源以实现质量目标。

注:编制质量计划可以是质量策划的一部分。

5. 质量控制(quality control)

质量管理的一部分,致力于满足质量要求。

理解要点:

(1) 质量控制是在质量管理体系中实施的活动。也就是说,质量控制依赖于质量管理体系的正常运行(指内部控制)。

(2) 定义中所说的“质量要求”需要转化为一组质量特性,这些特性可在专用规范中定量或定性确定,以便于执行、控制、检查和追溯。

(3) 是对质量管理体系以外的输入的产品进行质量控制(一般对被接收方的产品称质量控制)。接收产品是指对进货产品的验收检验(如元器件原材料等的验收检验、配套产品的验收检验、外包或外协产品的验收检验,其验收检验的依据是被接收方的检验规程,提供给承制方改为验收规程。

6. 质量保证(quality assurance)

质量管理的一部分,致力于提供质量要求会得到满足的信任。

理解要点:

(1) 质量保证是一种有目的、有计划、有系统的活动。通过质量保证活动的开展,有利于组织质量方针和目标以及长远效益的实现。

(2) 在定义中明确提出了两点要求:

① 质量保证是在质量管理体系中实施的活动。也就是说,质量保证依赖于质量管理体系的正常运行。

② 质量保证活动根据需要应进行证实,即重视验证工作,重视提供证据。

如产品的最终质量保证证据是产品通过检验规程的检验(一般指对交付的产品质量保证)。

7. 质量改进(quality improvement)

质量管理的一部分,致力于增强满足质量要求的能力。

注:要求可以是有关任何方面的,如有效性、效率或可追溯性。

8. 质量信息(quality information)

各种报表、资料和文件承载的有关质量活动的有意义的数据。

(四) 易混淆的术语

1. 验证与确认(verification or validation)

验证:通过提供客观证据证明规定要求已得到满足的认定。

确认:通过提供客观证据对特定的预期用途或应用要求已得到满足的认定。

理解要点:

(1) 验证与确认都是"认可"。但是,验证表明的是满足规定要求,而确认表明的是满足某一种特定的预期用途。因此,他们的依据和目的不同,是两种不同的认可。

(2) 验证与确认都是一个"过程",验证是针对某项步骤而言的,而确认是针对产品而言的,并常常是针对最终产品而言的。

(3) 验证与确认都是通过检查和提供客观证据来进行的。

(4) 确认时如果产品有几种不同的预期用途,则可进行多项确认。

(5) "验证过的"和"确认过的"均表明的是一种认可的状况。

2. 首件鉴定与设计鉴定(first article qualification or qualification)

首件鉴定:对试生产的第一件零部(组)件进行全面的过程和成品检查,以确定生产条件能否保证生产出符合设计要求的产品,是一种工艺管理中的工序过程行为。

设计鉴定:三级及三级以下产品称设计鉴定。其含义是证实产品满足规定要求并给出结论的过程。

理解要点:

1) 首件鉴定的理解

(1) 首件鉴定是对试制的或小批试生产的第一批零(部、组或成品)件进行的鉴定。例如:《常规武器研制程序》第十六条规定,"正样机研制应加强质量管理,提高样机质量和可靠性、维修性。正样机完成试制后,由研制主管部门会同使用部门组织鉴定,具备设计定型试验条件后,向二级定型委员会提出设计定型试验申请报告。"

(2) 首件鉴定的目的是用以确定生产条件能否保证生产出符合设计要求的产品。例如:GJB 907A《产品质量评审》中 5.1 产品质量评审应具备的条件,产品按要求已通过设计评审、工艺评审及首件鉴定,才能进行产品质量评审的条件说明,在产品进行设计鉴定试验之前,样机必须完成首件鉴定,并进行相关评审后,申报鉴定试验申请,机关同意后进行设计鉴定试验。

(3) 生产条件主要指生产工艺、设备、人员、材料、环境条件。由这些资源所形成的过程能力试制出来的产品是否达到了规定的要求,用来鉴定过程能力是否适当。所以首件鉴定也就是对工艺管理中的工序过程能力的鉴定。

2) 首件鉴定范围的理解

(1) 试制和小批试生产过程的零(部或组)件的首件;

(2) 小批试生产过程中,设计图样有重大更改、工艺文件有重大更改生产的首件;

(3) 产品转厂生产的首件;

(4) 非连续批次生产制造的首件;

(5) 合同要求指定的首件。

3) 设计鉴定的理解

GJB 1362A《军工产品定型程序和要求》中 4.3 定型原则的 f 条规定"军工产品应配套齐全,凡能够独立进行考核的分系统、配套设备、部件、器件、原材料、软件,应在军工产品定型前进行定型或鉴定。" 由此,一般二级和三级及三级以下的配套产品的考核,称为设计鉴定考核。

(1) 设计鉴定是证实产品达到规定的要求。

(2) 设计鉴定是一个过程。包括鉴定前技术资料、程序文件、实物等的准备,检测和试验设备等资源的配置是否足够,人员的素质和数量是否满足要求,步骤和方法是否正确并得到控制等,鉴定要给出结论,提出报告并经过审批等。

(3) 设计鉴定结果如果证实了实体满足了规定要求的能力,则为设计鉴定合格。

3. 检验与验收(inspectionor acceptance)

检验:对实体的一个或多个特性进行的诸如测量、检查、试验、度量并将结果与规定要求进行比较,以确定每期特性合格情况所进行的活动。根据相关法规、标准规定,武器装备研制、生产单位应当按照标准和程序要求进行进货检验、工序检验和最终产品检验;对首件产品应当进行规定的检验;对实行军检的项目,应当按照规定提交军队派驻的军事代表(以下简称军事代表)检验。GJB 1442A《检验工作要求》规定承制单位应按质量管理体系要求,结合本单位的实际情况和产品的特点编制检验文件。检验文件一般包括检验计划、检验规程、检验记录和检验报告等。

由此,根据检验的对象不同,检验的方法、文件也是不一样的。例如五种不同类型的检验,进货检验没有针对型号时,是根据需求进行进货检验,属于经济行为，如果进入型号后，是产品形成过程的质量控制行为，承制单位通过进货检验控制产品（原材料、元器件、配套件等）进入工序流程，也是一种控制性的验收，其检验文件应根据产品复验规范或合同以及技术协议书编制的验收规程进行检验。

工序检验也是质量控制行为，其检验文件可以按工艺规程的工序要求中的检验项目及内容进行检验，关键、复杂的工序检验也可以编制检验规程进行检验。

首件检验是批次管理中的质量控制行为，是对批量加工的第一件产品所进行的自检和检验员专检的活动。其检验文件可以按工艺规程的工序要求中的检验项目及内容进行检验，也可以用专门编制的检验规程进行检验。

最终产品的检验是承制单位的质量保证行为，检验文件应按 GJB 1442A《检验工作要求》中 5.3 条编制检验规程进行检验。

提交军队派驻的军事代表检验是驻厂军事代表对产品的验收行为，检验文件应按 GJB 3677A《装备检验验收程序》中 5.1 的要求，编制检验验收规程（装备设计定型前称检验验收细则）进行检验。

验收：采购方代表对提交的成品或外包外协的产品进行检验，确认合格后予以接收的活动。检验的文件称验收规程。根据 GJB /Z 16《军工产品质量管理要求与评定导则》中 4.6.4.2 要求器材复验的检测方法与验收标准（即验收规程），应与供应单位（即检验规程）保持一致。

理解要点：

（1）检验是经过“测、比、判”活动的过程。“测”就是测量、检查、试验或度量，“比”就是将“测”的结果与规定要求进行比较，“判”就是将“比”的结果作出合格与否的判断。

（2）检验是要确定特性合格（符合）或不合格（不符合）。

（3）这个定义只适用于有关质量的领域，“检验”在 ISO/IEC 导则 2 中还有不同的定义。“inspection”在某些情况下使用时，有时也译为“检查”。

（4）验收是采购方代表进行的活动。

（5）这里所指的“成品”是经承制单位最终检验合格的产品。

（6）采购品应予以接收，对检验不合格的产品应拒收。

4. 首件鉴定与首件检验（first article qualification or first article inspection）

在武器装备的研制过程中，有些研制单位将首件鉴定和首件检验在质量管理体系的程序文件中，用一个程序文件表示首件鉴定或首件检验的内容，错误地认为首件检验就是首件鉴定，首件检验完成后经评审就等于鉴定了。根据上述第 2 条和第 3 条首件鉴定和首件检验的概念可知，二者的区别是很大的。二者的混淆势必会造成能提供首件鉴定记录的单位，提供不出首件检验的记录；能提供首件检验记录的单位,提供不出首件鉴定的记录。

理解要点:

(1) 认真领会 GJB 1405A《装备质量管理术语》、GJB 908A《首件鉴定》和 GJB 1330A《军工产品批次管理的质量控制要求》对首件鉴定和首件检验定义的内涵。

(2) 认真贯彻 GJB 908A《首件鉴定》和 GJB 1330A《军工产品批次管理的质量控制要求》的内容,首先修改、完善质量管理体系文件,补充、完善质量管理体系中的首件鉴定或首件检验程序文件。

(3)首件鉴定一般在装备研制的工程研制阶段前进行(设计定型或鉴定后的更改或变更除外),首件检验一般在装备的小批试生产或批生产过程中进行。

5. 纠正措施与预防措施(correction action and prevention action)

纠正措施:为消除已发现的不合格或其他不期望情况的原因所采取的措施。

预防措施:为消除潜在不合格或其他潜在不期望情况的原因所采取的措施。

理解要点:

(1) 采取纠正措施和预防措施的目的都是为了防止不合格产生。

(2) 纠正措施是为了消除不合格产生的原因,防止不合格的再次发生。可能产生不合格的原因有文件未做规定或规定不适宜,未按规定的程序或要求实施,人力资源不足、缺乏培训或工作失误,设备、设施等资源不足,材料或元器件缺陷,生产或工作进度安排不当,生产或工作环境不适宜,管理方面的缺陷,内外、上下沟通不够等。

(3) 预防措施是为了消除潜在不合格的原因,防止不合格的发生。可能发生类似问题的领域,包括同批制造、同类设计、同等环境生产的产品,存有潜在不合格危险。

(4) 纠正措施含有“时间概念”,预防措施含有“空间概念”。

6. 提交与交付(submission or delivery)

提交:产品经承制单位检验部门检验合格后提请采购方代表检验的活动。

交付:承制单位将产品移交给使用部门的行为。

理解要点:

(1) 产品经承制单位检验部门检验合格后方可提交。提交时,为了反映产品合格状况同时还应附上提交单、检验记录及配套产品合格证明文件等资料。

(2) 产品必须经使用部门代表验收合格、例行试验合格,并按规定要求进行封装方可交付。

(3) 交付产品必须带有完整的质量证明文件(合格证或履历本)和按规定应配套的备件、工具、设备、技术资料(产品说明书、使用维护说明书)等。

(4) 交付应履行一定手续,包括使用部门代表检查发运单,核对产品型号、数量、到站、收货单位等,搞好外包装,并按有关规定签署、铅封。

7. 返修与返工(repair or rework)

返工:为使不合格产品符合要求而对其所采取的措施。

返修:为使不合格产品满足预期用途而对其所采取的措施。

理解要点:

(1) 返修包括对以前是合格的产品,为重新使用所采取的修复措施,如作为维修的一部分。

(2) 返修与返工不同,返修可影响或改变不合格产品的某些部分。

8. 关键过程与特殊过程(critical process or special process)

关键过程(关键工序):对形成产品质量起决定作用的过程。

特殊过程(特种工艺):直观不易发现、不易测量或不能经济地测量的产品内在质量特性的形成过程。

理解要点:

(1) 关键过程亦称关键工序,关键过程一般包括形成关键、重要特性的过程;加工难度大、质量不稳定、易造成重大经济损失的过程等。

(2) 特殊过程亦称特种工艺,通常包括化学、冶金、生物、光学、电子等过程。在机械加工中,常见的有铸造、锻造、焊接、表面处理、热处理以及复合材料的胶接等过程。

9. 合同评审与合同管理(contract review or contract management)

合同评审:合同签订前,为了确保质量要求规定得合理、明确并形成文件,且供方能实现,由供方所进行的系统的活动。

合同管理:对合同的起草、签订、履行、变更、解除等一系列活动。

合同评审理解要点:

(1) 合同评审包括对合同、标书和订单的评审,应在投标或接受合同或订单之前进行。

(2) 合同评审的目的是为了确保合同(标书或订单,以下同)中规定的质量要求是合理的、明确的和供方可以实现的。

(3) 合同评审是供方所进行的系统性的活动,它是供方的职责。但合同评审可以邀请使用部门一起进行,这样有利于供方与顾客取得共识,并便于执行。

(4) 合同应形成文件。修订时,应重新进行评审。

合同管理理解要点:

(1) 合同管理在这里是指订货方的活动。

(2) 合同管理包括合同签订前的准备、办理签订手续和履行合同等阶段。

(3) 准备阶段包括:起草、核对订货计划内容和订货产品资料;审核承制单位的质量保证体系;与承制单位协商合同条款;监督承制单位进行合同评审等。

(4) 签订合同阶段包括:参加相关的订货会议,与承制单位签订合同;合同签订后,将合同副本报送有关部门等。

(5) 履行合同阶段包括:订货方按合同全面履行自己的义务,并监督承制单位按合同全面履行它的义务;合同如果变更、解除,须经双方主管机关批准。

三、质量管理原则

GJB 9001B 中规范性附录 B 指出,成功地领导和运作一个组织,需要采用系统和透明的方式进行管理。针对所有相关方的需求,实施并保持持续改进其业绩的管理体系,可使组织获得成功。质量管理是组织各项管理的内容之一。规范性附录就是规范性文件,规范性文件是法律文件的一种,它是由国家立法机关或其他有权制定规范性文件的规范性组织制定的、要求人们普遍遵守的行为规则的文件,它是法律规范的表现形式,具有法律约束力。由于发布规范性文件的规范性组织不同,因而规范性文件的法律效力也不一样,如宪法、行政法规等。

规范性组织将八项质量管理原则确定为最高管理者用于领导组织进行业绩改进的指导原则,使八项质量管理原则形成了 GB/T 19000 族质量管理体系标准的基础。其内容包括:

(一) 以顾客为关注焦点

组织依存于顾客。因此,组织应当理解顾客当前和未来的需求,满足顾客要求并争取超越顾客期望。

(二) 领导作用

领导者应确保组织的目的与方向一致。他们应当创造并保持良好的内部环境,使员工能充分参与实现组织目标的活动。

(三) 全员参与

各级人员都是组织之本,唯有其充分参与,才能使他们为组织的利益发挥才干。

(四) 过程方法

将活动和相关资源作为过程进行管理,可以更高效地得到期望的结果。

(五) 管理的系统方法

将相互关联的过程作为体系来看待、理解和管理,有助于组织提高实现目标的有效性和效率。

(六) 持续改进

持续改进总体业绩应当是组织的永恒目标。

(七) 基于事实的决策方法

有效决策建立在数据和分析的基础上。

(八) 与供方互利的关系

组织与供方相互依存,互利的关系可增强双方创造价值的能力。

四、质量管理活动

质量管理是在质量方面指挥和控制组织的协调的活动,这个活动的内容主要体现在制定质量方针、目标以及质量策划、质量控制、质量保证和质量改进等工作中。

(一) 制定质量方针

制定质量方针是质量管理的首要工作。质量方针是一个组织有关质量方面的总的宗旨和方向,它不是一种短期的目标,如一年制定一次的目标,而是一个比较长远的,组织所应遵循的方针。特别是为了市场竞争,必须以质量取胜。质量方针的正确制定将对组织的发展产生巨大影响。质量方针是一个组织总的方针的一个非常重要的组成部分,应与组织内的其他方针保持一致。

质量方针是由组织领导者正式颁布的,但质量方针的制定与实施是与组织的每一成员密切相关的,应该依靠组织的全体成员集思广益,使质量方针成为组织每一成员遵循的座右铭,以确保其能被本组织各级人员所理解和实施。

质量方针应由最高管理者批准。最高管理者应对质量方针负责并做出承诺。

(二) 系统质量策划

质量策划是质量管理的一部分。质量策划是过程实施前的活动,质量策划的目的是制订拟实现的质量目标,并规定必要的运行过程和相关资源的活动。

质量策划可以针对一个管理体系、一个过程和某一特定的产品、项目、合同进行。如果针对一个组织的质量管理体系进行,需要制定的是这个组织的质量目标,需要规定的是为了实现组织的质量目标所需的全部质量管理体系过程及其相关的资源。组织对质量管理体系的策划通常从建立质量管理体系入手,策划的结果会形成质量管理方面的文件,如质量手册、程序文件等。

如果针对某一特定产品或过程进行策划,需要制定的是这一特定产品或过程应达到的质量目标,包括该产品或过程的质量特性(固有特性)和产品或过程的支持方面的特性(赋予特性)。为了实现这一产品或过程的质量目标,组织的策划通常从产品或过程的实现过程入手,确定达到该产品或过程的质量目标所需的产品实现过程和支持过程以及相关的资源。在策划时应充分考虑所涉及的现有质量管理体系文件(包括质量手册和程序文件等)的使用,策划的结果可以为多种形式,质量计划是可能形成的结果之一。

(三) 确定质量目标

质量目标的定义就是在质量方面所追求的目的。质量目标通常是在一定的时间或限定的范围内,组织所规定的与质量有关的预期应达到的具体要求、标准和结果。质量目标应是可测量的,质量目标通常依据组织的质量方针制定。可见,质量方针为制定、评审质量目标提供了框架,质量方针与质量目标应是紧密相连,质量目标在满足要求和持续改进方面应与质量方针一致。

(四) 严格质量控制

质量控制是质量管理的一部分。质量控制就是为达到质量要求所采取的作业技术和活动。这些作业技术和活动,贯穿了实体的全过程,即存在于整个质量环中,典型的质量环包括营销和市场调研、产品设计和开发、过程策划和开发、采购、生产和服务提供、验证、包装和贮存、销售和分发、安装和投入运行、技术支持和服务、售后、使用寿命结束时的处置或再生利用等。服务类别产品是把质量环分为市场开发、服务提供、服务业绩分析和改进四个阶段。这些环节或阶段中有关质量的作业技术和活动都要进行控制。这些"作业技术和活动"的目的是为了监视实体的全过程并排除可能出现的质量问题。由此可见,质量控制致力于满足质量要求的活动。

需要说明的是,上述解释中所讲的"质量要求"需要转化为一组质量特性,这些特性可用定量或定性的规范来确定,以便于执行、控制和检查。如武器装备研制中的产品规范、材料规范、软件规范和工艺规范等。

(五) 强化质量保证

质量保证也是质量管理的一部分。质量保证就是为了提供足够的信任表明实体能够满足质量要求,而在质量管理体系中,实施并根据需要进行证实的全部有计划、有目的和有系统的活动。不是一些互不相干的活动,也不是一些质量活动的机械组合。通过质量保证活动的开展,有利于组织质量方针和目标以及长远效益的实现。质量保证分为内部质量保证和外部质量保证两种。内部质量保证是在组织内部向各层次管理者提供足够的信任,外部质量保证是在合同或其他情况下,向顾客及第三方、上级主管部门等其他各方提供足够的信任。显然,外部质量保证是建立在内部质量保证的基础上的。

在上述解释中有两点值得注意:一是质量保证是在质量管理体系中实施的活动,也就是说,质量保证依赖于质量管理体系的运行;二是质量保证活动根据需要应进行证实,即重视验证工作,重视提供证据。

(六) 实施质量改进

质量改进也是质量管理的一部分。质量管理原则中第六项持续改进原则,指的就是质量管理持续改进,增强满足要求的能力的循环活动。持续改进质量管理体系的目的在于增强组织提升顾客和其他相关方满意的概率。质量管理的持续改进是一个螺旋式提升的过程,首先是分析和评价现状,以识别改进区域,确定改进目标;二是寻找可能的解决办法,评价办法并作出选择,以实现这些目标;三是实施选定的解决办法;四是测量、验证、分析和评价实施的结果,以确定这些目标已经实现;五是正式采纳更改。必要时,对结果进行评审,以确定进一步改进的机会。所以说,质量改进致力于增强满足质量要求的能力。包括有效性、效率或可追溯性的能力的提高。

第三节　质量管理监督

质量管理监督首先是第三方对供方质量管理的监督控制,第三方依据本单位质量管理体系要求,对供方提供的产品质量、过程质量和工作质量提出的质量保证实施全过程的监督。

对于武器装备研制的质量管理监督,是国家在军工企事业单位中设置的必要的管理手段,这种管理手段是靠驻厂军事代表来实施的。在《中国人民解放军驻厂军事代表工作条例》中第四章"质量监督"的十九条至二十二条,规定了军事代表开展质量监督工作的依据、主要任务及有关事项。全军军事代表在做好军品检验验收的同时,按条例规定普遍开展了质量管理监督工作。质量管理监督是驻厂军事代表最经常最主要的工作。本节从质量管理监督的基本要求、承制单位资格、产品实现过程、产品质量等方面简述质量管理监督。

一、质量管理监督概述

质量监督就是督促承制单位对军工产品提供质量保证,保证装备质量符合规定的要求,保证军队按照国家计划得到性能先进、质量优良、价格合理的武器装备。历史的经验告诉我们,质量监督的目的虽然只有一个,但是装备质量监督的内涵却是随着质量管理理论的发展和装备研制生产的实际情况不断发生变动、不断深化,使武器装备的技术水平和装备质量向新、高以及集成方向发展。1995 年,我国装备进入跨越式发展阶段以来,军事代表实施装备质量监督也进入了"产品检验验收 + 过程控制 + 质量管理体系"监督时期,装备研制、生产、采购的客观环境仍在不断地、继续地变化,突出表现在三个方面:一是 GJB 9001B 颁布实施后,质量管理理论有了新的发展,突出了以顾客为关注焦点的思想,重视、细化了产品实现的过程,明确了持续改进是提高质量管理体系有效性的重要手段;二是军工企业社会主义市场经济机制已经建立并发展运行,从而为装备采购实行国家订货奠定了基础;三是两项制度改革试点已经完成。按照计划制定、合同订立、合同履行相互衔接、相互独立、相互监督的要求,对部分机构和工作职能进行局部调整,从调整优化采购力量体系架构和建立健全新的运行机制等两个方面开展工作。这些变化逐步在改变装备采购计划经济模式,充分发挥装备采购方的主体地位,真正实行"军品准入、择优订货"的条件。在这种环境条件下,军事代表质量监督的地位更加突出、作用更加明显,在对装备承制单位基本保证条件的监督方面认真贯彻《中国人民解放军装备采购条例》,对装备采购实行承制单位资格审查制度和配套的 GJB 5713《装备承制单位资格审查要求》的标准。

本节主要围绕质量管理监督的目的和依据、原则和范围、形式、方法、步骤和质量责任等方面叙述,并编制出装备质量监督工作的总体构图,供读者查阅。装备质量监督构图见图1-2。

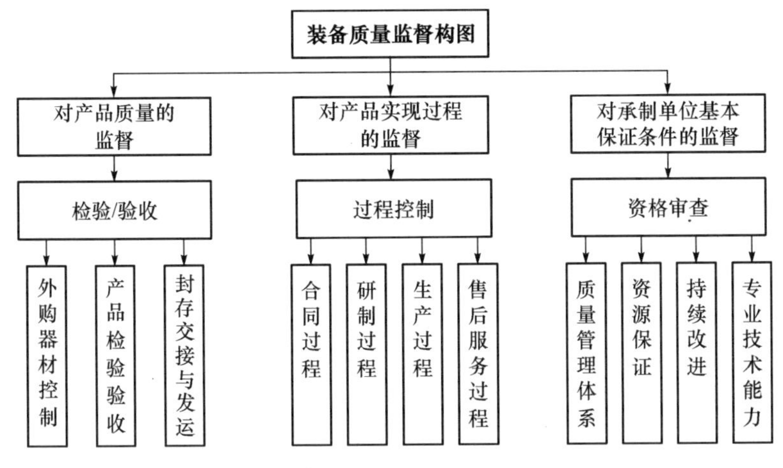

图1-2　装备质量监督构图

(一) 目的和依据

1. 质量管理监督目的

(1) 督促承制单位对军工产品提供质量保证;

(2) 保证装备质量符合规定的要求。

2. 质量管理监督依据

(1)《武器装备质量管理条例》;

(2)《中国人民解放军驻厂军事代表工作条例》;

(3)《军工产品定型工作规定》;

(4)《军用软件产品定型管理办法》;

(5)《中国人民解放军装备条例》;

(6)《中国人民解放军装备采购条例》;

(7)《中国人民解放军装备科研条例》;

(8) GJB 9001B《质量管理体系要求》;

(9) 装备研制或采购合同(技术协议);

(10) 有关法规、相关标准。

(二) 原则和范围

1. 质量管理监督原则

(1) 坚持军工产品质量第一。

(2) 坚持“三不、三不放过”,即不合格的原材料不投产,不合格的零部件不装配,不合格的产品不出厂;故障原因找不出不放过,责任查不清不放过,解决措施不落实不放过。

(3) 坚持战斗力标准,注重满足部队使用需求。

(4) 坚持科学监督,预防为主、防检结合,系统管理,突出重点。

(5) 坚持依法监督,注重客观证据。

2. 质量管理监督范围

(1) 装备承制单位资格;

(2) 质量管理体系正常运行;

(3) 产品实现过程;

(4) 产品质量。

(三) 形式

质量管理监督一般包括承制资格审查、质量管理体系审核、过程监督、检验验收和体系监督5种形式,具体实施可根据实际情况如计划、问题、日常工作等选择适当的质量监督形式。

1. 承制资格审查

在统一组织下,按照有关规定和要求,对装备承制单位承制资格的符合性进行逐一审查,给出明确资质结论。凡承担军品承制任务的单位必须通过承制资格审查,证实其具备相应的承制资格。

2. 质量管理体系审核

在统一组织下,按照有关规定和要求,对承制单位质量保证体系的运行情况进行检查、给出明确的认定结论。质量管理体系审核应在资格审查时进行,必要时军事代表及其装备主管机关(部门)也可以单独组织审核。单独组织质量管理体系审核的时机是:

(1) 签订合同前;

(2) 产品研制阶段转移前;

(3) 产品定型和转(复)产鉴定前;

(4) 出现重大质量问题时;

(5) 质量管理体系的组织结构发生重大变化时;

(6) 军方认为有必要时。

3. 过程监督

产品形成中,军事代表应针对产品实现各个过程的特点实施专项质量监督。产品实现过程一般包括合同落实过程、研制过程、生产过程和售后服务过程。

4. 检验验收

军事代表对承制单位提交检验的产品进行质量合格与否的判定认可,凡交付部队的产品都必须经过检验验收，检验不合格的产品不予接收，以确保装备质量符合规定的要求。

装备设计定型后，军事代表检验验收工作的类型发生了量和质的变化，由设计定型前单一对最终产品质量的检验验收，增加为对装备质量一致性检验验收工作。质量一致性反映出批量产品的性能和功能，单一产品质量的好坏，不能说明批量产品的质量问题，只有进行批次性考核后，才能验证批量产品的质量。如在质量一致性检验项目中，互换性试验检验，例行试验检验和可靠性验收试验检验，虽然都是考核产品的批量性质量，但同时也考核了批量产品的结构、使用环境和产品在规定的时间内、规定的条件下、完成规定功能的能力等是否符合产品规范的要求。因此，装备质量一致性检验的方法、内容、条件和时机等才是军事代表要重点关注的。一是将质量一致性检验的方法、内容、条件和时机等编入产品规范；二是要编制相应的试验大纲、试验规程和专项试验的检验验收规程。

5. 体系监督

根据组织、协调质量监督工作的需要，可在装备主管业务部门组织下，以装备总体承制单位驻厂军事代表室为负责单位、配套产品承制单位驻厂军事代表室为成员单位，组成质量监督体系，实施以型号管理为主要任务的全面、系统的监督。

体系监督通常分为型号研制体系监督和装备生产体系监督。

（四）方法

装备质量管理监督的方法主要包括：

1. 参加论证

军事代表参加论证，往往是型号进入常规武器或战略武器研制的论证阶段。论证阶段是武器装备研制的顶层策划阶段，一般是驻主机单位或系统总体军事代表参加型号的顶层策划工作，参入、了解型号战术技术指标的论证、环境要求、质量保证要求和综合保障工作等，提出合理化建议。

2. 风险评估

风险是在规定的技术、费用和进度等约束条件下，对不能实现装备研制目标的可能性及所导致的后果严重性的度量。风险对任何项目都是固有的，包括技术风险、费用风险和进度风险，在装备研制的任何阶段都可能发生。军事代表在装备研制工程管理中，应参加型号每个阶段的风险管理，主要工作是参加型号研制每个阶段的风险分析，对研制工作的风险评估，签署意见建议，风险分析过程一般分为三个步骤，即风险识别、风险发生的可能性及后果严重性分析和风险排序。

3. 参加评审

评审就是确定主题事项达到规定目标的适宜性、充分性和有效性所进行的活动。在装备研制过程中,军事代表应参加围绕型号研制所进行的分级分阶段评审工作,包括装备研制过程的设计和开发评审、质量评审(设计、工艺和产品质量评审等);质量管理体系要求的管理评审;以及顾客要求的评审等。签署对装备设计、管理、产品质量、工作质量以及质量管理体系是否正常运行的意见建议。参加评审监督应符合 GJB 1310A《设计评审》、GJB 1269A《工艺评审》、GJB 4072A《军用软件质量监督要求》和 GJB 907A《产品质量评审》的要求;管理评审应符合 GJB 9001B《质量管理体系要求》的要求。

4. 参加试验

军事代表在参加型号研制全过程中:一是应参加型号工程试验,了解装备研制过程的功能、性能指标特性的确定或满足情况;二是应参加型号验证性试验,掌握通过提供客观证据证明规定要求已得到满足的认定;三是应组织或协助组织型号的定型(鉴定)性试验(注:在本厂做定型(鉴定)试验时,军事代表为组长单位;在承试方做定型(鉴定)试验时,驻承制单位军事代表为副组长单位),参加试验前、中和试验后的评审工作,参加试验过程指标测试、问题的处理和过程记录等工作。参加试验监督工作应符合 GJB 5712《装备试验质量监督要求》的要求。

5. 审签文件

在装备研制过程中:一是对承制单位提供的设计文件、试验文件和质量管理体系的程序文件按相关规定进行审查签署;二是对定型(鉴定)的成套技术资料、定型(鉴定)文件进行审查认可;三是对不进行生产定型的产品,在设计定型(鉴定)时,应监督承制单位在有关设计定型文件中明确生产时的工艺、生产条件要求;四是监督承制单位对定型(鉴定)遗留问题的处理,并验证其有效性。技术文件的审签应符合 GJB 906《成套技术资料质量管理要求》、GJB 726A《产品标识和可追溯性要求》的要求。

6. 参加质量会议

驻厂(所)军事代表必须参加承制单位与型号有关的质量会议,如故障攻关会、试验结果分析会、技术状态控制分析会、不合格品分析会、设计评审会、工艺评审会、产品质量评审会和年度管理评审会等质量会议;对于重要的外包组件、部件、零件或工序,必要时,还应参加供方的故障攻关会和质量分析会等,提出意见和改进建议。

7. 处理质量问题

装备质量问题是指装备质量特性未满足要求而产生或潜在产生的影响或可能造成一定损失的事件。装备质量问题按偏离规定要求的严重程度和发生损失的大小通常分为三类,即一般质量问题、严重质量问题、重大质量问题。根据相关法规和标准要求,军事代表室、军事代表局和业务主管部门按职能分工处理质量问题。

装备在研制、生产和使用中，发生质量问题，军事代表室应根据问题的类别、场地和产品的性质，按调查核实、初步判定、报告情况、定位分析、采取措施、归零评审、资料归档的程序进行处理，并应符合 GJB 5711《装备质量问题处理通用要求》的要求。

8. 验证产品

在装备研制过程中，军事代表实施全过程质量监督很重要一点是参加产品的验证工作。验证产品质量要从三个方面入手：一是通过产品的不同层次（零件、部件、组件、设备、分系统和系统）验证产品的战术技术指标是否满足研制总要求或技术协议书的要求；二是验证产品在研制、生产和使用过程中出现的质量问题（或隐含的质量问题）是否得到解决，尤其是严重质量问题是否得到彻底解决，并举一返三记录齐全，可追溯；三是承制单位对产品按《产品检验规程》最终检验合格后，提交军事代表进行检验验收。

军事代表在质量监督的验证中，验证过程使用的检验、计量和试验设备，包括借用或使用单位提供的，都应按要求进行严格的检定和维护，保证计量标准统一和测量能力满足要求。

9. 质量评价

质量评价指的是质量管理评价。它包含过程的评价、质量管理审核、管理评审（年度）和自我评定等四种方式。过程的评价是通过过程质量审核实现的，它是对过程的运行、控制及其结果进行审查，以确定过程实现所策划结果的符合程度，并评价过程的有效性。

10. 现场巡回检查

现场巡回检查是日常监督的手段之一。军事代表机构或被授权单位对《装备承制单位名录》中注册的装备承制单位资格的有效性进行日常监督。日常监督通常结合产品研制、生产、修理、技术服务过程和验收等活动，通过巡回检查、询问、参加有关会议和对记录进行分析等手段进行。日常监督过程中发现一般不合格项时，及时通报装备承制单位予以纠正；发现重要、关键不合格项时，应要求装备承制单位采取纠正措施限期解决，同时上报有关装备主管机关（部门）。

11. 节点控制

节点控制是武器装备研制过程中阶段审查的重要手段之一，GJB 2993《武器装备研制项目管理》要求，在研制过程中的重要节点上为确定现阶段工作是否满足既定要求所进行的审查，该审查是决定本阶段工作能否转入下一阶段（或状态）的正式审查。标准中所规定的技术审查，实质是将研制过程中的项目按节点进行控制，并为技术状态基线的形成、确定、发展和落实而进行的技术审查。

节点控制时的技术审查，应根据武器装备的技术复杂程度、承制单位的能力、经费和进度等综合情况进行剪裁，并在合同或技术协议书中指定技术状态项并对审查项目和内容作出具体规定。节点控制可依据 GJB 3273A《研制阶段技术审查》中附录 H 的要求实施（注：GJB 3273A 审查项目及内容仅根据送审稿编制，贯彻以颁布后内容为准，下同）。

12. 参加产品定型或鉴定

产品的定型或鉴定包括设计定型（或鉴定）和生产定型（或鉴定）工作。设计定型（或鉴定）是考核产品与研制总要求的符合性；研制程序的规范性；作战训练的适用性；技术状态的一致性和生产条件的完备性。生产定型（或鉴定）是考核产品质量稳定性和成套批量生产条件，以及是否符合批量生产的标准。

在设计定型（或鉴定）考核时，军事代表机构应检查设计定型样品、提出设计定型试验申请、参加设计定型试验、参加设计定型申请、参加设计定型审查、上报设计定型文件。

在生产定型（或鉴定）考核时，军事代表机构应考核承制单位生产条件、检查生产定型试验产品、了解部队试用情况、申请生产定型试验、对生产定型试验大纲提出意见、参加生产定型试验、申请生产定型、参加生产定型审查、上报生产定型文件。

13. 收集并处理质量信息

GJB 1405A《装备质量管理术语》中规定，反映装备质量要求、状态、变化和相关要素及相互关系的信息，包括数据、资料、文件等，统称装备质量信息。在收集并处理质量信息方面，GJB 1686A《装备质量信息管理通用要求》为订购方和承制单位开展装备质量信息管理工作提供了依据，该标准适用于各类装备全系统全寿命质量信息管理。其装备质量信息管理的目的、装备质量信息管理的任务、装备质量信息管理应遵循的原则、装备质量信息管理的标准化要求和应遵守的安全保密要求等内容在《武器装备研制工程管理与监督》（国防工业出版社，2012）一书中叙述，此书不再赘述。

14. 参加并组织质量审核

GJB 1405A 中对审核的定义是：“为获得审核证据并对其进行客观的评价，以确定满足审核准则的程度所进行的系统的、独立的检查并形成文件的过程”。这种过程是确定有关质量的活动和其结果是否符合计划的安排，以及这些安排是否有效地实施，并能达到预定目标所作的系统的和独立的质量检查过程，也称质量审核过程。这种质量审核的范围不能局限于对质量管理体系或其要素、过程、产品或服务；也不能和旨在解决过程控制或产品检验验收的质量监督或检验相混淆。通常，质量审核应由被审核领域无直接责任的人员进行，但要有相关人员给予配合。

质量审核可分成为内部目的和外部目的而进行的两类审核。内部质量审核，是本单位管理者采取的检查措施，有时称第一方审核，用于内部目的，由组织自己或以组织的名义进行，可作为组织自我合格声明的基础；外部质量审核，是客户或领导机关所采取的检查措施，外部审核包括通常所说的"第二方审核"和"第三方审核"。第二方审核由组织的相关方（如顾客）或由其他人员以相关方的名义进行，第三方审核由外部独立的组织进行。

（五）步骤

1. 质量监督策划

根据 GJB 5708《装备质量监督通用要求》和其他相关标准的要求，针对承制单位和军工产品的实际情况，确定质量监督的形式和方法，制定具体的质量监督计划（细则），并经批准后实施。质量监督计划（细则）内容一般包括目的、内容、分工、时机和方法。

2. 质量监督实施

根据质量监督计划（细则）的要求组织监督工作的实施，及时协调处理实施过程中出现的问题，确保计划的落实。

3. 质量监督评价

根据质量监督过程中收集到的信息进行总结分析，评价质量监督工作的效能，找出存在问题，制定改进措施，不断提高质量监督水平。

4. 质量信息处理

制定专门的管理办法，以确定质量监督过程中所需的质量信息种类、来源和处理办法。质量信息的管理应符合 GJB 1686A《装备质量信息管理通用要求》的规定，对质量信息的分析应贯彻 GJB /Z 127A《装备质量管理统计方法应用指南》的要求。

5. 质量监督记录

建立、健全并保持质量监督记录。监督记录应规范、及时、准确、完整、清晰，可追溯，并符合 GJB 726A《产品标识和可追溯性要求》的规定。

（六）质量责任

在武器装备研制工作中如果承制方弄虚作假或者违反武器装备研制工作程序，造成严重后果的，对直接负责的主管人员和其他直接责任人员，依照有关规定给予处分；构成犯罪的，依法追究刑事责任。

在武器装备研制工作中：一是因管理不善、工作失职，导致发生武器装备重大质量事故的；二是对武器装备重大质量事故隐瞒不报、谎报或者延误报告，造成严重后果的；三是在武器装备试验中出具虚假试验数据，造成严重后果的；四是将不合格的武器装备交付部队使用的。违反其中之一的，由国务院国防科技工业主管部门、国务院有关部门依照有关法律、法规的规定取消其武器装备研制、生产、试验和维修的资格；造成损失的，依法承担赔偿责任；构成犯罪的，依法追究刑事责任。属于军队的武器装备研制、生产、试验和维修单位,由军队有关部门按照有关规定处理。

泄露武器装备质量信息秘密的,由国务院国防科技工业主管部门、国务院有关部门依照《中华人民共和国保守国家秘密法》等有关法律、法规的规定处罚;属于军队的武器装备研制、生产、试验和维修单位,由军队有关部门按照有关规定处理;构成犯罪的,依法追究刑事责任。

阻碍、干扰武器装备质量监督管理工作,情节严重的,由国务院国防科技工业主管部门、国务院有关部门依照有关法律、法规的规定处罚;属于军队的武器装备研制、生产、试验和维修单位,由军队有关部门按照有关规定处理;构成犯罪的,依法追究刑事责任。

为武器装备研制、生产、试验和维修单位提供元器件、原材料以及其他产品,以次充好、以假充真的,由国务院国防科技工业主管部门、国务院有关部门依照《中华人民共和国产品质量法》等有关法律、法规的规定处罚;造成损失的,依法承担赔偿责任;构成犯罪的,依法追究刑事责任。

武器装备质量检验、认证机构与武器装备研制、生产单位恶意串通,弄虚作假,或者伪造检验、认证结果,出具虚假证明的,取消其检验、认证资格,并由国务院国防科技工业主管部门、国务院有关部门依照《中华人民共和国认证认可条例》的有关规定处罚;属于军队的武器装备质量检验、认证机构,由军队有关部门按照有关规定处理;构成犯罪的,依法追究刑事责任。

武器装备质量监督管理人员玩忽职守、滥用职权、徇私舞弊的,由所在单位或者上级主管部门依法给予处分;构成犯罪的,依法追究刑事责任。

装备业务主管机关(部门)及军事代表的质量责任,按《中国人民解放军装备采购条例》《武器装备质量管理条例》《中国人民解放军驻厂军事代表工作条例》等有关法规认定。

装备业务主管机关(部门)及军事代表实施质量监督,不减轻或改变承制单位的质量责任,也不应引起承制单位的质量职能超出或缩小实现质量目标的范围。

(七)质量管理监督术语

1. 质量监督(quality surveillance)

质量监督是为了确保满足规定的要求,对组织、过程和产品的状况进行监视、验证、分析和督促的活动。

理解要点:

(1)质量监督的依据是规定的质量要求,其性质是考察符合性。它可以提出改进的建议以供参考,但不涉及改进措施的采用和实施。

(2)质量监督强调对实体状况进行监视和验证的连续性,以便掌握实体状况随时间的变化,防止实体变质、降低或不符合规定的质量要求。如军事代表对程序、方法、条件、产品、过程和服务进行连续评价,并按规定标准或合同要求对记录进行分析。

(3) 质量监督分为内部监督和外部监督。外部监督可由顾客或以顾客的名义实施。

(4) 对于一般产品,质量监督是用户和国家的共同职责。对于军工产品的质量监督是由国家和军队来实施的。国家的质量监督形式主要靠质量立法和必要的行政干预以及经济制约,更重要的是,国家通过鉴定定型管理机构来验证,评价型号产品设计、生产是否达到要求,确定其是否能够定型。这种监督是一种节点式的监督。

2. 质量要求(requirements for quality)

质量要求是对需求的表述或将需求转化为一组针对实体特性的定量或定性规定要求,以使其实现并进行考核。

理解要点:

(1) 质量要求应能全面地反映顾客明确的和隐含的需要,并要很好地考虑所有的社会要求。同时,质量要求也包括市场、合同和组织内部的要求,这些要求在不同阶段可以进行开发、细化和更新,并形成文件。

(2) 社会要求包括:法律、法规、准则、规章和条例;有关环境、健康、安全性、社会保障,以及能源和自然资源的保护等其他需要考虑的事项;司法的要求,它可依据不同的司法情况而有所不同。

(3) 质量要求可以有两种表达方式:其一为对需求的表述;其二为将需求转化为对实体特性的规定要求,这里所说的规定要求可以是定量的,也可以是定性的。

(4) 质量要求无论采用哪种表达方式,其目的都是为了使之能够实现。因此,质量要求应是能够考核的。

3. 质量记录(quality record)

质量记录是为已完成的活动或达到的结果提供客观证据的文件。

理解要点:

(1) 记录是一种文件,它是对活动或过程本身,或者达到的结果提供某种证据,这种证据必须是客观的、真实的、不以人们意志而转移的。记录可是书面的,也可以存储在任何媒体上。

(2) 质量记录是记录的一种,其目的是为了提供满足质量要求程度的证据,或者是为了提供质量体系运行的有效性证据。质量记录的目的可以有多种,如为了证实、为了可追溯性、为了预防措施和纠正措施等。

4. 第二方认定(second - party approval)

第二方认定是使用部门对承制单位的质量管理体系或产品通过评定作出符

合标准的正式认可的活动。

理解要点：

(1) 第二方就是使用部门，或者称买方、顾客，是相对于第一方即承制单位或者叫卖方、供方而言的。除此之外，还有第三方，它们都是 ISO 9000 系列标准中评价一个质量管理体系的主体。

(2) 第二方认定的实质，就是使用部门对承制单位进行质量审核，其目的在于：一是确认承制单位是否建立了质量管理标准中规定的质量管理体系；二是建立的质量管理体系是否在有效地运转，并有持续提供合格产品的能力。

(3) 第二方质量审核与第三方质量审核，均属外部审核，它们的实施过程基本相同。

5. 质量审核(quality audit)

《空军航空工程辞典》对质量审核的定义是：确定有关质量的活动和其结果是否符合计划的安排，以及这些安排是否有效地实施，并能达到预定目标所作的系统的、独立的检查。

理解要点：

(1) 质量审核是一种系统的、独立的检查，其目的：一是确定质量活动和有关结果是否符合已经制定的计划的安排，以及是否有效地实施；二是确定已经制定和执行的计划的安排是否符合达到现行的目标。

因此，质量审核不仅着眼于符合性，而且还着眼于计划安排的改进，并评价是否需要采取改进和纠正措施。

(2) 质量审核可分为内部和外部两种不同情况进行，前者称内部质量审核，是由组织最高管理者或负有执行责任的管理者组织或委托进行的。后者称为外部质量审核，是由组织以外的顾客、第三方、上级管理部门以及他们所委托的组织或人员进行的。

(3) 质量审核强调独立性，是客观的检查，不允许有其他干扰。进行质量审核的人员，包括经过鉴定合格的审核员，应是与被审核领域无直接责任的人员。但是，审核时最好在与被审核领域相关的人员配合下进行。

(4) 质量审核强调改进，其目的之一是评价是否需要采取改进或纠正措施。因此，不能与旨在解决过程控制或产品检验验收的“质量监督”或“检验”相混淆。

(5) 质量审核强调有客观证据证实作为事实的依据，对这样的事实才能称为质量审核观察结果。

(6) 质量审核的审核人员一般受委托进行审核，审核人员只对委托人负责，向委托人提供报告(包括改进和纠正措施的建议)，但无权决定改进和纠正措施的实施，只有委托人才有权决定。

二、对装备承制单位资格监督

(一) 承制单位资格审查

1. 监督要求

按照规定要求审查监督承制单位的资格状况。对承制单位资格审查监督的要点是:

(1) 通过承制资格审查并列入《装备承制单位名录》;

(2) 承制资格应连续有效。

2. 监督实施内容

对承制单位的资格审查监督实施主要内容:

(1) 按照 GJB 5713《装备承制单位资格审查要求》规定,组织或者参加对承制单位的资格审查工作,督促其纠正措施的落实;

(2) 将审查合格的承制单位编入《装备承制单位名录》;

(3) 跟踪检查承制单位装备承制资格的保持情况,及时处理发现的问题;

(4) 当承制单位的资格条件发生不足以承担装备承制任务的重大变化时,按规定程序终止合同,并从《装备承制单位名录》中注销其资格。

(二) 质量管理体系监督

1. 监督要求

督促承制单位建立、健全质量管理体系并持续有效地运行,不断提高其质量保证能力。其监督的要点是:

(1) 体系健全,运行正常;

(2) 通过国家、军队法定机构的认证或者认定;

(3) 认证(认定)应连续有效;

(4) 具备持续改进的能力。

2. 监督实施内容

对承制单位质量管理体系的监督实施主要内容:

(1) 督促承制单位按照 GJB 9001B《质量管理体系要求》的要求建立和运行质量管理体系,体系文件应完整、协调、准确、有效,质量记录应符合规定要求。

(2) 督促承制单位按照 GJB 5713《装备承制单位资格审查要求》通过第三方认证和第二方认定,并保持有效性。

(3) 协助第三方认证机构对承制单位质量管理体系的认证,并监督其纠正措施的落实。

(4) 组织或参加对承制单位质量管理体系的第二方审核,并监督其纠正措施的落实。

(5) 参与承制单位质量管理体系文件的审查、评审工作,提出改进意见和建议;与承制单位商定需要军事代表会签的体系文件目录,并会签相应的文件。

(6) 按照 GJB 9001B《质量管理体系要求》的要求制定专门检查程序,开展对承制单位质量管理体系运行情况的日常监督检查,并跟踪检查不符合项纠正措施的落实。

(7) 建立对承制单位质量管理的评价制度,评价结果应通知承制单位,并督促其整改落实。

(8) 在承制单位质量管理体系运转不正常,不能保证产品质量时,向承制单位提出警告,督促限期改正,并按 GJB 3677A《装备检验验收程序》规定暂停产品检验验收,直至终止合同。

三、对产品实现过程的监督

(一) 合同的监督

1. 监督要求

督促承制单位按照合同规定组织装备承制和售后技术服务,保证使用部门得到符合合同规定的装备和服务。对合同监督的要点是:

(1) 合同中质量保证条款的制定准确完善;

(2) 合同内容的落实严格有效;

(3) 解决合同执行过程中出现的问题;

(4) 处理合同违约问题。

2. 监督实施内容

对合同的监督实施主要内容一般包括:

(1) 按照 GJB 3898A《军事代表参与装备采购招标工作要求》的规定参与装备采购与装备研制的招标工作,合理选择装备承制单位;

(2) 按照 GJB 3900A《装备采购合同中质量保证要求的提出》的规定,提出采购合同中的质量保证要求条款;

(3) 参与合同的评审;

(4) 监督合同的执行情况;

(5) 协调处理合同履行过程中出现的问题;

(6) 依照《中华人民共和国合同法》及有关法律的规定,协助处理合同违约问题。

(二) 研制过程的监督

1. 监督要求

督促承制单位按照合同和有关法规、标准的规定开展装备研制工作,保证装备研制质量满足规定的要求。装备研制过程质量监督的要点是:

(1) 战术技术指标(技术协议)的确定应合理可行;

(2) 系统规范、研制规范和产品规范等技术规范应满足战术技术指标的规定;

(3) 性能试验应符合型号研制规范和产品规范的规定;

(4) 产品适用性应满足研制总要求、合同或技术协议书规定的使用要求;

(5) 研制过程应遵循有关程序规定。

2. 监督实施内容

对装备研制过程的质量监督实施主要内容包括:

(1) 研制过程质量监督的具体实施应符合 GJB 3885A《装备研制过程质量监督要求》的规定;

(2) 按照 GJB 5712《装备试验质量监督要求》参加鉴定性试验和重要的验证性试验,并会签试验结论;

(3) 按照 GJB 3899A《大型复杂装备军事代表质量监督体系工作要求》的规定,建立大型复杂装备研制监督体系并开展质量监督工作;

(4) 按照 GJB 5709《装备技术状态管理监督要求》的规定,监督产品技术状态管理;

(5) 按照 GJB 4072A《军用软件质量监督要求》的 5.1 条、5.5 条的要求,监督军用软件质量;

(6) 按照 GJB 3887A《军事代表参加装备定型工作程序》的要求参加产品定型工作;

(7) 对于研制、生产交叉的装备,投产前应进行必要的风险评估。

(三) 生产过程的监督

1. 监督要求

应监督承制单位的基本生产条件(人、机、料、法、环)处于受控状态,产品质量符合设计、工艺文件和合同的要求。装备生产过程质量监督的要点是:

(1) 生产准备状态应满足生产任务的要求;

(2) 工序质量应稳定可靠;

(3) 外购器材配套稳定;

(4) 技术状态管理符合规定;

(5) 不合格品管理控制有效;

(6) 批次管理稳定有序。

2. 监督实施内容

对生产过程质量监督实施主要内容包括:

(1) 生产过程质量监督的具体实施应符合 GJB 5710《装备生产过程质量监督要求》的规定;

(2) 按照 GJB 5712《装备试验质量监督要求》的规定参与产品试验;

(3) 按照 GJB 3920A《装备转厂、复产鉴定质量监督要求》的规定,参与产品转厂复产鉴定工作;

(4) 按照 GJB 3919A《封存生产线质量监督要求》的规定,参与产品生产线的封存、保管工作；

（5）按照 GJB 3899A《大型复杂装备军事代表质量监督体系工作要求》建立大型复杂装备生产质量监督体系并开展质量监督工作；

（6）按照 GJB 4072A《军用软件质量监督要求》中的 5.2 条、5.5 条的要求，进行军用软件质量监督。

（四）售后技术服务

1. 监督要求

应督促承制单位提高售后技术服务质量，满足装备的使用要求。售后技术服务质量监督的要点是：

（1）服务项目应纳入合同管理；

（2）服务资源应得到充分保证；

（3）服务质量应满足部队需求。

2. 监督实施内容

对售后技术服务质量监督实施主要内容包括：

（1）售后技术服务质量监督的具体实施应符合 GJB 5707A《装备售后技术服务质量监督要求》的规定；

（2）按照 GJB 4072A《军用软件质量监督要求》中的 5.3 条、5.5 条的要求，进行军用软件质量监督；

（3）会同承制单位组织落实战时动员和紧急专项任务；

（4）建立健全驻厂军事代表、使用部队、承制单位之间的质量信息网络，并实施闭环管理。

四、对产品质量监督

（一）外购器材质量监督

1. 监督要求

应依据合同及 GJB 9001B《质量管理体系要求》的有关要求，对承制单位的外购器材质量管理活动实施监督。外购器材质量监督的重点是：

（1）采购文件应规范正确；

（2）合格供应方应经确认；

（3）进厂复验严格有效；

（4）器材保管严格有序。

2. 监督实施内容

外购器材质量监督实施主要内容包括：

（1）外购器材质量监督的具体实施应符合 GJB 5714《外购器材质量监督要求》的规定；

（2）应制定专门质量监督办法，严格控制产品外包（含外协）过程质量。

（二）软件产品质量监督

1．质量监督要求

软件产品的质量监督应实施于软件生存周期的全过程监督，即包括系统分析与软件定义、软件需求分析、软件设计、软件实现、软件测试、软件安装和验收、软件使用和维护等状态的变化，按相关法规和标准的要求进行监督，对软件产品质量监督的要求重点是：

（1）按软件工程化的原则实施监督；

（2）按照 GB/T 12505《计算机软件配置管理计划规范》要求，开展软件配置管理监督工作；

（3）对软件研制和服务的全过程质量实施监督。

2．质量监督依据

（1）GJB 1268A《军用软件验收要求》；

（2）GJB 2786A《军用软件开发通用要求》；

（3）GJB 4072A《军用软件质量监督要求》；

（4）GJB 5000A《军用软件研制能力成熟度模型》；

（5）国务院、中央军委《军用软件产品定型管理办法》；

（6）《中国人民解放军驻厂军事代表工作条例》；

（7）总装备部《军用软件质量管理规定》。

3．质量监督内容

（1）在系统分析和软件定义阶段，加强合同协议监督、参加系统分析和软件定义阶段的评审；

（2）在软件需求分析阶段，开展软件项目策划的监督、《软件开发计划》的审查、《软件质量保证计划（大纲）》的审查、《软件配置管理计划》的审查、软件需求分析阶段评审、软件需求变更控制、《软件测试计划》的审查、软件开发/集成环境的监督和需求分析阶段软件质量保证工作的检查；

（3）软件设计阶段的评审、文档审查、质量保证工作的检查；

（4）软件实现阶段的代码走查、静态测试、单元测试过程、单元测试内部评审和质量保证工作等检查；

（5）软件测试阶段的测试环境、测试阶段评审、测试阶段文档审查、第三方测试工作监督和质量保证工作等检查；

（6）对软件安装和验收阶段的软件验收、软件安装的监督要点、软件产品状态确认要点等进行检查；

（7）对运行和维护阶段的服务要求、质量信息的处理要求和质量保证工作的检查要求进行检查。

（三）产品检验验收监督

1. 监督要求

对交付使用的产品必须实施检验验收，保证装备质量符合合同和产品规范规定的要求。检验验收的要点是：

(1) 产品质量应符合规定的要求；

(2) 产品应配套齐全。

2. 监督实施内容

实施产品检验验收做好下列工作内容：

(1) 按照 GJB 3677A《装备检验验收程序》、GJB 5715《引进装备检验验收程序》的规定要求和批准定型的产品图样、技术文件以及采购合同编制具体产品的检验验收规程（设计定型前为细则），并按规定报批后实施；

(2) 按照批准的检验验收规程检验验收产品；

(3) 对承制单位提交的成品一般应独立进行检验（试验），不宜独立进行检验（试验）的项目，可会同承制单位进行联合检验（试验）；

(4) 按合同或技术文件的规定会同承制单位进行定期（定批）例行试验和环境试验，并签署试验报告；

(5) 按产品技术文件的规定检查随机文件、随机零备件、随机工具、随机设备，应配套齐全；

(6) 经检验（试验）合格的成品，应在合格证明文件上签字；经检验（试验）不合格的成品或配套不齐全的成品应拒绝接收，并将拒绝接收的理由通知承制单位。

(四) 储存、保管、交接和发运监督

1. 监督要求

应监督承制单位的产品贮存、保管、交接和发运工作符合规定的要求。产品贮存、保管、交接和发运工作监督的要点是：

(1) 产品包装箱、包装应满足贮存保管和交接运输的需求；

(2) 产品贮存应符合规定的要求；

(3) 产品交接应符合规定的程序；

(4) 运输方式应确保产品质量安全可靠。

2. 监督实施内容

装备贮存、保管、交接和发运的质量监督实施主要内容包括：

(1) 按照 GJB 1443《产品包装、装卸、运输、贮存的质量管理要求》的规定，检查已接收成品的封存、包装状况；

(2) 检查已接收成品的包装、贮存状态和运输、装卸安全措施；

(3) 按照 GJB 3916A《装备出厂检查、交接与发运质量工作要求》，做好装备产品的出厂检查与交接发运质量工作。

第二章　装备研制质量工作策划

第一节　装备研制质量工作

装备研制质量工作是装备研制工程管理的重要环节，它与装备研制工程管理形成了两大管理系统，对武器装备研制、生产、使用和部队战斗力形成起着至关重要的作用。装备新技术的发展离不开质量工作，良好的质量工作管理能促进装备技术的进一步发展建设。由此，在装备研制的各个阶段、各个环节都应提出相应的质量要求，使装备研制的质量工作能显现到各个环节。

一、研制质量工作概述

一般企业的生产经营活动，主要通过市场使其产品质量得到同步验证。军品质量也必须通过实践检验，但战争的严酷性又绝不允许装备质量存在任何问题，这就主要靠研制、生产过程的质量保证来实现。质量保证绝非一句空话，必须通过质量工作制定措施、方法和手段，必须应在装备研制的伊始对质量工作进行策划。工程管理需要策划，工艺管理需要策划，质量工作管理同样需要策划，质量工作策划的必要性可以从以下几个方面理解：

(1) 落实订货计划和订货合同的需要。合同的质量保证要求，具有强制性。承制单位、使用部门都有责任圆满地执行合同，共同保证合同付诸实施。承制单位应有质量管理体系来保证实现合同中的质量要求；使用部门有权力、有义务对承制单位实施质量监督。导引承制单位按合同中的质量要求，并在质量保证大纲或可靠性大纲等质量保证文件中得到具体体现和落实。使用部门对承制单位实施质量监督，一般通过派遣军事代表来实现。军事代表根据质量法规、标准对企业质量管理体系进行监督，对产品进行检验验收，对研制、生产全过程实施质量监督，使产品生产和管理处于受控状态。生产与使用，订货与承制，质量保证与质量监督都是矛盾的统一。双方有各自的利益与工作侧重点，但目的都是为了向部队提供优质装备。

(2) 减少研制风险的需要。由于武器装备技术密集，投资巨大，研制周期长，协调关系复杂，因此，研制有很大的风险性。能否研制成功并达到预定的质量要求，需要通过检查、评审、分析等质量工作来验证，也需要对整个过程实施控制和监督，以减少风险，达到预定目标。主管质量部门的质量工作不仅要促使研制的产品按时、按质、按量地研制出来，同时还要不断适应使用要求，协调各方关系，及时按情况变化修改研制计划、措施，使研制成果符合质量要求，符合使用要求。

(3) 控制生产波动的需要。在生产过程中，由于相关因素的不断变化，生产状态和产品状态也随时处在变化之中，为达到规定的质量状态，必须对相关因素进行控制、监督和调整。有波动就可能出现不合格品，质量管理机构就有必要进行质量协调、控制和检查。

(4) 装备生产组织协调的需要。构成装备的系统产品，牵扯到众多厂家研制生产，装备的质量要求与产品层次即系统、分系统、设备、组件、部件和零件有着密切关系，组织协调相当复杂且十分重要。装备的质量要求可以通过型号设计师系统，使主辅机在进度、质量、价格、动态管理等方面充分发挥协调监督作用，来促进研制生产目标实现。

(5) 满足部队使用要求的需要。使用部门关心，武器装备交付的状态是能够成套提供、质量合格，方便维护、互换性好，列装后尽快形成战斗力。由此，要求承制单位提供良好的售后服务(安装、试飞验证、维修、培训)，以提高使用效益。通过军事代表反馈使用信息，联络协调供需双方的关系，实施适用性监督，以尽可能地满足部队的使用需要。

(6) 企业质量管理体系正常运行的需要。质量管理体系是武器装备研制生产的平台，平台质量的好坏、是否正常运行，直接关系装备的使用质量。体系的有效运行不仅源于体系自身，还需体系外监督系统的有效监督。军事代表作为使用部门代表对体系实施监督，是体系运行的外在动力之一。军事代表处在企业质量管理体系与体系外部监督系统的结合点，处在研制生产第一线，既了解产品设计、工艺和检验，又了解产品的使用，既了解产品的生产过程，又熟悉工厂的管理活动。由于主管部门对企业质量管理体系的监督只进行定期认证，因此，对体系日常监督的重任理所当然地落在了军事代表身上。

二、研制质量工作要求

武器装备研制的跨越式发展，给研制质量工作提出了更高标准、更严要求。为了加强对武器装备质量工作的管理，提高武器装备质量工作及管理水平，武器装备以及用于武器装备研制的计算机软件、专用元器件、配套产品、原材料的质量管理，应适用于装备研制质量工作的下列要求：

(1) 武器装备质量管理的基本任务是依照有关法律、法规，对武器装备质量特性的形成、保持和恢复等过程实施控制和监督，保证武器装备性能满足规定或者预期要求。

(2) 武器装备研制、生产、试验和维修单位应当建立健全质量管理体系，对其承担的武器装备研制、生产、试验和维修任务实行有效的质量管理，确保武器装备质量符合要求。

(3) 武器装备研制、生产、试验和维修单位应当执行军用标准以及其他满足武器装备质量要求的国家标准、行业标准和企业标准;鼓励采用适用的国际标准和国外先进标准。

(4) 武器装备研制、生产、试验和维修单位应当依照计量法律、法规和其他有关规定,实施计量保障和监督,确保武器装备和检测设备的量值准确和计量单位统一。

(5) 武器装备研制、生产、试验和维修单位应当建立武器装备质量信息系统和信息交流制度,及时记录、收集、分析、上报、反馈、交流武器装备的质量信息,实现质量信息资源共享,并确保质量信息安全,做好保密工作。

(6) 国家鼓励采用先进的科学技术和管理方法提高武器装备质量,并对保证和提高武器装备质量作出突出贡献的单位和个人,给予表彰和奖励。

三、研制阶段主辅机工作关系

GJB 2993《武器装备研制项目管理》中4.1.5条明确规定:常规武器装备、战略武器装备和人造卫星的研制,应分别按照《常规武器装备研制程序》、《战略武器装备研制程序》和《人造卫星研制程序》开展研制工作,并根据研制程序进行分阶段管理和决策。在每一研制阶段结束前或重要节点,使用方和承制方应按合同工作说明要求,根据有关国家军用标准开展审查工作,以确定该阶段的研制工作是否达到了合同的要求。只有达到要求后方可进入下一研制阶段。GJB 2993《武器装备研制项目管理》5.2条研制阶段的划分中,常规武器装备研制项目一般划分为论证阶段、方案阶段、工程研制阶段、设计定型阶段和生产定型阶段;战略武器装备研制项目一般划分为论证阶段、方案阶段、工程研制阶段和定型阶段;人造卫星研制项目一般划分为论证阶段、方案阶段、初样研制阶段、正样研制阶段和使用改进阶段。这些阶段的划分,往往描述了装备研制中的主机或系统的研制阶段,而装备研制中的辅机研制的阶段划分也是根据GJB 2993《武器装备研制项目管理》5.2条划分的研制阶段。这样从时间轴上可以看出,常规武装装备研制主机与辅机质量管理工作的对应关系见图2-1。

战略武装装备研制系统与设备质量管理工作对应关系见图2-2。

从图2-1和图2-2中可以看出,在装备的研制过程中,各辅机产品研制的五个阶段的工作,是迟后主机或系统装备研制,而后又先于主机或系统进行设计鉴定后,再参与主机或系统的设计定型步伐。因此,作为辅机和设备级新的型号研制,往往研制时间短、时间紧也是正常的。

正是由于装备产品层次的配套、接口和迭代的工作关系,主机与辅机、系统与设备之间装备研制的质量工作关系是清楚、明确的。

(1) 主机或系统单位开展论证阶段工作时,各辅机单位并没有开展工作;主

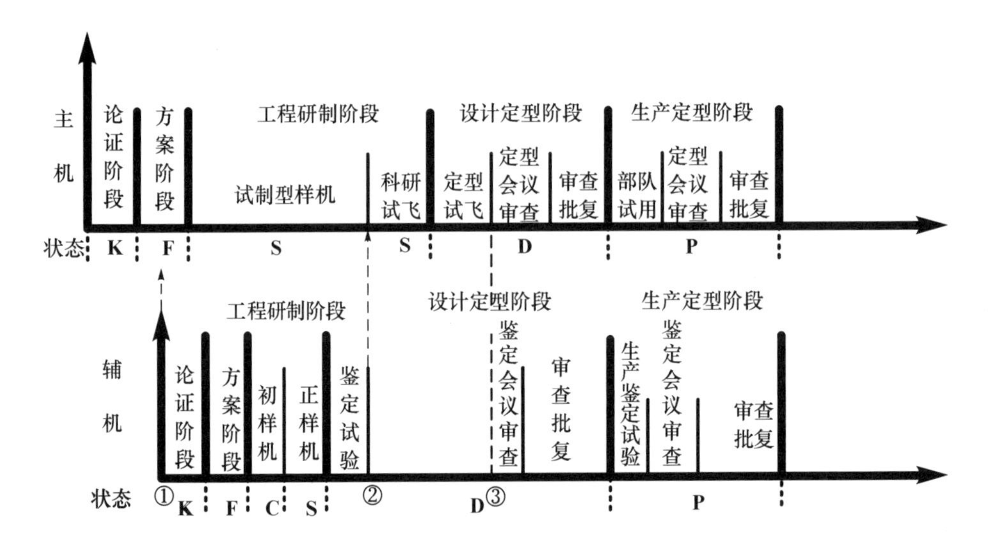

图 2－1　主机与辅机质量管理工作对应图

注释：

(1) 方案阶段，主机研制规范确定后，即与辅机签订技术协议书。此时，辅机启动研制工作，进入论证阶段，如箭头①。

(2) 辅机的正样机试制完成后，经产品质量评审通过后转入设计鉴定状态并实施地面鉴定试验（如电磁兼容试验、环境鉴定试验和可靠性试验等）。鉴定试验合格，同鉴定批产品有一套交付主机参与科研试飞（也称调整试飞），认为具备设计定型试飞条件后，主机或型号系统即组织评审或审查，评审或审查通过后即刻转入设计定型试飞，如箭头②。

(3) 主机定型试飞结束后，各辅机先于主机分别进行设计鉴定会议审查，辅机的设计鉴定会议审查全部结束后，主机或型号系统再进行设计定型会议审查，如箭头③。

(4) 生产定型阶段各辅机先于主机分别进行生产鉴定试验和会议审查，辅机的生产鉴定试验及会议审查全部结束后，主机或型号系统再进行生产定型会议审查。

机或系统单位在论证阶段工作时间较长。

(2) 主机或系统单位在方案阶段中后期，各辅机单位开展其论证阶段的工作。但由于主机或系统单位是在其方案阶段中后期完成与各辅机签订合同或技术协议书等工作的。因此，各辅机单位论证阶段工作时间很短，就得转入方案阶段，完成原理样机（模型样机），满足主机或系统单位转入工程研制阶段工作的需求（如先交付原理样机，完成主机或系统的结构设计等）。

(3) 当主机或系统单位转入工程研制阶段工作后期时，各辅机单位产品就应该完成地面鉴定试验状态，并有一套鉴定批产品正随主机或系统单位的装备进行科研试飞状态，而后进入主机设计定型阶段的设计定型状态或系统的地面鉴定和飞行试验状态。

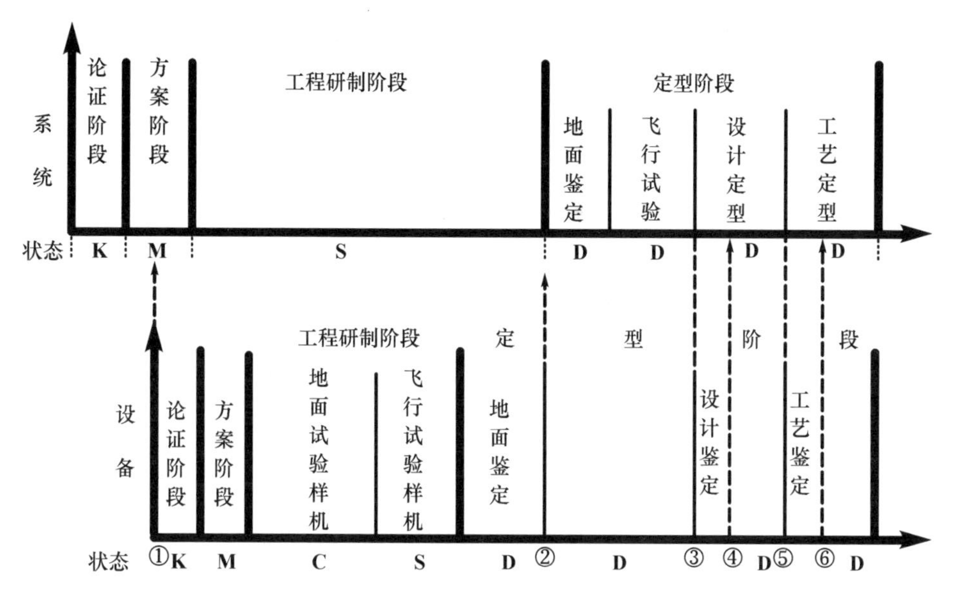

图2－2　系统与设备质量管理工作对应图

注释：

（1）方案阶段，系统的研制规范确立后，与设备签订技术协议书。此时，设备启动研制工作，进入论证阶段，如箭头①。

（2）设备在工程研制阶段完成飞行试验样机的研制后，经评审合格转入定型状态，通过地面鉴定试验后，将设备交付系统进行系统地面鉴定试验，如箭头②。

（3）系统装备在定型阶段，经系统飞行试验后，各设备先于系统进行设计鉴定，而后系统装备再进行设计定型，如箭头④。

（4）系统装备完成设计定型后，各设备应先于系统装备进入工艺鉴定状态，并完成工艺鉴定。而后系统装备再进行工艺定型，如箭头⑥。

第二节　装备研制质量保证

装备研制过程的质量保证设计是承制单位履行研制和生产合同或技术协议书的举措之一。装备工作质量、管理质量和产品质量的质量保证等条款是型号研制的规范性文件，具有强制性实施的要求，尤其是某型号质量保证条款更具有针对性、强制性和规范性。如 GJB 1406A《产品质量保证大纲要求》在 GJB 9001B 的7.1 产品实现的策划中明确指出，策划的输出形式应适合于组织的运作方式，组织应编制质量计划（产品质量保证大纲）。顾客要求时，质量计划及调整应征得顾客同意。组织应保持策划输出现行有效。GJB 9001B 7.1 产品实现的策划中注1 解释：对应用于特定产品、项目或合同的质量管理体系的过程（包括产品实现过程）和资源作出规定的文件可称之为质量计划。GJB 9001B

《质量管理体系要求》明确规定了质量工作原则与质量目标、管理职责、文件和记录的控制、质量信息的管理、技术状态管理、人员培训和资格审查、顾客沟通、设计过程质量控制、试验控制、采购质量控制、试验和生产过程质量控制 11 个方面的内容,如计算设计过程质量控制和试验及生产过程质量控制中的具体内容共计 41 条。经检查发现,装备研制过程中的型号质量保证大纲,多数承制单位没有按国家军用标准编写。要么是继承老产品的质量保证大纲,与现行质量保证要求相比差距甚远;要么就是罗列标题,具体内容按质量管理体系要求中的某程序文件执行,一份型号质量保证大纲最多可推出 36 份程序文件查阅,可见该文件的针对性、规范性和操作性差的程度;还有一种情况是,罗列的标题不符合国家军用标准的要求,具体的内容及要求规范性、针对性差,但通用性较强,本单位研制生产的产品,不论是飞机、直升机、无人机产品,在文件中将型号替换后都可以用此质量保证大纲,起不到对产品质量采取相应措施实施质量保证的作用。由此,承制单位在装备的研制中,编制型号质量保证大纲(或质量计划),是装备研制质量的需要,是承制单位保证其管理质量、工作质量和装备研制的交付质量的根本需要。承制单位应与使用部门共同履行研制和生产合同,共同保证合同(含技术协议书)和型号质量保证大纲的付诸实施。

一、研制质量保证概述

质量保证是质量管理的一部分,《武器装备质量管理条例》中,在五个方面强调质量保证的重要性和要求,并将质量保证要求作为“订立武器装备研制、生产合同应当明确规定的武器装备的性能指标、质量保证要求、依据的标准、验收准则和方法以及合同双方的质量责任”的内容之一。

质量保证设计是型号研制过程的质量管理工作中,承制单位为了提供足够的信任表明实体能够满足质量要求,在型号研制伊始实施并根据需要进行证实的、有计划的、系统的对产品质量保证项的顶层设计活动。主机厂所及系统整体单位伊始于装备研制的论证阶段,辅机厂伊始于主机厂及系统整体单位装备研制的方案阶段。

质量保证按目的划分,可分为内部质量保证和外部质量保证。内部质量保证是在组织内部,质量保证向管理者提供信息;外部质量保证是在合同或其他情况下,质量保证向顾客或他方提供信息。显然,外部质量保证是建立在内部质量保证基础上的。由此,只有质量要求全面反映了用户的要求,质量保证才能提供足够的信任。如质量保证大纲(或质量计划)通常是质量策划的结果之一,假如此时的质量计划在某型号的研制过程中,不能起到质量保证作用,不能规范质量管理的行为,那么此份质量保证大纲的质量保证就不可能向顾客或他方提供足够的信任;又如产品已经交付军事代表检验验收了,承制单位却没有通过检验规程的检验,仅仅通过工艺规程的工序检验,就交付军事代表检验验收。由此可以看出，某些承制单位在装备研制的伊始策划时就没有策划质量保证文件即检验规程，仅仅用工艺规程中的工序检验项目的内容，替代了产品最终的检验应该用质量保证文件即检验规程检验的做法。

质量保证的伊始策划是非常重要的，其内容应该是装备研制过程质量保证要求、方法以及程序，通过相关文件进行接口或无缝连接，这些文件通常在质量管理过程和产品实现过程中实施，起到真正的质量保证作用。

二、研制质量保证要求

质量保证设计应根据《武器装备质量管理条例》和GJB 2993《武器装备研制项目管理》的规定，依据研制总要求、研制合同以及技术协议书的要求，对型号研制的质量管理工作内容实施质量保证设计，并将质量保证工作的内容、项目、要求和程序，以质量保证文件进行接口设计，使其在装备研制过程实施质量保证、控制和监督作用。质量保证设计的基本要求：

（1）质量保证设计必须遵循军工产品质量第一的原则。质量保证设计要素不受时间、经费等的约束，严格按《武器装备质量管理条例》相关条款精细策划，使质量保证条款在装备研制中起到质量控制作用。

（2）严格履行合同（含技术协议）的内容。质量保证设计时，应将合同（含技术协议）的相关内容落实到质量管理过程严格受控。

（3）质量保证设计工作，应由质量部门或项目负责人在产品研制生产前，确定产品实现所需要的过程后组织策划设计，并经评审、审批。必要时，提交顾客认可。

（4）适当时，对质量保证策划内容进行修改，修改后的质量保证内容，应重新履行审批手续。必要时，再次提交顾客认可。

（5）质量保证文件中应明确各级各类相关人员的职责、权限、相互关系和内部沟通的方法，以及有关职能部门的质量职责和接口的关系，并作为整个产品保证工作系统的一部分。

三、装备研制质量保证的差异

在装备研制过程中，各承制、承试单位除了掌握装备研制过程质量保证设计的基本要求外，应针对产品层次以及机械、电子和橡胶等行业特点，提出行业的、产品层次的质量保证要求条款。但在装备研制的实施过程中，会出现一些装备研制中质量保证要求有差异的环节，值得深入探讨。

（1）对于主机或系统单位，在系统要求上所做的工作是否充分和正确，质量保证条款是否有针对性、起保证作用。这种系统性质量保证要求，并不是单纯体现在装备研制合同、技术协议书或研制任务书上。对于新装备的研制，更重要的是编写于系统规范中，按照GJB 6387《武器装备研制项目专用规范编写规定》的要求,装备研制的战技指标、工艺管理、试验、贮存、运输等项目和质量保证要求,都体现于装备研制的三个基线的系统规范、研制规范和产品规范等六个规范中。这也是使用部门在装备研制过程中关注的研制文件是否接口,规范有效的一种技术审查项目和内容。

(2) 主机或系统单位,应按照相关法规、标准要求,对其外购、外协产品的质量负责,对采购过程实施严格控制,对供应单位的质量保证能力进行评定和跟踪,并编制合格供应单位名录的要求进行管理。强化自行研制生产的零件、部组件、成品件的层次质量控制,提出明确的质量保证要求(如对最终产品按检验规程实施检验,并提供一份检验规程给接收方;接收方将检验规程改编成验收规程验收交付的产品),未经检验合格的零件、部组件和成品件,不得装机使用。

(3) 主机或系统、分系统单位,在技术状态基线文件中,加强装备地面联试联调的质量保证要求提出,成品分系统集成、成品装机后和飞机出厂移交试飞前,应按检验规程进行机上地面通电检查试验和全机电磁兼容相互干扰检查,综合火控/航电系统的功能和性能应符合有关检验规程的要求。

(4) 主机或系统、分系统单位,应加强使用软件的配置管理,明确提出控制软件版本的质量保证要求,以保证软件版本的一致性。软件版本的技术状态须在产品履历本中标识,技术状态更改必须经总军事代表审签后,拟制技术通报,报主管部门批准。软件技术状态更改实施分级控制,系统级软件的技术状态更改必须经总设计师单位同意;产品级软件的技术状态更改必须经分系统总师单位同意并报总设计师单位备案。软件更改后,必须进行回归测试和分系统或系统联试。

(5) 强化最终产品的质量保证要求。最终产品是指已装配完毕或已加工完毕即将提交订货方验收的产品。凡按 GJB 190《特性分类》中 5.3 条选定检验单元的最终产品及其相关单元,其质量保证文件必须是按 GJB 1442A《检验工作要求》5.3.1 条的要求,组织应按质量管理体系的要求,结合本单位的实际情况和产品的特点编制检验文件。组织应规定检验文件的编制、审批、发放和更改的要求,以确保检验文件的现行有效。检验文件一般包括检验计划、检验规程、检验记录和检验报告等要求编制的检验规程检验产品。对于 5.3.3 检验规程条款中,组织应编制检验规程(或作业指导书),检验规程可以是工艺规程的一部分的理解,指的是“5.5.3 生产过程(工序)检验”的内容,可以用工艺规程的工序技术要求的内容作为检验的依据。因此,产品的工序检验可以用工艺规程文件检验,最终产品的检验一定是用检验规程进行检验。

(6) 互换性设计和互换性试验的质量保证要求。在武器装备的研制尤其是新装备的研制中,对互换性设计和互换性试验实施中理解各异、做法差异较大,根本原因还是对国家军用标准处于一种欠使用状态。如 GJB 190《特性分类》中

5.2 设计分析条款要求,进行互换性设计分析,以满足产品的互换性要求,哪些尺寸、参数以及公差最为重要。并在产品规范的要求章节,明确研制产品中能互换和不能互换的项目以及互换性试验的方法和质量保证要求。使用单位最为关注的是产品设计定型(鉴定)后的产品质量一致性检验中的互换性试验检验项目,即 GJB 6387《武器装备研制项目专用规范编写规定》6.3.16 条款的要求和 6.4.7 质量一致性检验条款的规定。按照 GJB 0.2《军用标准文件编制工作导则 第 2 部分:军用规范编写规定》附录 C 中规定,互换性试验检验是质量一致性检验中必做的检验项目。由于质量保证要求的差异,在装备研制实施过程中,质量一致性检验中的互换性试验项目,自认为是都做了,但在质量保证要求、试验大纲、试验规程和试验记录以及试验报告方面都是缺失的。

第三节　装备研制质量保证设计

GJB 9001B《质量管理体系要求》7.3.1 设计和开发策划中,明确提出了产品技术设计、质量保证、工艺管理以及设计和开发的职责和权利等 15 个方面的设计和开发项目的策划活动,本章节从产品质量保证工作的研制订货合同质量、型号标准体系质量、型号风险分析要求、外购器材质量要求、产品外包过程质量要求、配套产品质量要求、软件研制质量管理、装备试验质量管理、售后技术服务质量管理等方面的策划或设计活动,阐述其装备研制质量保证设计的思路和做法。

一、研制订货合同质量管理

(一) 合同质量管理概述

合同包含研制合同、订货合同以及技术协议书。合同质量设计是指武器装备及其配套产品的研制委托、订货部门(以下简称使用单位)与研制、生产部门(以下简称承制单位)签订的研制、订货合同中的相关要求、条件、基本内容以及权利和义务的提出、确认的活动过程。

相关法规、标准规定,订立武器装备研制、生产合同应当明确规定武器装备的性能指标、质量保证要求、依据的标准、验收准则和方法以及合同双方的质量责任。武器装备研制、生产涉及若干单位的,其质量保证工作由任务总体单位或者总承包单位负责组织。据此,在签订的装备研制或订货合同及技术协议中,除功能、战术技术性能指标和质量控制措施要求、执行标准要求、工艺质量控制要求、产品验收标准和方法、接口关系要求和文件资料等要求外,必须要有质量保证要求。质量保证要求是研制、生产和保障服务在合同中的重要组成部分,是产品技术要求的支持和补充。合同中的质量保证要求是合同双方为实现规定的质量要求,必须由承制单位实施的质量保证活动即对这些活动给予证实的要求。经双方协调后一是直接纳入合同,二是建立本标准附件,并在合同正文中规定的位置写明:“质量保证要求,见合同附件”,共同遵守。在实际操作中,研制合同的质量保证要求可以综合提出,也可以按研制阶段提出详细要求,并明确合同双方的责任,纳入合同文件。合同在正式签订前,承制单位应对合同进行评审;必要时,应邀请使用单位参加承制单位的合同评审,以确保双方对质量保证要求理解的一致性。承制单位同分承制单位签订技术协议时:一是质量保证要求应满足使用单位的总要求,并作为研制、生产的依据;二是按规定邀请双方的使用单位共同参加合同的签署工作,以确保双方对质量保证要求的理解和产品质量监督的一致性。

(二) 合同质量管理的基本原则

使用单位或其他机构与承制单位签订技术合同、装备研制合同、改装合同及修理合同以及相互签订技术协议书时,确认对方已通过总装备部武器装备资格审查合格、质量管理体系持续有效地运行正常后,还应严格遵守 GJB 3900A《装备采购合同中质量保证要求的提出》的五项基本原则:

(1) 合同中质量保证要求,应符合《中国人民解放军装备采购条例》及其有关法规、标准要求;

(2) 合同中要求承制单位开展的质量保证活动,应是明确、具体、可证实的;

(3) 纳入合同中的质量保证要求,应确保双方理解一致;

(4) 提出合同中的质量保证要求时,应考虑经济性、合理性;

(5) 与承制单位签订采购合同时,应对承制单位与分承制单位签订的相关合同中的质量保证要求做出原则性规定。

(三) 合同中质量保证要求的基本内容

使用单位与承制单位签订技术合同、装备研制合同、改装合同及修理合同以及相互签订技术协议书时,其内容应符合 GJB 2102《合同中质量保证要求》和 GJB 3900A《装备采购合同中质量保证要求的提出》附录 A 的相关要求。

(1) 规定承制(分承制)单位应保持质量管理体系有效运转,并向使用单位提供当年二方、三方质量管理体系审查的证实材料。

(2) 规定承制单位应执行国家法规、军用标准以及其他满足武器装备质量要求的国家标准、行业标准和企业标准、规范及有关文件。

(3) 规定承制单位按 GJB 1406A《产品质量保证大纲要求》制定产品质量保证大纲,及使用单位会签确认的要求。

(4) 规定使用单位主持或参加的审查活动和要求,明确转阶段或状态时,使用单位参与的方式;凡提交使用单位主持审查的工作项目,承制单位应事先进行评审并确认合格。

(5) 对复杂的、从国外及合资企业采购的产品,按 GJB 5852《装备研制风险分析要求》的规定进行风险分析和评估,并提供阶段性报告。

（6）按 GJB 439A《军用软件质量保证通用要求》的要求对军用软件进行质量控制。

（7）明确合同双方交换质量信息的方式和要求。

（8）对分承制单位的质量控制要求及提供的产品质量控制文件。

（9）按 GJB 906《成套技术资料质量管理要求》的规定提出成套技术资料的质量控制要求,明确承制单位向使用单位提供的技术资料项目交接办法。

（10）标的完成的标志,包括评定标准、规定的试验和提供的质量控制文件(如试验大纲、试验规程、记录、检验规程)等要求。

（11）按 GJB 1443《产品包装、装卸、运输、贮存的质量管理要求》的规定,对产品包装、运输、存储的质量实施控制。

（12）对售后服务和战时技术服务的保障要求。

（13）质量奖惩要求。

(四）合同质量管理双方权利和义务

合同双方在签订合同之前,首先要根据产品的特点、性能、试验项目、进度、运输、经费需求等内容,按照相关法律、法规和标准的要求,提出并履行双方的权利和义务。权利和义务的内容要基本符合 GJB 2102《合同中质量保证要求》提出的相关规定。

1. 使用单位

（1）提出明确的质量保证要求,并同进度、经费相协调;

（2）按合同规定落实应提供实施质量保证要求的条件;

（3）采取有效的办法检查和控制合同质量保证要求的实施;

（4）按照《中国人民解放军驻厂军事代表工作条例》的规定,派出军事代表对承制单位的研制、生产进行了解和质量监督;

（5）按照 GJB 1442A《检验工作要求》的规定,检验验收承制单位检验合格的产品。

2. 承制单位

（1）提出实施质量保证要求所需的合理、必要条件,包括进度及经费等保障条件;

（2）按合同规定落实应提供质量保证要求的条件;

（3）按合同要求,制订并实施具体有效的产品质量保证大纲;

（4）落实《武器装备质量管理条例》的要求,完善质量管理体系,并持续有效地运行;

（5）配合使用单位做好合同中质量保证要求的检查和验收;

（6）按照《中国人民解放军驻厂军事代表工作条例》的规定,接受军事代表的质量监督,配合军事代表做好工作;

(7) 按合同规定履行售后服务。

(五) 合同、技术协议书编制模板

5.1　总述

5.1.1　产品、名称、型号(代号)功能、安装位置等

5.2　内容

5.2.1　主要技术及要求

5.2.1.1　产品性能、配套及数字化要求

5.2.1.1.1　产品性能要求

5.2.1.1.1.a.　工作介质

5.2.1.1.1.b.　工作温度

5.2.1.1.1.c.　使用高度

5.2.1.1.1.d.　产品结构

5.2.1.1.1.e.　产品性能

5.2.1.1.1.f.　产品密封性

5.2.1.1.2　配套产品项目

5.2.1.1.3　有关产品三维数字化模型要求

5.2.2　产品外廓尺寸、重量及安装连接要求

5.2.2.1　产品外廓尺寸及安装连接要求

5.2.2.1.1　产品外廓尺寸

5.2.2.1.2　安装接口尺寸

5.2.2.2　产品重量

5.2.2.3　产品环境条件

5.2.2.3.1　环境温度

5.2.2.3.2　环境湿度

5.2.2.3.3　大气压

5.2.2.4　产品试验项目及要求

5.2.2.4.1　振动

5.2.2.4.2　冲击

5.2.2.4.3　加速度

5.2.2.4.4　运输试验

5.2.2.4.5　炮击(振)试验(视情)

5.2.2.4.6　低温

5.2.2.4.7　高温

5.2.2.4.8　温度冲击

5.2.2.4.9　温度—高度

5.2.2.4.10　湿热

5.2.2.4.11　霉菌(可类比分析)

5.2.2.4.12　盐雾(可类比分析)

5.2.2.4.13　其他

5.2.2.5　产品电磁兼容性要求

5.2.2.5.1　按 GJB 151A 执行

5.2.2.5.2　按 GJB 152A 执行

5.2.2.5.3　产品根据干扰信号来源,应进行______、______测试

5.2.2.5.4　产品根据干扰传播途径,应进行______、______测试

5.2.2.5.5　产品根据 CE 测试,应进行______、______、______测试

5.2.2.5.6　产品 CE 测试在______(电源线)______(控制线)______(信号线)上进行

5.2.2.5.7　产品 CS 测试应进行______、______、______、______、______、______、______测试

5.2.2.5.8　产品 RE 测试应进行______、______测试

5.2.2.5.9　产品 RS 测试应进行______、______、______测试

5.2.2.5.10　从控制电磁干扰角度,产品电源线与地之间的总电容量对于 400Hz 的设备应小于______ μF

5.2.2.5.11　按 GJB 368B,具体阻值为______

5.2.2.5.12　电源特性要求按 GJB 181B 类

5.2.2.6　耐久性、可靠性、维修性要求与考核

5.2.2.6.1　耐久性

a. 首次翻修期限

b. 翻修间隔期限

c. 使用期限

d. 贮存期限

e. 总寿命

5.2.2.6.2　可靠性

a. 平均故障间隔时间(MTBF)　　小时

b. 设计定型时最低可接受值(MTBF)　　小时

c. 成熟期规定值(MTBF)　　小时

5.2.2.6.3　维修性

a. 一级平均修复时间(MTTR) = 　小时;最大修复时间不超过　小时

b. 二级平均修复时间(MTTR) = 　小时;最大修复时间不超过　小时

5.2.2.6.4　编制四性大纲

5.2.2.6.4.a　按 GJB 450A 编制可靠性大纲

5.2.2.6.4.b　按 GJB 368B 编制维修性性大纲

5.2.2.6.4.c　按 GJB 2547A 编制装备测试性工作通用要求

5.2.2.6.4.d　按 GJB 900A 编制装备安全性工作通用要求

5.2.2.6.5　乙方按 GJB 841 参加甲方飞机故障报告分析和纠正措施系统

5.2.2.6.6　产品寿命、可靠性试验或验证方案应经甲方会签，甲方有权参加试验活动

5.2.2.6.7　实验要求

5.2.2.6.7.a　寿命试验

5.2.2.6.7.b　可靠性鉴定试验

5.2.2.6.7.c　可靠性验收试验

5.2.2.6.8　乙方向甲方提交可靠性设计报告（含预计和分配、FMEA 表），维修性设计报告；产品设计定型前，乙方向甲方提供寿命或可靠性试验合格报告

5.2.2.7　测试性要求

5.2.2.7.1　故障检测率

5.2.2.7.2　故障隔离率

5.2.2.7.3　虚警率

5.2.2.8　维修要求

当产品首次交付部队使用时，乙方向甲方提供产品维修内容（含维修项目、维修工作、维修周期、建议的维修等）

5.2.2.9　产品其他要求

5.2.2.10　产品履历本（或合格证）按 GJB 2489—1995 编制

5.2.2.10.1　封面要求

一律采用 32 开（185mm × 130mm）

5.2.2.10.2 履历本按顺序应有以下内容：

——验收证明

——产品名称、型号、用途

——主要技术指标（性能、重量、外廓尺寸）

——随产品配套内容清单（随产品配套技术资料、备件、专用工具、检测设备）

——产品交付前的试验项目及主要检验数据

——产品使用保证书、储存期、寿命、可靠性、维修性指标

——供外场记录的有关表格和空白页。

5.2.3　综合保障要求

5.2.3.1　备件

5.2.3.2　地面设备、工具

5.2.3.3　资料

名称	配备比例
机载设备技术说明书	1:2
机载设备维修手册	
检验规程	
履历本	1:1
随机设备、定检专用设备、使用维护说明书	
测试设备、计量规范	

5.2.4　计算机资源保障

承制单位应对机载设备嵌入式计算机在使用与维修活动中,所需要的硬件、软件、保修设备、工具、文档等进行同步研制交付。

5.2.5　培训

如需要承制单位应对产品的使用、维护进行培训,其计划、方式和地点共同协商,教材由承制单位提供。

5.2.6　包装、封存、贮存

按 GJB 1181—1991、GJB 145A—1993、GJB 1443—1993 标准执行。

5.2.7　双方提供的条件及进度

5.2.7.1　设计定型前,乙方向甲方提供质量保证文件(GJB 9001B 称:质量控制文件)——检验规程

5.2.8　交付状态及验收要求

5.2.8.1　产品性能试验和有关地面系统联合试验,并有试验合格的结论

5.2.8.2　按产品检验规程检验合格,有合格证

5.2.9　随机配套交付项目

5.2.9.1　产品技术说明书、使用维护说明书(每机一套)、产品履历本(每件产品一本)

5.2.9.2　随产品配套的备件,试验批每机一套,共　　项　　件

5.2.9.3　随产品配套的专用工具、检测设备、试验机每机一套

5.2.9.4　随机资料、地面设备、工具、备件均应经过鉴定后,随产品交付,并将鉴定结果交甲方

5.2.10　装机产品提供数量和日期

5.2.11　技术服务

5.2.12　运输方式和交付地点

5.3　仲裁

5.4 备注

5.5 签字

甲方　　　　乙方

单位名称

地址

技术联系人

姓名

信箱

邮编

电话

传真

封面

协议书编号

产品名称

型(代)号

所属系统

单机数量

重要度分类

配套产品性质(改型或新研制)

二、型号标准体系质量策划

根据相关法规、标准规定,“武器装备论证、研制、生产、试验和维修应当执行军用标准以及其他满足武器装备质量要求的国家标准、行业标准和企业标准;鼓励采用适用的国际标准和国外先进标准。装备研制采用什么标准非常重要,就是执行军用标准,也同样存在着军用标准处于欠使用和过使用的状态,这两种情况对装备的研制都是不利的。因此,承制单位在装备的研制过程中,针对装备研制的特点和要求,建立型号标准体系文件,在研制总要求或技术协议书中规范性标准的指导下,有针对性的采用满足武器装备质量要求的行业标准和企业标准,形成既符合产品研制的特点和要求,又满足武器装备质量要求的型号研制的标准体系。

(一) 标准体系质量概述

什么是军用标准？下面从军用标准文件的分类及定义说起。

1. 军用标准文件分类

军用标准文件分三类:即军用标准、军用规范和指导性技术文件。

2. 军用标准文件定义

(1) 军用标准的定义,是“为满足军事需求,对军事技术和技术管理中的过程、概念、程序和方法等内容规定统一要求的一类标准"。军用标准又分为十种：

① 术语标准；

② 试验方法标准；

③ 接口标准；

④ 设计准则标准；

⑤ 品种控制标准；

⑥ 安全标准；

⑦ 信息分类与代码标准；

⑧ 工程专业标准；

⑨ 项目管理标准；

⑩ 操作规程标准。

（2）军用规范的定义，是"为支持装备订购，规定订购对象应符合的要求及其符合性判据内容的一类标准"。规范也属于支持装备订购的文件，是合同标的技术内容的组成部分，其目的是规定订购对象的适用性要求，以保证满足其适用性。适用性是指产品或服务事项在规定条件下实现预定目的和规定用途的能力，通常理解为产品或服务事项能成功地适合用户目的的程度；军用规范按规范涉及对象范围或所包含要求的完整性程度因素，又可分为三种：

① 通用规范；

② 相关详细规范（一般指专用规范，如系统规范、研制规范、产品规范等类型）；

③ 详细规范（一般指专业性规范，如《军用航空轮胎规范》等）。

（3）指导性技术文件，是"为军事技术和技术管理等活动提供有关资料或指南一类标准"。主要是为装备的论证、使用及管理提供和推荐数据、资料和指南等，供有关技术、管理以及质量监督人员使用，如《军用设备气候极值》等。指导性技术文件不是规定要求的文件，而仅仅是指南，不能作为要求纳入招标书。

在《武器装备研制工程管理与监督》（国防工业出版社，2012）一书中，作者为说明装备研制工程管理的过程，仅列出了装备研制工程管理标准体系框架和型号研制所需标准的类型，并未列出标准的书名号以及系统的工程管理、质量管理和质量监督标准。本节为读者系统提供装备在研制过程中所涉及的国家的法律法规体系；国家军用标准的工程管理体系、质量管理体系和质量管理监督体系，望读者在装备研制、生产和服务及质量监督过程中参考。

质量管理标准体系共分为装备研制工程管理军用标准、装备研制质量管理军用标准和装备采购质量监督军用标准等三大类体系。这三大类军用标准体系标准是依据中华人民共和国《合同法》《产品质量法》《中国人民解放军驻厂军事代表工作条例》《武器装备质量管理条例》《军工产品定型工作规定》《军用软件产品定型管理办法》《中国人民解放军装备采购条例》《中国人民解放军装备科研条例》等法律法规文件的规定和要求制定的，因此，本节列举了相关的法律法规文件，贯彻标准时可索引、查询。

根据 GJB 9001B《质量管理体系要求》7.3.1 设计和开发策划 g）条，实施产品标准化要求，确定设计和开发中使用的标准和规范的要求。本节从武器装备研制、生产和质量管理监督的角度，推荐出型号标准化设计的相关标准体系。供读者学习和查询标准时参考。

（二）装备研制法律法规汇编表

装备研制生产是装备全系统、全寿命建设管理的重要阶段，是质量建军和装备现代化建设的重要环节，也是贯彻落实新时期军事战略方针，做好军事斗争准备，提高部队战斗力的重要保证。装备研制生产与法律法规体系建设、装备质量管理标准化建设是分不开的，它们的发展建设是决定我军从承制单位获得性能先进、品质优良、价格合理、配套齐全和售后技术服务满意的武器装备的关键环节。1997 年以来，我国武器装备的建设发展，为了适应新时期社会主义经济建设发展的需要，装备的技术基础性建设按照国家《国防法》《质量法》和《政府采购法》等法律法规的要求，逐步向系统化、规范化、标准化的方向稳步发展。装备研制法律法规汇编表，见图 2－3。

（三）装备研制工程管理标准体系

承制单位和使用单位在策划技术协议及合同的签订工作中，应针对产品的层次、属性及机械产品、机电产品和电子产品的特点，按 GJB/Z 69《军用标准的选用和剪裁导则》的原则和方法选取相关标准达成共识，双方共同实施。装备研制工程管理标准体系，见图 2－4。

（四）装备研制质量管理标准体系

武器装备研制生产过程的质量管理工作，应贯彻国家标准化方针、政策和有关法律法规，落实《武器装备研制生产标准化工作规定》的有关要求。承制单位在装备研制伊始，就应以系统管理思想为指导，明确型号标准化工作的目标和要求，按型号研制确定的质量工作任务和内容，并结合考虑资源保障条件以及型号研制需要，切实可行地选用现行有效的军用标准以及其他满足武器装备质量要求的国家标准、行业标准和企业标准；鼓励采用适用的国际标准和国外先进标准，形成装备研制质量管理标准体系，作为指导性技术文件，共同执行。做到在武器装备研制生产过程中，质量管理标准覆盖全面、内容具体、相互协调。装备研制质量管理标准体系，见图 2－5。

（五）装备研制六性工程管理标准体系

GJB 2993《武器装备研制项目管理》3.7 条指出，将武器装备研制中某些专

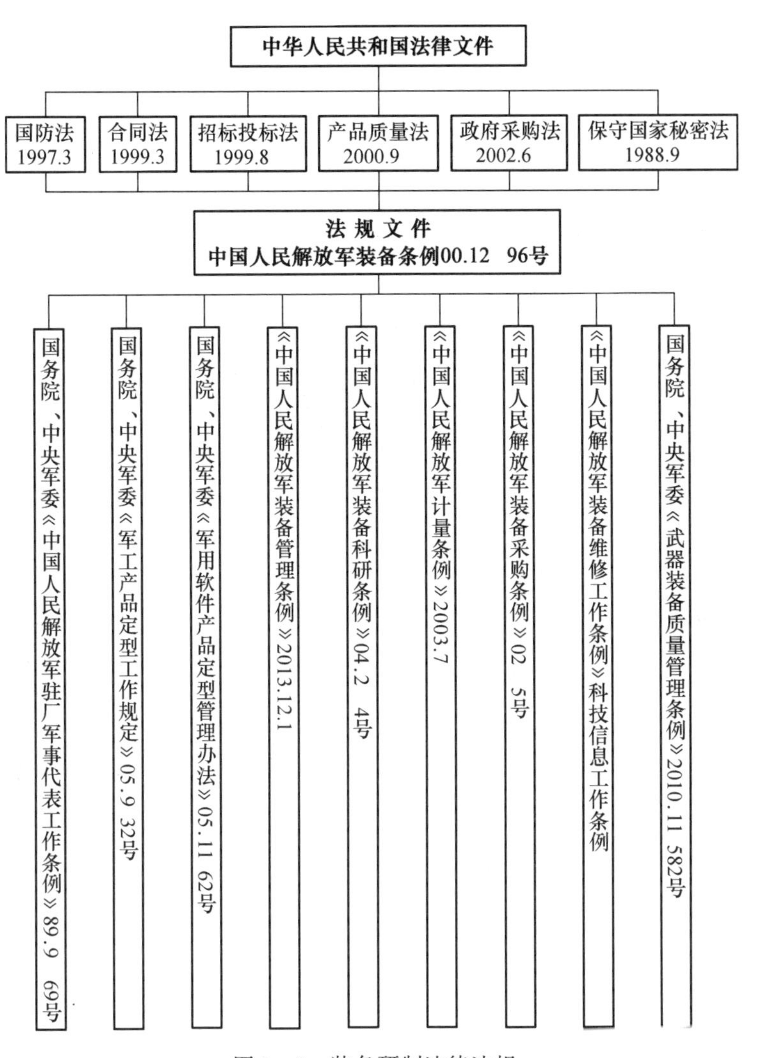

图 2-3 装备研制法律法规

门要求(如可靠性、维修性、保障性、人机工程、安全性、电磁兼容性、价值工程、标准化、运输性等)结合为一个整体,以保证完成对系统设计的要求。开展专业工程综合管理就是应将可靠性、维修性、保障性、安全性、测试性、环境适应性、电磁兼容性、运输性等要求及时而恰当地综合到武器装备的设计中去。

GJB 2993《武器装备研制项目管理》规定,在方案阶段应制定综合保障计划,按照 GJB 1371《装备保障性分析》进行系统级和各保障要素级的保障性分析;开展可靠性、维修性、标准化等工程工作,制订各工程专门计划。

从保障性与五性的关系可以看出,除 GJB 3872《装备综合保障通用要求》的定性要求外,还包括不同层次、不同方面与保障有关的定性要求。

工程管理标准体系

GJB 2993《武器装备研制项目管理》

项目技术规划和控制

GJB 832A《军用标准软件分类》
GJB 1269A《工艺评审》
GJB 1310A《设计评审》
GJB 1362A《军工产品定型程序和要求》
GJB 1710A《试制和生产准备状态检查》
GJB 2041《军用软件接口设计要求》
GJB 2116《武器装备研制项目工作分解结构》
GJB 2472《铬鞣黄中高强度耐压密封革规范》
GJB 2692A《飞行事故调查程序和技术要求》
GJB 2737《武器装备系统接口要求》
GJB 2891《大气数据测试系统静态压力界定规程》
GJB 3206A《技术状态管理》
GJB 3208《新机进场试飞移交验收要求》
GJB 3273A《研制阶段技术审查》
GJB 3660《武器装备论证评审要求》
GJB 3732《航空武器装备战术技术指标论证规范》
GJB 3677A《装备检验验收程序》
GJB 3900A《装备采购合同中质量保证要求的提出》

系统工程过程

GJB/Z 106A《工艺标准化大纲编写指南》
GJB/Z 113《标准化评审》
GJB/Z 114A《产品标准化大纲编制指南》
GJB/Z 115 GJB 2786《武器装备软件开发》剪裁指南
GJB 1364《装备费用效能分析》
GJB 1371《装备保障性分析》
GJB/Z 170《军工产品设计定型文件编制指南》
GJB 2786A《军用软件开发通用要求》
GJB 3363《生产性分析》
GJB 3837《装备保障性分析记录》

工程专业综合

GJB/Z 17《军用装备电磁兼容性管理指南》
GJB/Z 72《可靠性维修性评审指南》
GJB/Z 105《电子产品防静电放电控制手册》
GJB 368B《装备维修性工作通用要求》
GJB 450A《装备可靠性工作通用要求》
GJB/Z 768A《故障树分析指南》
GJB 900A《装备安全性工作通用要求》
GJB 1573《核武器安全设计及评审准则》
GJB 2547A《装备测试性工作通用要求》
GJB 2635A《军用飞机腐蚀防护设计和控制要求》
GJB 2873《军事装备和设施的人机工程设计准则》
GJB 2926《电磁兼容性测试实验室认可要求》
GJB 3207《军事装备和设施的人机工程要求》
GJB 3367A《飞机变速恒频发电系统通用规范》
GJB 3369《航空运输性要求》
GJB 3872《装备综合保障通用要求》

图 2-4　装备研制工程管理标准体系

(1) 与装备保障性设计有关的定性要求。可靠性、维修性、运输性等定性设计要求和便于战场抢修的设计要求,如发动机的设计要便于安装和拆卸;采用模块化系列化的设计要求;有关防差错设计、热设计、降额设计的定性要求等。通过设计准则或核对表等,使这些定性要求纳入设计。

(2) 保障系统及其资源定性要求。保障时要考虑、要遵循的原则和约束条件。对维修方案的考虑,如维修级别、级别中任务的划分,就是对保障系统的定性要求;保障资源的定性要求主要是规划资源的原则和约束条件。这些原则取决于装备的使用与维修需求、经费、进度等。如保障设备的定性要求可包括:

① 应尽量减少保障设备的品种和数量;

② 尽量采用通用的标准化的保障设备;

③ 尽量采用现有的保障设备;

④ 采用综合测试设备等具体要求。

图2－5 装备研制质量管理标准体系

(3) 特殊保障要求,主要是指装备执行特殊任务或在特殊环境下对装备保障的特殊要求。如坦克在沙漠和沼泽地区或在潜渡时对设计和保障的特殊要求;装备在核、生、化等环境下使用时对设计和保障的要求等。

综上述可见,综合保障与可靠性、维修性等专业工程都是为满足系统战备完好性要求、降低寿命周期费用而逐步形成并发展的学科和工程领域,它们彼此之间有着密切的联系,但又有其特定的工程内涵和作用。

在论证阶段,订购方根据作战任务提出如使用可用度、能执行任务率等量化的系统战备完好性要求,从使用角度反映了对装备和保障系统能力的综合要求。

在方案阶段,应把这些综合要求分解成装备的设计要求和保障系统要求。

在工程研制阶段,应按照 GJB 1371《装备保障性分析》的要求,优化设计方案和保障方案所进行的一系列保障性分析工作。

从对产品的维修进行人素分析,包括维修性作业用力分析、可达性分析、维修操作空间分析、可视性分析、维修安全性分析等要素可知,维修性的定性和定量要求中,涵盖了安全性、测试性的部分内容;从维修费用预测分析可知,当费用预测结果不合理时,综合利用可靠性、维修性、保障性、安全性和测试性的有关信息及时调整设计。

五性环境条件必须符合 GJB 150.1《军用装备实验室环境试验方法 第 1 部分通用要求》的规定。武器装备研制保障性工程管理及六性工程管理标准体系见图 2-6。

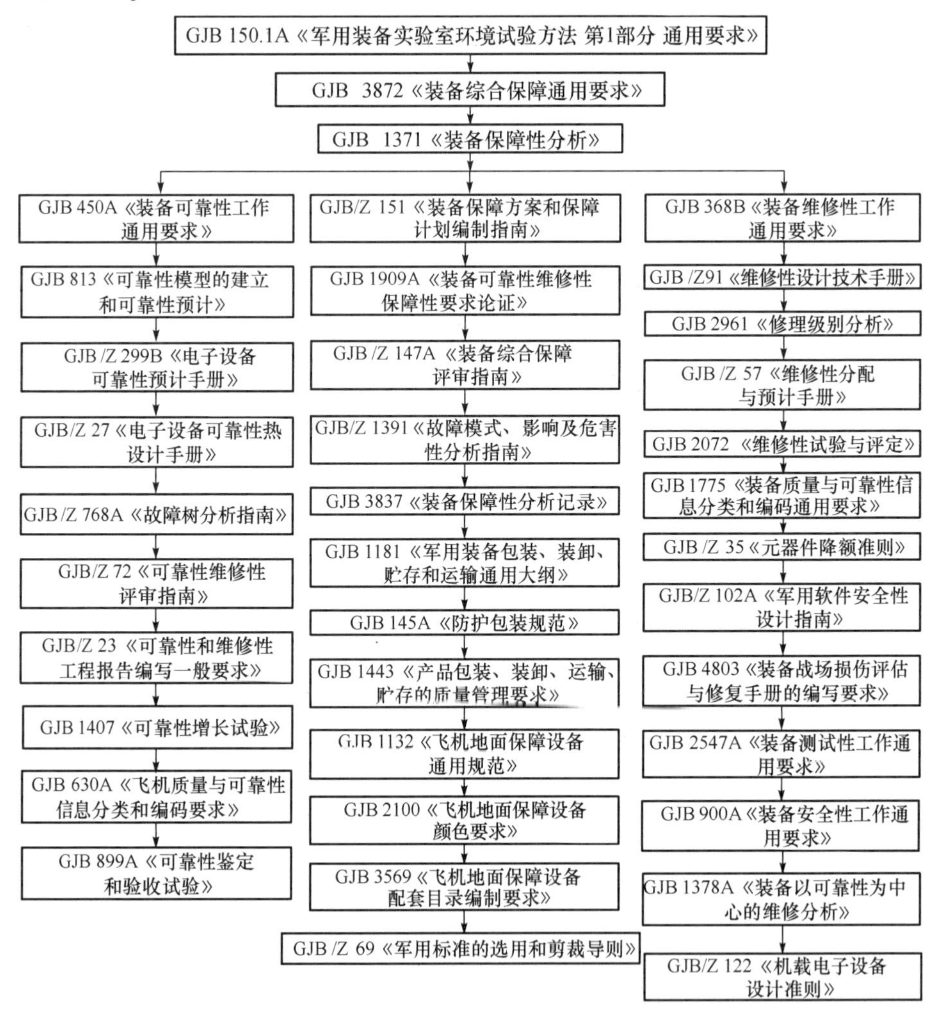

图 2-6 武器装备研制保障性工程管理及六性工程管理标准体系

(六) 装备采购质量监督标准体系

我军装备管理体制调整后,总装备部负责归口管理全军标准化工作,对全军标准化工作提出了实现军用标准化工作的三个转变,制定新的军用标准体系表,统一军用标准编号和军用标准编写要求等新举措;对武器装备质量管理工作提出了坚持军品质量第一,全面贯彻质量管理的八项原则和依法治装等新要求,对武器装备质量建设工作提出了实现全系统、全寿命周期和全过程控制的新方法。在全面实施"31 项国军标"的基础上,进一步补充、完善和修改形成了管理思想、技术、方法和手段先进,内容(如引进装备、军用软件、装备承制单位资格审查等)较全面的 23 项武器装备采购质量监督国家军用标准体系。

总装备部于 2006 年颁布实施了 23 项(含基础标准、工作(管理)标准和方法标准)国家军用标准,这些标准适应武器装备质量建设的发展,一是贯彻了《政府采购法》《合同法》《产品质量法》《中国人民解放军装备采购条例》《武器装备质量管理条例》等有关要求。在内容上同国家、军队新颁发的有关质量管理标准接轨。反映了社会主义市场经济条件下合同法和合同管理制度,更加全面、合理和规范了军队使用单位的需求,以及如何验证这些需求的满足程度。二是适应新的装备管理体制要求,较好地贯彻了装备全系统全寿命过程管理思想和质量管理体系监督的思想,《装备质量管理术语》《装备质量问题处理通用要求》等标准内容贯穿了装备研制、生产、使用过程。三是《引进装备检验验收要求》《军用软件质量监督要求》《装备承制单位资格审查要求》等标准,适应了装备发展与建设的新需求,尤其是《装备承制单位资格审查要求》标准,反映了装备采购工作和军事代表业务工作的新思路新做法。装备采购质量监督标准体系,见图 2-7。

三、型号风险分析要求设计

GJB 9001B《质量管理体系要求》7.1 产品实现策划的 J 条中提出了风险管理要求,并在注 5 解释中明确:"风险管理包括组织应制定风险管理计划,在产品实现各阶段进行风险分析和评估,形成各阶段风险分析文件,必要时提供给顾客"的要求。在研制过程的每一个阶段进行风险评估和风险分析,尤其在系统研制的早期(如论证阶段)更应对风险管理予以高度重视,其目的就是对本阶段的研制风险进行风险处理,在实施质量评审时,必须证实主要的研制风险已经排出或能够受控,才能转入下一研制阶段。下面从装备研制的每一阶段的风险源、风险分析及风险评估内容和风险管理评审输出的文件(如风险评估报告)等进行分析介绍,供设计人员、质量管理和质量监督人员参考。

(一) 论证阶段风险分析和评估

在论证阶段,型号研制风险主要发生在主机或系统单位,主承制单位应在多方案选择中进行风险权衡,并对中选方案的技术风险进行评估。其间主要开展

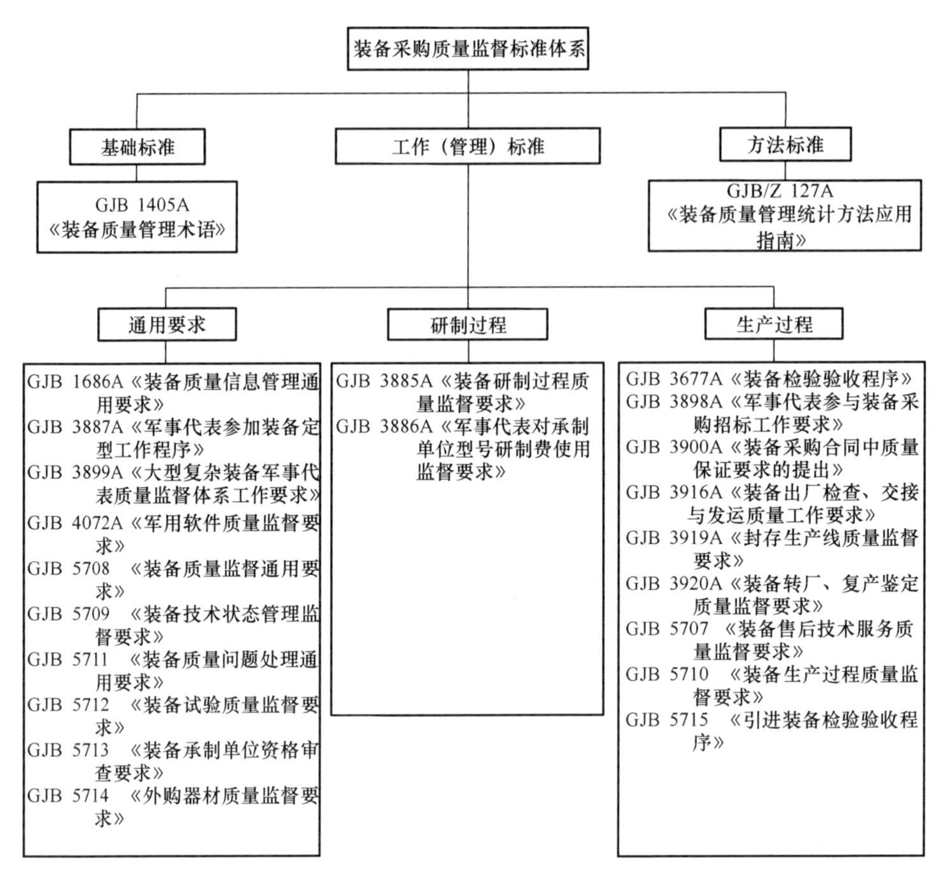

图 2-7　装备采购质量监督标准体系

以下工作：

1. 风险源分析

论证阶段的风险源主要来自装备研制性能指标的提出与产品实现的矛盾，从装备研制的经验和教训得知，产品形成后由于样机数量和试验时间等子样少的原因，往往影响了个别性能指标验证的准确性，给以后的使用带来一定的风险。根据装备研制性能指标的提出与进度、经费和质量要求之间所产生的风险，研究制定克服主要风险源的措施和对策，是很有必要的。

(1) 提出的性能指标要求不全面、不准确；

(2) 提出的个别性能指标要求无法验证；

(3) 论证项目的工程验证不充分或手段落后；

(4) 标准化体系采标不全面、不准确；

(5) 对军用标准的贯彻处于欠使用状态；

(6) 装备系统研制的接口控制要求不明确；

(7) 考虑综合保障方面的要求不全面；
(8) 进度目标不切实际,研制程序实施走样；
(9) 研制周期短、时间紧,并行试验增大风险。
2. 风险分析和风险评估内容
(1) 主要作战使用性能与使用维护要求评估；
(2) 装备研制初步总体方案风险评估；
(3) 研制进度和研制经费风险评估；
(4) 初步保障方案风险评估；
(5) 主要配套研制单位方案预选风险评估；
(6) 记实风险管理要求过程,形成风险分析文件。
3. 风险管理评审输出的文件
(1) 论证阶段风险评估报告；
(2) 使用单位或专家组对风险评估的意见；
(3) 适应方案阶段风险管理计划；
(4) 过程记实等其他文档。

(二) 方案阶段风险分析和评估

在方案阶段,型号研制风险主要发生在主机或系统单位编制的总体技术方案,以及与配套方对分配基线的确定和分配所形成的风险权衡,并对配套方技术风险进行评估确认和要求设计,其间主要开展以下工作：

1. 风险源分析

(1) 技术状态项未按 GJB 2116《武器装备研制项目工作分解结构》的规定进行分解,未按 GJB 2737《武器装备系统接口控制要求》的规定对接口提要求或不明确；

(2) 主、辅机厂家技术协议质量保证要求不细、试验项目的验证要求不明确；

(3) 未按 GJB 190《特性分类》的要求进行特性分类或分类不明确；

(4) 对可靠性、维修性、保障性、测试性、安全性和环境适应性等质量特性提出的要求不明确或缺乏验证方式监督；

(5) 设计方案或人机界面问题不符合用户的人力和技能水平；

(6) 设计选用的器件品种和规格过多,进口件比例超标准；

(7) 工艺要求不具体,工艺技术人员介入型号滞后；

(8) 未考虑制造能力或工艺可实现性；

(9) 软件设计缺陷,硬、软件之间系统需求分配不合理；

(10) 型号线技术人员新、经验少和时间紧的矛盾突出；

(11) 质量管理方法与质量管理要求不一致。

2. 风险分析和风险评估内容

(1) 是否采用工作分解结构对系统各个工作单元进行风险评估;

(2) 应将风险管理要求纳入研制合同或技术协议中,并明确双方职责和义务;

(3) 是否对确认出的风险进行定量的估计,以确定高风险、中等风险和低风险项目;

(4) 是否制定并实施风险管理计划;

(5) 每个阶段提交风险状态报告,中等以上风险项目的风险状态报告,应提交总设计师和行政总指挥;

(6) 是否按照 GJB 9001B《质量管理体系要求》的规定,在产品实现中策划风险管理的要求,进行风险分析和评估,并形成阶段风险分析文件;

(7) 应将风险管理评审纳入阶段的技术审查工作,必要时可单独进行评审,技术审查按照 GJB 3273A《研制阶段技术审查》的规定执行;

(8) 在方案阶段结束前,抉择的设计方案应形成研制规范,不准任何高风险项目进入工程研制阶段;

(9) 记实阶段风险管理过程,并形成风险分析文件。

3. 风险管理评审输出的文件

(1) 适应工程研制阶段风险管理计划;

(2) 风险应对措施及方案;

(3) 方案阶段风险分析评估报告;

(4) 方案阶段风险评估意见,风险状态报告;

(5) 过程记实等其他文件。

(三) 工程研制阶段风险分析和评估

1. 风险源分析

(1) 标准选用不正确,军用标准欠使用状态严重;

(2) 系统、分系统及设备接口不符合要求或不明显;

(3) 设计要求不稳定或变化频次过高;

(4) 测试性、保障性需求融入设计滞后;

(5) 关键件、重要件的设计分析缺乏依据,判定数量过多;

(6) 自制件缺乏质量控制措施,或未进行鉴定性试验和鉴定工作;

(7) 技术状态项标识(分解)不清,控制不当,软件配置管理困难;

(8) 设计、工艺和产品质量评审流于形式,问题束之高阁;

(9) 保障设备研制滞后严重, 或无法验证;

(10) 质量保证措施和质量控制文件未落实,或针对性、适用性和规范性不符合标准要求;

(11) 工艺规范的要求不明确,或用通用工艺规范替代型号工艺规范;

(12) 工艺规程的规范性、操作性不符合标准要求,或过于简单不满足制造要求;

(13) 自制工装、调试仪器未进行鉴定和周期检定;

(14) 配套产品的质量控制不严,或没有编制质量控制文件;

(15) 编制的试验大纲考虑不全面,或要求不准确;

(16) 未按规定进行全部项目的试验,或用其他方式替代;

(17) 软件测试缺乏规范化管理;

(18) 重大更改后未进行分系统、系统验证或充分试验。

2. 风险分析和风险评估内容

(1) 各承制单位按产品层次(系统、分系统、设备等)分别进行评估,以确定该(系统、分系统、设备等)风险的大小;

(2) 继续执行风险管理计划以降低研制风险;

(3) 严密监控各项目验证试验,关注新技术、新材料、新工艺验证试验和鉴定情况,适时更新风险管理计划;

(4) 试制过程的重大技术状态更改应专项开展风险评估,并按 GJB 3206A 的规定,实施技术状态记实;

(5) 研制过程新识别的高风险应形成应对措施和建议,并及时上报;

(6) 产品不同层次适时开展技术成熟度评价和制造成熟度评价,尽可能降低分系统、系统集成和制造风险;

(7) 将风险评审融入阶段的技术审查工作项目,之前承制单位应完成风险评估,并形成风险评估报告;

(8) 风险应作为转阶段(状态)决策的重要考虑因素,并提交风险评估报告等文件待会议审查。

3. 风险管理评审输出的文件

(1) 适应设计定型阶段风险管理计划;

(2) 风险应对措施及方案;

(3) 工程研制阶段风险分析评估报告;

(4) 工程研制阶段风险评估意见,风险状态报告;

(5) 过程记实等其他文件。

(四) 设计定型阶段风险分析和评估

1. 风险源分析

(1) 提供的有关产品工程试验的验证材料不全;

(2) 定型(或鉴定)试验发生的问题,验证不充分;

(3) 定型试验大纲个别项目的试验方法与产品规范、研制总要求中的要求

理解不一致(互换性试验);

(4) 装备在部队试验时,保障设备的适用性验证考核不充分;

(5) 工艺规程的规范性、操作性不符合 GJB 1330《军工产品批次管理的质量控制要求》的规定,或不满足批次管理的要求;

(6) 自行研制的配套设备未开展定型(鉴定)试验和鉴定,或手续不全;

(7) 自制的工装、调试仪器未进行鉴定和周期检定。

2. 风险分析和风险评估内容

(1) 对设计定型试验大纲开展风险评估;

(2) 对装备在部队试验过程中的风险监控情况,做好过程记录,对重大技术状态更改应邀请使用部门共同分析和评估;

(3) 保障设备的适用性、可维修性进行分析和评估,并形成用户和专家的意见和建议,以及改进情况的报告;

(4) 对设计定型试验试飞过程进行严密的风险监控,做好过程记录;

(5) 对设计定型试验试飞过程中的重大技术状态更改,应由使用部门组织共同进行风险分析和评估,并加强更改后的应对和控制;

(6) 对只进行设计定型或者短期内不能进行生产定型的产品,承制单位应按 GJB 1710A《试制和生产准备状态检查》的规定,对关键性生产工艺进行自查,并形成报告;

(7) 提前投产决策前,完成批量风险、进度风险、费用风险的分析和评估,并形成评估报告;

(8) 对小批试生产能力情况进行分析和风险评估。

3. 风险管理评审输出的文件

(1) 适应生产定型阶段风险管理计划;

(2) 风险应对措施及方案;

(3) 设计定型阶段风险分析评估报告;

(4) 设计定型阶段风险评估意见,风险状态报告;

(5) 过程记实等其他文件。

(五) 生产定型阶段风险分析和评估

1. 风险源分析

(1) 质量一致性试验项目要求不清楚,试验方法不明确;

(2) 小批量试生产考核不符合 GJB 1330《军工产品批次管理的质量控制要求》的规定,或设备、工装难以满足批量生产要求;

(3) 装备在部队试用中暴露的问题,未按“双五条”的要求归零;

(4) 外包外协产品无质量控制文件,分供方没有提供检验规程,承制单位没有依据检验规程编制验收规程验收外包外协产品;

(5) 配套设备、软件、部件、器件、原材料质量不可靠,供货来源不稳定;

(6) 国外进口器件严重超出规定比例的要求;

(7) 工艺鉴定不符合相关标准的规定,生产与验收的图样(含软件源程序)和相关的文件资料不完整、不准确;

(8) 生产定型试验剪裁过多,不满足环境、试验条件的要求。

2. 风险分析和风险评估内容

(1) 跟踪质量一致性试验检验风险监控情况,做好过程记录,对重大技术状态更改由使用部门组织分析和评估,并上报风险分析专题报告;

(2) 对生产定型试验大纲开展风险评估;

(3) 对装备在部队试用过程中的风险监控情况,做好过程记录,对重大技术状态更改由业务主管部门组织专家分析和评估;

(4) 保障设备的批量适用性、可维修性进行分析和评估,并形成用户或专家的意见和建议,以及改进情况的报告;

(5) 对生产定型试验试飞过程进行严密的风险监控,做好过程记录;

(6) 对生产定型试验试飞过程中的重大质量问题,应由业务主管部门组织专家进行风险分析和评估,并加强应对和控制;

(7) 按 GJB 1710A《试制和生产准备状态检查》的规定,对关键性生产工艺进行自查,并形成报告;

(8) 对批生产能力情况进行分析和风险评估,批量生产前,完成批量风险、进度风险、费用风险的分析和评估,并形成评估报告。

3. 风险管理评审输出的文件

(1) 生产定型阶段风险管理计划;

(2) 风险应对措施及方案;

(3) 生产定型阶段风险分析评估报告;

(4) 生产定型阶段风险评估意见,风险状态报告;

(5) 过程记实等其他文件。

(六) 风险评估报告编制模板

1. 概述

风险评估报告是承制单位对装备研制项目各阶段成果进行风险评估而形成的总结性报告,是阶段内提交技术审查会或转阶段(状态)审查会审查,并作为转阶段(状态)决策的支持性文件。

2. 构成

风险评估报告一般由以下内容构成:

(1) 封面;

(2) 签署页；
(3) 目次；
(4) 概述；
(5) 引用文件；
(6) 目标与要求；
(7) 风险识别；
(8) 风险分析；
(9) 风险应对措施；
(10) 结论与建议；
(11) 附件。

3. 内容说明

1) 封面

封面标有编制单位、产品代号/型号、文档主题、文档标识号以及密级、版次和状态标识等信息。

2) 签署页

本部分包括审批签名、发布日期和会签等信息。

3) 目次

若需要,可列出正文和附件的标题和页码。

4) 概述

本部分内容包括:

(1) 项目概况:研制背景、要求和目标;
(2) 系统描述:系统组成、功能要求、技术性能指标等;
(3) 该阶段主要工作及成果等。

5) 引用文件

本部分列出引用的标准化文件、法律法规及技术文件等,并给出所列文件的编号、名称、版次、发布机构等信息。

6) 目标与要求

说明该阶段的风险估量目标、要求及利益相关方的风险承受度等信息。

7) 风险识别与分析

本部分内容包括:

(1) 说明对该阶段工作及成果进行风险识别的结果;
(2) 说明风险分析结果及方法;
(3) 风险评价及排序,可采用表格的方式列出重大风险;
(4) 说明该阶段风险对后续阶段工作的影响。

8）风险应对措施

本部分内容包括：

（1）计划的风险应对措施；

（2）应对责任人；

（3）应对时限和费用要求，及资源配置情况；

（4）说明风险应对应达到的效果，及对后续阶段工作的影响。

9）结论与建议

本部分内容包括：

（1）对项目在该阶段风险状况结论，利益相关方是否可接受；

（2）针对上述结论，提出转阶段（状态）建议等。

10）附件

相关支持文件。

四、外购器材质量要求设计

（一）外购器材质量要求概述

GJB 939《外购器材的质量管理》中对外购器材的定义：凡形成产品所直接使用的，非承制单位自制的器材，包括外购的原材料、元器件以及外单位协作的毛坯、零部（组）件等都属于外购器材。在对外购器材的质量管理中，承制方在订购器材时，首先应考核原材料、元器件、毛坯、零部（组）件等供方单位是否通过国务院国防科技工业主管部门和总装备部联合组织对承担武器装备研制、生产、维修任务单位的质量管理体系实施认证，对用于武器装备的通用零（部）件、重要元器件和原材料实施认证；对设计方案采用的新材料应当进行充分的论证、试验和鉴定，并按照规定履行审批手续；用于生产的元器件、原材料、外协件、成品件经检验合格并符合设备的质量保证要求。相关法规和标准规定，为便于军事代表对军工产品进行质量监督，工厂应当及时向军事代表提供主要原材料和外购部件、器件的使用情况。

由此可见，武器装备质量优劣的源头决定于器材，只有器材的质量稳定了，武器装备的质量才有稳定的基础。因此，承制单位在武器装备的研制、生产、维修中，应根据产品的有关标准和技术文件的要求正确选用外购器材。将外购器材的质量管理工作纳入其质量管理体系，明确各有关部门的质量职能、有关人员的职责工作程序。按 GJB 939《外购器材的质量管理》的要求，制订器材质量管理的合格器材供应单位的确定、器材的采购、进厂复验、保管、使用、不合格器材的管理等有关文件和有关人员的资格考核等。

进口器材的质量管理同样执行本标准外，还应按装备主管部门有关技术文件的规定实施管理。

(二) 外购器材管理质量要求

1. 合格器材供应单位的确定

1) 器材供应单位确定原则

(1) 器材能满足产品的有关标准和技术文件要求;

(2) 具有相应的质量保证能力;

(3) 货源稳定、供货及时、价格合理;

(4) 提供良好的技术服务。

2) 器材供应单位确定的程序

(1) 由承制单位的供应、质量、设计、技术等有关部门的代表组成评定组。

(2) 由承制单位的供应部门提供供应单位名单及其质量历史资料,新研制器材由设计部门协助提供相关证据。

(3) 评定组通过评议,对器材供应单位提出评定意见。评定的基本结果:一是凡经长期使用考核证明其质量一直稳定可靠的器材供应单位,可直接确认为合格器材供应单位;二是凡器材属于国家、部级优质产品或经国家质量认证合格的器材供应单位,可优先确认为合格器材供应单位;三是确定需实地考察的供应单位。

(4) 评定组结合器材的特点等实际情况,制订考察计划和考察大纲。

(5) 评定组依据考察计划和考察大纲,对器材供应单位进行实地考察,并写出考察意见。

(6) 对被考察的器材供应单位所提供的样品,经试用后,提出试用结论。

(7) 经评定、考察确认的合格器材供应单位,由承制单位按产品品种分别编制合格器材供应单位名单,经批准后纳入成套技术资料的管理范围,作为器材采购的依据。

3) 合格器材供应单位复查的程序

(1) 承制单位应不定期地对合格器材供应单位的资格进行复查,其结果作如下处理:一是合格者继续确认;二是质量保证能力、器材质量有下降趋势者暂保留其资格,及时反馈并提出质量改进的建议;三是确认已不能满足质量要求者,则取消其合格器材供应单位的资格。

(2) 根据复查评审结果对合格器材供应单位名单进行调整,并按程序履行更改审批手续。

2. 器材的采购

(1) 承制单位应编制采购文件,经会签后按规定的程序履行审批手续,并定期审核其有效性。采购文件一般包括:

① 器材的名称、类别、型号、规格;

② 器材的有关标准和技术要求;

③ 质量保证要求；

④ 器材检验规则；

⑤ 器材包装、运输和防护方面的要求等。

(2) 器材的采购应在合格器材供应单位名单中优选，当需要从合格器材供应单位名单之外的供应单位采购器材时，应经必要的考核，并履行审批手续。

(3) 合同订货器材的质量控制要求。

① 器材订货合同要依据采购文件签订。

② 在订货合同中应根据器材的特性提出相应的质量保证要求。

③ 对关键器材。必要时，可在合同中规定向器材供应单位派驻质量验收代表，质量验收代表的验证既不能减轻器材供应单位提供合格器材的责任，也不能排除其后的拒收。

④ 新研制器材或对器材有特殊要求时，承制单位与器材供应单位签订技术协议书，技术协议书是合同的组成部分。技术协议书一般包括下列内容：

一是特殊技术要求及质量责任；

二是试制、试验、试用的程序和必须具有的原始记录；

三是技术协调、试加工、匹配试验、复验鉴定和装机使用的要求；

四是交货状态及特殊的质量控制要求（如编织检验规程）；

五是其他的质量控制要求。

⑤ 技术协议书应经质量会签。

⑥ 器材订货合同（包括技术协议书）应按规定的程序批准，其副本应提供给质量部门。

(4) 市场采购器材的质量控制要求。

① 市场采购器材仅限于一般器材，并严加控制。

② 市场采购器材（包括调拨、调剂方式获得的器材）必须符合有关的标准和技术要求，并具有合格证或商务保证。

③ 必须到国营商业部门或政府批准的其他销售单位采购器材。

④ 必须在国家、行业或企业颁布的产品目录（样本）中选购。

⑤ 承制单位应优先采购按国家级标准经认证合格的器材。

⑥ 对有有效期要求的器材，应严格控制采购数量。

3. 器材的复验

(1) 器材进厂后，应分类暂放在待验区，待验区应有明显标志。

(2) 承制单位应制订器材复验规范，规范内容包括：

① 复验项目；

② 验收标准；

③ 检验、试验方法；

④ 检验频次；

⑤ 其他。

（3）承制单位应按器材复验规范要求进行器材的常规复验、理化复验、功能特性复验和其他复验。

常规复验的内容：

① 器材包装完好，器材外观质量符合要求；

② 器材的质量证明文件上填写的项目及签章齐全（质量证明文件是履历本和产品合格证）；

③ 器材的牌号（或型号）、规格（或等级）、批号（或炉号、品号、件号）的标志应与质量证明文件相符合；

④ 器材及其配套件数量与装箱单相符合；

⑤ 器材符合有效期规定。

理化复验、功能特性复验和其他复验按照器材复验规范规定的项目进行。

（4）承制单位器材复验的检验、试验方法与验收要求应符合国家的有关标准和合同的规定，并与器材供应单位保持一致（供应单位提供的检验规程，承制单位编制为验收规程）。

（5）经复验合格的器材，必须有检验员签发的合格凭证方能办理入库手续。

（6）凡从合格器材供应单位名单之外的供应单位采购的器材，必须严加复验，如采用增加复验项目、检验频次等。

（7）凡经派驻器材供应单位质量验收代表验收的器材，进厂后仍需进行复验。

（8）承制单位应对随器材进厂的质量证明文件和实验报告以及复验记录、报告单等原始凭证按规定制度及时整理，定期归档，做到器材质量具有可追溯性。

4. 器材的保管

（1）存放器材的仓库（或场地）环境条件必须满足器材和产品技术文件的要求。如温度、湿度、防火、防震、防腐、防锈、防尘、防晒、防爆、防磁波、防静电、防辐射及通风等，保证器材保管安全、可靠，确保器材质量。

（2）器材应按性质、牌号（或型号）、规格（或等级）批号（或炉号、品号、件号）分类保管，易燃、易爆和剧毒物品均应严格按其属性分库隔离保管。

（3）器材保管人员对入库的器材应及时建账、立卡，账卡上的内容一般应包括：器材名称、牌号（或型号）、规格（或等级）、批号（或炉号、品号、件号）、数量、价格、入库日期、产地、生产厂家、有效期限（或贮存期限、保证期限）以及关键器材、重要器材标记等，卡片应置于统一醒目的位置。器材保管要做到账、物、卡相符。

(4) 器材保管人员应对需要油封、用保护性气体(如氮气)等保护处理的器材定期检查,并按规定及时进行处理。

(5) 对易老化和有有效期(或贮存期、保证期)要求的器材,应严加控制,防止老化和超期;对技术文件规定超期后允许重新复验的器材,应重新复验。复验合格者按器材超差回用制度办理超期使用手续;对失效或超期报废的器材,应及时剔除、隔离。

(6) 发放器材应有完备的领发手续,遵循“先进先发”和按批号(或炉号、品号、件号)发放的原则进行,严防发生混料、混批事故。

(7) 出库的器材必须具有合格标记或质量证明文件,关键器材、重要器材的发放,检验员应在现场核准。

(8) 器材的发放应实行按定额核算,限额发放的办法。

5. 不合格器材的管理

(1) 经复验不合格的器材应按 GJB 571A《不合格品管理》的有关规定进行管理。

(2) 凡经返修的器材,应按器材复验规范重新复验,合格后由检验员签发合格凭证,方准使用。

(三) 外购器材的使用

1. 质量证明文件

凡投入使用的器材必须具有合格标记或质量证明文件,未经复验证明合格的器材不准投入使用。

2. 器材的筛选

凡技术文件对器材有筛选或其他特殊要求时,必须在使用前按规定进行,合格后,方准投入使用。

3. 器材代用制度

承制单位应制订器材代用制度,基本要求如下:

(1) 当器材代用时,必须按制度办理代用审批手续;

(2) 器材代用只限于本批次,不允许长期代用;

(3) 关键器材、重要器材的代用必须严格控制,应经必要的试验验证,鉴定合格后方准代用,并征得驻厂验收代表同意。

4. 信息反馈制度

承制单位和器材供应单位对器材使用过程中出现的质量问题应建立有效的质量信息跟踪反馈制度。

5. 问题处理原则

器材在使用过程出现的质量问题,承制单位应进行分析研究,必要时进行技术鉴定。处理问题的基本原则是:

(1) 有质量问题的器材应及时隔离,由检验员在器材上标注醒目的标记;

(2) 凡属于器材供应单位责任的质量问题,应及时通知供应单位,供应单位应在一个月内反馈处理意见,如到期没有反馈信息,承制单位可将有质量问题的器材退回供应单位;

(3) 凡属于承制单位责任的质量问题,按有关制度办理返修或报废手续。

6. 原始记录

承制单位应建立健全器材质量的原始记录,定期统计分析,做好整理归档工作,为器材质量追溯和改进提供依据。

(四) 专职人员的考核

专职人员主要指器材保管人员和检验人员。承制单位加强对专职人员的培训、考核工作,是提高武器装备质量管理水平的措施之一,其基本要求:

(1) 培训考核制度。承制单位应制订器材保管人员和检验人员应知应会标准及培训考核制度。

(2) 保管人员考核。器材保管人员必须经考核合格,取得与保管器材类别相一致的资格证书后,方能上岗工作。

(3) 检验人员考核。器材检验人员必须经考核合格,取得与检验器材类别相一致的资格证书和检验印章后,方能上岗工作。

(4) 间歇上岗考核。凡长时间离岗后再上岗或调换工作岗位时,应补充进行相应的业务培训,考核合格后,方能上岗。

(5) 检验新型器材。器材保管人员和检验人员保管和检验新型器材时,应及时进行新型器材知识的培训和考核。

(6) 履行职责考核。承制单位应定期对器材保管人员和检验人员是否正确履行职责进行考核。

五、产品外包过程质量要求设计

承制单位应根据产品的特点和 GJB 9001B《质量管理体系要求》的要求,对产品外包(含外协)过程进行策划,确定其受控条件,并根据策划结果和受控条件,编制质量控制文件。确定质量控制的范围、内容、组织形式、方法、程序、重点和所需资源,实施产品外包过程质量控制,确保产品外包过程在受控条件下进行。适用时,还应根据产品的特点,编制关键过程和特殊过程控制文件。

承制单位应采用适宜的方法,对产品外包过程及其产品进行监视和测量,并依据监视和测量结果对产品外包过程进行分析和改进,以提高产品外包过程的有效性。

承制单位应将产品外包过程质量控制的信息纳入质量信息管理系统,确保信息传递完整、有效,信息记录清晰、正确,信息输出正确、完整和协调,并用于质量改进。产品外包过程的质量要求设计应做好以下工作:

（一）产品外包过程概述

外包过程是承制单位通过供方来完成的形成产品的全部或部分过程。通常是承制单位向供方直接提供设计文件(如外协还要提供工艺文件),供方承担设计或制造加工、试验、测试、质量保证、运输等的过程和相关问题的约定,以签订技术协议书的形式,双方共同遵守。

根据GJB 6117《装备环境工程术语》规定,产品层次由简单到复杂的纵向排列顺序,一般为零件、部件、组件、设备、分系统和系统。对于承担设备、分系统和系统级的承制单位,根据产品的特点和GJB 9001B《质量管理体系要求》规定,有可能需要产品的外包(含外协)过程时,应首先考虑以下几点:

(1)如果选择了符合要求的任何外包过程,应确保对这些过程的控制;

(2)对此类外包过程控制的类型和程度应在质量管理体系中加以规定;

(3)应对产品外包过程进行评审、鉴定或批准,并监督外包过程的执行;

(4)顾客要求时,外包过程须经顾客同意。

（二）产品外包过程质量要求

为了确保对外包过程的控制,依据GJB 9001B《质量管理体系要求》的规定,对外包过程控制的类型和程度通过策划外包过程、提出外包信息要求、实施外包产品的验证和检验验收外包新设计和开发的产品等方面,实现所需控制的能力的质量要求。

1. 外包过程

承制单位应确保供方的产品符合规定的要求。对供方及外包产品的控制类型和程度应取决于外包产品对随后的产品实现或最终产品的影响。

承制单位应根据供方按组织的要求提供产品的能力评价和选择供方。应制定选择、评价和重新评价的准则。评价结果及评价所引起的任何必要措施的记录应予保持。

承制单位选择、评价供方时,应确保有效地识别并控制风险。应根据评价的结果编制合格供方名录,作为选择供方和外包产品的依据。并邀请使用单位参加对供方的评价和选择。

2. 外包信息

外包信息应表述拟外包的产品,适当时包括:

(1)产品、程序、过程和设备的批准要求;

(2)人员资格的要求;

(3)产品的工艺管理要求;

(4)注册编入《装备承制单位名录》要求;

(5)质量管理体系的要求。

在与供方沟通前,承制单位应组织相关人员对技术协议进行评审,确保外包要求是充分与适宜的。

3. 外包产品的验证

承制单位为了确保外包的产品满足规定的外包要求,应将供方提供的检验规程编制为验收规程,作为外包产品的接收验证准则,确定并实施检验外包产品。

当承制单位拟在供方的现场实施验证时,承制单位应在外包信息中对拟外包的验证安排和产品放行的方法做出规定。

承制单位应保持外包产品的验证记录。当承制单位委托供方进行验证时,应规定委托的要求并保持委托和验证的记录。

4. 外包新设计和开发的产品

承制单位应对外包新设计的产品实施全过程控制:

(1) 外包项目和供方的确定应充分论证,并按规定评审、审批;

(2) 在技术协议书或合同中,明确对供方的技术(设计、工艺)要求和质量保证要求;

(3) 供方应提供产品的检验规程,承制单位并以此编制验收规程,产品经验证满足要求后方可使用;

(4) 产品在设计定型(鉴定)时,供方应提供外包产品的技术和工艺文件以及相关资料。

(三) 产品外包过程质量控制

产品形成中的外包过程是根据型号研制过程中,工艺总体路线的要求进行策划的,其外包过程的产品质量与否,直接影响到型号质量。由此可见,产品外包过程的质量控制是型号质量保证要求中的重要环节,必须引起承制单位和分承制单位的高度重视,在实施产品外包过程时,应考虑到以下方面:

(1) 应对已识别和认定的外包或外协产品(工序、试验项目等),通过考核评价,选择生产能力能满足产品要求、有生产资源、质量信誉好的供方,作为实施外包过程的单位。

(2) 外包合同中应含有质量控制的条款。质量控制的条款通常应包括质量控制措施要求、执行标准要求、工艺质量控制要求、产品验收标准和方法、接口关系要求和文件资料要求等。合同中质量保证要求的内容按 GJB 2102《合同中质量保证要求》中 4.4 合同中质量保证要求的基本内容编写。

(3) 承制单位应视产品特点和控制程度,依据型号质量保证大纲的要求,对外包产品实施监督检查,并适时参入对外包产品设计、工艺和产品质量评审、阶段考核和鉴定工作。

六、配套产品质量要求设计

GJB 1405A《装备质量管理术语》对成品的定义是已完成全部生产过程并检

验合格的产品。从定义中可以知道,在产品的六个层次(系统、分系统、设备、组建、部件和零件)中,前五个层次都有可能有成品,这个成品有可能是技术状态项,也可能不是技术状态项;这个成品有的是型号系统厂家配套,也有可能是外包或外协,还有可能是自行研制生产、自行配套(如载机的盘箱、全机电缆和设备的包装箱等,一般为自行研制生产、自行配套),不管是哪一种组成形式,它形成过程的质量要求是必须要提出的,且是明确的。如对于型号系统厂家配套,各配套厂家一是有主管业务机关的直接管理和法规标准要求;二是有正常运行的质量管理体系;三是有系统与已签订的合同或技术协议书;四是驻厂军事代表对装备研制生产质量监督的项目较清晰明确,针对性强。自行外包或外协的质量要求以及控制内容和方式方法,上一节已讲不再赘述。

在装备研制生产过程中,对配套产品自行研制生产、自行配套形成装备的过程是很正常的,只要符合各个层次研制生产程序,完成各个层次的工程试验验证,符合各个层次的标准要求并按层次完成鉴定,满足技术协议书的配套和质量要求,研制生产过程的资料齐全、记录完整已归档并具有可追溯性,这说明自行研制生产、自行配套的成品的质量要求是规范、正确的。但在装备研制生产过程中,自行研制生产、自行配套的成品的质量要求方面,存在一些不同的想法和做法,突出表现在忽略自行配套产品的质量要求和质量管理,误认为自行配套的成品,研制程序可以简单,试验可以综合考核,成品的质量问题在整机上可以排出,成品可以随整机一起鉴定等,这些做法不但违反了法律法规和标准的要求,也不符合常规武器研制程序的规定。这样做其结果,可能造成分解成品排除故障后再进行下一步,时间浪费了、经费也花了,还落得一句没按常规武器研制程序研制生产的名声。有些配套产品的质量问题并不是装机后很快就暴露的,有些配套产品的质量问题,等装备交付到使用部门一段时间后才开始暴露,此时的人力、物力和财力的投入就可想而知了。GJB 1362A《军工产品定型程序和要求》4.3 定型原则 f)条规定,军工产品应配套齐全,凡能够独立进行考核的分系统、配套设备、部件、器件、原材料、软件,应在军工产品定型前进行定型或鉴定。因此,承制单位自行研制生产、自行配套的成品,一定要重视质量要求的提出和质量管理的实施。自行配套的成品应按外包或外协的质量控制方式,提出和控制成品质量,使成品的质量活动过程具有可追溯性。

(一) 配套产品概述

GJB 1405A《装备质量管理术语》中明确指出,供方不再继续加工,就提供给顾客使用的产品或其他承制单位进一步加工的产品(如备品配件、外包件等),都可视为成品。由此,供方提供给承制单位进一步研制或生产的产品,也称配套产品。然而,《武器装备质量管理条例》第二条中,所称武器装备是指实施和保障军事行动的武器、武器系统和军事技术器材以及用于武器装备的计算机软件、专用元器件、配套产品、原材料的质量管理,适用本条例,直接将配套产品称为配套成品,其内涵却是一致的。

承制单位应加强对自行研制生产、自行配套产品的质量要求并承担配套产品研制生产的分厂或车间等单位的质量管理工作。在组织上、质量管理体系上应加强对分厂或车间等质量保证措施提出和落实;对自制产品提出明确的质量要求,并监督实施。

本节重点讲述在产品的六个层次(系统、分系统、设备、组件、部件和零件)中,自行配套、自行研制生产的成品质量保证和控制内容的设计。

(二) 自制配套产品质量要求

(1) 承担配套产品研制生产的分厂或车间,必须按承制单位质量管理体系的要求,对产品的研制、生产、包装、贮存、运输、使用、技术服务全过程实行有效的质量控制,保证满足整机的质量要求。

(2) 承担配套产品研制生产的分厂或车间,要制定和落实承制单位的质量工作计划,其内容有:

① 产品开发(改进)的目标和计划;

② 产品创优目标和计划;

③ 质量保证计划。

(3) 承制单位要向分厂或车间下发和提供配套产品的技术、质量要求和有关文件资料(由于分厂或车间不是独立的法人机构,没有质量管理体系组织,仅仅是执行部门,所以要下发或提供相关文件)。包括:

① 产品用途及使用条件说明;

② 产品标准;

③ 产品质量特性;

④ 复验标准(成品车间检验合格后,整机进行复验);

⑤ 技术状态更改审批程序;

⑥ 有关技术状态更改的通知。

(4) 分厂或车间要向承制单位提供有关文件资料和质量保证(依据质量管理体系规定,有些文件必须是承制单位组织评审和批准)。主要包括:

① 质量保证大纲;

② 关键器材待用和关键特性超差资料;

③ 设计、工艺和产品质量评审资料;

④ 有关技术状态更改通知;

⑤ 成品鉴定试验资料;

⑥ 检验规程;

⑦ 产品质量证明文件;

⑧ 成品鉴定资料；

⑨ 成品技术说明书；

⑩ 使用维护说明书；

⑪ “四随”清单。

(5) 质量信息。

① 分厂或车间要贯彻承制单位制定的质量信息反馈处理程序，对于承担成品自制的分厂或车间，程序要明确信息范围、传递表格、反馈处理的时间要求等。

② 分厂或车间要有质量信息的收集、传递、处理的管理细则，保证信息畅通，发挥信息效用。

③ 承制单位对自制成品在复验、装配、试验和用户使用中发现的质量问题应准确、及时地向分厂或车间反馈质量信息，便于分厂或车间接到质量信息及时处理，认真分析原因，采取有效改进措施，并将处理结果回复承制单位。

(6) 检查指导。

① 承制单位根据配套产品的质量状况，对分厂或车间进行质量考察和诊断，做出评价，提出改进要求。

② 承制单位根据配套产品的研制进度，加强技术方案评审、质量评审（设计、工艺和产品质量）、首件鉴定、成品鉴定试验评审等方面的检查指导力度。

(三) 自制配套产品质量控制

承制单位的自制配套产品，一般是由分厂或车间承担研制生产，这样造成自制配套产品质量控制复杂化（“常规武器研制程序”第 14 条明确规定：飞机、舰船在工程研制阶段是一轮研制；辅机在工程研制阶段是二轮研制，即初样机和正样机研制，分别用 C 状态和 S 状态管理）。为了使承制单位与分厂或车间在配套产品的质量控制上做到无缝连接，在配套产品的研制生产过程中，应加强对质量要求的内容控制。

(1) 承担任务的分厂或车间，应当以技术协议书或任务书为依据，运用可靠性、维修性、保障性、测试性和安全性等工程技术方法，优化配套产品的设计方案。

(2) 分厂或车间在满足技术协议书或任务书要求的前提下，优先采用成熟技术和通用化、系列化、组合化的产品。

(3) 分厂或车间对设计方案采用的新技术、新材料、新工艺应当进行充分的论证、试验和鉴定，并按照规定履行审批手续。

(4) 分厂或车间应当对计算机软件开发实施工程化管理，对影响主机性能和安全的计算机软件进行独立的测试和评价。

(5) 分厂或车间应当对配套产品的研制、生产过程严格实施技术状态管理。更改技术状态应当按照承制单位规定履行审批手续；对可能影响主机性能和合同要求的技术状态的更改,应当充分论证和验证,并经承制单位相关部门批准。

(6) 分厂或车间应当严格执行设计评审、工艺评审和产品质量评审制度。对技术复杂、质量要求高的产品,应当进行可靠性、维修性、保障性、测试性和安全性以及计算机软件、元器件、原材料等专题评审。

(7) 承制单位应当按照型号研制网络图,组织转阶段(转状态)审查,确认达到规定的质量要求(含技术和工艺文件、产品质量和产品试验)后,方可批准转入下一研制阶段(或状态)。

(8) 分厂或车间应当实行图样和技术资料的校对、审核、批准的审签制度,工艺和质量会签制度以及标准化审查制度。

(9) 分厂或车间应当对产品的关键件或者关键特性、重要件或者重要特性、关键工序、特种工艺编制质量控制文件,并对关键件、重要件进行首件鉴定。

(10) 分厂或车间应当建立故障的报告、分析和纠正措施系统。对配套产品研制、生产和试验过程中出现的故障,应当及时采取纠正和预防措施。

(11) 承制单位应对分厂或车间研制生产的外购、外协产品的质量负责,对采购过程实施严格控制,对供应单位的质量保证能力进行评定和跟踪,并编制合格供应单位名录。未经检验合格的外购、外协产品,不得投入分厂或车间使用。

(12) 分厂或车间组织实施研制试验,应当编制试验大纲或者试验方案,明确试验质量保证要求,对试验过程进行质量控制;并报送承制单位相关部门批准。

(13) 如分厂或车间承担配套产品鉴定试验,应当根据装备定型有关规定,承制单位和驻厂军事代表应联合成立配套产品定型小组,使用部门任组长,承制单位任副组长,批复分厂或车间拟制的试验大纲,明确试验项目质量要求以及保障条件,对试验过程进行质量控制,保证试验数据真实、准确和试验结论完整、正确。

(14) 提交配套产品设计鉴定审查的图样、技术资料应当正确、完整,试验报告的数据应当全面、准确,结论明确。

(15) 提交配套产品生产鉴定审查的图样、技术资料应当符合规定要求;试验报告和部队试用报告的数据应当全面、准确,结论明确。

(16) 配套产品的生产应当符合下列要求:

① 工艺文件和质量控制文件经审查批准;

② 制造、测量、试验设备和工艺装置依法经检定或者测试合格;

③ 元器件、原材料、外协件、成品件经检验合格;

④ 工作环境符合规定要求;

⑤ 操作人员经培训并考核合格;

⑥ 法律、法规规定的其他要求。

(17) 分厂或车间应当建立产品批次管理制度和产品标识制度,严格实行工艺流程控制,保证产品质量原始记录的真实和完整。

(18) 分厂或车间应当按照标准和程序要求进行进货检验、工序检验和最终产品检验;对首件产品应当进行规定的检验;对军方订购的项目,应当按照规定将合格成品提交军事代表检验验收。

(19) 分厂或车间应当运用统计技术,分析工序能力,改进过程质量控制,保证配套产品质量的一致性和稳定性。

(20) 分厂或车间交付的配套产品及其配套的设备、备件和技术资料应当经检验合格;交付的技术资料应当满足使用单位对配套产品的使用和维修要求。

七、软件研制质量管理设计

(一) 软件质量管理概述

软件质量管理主要指作为装备或装备组成部分的软件质量管理,包括计算机程序、相关文档和数据,以及固化在硬件中的程序和数据。软件质量管理的基本任务是按照软件工程化管理要求,对软件的论证、研制、测评、定型、使用和维护过程实施质量控制,确保软件满足规定的使用要求。软件产品的研制一般要经过软件策划、软件需求分析、软件设计、软件实现、系统综合联试、软件自测试、软件第三方测试、软件定性测评、软件验收评审和软件定型审查等过程的考验。

承担软件研制和软件测评任务的单位,首先应通过总装备部按照国家军用标准和有关规定对软件研制单位进行软件研制能力评价,对软件测评机构进行认可,并以合格名录形式予以发布。未达到规定的软件研制能力要求的单位,不能承担软件研制任务;未经认可的软件测评机构不能承担软件测评任务。

按照总装备部有关军用软件质量管理规定,软件工程化管理实施论证、研制、测评、定型、使用和维护等过程质量控制的方法,装备主管部门、论证单位、研制单位、军事代表机构、软件使用单位、软件测评机构等部门分别明确职责,确保软件满足规定的使用要求。下面列出不同部门的工作职责:

(1) 装备主管部门负责本部门、本系统的软件质量管理工作,应履行下列职责:

① 制定软件质量管理工作规章制度和计划,并组织实施;

② 实施软件质量监督和管理;

③ 组织软件测评手段建设;

④ 组织软件质量技术研究、成果鉴定及其推广应用;

⑤ 组织软件质量管理专业技术队伍建设。

(2) 承担软件论证任务的单位对软件论证质量负责,应履行下列职责:

① 建立健全质量管理体系,保持和改进软件论证能力,明确软件论证过程各类人员的质量责任;

② 制订本单位软件论证工作程序和规定,实施软件论证过程质量控制,跟踪与评估软件论证质量;

③ 开展软件论证的理论、方法和评价技术研究。

(3) 承担软件研制任务的单位对软件研制和服务质量负责,应履行下列职责:

① 建立健全质量管理体系,保持和改进软件研制能力,明确各类人员的质量责任;

② 实施软件工程化管理,制订本单位软件研制工作程序和规范,对软件研制过程实施质量控制;

③ 配备必要的人员、技术手段和设施等资源,建立本单位软件质量信息系统;

④ 对有缺陷的软件进行修复;

⑤ 承担软件的使用培训和技术服务;

⑥ 向软件测评机构提供软件测评所需的程序和文档资料。

(4) 软件使用单位对软件使用质量负责,应履行下列职责:

① 制定和实施软件使用和保障的规章制度,明确各类软件使用人员的质量责任;

② 按照规定正确使用软件;

③ 记录和报告软件使用中出现的缺陷和问题,提出修改的意见和建议。

(5) 软件测评机构对软件的测评质量负责,应履行下列职责:

① 建立健全质量管理体系,保持和改进软件测评能力,明确软件测评过程中各类人员的质量责任;

② 承担软件定型、鉴定、验收和成果鉴定的测评,外购软件产品质量评价及选优工作;

③ 制定本单位软件测评工作的程序和规范,实施软件测评过程质量控制;

④ 配置必要的软件测评资源,建立软件测评质量信息系统;

⑤ 开展软件测评理论、技术和方法的研究。

(6) 军事代表机构负责软件研制过程的质量监督和产品的检验验收,应履行下列职责:

① 对软件研制和服务过程实施质量监督;

② 监督研制单位的软件配置管理;

③ 检验验收软件。

(二) 软件开发质量管理

军用软件的开发过程同硬件研制过程一样,是在不同的阶段及状态下形成的,其开发过程的质量管理也是根据不同的阶段及状态,有许多不同的质量管理的内容、方法及要求。本节围绕软件开发过程的特点，根据相关法规和标准的要求，军用软件的开发过程的质量管理一般应有下列内容。

1. 软件文档管理要求

开发方在软件开发、验证、使用和维护各阶段中，必须列出软件所需的文档，并对文档的编制内容、格式要求、评审与审查准则进行描述。根据 GJB 2786A《军用软件开发通用要求》的要求，在软件开发过程应产生 28 类文档（参见 GJB 438B《军用软件开发文档通用要求》4.1 条），即：

运行方案说明；系统/子系统规格说明；接口需求规格说明；系统/子系统设计说明；接口设计说明；软件研制任务书；软件开发计划；软件配置管理计划；软件质量保证计划；软件安装计划；软件移交计划；软件测试计划；软件需求规格说明；软件设计说明；数据库设计说明；软件测试说明；软件测试报告；软件产品规格说明；软件版本说明；软件用户手册；软件输入/输出手册；软件中心操作员手册；计算机编程手册；计算机操作手册；固件保障手册；软件研制总结报告；软件配置管理报告；软件质量保证报告等。

各类文档的结构、格式、内容及质量要求等详细要求按照 GJB 438B《军用软件开发文档通用要求》编制。对于文档的一般性质量要求，如：要求软件需求规格说明必须清楚、准确定义软件的每个需求（工程和合格性的需求即功能、性能设计约束和属性等）以及外部界面即交付准备。每个需求必须能有预先规定的方法（审查、分析、演示或测试等）。对于接口需求规格说明的结构和内容，还必须有质量保证条款等，应按照相关标准要求执行。

2. 质量保证计划管理要求

承担软件任务的单位，应按规定制定并实现软件质量保证计划，以确保按技术协议书的要求开发软件或以其他方式提供软件。该计划应描述在项目中如何实施软件质量保证的措施、方法和步骤。该计划既可作为《软件开发计划》的一部分，也可单独成文。

软件质量保证计划的制定与实施应当作为执行软件研制任务书或技术协议书和合同期间管理工作的一部分，软件质量保证计划应符合国家法规和相关军用标准的要求。该计划应说明实施的机构以及机构的责任和权利，计划还应说明一些具体要求（如管理、技术、工具、设施），并应规定对软件的问题和缺陷进行检测、报告、分析与修改的条款。负责软件质量保证的人员有责任去评价软件的质量，指明问题、提出改进措施。软件质量保证计划内容及格式要求，应参照 GJB 438B《军用软件开发文档通用要求》附录 I 编制。一般包含下列内容：范围；引用文件；组织和职责；标准、条例和约定；活动审核；工作产品审核；不符合问题的解决；工具、技术和方法；对供货单位的控制；记录的收集、维护及保存。

3. 系统合格性测试

1) 系统合格性测试的独立性

负责系统合格性测试的人员不应是从事该系统中软件的设计或实现的人员,但不排除这些人员对系统合格性测试作贡献,例如,提供一些依赖于系统内部实现知识的测试用例。

2) 在目标计算机系统上进行测试

开发方的系统合格性测试应在目标计算机系统上或在经需方批准的替代系统上进行。

3) 系统合格性测试的准备

开发方应按照系统合格性测试策划结果,参与编写并记录测试准备、测试用例和测试规程,参与确定并记录测试用例与系统需求之间的可追踪性。对于软件系统,其结果应包括 GJB 438B《军用软件开发文档通用要求》中软件测试说明(STD)规定的全部适用项。开发方应参与为执行测试用例所需测试数据的准备,并事先将系统合格性测试的时间和地点通知需方。

4) 系统合格性测试的预演

若要由需方见证系统合格性测试,开发方应参与系统测试用例和规程的预演,以确保它们完备与准确,并确保系统已为见证测试做好准备。开发方应将这项活动中与软件有关的结果记录在相应的软件开发文件(SDF)中,并应参与对系统测试用例与规程作相应的更新。

5) 系统合格性测试的执行

开发方应参与系统合格性测试。这种参与应按照系统测试的计划、用例和规程进行。

6) 修改和回归测试

开发方应根据系统合格性测试的结果对软件进行必要的修改,并事先通知需方将进行的回归测试,开发方应参与全部必要的回归测试,根据需要修改软件开发文件(SDF)和其他软件产品。

7) 分析并记录系统合格性测试的结果

开发方应参与系统合格性测试结果的分析和记录。对于软件系统,其内容应包括 GJB 438B《军用软件开发文档通用要求》中软件测试报告(STR)规定的全部适用项。

注:执行系统合格性测试的目的是为了向需方表明系统需求已经得到满足。这种测试覆盖系统/子系统规格说明(SSS)和相关联的接口需求规格说明(IRS)中的系统需求。

注:关于系统测试的进一步要求,参见 GJB /Z 141《军用软件测试指南》中第 8 章和第 9 章。

4. 软件使用准备

1）可执行软件的准备

开发方应为每个用户现场准备可执行的软件，包括在目标计算机上安装和运行该软件所需的所有批处理文件、命令文件、数据文件或其他软件文件。其结果应包括 GJB 438B《军用软件开发文档通用要求》中软件产品规格说明（SPS）内有关可执行软件方面的全部适用项。

若只要求交付可执行软件（源文件和相关的支持性信息延迟到以后构建版交付），需方可对 SPS 文档进行剪裁，删去其中除可执行软件方面的所有内容。

2）为用户现场准备版本说明

开发方应标识和记录为每个用户现场准备的软件的准确版本。其内容应包括 GJB 438B《军用软件开发文档通用要求》中软件版本说明（SVD）规定的全部适用项。

3）用户手册的准备

（1）软件用户手册。开发方应标识和记录软件的直接用户（既要操作该软件又要应用其结果的人员）所需的信息，这些信息应包括 GJB 438B《军用软件开发文档通用要求》中软件用户手册（SUM）规定的全部适用项。

（2）软件输入/输出手册。对于依靠其他人在计算机中心或者在集中式或网络式的软件装置上操作该软件的用户，开发方应标识和记录用户应向计算机提交的输入和从计算机获得的输出。这种信息应包括 GJB 438B《军用软件开发文档通用要求》中软件输入/输出手册（SIOM）规定的全部适用项。

（3）软件中心操作员手册。开发方应标识和记录在计算机中心或者在集中式或网络式的软件装置上操作该软件的人员所需要的信息，使之能为其他人所用。这种信息应包括 GJB 438B《军用软件开发文档通用要求》中软件中心操作员手册（SCOM）规定的全部适用项。

（4）计算机操作手册。开发方应标识和记录为操作运行该软件的计算机所需的信息。这些信息应包括 GJB 438B《军用软件开发文档通用要求》中计算机操作手册（COM）规定的全部适用项。

注：只有少数的系统才需要以上用户手册中列出的全部 4 种手册。需方应确定对一个特定的系统而言哪些手册是适用的，哪些是需要编制的，所有这些手册都允许用含有所需信息的商用手册或其他手册来替代。用户手册中所列的各种手册一般都是与软件开发工作并行开发，以备 CSCI 测试时使用。

4）在用户现场的安装

开发方应在合同规定的用户现场安装和检测可执行的软件、按合同规定为用户提供培训、按合同规定为用户现场提供其他帮助。

5. 软件移交准备

1) 可执行软件的准备

开发方应准备需要向保障机构现场移交的可执行软件,包括在目标计算机上安装和运行该软件所必需的所有批处理文件、命令文件、数据文件或其他软件文件。其结果应包括 GJB 438B《军用软件开发文档通用要求》中软件产品规格说明(SPS)内有关可执行软件方面全部适用项。

2) 源文件准备

开发方应准备需要向保障机构现场移交的源文件,包括重新生成该可执行软件所必需的所有批处理文件、命令文件、数据文件或其他文件。其结果应包括 GJB 438B《军用软件开发文档通用要求》中软件产品规格说明(SPS)内有关源文件方面全部适用项。

3) 为保障机构现场准备版本说明

开发方应标识和记录为保障机构现场准备的软件的准确版本。这些信息应包括 GJB 438B《军用软件开发文档通用要求》中软件版本说明(SVD)中规定的全部适用项。

4) 已建成的 CSCI 设计和有关信息的准备

开发方应确保每个 CSCI 的设计说明与"已建成"的软件相一致,并定义和记录下列事项:

(1) 验证该软件拷贝所使用的方法;

(2) 测量到的该 CSCI 的硬件资源利用率;

(3) 支持该软件所需的其他信息;

(4) CSCI 的源文件与软件单元之间的可追溯性;

(5) 计算机硬件资源的利用率测量与涉及它们的 CSCI 需求之间的可追溯性。

其结果应包括 GJB 438B《军用软件开发文档通用要求》中软件产品规格说明(SPS)内有关合格性、软件保障和可追溯性等方面的全部适用项。

注:在硬件开发中,最终产品是一个经过批准的设计,根据该设计,就可以制造出硬件项,这种设计是用产品规格说明来表示的。但在软件开发中,最终产品是软件,而不是它的设计,"制造"是该软件的电子复制,而不是根据设计重建。"已建成"的设计并不是作为产品包含在软件产品规格说明中,而是作为可以帮助保障机构理解该软件的信息,以便修改、增强和从其他方面支持该软件。

5) 系统/子系统设计说明的检查

开发方应参与系统/子系统设计说明的检查,以使它和"已建成"的系统相一致。其结果应包括 GJB 438B《军用软件开发文档通用要求》中系统/子系统设计说明(SSDD)规定的全部适用项。

6）保障手册的准备

（1）计算机编程手册。开发方应标识和记录在开发或运行该软件的计算机上编程所需的信息。这些信息应包括 GJB 438B《军用软件开发文档通用要求》中计算机编程手册（CPM）规定的全部适用项。

（2）固件保障手册。开发方应标识和记录在安装该软件的固件上进行编程和重编程所需的信息。这些信息应包括 GJB 438B《军用软件开发文档通用要求》中固件保障手册（FSM）规定的全部适用项。

注：并非所有的系统都需要保障手册中所列的各种手册。需方应确定哪些手册是适用的，哪些是需要编制的。所有这些手册都允许用包含所需信息的商用手册或其他手册来替代。保障手册中所列的各种手册是系统、子系统设计说明（SSDD）和软件产品规格说明（SPS）的补充，是作为软件保障信息的主要来源。在软件使用准备中提到的用户手册对保障人员也是有用的。

7）移交到指定的保障机构现场

开发方应：

（1）在合同指定的保障环境中安装并检测可交付的软件。

（2）向需方演示交付软件能够使用合同指定或需方批准的硬件和如下软件来重新生成（即编译/连接/装载成一个可执行的产品）和维护：

① 现货软件产品；

② 需方已有的软件产品；

③ 按合同交付的软件产品。

（3）按合同规定为保障机构提供培训。

（4）按合同规定为保障机构提供其他帮助。

6. 软件验收支持

1）支持需方进行软件验收测试和评审

开发方应按合同规定向需方提出软件验收申请，并为需方进行软件验收测试、评审和审核提供支持。开发方应将软件验收测试、评审和审核的结果记录在软件开发文件（SDF）中。

注：关于软件验收的进一步要求，参见 GJB 1268A《军用软件验收》。

2）交付软件产品

验收通过后，开发方应在对软件产品进行必要的修改后，按合同规定完成并向需方交付软件产品。

3）提供培训和支持

开发方应按合同规定为需方和软件用户提供必要的培训。

4）软件产品定型支持

开发方应按合同规定为软件产品定型提供有关文档，包括软件研制总结报告(SDSR)、软件产品规格说明(SPS)、软件质量保证报告(SQAR)和软件配置管理报告(SCMR)等。

7. 软件配置管理

1) 配置标识

在参与按 GJB 2786A《军用软件开发通用要求》5.5.2 中系统体系结构设计时,开发方应参与选择 CSCI,标识置于配置控制下的实体,并为置于配置控制下的每一个 CSCI 及其每一个附属实体分配一个项目唯一的标识符。这些实体应包括合同中要求开发的或用到的软件产品以及软件开发环境的元素。标识方案应考虑所有实体实际受控的级别,例如,计算机文件、电子媒体、文档、软件单元、配置项。标识方案应包括每个实体的版本、修订和发布状态。

2) 配置控制

开发方应建立并执行:

(1) 指定每个已被标识实体必须经受的控制级别(例如,作者控制、项目级控制,需方控制)的规程;

(2) 指定在每个级别上有权进行更改和批准更改的个人或组(例如,程序员/分析员、软件负责人、项目经理、需方)的规程;

(3) 申请批准更改、处理更改申请、跟踪更改、分发更改和保持过期版本等工作所应遵循的步骤。对已由需方控制的实体有影响的更改,应按合同规定的形式和手续(若有的话)向需方提出建议。

注:本标准中的许多要求涉及"项目级或更高级配置控制"。若一个项目未选定"项目级"作为一个控制级别,那么软件开发计划宜说明如何将这些要求映射到所选定的级别上。

3) 配置状态记实

开发方应建立并在整个合同期间保持已经置于项目级或更高级别配置控制下的所有实体的配置状态的记录。这些记录可包括每个实体的当前版本/修正版/发布版、对该实体自纳入项目级或更高级别配置控制下后进行更改的记录以及影响该实体的问题/更改报告的状态。

4) 配置审核

开发方应为需方按合同规定进行配置审核提供支持。

配置审核可以称为功能配置审核和物理配置审核。

5) 软件发行管理和交付

开发方应建立并执行可交付软件产品的包装、存储、处理和交付的规程。开发方在合同期内应保持可交付软件产品的主拷贝。

注:关于软件配置管理的进一步要求,见 GJB 5235《军用软件配置管理》。

8. 软件产品评价

1）过程中的和最终的软件产品评价

开发方应对执行本标准要求所产生的软件产品进行过程中的评价。此外，对每一个交付的软件产品，在交付之前，开发方应进行最终的评价。GJB 2786A《军用软件开发通用要求》附录 E 给出了需要评价的软件产品、应用的准则以及准则的定义。

2）软件产品评价记录

开发方应准备并保持每个软件产品的评价记录。这些记录在合同期内均应保持。置于项目级或更高级配置控制下的软件产品的问题应按 GJB 2786A《军用软件开发通用要求》5.19 纠正措施的要求进行处理。

3）软件产品评价的独立性

负责软件产品评价的人员应不是开发该软件产品的人员，但这并不排除开发该软件产品的人员参加评价工作（例如，参加该产品的走查）。

9. 软件质量保证

1）软件质量保证评价

开发方应对软件开发活动和得到的软件产品，按计划定期地或事件驱动地进行评审和审核：一是保证合同中或软件开发计划中要求的每项活动都按照合同和软件开发计划进行；二是保证合同中或软件开发计划中要求的每项软件产品都存在，并已进行了本标准和合同条款所要求的软件产品的评价、测试和纠正措施。

2）软件质量保证记录

开发方应为每个软件质量保证活动准备并保持记录。这些记录在合同期内均应保持。置于项目级或更高级配置控制下的软件产品中发现的问题，以及在合同要求或在软件开发计划所说明的活动中的问题都应按 GJB 2786A《军用软件开发通用要求》5.19 的要求进行处理。

3）软件质量保证的客观性

负责进行软件质量保证评价的人员应不是开发该软件产品、执行该项活动或者负责该软件产品或活动的人员。但这并不排除后者参加评价工作。负责软件质量保证的人员应具有资源、职责、权限和组织上的独立性，以便能够进行客观的软件质量保证评价并启动和验证纠正措施。

10. 纠正措施

1）问题/更改报告

开发方应编写问题/更改报告，说明在置于项目级或更高级配置控制下的软件产品中发现的每一个问题，以及在合同要求或在软件开发计划所说明的活动中的每一个问题。问题/更改报告应描述问题、所需的纠正措施和至今已采取的纠正措施。这些报告应作为纠正措施系统的输入信息。

2）纠正措施系统

开发方应实现一个纠正措施系统，以处理置于项目级或更高级配置控制下的软件产品中所发现的每一个问题，以及在合同或在软件开发计划所描述的活动中的每一个问题。该系统应满足下列要求：

（1）该系统的输入信息应由问题/更改报告组成。

（2）该系统应是闭环的。确保所发现的问题能及时报告并进入该系统，纠正工作得以启动并且问题得到解决，状态得以跟踪，并且问题的记录在合同期内得以保持。

（3）每一个问题应按 GJB 2786A《军用软件开发通用要求》附录 D 中给出的或其他经批准的类别和严重性等级的规定进行分类。

（4）对报告中提出的问题应加以分析并预测其趋势。

（5）对纠正措施应进行评价，以确定问题是否已得到解决，不利趋势是否得到扭转，更改是否已正确地实现且未引起另外的问题。

11. 联合评审

1）联合技术评审

开发方应计划并参与联合技术评审，地点和时间由开发方提出并经需方批准。评审应由具有评审软件产品的技术知识的人员参加。这种评审应集中在过程中的和最终的软件产品上，而不是在专为该评审准备的资料上。联合技术评审应实现下列目标：

（1）应用 GJB 2786A《军用软件开发通用要求》附录 E 中提供的软件产品评价准则对演进中的软件产品进行评审；对提出的技术方案进行评审并演示；对技术工作提供深入的了解并获得反馈；暴露并解决技术问题。

（2）评审项目状态，暴露关于技术、成本和计划进度等问题的近期和长期风险。

（3）在参加评审人员的权限内，对已标识风险的缓解策略达成一致。

（4）明确将在联合管理评审中提出的风险和问题。

（5）确保在需方与开发方的技术人员之间及时沟通。

2）联合管理评审

开发方应计划并参与联合管理评审，地点和时间由开发方提出并经需方批准。联合管理评审前，需方应已事先评审了所考虑的工作产品，并且为解决存在的问题已进行了一次或多次联合技术评审。联合管理评审应由对成本和进度有决策权的人员参加，并应实现下列目标：

（1）使管理者全面了解项目的状态、遵循的法规、达成的技术协议，以及演进中的软件产品的总体状态。

（2）解决在联合技术评审中未能解决的问题。

（3）对在联合技术评审中不能解决的近期和长期风险的缓解策略达成一致。

（4）明确并解决在联合技术评审时未提出的管理级的问题和风险。

（5）获得按时完成项目所需的承诺和需方批准。

12. 测量和分析

开发方应在整个软件开发过程中对有关过程和产品进行必要的测量和分析，应利用测度支持管理和提高产品质量，并向需方通报有关状态。GJB 2786A《军用软件开发通用要求》附录F中给出了可供选用的测度例子。开发方应：

（1）制定测量与分析计划，其中应反映下面（2）、（3）、（4）和（5）的内容，该计划也可以纳入软件开发计划中；

（2）根据具体项目的需要标识和定义一组测度；

（3）明确要采集的数据；

（4）说明这些数据的解释和应用的方法；

（5）建立测量数据的管理和报告机制；

（6）按计划要求收集、解释、应用和报告测量与分析的结果。

注：关于测量与分析的进一步要求，参见GJB 5000A《军用软件研制能力成熟度模型》中6.2测量与分析。

13. 风险管理

开发方应在整个软件开发过程中进行风险管理。开发方应：

（1）制定风险管理计划，风险管理计划也可以纳入软件开发计划中；

（2）标识、分析和排序软件开发项目中潜在的技术、成本和进度风险；

（3）制定管理风险的策略；

（4）实施风险管理策略，跟踪和控制风险。

注：关于风险管理的进一步要求，参见GJB 5000A《军用软件研制能力成熟度模型》中6.3项目监控中“专用实践1.3监督项目风险”、6.4项目策划中“专用实践2.2标识项目风险”以及7.8风险管理。

14. 分承制方管理

如果有分承制方，那么开发方应将所有必要的主合同要求纳入子合同，以确保按照主合同要求开发软件产品。

注：关于分承制方管理的进一步要求，参见GJB 5000A《军用软件研制能力成熟度模型》中6.7供方协议管理。

15. 项目过程的改进

开发方应：

（1）定期评估项目所使用的过程，以确定其适用性和有效性；

(2) 基于这些评估,标识对这些过程必要和有益的改进;

(3) 以建议修订软件开发计划的形式标明这些改进,如果获得批准,则对该项目实现这些改进。

注:关于过程改进的进一步信息,参见 GJB 5000A《军用软件研制能力成熟度模型》中 7.4 组织的过程焦点。

(三) 软件质量管理术语

1. 行为设计(behavioral design)

按用户观点,对整个系统或计算机软件配置项将如何运转的设计,它只考虑满足用户需求而不考虑系统或计算机软件配置项的内部实现。这种设计与体系结构设计不同,后者要标识系统或计算机软件配置项的内部成分,并有这些成分的详细设计。

2. 构建版(build version)

软件的一个版本,它满足最终软件将满足的全部需求的一个规定的子集。

3. 计算机软件配置项(computer software configuration item)

满足最终使用要求并由需方指定进行单独配置管理的软件集合。计算机软件配置项的选择基于对下列因素的权衡:软件功能、规模、宿主机或目标计算机、开发方、保障方案、重用计划、关键性、接口考虑、需要单独编写文档和控制以及其他因素。

4. 测度(measure)

通过执行一次测量赋予实体属性的数或类别。

5. 测量(measurement)

使用一组度量,把标度值(可以是数或类别)赋予实体的某个属性。

注:使用类别时,测量可以是定性的。如软件产品的一些重要属性,例如源程序语言(Ada,C,COBOL 等)就是定性的类型。

6. 度量(metric)

定义的测量方法和测量标度。

注:度量可以是内部的或外部的,可以是直接的或间接的。

注:度量包括把定性数据进行分类的方法。

7. 合格性测试(qualification testing)

为了向需方证明 CSCI 或系统满足其规定的需求而进行的测试。

8. 再工程(reengineering)

为了以一种新的形式重组一个现有系统而对其进行检查和改造的过程。再工程可包括逆向工程(分析一个系统并在更高的抽象层次上产生其表示,如从代码产生设计);重构(在同一个抽象层次上把系统从一种表示形式转换到另一种表示形式);重编文档(分析一个系统并产生用户文档和支持文档);正向工程

(使用从现有系统导出的软件产品,结合新的需求,以产生新的系统);重定目标(对系统进行转换,以便将其安装到不同的目标系统上);翻译(将源码从一种语言转换到另一种语言或者从一种语言的某个版本转换到另一个版本)。

9. 可重用软件产品(reusable software product)

为一种用途开发但还具有其他用途的软件产品,或者专门为了用于多个项目或一个项目的多种任务而开发的软件产品。例如商业现货软件产品、需方提供的软件产品、重用库中的软件产品和开发方现有的软件产品。每一次使用可以包括这些软件产品的全部或部分,也可以包括它的修改部分。

注:可重用软件产品可以是任何软件产品(例如需求、体系结构等),而不只限于软件本身。

10. 软件(software)

与计算机系统的操作有关的计算机程序、规程和可能相关的文档。

注:本标准中软件只限于计算机程序和计算机数据库。

11. 软件开发(software development)

产生软件产品的一组活动。可包括新开发、修改、重用、再工程、维护或者任何会产生软件产品的其他活动。

12. 软件开发文件(software development file)

与特定软件开发有关的资料库。其内容一般包括(直接或通过引用)有关需求分析、设计和实现的考虑、理由和约束条件,开发方内部的测试信息,以及进度和状态信息。

注:软件开发文件不是一个特定文档,通常为多个电子文件组成的文件夹。

13. 软件产品(software product)

作为定义、维护或实施软件过程的一部分而生成的任何制品,包括过程说明、计划、规程、计算机程序和相关的文档等,无论是否打算将它们交付给顾客或者最终用户。软件产品在开发过程中也称软件工作产品。

14. 软件保障(software support)

为确保软件安装后能继续按既定要求运行而且在系统的运行中能起既定作用而发生的一系列活动。软件保障包括软件维护、用户支持和有关的活动。

15. 软件移交(software transition)

使软件开发的责任从一个组织转交给另一个组织的一系列活动。一般说,前一个组织实施软件开发,而后一个组织实施软件保障。

16. 软件单元(software unit)

计算机软件配置项(CSCI)设计中的一个元素;例如,CSCI 的一个主要构成部分、这种构成部分的一个部件、一个类、对象、模块、函数、子程序或者数据库。软件单元可以出现在层次结构的不同层上,并可以由其他软件单元组成。设计中的软件单元与实现它们的代码和数据实体(子程序、过程、数据库、数据文件等)之间,或与包含这些实体的计算机文件之间并不一定有一一对应的关系。

(四) 软件质量管理缩略语

(1) CASE(Computer - aided Software Engineering,计算机辅助软件工程);

(2) COM(Computer Operation Manual,计算机操作手册);

(3) CPM(Computer Programming Manual,计算机编程手册);

(4) CSCI(Computer Software Configuration Item,计算机软件配置项);

(5) DBDD(Databasc Design Description,数据库设计说明);

(6) FSM(Firmware Support Manual,固件保障手册);

(7) HWCI(Hardware Configuration Item,硬件配置项);

(8) IDD(Interface Design Description,接口设计说明);

(9) IRS(Interface Requirement Specification,接口需求规格说明);

(10) IV&V(Independent Verification and Validation,独立验证和确认);

(11) OCD(Operational Concept Description,运行方案说明:;

(12) SCMP(Software Configuration Management Plan,软件配置管理计划);

(13) SCMR(Software Configuration Management Report,软件配置管理报告);

(14) SCOM(Sotlware Center Operator Manual,软件中心操作员手册);

(15) SDD(Software Design Description,软件设计说明);

(16) SDF(Software Development File,软件开发文件);

(17) SDP(Software Development Plan,软件开发计划);

(18) SDTD(Software Development Task Description,软件研制任务书);

(19) SDSR(Software Development Summary Report,软件研制总结报告);

(20) SIOM(Software Input/output Manual,软件输入/输出手册);

(21) SIP(Software Installation Plan,软件安装计划);

(22) SOW(Statement of Work,工作说明);

(23) SPS(Software Product Specification,软件产品规格说明);

(24) SQAP(Software Quarlity Assurance Plan,软件质量保证计划);

(25) SQAR(Software Quarlity Assurance Report,软件质量保证报告);

(26) SRS(Software Requirement Specification,软件需求规格说明);

(27) SSDD(System/Subsystem Design Description,系统/子系统设计说明);

(28) SSS(System/Subsystem Specification,系统/子系统规格说明);

(29) STD(Software Test Description 软件测试说明);

(30) STP(Software Test Plan,软件测试计划);

(31) STR(Software Test Report,软件测试报告);

(32) STrP(Software Transition Plan,软件移交计划);

(33) SUM(Software User Manual,软件用户手册);
(34) SVD(Software Version Description,软件版本说明);
(35) CAR(Cause Analysis and Resolution,原因分析和决定);
(36) CCB(Configuration Control Board,配置控制委员会);
(37) CM(Configuration Management,配置管理);
(38) COTS(Commercial off the Shelf,现货产品);
(39) DAR(Decision Analysis and Resolution,决策分析和决定);
(40) GG(Generic Goal,共用目标);
(41) GP(Generic Practice,共用实践);
(42) IPM(Integrated Project Management,集成的项目管理);
(43) MA(Measurement and Analysis,测量与分析);
(44) ML(Maturity Level,成熟度等级);
(45) OID(Organizational Innovation and Deployment,组织创新和部署);
(46) OPD(Organizational Process Definition,组织过程定义);
(47) OPF(Organizational Process Focus,组织过程焦点);
(48) OPP(Organizational Process Performance,组织过程绩效);
(49) OT(Organizational Training,组织培训);
(50) PA(Process Area,过程域);
(51) PI(Product Integration,产品集成);
(52) PMC(Project Monitoring and Control,项目监控);
(53) PP(Project Planning,项目策划);
(54) PPQA(Process and Product Quality Assurance,过程和产品质量保证);
(55) QA(Quality Assurance,质量保证);
(56) QPM(Quantitative Projec,定量项目管理)。

八、装备试验质量管理策划

装备试验是装备研制过程必不可少的环节,GJB 1405A《装备质量管理术语》明示,试验是按照程序确定一个或多个特性。装备试验中的质量管理是大型试验或中小型试验质量的根本保证。承制单位或承试单位在组织装备试验过程中,应严格贯彻相关法律法规和标准要求,不论是大型或中小型装备试验,必须坚持"质量第一"的方针,做到试验前应进行总体质量策划,依据型号产品规范和质量保证大纲或质量计划,编制试验计划、试验大纲、试验程序、操作规程等文件,并按规定组织试验。参试人员按规定持证上岗,并做好以下六个方面的准备工作。

(1) 保证参试产品、测量设备、试验设备及软件满足试验要求;

(2) 根据质量计划的安排组织分级分阶段的试验质量检查、质量评审及质量审核；

(3) 编制试验状态检查表、数据记录表等表格化文件，并严格按其要求实施记录，确保记录数据准确、完整、清晰、具有可追溯性；

(4) 建立质量信息系统，对质量信息进行及时收集、分析、处理和传递；

(5) 对试验过程中出现的问题分析原因，制定纠正和预防措施；

(6) 在试验的全过程中，保证试验环境满足要求。

(一) 装备试验质量管理概述

本节的装备试验主要是依据 GJB 1452A《大型试验质量管理要求》、GJB 1362A《军工产品定型程序和要求》的要求，阐述装备研制过程的研制试验、设计定型试验和生产定型试验等质量管理的相关内容。《武器装备质量管理条例》规定："武器装备研制单位组织实施研制试验，应当编制试验大纲或者试验方案，明确试验质量保证要求，对试验过程进行质量控制；承担武器装备定型试验的单位应当根据武器装备定型有关规定，拟制试验大纲，明确试验项目质量要求以及保障条件，对试验过程进行质量控制，保证试验数据真实、准确和试验结论完整、正确。试验单位所用的试验装备及其配套的检测设备应当符合使用要求，并依法定期进行检定、校准，保持完好的技术状态；对一次性使用的试验装备，应当进行试验前的检定、校准"。可见，研制试验就是承制单位装备研制过程，为验证产品质量是否符合规定要求，对其一种或多种特性所进行的检查、测试、度量活动。GJB 1362A《军工产品定型程序和要求》5.3 申请设计定型试验中明确，研制试验或工厂鉴定试验情况完成后，方可申请设计定型试验工作。

在装备研制过程中，装备试验按性质分主要有：承制单位装备研制过程工程管理的验证性试验、研制试验或鉴定试验；使用单位（代表国家和军队）的定型/鉴定性试验、例行（定期、批）试验和验收试验（批次考核）等。按内容分主要有：新技术、新材料、新工艺应用试验；风洞试验；方案原理性试验；元器件、成品附件的性能试验和环境试验；全机静、动力试验；各分系统交联匹配和系统模拟试验；可靠性（鉴定、验收）试验、寿命试验；空中试飞、试验等。比如加速（模拟）试验，是在不改变时效机理和故障模式的条件下，人为地增大环境应力条件的试验，目的是缩短试验周期，降低试验成本，多用于航空发动机及其附件的寿命考核。加速（模拟）试验能否符合实际运转情况，关键在于制定应力条件和选择试验条件。可靠性试验是为了了解、评价和提高可靠性而进行的试验的总称。目的是发现产品在设计、材料和工艺方面的各种缺陷；为改善产品的战备完好性、提高任务成功率、减少维修费用和保障费用提供信息；确认产品是否符合可靠性定量要求。

从试验目的区分为工程试验（又分为环境应力筛选试验和可靠性增长试验）和统计试验（又分为可靠性鉴定试验和可靠性验收试验）。从试验场所区分为实验室试验和使用现场试验。

从试验性质的区分，研制试验或鉴定试验是承制方在装备研制过程中，为了满足研制总要求或技术协议书的功能和性能指标要求，不断自我进行的系列验证性的试验或鉴定试验工作；定型/鉴定试验又分设计定型/鉴定和生产定型/鉴定试验工作，它们完全是在第三方组织下的试验验证考核工作，实际也是一种装备最终考核合格与否的判据性试验。为了分清装备试验的性质、目的和基本要求，本节将装备试验从研制试验、设计定型试验和生产定型试验阐述，设计鉴定试验和生产鉴定试验参照执行。只要是装备研制全过程的试验工作，必须要贯彻执行 GJB 1452A《大型试验质量管理要求》的规定，做到认真组织、积极协调、密切配合、周到细致、确保试验质量。对三级以下产品的鉴定试验质量管理可参照实施。

（二）研制试验质量管理内容

1. 试验的质量策划

（1）根据试验的目的和任务，识别大型试验的过程，对试验过程中的技术难点和风险等进行分析，进行总体策划，形成质量计划。

（2）质量计划的内容一般包括：

① 试验的质量目标和要求；

② 识别试验过程，确定质量控制项目、质量控制点和控制措施；

③ 落实质量职责和权限；

④ 针对试验项目，确定文件和资源的需求；

⑤ 试验项目所需的策划、控制、评审活动以及试验的评定准则；

⑥ 记录要求，以证实试验的过程、结果是否满足要求；

⑦ 风险分析和评估以及故障预案安全保障措施。

2. 试验过程的质量管理

1）试验准备过程

（1）试验任务书。大型试验应编制试验任务书（计划、合同、协议等依据性文件），并按规定进行审批。

试验任务书的内容一般包括：

① 试验名称、试验性质与试验目的；

② 试验内容与条件；

③ 试验产品的技术条件；

④ 试验产品的技术状态；

⑤ 测试系统的技术状态；

⑥ 质量保证要求；

⑦ 试验任务分工和技术保障内容；

⑧ 试验进度要求和组织措施。

（2）试验大纲。装备试验应编制试验大纲，并进行评审、会签和审批。

试验大纲内容一般包括：

① 任务来源、试验时间、地点；

② 试验名称、试验性质与目的；

③ 试验内容、条件、方式、方法；

④ 试验产品技术状态；

⑤ 测试系统技术状态；

⑥ 试验准备技术状态；

⑦ 测试项目、测试设备、测量要求；

⑧ 试验程序；

⑨ 两个以上单位参试时，应明确分工与质量控制要求；

⑩ 试验现场重大问题的预案与处置原则；

⑪ 安全分析与措施；

⑫ 质量要求与措施；

⑬ 技术难点及关键试验项目的技术保障措施；

⑭ 试验风险分析；

⑮ 试验结果评定准则；

⑯ 现场使用技术文件清单与其他要求。

（3）试验计划、试验程序、操作规程。试验实施单位应根据试验大纲编制试验计划、试验程序和操作规程，并经试验有关单位会签。

（4）试验产品状态控制。按产品配套清单，对其质量证明文件和规定的项目进行检查、验收，并办理交接手续。

试验产品应具备的条件：

① 按试验大纲要求，试验产品及其专用工具、测试设备配套齐全；

② 试验产品状态应与产品图样、技术文件相符合；

③ 试验产品质量证明文件齐全，并与实物相符；

④ 通过了产品质量评审；

⑤ 进行了可靠性、风险性分析和安全性论证。

（5）试验设备、测量设备的要求。

试验设备满足使用要求；测量设备应满足以下要求：

① 测量设备应经计量检定合格，并在有效期内；

② 故障维修后的测量设备，应重新检定合格方可使用；

③ 测量方法和测量设备的测量不确定度应满足测试要求。

（6）建立故障（问题）报告、分析与纠正措施系统。建立并运行故障报告、分析和纠正措施系统,参试单位应严格按其要求执行。

(7) 建立质量跟踪卡或点线检查和联合检查制

① 编制质量跟踪卡,其内容一般包括名称、工作内容、跟踪结果、签署;

② 编制点线检查和联合检查表,其内容一般包括名称、检查内容、检查结果、签署。

(8) 组织试验准备状态检查。检查的主要内容:

① 参试产品状态的符合性;

② 操作、指令系统状态;

③ 试验文件配套情况及试验准备过程的原始记录;

④ 技术保障及安全措施;

⑤ 试验环境条件;

⑥ 故障处置与应急预案;

⑦ 参试人员资格复核;

⑧ 质量控制点的控制状态;

⑨ 参试产品出现问题的处理及跟踪结果;

⑩ 参试产品有否遗留问题,能否进行试验;

⑪ 参试产品及试验状态的更改,是否充分论证及履行审批程序及跟踪结果;

⑫ 基础设施保障措施。

(9) 多余物的控制要求。内容一般包括:

① 试验现场不应有与试验无关的物品;

② 试验使用的工作介质应进行清洁度检查和处理;

③ 使用的工具、备品、备件等物应有清单,撤离现场时应清点无误。

(10) 人员的控制。

① 参试人员按“五定”上岗(定人员、定岗位、定职责、定协调接口关系、定仪器设备);

② 关键岗位应实行操作人员、监护人员的“双岗”或“三岗”制。

(11) 质量控制点的控制。

① 按照已明确质量控制点和控制措施进行自检、专检,必要时进行互检;

② 详细填写检查记录,做到清晰、准确、无误,并保存记录。

(12) 质量评审(审核)。

① 按规定的要求,对试验产品、试验设备、技术文件、关键质量控制点等进行质量评审(审核)。

② 对质量评审(审核)过程中发现的问题,实施整改并验证其实施效果的有效性,经批准后,方可进行试验。

2）试验实施过程

（1）严格按试验计划、试验程序和操作规程组织实施，统一指挥，保证指挥的正确性。

（2）试验时对关键试验产品、关键环节，应设置工作状态监视或故障报警系统。

（3）准确采集试验数据，做好原始记录。

（4）有重复性或系列试验组成的试验，在前项试验结束后，应及时组织结果分析，发现问题及时处理，不应带着没有结论的问题转入下一项试验。

（5）试验过程出现不能达到试验目的时，按照试验预案规定的程序中断试验，待问题解除后试验方可继续进行。

（6）试验时需临时增加或减少试验项目，提出部门须办理有关手续，经有关单位会签并履行批准程序后方可实施。

3）质量确认

参试单位应在试验各阶段组织质量检查和考核，合格后固化技术状态，经批准转入下阶段试验。

3. 试验结果的分析处理

（1）收集试验产品的检测记录和报告。

（2）对试验产品的检测记录和报告进行系统分析。

（3）在试验实施过程完成后撤离试验现场前，汇集、整理试验记录和全部原始数据，保证数据的完整性和真实性。

（4）对试验数据进行处理与分析，提出试验结果评价报告。评价的内容一般包括：

① 试验是否达到任务书和试验大纲的要求；

② 试验数据采集率（信号采集率、数据采集率、关键数据采集率）质量评价；

③ 试验结果处理及处理方法；

④ 试验结果分析与评价；

⑤ 故障分析与处理情况。

4. 试验总结

试验结束后，编制试验总结报告，其报告的内容一般包括：

（1）试验依据、目的、条件、内容、要求；

（2）试验过程控制情况；

（3）试验结果分析与评价；

（4）故障分析及处理意见；

（5）试验结论；

（6）存在问题及改进意见；

(7) 其他。

5. 质量改进

(1) 参试单位应根据质量目标的实现情况、产品质量评审(审核)存在的问题、过程控制等方面进行系统分析,制定纠正和预防措施,持续改进大型试验的质量管理。

(2) 参试单位对试验过程中出现的故障要进行系统分析,查明原因,制定措施,举一反三,并验证实施效果的有效性。

(3) 查找是否有潜在的不合格,并制定预防措施。

(4) 试验过程发生的产品技术状态更改,经复核后进行审批,并及时落实到相应的图样和技术文件中。

6. 资料归档

及时汇集、整理试验数据和技术资料,并按规定归档。

(三) 设计定型试验质量管理

装备的设计定型试验合格与否对装备能否设计定型起着决定性的作用。在设计定型工作程序中,只有申请了设计定型试验、制定了设计定型试验大纲,并按大纲组织完成了设计定型试验且经审查和评审合格,装备才能转入申请设计定型状态,才能进行组织设计定型审查状态。为了确保设计定型试验质量,设计定型的军工产品,必须按 GJB 1362A《军工产品定型程序和要求》的相关要求,加强设计定型试验质量管理,做好以下几个方面的工作。

1. 申请设计定型试验的条件

军工产品符合下列要求时,承研承制单位可以申请设计定型试验:

(1) 通过规定的试验,软件通过测试,证明产品的关键技术问题已经解决,主要战术技术指标能够达到研制总要求。

(2) 产品的技术状态已确定。

(3) 试验样品经军事代表机构检验合格。

(4) 样品数量满足设计定型试验的要求。

(5) 配套的保障资源已通过技术审查,保障资源主要有:保障设施、设备,维修(检测)设备和工具,必须的备件等。

(6) 具备了设计定型试验所必需的技术文件,主要有:产品研制总要求、承研承制单位技术负责人签署批准并经总军事代表签署同意的产品规范,产品研制验收(鉴定)试验报告,工程研制阶段标准化工作报告,技术说明书,使用维护说明书,软件使用文件,图实一致的产品图样、软件源程序及试验分析评定所需的文件资料等。

2. 申请设计定型试验

按照规定的研制程序,产品满足第一条要求时,承研承制单位应会同军事代

表机构或军队其他有关单位向二级定委提出设计定型试验书面申请,内容一般包括:

(1) 研制工作概况;

(2) 样品数量;

(3) 技术状态;

(4) 研制试验或工厂鉴定试验情况;

(5) 对设计定型试验的要求和建议等。

二级定委经审查认为产品已符合要求后,批准转入设计定型试验阶段,并确定承试单位。不符合规定要求的,将申请报告退回申请单位并说明理由。

3. 制定设计定型试验大纲

1) 试验大纲的制定

设计定型试验大纲由承试单位依据研制总要求规定的战术技术指标、作战使用要求、维修保障要求和有关试验规范拟制,并征求总部分管有关装备的部门、军兵种装备部、研制总要求论证单位、军事代表机构或军队其他有关单位、承研承制单位的意见。承试单位将附有编制说明的试验大纲呈报二级定委审批,并抄送有关部门。二级定委组织对试验大纲进行审查,通过后批复实施。一级军工产品设计定型试验大纲批复时应报一级定委备案。

2) 试验大纲内容和要求

设计定型试验大纲应满足考核产品的战术技术指标、作战使用要求和维修保障要求,保证试验的质量和安全,贯彻有关标准的规定,内容通常应包括:

(1) 编制大纲的依据;

(2) 试验目的和性质;

(3) 被试品、陪试品、配套设备的数量和技术状态;

(4) 试验项目、内容和方法(含可靠性、维修性、测试性、保障性、安全性实施方案和统计评估方案);

(5) 主要测试、测量设备的名称、精度、数量;

(6) 试验数据处理原则、方法和合格判定准则;

(7) 试验组织、参试单位及试验任务分工;

(8) 试验网络图和试验的保障措施及要求;

(9) 试验安全保证要求。

3) 试验大纲编制说明

试验大纲编制说明应详细说明试验项目能否全面考核研制总要求规定的战术技术指标和作战使用要求,以及有关试验规范的引用情况以及剪裁理由等。

4) 试验大纲变更

试验大纲内容如需变更,承试单位应征得总部分管有关装备的部门、军兵种装备部同意,并征求研制总要求论证单位、承研承制单位、军事代表机构或军队其他有关单位等单位的意见,报二级定委审批。批复变更一级军工产品设计定型试验大纲时应报一级定委备案。

4. 组织设计定型试验

1) 试验要求

设计定型试验包括试验基地(含总装备部授权或二级定委认可的试验场、试验中心及其他单位)试验和部队试验。

(1) 试验基地试验主要考核产品是否达到研制总要求规定的战术技术指标;

(2) 部队试验主要考核产品作战使用性能和部队适应性,并对编配方案、训练要求等提出建议;

(3) 部队试验一般在试验基地试验合格后进行;

(4) 两种试验内容应避免重复;

(5) 当试验基地不具备试验条件时,经一级定委批准,试验基地试验内容应在部队试验中进行。

2) 试验组织实施

设计定型试验由承试单位严格按照批准的试验大纲组织实施。

3) 试验顺序

设计定型试验顺序一般如下:

(1) 先静态试验,后动态试验;

(2) 先室内试验,后外场试验;

(3) 先技术性能试验,后战术性能试验;

(4) 先单项、单台(站)试验,后综合、网系试验,只有单项、单台(站)试验合格后方可转入综合、网系试验;

(5) 先部件试验,后整机试验,只有部件试验合格后方可转入整机试验;

(6) 先地面试验或系泊试验,后飞行或航行试验,只有地面试验或系泊试验合格后方可转入飞行或航行试验。

4) 试验中断处理

试验过程中出现下列情形之一时,承试单位应中断试验并及时报告二级定委,同时通知有关单位:

(1) 出现安全、保密事故征兆;

(2) 试验结果已判定关键战术技术指标达不到要求;

(3) 出现影响性能和使用的重大技术问题;

(4) 出现短期内难以排除的故障。

5）试验恢复处理

承研承制单位对试验中暴露的问题采取改进措施，经试验验证和军事代表机构或军队其他有关单位确认问题已解决，承试单位应向二级定委提出恢复或重新试验的申请，经批准后，由原承试单位实施试验。

6）承研承制单位的责任

承研承制单位应负责以下工作：

（1）按申请设计定型试验的条件的要求向承试单位提供设计定型试验样品和试验所需的技术文件；

（2）派专人参加试验并负责解决试验中有关的技术问题，保证试验样品处于良好的技术状态；

（3）向承试单位提供技术保障。

7）试验记录

承试单位应做好试验的原始记录，包括文字数据记录、电子数据记录和图像记录等，并及时对其进行整理，建立档案，妥善保管，以备查用。承试单位应向承研承制单位和使用部队提供相关试验数据。

8）试验报告

试验结束后，承试单位应在30个工作日内完成设计定型试验报告，上报二级定委，并抄送总部分管有关装备的部门、军兵种装备部、研制总要求论证单位、军事代表机构或军队其他有关单位、承研承制单位等有关单位。一级军工产品的设计定型试验报告应同时报一级定委。

设计定型试验报告通常包括以下内容：

（1）试验概况；

（2）试验项目、步骤和方法；

（3）试验数据；

（4）试验中出现的主要技术问题及处理情况；

（5）试验结果、结论；

（6）存在的问题和改进建议；

（7）试验样品的全貌、主要侧面、主要试验项目照片，试验中发生的重大技术问题的特写照片；

（8）主要试验项目的实时音像资料；

（9）关于编制、训练、作战使用和技术保障等方面的意见和建议。

上述工作完成后，方能上报设计定型申请报告。

（四）生产定型试验质量管理

需要生产定型的军工产品，在完成设计定型并经小批量试生产后、正式批量生产前，应进行生产定型。从生产定型程序可知，军工产品生产定型一般要按照组织工艺和生产条件考核、申请部队试用、制定部队试用大纲、组织部队试用、申请生产定型试验、制定生产定型试验大纲、组织生产定型试验等,试验合格后才能申请生产定型。为了确保生产定型试验质量,生产定型的军工产品,必须按GJB 1362A《军工产品定型程序和要求》的相关要求,加强生产定型试验质量管理,做好以下几个方面的工作。

1. 部队试用产品与生产定型试验产品

(1) 部队试用产品。部队试用产品是试生产并交付部队使用的装备,一般选择已经通过工艺和生产条件考核的产品。试用产品的数量应综合考虑产品的特点,以及列装编制规模等,由二级定委与有关部门协商确定。

(2) 生产定型试验产品。生产定型试验产品应从试生产批军检合格的产品中抽取。试验产品应包括试验主产品、备用产品和配套设备,其数量应满足生产定型试验的要求。

2. 组织工艺和生产条件考核

总部分管有关装备的部门、军兵种装备部应会同国务院有关部门和有关单位,按照生产定型的标准和要求,对承研承制单位的生产工艺和条件组织考核,并向二级定委提交考核报告。

工艺和生产条件考核工作一般结合产品试生产进行,主要包括以下内容:

(1) 生产工艺流程;

(2) 工艺指令性文件和全套工艺规程;

(3) 工艺装置设计图样;

(4) 工序、特殊工艺考核报告及工艺装置一览表;

(5) 关键和重要零部件的工艺说明;

(6) 产品检验记录;

(7) 承研承制单位质量管理体系和产品质量保证的有关文件;

(8) 元器件、原材料等生产准备的有关文件。

3. 申请部队试用

产品工艺和生产条件基本稳定、满足批量生产条件时,承研承制单位应会同军事代表机构或军队其他有关单位向二级定委提出部队试用书面申请,内容一般包括:

(1) 试生产工作概况;

(2) 产品技术状态和质量情况;

(3) 工艺和生产条件基本情况;

(4) 检验验收情况;

(5) 对部队试用的要求和建议等。

二级定委经审查认为已符合要求的,批准转入部队试用阶段,并商有关部门确定试用部队;不符合规定要求的,将申请报告退回申请单位并说明理由。

试用部队一般为试生产产品的列装部队。确定试用部队时应考虑地理、气象条件和试用期限等方面的需要和可能。

4. 制定部队试用大纲

部队试用大纲由试用部队根据装备部队试用年度计划,结合部队训练、装备管理和维修工作的实际拟制,并征求研制总要求论证单位、承研承制单位、军事代表机构或军队其他有关单位及部门等的意见,报二级定委审查批准后实施。必要时,也可以由二级定委指定试用大纲拟制单位。

部队试用大纲应按照部队接装、训练、作战、保障等任务剖面安排试用项目,应能够全面考核产品的作战使用要求和部队适应性,以及产品对自然环境、诱发环境、电磁环境的适应性,并贯彻相关标准。部队试用大纲基本内容包括:

(1) 试用目的和性质;

(2) 试用内容、项目、方法;

(3) 试用条件与要求;

(4) 试用产品的数量、质量、批次、代号和技术状态;

(5) 试用应录取和收集的资料、数据及处理的原则和方法;

(6) 试用产品的评价指标、评价模型、评价方法及说明;

(7) 试用部队、保障分队的编制和要求;

(8) 试用的其他要求及有关说明。

部队试用大纲内容如需变更,试用部队应征得有关部门同意,并征求研制总要求论证单位、承研承制单位、军事代表机构或军队其他有关单位及部门等的意见,报二级定委审批。批复变更一级军工产品部队试用大纲时应报一级定委备案。

5. 组织部队试用

1) 部队试用的实施

试用部队应严格按照批准的部队试用大纲组织实施军工产品部队试用。

有关部门应向试用部队提供与试用产品相适应的作战训练、维修等资料。承研承制单位应参与对试用部队的技术培训,提供必要的技术资料、设备、备附件,派专业技术人员参与试用工作。

部队试用工作应按照以下要求组织实施:

(1) 参试指挥员、操作人员、技术保障人员的技能、体能、文化程度、军龄、作战训练经历、对同类装备的使用经验等应具有代表性,达到与试用产品相适应的程度;

(2) 应确定能充分验证试用产品作战使用性能的作业周期和强度,大型复杂产品的试用周期不应少于春、夏、秋、冬四个季节;

(3) 对试用周期较长的试用产品,应建立试用情况信息反馈制度。

2）部队试用报告

试用报告由试用部队提出，在试用结束后30个工作日内完成。试用报告应由试用部队报二级定委，并抄送研制总要求论证单位、承研承制单位、军事代表机构或军队其他有关单位。其中，一级军工产品的试用报告同时报一级定委备案。试用报告主要内容包括：

（1）试用工作概况；

（2）主要试用项目及试用结果；

（3）试用中出现的主要问题；

（4）试用结论及建议。

6. 申请生产定型试验

对于批量生产工艺与设计定型试验样品工艺有较大变化，并可能影响产品主要战术技术指标的，应进行生产定型试验；对于产品在部队试用中暴露出影响使用的技术、质量问题的，经改进后应进行生产定型试验。

生产定型试验申请由承研承制单位会同军事代表机构或军队其他有关单位向二级定委以书面形式提出。申请报告内容通常包括：

（1）试生产情况；

（2）产品质量情况；

（3）对设计定型提出的有关问题、设计定型阶段尚存问题和部队试用中发现问题的改进及解决情况；

（4）产品检验验收情况；

（5）对试验的要求和建议。

7. 制定生产定型试验大纲

生产定型试验大纲参照设计定型试验大纲质量管理内容的规定拟制和上报。

8. 组织生产定型试验

生产定型试验参照设计定型试验大纲质量管理内容的规定组织实施。

生产定型试验通常在原设计定型试验单位进行，必要时也可以在二级定委指定的试验单位进行。生产定型试验由承试单位严格按照试验大纲组织实施，在试验结束30个工作日内出具试验报告。

上述工作完成后，方能上报生产定型申请报告。

九、售后技术服务质量管理设计

售后技术服务是装备建设的关键环节，是装备采购工作的重要组成部分。组织售后技术服务是主管装备订货工作的部门和军事代表的一项重要职责。组织好售后技术服务，对于部队战斗力的快速形成、持续和提高具有重要作用。《武器装备质量管理条例》规定：“武器装备研制、生产和维修单位应当建立健全售（修）后服务保障机制，依据合同组织武器装备售（修）后技术服务，及时解决武器装备交付后出现的质量问题，协助武器装备使用单位培训技术骨干”“部队执行作战和重大任务时，武器装备研制、生产和维修单位应当依照法律、法规的要求组织伴随保障和应急维修保障，协助部队保持、恢复武器装备的质量水平”。承制单位应按照法律法规及标准的要求，健全售后服务机制，制定售后服务制度和计划，为部队提供技术服务，对使用、维修人员进行技术培训。尤其是新型装备交付部队使用后，承制单位应组织现场技术服务组，协助部队尽快掌握使用维修技术，帮助部队处理使用中出现的问题，确保装备的正常使用。驻厂军事代表应当协助沟通部队与承制单位的联系，建立信息反馈制度，产品在部队使用中出现质量问题，及时研究处理。产品在保证期内发生质量问题，应当督促承制单位给予无偿修复或者更换。产品在使用期内由于设计、制造原因出现重大质量问题，按照有关规定进行处理。

（一）售后技术服务质量管理概述

GJB 1405A《装备质量管理术语》对售后技术服务的定义是“在产品售出后承制单位向使用单位提供有偿或无偿技术支援的活动”。标准中注解明确：“售后技术服务通常包括提供技术文件、供应维修零备件和有限寿命部件、培训使用维修人员、提供技术咨询以及协助装备改装、延寿，排除故障等。”按照 GJB 1405A《装备质量管理术语》的解释，承制单位在售后技术服务的管理方面，必须设立售后技术服务工作的机构或指定专职人员负责该项工作，并要配备必要的服务手段，应按相关规定和要求，结合实际制订售后技术服务的工作细则。按照法律法规和标准的要求，售后技术服务内容（指配套产品）主要体现在四个方面：

（1）承制单位按照合同和有关规定随产品向部队提供学习、使用、维修、记录主要技术参数和使用事项的随机文件。飞机和发动机随机文件，按 GJB 3968《军用飞机用户技术资料通用要求》执行；配套产品的随机文件由技术说明书、使用维护说明书、电路图册、履历本、配套设备和专用测试设备资料等技术资料构成。

（2）做好新装备的使用、维修技术培训。新装备交付部队前，由军事代表按照订货合同和有关规定，协助承制单位为部队组织新装备使用、维修和储存管理等方面的技术培训，帮助部队熟悉掌握新装备的性能和使用、维护、保管等方面的知识与技能，使新装备一旦交付部队后，能够尽快形成战斗力。

（3）提供现场服务。新装备交付部队后，军事代表应当督促和配合承制单位组织现场技术服务组，协助部队尽快掌握使用维修技术，帮助部队处理使用中出现的问题，包括提供必要的零备件器材等，确保装备的正常使用。必要时，军事代表应当参加现场技术服务工作。

(4) 实施技术质量跟踪。军事代表应当协调有关部门、部队与承制单位建立质量信息反馈网络。收集装备使用中发生的质量信息,及时向承制单位反馈,并督促承制单位采取改进措施。

(二) 售后技术服务质量管理

1. 技术培训

(1) 新装备首次装备使用单位时,承制单位应向使用单位介绍产品的基本性能与结构特点,并进行使用维护及操作技能培训。

(2) 技术培训的具体内容,依据产品技术说明书、使用维护说明书等技术资料,由承制单位与使用单位商定,并制定培训计划。

(3) 技术培训的对象应具有一定的文化水平、专业知识及操作技能的使用维护、调试人员。具体人选由使用单位确定。

(4) 技术培训的方式、地点与培训质量的考核,由承制单位与使用单位商定、实施。

(5) 使用单位非首次装备某产品要求承制单位培训时,可与驻厂军事代表协商,列入承制单位年度外访计划实施。

2. 提供技术资料

(1) 承制单位应按设计部门编制的资料清单或合同、协议规定提供配套技术资料。通常包括:

① 产品履历本或合格证;

② 产品技术说明书;

③ 使用维护说明书;

④ 电路图册、配套设备和专用测试设备资料;

⑤ 产品器材目录等。

(2) 配套的技术资料应随产品出厂时交付。配套外的资料按合同执行。

(3) 与使用维护有关的技术通报(技术通知、服务通报)应及时反馈。

3. 提供零备件(含设备、工具)

(1) 承制单位在交付产品的同时,应按主管机关批复编制的清册或合同、协议规定提供配套零备件和有限寿命部件。

(2) 使用单位所需配套外的零备件,可另行签订合同。使用单位要求的紧急订货,承制单位应及时提供。

(3) 承制单位提供的零备件,必须有产品检验合格证明文件。

4. 现场技术服务

(1) 承制单位派出的技术服务人员到使用单位进行现场技术服务,其工作内容通常包括。

① 承担或指导安装调试和正确使用维护产品;

② 进行与产品有关的技术咨询；

③ 协助解决因保管贮存、使用维护不当造成的问题；

④ 根据需要，参与规定贮存期限内产品的定期检查工作。

(2) 使用单位首次装备某产品，承制单位应主动进行现场技术服务；非首次装备某产品，应使用单位要求，也可进行现场技术服务。

(3) 对在规定的贮存、使用保证期外，使用单位要求承制单位提供现场技术服务时，可另行商定。

(4) 现场技术服务工作，一般由最终产品(主机厂或系统部门)承制单位负责协调。

5. 处理质量问题

(1) 承制单位在得到产品出现质量问题的信息后，应及时查明情况，迅速处理，并通知使用单位。

(2) 在规定的贮存、使用保证期内发生设计、制造质量问题，由承制单位承担责任，并无偿给予修复或更换。

(3) 在规定的贮存、使用保证期外，以及虽在规定的贮存、使用保证期内，但因保管贮存和使用维护不当造成故障或损伤，承制单位应使用单位要求，给予有偿服务。

(4) 对重大质量问题的处理或成批排故、返修的方案及其实施，要报上级主管部门批准。

(5) 产品发生事故，要求承制单位参与调查时，承制单位应积极参加。

(6) 质量问题的处理要有记录并签署。

6. 收集与处理质量信息

(1) 承制单位应当同使用单位建立质量信息反馈网络、故障报告分析制度和采取纠正措施制度。

(2) 承制单位要制订质量信息的收集、传递、处理、贮存和使用的管理办法，并及时将处理情况通知使用单位。

(3) 承制单位应定期和不定期地访问使用单位或召开座谈会，征求意见，提高产品质量和技术服务质量。

(4) 产品使用质量信息由使用单位提供。

(三) 使用维护说明书编制指南

使用维护说明书是指导空勤地勤人员正确操作、使用、维护、修理产品的技术文件。也是装备质量保证的重要技术文件，它的编写内容正确与否直接关系到装备的使用、维护和训练质量，关系到国家的财产和飞行人员的生命安全。因此，承制单位对使用维护说明书的编写，应广泛征求使用单位的意见，经组织评审批准后，方可实施。

1. 使用维修说明书组成

使用维修说明书应满足一级维修要求,适当兼顾二级维修。一般由以下内容组成:

一、概述;

二、线缆连接图及供电系统图;

三、操作和使用;

四、机务准备要求;

五、预防维修周期及检查项目;

六、装备的测试、调整与正常工作现象;

七、常见故障的分析及排除方法;

八、装备的拆装;

九、使用维修保障。

① 概述。一般包括以下内容:

a) 简要说明装备的体制、用途、技术性能和主要特点。

b) 按总框图简要说明装备工作过程。

c) 阐述外场可更换单元的名称、代号、组成、功能以及在载机上的安装位置,并绘出面板图。

② 操作和使用

a) 阐述对操作和使用人员的要求。

b) 阐述操作控制机构的作用、初始位置及操作程序。

c) 阐述空中各工作状态的转换、开关与旋钮的正常位置和装备正常工作的现象。在空中有维修条件的装备还应说明空中维修内容。

d) 阐述操作、使用应注意的事项。

③ 机务准备要求。给出保证装备使用所必需的检查内容、方法及注意事项。

④ 预防维修周期及检查项目。根据装备的可靠性和维修性水平确定预防维修周期及检查项目。

⑤ 测试、调整与正常工作现象。说明装备主要参数(包括标定和校正)测试和调整的项目、方法、步骤、仪表连接、注意事项和正常工作现象。

⑥ 常见故障的分析及排除方法

a) 排除故障的一般程序和方法。说明故障检测、隔离、排除的基本要求和方法。

b) 检测诊断软件可修改时,应编写修改方法。

c) 常见故障及排除方法。按故障现象、原因、排除方法列表说明。

⑦ 装备的拆装。对装备和需要拆装的部件,说明拆装方法及注意事项,在

文字难以表述时,应配有实体分解示意图。

⑧ 使用维修保障

a) 检测孔、点的电气参数。编制装备各检测孔、点的电气参数及绘制波形图。

b) 性能检查所需仪表清单。接名称、型号、数量列表编制。

c) 软件功能及使用说明。应给出软件的功能及使用、维修说明。

d) 关键件、重要件。列出维修的装备关键件,重要件,说明其使用、维修注意事项,并给出清单。

e) 特种器件和集成电路资料。给出一、二级维修所需的特种器件名称,型号、符号图和集成电路的型号、主要参数、引脚图等资料。

2. 电路图册

电路图册是装备所有电路图和其他有关图样的汇总。本条规定图册的基本构成,经订货方、承制单位协商可酌情增减。基本构成和排列顺序如下:

1) 框图

按 GB/T 6988.1—2008《电气技术用文件的编制 第一部分:规则》的规定,绘制装备的分系统或外场可更换单元的基本组成、相互关系及其主要特征框图。

2) 电缆配置图

按 GB/T 6988.1—2008《电气技术用文件的编制 第一部分:规则》的规定,绘制外场可更换单元线缆连接的关系图。图中应标明外场可更换单元名称、代号、线缆编号,对应关系和接口关系。

3) 分系统或外场可更换单元电路图

按 GB/T 6988.1—2008《电气技术用文件的编制 第一部分:规则》的规定,绘制装备分系统或外场可更换单元的电路图。

4) 供电系统图

用符号和带注释的框,表示产品供电系统基本组成、控制、电源输出到其他分系统(或外场可更换单元)或元器件的一种关系简图。

按 GB/T 6988.1—2008《电气技术用文件的编制 第一部分:规则》的规定,绘制装备交、直流供电系统图。

5) 逻辑图

按 GB/T 6988.1—2008《电气技术用文件的编制 第一部分:规则》的规定,绘制分系统或外场可更换单元的逻辑图。

(四) 飞机技术资料及用途汇编

飞机技术资料是承制单位交付使用单位,保证飞机使用和维护所需的全部技术资料,包括随机资料和其他资料。随机资料是随飞机交付给使用单位的,保证用户正常使用和维护所需的技术资料。其他资料是除随机资料外的用户所需的技术资料。本书根据 GJB 3968《军用飞机用户技术资料通用要求》的规定，汇编了飞机技术资料及用途，供读者参考和查询。

1. 飞机说明书

说明该型飞机的总体布置、飞行性能、机体结构、功能系统、发动机及主要机载设备等内容。

主要用于使用单位了解飞机。

2. 飞行手册

简要说明该型飞机的各部分及主要机载设备，着重阐述该型飞机的正常使用程序、应急使用程序和使用限制等，并给出该型飞机的性能和气动数据。

主要用于飞行人员正确安全地驾驶该型飞机。

3. 飞行人员检查单

规定在起飞前飞行人员所要进行的各种检查项目、检查内容和检查程序。

主要用于飞行人员在起飞前的一般检查。

4. 飞机维修手册

系统阐述该型飞机的机体结构、系统及主要机载设备的功能、用途、组成、安装位置、工作原理、使用维修及贮存保管要求，操作方法和有关注意事项，常见故障分析和处理。

主要用于机务人员维修飞机。

5. 飞机维护规程

规定该型飞机的安全规则、飞行机务保障（含飞行前准备、再次出动准备、飞行后检查、机械日工作等）、周期工作、定期工作、停放保管等项工作的内容、技术要求和操作。

主要用于机务人员维修飞机。

6. 飞机定期检查与维护要求

给出飞机定期检查和维护的项目、时间、内容、要求、程序、所用仪器设备与材料以及注意事项等，以满足用户进行飞机定期检查和维护的需要。

7. 飞机电路图册

包括该型飞机各系统、发动机和主要机载设备的电路图解，利用线路原理图、电路图和电气电子设备明细表对飞机上的电路进行充分说明，以便进行故障分析和维修。

主要用于机务人员维修飞机。

8. 飞机系统图册

包括该型飞机各系统、发动机和主要机载设备机械部分的原理图或表示每个系统组成、接口关系的示意图，利用系统原理图和原理图明细表对飞机系统进行说明，以便进行故障分析和维修。

主要用于机务人员维修飞机。

9. 飞机基本重量检查单与装载数据手册

包括该型飞机各部分的重量、重心、惯矩及平衡情况,基本重量检查表及装载数据。

主要用于分析和确定飞机的使用重量和平衡程序。

10. 无损检测手册

给出该型飞机机体结构主要受力构件的无损探伤区域、探伤等级、探伤方法、探伤程序与要求、探伤所用的设备等内容。

用于飞机主要结构的检测、修理和更换。

11. 发动机安装手册

描述以发动机的一般情况,给出附件安装、支架安装、发动机安装的方法和程序,给出专用设备和工具清单、消耗材料以及标准实施参考表。

主要用于发动机的拆装。

12. 发动机维修手册

系统地阐述该型飞机所选用发动机的结构、系统、成品和附件的功能、用途、组成,工作原理、使用维修及贮存保管要求以及有关注意事项,常见故障的分析和处理。

主要用于发动机的使用、维修和检查。

13. 机载设备维修手册

系统的阐述该型飞机主要机载设备(含各种外挂吊舱及其他特种设备)的说明和操作、原理图、电路图、试验和故障分析、自动测试要求,拆装和检修、公差和配合、简单机载设备的图样零部件目录以及专用工夹具和设备清单。

主要用于机载设备的使用和维修。

14. 航空弹药技术数据手册

给出该型飞机所携带的各种航空弹药的基本性能、技术数据、规格、重量等资料。

主要用于航空弹药的使用和维修。

15. 武器弹药存放手册

给出该型飞机所携带的各种武器与航空弹药存放保管所需的环境条件,设施要求、安全要求、设备要求及有关注意事项。

主要用于武器弹药的存放和保管。

16. 航空弹药装填程序手册

给出该型飞机所携带的各种航空弹药的装填方法和程序,所需的工具以及有关注意事项。

主要用于航空弹药的装填。

17. 常规武器使用手册

给出该型飞机所携带的各种常规武器(如航炮、火箭、导弹、炸弹等)的特性和控制、显示设备的内容以及敌我识别、保密通讯和电子对抗设备的内容,介绍各类武器的发射投放程序、特殊情况处理和使用限制等内容,以保证空勤人员安全正确地使用各类武器。

18. 飞机货物装载手册

给出飞机货物装载、系留的方式、重量和平衡等内容。

主要用于军用运输机的货物装载,其他军用飞机不提供本手册。

19. 地面保障设备与工具说明书

说明用于该型飞机机体、发动机、各系统及机载设备的地面保障设备与工具的技术性能、操作方法、配套技术资料以及有关注意事项。

主要用于地面保障设备及工具的使用。

20. 随机备件目录(或初始备件目录)

给出该型飞机与所用发动机、机载设备在其保证期内所需备件项目、配套比例、数量等内容。

主要用于飞机的验收、管理和使用。

21. 推荐订货备件目录(或后续备件目录)

给出该型飞机与所用发动机、机载设备在其保证期之后在规定时间内所需的备件项目、数量及订货时机等方面的建议,包括替换故障的周转备件和修理所需要的消耗备件。

主要用于后续备件的订货和管理。

22. 机载成品重要度分类及有寿机件目录

给出该型飞机机载成品在可靠性设计中的重要度分类目录。给出该型飞机与所用发动机、机载设备中有寿命期限要求的机件名称、寿命指标等内容。

主要用于有寿机件的管理和维护。

23. 地面保障设备与工具配套目录

给出用于保障该型飞机机体、发动机、各系统及机载设备的地面保障设备与工具的名称、型号、生产厂家、配套数等内容。主要用于保障设备的验收、采购和管理。

24. 履历本(或产品合格证)

主要用作产品的合格证明,并用来记录产品的使用情况和维修情况。

详细要求见 GJB 2488《飞机履历本编制要求》、GJB 2489《航空机载设备履历本及产品合格证编制要求》。

25. 技术通报

用来向用户提供飞机、发动机及其机载设备的设计更改,其中包括技术状态或战技指标的更改、机载设备的换装以及为保持飞机、发动机及其机载设备安全使用所需的检查和规定。

26. 随机资料配套目录

给出随机交付的用户技术资料编号、项目、名称、配套比例及数量等。

主要用于随机技术资料的清点、查询和使用。

27. 飞机图解零部件目录

给出该型飞机机体结构、发动机、各系统及机载设备的零部件分解图,并给出各零件、组件、部件的图号、零件号、说明、安装位置、有效性与件数等内容。

主要用于飞机及其系统的维修和订货。

28. 飞机结构修理手册

给出飞机结构损坏后的修理方法,修理程序及修理所用的设备、工具、材料等内容。

主要用于飞机的结构修理。

29. 飞机故障分析手册

给出识别和分析该型飞机故障的必要技术数据,并提供排故方法和程序。

主要用于飞机维修。

30. 腐蚀控制手册

给出该型飞机、发动机结构易受腐蚀的区域和零组件,腐蚀的类别、防止和控制腐蚀的措施、方法、程序以及所需的设备、工具和材料。

主要用于控制结构的腐蚀。

31. 发动机图解零部件目录

给出该型飞机所选用的发动机结构、各系统机器设备的零部件分解图,并给出各零件、组件、部件的图号、零件号、说明、安装位置、有效性与件数等内容。

主要用于发动机的使用维修和订货。

32. 发动机结构修理手册

给出该型飞机所选用的发动机结构损伤或破坏后进行修理的方法、程序以及所需的设备。

主要用于发动机的维修。

33. 发动机故障分析手册

给出识别和分析该型飞机所选用发动机故障的必要技术数据,并提供排故方法和程序。

主要用于发动机的维修。

34. 机载设备图解零部件目录

给出该型飞机可维修的复杂机载设备和机体,系统及其所含成品附件(舰载机包括悬停加油设备、垂直供给设备、超视距目标指示系统和机舰结合部分)

等的零部件分解图,并给出各零件、组件、部件的图号、零件号、说明、有效性及件数等内容。

主要用于机载设备的维修和订货。

35. 机载设备故障分析手册

给出识别和分析该型飞机所选用的机载设备故障的必要技术数据,并提供排故方法和程序。

主要用于机载设备的维修。

36. 专用保障设备技术图册

给出用于该型飞机专用保障设备的零部件分解图,并给出各零件、组件、部件的名称、型号、图号、零件号、主要性能参数、用途、操作步骤、注意事项说明、有效性与件数等内容。

主要用于专用保障设备的维修。

37. 飞机维修大纲

给出该型飞机的机体、发动机、各系统及机载设备的维修工作类型、维修方式、维修间隔及维修通道等内容。

主要用于飞机的维修。详细要求见 GJB 1378A《装备以可靠性为中心的维修分析》。

38. 飞机大修手册

给出飞机进行大修所需的工艺方法、程序、必要的技术资料及所用的设备、工装夹具、材料等内容。

主要用于飞机大修。

39. 发动机大修手册

给出该型飞机所选用的发动机进行大修所需的工艺方法、程序、必要的技术资料以及所需的设备、工装夹具、材料等内容。

主要用于发动机的大修。

40. 空勤人员改装培训教材

给出该型飞机总体、性能、各系统及主要机载设备的介绍,并对正常操作程序、应急操作程序和特情处置做出详细说明,必要时与原使用机种作对比分析。

主要用于空勤人员改装新型飞机的讲课教材。

41. 地勤人员改装培训教材

给出该型飞机总体、性能、各系统及主要机载设备的介绍,并对各系统、各部分及机载设备的使用维修要求和检查方法作出详细说明。

主要用于地勤人员改装新型飞机的讲课教材。

第三章　装备研制质量管理

第一节　武器装备的评审和技术审查

《武器装备质量管理条例》第二十四条规定:武器装备研制、生产单位应当严格执行设计评审、工艺评审和产品质量评审制度。对技术复杂、质量要求高的产品,应当进行可靠性、维修性、保障性、测试性和安全性以及计算机软件、元器件、原材料等专题评审。按照武器装备研制程序,在武器装备研制的过程中还存在承制单位或使用单位组织的转装备研制阶段或研制状态、研制过程验证后的、工程或鉴定试验过程的、专用规范编写过程的、样机或产品排故后的专项评审或审查,确认达到规定的质量要求后,方可批准转入下一研制阶段或工作项目的专项评审或审查。

技术审查是保证设计和生产的装备或系统满足使用单位质量要求的重要措施之一。技术审查的结论是能否转入下一节点的重要依据。审查中出现的不足之处应制定纠正措施,限期完成。技术审查一般由使用单位会同研制主管单位在确定技术状态基线、重要节点、转阶段前组织专家进行审查。

本章节针对装备评审和装备技术审查的基本内涵、评审的层次、技术审查的类型、评审点和审查点的设置及其基本内容等进行阐述。

一、装备评审

(一) 评审概述

GJB 1405A《装备质量管理术语》中明确,评审是为确定主题事项达到规定目标的适宜性、充分性和有效性所进行的活动。这个活动首先是承制单位的自主活动,也是武器装备研制中必须的活动。即使是需要使用方确认的评审项目,承制单位必须按照 GJB 2102《合同中质量保证要求》的 4.4.6 条"凡提交使用单位主持审查的工作项目,承制单位应事先确认合格。"也就是说,凡提交使用单位主持审查的工作项目,承制单位应事先组织评审,评审确认合格后提交使用单位会同研制主管部门进行审查。因此,承制单位在装备研制中的质量活动,一般称为评审。"评审"一词的英语为"review",其含义是"检查""复查"的意思。

各承制单位在装备研制过程中应进行分阶段、分级的质量评审(即设计评审、工艺评审和产品质量评审),以确保研制项目的评审工作按预定的程序进行,并保证交付的装备及其组成部分达到规定的要求。评审内容应是产品各类大纲和技术状态基线文件必须规定的工作项目,在签订合同或编写的“工作说明”中应明确提出相关项目的评审要求。

质量评审(设计、工艺和产品质量评审)和六性评审(可靠性、维修性、保障性、测试性、安全性和环境适应性)以及计算机软件、元器件、原材料等的专题评审和对专用规范(系统规范、研制规范、产品规范、工艺规范、材料规范和软件规范)等的专项评审,都应作为装备研制阶段评审的主要内容之一,在研制程序、计划或合同规定的各阶段评审点实施。评审结论是确认、转阶段(状态)决策的重要依据之一。有些专项评审根据评审的目的、要求和输入、输出形式不同,有些评审如研制过程验证后的、工程或鉴定试验过程的、排故后的专项评审等还可能在装备研制的不同阶段、不同状态和不同的产品层次中反复出现。

(二) 评审的层次

装备评审的层次是各承制单位根据承担武器装备的层次不同,对装备评审的层次自然就不同。装备按照 GJB 2116《武器装备研制项目工作分解结构》的要求,可以分解成几百件甚至几千件技术状态项,这些技术状态项是由国内几十家甚至几百家企事业单位和研究所、院校共同来研制完成。按 GJB 6117《装备环境工程术语》规定,这些工作分解结构的技术状态项是由不同的产品层次即系统、分系统、设备、组件、部件、零部件组成,产品层次不同,评审的目的、任务与范围也自然就不同了。因此,评审按层次一般划分:

(1) 系统级的评审;

(2) 分系统级的评审;

(3) 设备级的评审;

(4) 组件级的评审;

(5) 部件级的评审;

(6) 零部件(元器件)级的评审。

(三) 评审点设置

根据 GJB 2993《武器装备研制项目管理》4.1.5 条要求,常规武器装备、战略武器装备和人造卫星的研制,应分别按照《常规武器装备研制程序》、《战略武器装备研制程序》和《人造卫星研制程序》开展研制工作,并根据研制程序进行分阶段管理和决策。在每一研制阶段结束前或重要节点,使用单位和承制单位应按合同中工作说明的要求,根据有关国家军用标准开展评审和审查工作,以确保该阶段的研制工作是否达到了合同的要求。只有达到要求后方可进入下一研制阶段。

1. 常规武器装备的评审,一般可按下列类型选择:

(1) 论证阶段评审;

(2) 方案阶段评审;
(3) 工程研制阶段评审;
(4) 设计定型评审;
(5) 生产定型评审。

2. 战略武器装备的评审,一般可按下列类型选择:

(1) 论证阶段评审;
(2) 方案阶段评审;
(3) 工程研制阶段评审;
(4) 定型阶段评审。

3. 人造卫星的评审,一般可按下列类型选择:

(1) 论证阶段评审;
(2) 方案阶段评审;
(3) 初样研制阶段评审;
(4) 正样研制阶段评审;
(5) 使用改进阶段评审。

(四) 评审的类型及项目

在装备的研制过程中,需评审的类型及项目是很多的,本章节仅对常规武器装备研制、战略武器装备研制和人造卫星研制过程的主要方面进行提示。

1. 质量监督管理的角度评审

合同评审、质量评审(分级分阶段的设计评审、工艺评审、产品质量评审)、经济性分析和质量管理体系监督的管理评审。

2. 装备形成过程及样机的评审

1) 常规武器装备研制程序

主机有论证阶段评审、方案阶段评审、试制型样机评审,设计定型型样机评审,试生产型样机评审,生产定型样机评审;辅机有方案阶段评审、原理样机(模型样机)评审、初样机评审,正样机评审,设计鉴定型样机评审,试生产型样机评审,生产鉴定样机评审。

2) 战略武器装备研制程序

论证阶段评审、方案阶段评审、初样样机评审(地面试验样机)、试样样机评审(飞行试验样机)、地面鉴定试验评审、定型批飞行试验评审、设计定型评审和工艺定型评审等。

3) 人造卫星研制程序

论证阶段的《可行性论证报告》评审、方案阶段对《研制任务书》的评审和审查、初样研制阶段评审、正样研制阶段评审和使用改进阶段评审。

3. 产品形成过程的专题评审和专项评审

(1) 标准化专题评审分两大类:设计标准化评审分标准化方案评审、标准化实施评审和标准化最终评审,工艺标准化评审分工艺标准化方案评审、工艺标准化实施评审和工艺标准化最终评审。

(2) 六性专题评审。即可靠性、维修性、保障性、测试性、安全性和环境适应性的专题评审。

(3) 试验、验证及鉴定项目的专项评审。如首件检验评审,产品的互换性试验、发动机试车、可靠性鉴定和可靠性验收试验前、中和试验后的评审,以及设计定型后的例行试验评审等。

(4) 辅机的交付(放飞)或装机专项评审。

(5) 系统地面联试、首飞评审、空中联试评审以及系统(整机)交付专项评审等。

虽然常规武器装备、战略武器装备和人造卫星研制阶段划分不一样,程序内容要求不一样,术语也不一样,但专题与专项评审的要素即基本内容是区别不大的。需承制单位在武器装备的研制过程中加以区别,在工程管理上各自的术语不要混淆,避免造成不必要的错漏或重复性工作,减少不必要的损失。

二、装备技术审查

技术审查是作用在承制单位装备研制过程、在某个项目上所做的工作是否充分和正确而进行的一种审查。根据“审查”二字的概念,属于第三方行为。本节装备技术审查是以常规武器装备研制程序和战略武器装备研制程序及相关法规、标准的要求,对武器装备研制中的装备技术审查内容及项目进行阐明。

技术审查是对型号研制阶段装备技术、进度、质量要求贯彻情况的审查。根据 GJB 2993《武器装备研制项目管理》3.14 条阶段审查的定义:在研制过程中的重要节点尚未确定现阶段工作是否满足既定要求所进行的审查,该审查是决定本阶段工作能否转入下一阶段(或分阶段)的正式审查。在实施阶段审查的具体标准中,如 GJB 3273A《研制阶段技术审查》将武器装备研制过程中的技术、进度、质量要求贯彻情况的审查,统称为技术审查。但对主辅机有区别:一是主要针对主机和整体的技术审查;二是作为辅机的技术审查仅作参考。

战略武器装备研制阶段的技术审查,其含义是一样的。不同点是,战略武器装备研制阶段的技术审查依据的标准是 GJB 2102《合同中质量保证要求》中技术审查的质量保证活动出现的。活动中的术语及相关要求与战略武器装备研制程序基本一致,只是与常规武器装备研制程序的术语、名词有所区别。由此,将常规与战略武器装备研制程序的技术审查分别描述。

(一) 技术审查概述

技术审查是保证设计和生产的装备或系统满足使用部门质量要求的重要措

施之一。技术审查的结论是能否转入下一节点的重要依据。审查中出现的不足之处必须制定纠正措施,限期完成。

技术审查一般是针对系统级装备或整机级装备(一级装备或重要二级装备)研制过程的重要节点进行的审查。技术审查与样机是有关系的。样机是新型武器装备研制过程中,设计和制造的实物样品,用于阶段性试验或最终鉴定、定型试验。根据 GJB 431《产品层次、产品互换性、样机及有关术语》规定,主机样机在研制的五个阶段中,有初步研制型样机、试制型样机、设计定型型样机、试生产型样机和生产定型样机。辅机样机依据常规武器装备研制程序规定,有“原理样机或模型样机”和“除飞机、舰船等大型武器装备平台外,一般进行初样机和正样机两轮研制。”下面将主、辅机样机的作用及时机详细介绍。

1. 主机样机研制

(1) 初步研制型样机,主要是为了研究或评价原理、器件、电路或系统的可行性和现实性而用来进行实验或试验的产品(原始的零件或电路)。这实验或试验以模型或简陋的实验形式进行,不考虑完全合理的产品的最终形式。此样机一般指论证阶段后期的样机。

(2) 试制型样机,主要是为了验证设计的可行性,确定符合规定性能要求的能力;获取进一步研制的工程数据及确定签订合同的技术要求而用来进行实验或试验的产品。根据设备的复杂程度和工艺因素以及达到所需要的目标,可能需要连续地制造多个样机。最后的试制型样机要接近于所要求的结构形式,采用标准零件或经有关部门批准过的非标准零件。并应慎重考虑诸如可靠性、维修性、人为因素及环境条件之类的军用标准要求。此样机一般指方案阶段前期的样机。

(3) 设计定型样机,主要是为了确定战术技术要求适应性而用来进行试验的产品。其试验环境是该产品预定使用的真实环境或模拟环境。这种产品具有设计所要求的结构形式,采用标准零件或经有关部门批准过的非标准零件,并满足诸如可靠性、维修性、人为因素及环境条件之类的军用标准要求。此样机一般指工程研制阶段后期的样机。

(4) 试生产型样机,主要是用于全面评价结构、适应性和性能的产品。该样机在各个方面均处于最终形式,采用标准零件或经有关部门批准过的非标准零件,并能完全反映出最终产品的特征。此样机一般指生产定型阶段前期的样机。

(5) 生产定型型样机,主要是采用定型的生产工具、夹具、设备和方法制造的处于设计最终形式的产品。该样机使用标准零件或经有关部门批准过的非标准零件。此样机一般指生产定型阶段后期的样机。生产定型批复后生产的样机称批生产样机。

2. 辅机样机研制

对于辅机样机的研制,即设备、组件、部件和零件等层次的迭代研制,样机的术语、方法及要求与主机是不一样的。根据《常规武器装备研制程序》第三章方案阶段中第十条规定,方案论证、验证工作由研制主管部门或研制单位组织实施,进行系统方案设计、关键技术攻关和新部件、分系统的试制与试验,根据装备的特点和需要进行模型样机或原理型样机研制与试验;第四章工程研制阶段中第十四条规定,研制单位负责武器装备的设计、试制及科研试验,除飞机、舰船等大型武器装备平台外,一般进行初样机和正样机两轮研制。由此可以说明,模型样机或原理型样机基本相似,但作用有所区别;在工程研制阶段有两种样机即初样机和正样机。详细分析如下:

(1) 原理样机,用于各种原理试验。其试验结果是审定研制方案的依据之一,属于新型武器装备研制中方案阶段制作的样机。

(2) 模型样机,用于全机总体布局设计、协调等。其评审结果是审定研制方案的依据之一,也是属于新型武器装备研制中方案阶段制作的样机。

(3) 初样机,主要用于试验、验证关键设计、制造技术。指新型武器装备研制的工程研制阶段的前期,一般用"C"字母表示其状态;习惯用语称产品为地面状态。

(4) 正样机,新型武器装备研制中工程研制阶段设计、制造的正式样机。一般用"S"字母表示其状态;习惯用语称产品为空中试验状态。数量一般为三台,其中:一台准备为环境鉴定性试验样机;第二台为可靠性鉴定试验样机;第三台用于交付试飞(一定是前两台的试验内容按顺序完成并合格通过时,第三台方可交付试飞)。正样机试制完成后,经由研制主管部门会同使用部门组织首件鉴定,确认具备设计鉴定试验要求后,即可向军工产品定型委员会提出设计鉴定试验申请,批复后鉴定试验开始,样机具备设计鉴定状态(三级或三级以下产品称设计鉴定),一般用"D"字母表示其状态;"D"状态属于设计定型阶段的设计鉴定状态。

从 GJB 3273A《研制阶段技术审查》的九项内容、术语及质量要求可知,研制阶段技术审查主要是针对主机或整体装备,对辅机产品是不适用的。GJB 3273A《研制阶段技术审查》规定了武器装备研制过程中技术审查的要求,如论证阶段的技术审查是为技术状态基线的形成、确定、发展和落实而进行的要求等。承制单位在武器装备的研制过程中,应根据武器装备的技术复杂程度、能力、经费和进度等综合情况进行剪裁,并在研制合同或技术协议书中指定技术状态项并对审查项目和内容作出具体规定。

战略武器装备研制阶段技术审查的项目,从 GJB 2102《合同中质量保证要求》可知,在论证阶段、方案阶段技术审查的内容基本是一样的;其不同点是工程研制阶段中的技术状态要素、要求不一致，形成技术审查内容的术语不一样，如工程研制阶段的初样研制审查、试样研制审查等。为了承制单位能正确参考与应用武器装备研制阶段技术审查的方法和项目及内容，将常规武器装备研制的技术审查和战略武器装备研制的技术审查分别阐述。

（二）常规武器装备技术审查项目

常规武器装备研制中的技术审查贯穿于装备研制的全过程，其类别的数量不决定技术审查的项目数，根据产品型号、产品层次和产品的重要度（一般指对重要二级以上产品的审查），在装备研制合同或技术协议书中，应确定技术审查项目和质量要求。

系统、分系统技术状态项的复杂程度和武器装备研制项目的类型是确定是否需要技术审查和审查内容的多少的核心。当研制一个小而简单的系统时，有些审查可能就不需要，或者即使需要，也可限制在一定范围内。相反，在研制一个非常复杂的工程项目时，审查过程在级别上和审查的内容上都要增加。

GJB 3273A《研制阶段技术审查》适用于合同环境条件下进行系统工程管理的武器装备研制项目。由此，我国常规武器装备研制程序的技术审查，都应在装备研制的不同阶段、不同状态下，贯彻本标准技术审查项目。常规武器装备研制过程中技术审查的项目包含：

1. 系统要求审查

系统要求审查是对承制单位在明确系统要求上所做的工作是否充分和正确而进行的一种技术审查。系统要求审查主要是审查承制单位是否致力于谋求一个最优化而且完整的技术状态。通过审查，完善系统规范。

2. 系统功能审查

系统功能审查是顶层设计的审查，是在硬件初步设计前的全面审查以保证技术设计工作成果是必须的和充分的；是对系统要求分配给分系统、设备的要求是否最优，及其协调性、完整性及风险性等进行的技术审查。它还简要审查产生分配系统要求的系统工程过程和下一阶段的工程计划，并涉及基本的制造方面的初步意见和后续阶段的生产工程计划。

系统功能审查要审定根据系统规范产生的分系统乃至设备级的研制规范、材料规范、工艺规范、软件规范和产品规范等技术规范（技术规范的定义，参见GJB 3363《生产性分析》4.5A 条）。

3. 初步设计审查

初步设计审查是对功能上有关系的技术状态项目的基本设计进行的技术审查，也是对技术状态项或一组功能上有联系的技术状态项的基本设计途径的技术审查。主要是集中审查所选定的最初设计与试验途径在进展中具备一致性和技术充分性。软件要求与初步设计的相适应性、最初的使用和保障文件。

从硬件角度考虑,硬件技术状态项初步设计审查,是对每一硬件技术状态项或多个硬件技术状态项组合所进行的审查,主要审查以下内容:

(1) 评价所选择设计途径的技术充分性,技术、费用和进度等方面的风险程度;

(2) 确定其是否符合研制规范和专业工程的要求;

(3) 评价初步设计达到的程度并评估同选定的生产方法或工艺相联系的技术风险;

(4) 确定技术状态项目同其他设备项目、设施、计算机软件以及人员之间物理和功能接口及其相容性。

4. 关键设计审查

在工程设计基本完成后对每一技术状态项是否满足研制规范所进行的审查。

(1) 确定被审查的技术状态项的工程设计是否满足研制规范和专业工程的要求;

(2) 确定技术状态项同其他设备项目、设施、计算机软件以及人员之间工程设计的相容性;

(3) 从技术、费用和进度等方面评估技术状态项的风险区域;

(4) 评估系统硬件的可生产性;

(5) 审查硬件产品规范初稿。

5. 首飞准备审查

航空或航天装备的首次飞行试验是武器装备研制过程的一项里程碑事件。首飞准备审查是对首飞技术状态及飞行准备的全面检查,也是使用单位确定承制单位已做好科研飞行试验准备的必须性审查。

6. 定型试验准备审查

定型试验准备审查是对科研试验结果及设计定型试验准备情况的全面审查(根据情况可以分为科研试验结果的审查和设计定型试验准备的审查),也是使用单位确定承制单位已做好设计定型试验准备的必须性审查。

7. 功能技术状态审核

为证实技术状态项是否已达到了功能技术状态文件和分配技术状态文件中规定的功能特性所进行的正式审核。

8. 物理技术状态审核

为证实已制出的技术状态项的技术状态是否符合其产品技术状态文件所进行的正式审核。

9. 生产准备审查

为判定在实施生产前必须完成的一些具体措施落实情况的审查,以评估投入生产的风险。该审查只有在功能技术状态审核或物理技术状态审核前经过特殊批准需要安排生产的项目才进行。

上述技术审查内容是 GJB 3273A《研制阶段技术审查》中通用标准的技术审查。但其他标准,比如可靠性、维修性等国家军用标准也都要求进行技术审查时,可在装备研制合同或技术协议中同时存在两个以上标准的要求,则在研制合同或技术协议中,应规定是否和如何从内容上把它们合并进行技术审查。

除上述情况外,技术审查项目还取决于系统中技术状态项的状况(例如新设计或现货或改型时的改动程度)。一个新研制的技术状态项,可能需要绝大多数的审查项目。而一个已定型(或鉴定)的技术状态项,可能只需要审查其适用性和接口方面。在改进设计的情况下,还必须考虑改进的程度和影响,审查可限于改动部分和它们的接口方面。

(三) 常规武器装备技术审查点设置

技术审查的时间点极为重要,过早或过晚都会对装备研制工作的进展带来不利的影响。从制订计划的角度而言,安排技术审查时间的一个好办法是将它们同文件资料要求联系起来,因为这些技术审查都是审查承制单位是否达到了这些文件资料的要求。确定技术审查的时间还取决于承制单位能否提供硬件和软件,以及能否完成有关试验。现将审查项、安排时间关系列表,供装备研制过程实施技术审查参考。常规武器技术审查,见表 3-1。

表 3-1 常规武器技术审查

序号	审查内容	审查时机
1	系统要求审查	通常在论证阶段后期,也可以在方案阶段初期进行
2	系统功能审查	通常在方案阶段后期,也可作为技术方案的审查进行
3	初步设计审查	通常在方案阶段或工程研制阶段的工程设计状态之后进行
4	关键设计审查	通常在工程研制阶段正式投入样机制造前
5	首飞准备审查	通常在工程研制阶段后期进行
6	定型试验准备审查	通常在工程研制阶段后期进行
7	功能技术状态审核	通常在工程研制阶段结束后,可结合设计定型进行
8	物理技术状态审核	通常在设计定型阶段后或试生产状态结束时,可结合生产定型进行
9	生产准备审查	经过批准,在技术状态审核之前主要验证试验已基本完成之后

(四) 战略武器装备技术审查项目

战略武器装备研制中的技术审查贯穿于装备研制的全过程,其类别的数量不决定技术审查的项目数,根据产品型号、产品层次和产品的重要度(一般指对重要二级以上产品的技术审查),在装备研制合同或技术协议书中,应确定技术审查项目及质量要求。

系统、分系统技术状态项的复杂程度和武器装备研制项目的类型是确定是否需要技术审查和审查内容的多少的核心。当研制一个小而简单的系统时，有些技术审查可能就不需要，或者即使需要，也可限制在一定范围内。相反，在研制一个非常复杂的工程项目时，审查过程在级别上和审查的内容上都要增加。

GJB 2102《合同中质量保证要求》及附录 A 对技术审查的质量保证活动适用于战略武器装备研制进行系统工程管理的武器装备研制项目。由此，我国战略武器装备研制的技术审查应在装备研制的不同阶段、不同状态下，贯彻本标准技术审查项目。战略武器装备研制过程中技术审查的项目包含：

1. 系统要求审查

系统要求审查是对承制单位在明确系统要求上所做的工作是否充分和正确而进行的一种技术审查。系统要求审查主要是审查承制单位是否致力于谋求一个最优化而且完整的技术状态。通过审查，完善系统规范。审查项目包括下列主要分析研究的结果：

（1）任务和要求分析，包括先进性、可行性、适用性、风险性、经济性等分析；

（2）综合保障的初步分析；

（3）可靠性、维修性、安全性、综合化、电磁兼容性、生存力和易损性、环境适应性、试验计划、检验方法和技术分析等分析；

（4）系统界面研究；

（5）系统安全和人素工程分析；

（6）寿命周期费用和效费比分析；

（7）重要节点安排和人工要求及人员分析；

（8）经过审查，进一步完善系统规范，编制资料管理计划和技术状态管理计划。

2. 系统设计审查

系统设计审查是顶层设计的审查，是在硬件初步设计前的全面审查以保证技术设计工作成果是必须的和充分的；是对系统要求分配给分系统、设备的要求是否最优，及其协调性、完整性及风险性等进行的技术审查。它还简要审查产生分配系统要求的系统工程过程和下一阶段的工程计划，并涉及基本的制造方面的初步意见和后续阶段的生产工程计划。

系统设计审查要审定根据系统规范产生的分系统乃至设备级的研制规范、材料规范、工艺规范、软件规范和产品规范等技术规范（技术规范的定义，参见 GJB 3363《生产性分析》4.5a 条）。主要审查以下内容：

（1）修订的系统规范、分系统规范以至设备研制规范等，确定的接口控制文件，应充分满足已批准的任务要求并有好的经济效果，最后形成研制任务书并提出论证报告；

(2) 已进行的各项试验;

(3) 系统工程管理工作,包括任务与要求的分析,效费比分析,生存性和易损性、可靠性和维修性、电磁兼容性、保障性分析等分析,标准化大纲、质量保证大纲、人素工程、系统风险分析、训练与训练保障、软件研制程序等;

(4) 综合保障方案,已满足使用部门提出的要求;

(5) 系统中尚未解决的风险问题以及新产生的风险问题的解决方案;

(6) 样机生产能力。

3. 初步设计审查

初步设计审查是对功能上有关系的技术状态项目的基本设计进行的技术审查,也是对技术状态项或一组功能上有联系的技术状态项的基本设计途径的技术审查。主要是集中审查所选定的最初设计与试验途径在进展中具备一致性和技术充分性。软件要求与初步设计的相适应性、最初的使用和保障文件。

从硬件角度考虑,硬件技术状态项初步设计审查,是对每一硬件技术状态项或多个硬件技术状态项组合所进行的审查,主要审查以下内容:

(1) 综合协调初步设计、技术风险、进度、费用等,包括软件要求的适应性;

(2) 确定的设备布置及初步设计图;

(3) 电磁兼容性、安全性、生存性、易损性、工艺性、可靠性、维修性、可利用性、运输性、人素工程、标准化、通用化、系列化等;

(4) 试验资料;

(5) 冻结的接口控制文件;

(6) 协作单位提供的技术规范(指研制规范、产品规范、工艺规范、材料规范和软件规范)是否与系统规范相协调;

(7) 综合保障要求,可靠性和维修性大纲等各种计划和大纲;

(8) 寿命周期费用分析;

(9) 确定的产品质量保证大纲。

4. 详细设计审查

详细设计审查是审查技术状态项目的详细设计。详细设计审查主要审查以下内容:

(1) 详细设计满足研制规范的程度;

(2) 各项目间的相容性、协调性;

(3) 评估风险(技术、费用及进度)及所采取的相应措施的有效性;

(4) 初步设计审查的全部内容;

(5) 评估硬件的可生产性,软件设计的完整性;

(6) 所有硬件的研制规范、产品规范和试验的可行性;

(7) 使用维护文件的充分性;

(8) 技术状态项审核。

5. 初样研制审查

战略武器初样研制审查是在设计师系统完成初样研制全部技术评审的基础上,由使用单位组织进行。战略武器初样研制审查应主要审查以下内容:

(1) 全武器系统总体同各系统初样设计满足初样研制规范要求的程度;

(2) 总体同各系统间的协调性;

(3) 武器系统计算机软件符合有关国家军用标准的程度;

(4) 重要试验情况和结果分析报告;

(5) 试制工艺质量;

(6) 结构弹和振动弹的试制与总装质量;

(7) 可靠性、维修性、安全性、电磁兼容性、人素工程、综合保障和标准化大纲的执行情况;

(8) 试样设计技术状态,总体向各分系统提出的《试样设计任务书》;

(9) 试样产品规范、工艺规范、材料规范和试验规范。

6. 试样研制审查

战略武器试样研制审查是在设计师系统完成试样研制全部技术评审的基础上,由使用单位组织进行。战略武器试样研制审查主要审查以下内容:

(1) 武器系统总体与各系统试样设计满足试样研制规范要求的程度;

(2) 试验样机研制的工艺性,合练弹、贮存弹和遥测弹的试制与总装质量;

(3) 飞行试验与地面大型试验的试验情况和试验结果分析报告;

(4) 可靠性、维修性、安全性、电磁兼容性、人素工程、综合保障和标准化大纲的执行情况;

(5) 设计定型技术状态;

(6) 定型产品规范、试验规范、材料规范、系统验收规范和使用维护规范。

7. 试验准备审查

试验准备审查是在重大试验如全机静力试验、首航(首飞)、电磁兼容试验、电子综合试验等试验前的审查,确认各项准备工作已经就绪。部队试验试用可参照执行。试验准备审查除应按照 GJB 907A《产品质量评审》和 GJB 908A《首件鉴定》的规定进行产品(质量)评审和(首件)鉴定外,还要审查以下各项主要内容:

(1) 所有对各种规范的更改以及对相关的重大试验有影响的更改,技术稳妥并按规定履行审批手续。

(2) 所有对顶层设计的更改及对相关的重大试验有影响的更改,技术稳妥并按规定履行审批手续。

(3) 试验计划和程序的更改,技术稳妥并按规定履行审批手续。

(4) 确认安全性审查,人素工程审查和已进行试验的审查已经完成(安全性审查是按照 GJB 900A 的规定编制并实施安全性大纲后进行的审查,审查设计中已贯彻防错措施、裕度措施以及在万一情况下已有应急措施。人素工程审查是审查设计中已贯彻不妨碍人机协调工作的一切有效措施。已进行试验的审查是审查应完成的各种试验和鉴定已圆满完成)。

(5) 试验的准备工作(包括物资、人员、后勤保障、规章制度等)已就绪,达到安全,万无一失。

(6) 试验大纲的完备、正确情况。

(7) 试验限制的确认。

8. 综合保障审查

综合保障审查主要包括以下方面:

1) 定期会议审查

召开专门会议检查综合保障要求的落实,综合保障分析、可靠性和维修性等工作进展情况。审查中发现武器装备设计上的问题应及时完善设计。

2) 使用维护文件审查

使用单位对按使用维护文件出版计划完成的使用维护文件应予专门审查。审查分40%审查、80%审查、验证、出版前审查。

(1) 40%审查主要审查使用维护文件的纲目及骨架已满足要求;

(2) 80%审查主要审查除需试验验证的程序及数据不作定论外,所有内容已满足要求;

(3) 验证是在定型试验中验证所有内容已满足要求;

(4) 出版前审查是为出版发行审查定稿。

3) 保障设备推荐文件审查

使用单位根据要求、进度、经费等对保障设备推荐文件进行审查。文件应详列维修任务及维修级别分析结果、设备技术性能指标及简图,生产厂商、生产周期、数量及价格等。进行专门的全面审查后,按批准的文件采购,并使保障设备能同主要装备同时装备部队。

4) 计划和大纲的审查

主要是审查出版计划、培训计划及可靠性、维修性等各类计划和大纲的完整性、正确性、协调性等。

5) 零备件清单草案审查

根据装备的使用强度(如飞机的每月飞行小时数),以及备件的平均故障间隔时间、维修级、订货周期、单机需要量、单价、返修周期等提出其备件清单草案,供使用单位审定。批准后组织生产。零备件清单按以下分类分别审查:

(1) 初始备件是满足形成初始战斗力所需的零备件,包括保障设备的维修备件；

(2) 长订货周期备件是由于生产周期长而需提前订货以求按时提供使用单位需要的零备件，包括保障设备的维修备件；

(3) 结合生产采购的备件是需要量不大，如果单独订货会引起费用增长，所以在生产装备的同时带出的备件；

(4) 通用备件是非专用的只有大批生产才能降低价格的器材，可以单独订货也可以单项采购；

(5) 后续备件属售后服务内容，是满足形成初始战斗力所需以外，寿命周期或额外所需的零备件，应另案处理。

(五) 战略武器装备技术审查点设置

战略武器装备技术审查点设置，见表3-2。

表3-2 战略武器装备技术审查

序号	审查内容	审查时机
1	系统要求审查	通常在论证阶段后期，也可以在方案阶段初期进行
2	系统设计审查	通常在方案阶段后期，也可作为技术方案的审查进行
3	初步设计审查	通常在方案阶段实施
4	详细设计审查	通常在方案阶段后期或工程研制阶段的初样研制状态前期
5	初样研制审查	工程研制阶段的初样研制状态
6	试样研制审查	工程研制阶段的试样研制状态
7	试验准备审查	定型阶段地面鉴定试验前期
8	综合保障审查	定型阶段定型批飞行试验状态后

三、装备软件评审

软件评审和软件测试都是软件产品验证或确认的活动。在不同开发阶段，它们捕捉软件缺陷的有效性不一样，软件评审对需求分析和系统设计比较有效，软件测试对代码比较有效，因此，两者不能相互替代。本章节主要阐述软件评审的内涵、评审的项目和软件评审点设置等内容。

(一) 软件评审概述

总装备部《高新装备质量工作若干要求》规定，必须将型号软件视为装备或装备的组成部分，纳入型号研制计划和产品配套表，独立进行成本核算。型号总体单位必须制定型号软件开发设计规范，统一软件语言、技术文档和质量保证的要求，清楚掌握该型号软件的品种、数量、规模、运行开发环境、测试项目和测试内容，并建立软件的开发库、受控库和产品库，对软件配置管理实施监控。

新开发的软件，开发单位必须严格执行国家和军队有关软件质量管理的规定和《军用软件产品定型管理办法》的要求，实施软件质量管理，严格按软件工程化要求进行开发，严格软件配置管理，建立软件设计更改审批程序，关键重要软件的设计更改必须报总设计师审批。

承制单位必须建立软件产品评审制度，制订评审的规程，规定评审的内容、组织形式、进度安排以及评审组织和任务承办单位的职责。评审是由有关专业人员或用户通过正式会议、评价或批准软件需求、设计管理等文档。在软件开发过程中一般应进行相关软件项目的评审。

（二）软件评审项目

一般来说，软件评审包括软件需求评审、软件概要设计评审、软件详细设计评审、软件实现评审、软件集成测试评审、软件确认测试评审等。其中软件需求评审和软件确认测试评审是两个必须进行的正式评审，正式评审必须有顾客参加，其他评审属于内部评审。对于软件规模大和软件等级高的软件项目，部分或全部内部评审可以升级为正式评审。

1. 软件需求评审

软件需求评审的目的就是需求得到确认。需求确认是指承制单位和使用单位共同对需求文档进行评审，双方对需求达成共识后做出书面承诺。需求确认有三个过程：一是非正式需求评审；二是正式需求评审；三是获取需求承诺。

1）非正式需求评审

项目软件负责人组织软件工程组成员进行非正式的评审，对需求文档进行评估。

（1）确定不完整和遗漏的分配需求；

（2）分配需求是否可行，适用于软件实现；

（3）分配需求是否表达清楚、适当；

（4）分配需求是否彼此一致；

（5）分配需求是否可测试。

系统工程师负责解决发现的需求缺陷，并修改分配需求文档。项目软件负责人审查修改后的分配需求文档，如果不通过，则进行再次修改，直到通过为止。

2）正式需求评审

项目软件负责人邀请同行专家和客户以及相关组负责人一起评审分配需求文档。评审内容包括：

（1）对非正式评审的结论进行审查；

（2）分配需求内容是否符合系统要求的功能、性能、接口、数据和环境需求；项目软件负责人与相关组负责人协商由分配需求所得出的承诺。

系统工程师记录评审意见，并编写《需求评审报告》。该报告包含唯一的文档标识符、工作产品的类型、需求缺陷及需要进一步定义的需求等内容。系统工程师根据评审意见修改分配需求文档。

项目软件负责人审查修改后的分配需求文档。如有必要,可再次组织相关人员进行评审,反复地修改,直到通过正式评审为止。

3）获取需求承诺

必要时,在分配需求文档通过正式评审之后,项目负责人和使用单位对分配需求文档做书面承诺。书面承诺中应包含出现需求变更时的应对条款。分配需求文档应置于配置管理。

2. 软件概要设计评审

在装备进行初步设计评审状态,对硬件技术状态项进行初步设计评审的同时,应对每一软件技术状态项或多个软件技术状态项组合进行概要设计评审。

(1）检查所选的设计文档同测试方法的技术充分性、一致性;

(2）检查概要设计是否符合软件需求的要求;

(3）检查运行和保障文档的初稿的符合性。

3. 软件详细(工程)设计评审

在工程研制阶段的工程设计状态完成后,在硬件进行关键设计评审的同时,对软件技术状态项的详细(工程)设计进行评审,用以检查或确定详细(工程)设计的可接受程度,性能和设计结果的测试特性,以及运行和保障文档的充分性。

4. 软件验证和确认评审

验证评审是在软件开发周期的给定阶段或状态,确定软件产品是否满足前阶段或状态确立的需求的活动过程;确认评审是在软件开发过程结束时,为确保符合软件需求而对软件进行评估的活动过程。

1）验证和确认的质量管理

验证和确认的质量管理,覆盖软件生存期所有阶段或状态,软件开发可以是循环的或迭代的过程,对由此而产生的软件改变,验证和确认工作将重新执行先前的验证和确认任务或启动新的验证和确认任务。如果在验证和确认工作的输入或输出中发现了差错,则应重新执行验证和确认工作任务。对于所有的软件,验证和确认的质量管理应包含下列最低限度的任务:

(1）软件验证和确认计划生成;

(2）软件技术状态基线修改评估;

(3）验证和确认质量管理评审;

(4）评审支持。

2）概念阶段验证和确认质量管理

概念文档评价。评价概念文档,以确定所建议的概念是否满足用户需要和项目目标(如性能指标)。标识系统接口的主要约束和所建议方法途径的约束或限制。适当时评估对硬件和软件项的功能分配。评估每个软件项的关键性。

3）需求阶段验证和确认质量管理评审

（1）软件需求追踪分析。根据概念文档中的系统需求追踪软件需求规格说明（SRS）需求。针对正确性、一致性、完整性和精确性分析已标识的关系。

（2）软件需求评价。评价软件需求规格说明需求的正确性、一致性、完整性、精确性、可读性和可测试性。评估软件需求规格说明是否较好满足软件系统目标。评估需求的关键性以标识关键性能或软件的临界范围。

（3）软件需求接口分析。从硬件、用户和操作员方面评价软件需求规格说明，并且评价软件接口需求文档的正确性、一致性、完整性、精确性和可读性。

（4）系统测试计划生成和验收测试计划生成。

4）设计阶段验证和确认质量管理评审

（1）设计追踪分析。针对正确性、一致性、完整性、精确性分析已标识的关系，行使软件设计说明对软件需求规格说明和软件需求规格说明对软件设计说明的追踪。

（2）设计评价。评价软件设计说明的正确性、一致性、完整性、精确性和可测试性。根据建立的标准、措施和约定，评价设计的复合型，评估设计质量。

（3）设计接口分析。从硬件、操作员以及软件接口需求方面评价软件设计说明的正确性、一致性、完整性、精确性。至少要在每一个接口处分析数据项。

5）实现阶段验证和确认质量管理评审

（1）源代码追踪分析。就源代码到相应的设计规格说明、设计规格说明到源代码进行追踪。针对正确性、一致性、完整性、精确性分析已表示的关系。

（2）源代码评价。评价源代码的正确性、一致性、完整性、精确性和可测试性。就已建立的标准、措施和约定，评价源代码的符合性。评价源代码质量。

（3）源代码接口分析。从硬件、操作员和软件接口设计文件方面评价源代码的正确性、一致性、完整性、精确性。至少在每个接口处分析数据项。

（4）源代码文档评价。就代码相关的文档评价源代码，以保证源代码的完整性、正确性和一致性。

（5）测试用例生成。

开发测试用例用于：

① 部件测试；

② 集成测试；

③ 系统测试；

④ 验收测试。

继续按测试计划进行所要求的追踪。

(6) 测试规程生成。

开发测试规程用于:

① 部件测试;

② 集成测试;

③ 系统测试。

继续按测试计划进行所要求的追踪。

(7) 部件测试执行。按照部件测试规程的要求执行部件测试,分析结果以确定该软件是否正确地实现了设计,按照测试计划的要求记录并追踪结果。

6) 测试阶段验证和确认质量管理评审

(1) 测试规程生成。开发测试规程用于验收测试,并按照测试计划进行所要求的追踪。

(2) 集成测试执行。按照测试规程执行集成测试,分析结果以确定软件是否实现了软件需求和设计,以及该软件部件是否正确地集成在一起。记录并追踪由测试计划要求的所有测试结果。

(3) 系统测试执行。按照测试规程执行系统测试,分析结果以确定软件是否满足系统目标。记录并追踪由测试计划要求的所有测试结果。

(4) 验收测试执行。在正式配置控制下,按照测试规程执行验收测试。分析结果以确定软件是否满足验收准则。记录并追踪由测试计划要求的所有测试结果。

7) 安装和检验阶段,验证和确认质量管理评审

(1) 安装配置审查

审查安装包以确定正确地安装和运行软件要求的所有软件产品是存在的,包括运行文档。分析所有依赖于场地的参数或条件以确定所提供的值是正确的。进行分析或测试以证明所安装的软件与经过验证和确认的软件是否是一致的。

(2) 验证和确认最终报告生成。汇总所有的验证和确认活动与结果,包括验证和确认最终报告中的状态和异常处理。

8) 运行和维护阶段,验证和确认质量管理评审

(1) 软件验证和确认计划修订。对于根据相关规范性技术文件已验证和确认的软件,为了遵循有效文档的新限制,只需修正软件验证和确认计划(SVVP)。对于未按相关规范性技术文件验证和确认的软件,需编写新的软件验证和确认计划(SVVP)。

(2) 异常评价。评价软件运行中异常的严重性,分析异常对系统的影响。

5. 软件确认测试评审

软件确认测试评审是承制单位迎接测试准备审查前的一次评审,其要求是

对每一计算机软件技术状态项的测试程序和测试结果能否满意地进行正式的测试所进行的检查：

（1）检查软件测试规程是否完备，确认承制单位已做好软件技术状态项测试的准备；

（2）检查软件测试规程是否符合软件测试计划和软件测试说明，是否能充分满足测试要求；

（3）检查拟进行的软件测试结果以及对运行和保障文档进行的更改。

6. 软件验收评审

软件验收评审应在完成验收测试、验收审查后进行。验收评审一般应采取会议评审形式。根据被验收软件的完整性级别等具体情况，验收评审还可采取现场评审或验收双方认可的其他形式。软件验收结论，验收方根据验收组织提交的验收报告，正式作出被验收软件是否通过验收的结论，并通知被验收方。

1）评审通过准则

（1）被验收软件通过验收测试；

（2）被验收软件通过验收审查；

（3）被验收软件满足 GJB 1268A《军用软件验收要求》5.3.2 条规定的其他验收准则。

2）评审的具体程序

（1）验收组织审查验收测试报告、验收审查报告；

（2）根据评审通过准则，验收组织就被验收软件是否通过验收进行表决；

（3）根据表决情况，做出评审结论。

3）评审结论

在验收测试和验收审查的基础上，根据评审通过准则，验收组织对被验收软件进行综合评价，最后由参加验收评审的成员进行表决，作出被验收软件是否通过验收的结论。验收结论分为两种：

（1）建议通过：高完整性软件需由参加验收评审的成员一致同意；其他软件需由三分之二以上的参加验收评审的成员同意。

（2）建议不通过：同意验收通过的参加验收评审的成员数达不到通过的要求。

4）验收报告

验收组织在完成验收评审后，填写验收报告（软件验收报告格式参见 GJB 1268A《军用软件验收要求》附录 A.3 要求）。验收报告的内容应包括验收依据、验收内容、验收过程、验收准则、验收测试结论、验收审查结论、表决情况等。根据表决情况，由评审负责人在验收报告上签署验收评审结论。参加验收评审的成员应在验收报告上签字。

7. 软件联合评审

软件联合评审包含联合技术评审和联合管理评审。使用单位应参入或组织软件联合评审或审查。

1）联合技术评审

承制单位应计划并参与联合技术评审，地点和时间由承制单位提出并经需方批准。评审应由具有被评审软件产品的技术知识的人员参加。这种评审应集中在过程中的和最终的软件产品上，而不是在专为该评审准备的资料上。联合技术评审应实现下列目标：

（1）按照GJB 2786A《军用软件开发通用要求》附录E软件产品评价中提供的软件产品评价准则对演进中的软件产品进行评审；对提出的技术方案进行评审并演示；对技术工作提供深入的了解并获得反馈；暴露并解决技术问题。

（2）评审项目状态，暴露关于技术、成本和计划进度等问题的近期和长期风险。

（3）在参加评审人员的权限内，对已标识风险的缓解策略达成一致。

（4）明确将在联合管理评审中提出的风险和问题。

（5）确保在需方与开发方的技术人员之间及时沟通。

2）联合管理评审

承制单位应计划并参与联合管理评审，地点和时间由承制单位提出并经需方批准。联合管理评审前，使用单位应已事先审查所考虑的工作产品，并且为解决存在的问题已督促承制单位进行一次或多次联合技术评审。联合管理评审应由对成本和进度有决策权的人员参加，并应实现下列目标：

（1）使管理者全面了解项目的状态、遵循的法规、达成的技术协议，以及演进中的软件产品的总体状态；

（2）解决在联合技术评审中未能解决的问题；

（3）对在联合技术评审中不能解决的近期和长期风险的缓解策略达成一致；

（4）明确并解决在联合技术评审时未提出的管理级的问题和风险；

（5）获得按时完成项目所需的承诺和需方批准。

（三）软件评审点设置

1. 软件需求评审

通常在工程研制阶段初期系统设计审查之后，软件配置项设计之前，对软件需求说明进行评审，以保证软件需求说明中列出的需求是适当的。

2. 软件概要设计评审

在软件概要设计阶段末期，要对软件概要设计说明进行评审，以保证软件结构，模块划分、主要算法和接口关系等的合理性。

3. 软件详细设计评审

在软件详细设计阶段末期,要对软件详细设计说明进行评审,以保证模块功能的正确性,控制结构、数据结构和算法的合理性,以及设计的程序与需求的一致性。

4. 软件验证和确认评审

在需求分析阶段末期要对软件验证与确认计划进行评审,以保证在计划中采用的验证与确认方法和规程的合理性。

5. 软件验收评审

软件验收评审的时机应在完成验收测试、验收审查后进行。软件验收评审的形式,一般应采取会议评审形式。根据被验收软件的完整性级别等具体情况,验收评审还可采取现场评审或验收双方认可的其他形式。

软件验收结论可根据验收组织提交的验收报告,正式作出被验收软件是否通过验收的结论,并通知被验收方。

6. 软件联合评审

软件联合评审包含联合技术评审和联合管理评审。承制单位应计划并参与软件联合评审,地点和时间由承制单位提出并经需方批准。评审应由具有被评审软件产品的技术知识的人员参加。这种评审应集中在过程中的和最终的软件产品上,而不是在专为该评审准备的资料上。

联合管理评审前,使用单位应已事先评审了所考虑的工作产品,并且为解决存在的问题进行了一次或多次联合技术评审。联合管理评审应有对成本和进度有决策权的人员参加。

四、装备软件技术审查

《武器装备质量管理条例》第二十二条规定,武器装备研制单位应当对计算机软件开发实施工程化管理,对影响武器装备性能和安全的计算机软件进行独立的测试和评价。因此,装备软件在研制过程中,除了承制单位对计算机软件开发实施自行评审外,使用方主管研制部门还应会同承制单位主管研制部门对软件研制的关键节点进行分阶段或状态的技术审查。

(一) 软件技术审查概述

装备软件技术审查,是由小组或专业人员检查程序、文档等是否符合有关的技术规程或约定;是保证软件设计和生产的软件产品满足使用单位质量要求的重要措施之一。软件技术审查的结论是能否转入下一节点的重要依据。审查中出现的不足之处必须制定纠正措施,限期完成。如在关键设计审查项目中,对软件配置项而言,审查用以确定详细设计的接受程度,性能和设计结果的测试性特性,以及运行和保障文档的充分性。

承制单位必须建立软件产品审查制度,制订审查的规程,规定审查的内容、组织形式、进度安排以及任务承办单位的职责。审查是由小组或专业人员检查程序、文档等是否符合有关的技术规程或约定,也为评审提供依据。在软件开发过程中一般应进行以下软件项目的评审。

(二)软件技术审查项目

1. 软件规格说明审查

为确定软件分配基线而对计算机软件技术状态项的软件需求规格说明和接口需求规格说明等作的审查,评价承制单位对系统、分系统或主项目各级要求是否正确理解。

2. 软件规范审查

软件规范审查是对软件要求、接口要求和运算方案等文件的充分性进行审查,建立初步设计的基线。软件规范审查是审查软件规范是否符合 GJB 2786A《军用软件开发通用要求》、GJB 438B《军用软件开发文档通用要求》、GJB 439A《军用软件质量保证通用要求》和 GJB 1267《军用软件维护》的规定。

3. 软件配置项概要设计审查

在初步设计审查项目中,软件配置项概要设计审查主要是对每一软件配置项或多个软件配置项组合所进行的审查,以:

(1) 评价所选的设计文档同测试方法的技术充分性、一致性和进展情况;

(2) 评价概要设计是否符合软件需求的要求;

(3) 评价运行和保障文档的初稿。

4. 测试准备审查

测试准备审查是对每一计算机软件配置项的测试程序和测试结果能否满意地进行正式的测试所进行的审查,以:

(1) 确定软件测试规程是否完备,确认承制单位已做好软件配置项测试的准备;

(2) 评价软件测试规程是否符合软件测试计划和软件测试说明,是否能充分满足测试要求;

(3) 审查已进行的软件测试结果以及对运行和保障文档进行的更改。

5. 功能审查

在软件测试阶段结束后,要对测试报告和演示结果进行审查,以证明软件满足了软件需求说明定义的全部需求。

6. 物理审查

在验收软件前,要对程序、数据和文档进行审查,以证明程序、数据和文档一致性,并已为交付做好准备。

7. 综合审查

在软件验收测试中,要允许用户选用实例对软件进行演习,以证明代码与设计文档的一致性,接口规格说明(硬件和软件)的一致性,设计实现与功能需求的一致性,功能需求与测试描述的一致性。

(三) 技术审查点设置

1. 软件规格说明审查

软件规格说明审查一般应在工程研制阶段初期,即系统设计审查之后,在确定软件分配基线和软件技术状态项概要设计之前进行。

2. 测试准备审查

测试准备审查在提供了软件测试规程和完成了规定的计算机软件部件测试和软件配置项测试之后,在软件配置项正式测试之前进行。

五、装备软件文档管理

(一) 软件文档概述

装备软件质量管理过程中将产生各种文档,这些文档记载了软件开发过程中的主要活动信息和要求,是评审的依据性文件,必须认真检查。根据 GJB 2786A《军用软件开发通用要求》和 GJB 438B《军用软件开发文档通用要求》的要求,在软件开发过程中可产生 28 类文档以及相关的计划、记录、报告和检查表等。为了便于实施、操作,这些文档可分为软件开发文档和项目管理文档两大类。软件开发文档是指软件产品工程过程所产生的技术性文档;项目管理文档是指项目管理工作所产生的计划、记录、报告和检查表等。每一类文档的编写要求可参照 GJB 438B《军用软件开发文档通用要求》第五章 详细要求的内容进行编制。

(二) 软件文档分类

1. 软件开发文档

软件开发文档是指软件产品工程过程所产生的技术性文档,在软件开发过程中可产生下列文档:

(1) 运行方案说明(OCD);

(2) 系统/子系统规格说明(SSS);

(3) 接口需求规格说明(IRS);

(4) 系统和子系统设计说明(SSDD);

(5) 接口设计说明(IDD);

(6) 软件开发计划(SDP);

(7) 软件需求规格说明(SRS);

(8) 软件设计说明(SDD);

(9) 数据库设计说明(DBDD);

(10) 软件安装计划(SIP);

(11) 软件移交计划(STrP);

（12）软件测试计划（STP）；
（13）软件测试说明（STD）；
（14）软件测试报告（STR）；
（15）软件产品规格说明（SPS）；
（16）软件版本说明（SVD）；
（17）计算机操作手册（COM）；
（18）软件用户手册（SUM）；
（19）软件输入/输出手册（SIOM）；
（20）软件中心操作员手册（SCOM）；
（21）计算机编程手册（CPM）；
（22）固件保障手册（FSM）。

2. 项目管理文档

项目管理文档是指项目管理工作所产生的计划、记录、报告和检查表等，在软件开发和质量管理过程中可产生下列文档：

1）需求管理过程

（1）软件研制任务书/技术协议书；
（2）需求跟踪报告。

2）软件项目策划过程

（1）软件估计文件；
（2）任务描述表。

3）软件项目跟踪和监督过程

（1）软件测量计划；
（2）原始测量数据表；
（3）测量分析报告；
（4）项目监控数据表；
（5）项目进展报告；
（6）偏差控制报告；
（7）软件研制总结报告。

4）软件质量保证过程

（1）软件质量保证计划；
（2）软件质量保证检查表；
（3）质量偏差跟踪表；
（4）软件质量保证报告。

5）验证和确认过程

（1）验证与确认计划；

(2) 验证和确认报告。

6) 软件配置管理过程

(1) 软件配置管理计划;

(2) 软件配置管理报告;

(3) 软件配置项变更申请和控制报告。

(三) 软件文档剪裁

承制单位可根据项目所选择的生存周期、合同(或软件研制任务书)的要求以及实际活动,确定项目产生的文档种类,并根据实际情况对文档的种类进行合并、拆分。若两个或多个文档合并,以其中一个文档为主文档,将其他文档的内容有机地组合到主文档中,组合后形成的文档的要素应保持完整不遗漏,并在注释中进行说明。例如,《软件开发计划》《软件在质量保证计划》和《软件配置管理计划》可以合并成一个文档,以《软件开发计划》为主文档,将《软件在质量保证计划》《软件配置管理计划》的内容有机地组合到《软件开发计划》章条中。

若一个文档拆分为两个或多个文档,拆分后的文档的结构应符合标准文档结构的要求,拆分前后文档的要素应保持一致,并在其中的一个文档的注释中对拆分情况进行说明。

根据需要,也可以对文档内容进行剪裁。按文档标题顺序与 GJB 438B《军用软件开发文档通用要求》的规定标题顺序相同的原则,若剪裁了某章或某条,则在裁去的章、条的标题下标识为"本章无内容"或"本条无内容",并说明理由。若剪裁的是整章条(包括其所有小条),则仅需在最高层的章、条标题下标识为"本章无内容"或"本条无内容",并说明理由。

第二节　论证阶段质量管理

在装备研制的论证阶段,常规武器装备研制和战略武器装备研制应按 GJB 6387《武器装备研制项目专用规范编写规定》以及相关法规的要求,必须严格执行装备研制立项和装备研制总要求的报批制度,即装备研制必须严格执行装备研制立项和装备研制总要求的二报二批制度。总部分管有关装备的部门、军兵种装备部,应当按照规定对装备研制五年计划和装备体制中新列入的项目组织装备研制立项的综合论证。装备研制立项的综合论证是贯彻体系建设和系统配套的要求,注重军事需求和研制必要性分析,加强作战使用和全寿命费用研究;按照竞争择优的原则,综合分析技术能力和研制生产条件,提出承研承制单位预选方案;需要安排配套引进的,还应当进行引进必要性、可行性分析及经费测算。装备研制立项的综合论证完成后,应当将装备研制立项申请和综合论证报告一并报总装备部审批。经批准的装备研制立项,是组织研制项目招标、开展装备研制工作、制定装备研制年度计划和订立装备研制合同的依据。

装备研制进入工程研制阶段之前，总部分管有关装备的部门、军兵种装备部应当按照规定组织装备研制总要求的综合论证，并拟制装备研制总要求（在实际实施过程中，装备研制总要求的综合论证，在装备定型考核的前期仍在论证）。装备研制总要求的综合论证是根据批准的装备主要作战使用性能，结合装备研制方案设计工作，提出完整、可行的战术技术指标和科研、定型等大型试验的方案；测算批生产试制费、装备采购价格和全寿命费用；对配套引进的关键电子元器件，还应当分析提出国内保障方案。完成装备研制总要求的拟制后，应当将装备研制总要求及其综合论证报告一并报总装备部审批。经批准的装备研制总要求，是开展工程研制和组织装备定型考核的依据。与此同时，承制单位应按照装备研制程序和法规及相关标准的要求草拟系统规范。系统规范是描述系统的功能特性、接口要求和验证要求等的技术状态基线文件，其规范的内容应与《主要作战使用性能》的技术内容协调一致。系统规范一般由承制单位从论证阶段开始编制，随着研制工作的进展逐步完善，到方案阶段结束前经使用方主管研制项目的业务机关正式批准或会议审查，纳入方案阶段的研制合同。

一、论证工作概述

（一）论证工作概述

GJB 2993《武器装备研制项目管理》中 5.3 论证阶段的管理 5.3.4 条中指出，论证工作结束时，使用部门应会同研制主管部门将《武器装备研制总要求》附《论证工作报告》按相关程序报国家有关部门进行审查。审查通过后，批准下达《武器装备研制总要求》，作为后续阶段研制工作的基本依据。

承制单位在二报《武器装备研制总要求》的同时，已草拟系统规范，待上报的《武器装备研制总要求》批复或确认后，对系统规范进行完整性修改和评审，尔后报使用部门会同研制主管部门进行审查。

由此可见，论证阶段是新型武器装备研制过程中，研究提出研制总要求和编制系统规范文件的阶段。本阶段由使用方主管装备研制部门依据武器装备中长期计划具体组织实施，组织相关的专家对战术技术指标和总体技术方案进行论证；研制经费、保障条件和研制周期的预测等。最后形成《武器系统研制总要求》上报国家和军队主管部门审批。根据批复的研制总要求编制系统规范，经主管部门组织专家审查批复后，作为技术状态功能基线文件和方案阶段的输入性文件。

在《武器装备研制工程管理与监督》（国防工业出版社，2012）中的第三章第一节总体综合论证策划中讲述了论证概述、论证设计、论证工作报告和研制总要求等内容，本节主要是讲述在装备研制的论证阶段，承制单位应根据 GJB 4054《武器装备论证手册编写规则》和 GJB 1909A《装备可靠性维修性保障性要求论证》的相关要求做好论证工作中的质量管理工作。将可靠性维修性保障性要求作为装备作战使用要求的重要组成部分。可靠性维修性保障性要求论证应与型号论证中的战术技术指标论证同步进行,装备立项综合论证报告和研制总要求综合论证报告中应包括可靠性维修性保障性要求的论证,可靠性维修性保障性要求论证工作应纳入装备论证阶段论证工作的管理渠道。

可靠性维修性保障性要求论证应根据任务需求从满足装备执行任务能力要求出发,通过系统分析、功能分析、保障性分析等技术,确定装备战备完好性、任务成功性、持续性和部署性等三性综合要求,并通过进一步分析,提出可靠性维修性保障性的单项要求。

可靠性维修性保障性要求论证应从装备(系统)级可靠性维修性保障性要求开始,逐步细化到分系统级、设备级、甚至部件级的可靠性维修性保障性要求,所涉及的产品层次由订购方确定(如各级的固定提交检验的项目),并且能满足确定保障资源要求的需要。

可靠性维修性保障性要求论证应根据任务需求提出装备的可靠性维修性保障性使用要求,将可靠性维修性保障性使用要求分配或分解、细化后,转换成合同要求。

可靠性维修性保障性要求论证还应依据 GJB /Z 102A《军用软件安全性设计指南》和装备可靠性维修性保障性综合参数,对软件部分进行专题论证,提出装备中软件部分的可靠性维修性保障性定性和定量要求。

装备可靠性维修性保障性要求论证报告应经过专家评审,并作为装备立项的综合论证报告和装备研制总要求的综合论证报告的一部分,上报审批。

在武器装备研制的论证阶段,使用部门的现场代表按主管装备研制部门的要求(一般指主机或系统级单位的驻厂所军代表),参入装备论证阶段的论证活动。

(二) 论证工作的特点

武器装备的论证工作根据不同的研究对象和论证任务,一般分为发展战略论证、体制系列论证、规划计划论证、型号论证和专题论证 5 种类型。常规武器、战略武器和人造卫星的研制属于型号论证。其三类武器装备论证工作的共同作用相近:一是作为决策的依据;二是武器装备建设与发展的先期工作;三是武器装备发展过程中的重要环节。基本原则主要阐述:必要性原则;可行性原则;先进性原则;经济性原则;系统性原则;标准化原则;可用性原则;综合优化原则。

具体的原则,可根据不同武器装备类别和具体论证内容与特点确定。在论证阶段和方案阶段,常规武器研制和战略武器研制的思路、术语和基本要求是一致的。

根据 GJB 1405A《装备质量管理术语》可知,型号论证工作是指立项论证和方案论证。立项论证是型号进入论证阶段对装备项目能否成立进行论述与证明并形成报批文件的活动。其内容主要包括:一是装备的作战使命任务,主要作战使用性能,初步总体方案,研制周期、经费概算,预研关键技术突破和经济可行性分析,作战效能分析,订购价格与数量预测,命名建议等;二是经批准的装备研制立项,是组织研制项目招标、开展装备研制工作、制定装备研制计划和订立装备研制合同的依据。方案论证是型号进入方案阶段对装备研制多种设计方案进行论述与证明及择优的过程。论证工作的特点主要反映以下方面的内容:

(1) 导向性和政策性;

(2) 论证工作的相对独立性;

(3) 论证方法的严密性和科学性;

(4) 论证结论的咨询性。

有个别承制单位的质量管理体系文件中,将立项论证和方案论证替代了常规武器装备研制五个阶段的论证阶段和方案阶段,即称为立项论证阶段和方案论证阶段,这个术语或划分是不规范的,从型号论证工作的定义可知,立项论证和方案论证仅仅是武器装备研制论证阶段和方案阶段的工作内容,不能作为常规武器、战略武器和人造卫星研制的阶段术语。常规武器、战略武器和人造卫星研制的阶段划分可参见 GJB 2993《武器装备研制项目管理》划分本单位装备研制的阶段。

(三) 论证质量管理要求

在新型武器装备研制过程的论证工作,由军队装备科研主管部门依据武器装备中、长期计划,研究提出并上报研制总要求及输出系统规范。主要工作是进行战术技术指标和总体技术方案的论证;研制经费、保障条件和研制周期的预测。相关法规、标准明确指出,武器装备论证质量管理的任务是保证论证科学、合理、可行,论证结果满足作战任务需求;武器装备论证单位应制定论证工作程序和规范,实施论证过程的质量管理。我国的武器装备研制,不论是常规武器装备、战略武器装备和人造卫星的研制都共同有论证阶段和方案阶段,因此,对论证工作的管理和质量要求基本上是一致的,在论证阶段军队有关装备部门组织武器装备的论证,并对武器装备论证质量负责。并根据论证任务需求,统筹考虑武器装备性能(含功能特性、可靠性、维修性、保障性、测试性和安全性等,下同)、研制进度和费用,提出相互协调的武器装备性能的定性定量要求、质量保证要求和保障要求。同时,武器装备论证单位应当征求作战、训练、运输等部门和武器装备研制、生产、试验、使用、维修等单位的意见,确认各种需求和约束条件,待一报的型号立项综合论证报告批复后,再编制研制总要求及系统规范逐层次进行落实。

武器装备论证单位负责组织相关专家对论证结果进行风险分析,提出降低或者控制风险的措施。武器装备研制总体方案应当优先选用成熟技术,对采用的新技术和关键技术,经过试验或者验证后,在拟制多种备选的武器装备研制总体方案中,提出优选方案,按照规定的程序,组织作战、训练、运输等部门和武器装备研制、生产、试验、使用、维修等单位对武器装备论证结果进行评审。

二、质量保证要求

武器装备研制的每一个阶段必须有质量保证要求,质量保证要求是研制、生产合同中的重要组成部分,也是产品技术要求的支持和补充。每一个阶段的质量保证要求是使用单位和承制单位为实现规定的质量要求,必须由承制单位实施的质量保证活动及对这些活动给予证实的要求,经双方协调后纳入合同,共同遵守。质量保证要求可以综合提出,也可按研制、生产程序分阶段提出,并明确合同双方的责任,纳入合同或技术协议书文件,作为研制、生产的依据。主承制单位同分承制单位签约时,质量保证要求应满足使用单位的总要求。

(一) 贯彻三坐标综合论证的要求

(1) 技术、进度和经费多途径论证;

(2) 组织专家评审或审查。

(二) 立项综合论证质量保证要求

在常规武器、战略武器和人造卫星装备研制的阶段中,装备论证阶段的论证工作是十分重要的(辅机产品的论证工作应在主机或系统的方案阶段实施),论证阶段必须从装备顶层(系统顶层)提出质量要求,编入技术状态文件,经反复论证、评审、审查,形成技术状态基线文件,作为装备研制的规范性文件。

武器装备型号研制实行研制立项和研制总要求二报二批制度。在装备立项综合论证时,应提出装备系统层次可靠性维修性保障性综合要求,这些要求应反映装备的任务需求,能够在部队试验和试用中进行评估。装备立项综合论证中应提出可靠性维修性保障性使用要求的目标值和门限值,也可以只提出门限值,并纳入《装备立项综合论证报告》。

下面以装备研制的论证阶段立项综合论证报告为例,使其符合论证质量要求,需从以下十个方面考虑:

1. 进行需求分析

在武器装备研制的论证阶段,论证工作是在武器装备发展战略论证和体制系列论证的基础上,进一步论证发展该型武器装备的必要性,立项综合论证报告应对一些主要内容给出论证思路和方法,如:

(1) 未来作战对发展新型武器装备的需求程度;

(2) 新型武器装备在装备体制和配套武器装备中的地位、作用及其与现有武器装备的关系;

(3) 现役武器装备在形成军事实力、总体作战能力、完成作战任务等方面的差距和存在的问题。

2. 进行作战使命任务分析

新型武器装备作战使命任务分析主要应考虑以下方面：

（1）未来作战中新型武器装备所承担的主要任务和辅助任务；

（2）新型武器装备应具备的主要功能和辅助功能。

3. 策划初步总体技术方案

1）系统组成

新型武器装备组成方案，主要是明确所包括的系统、分系统和关键设备。

2）各分系统主要技术方案

主要应考虑以下内容：

（1）主要的技术特点；

（2）主要关键技术及拟采取的技术途径；

（3）各组成部分之间的相互关系；

（4）与已有设备的继承关系。

3）系统综合配套方案

系统综合配套方案主要是考虑满足主战装备作战需要对保障设备的综合配套要求。一般是考虑作战保障、后勤保障和技术保障三个方面。立项综合论证报告应给出相应内容的论证要求与方法。具体武器系统保障装备配套项目可参考 GJB 4054《武器装备论证手册编写规则》附录 C 确定。

4. 确保主要作战使用性能指标

任何一种装备的作战使用性能指标都由两部分构成，即通用性指标和特征性指标。立项综合论证报告应对这两类指标的项目和内容给出明确阐述。

1）通用性指标

通用性指标是各类武器装备都应具备的指标，这些指标在全军范围内都是相同的。若有特殊解释，在立项综合论证报告中应单独说明。装备的通用性指标项目一般包括：

（1）可靠性、维修性和保障性；

（2）机动性；

（3）反应能力；

（4）伪装能力；

（5）电子防御能力；

（6）兼容性；

（7）安全性；

（8）经济性；

（9）环境适应性；

(10) 人—机—环工程;

(11) 尺寸、体积和质量要求;

(12) 标准化要求;

(13) 能源要求;

(14) 其他。

上述各种通用性指标的论证方法,在不同的装备之间存在着一定差别,因而不同的立项综合论证报告,可根据装备特点给出相应的论证方法,具体可参照 GJB 5283《武器装备发展战略论证通用要求》和相关装备论证规范的要求确定。

2) 特征性指标

特征性指标是指那些直接反映某类别武器装备自身规律和特点的一些指标,它代表了某类别武器装备的基本属性和使用特征。在一定意义上讲,这种指标决定了某一型号是否能够发展和存在。如导弹装备的射程、威力、精度等,通信装备的通信距离、容量、传输速率、通信覆盖范围等。在编写立项综合论证报告时,要根据具体型号装备的特点确定特征性指标项目,并给出具体解释。

由于各类武器装备特征性指标差别很大。所采用的论证方法应在不同的立项综合论证报告中分别论述。以坦克装甲防护指标论证为例,论证方法步骤一般包括:

(1) 威胁分析,主要内容应包括:敌进攻武器性能特点、坦克各部位遭受攻击的破坏概率及作战环境等;

(2) 约束条件分析,主要内容应包括:现有装甲的防护技术水平、装甲车辆总体技术性能要求对装甲防护的限制、国内资源对装甲材料的保障能力等;

(3) 提出装甲防护指标,如装甲厚度和倾角等;

(4) 建立模型,对防护指标进行评估;

(5) 综合分析,确定指标要求。

5. 进行效能评估

主要性能指标确定后,应进行效能评估。效能评估的一般步骤是:

(1) 根据装备的主要性能指标、作战使用模式、打击目标特件和可能的对抗情况等建立通用性能评估指标体系;

(2) 选择作战效能评估方法;

(3) 进行分析和评估。

立项综合论证报告应根据具体装备的特点,参照 GJB 4054《武器装备论证手册编写规则》附录 A 和有关标准,给出具体的分析与评估方法及应用注意事项。

6. 提出进度或周期要求

武器装备研制进度或周期要求,立项综合论证报告中通常应给出以下方面的论证内容与方法：

(1) 作战(训练)任务的急需程度；

(2) 科研生产能力；

(3) 科研管理水平；

(4) 投资强度；

(5) 其他。

7. 实施订购数量预测

立项综合论证报告应给出预测新型武器装备订购数量的原则和方法。

8. 策划寿命周期费用

对新型武器装备寿命周期费用估算，可根据装备特点，参考 GJBz 20517《武器装备寿命周期费用估算》的要求进行装备寿命周期费用估算。

9. 编制风险分析报告

在新型武器装备发展各项使用要求论证的基础上，进一步从技术、经济、周期等方面进行风险分析，尽可能避免失误。具体的分析方法及应用注意事项参照 GJB 4054《武器装备论证手册编写规则》附录 B 风险分析的方法进行确定。

10. 任务组织实施的措施与建议

立项综合论证报告中应对任务组织实施的措施与建议的内容及要求进行阐述。

(三) 研制总要求的质量保证要求

型号的"研制总要求"的要求论证是由各军兵种装备部、总部分管有关装备的部门组织，研制单位具体实施，军内各论证单位根据上级的要求协助机关承担一些技术管理工作。其具体内容和方法可根据各军兵种的具体情况在论证中确定。如根据批准的立项综合论证报告中的可靠性维修性保障性使用要求，确定装备研制总要求中的可靠性维修性保障性的合同要求，并作为装备定型考核或验证的依据。在装备研制总要求论证时，提出可靠性维修性保障性合同要求的规定值和最低可接受值，也可以只提出最低可接受值，并纳入《装备研制总要求综合论证报告》。可靠性维修性保障性合同要求提出的产品层次(分系统、设备和组件级等)应满足确定保障资源的需要。

(四) 武器装备及其配套产品要求

(1) 明确评定标准和验证方法。明确技术性能指标和功能要求的评定标准和验证方法。

(2) 提出可靠性等六性大纲要求。按 GJB 450A《装备可靠性工作通用要求》、GJB 368B《装备维修性工作通用要求》提出可靠性与维修性等六性大纲的初步要求，明确应执行的工作项目及双方应明确的要求。

(3) 提出质量管理要求。按 GJB 1406A《产品质量保证大纲要求》提出质量管理的初步要求。

(4) 提出全寿命周期技术状态管理要求。按 GJB 3206A《技术状态管理》提出装备全寿命周期内实施技术状态管理的要求。提出随产品寿命周期各阶段的特点和要求,逐步建立和完善技术状态管理。明确技术状态管理责任主体及其职责。必要时,应成立由技术领域和管理领域代表组成的技术状态控制委员会,按赋予的权限对技术状态及其管理进行审查和决策。

(5) 提出综合保障要求。按 GJB 3872《装备综合保障通用要求》提出综合保障初步要求,明确维修思想,确定维修体制、保障设备的优选序、使用环境条件、部队编配设想等。如根据使用方案、费用约束、基准比较系统和初始的保障方案等拟定初步的系统战备完好性参数、保障性设计特性参数、保障系统及其资源参数的目标值和门限值(至少应有门限值)。在方案阶段结束时,应最后确定一组相互协调匹配的系统战备完好性参数、保障性设计特性参数、保障系统及其资源参数的目标值和门限值(至少应确定门限值)。并应将保障性设计特性参数的目标值和门限值分别转换成规定值和最低可接收值。

(6) 提出保障性分析要求。按 GJB 1371《装备保障性分析》提出保障性分析的要求,明确工作任务。

订购方应根据 GJB 1371《装备保障性分析》的要求,提出系统和设备等在研制与生产过程中进行保障性分析的要求,包括保障性分析的工作项目要求、保障性分析的管理要求、保障性分析的文件要求。这些要求经订购方与承制单位商定后,应纳入合同或有关文件中。

为规范保障性分析工作,承制单位应依据新研系统和设备的战术技术指标、研制总要求和签订的合同或技术协议的要求,制定保障性分析计划,并随着研制与生产的进展,不断进行修正。

(五) 技术资料质量管理要求

按 GJB 906《成套技术资料质量管理要求》、GJB 3206A《技术状态管理》和 GJB 6387《武器装备研制项目专用规范编写规定》的要求,提出技术资料的质量管理要求。

(六) 实施质量要求审查

按照 GJB 3273A《研制阶段技术审查》的规定,在本阶段后期或方案阶段前期对承制单位的研究分析结果以确定为满足作战使用要求所做的工作是否充分和正确,并确定承制单位在系统技术要求分析和系统工程管理的初始工作方向。

三、与产品有关要求的评审

GJB 1405A《装备质量管理术语》中“评审”的定义是为确定主题事项达到规定目标的适宜性、充分性和有效性所进行的活动。在装备研制的全寿命过程中,存在不同阶段(不同状态)、不同项目、不同级别的评审。相关法规、标准明确规定,武器装备研制、生产单位应当严格执行设计评审、工艺评审和产品质量评审制度。对技术复杂、质量要求高的产品,应当进行可靠性、维修性、保障性、测试性和安全性以及计算机软件、元器件、原材料等专题评审。在装备研制的各阶段可能要对同一个项目进行不同性质的评审,评审中应充分发扬技术民主,保护不同意见。评审中确认的问题及改进措施建议,应作为待办事项,制定改进计划,由产品研制组织的有关职能部门负责组织分析处理,实行跟踪管理;对没有采取措施的问题,应进行分析、论证,在下一阶段评审时用书面文件说明。合同要求时,应将评审结论和跟踪的结果向顾客或其代表通报,力求验证其是否符合各阶段的工作要求。论证阶段与产品有关要求的评审项目主要是:

(一) 可靠性、维修性评审

1. 评审的目的

本阶段评审可靠性、维修性的目的,重点是评价所论证装备的可靠性、维修性定性与定量要求的科学性、可行性和是否满足装备的使用要求。可靠性、维修性等专题评审结论为申报装备的战术技术指标提供重要依据。

2. 评审提供的文件

在进行装备战术技术指标评审时,应当包括对可靠性、维修性指标的评审。提交评审的文件一般应包括下列的内容:

(1) 装备的可靠性、维修性指标参数和指标要求及其选择和确定的依据;

(2) 国内外相似产品或装备可靠性、维修性水平分析;

(3) 装备寿命剖面、任务剖面及其他约束条件(如初步的维修保障要求等);

(4) 可靠性、维修性指标考核方案;

(5) 可靠性、维修性经费需求分析。

3. 评审的主要内容

评审的主要内容是,提出可靠性、维修性要求的依据及约束条件,可靠性、维修性指标考核方案设想等。

1) 可靠性评审的详细内容

(1) 可靠性指标是否经充分论证和确认?是否与维修性、安全性、保障性、性能和费用等进行了初步的综合权衡分析?可靠性指标与国内外同类产品相比是属于先进、一般或落后的水平?

(2) 可靠性要求(定性、定量指标)的完整性、协调性如何?

(3) 寿命剖面和任务剖面是否正确、完整?

(4) 是否提出了可靠性大纲初步要求?主要的可靠性工作项目的确定和经费、进度是否进行了权衡分析?

(5) 重要的可靠性试验项目要求是否明确?其进度和经费是否合理?

2）维修性评审的详细内容

（1）是否经过需求分析提出装备的使用要求？

（2）维修性定性和定量要求是否进行了充分的论证和确认？是否与可靠性、安全性、保障性、性能、进度和费用之间进行了初步的权衡分析？

（3）装备的维修性指标与国内外同类型装备相比是属于先进、一般或落后的水平？

（4）规定的寿命剖面和任务剖面是否正确、完整？其中环境剖面是否符合实际使用要求？

（5）是否编制了维修性大纲初步要求？主要的维修性工作项目的确定与经费、进度是否进行了权衡分析？

（6）是否已确定初步的维修方案和初步的维修保障要求？

（7）装备的维修性要求是否与初步的维修方案相协调？

（二）综合保障评审

1. 综合保障概述

综合保障的定义是：在装备的寿命周期内，为满足系统战备完好性要求，降低寿命周期费用，综合考虑装备的费用问题，确定保障性要求，进行保障性设计，规划并研制保障资源，及时提供装备所需保障的一系列管理和技术活动。

保障性评审是指：在装备的寿命周期内，为确定综合保障活动进展情况或结果而进行的评审或审查。综合保障的总目的是：通过审查和评价订购方、承制方及转承制方的综合保障工作情况，以确定装备寿命周期内所开展的综合保障活动是否符合规定要求，为装备研制、生产、部署和决策提供依据。

综合保障总要求是：订购方和承制方在装备论证、方案、工程研制、定型、生产、部署和使用阶段，应按照有关文件或合同规定，按预定的程序和要求进行装备综合保障评审，评审结论应作为转阶段决策的重要依据。订购方应在装备综合保障计划中明确提出装备综合保障评审的要求及安排；承制方应在所制定的装备综合保障工作计划中明确规定综合保障计划的各项内容，明确需评审的项目、目的、内容、主持单位、参加人员、评审时间、判据、评审意见处理等方面的要求和安排，在综合保障评审计划中应明确对转承制方的评审要求。在装备研制、生产和部署过程中，订购方和承制方在其内部应充分开展装备综合保障评审工作，发现问题及时解决。

综合保障评审分类：装备综合保障评审包括合同评审和内部评审。合同评审是订购方对研制、生产合同中要求承制方所开展的装备综合保障工作进行的评审。内部评审是订购方或承制方内部对有关装备综合保障工作进行的评审。

在装备的寿命周期内，综合保障的专题评审应与 GJB 3273A 规定的研制阶段技术审查以及可靠性、维修性工作的专题评审相合进行综合保障评审；订购方与承制方还可根据需要,对装备保障方案、保障计划以及保障资源等评审项目进行专项评审。

2. 评审目的与时机

论证阶段综合保障评审的目的是:审查初始保障方案、保障性要求、综合保障计划编制工作的过程和结果的正确性、合理性、协调性、可行性。评审时机,一般在论证阶段后期进行评审。

3. 评审提供的文件

(1) 初始保障方案文件;

(2) 保障性定性定量要求文件;

(3) 综合保障计划文件。

4. 评审的主要内容

1) 初始保障方案评审检查单

(1) 是否按照规定的程序与要求提出、编制了初始保障方案?

(2) 是否针对装备每一备选方案提出了满足其功能要求的备选保障方案?

(3) 初始保障方案提出的依据是否明确、充分、合理?

(4) 初始保障方案的提出是否符合规定要求?

(5) 初始保障方案的内容是否符合规定要求?

(6) 备选保障方案提出的依据是否明确、充分、合理?

(7) 备选保障方案的提出是否符合规定要求?

(8) 保障方案提出、权衡分析、编制的过程与方法是否符合规定要求?

(9) 是否明确了影响系统战备完好性和费用的关键因素并有控制措施?

(10) 是否已经清楚部队各种保障资源的现状?

(11) 是否明确提出了保障资源选用、研制的原则和要求?

(12) 是否进行了寿命周期费用初步分析或者提出保障费用限制的要求?

(13)是否明确提出了初始保障与后续保障策略的要求?

(14) 是否对保障方式进行了分析和初步优化?

(15) 是否与现行保障系统进行了比较分析? 分析结果是否可以接受?

(16) 对人力和人员、供应保障、保障设施、设备、训练保障、技术资料保障、包装、装卸、贮存和运输保障、计量保障及计算机资源保障的约束条件是否已经提出?

(17) 对新增加的保障资源及新增加的费用是否经过分析确认了其合理性?

(18) 是否充分考虑了利用部队现有的保障资源?

(19) 对装备各保障要素提出的要求是否与装备保障需求相适应?

2) 保障性定性定量要求评审检查单

(1) 是否明确了每项作战任务所需要的保障需求?

(2) 是否明确了保障需求与现有保障资源及约束条件(含所需保障费用)的差距并提出了改进目标?

(3) 是否提出了保障性定性要求和定量要求?

(4) 保障性参数指标是否经过充分论证和确认?

(5) 是否将保障性定性要求和定量要求与功能、费用等因素进行了初步的综合权衡分析?能否满足作战、训练、贮存和运输等剖面的需求?

(6) 是否对保障性分析与设计工作提出了要求并进行了安排?

(7) 是否将保障性参数指标与国内外同类产品进行了对比?属于先进、一般或落后水平?

(8) 保障性定量和定性要求是否已经过作战和保障部门认可?

3) 综合保障计划评审检查单

(1) 是否按照 GJB 3872《装备综合保障通用要求》并结合型号装备的实际需要提出了装备综合保障要求?

(2) 综合保障计划内容是否符合有关要求?其工作项目的确定和经费、进度是否进行了权衡分析?

(3) 重要的保障性试验项目要求是否明确?其进度和经费是否合理?

(4) 是否已经安排综合保障工作机构,明确了职责并开始工作?

(5) 是否制定了装备部署保障计划和保障交接计划?

(6) 是否确定了装备的服役年限或寿命期限?

(7) 是否考虑了停产后的保障及退役报废处理的保障问题?

(8) 是否制定了装备现场使用评估计划?

(9) 综合保障计划是否与装备研制、使用及其他有关计划相协调?

(10) 综合保障计划是否明确区分了订购方和承制方各自应做的工作?订购方应完成的工作是否明确了工作内容、进度、负责单位等。计划中要求承制方完成的工作,是否规定了工作进度和要求?

(11) 综合保障计划是否明确规定了装备综合保障评审的要求及安排?是否对由订购方主持或订购方内部的评审明确了评审项目、目的、内容、主持单位、参加人员、评审时间、判据、评审意见处理等?

(三) 立项综合论证报告评审

1. 评审的目的

在装备研制的论证阶段,立项综合论证是承制单位和使用单位共同关心、相互协调完成的工作。受邀的研制单位应根据使用单位的要求,组织、进行技术经济可行性研究及必要的验证试验,向使用单位提出可达到的战术技术指标和初步总体技术方案以及对研制费用、保障条件、研制周期预测的报告,即草拟的立项综合论证报告,应组织人员对立项综合论证的材料进行认真、细致的评审。评审主要是针对武器装备研制之初,在论证阶段对武器装备的论证原则、程序、内容、要求、管理以及论证所用的理论、方法和技术是否符合研制装备的要求。承制单位评审确认后,作为多方案之一,提交使用部门的装备研制主管部门会同研制主管单位共同组织技术审查。

2. 评审提供的文件

(1) 立项综合论证报告;

(2) 新工艺、新设备、新材料的选用和攻关情况;

(3) 关键技术攻关情况的材料;

(3) 论证阶段风险分析报告的材料。

3. 评审的主要内容

立项综合论证的详细评审,其内容主要体现在以下方面:

(1) 适用性。立项综合论证报告的内容选择是否遵循武器装备论证工作的一般规律,所提出的论证方法和要求是否充分考虑装备发展的特点、论证及论证管理工作的实际需要,内容是否规范,要求是否具体,操作性是否强。

(2) 系统性。立项综合论证报告是否全面体现武器装备论证工作的全过程;是否反映武器装备研制工作的全过程以及武器装备使用的全寿命;是否反映论证及相关领域知识理论与技术研究成果的全貌,使立项综合论证报告系统完整、主次分明。

(3) 协调性。立项综合论证报告的格式、涉及的内容与要求是否与相关法律、法规及国家军用标准相协调。报告的各章节内容在深度、广度、范围和要求等方面是否互相协调一致,能自身成为一个有机整体。

(4) 先进性。立项综合论证报告是否充分反映当代科学技术的发展特点和论证中的前沿问题,是否反映未来高技术战争对武器装备建设和发展的新要求,是否展示当代科学技术和军事技术领域发展的最新水平。是否对论证及相关基础研究的各种新成果进行了系统整理和吸收。

(5) 知识性。立项综合论证报告是否具有知识性。是否对专业领域涉及的名词、术语、基本理论与方法以及相关的知识,各种计算公式、模型等的来源、主要特点、使用方法及注意的问题等都是否能叙述清楚,是否力求知识完备。

(6) 科学性。立项综合论证报告的内容选择及整体结构安排是否科学合理,引证资料来源是否清楚,内容是否可靠,文理是否通顺,语言表达是否严谨,逻辑性是否强。

(四) 系统规范评审

在武器装备研制过程中,通过分阶段研制、系统工程过程和寿命周期综合,确定技术状态项,逐步形成系统的功能基线、技术状态项的分配基线和产品基线。系统规范等六个规范便是这三种基线的核心文件。装备研制的论证阶段，应针对系统，并通过系统工程过程确定其功能、性能和接口等方面的技术要求，这些要求即构成系统级功能基线的主要文件——系统规范。

系统规范是描述系统的功能特性、接口要求等设计和验证要求的技术状态文件，其应与《主要作战使用性能》的技术内容协调一致。根据 GJB 6387《武器装备研制项目专用规范编写规定》的规定，系统规范一般由承制单位从论证阶段开始编制，随着研制工作的进展逐步完善，到方案阶段结束前使用单位主管研制项目的业务机关，将组织对规定产品设计要求和验证要求的技术状态文件，即系统规范的审查或批准，纳入方案阶段的研制合同或进行阶段内的审查内容。因此，承制单位在论证阶段后期，就应组织起草规定产品设计和验证要求的技术状态文件（在论证阶段草拟系统规范，一般指系统单位和总体单位的一级产品；分系统单位一级产品的系统规范一般在方案阶段编制和评审），并应按照 GJB 6387《武器装备研制项目专用规范编写规定》的要求，自身重点对系统规范的总则、要素的起草规则和系统规范的内容进行认真评审，评审合格后呈报使用单位主管研制项目的业务机关，其适时组织专家对系统规范进行审查或批准。以下介绍承制单位应评审的详细内容。

1. 评审的目的

经承制单位自身的对照评审，使系统规范等技术状态文件的内容基本符合产品设计（如主要作战使用要求含战术技术指标，初步总体技术方案）要求和验证要求，符合技术状态功能基线文件以及相关法规及标准的要求，基本符合《型号研制总要求》的要求后，呈报使用单位适时组织专家进行审查或批准。

2. 评审提供的文件

（1）草拟的技术状态项汇总表；

（2）草拟的产品功能技术文件清单；

（3）技术状态文件的标识方法；

（4）系统规范编写说明；

（5）草拟的系统规范。

3. 评审的主要内容

（1）系统规范编写的基本规则、结构规则、表述方式和规则、编排格式等是否符合 GJB 6387《武器装备研制项目专用规范编写规定》第四章总则的要求；

（2）系统规范编写要素的起草是否符合 GJB 6387《武器装备研制项目专用规范编写规定》第五章要素的起草规则的要求；

（3）系统规范编写的内容是否符合 GJB 6387《武器装备研制项目专用规范编写规定》第六章系统规范、研制规范、产品规范规定的编写内容和附录 A 系统规范、研制规范、产品规范的各章要素表的要求。

（五）转阶段评审

1. 评审概述

《武器装备研制质量管理条例》第二十五条规定：军队有关装备部门应当按照武器装备研制程序，组织转阶段审查，确认达到规定的质量要求后，方可批准转入下一研制阶段。GJB 2102《合同中质量保证要求》4.4.6 规定使用部门主持或参加的审查活动和要求指出，明确转阶段或节点时，使用部门参与的方式。凡提交使用部门主持审查的工作项目，承制单位应事先确认合格。承制单位确认合格的方式就是事先对转阶段之前所评审工作需更改、补充的内容进行清理、评审合格后，对使用部门关注的阶段或节点，提交使用部门进行转阶段或节点审查。

2. 评审提供的文件

（1）修改立项综合论证报告意见文件及内容；

（2）修改系统规范意见文件及内容；

（3）修改可靠性、维修性、保障性意见文件及内容；

（4）其他相关文件。

3. 评审的内容

（1）对专家所提立项综合论证报告的意见和建议是否落实；

（2）围绕系统要求所做的工作是否充分和正确；

（3）对专家所提可靠性等专题评审和与装备质量有关的专项评审的意见是否补充、完善；

（4）对专家所提系统的综合保证条件问题是否补充、完善；

（5）对专家所提系统规范的内容是否补充、完善。

四、阶段技术审查

（一）立项综合论证报告审查

1. 审查的目的

在装备研制的论证阶段，被邀请的一个或数个持有武器装备许可证的承制单位草拟的立项综合论证报告经自行评审确认后，可提交使用单位的装备研制主管部门和研制主管单位，并适时组织对立项综合论证报告进行技术审查。

使用单位会同研制主管部门对邀请的一个或数个持有武器装备许可证的承制单位进行多方案论证，并对各总体技术方案进行评审或审查，经技术、经费、周期、保障条件等因素综合权衡后，选出或优化组合一个最佳方案并选定武器装备研制的承制单位，对立项综合论证的材料组织专家和专业技术人员进行认真、细致的评审或审查。审查的主要内容是根据 GJB 4054《武器装备论证手册编写规则》5.5 条型号论证的内容和针对武器装备研制之初，在论证阶段对武器装备的论证原则、程序、内容、要求、管理以及论证所用的理论、方法和技术是否符合研制装备的要求等进行。立项综合论证报告审查通过后,并形成二报二批中的一报材料,即武器装备研制立项综合论证报告,上报批复。

2. 审查提供的文件

(1) 立项综合论证报告;

(2) 新工艺、新设备、新材料的选用和攻关情况;

(3) 关键技术攻关情况的材料;

(4) 论证阶段风险分析报告的材料。

3. 审查的主要内容

立项综合论证报告的审查,其内容主要体现在以下方面:

(1) 适用性。立项综合论证报告的内容选择是否遵循武器装备论证工作的一般规律,所提出的论证方法和要求,是否充分考虑装备发展的特点、论证及论证管理工作的实际需要,内容是否规范,要求是否具体,操作性是否强。

(2) 系统性。立项综合论证报告是否全面体现武器装备论证工作的全过程;是否反应武器装备研制工作的全过程以及武器装备使用的全寿命;是否反映论证及相关领域知识理论与技术研究成果的全貌,使立项综合论证报告系统完整、主次分明。

(3) 协调性。立项综合论证报告的格式、涉及的内容与要求是否与相关法律、法规、及国家军用标准相协调。报告的各章节内容在深度、广度、范围和要求等方面是否互相协调一致,能自身成为一个有机整体。

(4) 先进性。立项综合论证报告是否充分反映当代科学技术的发展特点和论证中的前沿问题;是否反映未来高技术战争对武器装备建设和发展的新要求;是否展示当代科学技术和军事技术领域发展的最新水平;是否对论证及相关基础研究的各种新成果进行了系统整理和吸收。

(5) 知识性。立项综合论证报告是否具有知识性;是否对专业领域涉及的名词、术语、基本理论与方法以及相关的知识,各种计算公式、模型等的来源、主要特点、使用方法及注意的问题等都能叙述清楚;是否力求知识完备。

(6) 科学性。立项综合论证报告的内容选择及整体结构安排是否科学合理;引证资料来源是否清楚;内容是否可靠;文理是否通顺;语言表达是否严谨;逻辑性是否强。

(二) 研制总要求的审查

1. 审查的目的

根据 GJB 2993《武器装备研制项目管理》5.3 论证阶段的管理要求,使用方合同研制主管部门对各总体技术方案进行评审,对技术、经费、周期、保障条件等因素综合权衡后,选出或优化组合一个最佳方案,并将装备研制立项申请和综合论证报告一并报上级部门审批。经批准的装备研制立项,是组织研制项目招标、开展装备研制工作、制定装备研制年度计划和订立装备研制合同的依据。装备研制进入工程研制阶段之前,上级部门应当按照规定组织装备研制总要求的综合论证,并拟制装备研制总要求。经使用部门的装备研制主管部门会同研制主管单位组织完成装备研制总要求的审查后,将装备研制总要求报上级部门审批。此时也完成了二报二批中的二报材料。装备研制总要求上报批复后,是开展工程研制和组织装备定型考核的依据。

在使用单位会同主管研制管理部门上报装备研制总要求的同时,承制单位或系统级单位根据草拟的装备研制总要求,编制装备系统规范。

2. 审查提供的文件

根据批准的装备主要作战使用性能,草拟并须专家审查的各类材料:

(1) 草拟的装备研制总要求;

(2) 编制的装备研制设计方案和国内保障方案工作的材料;

(3) 关键技术攻关情况的材料;

(4) 对配套引进的关键电子元器件进货质量保证情况的材料;

(5) 科研、定型等大型试验方案的材料;

(6) 装备采购价格和全寿命费用的材料;

(7) 阶段风险分析报告。

3. 审查的主要内容

装备研制总要求的审查,应当根据批准的装备主要作战使用性能、结合装备方案设计工作,需经多次审查、反复修改:

(1) 审查战术技术性能指标和研制、定型等大型试验的方案是否完整、可行;

(2) 审查、测算批生产试制费用、装备采购价格和全寿命费用的合理性;

(3) 审查配套引进的关键电子元器件及国内保障方案等是否合理、可行。

(三) 系统要求审查

根据 GJB 3273A《研制阶段技术审查》要求,在装备研制的论证阶段,技术审查的项目是系统要求的审查,系统要求审查的目的主要是审查承制单位是否致力于谋求一个最优化而且完整的技术状态。通过审查,完善系统规范。

1. 审查概述

审查系统要求是使用单位对承制单位在明确系统要求上所做的工作是否满足作战使用要求;是否充分和正确而进行的一种技术审查;也是旨在通过对系统要求(用于研究确定系统规范)的分析和权衡研究报告的审查,对其正确性和完善性取得共识。系统要求审查一般在论证阶段后期或方案阶段初期,在完成系统功能分析或系统要求的初步分配(按工作分解)后进行,确定、形成系统规范,作为方案阶段编制研制规范的依据性文件。

为确保研制的武器装备既具有满足军事需求的各种能力和可承受的寿命周期费用，又便于操作使用和综合保障，武器装备研制项目在其整个研制过程中有必要实施技术状态管理（参见 GJB 3206A《技术状态管理》）。实施技术状态管理，需要对选定的技术状态项建立技术状态基线，即功能基线、分配基线和产品基线。这三种基线从批准或确定之日起，便成为其后技术状态控制的依据，若须更改，则须按原批准程序审批。经批准后，原有基线及更改的部分共同形成新的基线，作为其后技术状态控制的依据。上述三种基线，是通过分阶段研制、系统工程过程和寿命周期综合逐步完善并经批准而形成的相应成套技术状态文件，分别由相应的"专用规范"及图样和技术文件组成，其中"专用规范"分为系统规范、研制规范、产品规范、软件规范、材料规范和工艺规范六类。

功能基线主要由批准或确认的系统规范构成；分配基线主要由批准或确认的研制规范构成；产品基线主要由批准或确认的产品规范、重要特殊原材料或半成品（例如新材料）的材料规范、重要特殊工艺（例如专用的新工艺）的工艺规范构成。对软件规范而言，软件需求规格说明和接口需求规格说明属研制规范范畴，而软件产品规格说明则属产品规范范畴。

系统规范描述系统的功能特性、接口要求和验证要求等，其应与《主要作战使用性能》的技术内容协调一致。系统规范一般由承制单位从论证阶段开始编制（指系统级或一级装备），随着研制工作的进展逐步完善，到方案阶段结束前经使用单位主管研制项目的业务机关正式批准或确认后，纳入方案阶段的研制合同。

2. 审查提供的文件

在技术审查前，承制单位应针对审查问题，讨论与系统效能分析、技术性能检测、预定制造方法及费用之间的相互关系以及权衡研究、试验计划、硬件验证和技术性能度量的相互关系，并形成相应的文件。

(1) 风险辨识和风险等级以及避免、减少和控制风险的文件。

(2) 规定的系统规范要求同由此产生的工程设计要求、制造工艺要求、研制费用要求以及单件生产费用等目标之间重大的权衡研究情况。

(3) 确认系统的计算机资源，并把系统划分为硬件技术状态项和软件技术状态项。包括为评价满足作战使用要求的替代方法和确定由于设计约束条件而对系统带来的影响所进行的任何权衡研究。

(4) 确定综合保障、工艺、费用、进度、资源限制、智能评估等对系统影响的文件资料。

3. 审查的内容

审查内容是承制单位依据批复或确认的立项综合论证报告，为满足作战使

用要求所做的工作已充分和正确,并确定承制单位系统工程管理的初始工作方向。审查项目包括下列主要分析研究的结果:

(1) 任务和要求分析,包括先进性、可行性、适用性、风险性、经济性等分析;

(2) 综合保障的初步分析;

(3) 可靠性、维修性、安全性、综合化、电磁兼容性、生存力和易损性、环境适应性、试验计划、检验方法和技术等分析;

(4) 系统界面研究;

(5) 系统安全和人素工程分析;

(6) 寿命周期费用和效费比分析;

(7) 重要节点安排和人工要求及人员分析;

(8) 经过审查,进一步完善系统规范,编制资料管理计划和技术状态管理计划。

4. 需说明的问题

承制单位应说明下列工作的进展情况和存在的问题。同时,还要进行同计算机资源有关的下列权衡研究。

(1) 按照使用部门的要求,评定候选程序语言和计算机结构,确定高级语言和标准指令结构。

(2) 为执行保安性要求而评定选择途径,如果已选定某一途径,则讨论如何才能最经济的满足整个系统要求。

(3) 为完成作战和保障方案而选择的途径,以及对于多军种共用项目,军兵种间相互支援的可能性。

(4) 要考虑影响决策的生产性和制造因素。如:关键部件、材料、工艺、工装和测试设备的研制、生产和试验方法,需要提前准备的项目和设施、人员及技术等级要求。

(5) 对需要考虑的重大的危害性问题,提出要求和限制,达到消除或控制同这些系统相关的危害性问题。

(四) 系统规范的审查

根据批复或确认的型号研制总要求(或武器系统总要求)进行任务和要求分析后修编系统规范(该规范用以从总体上对武器装备提出技术和任务要求,并将要求分配给各分系统及设备,明确设计的约束条件,确定分系统及设备之间或分系统及设备内部的界面或接口)。该规范经研制主管部门评审,系统规范已基本符合批准或确认的研制总要求(或武器系统总要求)的要求。上报使用部门会同研制主管部门组织专家审查后,确认或批复。

1. 审查的依据

(1) GJB 0.2《军用标准文件编制工作导则 第2部分 军用规范编写规定》;

（2）GJB 3206A《技术状态管理》；

（3）GJB 6387《武器装备研制项目专用规范编写规定》；

（4）型号研制总要求；

（5）研制中相关法规及相关技术文件。

2. 审查提供的文件

（1）确定的技术状态项汇总表；

（2）产品功能技术文件清单；

（3）承制单位技术状态管理制度；

（4）产品寿命周期的技术状态管理计划；

（5）对分承制单位或供应商的技术状态管理的要求和考核标准；

（6）经承制单位评审的系统规范及编制说明。

3. 审查的内容

（1）系统规范编写是否符合 GJB 0.2《军用标准文件编制工作导则 第2部分 军用规范编写规定》的要求；

（2）系统规范编写要素的起草是否符合 GJB 6387《武器装备研制项目专用规范编写规定》第五章 要素的起草规则的要求；

（3）系统规范编写的内容是否符合 GJB 6387《武器装备研制项目专用规范编写规定》第六章 系统规范、研制规范、产品规范规定的编写内容和附录 A 系统规范、研制规范、产品规范的各章要素表的要求；

（4）系统规范中的性能指标是否与研制总要求的要求一致，性能指标的试验与验证方法是否符合相关标准要求；

（5）系统规范编写的基本规则、结构规则、表述方式和规则、编排格式等是否符合 GJB 6387《武器装备研制项目专用规范编写规定》第四章 总则的要求。

（五）转阶段审查

根据 GJB 2993《武器装备研制项目管理》规定，在研制过程中的重要节点上为确定现阶段工作是否满足既定要求，上级部门应当对装备研制技术方案、工程研制转阶段等重大节点及时组织审查，审查通过后方可转入下一阶段研制。常规武器装备、战略武器装备和人造卫星装备的研制，应按照常规武器装备研制程序、战略武器装备研制程序和人造卫星装备研制程序，认真组织转阶段或状态审查，确认达到规定的质量要求后，方批准转入下一研制阶段。

1. 审查的内涵

按照 GJB 2102《合同中质量保证要求》4.4.6 条规定，凡提交使用部门主持审查的项目，承制方应事先确认合格，即承制单位必须事先进行转阶段自评审确认，输入到下一阶段的技术状态基线文件已编制；经质量评审、专题评审和专项评审后专家所提意见和建议已修改；本阶段工作已经完成并合格通过后，对使用部门关注或按技术协议书要求的审查节点,提交或申请使用方有关主管装备研制部门会同上一级装备研制主管部门组织对型号的转阶段审查。

2. 审查提供的文件

(1) 修改立项综合论证报告意见文件及内容;

(2) 修改系统规范意见文件及内容;

(3) 修改可靠性、维修性、保障性意见文件及内容;

(4) 其他相关文件。

3. 审查的内容

(1) 对专家所提立项综合论证报告的意见和建议是否落实;

(2) 围绕系统要求所做的工作是否充分和正确,是否符合 GJB 3273A《研制阶段技术审查》的要求;

(3) 对专家所提可靠性等专题评审和与装备质量有关的专项评审的意见是否补充、完善,并符合相关标准要求;

(4) 对专家所提系统的综合保证条件问题是否补充、完善,并符合相关标准要求;

(5) 对专家所提系统规范的内容是否补充、完善,并基本符合研制总要求的要求。

五、装备论证常用资料

武器装备在论证工作中,立项综合论证报告经常会查阅相关资料,根据 GJB 4054《武器装备论证手册编写规则》提供的常用论证资料,主要有以下八个方面:

(一) 地理和气象资料

主要考虑以下方面:

(1) 气象;

(2) 地形;

(3) 交通;

(4) 水文。

(二) 交通运输资料

主要考虑以下方面:

(1) 陆上交通运输(公路、铁路);

(2) 水路运输;

(3) 空中运输;

(4) 海上运输。

(三) 军事资料

主要考虑以下方面：

(1) 军兵种知识；

(2) 各种武器装备技术知识；

(3) 高新技术装备知识；

(4) 战例介绍。

(四) 武器装备性能资料

主要介绍国内外同类武器装备的性能参数及指标。

(五) 综合保障资料

主要考虑以下方面：

(1) 作战保障；

(2) 后勤保障；

(3) 技术保障。

(六) 人—机—环工程资料

主要考虑以下方面：

(1) 乘员、载员的人体测量数据；

(2) 车、舱(室)内外环境因素；

(3) 各类装备特殊的人—机—环工程要求；

(4) 有关人—机—环工程的其他知识。

(七) 试验资料

主要考虑以下方面：

(1) 试验类型与场地；

(2) 试验规程；

(3) 试验计划、大纲与试验报告；

(4) 试验方法与技术手段；

(5) 其他试验数据资料；

(6) 试验的组织与实施。

(八) 其他常用资料

主要考虑以下方面：

(1) 有关文件(法律、条例)与规定；

(2) 国外同类武器装备情况(现状、水平、发展趋势)；

(3) 常用公式与图表；

(4) 法定计量单位与符号；

(5) 相关标准；

(6) 相关英文缩略语。

第三节　方案阶段质量管理

一、质量管理概述

方案阶段是新型武器装备研制过程论证和验证提出研制方案的阶段。主机和系统单位根据批准或确认的《武器系统研制总要求》和《系统规范》具体组织实施;辅机单位与主机或系统单位签订技术协议书后,开展研制过程论证和验证并提出研制方案。主要工作是进行系统方案设计;关键技术攻关;新部件和分系统试制与试验;原理样机或模型样机研制与试验。在关键技术已经解决,研制方案切实可行,保障条件基本落实的前提下,按型号的产品层次(系统级、分系统级、设备级等六层),编制提出研制规范分别上报,由使用单位研制主管部门联合研制主管部门,组织专家对研制规范进行审查或审批(三级含三级以下产品,由使用单位研制主管部门的委托单位联合研制主管部门的委托单位,组织专家对研制规范进行审查或审批,审查结论分别报使用单位研制主管部门和研制主管部门备案)。研制规范描述分系统或产品的功能特性、接口要求和验证要求等;属研制规范范畴的软件规范描述软件产品的工程需求、合格性需求和验证要求及接口需求、数据要求和验证要求等,其应与《研制总要求》的技术内容协调一致。研制规范一般由承制单位从方案阶段开始编制,随着研制工作的进展逐步完善,到工程研制阶段技术设计结束前经使用方主管研制项目的业务机关正式批准或审查通过,纳入工程研制阶段的研制合同,并作为工程研制阶段的输入性文件。

二、质量保证要求

(一) 编制特性分析报告

按照 GJB 190《特性分类》编制型号不同产品层次的系统、分系统和设备级特性分析报告,对不同层次的产品进行技术指标、设计(材料、工艺要求、互换性、协调性、寿命、失效、安全和裕度)和选定检验单元等内容进行详细分析。对产品特性实施分类,有利于设计部门提高设计质量;也便于生产部门了解设计意图,有利于在实施质量控制中分清主次,控制重点,保证产品质量的稳定性和可追溯性。选定检验单元便于合理安排检验力量以及订货方对产品质量实施检查和监督。其分析内容、项目和质量要求应符合 GJB 907A《产品质量评审》、GJB 908A《首件鉴定》和 GJB 909A《关键件和重要件的质量控制》等规定的要求。

(二) 编制型号标准化大纲

按照 GJB/Z 114A《产品标准化大纲编制指南》编制型号标准化大纲,建立型号标准化体系,其内容应符合 GJB/Z 113《标准化评审》和《武器装备研制的标准化工作规定》的要求。

（三）编制型号可靠性大纲

根据产品层次及产品特点，按照 GJB 450A《装备可靠性工作通用要求》、GJB 438B《军用软件开发文档通用要求》、GJB 813《可靠性模型的建立和可靠性预计》、GJB 899A《可靠性鉴定和验收试验》的要求编制型号可靠性大纲或可靠性工作要求，逐步进行专题评审形成专业大纲，并作为产品质量保证大纲的组成部分。确定保证措施及内容符合《武器装备可靠性与维修性管理规定》的要求。

（四）编制型号维修性大纲

根据产品的特点和层次，按照 GJB 368B《装备维修性工作通用要求》、GJB/Z 57《维修性分配和预计手册》、GJB/Z 72《可靠性维修性评审指南》和 GJB 2072《维修性试验与评定》的要求，编制维修性大纲或维修性工作要求，逐步进行专题评审形成专业大纲，并作为产品质量保证大纲的组成部分。确定保证措施及内容符合《武器装备可靠性与维修性管理规定》的要求 。

（五）编制型号保障性大纲

使用方与承制单位应合理地规划并有效地实施、监督和评价综合保障的各项工作，经过初步保障性分析，根据 GJB 3872《装备综合保障通用要求》、GJB 1371《装备保障性分析》、GJB 2961《修理级别分析》、GJB 1181《军用装备包装、装卸、贮存和运输通用大纲》、GJB/Z 1391《故障模式、影响及危害性分析指南》和 GJB 3837《装备保障性分析记录》等的要求，提出综合保障的实施方案初稿，并编制型号保障性大纲或综合保障工作要求，逐步进行专题评审形成专业大纲，并作为产品质量保证大纲的组成部分。

（六）总体设计方案的质量保证

承制单位对研制型号的性能、进度、经费进行综合论证，形成最佳方案，进行方案评审。方案在总设计师系统设计评审的基础上，由使用部门组织专家在型号研制的论证阶段或方案阶段进行全面的系统要求审查；在装备研制的方案阶段进行全面的系统设计审查，（见 GJB 2102《合同中质量保证要求》附录 A 的 A1 系统要求审查和 A2 系统设计审查），其结果作为能否转入工程研制阶段的重要依据，审查通过后，方可形成各种方案、大纲和措施，总体设计方案应符合 GJB 1310A《设计评审》的相关要求；模型样机（模样），包括设备布局、维修性和人素工程等的评审或审查，并组织制订研制规范初稿。作为分系统或设备等单位签订技术协议书的依据性文件。

（七）编制研制规范

研制规范是描述分系统或产品的功能特性、接口要求和验证要求等的重要分配基线文件，与《研制总要求》的技术内容协调一致。按照 GJB 6387《武器装备研制项目专用规范编写规定》的要求，承制单位从方案阶段开始编制研制规范,随着研制工作的进展逐步完善,到工程研制阶段技术设计结束前经订购方主管研制项目的业务机关正式批准,纳入工程研制阶段的研制合同。可见,研制规范是工程研制阶段输入的规范性文件,研制规范编写完成后,承制单位应组织人员进行相关内容的评审,并上报使用部门会同研制主管部门审查。审查通过后,其结果作为能否转入工程研制阶段的重要依据。

(八) 编制技术状态管理计划

按照 GJB 3206A《技术状态管理》的要求编制技术状态管理计划时,并按 GJB 2116《武器装备研制项目工作分解结构》对武器装备系统进行逐级分解,形成工作分解结构,为确定技术状态项、进行费用估算、进度安排和风险分析提供依据;同时按 GJB 2737《武器装备系统接口控制要求》确定接口控制方案,制定接口控制文件。满足使用部门明确的技术状态项目和实施监督的要求。

(九) 工艺准备的质量管理

在完成设计资料的工艺审查和设计评审后,应根据 GJB 2993《武器装备研制项目管理》的要求,提出试制工艺总方案,对特种工艺应制定专用工艺文件或质量控制程序,在工艺文件准备阶段,按照 GJB 1269A《工艺评审》的有关要求,实施分级、分阶段的工艺评审。

(十) 试验质量策划及过程质量保证

按照 GJB1452A《大型试验质量管理要求》的要求,对大型试验包括战略武器的总体试验提出试验的质量策划和试验过程质量管理的初步方案(包括试验质量计划、试验任务书、试验大纲以及根据试验大纲编制的试验计划、试验程序和操作规程)以及所需要的试验条件,明确使用部门监督的方式。

(十一) 包装贮运的质量保证要求

按 GJB 1443《产品包装、装卸、运输、贮存的质量管理要求》和产品特点,提出产品包装、装卸、运输、贮存的质量管理要求以及防护包装应符合 GJB 145A《防护包装规范》和 GJB 900A《装备安全性工作通用要求》的规定。

在制定军用装备包装、装卸、贮存和运输(以下简称“包装贮运”)大纲时应符合 GJB 1181《军用装备包装、装卸、贮存和运输通用大纲》的要求。

(十二) 技术资料质量保证要求

按 GJB 906 的规定制定并实施技术资料质量管理计划。成套技术资料能够满足规定的战术技术指标和保证批量生产、使用维护所必需的标识和说明军工产品定型状态的、完整的产品图样和技术文件。并符合 GJB 906《成套技术资料质量管理要求》中,成套技术资料的编制、发放、更改、保管及利用等的要求。

(十三) 编制型号研制网络图

按照 GJB 2993《武器装备研制项目管理》5.4.2 条的要求,编制、制定型号研制总计划(含计划网络图),提出影响总进度的关键项目和解决途径;

按照 GJB 2102《合同中质量保证要求》5.2.10 条的要求，根据型号研制总进度提出分阶段的质量控制节点，包括由使用单位主持和参加的控制节点，编制型号研制质量管理网络图，通常称 I 级网络图。

（十四）编制风险分析报告

在新型武器装备总体研制方案设计和分系统级、设备级功能基线和分配基线已完成的基础上，进一步从技术、经济、周期等方面进行风险分析，尽可能避免失误。具体的分析方法及应用注意事项参照 GJB 4054《武器装备论证手册编写规则》附录 B 风险分析的方法进行确定。

（十五）实施系统功能审查

方案阶段的系统功能审查就是对装备研制技术方案的最终审查，使用单位主管装备研制部门会同研制主管部门，组织专家对装备研制技术方案进行方案阶段终审，审查通过后转入工程研制阶段的研制工作。

（十六）实施初步设计审查

初步设计审查是常规武器研制程序和战略武器研制程序中，专指对主机和整机的初步设计审查。

初步设计审查通常在方案阶段后期或工程研制阶段的前期，主机的试制型样机和系统的模样完成初步设计后的审查。其审查内容是对功能上有关系的技术状态项的基本设计所进行的技术审查，同时集中审查所选定的最初设计与试验途径在进展中具备一致性和技术充分性。软件要求与初步设计的相适应性、最初的使用和保障文件。初步设计审查通过后进行关键（或详细）设计并进行设计审查。初步设计审查应符合 GJB 1310A《设计评审》的相关要求。

三、与产品有关要求的评审

GJB 9001B《质量管理体系要求》中第 7.2.2 条规定，组织应评审与产品有关的要求，评审结果及评审所引起的措施的记录应予保持。方案阶段与产品有关要求的项目随着装备研制深入，需评审的项目越来越多，我们将这些评审都称为质量评审（设计评审、工艺评审和产品质量评审）。而且这些评审具备下列特点：一是承制单位应首先自行组织评审；二是评审的依据是合同或技术协议书中的质量保证条款；三是型号质量保证大纲相关条款和相关标准、法规、规范及有关质量管理体系文件。

根据相关法规、标准规定，承制方应对技术复杂、质量要求高的产品，进行可靠性、维修性、保障性、测试性和安全性以及计算机软件、元器件、原材料等专题评审。对于专题评审本章节仅举出可靠性、维修性、保障性等项目的评审（工程研制阶段、设计定型阶段和生产定型同上）。

上述项目要求的评审驻厂军事代表作为了解情况，一般是参加项目的评审的；也有一些组件、部件和零件级且属于承制单位级评审的项目，驻厂军事代表一般是根据需要参加的。下面从装备研制在方案阶段应评审的项目出发,简述承制单位对装备研制要求的评审。方案阶段与产品有关要求的评审项目主要有:

(一) 合同或技术协议书质量评审

在《武器装备研制工程管理与监督》一书第九章第二节计划合同中,关于合同的评审只是提到,要进行评审与产品有关的要求。具体评审时机、依据、基本内容和双方在质量保证中的权利和义务并未表述。本节根据装备研制的实施情况,简述合同或技术协议书质量评审的方式、内容。

1. 评审的时机和依据

合同或技术协议书拟制后,应在承制单位向使用部门做出提供产品的承诺之前进行,如:提交标书之前、接受合同或订单之前、接受合同或订单的更改之前。合同或技术协议书评审的依据一般包括:

(1) 研制总要求及系统规范或研制规范;

(2) 系统型号质量保证大纲;

(3) 适用的标准、规范及有关质量管理体系文件。

2. 评审提供的文件

(1) 合同或技术协议书;

(2) 合同或技术协议书编制说明。

3. 评审的内容

(1) 规定承制单位应保持其质量管理体系有效运转,并向使用部门提供证实材料。

(2) 规定使用部门对承制单位质量管理体系进行监督的具体要求。

(3) 规定承制单位应执行的军用标准以及其他满足武器装备质量要求的国家标准、行业标准和企业标准,鼓励采用适用的国际标准和国外先进标准及有关文件,如有特殊要求应当明确。

(4) 规定承制单位按 GJB 1406A《产品质量保证大纲要求》制定产品质量保证大纲及使用部门会签确认的要求。

(5) 技术状态管理要求及使用部门明确的技术状态项。

(6) 规定使用部门主持或参加的审查活动和要求。明确转阶段或节点时,使用部门参与的方式。凡提交使用部门主持审查的工作项目,承制单位应事先确认合格。

(7) 合同双方交换质量信息的要求。

(8) 按 GJB 906《成套技术资料质量管理要求》的规定提出成套技术资料的质量控制要求,明确承制单位向使用部门提供的技术资料项目及交接办法。

(9) 标的完成的标志,包括评定标准、规定的试验和批准的要求。

（10）对分承制单位的质量控制要求。

（11）对售后服务的要求。

（12）质量奖惩要求。

4. 双方的权利和义务

1）使用部门的权利和义务

（1）提出明确的质量保证要求，并同进度、经费相协调；

（2）按合同规定落实应提供实施质量保证要求的条件；

（3）采取有效的办法检查和控制合同质量保证要求的实施；

（4）按照《中国人民解放军驻厂军事代表工作条例》的规定，派出军事代表对承制单位的研制和生产进行了解和质量监督；

（5）按规定进行检验验收。

2）承制单位的权利和义务

（1）提出实施质量保证要求所需的合理、必要条件，包括进度及经费等保障条件；

（2）按合同规定落实应提供实施质量保证要求的条件；

（3）按合同要求，制订并实施具体有效的产品质量保证大纲；

（4）落实《武器装备质量管理条例》的要求，完善质量管理体系，并持续有效地运行；

（5）配合使用部门做好合同中质量保证要求的检查和验收；

（6）按照《中国人民解放军驻厂军事代表工作条例》的规定，接受军事代表的质量监督，配合军事代表做好工作；

（7）按合同规定履行售后服务。

5. 常见的问题

（1）有些单位对技术协议书的重要性认识不足，在签署技术协议书前，未对技术协议书进行预先评审。GJB/Z 16《军工产品质量管理要求与评定导则》4.6.3.1 条明确，技术协议书是制约性文件。供需双方签订技术协议书时，应详细列出新器材的技术要求和质量标准，试制、试验、使用的程序和记录，以及各方应负的质量责任。有的技术协议书预先评审了，但提供不出相关评审纪录，无法追溯；有的技术协议书未涉及的内容，承制方在研制中提出免做的不正确说法，将技术协议书凌驾于法规、标准之上。

（2）合同双方质量保证要求的内容不具体，如验收文件规定不细，（实际操作是分承制单位向承制单位提供检验规程，承制单位转换成验收规程，验收分承制单位提交的产品）；有些合同的试验项目中试验方法不明确，规定了互换性试验项目，但由于对术语理解不正确，试验结果未能验证产品的互换性。

（3）型号贯彻的标准体系中，推荐采用适用的国际标准和国外先进标准，但在实施过程中,并没按国际标准进行试验。如某型飞机电源特性试验,推荐的是MIL－STD－704A,但有些设备做稳态试验并没有按此标准做,而是降低了标准要求。

(二) 标准化方案评审

标准化方案评审包括设计和工艺标准化方案评审。GJB/Z 113《标准化评审》对标准化评审的定义是:在新产品研制过程中,为了评价新产品的目标和要求以及是否达到这些目标和要求,对标准化工作进行的全面的和系统的检查。根据新产品研制标准化工作任务和范围的不同,标准化评审分两大类:设计标准化评审和工艺标准化评审。每大类根据新产品研制程序又可划分为三种标准化评审:即标准化方案评审、标准化实施评审和标准化最终评审。

标准化评审点原则上应按装备研制阶段,分别设置标准化方案评审点、标准化实施评审点和标准化最终评审点。对不同层次产品或相同层次且功能相似的产品的同一种评审点,在保证评审质量和效果的前提下,凡能合并评审的应尽量合并设置标准化评审点。当标准化评审与设计评审或工艺评审统一组织评审时,可按照设计评审或工艺评审要求设置统一的评审点。

标准化评审应根据新产品研制的实际情况,可单独进行,也可与设计评审或工艺评审统一组织评审。标准化评审的结论应作为确定新产品研制能否转入下一研制阶段(或状态)的依据之一。

一般情况下,各种标准化评审的时机为:

(1) 设计标准化方案评审——在方案阶段进行;

(2) 设计标准化实施评审——在工程研制阶段C转S状态时进行;

(3) 设计标准化最终评审——在设计定型阶段会议审查前进行;

(4) 工艺标准化方案评审——在方案阶段编制工艺文件前进行;

(5) 工艺标准化实施评审——在工程研制阶段C转S状态时进行;

(6) 工艺标准化最终评审——在生产定型阶段工艺鉴定时进行。

1. 标准化方案评审概述

方案阶段的标准化评审实际上就是进行设计或工艺标准化方案评审。承制单位应按GJB/Z 113《标准化评审》和国防科工委《武器装备研制生产标准化工作规定》的要求组织标准化评审。标准化评审工作的计划应与设计评审或工艺评审工作的计划相协调。

设计和工艺标准化方案评审的主要任务是:是对新产品研制标准化目标、实施方案和计划、措施进行的检查。

2. 评审依据

标准化评审依据一般包括下列内容:

GJB/Z 69《军用标准的选用和剪裁导则》;

GJB/Z 106A《工艺标准化大纲编制指南》;

GJB/Z 113《标准化评审》;

GJB/Z 114A《产品标准化大纲编制指南》;

GJB 1269A《工艺评审》;

GJB 1310A《设计评审》;

总装备部《装备全寿命标准化工作规定》;

国防科工委《武器装备研制生产标准化工作规定》。

3. 评审提供的文件

在装备的研制初期,标准化工作是动态的文件管理,标准化工作文件是在不同的研制阶段逐步产生的。由此,在方案阶段设计和工艺标准化方案评审的文件主要是标准化工作管理的基础性文件:

(1) 标准化工作管理规定等文件;

(2) 标准化工作计划、记录等文件;

(3) 草拟型号标准化大纲;

(4) 草拟工艺标准化综合要求;

(5) 标准化工作报告。

4. 评审的内容

方案阶段设计和工艺标准化方案评审的主要内容是:

(1)《标准化大纲》是否满足《研制总要求》、合同或技术协议书的要求;

(2)《标准化大纲》内容是否正确、合理、完整并符合《武器装备研制生产标准化工作规定》和 GJB/Z 114《产品标准化大纲编制指南》的要求;

(3) 检查《工艺标准化综合要求》是否满足设计文件和工艺总方案的要求并与《标准化大纲》协调一致;

(4) 检查《工艺标准化综合要求》的内容是否正确、合理、完整、可行,并符合 GJB/Z 106A《工艺标准化大纲编制指南》的要求;

(5) 与上层《标准化大纲》是否协调。

5. 常见的问题

(1) 不知道标准化评审分为两大类:设计标准化评审和工艺标准化评审。设计标准化方案评审是对新产品研制标准化目标、实施方案和计划、措施进行的检查;工艺标准化方案评审是对新产品制造标准化工作目标、实施方案和计划、措施进行的检查。前者是动态评审标准化大纲的内容;后者是先评工艺标准化综合要求,后评工艺标准化大纲,直至固化工艺标准化大纲。实施中有些承制单位就没有编制型号工艺标准化综合要求的文件,多数单位在设计定型时才补写此文件,就谈不上对工艺标准化评审了。

(2) 每大类根据新产品研制程序又可划分为三种标准化评审:即标准化方

案评审、标准化实施评审和标准化最终评审。实施中,多数承制单位在方案阶段能开展标准化方案评审,设计定型时也能查到标准化方案评审记录,至于标准化实施评审和标准化最终评审,多数单位是在设计定型时一并评审,但查不到评审的记录。

(3) 产品设计定型或鉴定时,承制单位只提供了标准化审查报告,未能提供标准化工作报告。经查也提供不出标准化工作计划文件及评审的记录等。

(三) 设计评审

1. 设计评审概述

根据 GJB 1310A《设计评审》的要求,设计评审是在研制过程决策的关键时刻,尤其是方案阶段对设计总方案的设计评审,应全面、系统地检查设计输出是否满足设计输入的要求,发现设计中存在的缺陷和薄弱环节,提出改进措施建议,加速设计成熟,降低决策风险。设计评审能影响设计决策,但不代替设计决策,设计评审作为产品研制程序中的组成部分,应纳入研制计划,从时间、经费、工作条件等方面予以保证。

承制单位应根据型号研制总要求、研制合同和(或)技术协议书要求,严格按产品研制程序所划分的研制阶段及产品的功能级别(产品层次)和管理级别实行分级、分阶段的设计评审。设计评审由承制单位自行组织实施,承制单位的质量管理部门和研制主管部门负责监督。设计评审的参加者应包括与所评审的产品方案设计有关的职能部门的代表,非直接参与设计工作的同行专家。合同要求时,应邀请顾客或其代表参加。设计评审的结论是产品研制管理决策的重要依据。产品研制未按研制计划规定进行设计评审或评审未通过,不允许转入下阶段工作。

2. 评审的类型

1) 按产品研制阶段可分为

(1) 方案阶段的设计评审;

(2) 工程研制阶段的设计评审;

(3) 定型阶段的设计评审。

2) 按产品的功能级别或管理级别可分为

(1) 系统级设计评审;

(2) 分系统级设计评审;

(3) 设备级设计评审;

(4) 设备以下级设计评审。

不同级别的设计评审,由于产品特点不同,评审的具体内容也不同。应根据产品所处的研制阶段和评审点的位置,结合产品的特点,参照本节的相关评审的内容,规定相应级别设计评审的具体要求。

3）专题设计评审

专题设计评审是对产品质量、研制进度和经费有重大影响的专业技术进行的评审。如：可靠性、维修性、安全性、保障性设计评审，系统试验评审，设计复核复算评审和软件、标准化、元器件选用及电磁兼容性设计评审等。

承制单位可根据研制工作的实际需要，组织专题设计评审。一般三级以上产品为了降低风险，都应进行专题设计评审，专题设计评审的内容和要求可参照相应的国家军用标准或行业标准进行。

3. 评审提供的文件

承制单位主管设计师应根据设计评审计划及研制工作实际进展情况，当具备设计评审条件时应向上一级设计师或相应的技术负责人提交设计评审申报文件，其中包括：

(1)《设计评审申请报告》。

(2)《产品设计工作报告》，其内容至少应包括：

一是设计满足研制总要求或技术协议书、系统规范或研制规范要求的情况，逐一列出所有的指标要求、达到情况和验证方法或支持性文件；

二是研制过程主要工作情况；

三是对研制过程中发生问题的分析处理情况；

四是对设计的技术风险分析；

五是结论及建议。

(3) 提供备查的其他主要设计资料及清单。

(4) 对设计评审计划安排的建议。

4. 评审的内容

方案阶段的设计评审应根据批准的型号研制总要求、研制合同和（或）技术协议书的要求，对承制单位优选的系统方案的正确性、先进性、适用性、可行性和经济性进行评审。方案阶段的设计评审一般应在完成方案论证和方案设计工作后转入工程研制阶段前进行。方案阶段设计评审的主要内容一般包括：

(1) 不同方案优选的依据和优选结果；

(2) 所选方案的正确性、先进性、适用性、可行性和经济性；

(3) 方案的各项技术性能指标和要求（包括可靠性、安全性、维修性、保障性等）满足合同或技术协议书的情况；

(4) 系统分解结构和功能原理图；

(5) 系统可靠性、安全性、维修性、保障性大纲和质量保证大纲及标准化大纲情况；

(6) 重大技术，关键新技术、新材料、新工艺攻关项目进展和采用情况；

(7) 元器件的选用情况；

(8) 设计的继承性及所采用新技术的比例;

(9) 可生产性分析;

(10) 系统验证试验方案;

(11) 系统对分系统及设备可靠性、安全性、维修性、保障性及耐久性分析试验要求;

(12) 研制程序和计划;

(13) 全寿命周期费用预算及技术风险分析;

(14) 工程研制技术状态。

(四) 工艺评审

GJB 2993《武器装备研制项目管理》要求,在装备研制方案阶段的管理中,方案论证工作、方案验证工作承制单位应组织实施。在方案阶段早期建立武器装备研制设计师系统和行政指挥系统,具体组织进行系统方案设计、关键技术攻关新部件、分系统的试制与试验,根据装备的特点和需要进行模型样机或原理样机与试验工作。同时在 5.4.2.N 条中,提出试制工艺总方案,并按照 GJB 1269A《工艺评审》进行工艺评审工作的要求。

工艺评审是指对工艺总方案、工艺说明书等指令性工艺文件、关键件、重要件、关键工序的工艺规程以及特殊过程和采用新工艺、新技术、新材料、新设备等四类工艺文件和四新的评审。按标准规定,在装备研制的方案阶段重点是对工艺总方案的评审。

1. 工艺评审概述

工艺评审是承制方及早发现和纠正工艺设计中缺陷的一种自我完善的工程管理方法,对产品的工艺设计,承制单位应根据管理级别(产品层次)和产品研制程序,建立分级、分阶段的工艺评审制度,并针对具体产品确定产品的工艺设计状态,设置评审点,列入型号研制计划网络图,认真组织分级、分阶段的工艺评审,为批准工艺设计提供决策性的咨询。未按规定要求进行工艺评审或评审未通过,则工作不得转入下一阶段。

承制单位的每一工艺评审,应吸收影响被评审阶段质量的所有职能部门代表参加,需要时,可邀请使用方或其代表及其他专家参加;在各项工艺设计文件付诸实施前,对工艺设计的正确性、先进性、经济性、可行性、可检验性进行分析、审查和评议。

2. 评审的依据

工艺评审的依据包括产品设计资料、合同或技术协议书、有关的法规、标准以及相关规范、技术管理文件和符合产品质量要求的质量管理体系程序文件,以及上一阶段的评审结论报告等。

3. 评审提供的文件

承制单位主管工艺师应根据工艺评审计划及研制工作实际进展情况，当具备工艺评审条件时应向上一级工艺师或相应的技术负责人提交工艺评审申报文件，其中包括：

(1)《工艺评审申请报告》。

(2) 型号工艺总方案。

(3)《型号工艺工作情况报告》，其内容至少应包括：

一是对产品的特点、结构、特性要求的工艺性分析及情况说明，逐一列出指标要求、达到情况和验证方法或支持性文件；

二是满足产品设计要求和保证制造质量的分析以及工艺薄弱环节及技术措施计划；

三是研制过程主要工艺工作情况；

四是制造过程中产品技术状态的控制情况；

五是工艺(文件、要素、装备、术语、符号等)标准化程度的说明。

(4) 提供备查的其他主要工艺资料及清单。

(5) 对工艺评审计划安排的建议。

4. 评审的内容

在装备研制的方案阶段重点是对工艺总方案的评审，其评审的主要内容是：

(1) 对产品的特点、结构、特性要求的工艺分析及说明；

(2) 满足产品设计要求和保证制造质量的分析；

(3) 对产品制造分工路线的说明；

(4) 工艺薄弱环节及技术措施计划；

(5) 对工艺装备、试验和检测设备以及产品数控加工和检测计算机软件的选择、鉴定原则和方案；

(6) 材料消耗定额的确定及控制原则；

(7) 制造过程中产品技术状态的控制要求；

(8) 产品研制的工艺准备周期和网络计划，以及实施过程的费用预算和分配原则；

(9) 对工艺总方案的正确性、先进性、可行性、可检验性、经济性和制造能力的评价；

(10) 工艺(文件、要素、装备、术语、符号等)标准化程度的说明；

(11) 工艺总方案的动态管理情况(应根据研制阶段的工作进展情况适时修订、完善，以能在装备的寿命周期内连续使用)。

(五) 可靠性维修性评审

1. 评审概述

在方案阶段，评审可靠性维修性研制方案与技术途径的正确性、可行性、经济性和研制风险，是承制单位在装备研制中质量保证要求中的承诺，也是《武器装备质量管理条例》第二十四条规定“对技术复杂、质量要求高的产品，应当进行可靠性、维修性、保障性、测试性和安全性以及计算机软件、元器件、原材料等专题评审”的要求。可靠性维修性评审的目的是承制单位按计划进行可靠性要求和可靠性工作项目要求的评审，以实现规定的可靠性要求。评审结论为申报型号的《研制总要求》和是否转入工程研制阶段提供重要依据之一。

承制单位应安排进行可靠性要求和可靠性工作项目要求的评审，并主持或参与合同要求的可靠性评审；制定的可靠性评审计划须经使用部门认可。计划内容主要包括评审设置、评审内容、评审类型、评审方式及评审要求等；可靠性评审尽可能与作战性能、安全性、维修性、综合保障性等评审结合进行，必要时也可单独进行；可靠性评审的结果应形成文件，主要包括评审的结论、存在的问题、解决措施及完成日期等。

2. 评审提供的文件

在方案阶段评审中，必须将装备的可靠性维修性方案作为重点内容之一进行评审。提交评审的文件一般应包括下列可靠性维修性的内容：

(1) 可达到的可靠性维修性定性、定量要求和可靠性维修性技术方案及其分析(含故障诊断及检测隔离要求等)；

(2) 可靠性维修性大纲及其重要保证措施；

(3) 可靠性维修性指标考核验证方法及故障判别准则；

(4) 采用的标准、规范；

(5) 可靠性维修性设计准则；

(6) 可靠性维修性经费预算及依据。

3. 评审的内容

装备研制的方案阶段，主要评审可靠性维修性大纲的完整性与可行性，相应的保证措施以及初步维修保障方案的合理性。

1) 可靠性评审的详细内容

(1) 是否根据可靠性大纲初步要求对 GJB 450A《装备可靠性工作通用要求》及相应行业标准进行了合理的剪裁制定了可靠性大纲，该大纲是否能保证产品达到规定的可靠性要求？

(2) 可靠性大纲规定的工作项目是否与其他研制工作协调，是否纳入型号研制综合计划？

(3) 所定方案的可靠性指标与维修性、安全性、保障性、性能、进度和费用之间进行综合权衡的情况是否合理？

(4) 可靠性指标的目标值是否已转换为合同规定值？门限值是否转换为合同最低可接受值？

(5) 系统可靠性模型是否正确？相应的指标分配是否合理？

(6) 可靠性预计结果是否能满足规定指标要求？

(7) 系统方案是否进行了可靠性的比较与优选？

(8) 所确定的方案是否采取了简化设计方案？是否尽可能采用成熟技术？如果采用新技术、新材料、新工艺是否有充分试验证明其可靠及性能满足要求？

(9) 可靠性指标及其验证方案是否已经确定并纳入到相应合同或任务书中？

(10) 方案中的可靠性关键项目与薄弱环节及其解决途径是否正确、可行？

(11) 可靠性设计分析与试验是否规定了应遵循的准则、规范或标准？

(12) 可靠性工作所需的条件和经费是否得到落实？

2) 维修性评审的详细内容

(1) 各备选方案是否避免了现有装备存在的维修性缺陷？

(2) 是否对各备选方案进行维修性分析并提出各方案的优点和存在的问题？

(3) 在确定方案过程中,是否对各备选方案的维修性与可靠性、保障性、性能、进度和费用之间进行权衡分析使方案优化？

(4) 是否根据同类型产品的经验数据,初步预计装备各备选方案的有关维修性指标？预计的结果是否符合规定的要求？

(5) 是否对装备有关的维修性指标规定了成熟期的目标值和门限值？

(6) 是否将装备有关维修性指标的目标值转换为合同规定值,门限值转换为合同最低可接受值？

(7) 装备的维修性指标是否按功能框图分配到系统、各分系统和主要设备(主要功能项目)？

(8) 是否根据维修性大纲初步要求对 GJB 368B《装备维修性工作通用要求》及相应的行业标准进行了合理地剪裁制定了维修性大纲？该大纲是否能保证产品达到战术指标的维修性要求？

(9) 是否制定维修性工作计划并纳入型号研制综合计划？

(10) 是否确定系统、主要分系统或设备的维修方案？

(11) 系统、主要分系统或设备的可修复件的修理级别是否确定？确定的依据是什么？

(12) 是否规定了系统、主要分系统或设备在各维修级别相应的维修策略？依据是什么？

(13) 是否初步确定了系统、主要分系统或设备在各维修级别的计划维修和非计划维修任务？依据是什么？

(14) 测试、维修设备的要求是否与维修方案相一致？

(15) 是否对各维修级别的维修人员类型、数量、技术熟练程度进行估计?是否满足使用要求?

(16) 是否根据类似装备的使用与保障经验对新装备的使用与保障方案进行了分析和剪裁?

(17)是否确定初步的维修保障方案?

(18) 系统、分系统是否可利用各维修级别现有维修保障设施? 是否需要建立新的设施? 对计划的进度和费用有何影响?

(19) 是否制定装备的维修性验证方案并纳入合同?

(六) 综合保障评审

1. 评审概述

方案阶段综合保障评审的目的是:审查综合保障工作计划与综合保障计划的完整性、合理性、协调性、可行性;所确定的保障性要求的正确性、合理性、可行性;所提出的备选方案能否满足装备的功能要求以及与装备使用方案等方面的协调性。

评审的时机是:综合保障计划、综合保障工作计划宜在方案阶段早期进行评审;计划的执行情况以及保障方案和保障性定性、定量要求一般在方案阶段后期进行评审。

2. 评审提供的文件

(1) 综合保障计划文件;

(2) 综合保障工作计划文件;

(3) 保障方案文件;

(4) 保障性定性、定量要求文件。

3. 评审的内容

1) 综合保障计划评审检查单

(1) 是否明确了装备的使用方案、使用环境以及作战使命、功能、主要性能指标和使用需求?

(2) 是否明确了装备的采购数量和部署要求?

(3) 是否明确了订购方综合保障机构的组织和职责? 是否规定了综合保障管理组的构成、领导关系、职责及运行方式?

(4) 是否对订购方直接采购的设备的性能指标和软硬件接口规定了明确要求?

(5) 是否明确了装备研制过程中必须执行的主要法规和标准?

(6) 是否通过保障性分析确定了影响系统战备完好性的关键因素?

(7) 是否通过了保障性分析确定了影响费用的关键因素?

(8) 是否对影响系统战备完好性、费用的关键因素进行了敏感性分析?

(9) 是否明确了在装备研制中对这些关键因素的控制要求和原则?

(10) 对工程研制阶段的保障性分析工作是否进行了合理的安排?

(11) 是否明确了工程研制阶段承制方保障性分析工作的输出要求和时间节点?

(12) 是否明确了规划保障的进度和输出要求?

(13) 是否对综合保障工作经费进行预算和规划?

(14) 对论证阶段的综合保障计划进行内部评审时提出的问题和建议是否得到了圆满解决? 有无遗留问题? 本阶段应当补充和完善的内容是否已经补充和完善?

(15) 承制方对综合保障计划提出的合理建议是否已纳入计划?

2) 综合保障工作计划评审检查单

(1) 承制方是否制定了综合保障工作计划? 其格式是否符合有关要求?

(2) 是否明确了承制方综合联保工作机构的组成和职责? 是否规定了综合保障管理组的构成、领导关系、职责及运行方式?

(3) 综合保障工作计划规定的工作项目和内容是否与可靠性、维修性等工作相协调?

(4) 是否列出了需要开展的保障性设计与分析工作? 是否确定了保障性设计与分析工作项目,并明确由谁进行、职责、进度、输入输出要求?

(5) 列出的保障性设计与分析工作项目是否覆盖了综合保障计划规定的内容和范围?

(6) 是否针对综合保障计划中提出的影响系统战备完好性和费用的关键因素提出了控制和改进措施?

(7) 是否明确规定了装备综合保障评审的要求及安排? 是否明确了评审项目、目的、内容、主持单位、参加人员、评审时间、判据、评审意见处理等?

(8) 是否制定了保障性试验与评价计划? 试验和评价项目是否合适? 试验与评价方法是否符合有关标准或规定?

(9) 是否明确了规划维修的工作程序、方法、职责、进度、中间成果和最终成果?

(10) 是否明确了规划维修的工作程序、方法、职责、进度、中间成果和最终成果?

(11) 是否确定了保障资源选择、确定及研制的原则和方法?

(12) 是否明确了需新研制或增加的重要保障资源? 并提交订购方确认?

(13) 是否已经确定保障设备、设施等资源的初步需求? 对长研制周期的保障设备是否着手或安排研制?

(14) 是否制定了现场使用评估计划? 明确了评估的目的、时机、评估参数、评价准则、约束条件、数据收集方式、数据收集表格、传递方法和途径、数据的处理和利用以及所需的资源?

(15) 是否进行了综合保障工作的经费预算?预算结果是否合理?是否对工程研制阶段的装备综合保障进行了安排?

(16) 是否制订了初步的装备部署后的保障计划?其内容是否合理?

(17) 是否考虑了停产后的保障工作安排?是否提出了退役报废处理保障工作的建议?

(18) 是否明确了对转承制方和供应方的装备综合保障工作监督与控制要求?

(19) 是否列出了综合保障工作进度表?对综合保障工作实施过程是否有监督与控制措施?

(20) 是否考虑了综合保障与其他专业工作的协调问题?

3) 保障方案评审检查单

(1) 是否对初始保障方案进行了修改细化和优化?

(2) 承制方提出的保障方案是否完整、全面?

(3) 是否通过保障性设计与分析确定了所需的保障资源?是否初步制定了装备保障计划?

(4) 是否初步预测了所需的使用、维修保障费用?能否满足订购方提出的费用约束条件?

(5) 使用方案是否充分考虑或者明确了以下问题:

① 装备动用准备方案及其所需的资源约束条件;

② 人员和人力需求的约束;

③ 能源供应的约束;

④ 使用、保障技术文件的编制要求;

⑤ 装备运输方案、装备运输的主要手段以及相关约束条件;

⑥ 操作、携带和运输检测设备及工具的要求;

⑦ 与装备相匹配的运输设备(工具)的连接、装卸、使用要求;

⑧ 充填加挂方案,及时充填加挂设备的约束条件;

⑨ 弹药加挂和补充能力,及对充填加挂设备的约束条件;

⑩ 装备贮存方案;

⑪ 使装备合理和方便地贮存与保管的要求;

⑫ 装备所需的场站、仓库、码头、放置场所等需长周期建设的设施的基本设计要求。

(6) 维修方案是否充分考虑了以下问题:

① 装备的测试诊断方案;

② 保障设备和检测设备的功能划分；

③ 保障设备与装备的各种软硬件接口要求；

④ 保障设备与装备之间的数据传输要求；

⑤ 装备的维修级别划分,各维修级别的维修范围；

⑥ 装备的维修原则；

⑦ 各维修级别推荐使用的保障设备和保障设施的清单及主要性能等；

⑧ 工具和设备的通用性和简易性的要求与措施；

⑨ 维修技术文件的要求与措施；

⑩ 维修人员的数量和技能要求；

⑪ 战场抢修工具、设备和各种应急抢修措施；

⑫ 所需备件的品种和数量的约束；

⑬ 各维修级别所需的维修设施及设备的配置方案。

(7) 是否已经初步分析平时和战时装备使用与维修所需的人力和人员,并提出初步的人员配备方案?

(8) 是否明确了保障设备、备件、人力与人员、用户技术资料、训练与训练保障、计算机资源保障等保障资源规划的程序、方法、进度、中间成果和最终成果?

(9) 是否制定了供应保障所需的备件和消耗品的品种、数量确定的原则和方法?

(10) 是否已经确定保障设备(含计量保障所需设备)的初步需求? 对长研制周期的保障设备是否着手或安排研制?

(11) 是否已经初步确定人员训练的需求?

(12) 是否已经提出初步的技术资料项目要求,编制了初步的技术资料配套目录? 提出了技术资料编制要求?

(13) 是否已经确定了保障设施的初步需求?

(14) 是否已经明确了装备及其保障设备、备件对包装、装卸、贮存和运输保障的要求及约束条件?

(15) 是否已经提出初步的计算机资源保障需求? 软件如何保障?

(16) 是否开始编制按合同规定要提交的资料?

4) 保障性定性、定量要求评审检查单

(1) 是否修订、完善了装备保障性定性、定量要求?

(2) 是否根据保障性定性要求制订了保障性设计准则? 这些准则是否系统、科学、全面、实用?

(3) 保障性要求(包括定性要求和定量指标)是否完整、合理、可行? 是否与其他指标或要求相协调?

(4) 保障性定量要求的含义是否明确? 保障性参数及指标是否经过合理

转换？

（5）是否进行了保障性指标的分解与分配，分解与分配方法是否正确？分配结果是否合理？

（6）保障性定性与定量要求是否与功能、研制进度和费用等进行了综合权衡？结果是否合理？

（7）是否已经明确了对重要分承制装备的保障性定性、定量要求？分承制装备的保障性要求与主装备是否匹配？

（8）是否明确了保障性定量要求的考核方法？并纳入相应的合同中？

（9）保障性定性要求的考核方法是否明确？

（七）样机评审

1. 样机评审概述

样机的定义是：在新型武器装备研制过程中，设计和制造的实物样品。用于阶段性试验或最终鉴定、定型试验。对于样机的类型，主机和辅机对样机类型的术语及名称是不一样的。GJB 431《产品层次、产品互换性、样机及有关术语》中明确，样机在装备研制过程中，不同的研制阶段样机的类型及名称是不一样的。系统级的主机在装备研制阶段的样机类型有五种：

（1）初步研制型样机。它是为了研究或评价原理、器件或系统的可行性和现实性而用来进行实验或试验的产品。这实验或试验以模型或简陋的实验形式进行，不考虑完全合理的产品的最终形式。这种样机一般出现在装备研制论证阶段的后期和方案阶段的初期。

（2）试制型样机。它是为了验证设计的可行性，确定符合规定性能要求的能力；获取进一步研制的工程数据及确定签订合同的技术要求而用来进行实验或试验的产品。这种样机根据设备的复杂程度和工艺因素以及达到所需要的目标，可能需要连续地制造多个样机。最后的试制型样机要接近于所要求的结构形式，采用标准零件或经有关部门批准过的非标准零件。并应慎重考虑诸如可靠性、维修性、人为因素及环境条件之类的军用标准要求。这种样机一般出现在装备研制的方案阶段的前期。

（3）设计定型样机。它是为了确定战术技术要求适应性而用来进行试验的产品。其试验环境是该产品预定使用的真实环境或模拟环境。这种产品具有设计所要求的结构形式，采用标准零件或经有关部门批准过的非标准零件，并满足诸如可靠性、维修性，人为因素及环境条件之类的军用标准要求。这种样机一般从装备研制的工程研制阶段逐步形成，进入科研试飞（或调整试飞）、设计定型试验试飞、设计定型会议审查直至批复前，都称为设计定型样机。

（4）试生产型样机。用于全面评价结构、适应性和性能的产品。该样机在各个方面均处于最终形式，采用标准零件或经有关部门批准过的非标准零件，并能完全反映出最终产品的特征。这种样机一般出现在装备研制的生产定型阶段初期。

(5) 生产定型样机。采用定型的生产工具、夹具、设备和方法制造的处于设计最终形式的产品。该样机使用标准零件或经有关部门批准过的非标准零件。这种样机一般出现在装备研制的生产定型阶段中、后期。

GJB 2993《武器装备研制项目管理》提出,承制单位在方案阶段应按照研制合同要求,开展方案论证和验证工作,并按照 5.4.2 条款"进行样机的设计、制造和审查"。武器装备研制方案阶段的样机审查,实际上是对样机试制制造之前的准备状态进行全面系统的检查,对其开工条件作出评价,不断地规避风险,以确保产品能顺利定型并能保质、保量、按期交付。承制单位应根据产品的特点、生产规模、复杂程度以及准备工作的实际情况等,可以集中也可以分级分阶段地进行产品的试制状态的检查。对试制实施有效地控制,并根据产品特点列出检查项目清单,记录检查结果,对存在的问题应制定纠正措施并进行跟踪,同时将产品试制有关的准备状态信息,纳入质量信息管理系统。产品的试制准备状态检查是装备研制、生产计划的组成部分。

对于辅机产品,相关法规、标准和程序规定,除飞机、舰船等大型武器装备平台外,一般进行初样机和正样机两轮研制。通常按武器装备研制的不同阶段及状态,区分为原理样机、模型样机、初样机、正样机等。战略武器装备研制程序在工程研制阶段也是两轮研制,称地面试验样机和飞行试验样机研制。针对辅机研制样机的类型、称谓及作用在装备研制的工程研制阶段再叙述。

2. 评审的依据

(1) GJB 1710A《试制和生产准备状态检查》;

(2) GJB 2366A《试制过程的质量控制》;

(3) GJB 2993《武器装备研制项目管理》;

(4)《武器装备质量管理条例》;

(5) 常规武器装备研制程序;

(6) 战略武器装备研制程序;

(7) 人造卫星装备研制程序。

3. 评审提供的文件

(1) 设计文件及图样;

(2) 试制计划;

(3) 生产设施与环境;

(4) 工艺总方案及制造工艺文件;

(5) 采购及外包产品质量控制文件;

(6) 质量控制、保证文件。

4. 评审的内容

试制准备状态检查的内容应按照 GJB 1710A《试制和生产准备状态检查》的要求,从以下七个方面进行检查:

1）设计文件

（1）设计文件和有关目次应列出清单,其正确性、完整性应符合有关规定和产品试制要求。

（2）设计文件应经过三级审签(校对、审核、批准),并按规定完成工艺性审查、标准化审查和质量会签。

（3）对复杂产品应进行特性分类,编制关键件(特性)、重要件(特性)项目明细表,并在产品技术文件和图样上作出相应的标识。

（4）设计文件的更改应符合相应的规定。

2）试制计划

（1）应制定了试制计划,并经过审批。

（2）试制产品的数量、进度和质量应符合最终产品交付及合同要求。

3）生产设施与环境

（1）产品试制过程中必要的技术措施(包括基础设施、工作环境等)应能满足产品试制的要求。

（2）生产设备处于完好状态,能满足产品质量要求,专用设备应经过检定合格。对新增加的设备要按规定进行试运行,经检定合格后方可使用。

（3）生产设施与工作现场的布置,应能保证试制过程的安全以及产品与工艺对环境的要求。

4）人员配备

（1）应确保负责配合现场生产的设计、工艺等技术人员和管理人员具备相应的资格,在数量上和技术水平上符合现场工作的要求。

（2）应按产品生产的过程及各工序和工种的要求,配备足够数量、具有相应技术水平的操作、检验和辅助等人员。各类操作和检验人员应熟悉本岗位的产品图样、技术要求和工艺文件,并经培训、考核按规定持有资格证书。

5）工艺准备

（1）应制定了试制产品的工艺总方案并经过评审。

（2）工艺文件配套齐全,能满足产品试制要求,并按规定进行校对、审核、批准三级审签。需要时,应进行了标准化审查和质量会签。

（3）关键件、重要件,关键过程、特殊过程均已识别,有明确的质量控制要求,并纳入相应的工艺文件。

（4）产品试制所必要的工艺装备,已经过检验或试用检定,并具有合格证明。

(5) 检验、测量和试验设备应配备齐全,能满足产品试制要求,并在检定有效期内。

(6) 采用的新技术、新工艺和新材料,已进行了技术鉴定并符合设计要求。

(7) 产品试制、检验和试验过程中所使用的计算机软件产品应经过鉴定,并能满足使用要求。

6) 采购产品

(1) 采购文件的内容应符合有关要求,并已列出采购产品的清单。对采购产品的质量、供货数量和到货期已作出明确规定,且按规定进行审批。

(2) 外购、外包(协)产品应有明确的质量控制要求,对供方的质量保证能力进行了评价,并根据评价的结果编制了合格供方名录,作为选择、采购产品的依据。

(3) 对采购产品的验证、贮存和发放应有明确的质量控制要求,并实施有效的控制。

(4) 对采用的新产品,应按规定进行了验证、鉴定,并能满足产品的技术要求。

(5) 采购清单所列产品应订购落实。到货产品应按规定进行入厂(所)复验,对未到货的产品应有措施保证不会影响生产。凡使用代用品的产品,应经过设计确认并办理了审批手续。

7) 质量控制

(1) 产品质量计划(质量保证大纲)的内容应能体现产品的特点,能满足合同或技术协议书要求,并制定了相应的质量控制程序、方法、要求和措施。

(2) 应在识别关键过程和特殊过程的基础上制定了专用的质量控制程序,并确保这些过程得到有效控制。

(3) 已制定技术状态管理程序,能保证产品在试制过程中对技术状态更改得到有效控制。

(4) 已制定不合格品控制程序,能确保对试制过程中出现的不合格品作出标识并得到有效控制。

(5) 试制所用的质量记录表格已准备齐全。

(八) 研制规范评审

在武器装备研制过程中,通过分阶段研制、系统工程过程和寿命周期综合,按照 GJB 2116《武器装备研制项目工作分解结构》和 GJB 2737《武器装备系统接口控制要求》等规定分解的项目,确定技术状态项,逐步形成系统的功能基线,技术状态项的分配基线和产品基线等三种基线。分配基线主要由审查或批准的研制规范构成。研制规范描述了分系统或产品的功能特性、接口要求和验证要求等,其应与《研制总要求》的技术内容协调一致。由于装备是不同产品层次构成,根据 GJB 3206A《技术状态管理》的相关规定,除系统级应编制系统规范以外,其他产品层次一般不需要编制系统规范,但应形成不同产品层次的研制规范。

研制规范一般由承制单位从方案阶段开始编制,随着研制工作的进展逐步完善,到工程研制阶段技术设计结束前,使用单位主管研制项目的管理部门,将组织专家对规定产品设计要求和验证要求的技术状态文件研制规范的审查或批准,纳入分承包单位或工程研制阶段的研制合同。因此,系统单位或总体单位在方案阶段,就应组织起草规定产品设计和验证要求的技术状态文件研制规范(注:在论证阶段草拟系统规范,一般指系统单位和总体单位的一级产品;分系统以下单位的一级产品可以不编系统规范,其内容合编于研制规范),并按照 GJB 6387《武器装备研制项目专用规范编写规定》的要求,自身对总则、要素的起草规则和规范的内容进行认真评审,评审合格后呈报使用单位主管研制项目的部门会同装备研制主管部门,组织专家对研制规范进行审查或批准。

1. 评审的目的

经承制单位自身的对照评审,使研制规范等技术状态文件的内容基本符合产品设计(如主要作战使用要求含战术技术指标,初步总体技术方案)要求和验证要求,符合技术状态功能基线文件、分配基线以及相关法规及标准的要求,研制规范基本符合《型号研制总要求》的要求后,呈报使用部门适时组织专家进行审查或批准。

2. 评审提供的文件

(1) 研制规范编写说明;

(2) 草拟的研制规范;

(3) 已确认的系统规范;

(4) 技术状态项汇总表。

3. 评审的内容

(1) 研制规范编写的基本规则、结构规则、表述方式和规则、编排格式等是否符合 GJB 6387《武器装备研制项目专用规范编写规定》第四章总则的要求;

(2) 研制规范编写要素的起草是否符合 GJB 6387《武器装备研制项目专用规范编写规定》第五章要素的起草规则的要求;

(3) 研制规范编写的内容是否符合 GJB 6387《武器装备研制项目专用规范编写规定》第六章系统规范、研制规范、产品规范规定的编写内容和附录 A 系统规范、研制规范、产品规范的各章要素表的要求。

(九) 转阶段评审

方案阶段的转阶段评审工作是装备研制中的第二个阶段的工作内容。"转阶段"工作应当依据国家和军队的相关法规、标准的规定,全面履行装备研制合同规定的义务,并组织军事代表机构和军队其他有关单位,对承研承制单位的研制进度、经费使用、技术质量状态、科研试验等进行监督,督促承研承制单位保证装备研制合同履行的要求。正因为要对重大节点组织审查,由此,承制单位应在使用单位组织专家审查之前,按照 GJB 2102《合同中质量保证要求》4.4.6 条“凡提交使用部门主持审查的工作项目,承制单位应事先确认合格” 的要求进行质量评审,确认合格后上报使用部门组织专家审查。

1. 评审的目的

方案阶段的转阶段质量评审是检查装备研制在方案阶段的全部研制工作是否全面贯彻、落实了研制总要求及系统规范的要求;分级分阶段的质量评审(设计、工艺和产品质量评审)、可靠性、维修性等六性大纲文件的专题评审及其他验证、试验等专项评审的问题是否落实修改;标准化工作计划是否覆盖型号工作,是否具有针对性;设计方案是否全面、规范及可行;工艺性分析是否合理,关键性工艺技术是否解决;样机的基本原理是否能打通等。承制单位确认转“阶段”评审合格后,按型号研制合同或技术协议的要求,对使用部门关注的阶段或状态,需提交使用部门会同装备研制主管部门进行转阶段或状态审查。

2. 评审提供的文件

(1) 修改标准化大纲意见文件;

(2) 修改研制规范意见文件;

(3) 修改可靠性、维修性、保障性等六性大纲的意见文件;

(4) 工艺准备的相关文件、资料;

(5) 其他相关文件。

3. 评审的内容

(1) 对专家所提研制规范的意见和建议是否落实,内容是否补充、完善;

(2) 围绕系统规范、研制规范的要求所做的工作是否充分和正确;

(3) 对专家所提可靠性等专题评审和与装备质量有关的专项评审的意见是否补充、完善;

(4) 对专家所提系统的综合保证条件问题是否补充、完善;

(5) 对专家所提工艺准备的内容是否补充、完善。

四、方案阶段技术审查

(一) 技术审查概述

根据 GJB 2993《武器装备研制项目管理》3.14 条中,对阶段审查的定义是:在研制过程中的重要节点上为确定现阶段工作是否满足既定要求所进行的审查,该审查是决定本阶段工作能否转入下一阶段(或分阶段)的正式审查。阶段审查实际上就是对型号研制阶段装备技术、进度、质量要求贯彻情况的审查。

方案阶段,在关键技术已经解决,研制方案切实可行,保障条件基本落实的前提下,将系统的要求向下分配给系统级以下的分系统、设备、组件等各个项目,通过系统工程过程逐一地为这个项目建立设计依据,确定其性能要求、接口要求、附加的设计约束条件等,从而形成一套研制规范,连同其他的接口控制文件、图样等,一起构成分配基线。按型号的不同重要程度,分别进行评审。按照 GJB 6387《武器装备研制项目专用规范编写规定》中相关规定:研制规范是描述分系统或产品的功能特性、接口要求和验证要求的;属研制规范范畴的软件规范描述软件产品的工程需求、合格性需求和验证要求及接口需求、数据要求和验证要求等,其应与“研制总要求”的技术内容协调一致。研制规范一般由承制单位从方案阶段开始编制,随着研制工作的进展逐步完善,到工程研制阶段技术设计结束前经订购方主管研制项目的业务机关正式批准,纳入工程研制阶段的研制合同。

由此,方案阶段技术审查的内容,按 GJB 3273A《研制阶段技术审查》的要求,承制单位应针对主机或重要分系统进行系统功能审查、初步设计审查和研制规范的审查,符合要求后才能转入下一阶段。

(二) 系统功能审查

方案阶段的系统功能审查就是对装备研制技术方案的最终审查,使用单位主管装备研制部门会同研制主管部门,组织专家对装备研制技术方案进行方案阶段终审,审查通过后转入工程研制阶段的研制工作。

1. 功能审查概述

系统功能审查包含对整个系统技术方案的审查,以及系统工程技术活动完成情况的全面检查,以保证系统设计工作的结果是必须而充分的。系统功能审查正式评估分配到分系统、设备的要求和这些要求的依据,包括为满足系统要求所进行的相应的试验要求。系统功能审查对承制单位提交的技术资料的正确性和完整性应取得共识。系统功能审查的目的是对系统要求分配给分系统、设备的要求是否最优,及其协调性、完整性及风险性等进行的技术审查。在装备研制的方案阶段,审查产生分配系统要求的系统工程过程和下一阶段的工程计划,并涉及基本的制造方面的初步意见和后续阶段的生产工程计划。其目的有以下主要方面:

(1) 保证经修订的系统规范能充分满足任务要求,有好的经济效果。

(2) 保证所分配的要求完整、协调并最佳地反映了系统的要求。

(3) 保证查清技术风险,并评定其风险等级,力争避免或减少风险。其方法是:

① 充分的权衡研究(尤其是任务要求同其实现相应性能要求和满足预期产量的可行性);

② 分系统和部件硬件的验证；

③ 有针对性的试验计划；

④ 广泛的专业工程研究（如：最坏情况分析、故障模式和影响分析、维修性分析、生产性分析及标准化）。

(4) 查明使用、制造、维修、后勤及试验等的最终组合如何影响了整个工程方案，设备的数量和类型，单价、软件、人员和设施。

(5) 保证充分理解了任务需求并向承制单位提供了必须的指导。

系统功能审查要求在进行硬件技术状态项初步设计或软件技术状态项要求分析之前，正式评估其分配到分系统、设备的要求和这些要求的依据。一般在方案阶段后期，要求分配结束时，可结合研制方案审查进行。

完成并通过系统功能审查后，承制单位落实审查意见，并编制分系统研制规范。使用单位确认其功能基线，并跟踪管理审查意见落实情况。

2. 审查提供的文件

(1) 系统规范；

(2) 总体技术方案；

(3) 可靠性、维修性、测试性、安全性、保障性和环境适应性等要求或工作计划；

(4) 工艺总方案（本阶段）；

(5) 系统接口控制文件；

(6) 软件文档，如软件需求和接口需求规格说明（本阶段）；

(7) 产品标准化大纲、材料选用方案；

(8) 综合保障方案（本阶段）；

(9) 项目工作分解结构及特性分析报告；

(10) 风险管理计划和阶段风险分析报告；

(11) 技术状态管理计划；

(12) 总体布置图、三面图、交点数据图等图样；

(13) 武器装备研制计划（含网络图）；

(14) 必要时，重要分系统和设备的研制规范（本阶段）；

(15) 主机的初步研制型或试制型样机；

(16) 其他技术文件。

3. 审查的内容

系统功能审查主要关系到作战和保障要求（即任务要求），经修订的系统规范，分配的性能要求，编程方法和制造工艺、计划，以及系统工程管理活动完成情况的全面审查，以保证设计工作的结果是必须而充分的。系统功能审查主要有以下几个方面：

1）审查系统工程管理活动

（1）需求分析和系统技术要求分析；

（2）功能分析；

（3）要求的分配；

（4）工程综合；

（5）生存性和耐久性；

（6）可靠性、维修性、可用性；

（7）电磁兼容性；

（8）保障性；

（9）安全性；

（10）环境适应性；

（11）人机工程；

（12）运输性(含包装和装卸)；

（13）质量特性；

（14）标准化大纲；

（15）电子防御、抗干扰要求；

（16）互连、互通、互操作和信息安全；

（17）价值工程；

（18）系统扩展能力；

（19）风险管理；

（20）技术成熟度评价；

（21）生产性分析；

（22）寿命周期费用；

（23）经济可承受性要求；

（24）质量保证大纲；

（25）训练和训练保障；

（26）重大事件(O级)网络图；

（27）软件开发要求和方法。

2）审查重要权衡研究的结果

（1）多方案比较分析,选定方案是否最优；

（2）系统设计相对于寿命周期费用的权衡研究,包括性能参数对费用的敏感性,维修要求包括保障设备相对于作战使用要求的影响；

（3）系统采用集中的大系统相对于采用分散的分系统研究；

（4）设计与生产的可行性、制造能力的权衡研究；

（5）采用的新技术、新工艺、新材料的技术风险以及费用、进度等权衡研究；

(6) 可靠性、维修性、测试性、安全性、保障性与性能、进度、费用之间的权衡研究;

(7) 自动操作相对于人工操作;

(8) 尺寸和重量;

(9) 现货相对于新研项目;

(10) 测试性的权衡研究;

(11) 需要的传播特性与减少对其他系统的干扰(频率的最佳选择);

(12) 硬件、软件、固件和人员及过程之间的功能分解;

(13) 软件开发进度;

(14) 综合保障方案相对于性能、保障费用的权衡研究;

(15) 维修要求包括保障设备相对于作战使用要求的影响;

(16) 通用保障设备相对于专用保障设备;

(17) 试验规划同规定的威胁环境和模拟试验条件的一致性研究;

(18) 系统和技术状态项的设计对自然环境的相互作用;

(19) 价值工程权衡研究。

4. 审查意见

系统功能审查意见应对以下工作给出评价,一般包括但不限于下列内容:

(1) 技术资料的成套性和完整性评价;

(2) 系统设计的可行性和效费比评价;

(3) 选定的技术状态满足系统规范的能力评价;

(4) 系统要求分配的充分性及其最优化、可追溯性、完整性、协调性和风险评价;

(5) 系统内、外接口控制要求的合理性和可达性评价;

(6) 工艺性要求的合理性和可实现性评价;

(7) 货架产品和标准零部件的选用和理性评价;

(8) 运输、包装和装卸的规范性和有效性评价;

(9) 寿命周期费用评价;

(10) 初步综合保障方案的可行性评价;

(11) 试验规划和试验保障要求的充分性、合理性评价;

(12) 风险管理的有效性和可控性评价;

(13) 装备配套产品定点建议、研制进度安排等合理性评价。

(三) 初步设计审查

1. 设计审查概述

初步设计审查是对技术状态项或一组功能上有联系的技术状态项的基本设计途径的技术审查。应对研制规范、试验方案、接口控制文件和系统布局图样等的有效性和完善性取得技术上的共识,确保满足系统规范的要求。对于每一个技术状态项,根据其研制性质和范围,和合同附件工作说明的规定,可一次完成审查,或分几次完成。也可对一组技术状态项进行集中审查,但均应单独处理每一个技术状态项。集中审查也可像单一技术状态项那样,分成几次来完成。还应对技术、费用和进度等有关的风险性进行审查。对于软件,应对软件设计文档,软件测试规程和计算机系统操作员手册、软件用户手册、软件程序员手册、计算机资源综合保障文档等运行和保障文档初稿的有效性和完善程度取得技术上的共识,确保满足系统规范的要求。

完成并通过初步设计审查后,承制单位应落实审查意见。使用单位确认其分配基线,并跟踪管理审查意见落实情况。

2. 审查提供的文件

承制单位应提交审查的技术资料一般包括但不限于下列:

(1) 系统研制规范,各分系统和重要设备研制规范;

(2) 新成品技术协议或工作说明;

(3) 各分系统技术方案、工艺总方案;

(4) 系统、分系统接口控制文件;

(5) 可靠性、维修性、测试性、安全性、环境适应性、电磁兼容性等工作计划;

(6) 软件文档,如软件需求规格说明、软件接口设计描述、软件质量保证计划、软件配置管理计划;

(7) 各项选用范围,如:元器件选用范围;

(8) 各类管理大纲,如:产品标准化大纲、产品质量保证大纲;

(9) 阶段所产生的图样、模型及数字样机;

(10) 综合保障方案;

(11) 系统、各分系统试验工作计划;

(12) 合同工作分解结构;

(13) 风险管理计划(更新)和该阶段风险评估报告;

(14) 技术状态管理计划;

(15) 其他技术文件。

3. 审查的内容

审查内容及要求包括但不限于下列:

(1) 研制规范中的技术要求、接口要求和验证要求。

(2) 功能流程框图,对要求进行分配的资料和原理图。

(3) 接口控制文件。

(4) 各分系统技术方案。

① 各分系统技术方案的解决途径和解决方案;

② 系统、分系统和设备间相容性；

③ 各分系统和设备的初步重量数据；

④ 权衡研究和设计研究的结果；

⑤ 设备布置图和初步数据。

（5）通用质量特性设计。

① 可靠性、维修性和可用性设计评估；

② 安全性初步设计和评估；

③ 环境控制和热设计；

④ 腐蚀防护和控制初步意见；

⑤ 初步设计的电磁兼容性；

⑥ 生存性和易损性初步评估；

⑦ 环境适应性初步意见；

⑧ 人机交互初步设计和评估。

（6）元器件和原材料选用及分析。

① 元器件和原材料选用目录及其执行情况；

② 元器件降额设计使用准则及元器件应力分析等情况。

（7）标准化初步意见。

（8）软件设计开发情况。

（9）质量保证情况。

（10）综合保障工作。

① 综合保障要求，包括保障性定性定量要求、保障资源规划等；

② 运输、包装和装卸初步意见。

（11）工艺设计和试验验证情况。

① 生产性和制造方面的初步意见（即材料、工装、实验设备、工艺方法、设施人员技能技术），配套和供货情况；

② 各系统原理性试验验证情况和资料；

③ 基于数字样机或全尺寸样机所开展的工作情况；

④ 理论计算分析、仿真模拟和试验验证等报告，其结果的准确性和应用情况等。

（12）关键技术研究或验证试验情况。

（13）其他工程管理工作。

① 技术状态项研制进度表；

② 价值工程初步意见；

③ 全寿命周期费用分析；

④ 技术成熟度评价；

⑤ 风险分析及控制措施;

⑥ 配套新成品设计研制,外购器材的供货渠道和立足国内保障方案,及新器材的研制情况。

4. 审查意见

初步设计审查意见应对以下工作给出评价,一般包括但不限于下列:

(1) 技术资料的成套性和完备性评价;

(2) 研制规范对系统规范要求的符合性评价;

(3) 分系统技术方案对总体技术方案要求的符合性和可实现性评价;

(4) 系统、分系统和设备之间接口设计的协调性等评价;

(5) 关键技术解决有效性评价;

(6) 采用的设计准则、规范和标准的适用性和先进性,材料选材的合理性及代用原则评价;

(7) 寿命、可靠性、维修性、测试性、安全性、保障性、环境适用性、电磁兼容性和人机工程等工作的有效性及符合性评价;

(8) 确定的各类实验项目的充分性和合理性评价;

(9) 试制的工艺总方案完整性、准确性及执行情况;

(10) 初步经济性分析和试制成本评价;

(11) 配套产品研制或采购工作评价;

(12) 综合保障方案(包括新装备生产、部队作训使用过程中储存、运输条件适应性)的合理性评价;

(13) 技术状态项研制进度符合性评价;

(14) 风险管理的有效性和可控性评价等。

(四) 研制规范审查

1. 审查的依据

(1) GJB 0.2《军用标准文件编制工作导则 第2部分:军用规范编写规定》;

(2) GJB 3206A《技术状态管理》;

(3) GJB 6387《武器装备研制项目专用规范编写规定》;

(4) 型号研制总要求或系统规范;

(5) 研制中相关法规及相关性技术文件。

2. 审查提供的文件

(1) 确定的技术状态项汇总表;

(2) 承制单位技术状态管理制度;

(3) 对分承制单位或供应商技术状态管理的要求和考核标准;

(4) 经承制单位评审的研制规范;

(5) 研制规范编写说明。

3. 审查内容

(1) 研制规范编写是否符合 GJB 0.2《军用标准文件编制工作导则 第 2 部分 军用规范编写规定》的要求;

(2) 系统规范编写要素的起草是否符合 GJB 6387《武器装备研制项目专用规范编写规定》第五章要素的起草规则的要求;

(3) 研制规范编写的内容是否符合 GJB 6387《武器装备研制项目专用规范编写规定》第六章系统规范、研制规范、产品规范规定的编写内容和附录 A 系统规范、研制规范、产品规范的各章要素表的要求;

(4) 研制规范中的性能指标是否与研制总要求的要求一致,性能指标的试验与验证方法,是否符合相关标准要求;

(5) 研制规范编写的基本规则、结构规则、表述方式和规则、编排格式等是否符合 GJB 6387《武器装备研制项目专用规范编写规定》第四章总则的要求。

第四节 工程研制阶段质量管理

工程研制阶段是新型武器装备研制过程中,进行系统设计、试制和试验的阶段,由研制单位依据批准的《型号研制总要求》和工程研制合同组织实施。工程研制阶段的质量管理,在一定程度上是对样机的质量控制管理。在相关法规和标准中,主机和辅机(即系统与分系统、设备等)样机的术语、称谓是不一样的。GJB 431《产品层次、产品互换性、样机及有关术语》中规定了在武器装备研制的五个阶段样机的名称或术语,即初步研制型样机、试制型样机、设计定型样机、试生产型样机和生产定型样机,并给出详细的名词解释。因此,在工程研制阶段,主机或系统的主要工作是:进行初步设计、关键设计(战略武器装备研制称初步设计、详细设计),制定全套型号规范和生产图样;拟定工艺总方案、编制工艺标准化综合要求;进行零部件与配套产品的试制、试验。

对于辅机(分系统、设备等)的样机,常规武器装备研制术语与战略武器装备研制术语是不一样的。常规武器装备研制程序第十条和十六条规定,在方案阶段“根据装备的特点和需要进行模型样机或原理性样机研制与试验”和在工程研制阶段“除飞机、舰船等大型武器装备平台外,一般进行初样机和正样机两轮研制。”由此,不同阶段的辅机研制样机的术语、类型也不同。

在方案阶段,一是原理样机即新型武器装备研制方案阶段制作的样机,用于各种原理试验,其试验结果是审定研制方案的依据之一;二是模型样机即新型武器装备研制方案阶段制作的样机,用于全机总体布局设计、协调等,其评审结果,是审定研制方案的依据之一。在该阶段两种称谓都可以,一般情况下,电子产品称原理样机;机电或机械产品称模型样机。

在工程研制阶段，一是初样机（战略武器研制程序称地面试验样机），属于新型武器装备工程研制阶段工程设计状态设计、制造的样机。初样机可以是一个分系统、一种部件，也可以是整机，主要用于试验、验证关键设计、制造技术。法规及标准要求，初样机（地面试验样机）试制完成后，经由研制主管部门或承制单位会同使用部门（一般指军事代表）组织鉴定性试验和评审，证明基本达到研制总要求或技术协议规定的战术技术指标要求，即可进行正样机的试制。二是正样机（战略武器装备研制程序称飞行试验样机），是新型武器装备工程研制阶段样机制造状态设计、制造的正式样机。根据 GJB 907A《产品质量评审》规定，正样机试制完成后，在产品质量评审前，应经由研制主管部门会同使用部门组织鉴定（首件鉴定），确认具备定型试验条件后，即可向军工产品定型委员会提出设计定型试验申请报告，并建议研制工程转入产品设计定型阶段。

因此，在工程研制阶段，辅机的主要工作是：在完成初样机（地面试验样机）的试制、鉴定性试验和评审后，完成正样机（飞行试验样机）的试制、首件鉴定并提出设计定型（鉴定）试验大纲和试验申请报告。

一、质量管理概述

工程研制阶段的质量管理工作，主要是围绕工程研制阶段开展型号的工程设计、试制和试验而展开的质量管理和质量控制工作。本阶段承制单位应根据研制合同或技术协议要求，完成全套试制图样设计，并进行设计图样的评审；按照有关国家军用标准编写产品规范、工艺规范、材料规范和软件规范的草案，及制定其他有关的技术文件，并进行评审；按照 GJB 1269A《工艺评审》的要求，对试制图样（产品或生产图样）进行工艺评审，重点评审设计的可生产性；进行软件的开发测试，进入软件正式测试前，实施测试准备评审和审查；完成样品试验件的制造和相应技术文件的编制，分级进行质量评审；完善综合保障计划，进行各保障项目的设计、试验和鉴定。

承制单位在产品的试制和试验方面的质量管理，应进行试制生产准备，开展工装的设计、生产、安装和调试工作，并分级进行评审确定；按照相应的工艺控制文件和调试细则，进行零件制造、部件装配、武器装备的总装和调试，并进行必要的评审和首件鉴定；进行各种各类的研制试验（如静力、动力、疲劳试验，各工程专门试验，系统软件测试，地面模拟试验等）；针对产品层次，必要时开展武器装备的验证试验。

关于软件产品的质量管理，考虑到软件产品形成的特殊性，在第三章装备研制质量管理的第一节武器装备的评审和技术审查中详细分析。因此，在装备研制的每个阶段就没有必要赘述。

二、质量保证要求

根据常规武器研制程序和战略武器研制程序技术术语及相关要求的差异，

本节的质量保证要求拟从常规武器部分、战略武器部分、共同部分等内容进行编写，主要是有利于理解和应用。

（一）质量保证要求一：常规武器部分

1. 开展初样机设计评审

开展初样机设计评审，实际上就是对初样机设计方案的评审，此时工艺部门可以针对初样机设计方案编制工艺性分析报告以及其他工艺性文件；质量控制和管理部门编制相关的质量控制文件，初样机设计方案完成评审并通过后可进入初样机的制造状态。初样机设计评审应符合 GJB 1310A《设计评审》的相关要求。

2. 开展初样机转正样机制造评审或审查

在工程研制阶段前期，初样机设计评审通过后，应进行工程设计状态即初样机的研制。产品的基本性能、功能和安全性试验等满足要求后，承制单位提出工程设计状态报告并附有关资料，使用单位会同研制主管部门组织进行审查。评审之前，承制单位应按照 GJB 1710A《试制和生产准备状态检查》的要求，进行试制准备状态检查，满足要求后，转入正样机的制造。初样机的研制试验结果应符合 GJB 900A《装备安全性工作通用要求》的相关要求。初样机转正样机制造的评审和审查内容应符合技术协议及相关标准的要求。

3. 实施关键设计审查

型号的关键设计审查，通常是指飞机和舰船等系统装备的审查，是工程研制阶段正式投入设计定型样机制造前进行的审查，也是对每一技术状态项是否满足研制规范所进行的审查。审查应按照 GJB 3273A《研制阶段技术审查》附录 D 关键设计审查的要求：一是确定被审查的技术状态项的设计是否满足研制规范和专业工程的要求；二是确定技术状态项同其他设备项目、设施、计算机软件以及人员之间设计的相容性；三是从技术、费用和进度等方面评估技术状态项的风险区域；四是评估系统硬件的可生产性；五是审查硬件产品规范初稿。审查结果还应符合 GJB 6387《武器装备研制项目专用规范编写规定》的相关要求。

对软件技术状态项而言，审查用以确定关键设计的可接受程度，性能和设计结果的测试特性，以及运行和保障文档的充分性。

4. 开展正样机设计评审

开展工程研制阶段的正样机设计评审，实际上就是对正样机设计方案的评审，此时工艺部门可以针对正样机设计方案修编工艺总方案以及其他工艺性文件；质量控制和管理部门针对正样机设计方案的要求，修编相关的质量控制文件和质量保证文件，正样机评审通过后可进入正样机的制造状态。正样机设计评审应符合 GJB 1310A《设计评审》的相关要求。

5. 开展正样机工艺评审及首件鉴定

常规武器装备研制程序第十六条规定,“正样机完成试制后,由研制主管部门会同使用部门组织鉴定,具备设计定型试验条件后,向二级定型委员会提出设计定型试验申请报告。”承制单位在工程研制阶段,应针对产品层次进行工艺评审,正样机完成后必须进行首件鉴定工作,其评审和鉴定内容应符合 GJB 1269A《工艺评审》和 GJB 908A《首件鉴定》的相关要求。

(二)质量保证要求二:战略武器部分

1. 开展地面试验样机设计评审

战略武器装备研制程序规定,在工程研制阶段即初样研制和试样研制状态,样机的名称为地面试验样机和飞行试验样机。地面试验样机的设计方案是否符合单机、分系统、全武器系统地面性能试验和可靠性试验、使用性能试验等的要求,此时工艺部门可以针对设计方案编制迭代的工艺性分析报告以及其他工艺性文件;质量控制和管理部门编制相关的质量控制文件。试验样机设计方案经评审通过后可进入地面试验样机的研制状态,并制定飞行试验方案。地面试验样机的设计评审应符合 GJB 1310A《设计评审》的相关要求。

2. 开展初样研制审查

在武器装备研制的工程研制阶段,对辅机产品的初样研制审查,是在承制单位和设计师系统完成初样研制全部技术评审的基础上,由使用部门会同研制主管部门组织进行的技术状态审查。承制单位应针对 GJB 2102《合同中质量保证要求》附录 A 技术审查中的质量保证活动 A6 的内容进行预先评审,评审结果应符合技术协议书和相关标准的要求。

3. 开展地面试验样机转飞行试验样机制造评审或审查

在武器装备研制工程研制阶段的前期,地面试验样机设计评审通过后,应进行初样研制状态即地面试验样机的研制。产品的基本性能、功能和安全性试验等满足要求后,单位应提出初样研制报告并附有关资料,使用部门会同研制主管部门组织进行审查,评审之前,承制单位应按照 GJB 1710A《试制和生产准备状态检查》的要求,完成试制准备状态检查,满足要求后,转入飞行试验样机的制造。地面试验样机的研制试验结果应符合 GJB 900A《装备安全性工作通用要求》的相关规定。地面试验样机转飞行试验样机研制的评审和审查,内容应符合技术协议及相关标准的要求。

4. 实施详细设计审查

战略武器装备的详细设计审查,通常是指系统或主要分系统的审查,是工程研制阶段正式投入试样研制状态飞行试验样机制造之前进行的审查,也是对每一技术状态项是否满足研制规范所进行的审查。审查应按照 GJB 2102《合同中质量保证要求》附录 A 技术审查中的质量保证活动 A5 详细设计审查中的内容及要求：一是确定被审查的技术状态项的设计是否满足研制规范和专业工程的要求；二是确定技术状态项同其他设备项目、设施、计算机软件以及人员之间设计的相容性；三是从技术、费用和进度等方面评估技术状态项的风险区域；四是评估系统硬件的可生产性；五是审查硬件产品规范初稿，审查结果应符合 GJB 6387《武器装备研制项目专用规范编写规定》的相关要求。

对软件技术状态项而言，审查用以确定详细设计的可接受程度，性能和设计结果的测试特性，以及运行和保障文档的充分性。

5. 开展飞行试验样机设计评审

战略武器装备在工程研制阶段的飞行试验样机的设计评审，实际上就是对飞行试验样机设计方案的评审，此时工艺部门可以针对飞行试验样机设计方案修编工艺性分析报告以及其他工艺性文件；质量控制和管理部门针对飞行试验样机设计方案的要求，修编相关的质量控制文件和质量保证文件，飞行试验样机评审通过后可进入飞行试验样机的制造状态。飞行试验样机设计评审应符合 GJB 1310A《设计评审》的相关要求。

6. 开展试样研制审查

战略武器装备的工程研制阶段，对辅机产品的试样研制审查，是在承制单位和设计师系统完成试样研制全部技术评审的基础上，由使用部门会同研制主管部门组织进行的技术状态审查。承制单位应针对 GJB 2102《合同中质量保证要求》附录 A 技术审查中的质量保证活动 A7 试样研制审查的内容进行预先评审，评审结果应符合技术协议书和相关标准的要求。

7. 开展飞行试验样机工艺评审及首件鉴定

战略武器装备研制程序第二十一条规定，“试样研制的主要工作是进行飞行试验样机的研制，进行系统地面试验、飞行试验和部分鉴定定型工作。”承制单位在工程研制阶段，应针对产品层次进行工艺评审，辅机产品完成后应进行首件鉴定工作，其评审和鉴定内容应符合 GJB 1269A《工艺评审》和 GJB 908A《首件鉴定》的相关要求。

（三）质量保证要求二：共同部分

1. 确定研制规范

确定分系统、设备以及软件的研制规范。研制规范用以对技术状态项进行有效地描述其性能特点，规定工程研制阶段质量保证要求。并符合 GJB 6387《武器装备研制项目专用规范编写规定》的要求。

2. 确定软件规范

按照 GJB 6387《武器装备研制项目专用规范编制规定》编制的软件规范，应符合 GJB 2786A《军用软件开发通用要求》、GJB 438B《军用软件开发文档通用要求》、GJB 439A《军用软件质量保证通用要求》和 GJB 1267《军用软件维护》的规定。并通过相关部门组织对软件规范的专门审查。

3. 编制产品质量保证大纲

按照 GJB 1406A《产品质量保证大纲要求》和国务院、中央军委《武器装备质量管理条例》以及总装备部《军用软件质量管理标准》的要求和产品特点，编制产品质量保证大纲等初稿，其内容应符合下列相关标准：

GJB 190《特性分类》；

GJB 466《理化试验质量控制规范》；

GJB 467A《生产提供过程质量控制》；

GJB 571A《不合格品管理》；

GJB 726A《产品标识和可追溯性要求》；

GJB 841《故障报告、分析和纠正措施系统》；

GJB 900A《装备安全性工作通用要求》；

GJB 906《成套技术资料质量管理要求》；

GJB 907A《产品质量评审》；

GJB 908A《首件鉴定》；

GJB 939《外购器材的质量管理》；

GJB 1032《电子产品环境应力筛选方法》；

GJB 1268A《军用软件验收要求》；

GJB 1310A《设计评审》；

GJB 1330A《军工产品批次管理的质量控制要求》；

GJB 1362A《军工产品定型程序和要求》；

GJB 1442A《检验工作要求》；

GJB 1452A《大型试验质量管理要求》；

GJB 1686A《装备质量信息管理通用要求》；

GJB 1710A《试制和生产准备状态检查》；

GJB 2366A《试制过程的质量控制》；

GJB 2547A《装备测试性工作通用要求》；

GJB 2786A《军用软件开发通用要求》；

GJB 3206A《技术状态管理》；

GJB 5235《军用软件配置管理》等的规定的要求，同时明确对分承制单位的质量控制要求，明确使用部门监督的方式。

4. 编制工艺标准化综合要求

按照方案阶段评审确认的工艺总方案的要求，编制工艺标准化综合要求等工艺文件，并分级进行评审，其内容及项目应符合 GJB/Z 106A《工艺标准化大纲编制指南》的要求；工艺标准化综合要求是规定样机试制工艺标准化要求、指导工程研制阶段工艺标准化工作的型号标准化文件，也是编制工艺标准化大纲的基础性文件。

5. 加强外购器材的质量控制

外购器材是指形成产品所直接使用的非承制单位自制的器材，包括外购的原材料、元器件、成件、设备、生产辅助材料，以及外单位协作的毛坯、零部（组）件等。正确选用符合技术文件和整机系统要求的外购器材，是承制单位的责任。由于选用不当而造成的质量问题和经济损失，由承制单位负责。因此，承制单位应根据外购器材的特点，设计师系统从设计角度，编制、下发相关的质量要求、验收规范等设计文件；质量控制或管理人员，编制型号验收规程等质量控制文件，建立进货检验制度，确保进货产品质量。

6. 确定可靠性等各类大纲

进一步补充、修正可靠性、维修性、测试性、安全性、保障性、环境适应性等大纲的专题评审，以及计划和技术文件初稿的专项评审，形成正式稿，并在工程研制阶段全过程组织实施。

7. 开展保障性分析

按 GJB 1371《装备保障性分析》的规定和实施过程的更改要求，对工作项目要求、管理要求、保障性分析文件的要求等，作进一步的保障性分析，分析结果经使用部门审查，更改、落实到综合保障的实施方案中。

8. 实施保障方案的审查

承制单位应定期召开专门会议检查综合保障要求的落实情况，检查综合保障分析、可靠性和维修性等工作进展情况。检查中发现产品设计上的问题应及时完善设计。

使用部门应按照 GJB 2102《合同中质量保证要求》附录 A9 的要求，审查综合保障实施方案的落实情况。审查内容和时机在合同中约定。

9. 开展质量信息管理

明确合同双方交换的质量信息。质量信息包括质量凭证、故障分析报告及纠正措施的时限和方式。质量信息管理应符合 GJB 1686A《装备质量信息管理通用要求》的规定。

10. 制定质量管理计划

研制产品达到设计定型状态后，按 GJB 906《成套技术资料质量管理要求》的规定，应按生产阶段和使用状态的成套技术资料进行质量管理。成套技术资料的构成和提供原则，以及成套技术资料的编制、发放、更改、保管和利用等工作应符合 GJB 906《成套技术资料质量管理要求》的规定。

11. 编制风险分析报告

在新型武器装备系统级、分系统级设计定型样机基本完成，分系统级、设备级正样机或飞行试验样机已完成设计评审、工艺评审及首件鉴定的基础上，进一步从技术、试验试飞进度、费用等方面进行风险分析，尽可能避免失误。具体的分析方法及应用注意事项参照 GJB 4054《武器装备论证手册编写规则》附录 B 风险分析的方法进行确定。

12. 开展试制准备状态检查

在武器装备研制的工程研制阶段，初样机或地面试验样机研制结束后，初样机转正样机（地面试验样机转飞行试验样机）制造评审之前，承制单位应将产品的试制准备状态检查纳入研制计划，并按 GJB 1710A《试制和生产准备状态检查》5.1 条的要求，对正样机或飞行试验样机的试制准备情况进行检查，检查的结果应作为初样机转正样机（地面试验样机转飞行试验样机）制造评审是否通过的依据。

13. 编制最终产品检验规程

按照《武器装备质量管理条例》第三十六条规定"武器装备研制、生产单位应当按照标准和程序要求进行进货检验、工序检验和最终产品检验；对首件产品应当进行规定的检验"的内容，承制单位应依据装备研制不同的工序过程，严格控制工艺流程质量，编制不同层次的质量控制文件。针对最终产品应按照 GJB 1442A《检验工作要求》的规定，编制产品的检验规程，最终产品的检验规程是该产品的质量保证文件。做到未经质量控制文件即验收规程检验合格的外购、外协产品，不得投入使用，未经质量保证文件即检验规程检验合格的产品不得提交或交付。

14. 重视生产准备状态检查

武器装备研制的工程研制阶段，在产品投入小批试生产前（设计定型或设计鉴定前），承制单位应对生产准备状态进行全面系统地检查，对其开工条件作出评价，以确保产品能保质、保量、按期交付并规避风险。承制单位正样机或飞行试验样机制造结束后，应将产品的生产准备状态检查纳入研制、生产计划，并按 GJB 1710A《试制和生产准备状态检查》5.2 条的要求，对正样机或飞行试验样机的生产准备情况进行全面的检查，检查的结果应作为装备设计定型或设计鉴定的依据。

15. 实施重大试验准备审查

重大试验前应按照 GJB 2102《合同中质量保证要求》附录 A8 的要求进行试验准备审查，试验后应整理、评审试验资料。需使用部门认可或审查的项目在合同中约定。战略武器飞行试验方案和大纲按照研制程序的规定编制和上报。试验准备审查应符合 GJB 1452A《大型试验质量管理要求》的规定。

16. 重视产品质量评审

在武器装备研制的工程研制阶段后期，正样机或飞行试验样机已按要求通过了设计评审、工艺评审及首件鉴定，产品的检验或试验符合规定要求，产品质量评审文件完整、齐全的情况下，应根据产品的配套关系和重要程度分级进行产品质量评审。产品质量评审应在产品检验合格后，交付之前进行。承制单位应依据 GJB 907A《产品质量评审》5.4 条的相关内容，对正样机或飞行试验样机进行产品质量评审，评审结果应符合 GJB 907A《产品质量评审》附录 A 产品质量评审要点的相关要求。

17. 认真开展转阶段评审或审查

按照相关法规、标准要求，武器装备研制的工程研制阶段的审查：一是审查确认本阶段研制工作已全部完成；二是已具备申请设计定型阶段的设计定型试验或设计鉴定试验的条件；三是审查的结果，产品符合型号研制总要求、GJB 1406A《产品质量保证大纲要求》和 GJB 1362A《军工产品定型程序和要求》5.2 条的规定；四是交付使用方，并申请设计定型试验或设计鉴定试验（即产品进入设计定型阶段）。

18. 实施首飞准备审查

航空或航天装备的首次飞行试验是武器装备研制过程的一项里程碑事件。首飞准备审查是对首飞技术状态及飞行准备的全面检查，也是使用单位确定承制单位已做好科研飞行试验准备的必须性审查。首飞准备审查对飞行前规定试验结果、试验大纲（或试验方案）、试验规程、试验保障条件和试验安全措施等应达到技术上的共识。首飞准备审查可以按需分为首飞技术审查和放飞审查。首飞技术审查主要考核首飞技术状态；放飞审查主要考核放飞条件。

19. 实施定型试验准备审查

定型试验准备审查是对科研试验结果及设计定型试验准备情况的全面审查（根据情况可以分为科研试验结果的审查和设计定型试验准备的审查），也是使用单位确定承制单位已做好设计定型试验准备的必需性审查。定型试验准备审查对科研试验结果、设计定型试验大纲、试验规程、试验保障条件和安全措施等应达到技术上的共识。

三、与装备有关要求的评审

（一）标准化实施评审

1. 评审概述

标准化实施评审含设计和工艺标准化实施评审。设计标准化实施评审是对新产品研制贯彻执行武器装备研制生产标准化工作规定和标准化大纲的检查。工艺标准化实施评审是对新产品制造过程中贯彻执行工艺标准化综合要求的检查。标准化实施评审是在新产品工程研制阶段、工艺文件实施过程中、产品转状态的情况下进行评审。

2. 评审提供的文件

（1）型号标准化大纲；

（2）工艺标准化综合要求；

（3）标准化工作报告；

（4）标准化工作计划等文件；

（5）标准化工作管理规定、程序文件等。

3. 评审的内容

设计和工艺标准化实施评审的主要内容是：

（1）标准化工作计划、经费及保障条件等是否纳入新产品研制计划；

（2）标准化工作系统是否正确履行职责；

（3）所缺标准和规范的制（修）订的进展情况；

（4）采用的标准、规范是否符合《新产品采用标准目录》并按 GJB/Z 69《军用标准的选用和剪裁导则》的要求进行了合理地剪裁；

（5）采用的零部件、元器件、原材料是否合理地简化了品种、规格并符合推荐采用和限制采用清单及相关文件的要求；

（6）设计文件是否完整、正确、统一和协调，是否达到有关质量要求；

（7）功能相似的产品（包括产品组成部分）是否进行了通用化设计，已定型或鉴定的产品是否得到合理继承；

（8）设计是否贯彻了系列化要求或有利于形成系列化产品；

（9）设计是否按要求采用了组合（模块）化技术，进行了组合（模块）化设计；

（10）有关接口是否统一或协调，符合 GJB 2737《武器装备系统接口控制要求》的规定；

（11）贯彻标准和标准化要求带来的初步效益；

（12）按 GJB/Z 106A《工艺标准化大纲编制指南》的规定，逐项检查其实施情况。

4. 常见的问题

（1）设计与工艺标准化实施评审的内涵不清，承制单位在产品转状态之前，并没有进行设计与工艺标准化实施的评审；

（2）一般执行的情况是：承制单位在转入设计定型之前，进行一次标准化评审，并没有分设计和工艺标准化的方案、实施和最终评审的时机。

（二）初样机/地面试验样机的设计评审

1. 设计评审概述

工程研制阶段的设计评审应根据技术协议书和（或）相关标准要求对产品

的设计、试制及鉴定试验是否满足产品技术要求进行评审。工程研制阶段设计评审的评审要求、次数、评审点及内容等应根据产品的特点及研制工作实际需要确定,必要时,应征得顾客或其代表的同意。

工程研制阶段的设计评审,对于辅机产品来说,常规武器装备和战略武器装备在工程研制阶段样机的术语不一样,但都存在两次设计评审,即初样机或地面试验样机设计方案的设计评审和正样机或飞行试验样机设计方案的设计评审工作。虽然,两次设计评审的内容基本相同,但技术要求和质量要求绝不是一样的。

根据研制工作的实际需要,可组织如:可靠性、维修性、安全性、保障性专题设计评审,系统试验评审,设计复核复算评审和软件、标准化、元器件选用及电磁兼容性设计评审等专题设计评审。专题设计评审是为了降低风险,对产品质量、研制进度和经费有重大影响的专业技术进行的评审。专题评审的内容和要求可参照相关章节进行。

2. 设计评审的内容

工程研制阶段初样机或地面试验样机的设计评审主要内容一般包括:

(1) 产品设计的功能、理化特性、生物特性满足研制任务书和(或)合同要求的程度;

(2) 产品功能、性能分析、计算的依据和结果;

(3) 系统与各分系统、各分系统之间、分系统与设备之间的接口协调性;

(4) 可靠性、维修性、安全性、保障性大纲和质量保证及标准化大纲的执行情况;

(5) 采用的设计准则、设计规范和标准的合理性和执行情况;

(6) 故障模式、影响及危害性分析,确定的关键件(特性)和重要件(特性)清单;

(7) 安全性分析确定的残余危险清单;

(8) 人机工程和生物医学等方面的分析;

(9) 系列化、通用化、组合化设计情况;

(10) 设计验证情况及结果;

(11) 计算机软件的测试结果;

(12) 前一次设计评审遗留问题的解决情况;

(13) 元器件、原材料、零部件控制情况及结果;

(14) 设计的可生产性,工艺的合理性、稳定性;

(15) 多余物的预防和控制措施执行情况;

(16) 环境适应性分析的依据及结果;

（17）质量问题归零执行情况；

（18）价值工程分析；

（19）其他需要评审的项目。

3. 设计评审提供的文件

（1）样机研制、试验情况报告；

（2）可靠性等六性实施情况的报告；

（3）确定的研制规范；

（4）型号特性分析报告；

（5）图样及相关技术文件；

（6）风险分析报告。

（三）工艺评审

1. 工艺评审概述

工艺评审是承制单位及早发现和纠正工艺设计中缺陷的一种自我完善的工程管理方法，在不改变技术责任制前提下，为批准工艺设计提供决策性的咨询。对产品的工艺设计，承制单位应根据管理级别和产品研制程序，建立工艺评审制度，设置评审点，并列入型号研制计划网络图，组织分级、分阶段（状态）的工艺评审。未按规定要求进行工艺评审或评审未通过，则工作不得转入下一阶段。

承制单位的每一工艺评审，应吸收影响被评审阶段质量的所有职能部门代表参加，需要时，可邀请使用部门或其代表及其他专家参加；在各项工艺设计文件付诸实施前，对工艺设计的正确性、先进性、经济性、可行性、可检验性进行分析、审查和评议。

每一评审对象的工艺评审结束后，承制单位应认真分析《工艺评审报告》提出的主要问题及改进建议，制定措施，完善工艺设计，并经技术负责人审批后组织实施。

质量部门应对评审结论的处置意见和审批后的措施实施情况进行跟踪管理。

2. 工艺评审的依据

（1）产品设计资料；

（2）研制规范、产品规范和工艺规范；

（3）GJB 1269A《工艺评审》第四、第五章的要求进行审查、评议；

（4）上一阶段（状态）的评审结论报告；

（5）质量管理体系程序文件。

3. 工艺评审内容及时机

GJB 1269A《工艺评审》5.1.1 工艺总方案的评审中明确："工艺总方案的动

态管理情况(应根据研制阶段和生产阶段的工作进展情况适时修订、完善,以能在工程项目的寿命周期内连续使用)。”可知,对工艺总方案内容的评审并非一次评审就能达到目的,而是根据装备研制阶段的进展和生产情况,对工艺总方案的内容适时进行评审,比如在工程研制阶段的后期,工艺评审的内容主要是评审首件鉴定的结果与相关工艺文件的符合性等。由此在产品质量评审之前应具备的条件中,产品是否按要求已通过设计评审、工艺评审及首件鉴定,作为使用方组织产品质量评审进入设计定型试验状态的首要条件,工艺评审及首件鉴定不完成,产品质量评审不能进行,申请设计定型试验报告也不能上报了。

1）工艺总方案的评审

(1）对产品的特点、结构、特性要求的工艺分析及说明;

(2）满足产品设计要求和保证制造质量的分析;

(3）对产品制造分工路线的说明;

(4）工艺薄弱环节及技术措施计划;

(5）对工艺装备、试验和检测设备以及产品数控加工和检测计算机软件的选择、鉴定原则和方案;

(6）材料消耗定额的确定及控制原则;

(7）制造过程中产品技术状态的控制要求;

(8）产品研制的工艺准备周期和网络计划,以及实施过程的费用预算和分配原则;

(9）对工艺总方案的正确性、先进性、可行性、可检验性、经济性和制造能力的评价;

(10）工艺(文件、要素、装备、术语、符号等)标准化程度的说明;

(11）工艺总方案的动态管理情况(应根据研制阶段和生产阶段的工作进展情况适时修订、完善,以能在工程项目的寿命周期内连续使用)。

2）工艺说明书的评审

(1）产品制造过程的工艺流程、工艺参数和工艺控制要求的正确性、合理性、可行性;

(2）对资源、环境条件目前尚不能适应工艺说明书要求的情况,所采取的相应措施的可行性、有效性;

(3）对从事操作、检验人员的资格控制要求;

(4）文件的完整、正确、统一、协调性;

(5）文件及其更改是否严格履行审批程序,更改是否经过充分试验、验证。

3）关键件、重要件、关键工序的工艺规程评审

（1）关键工序确定的正确性及关键工序目录的完整性；

（2）关键件、重要件、关键工序的工艺文件是否有明显的标识，以及质量控制点设置的合理性；

（3）关键件、重要件、关键工序的工艺流程和方法以及质量控制要求的合理性、可行性；

（4）关键工序技术难点攻关措施的可行性、有效性；

（5）关键件、重要件、关键工序工艺文件的更改是否经过验证并严格履行审批程序。

4）特殊过程工艺文件的评审

（1）特殊过程工艺文件与工艺说明书、质量体系程序的协调一致性；

（2）特殊过程工艺试验和检测的项目、要求及方法的正确性；

（3）特殊过程技术难点攻关措施的可行性、有效性；

（4）特殊过程工艺参数的更改是否经过充分试验、验证，并严格履行审批程序。

5）采用新工艺、新技术、新材料、新设备的评审

（1）采用新工艺、新技术的必要性和可行性，新材料加工方法的可行性，以及所选用新设备的适用性；

（2）所采用的新工艺、新技术、新设备是否经过鉴定合格，有合格证据；

（3）新工艺、新技术、新材料、新设备采用前，是否经过检测、试验、验证，表明符合规定要求，有完整的原始记录；

（4）是否有采用新工艺、新技术、新材料、新设备的措施计划和质量控制要求；

（5）对操作、检验人员的资格控制要求。

4. 常见的问题

GJB 1269A《工艺评审》规定：工艺总方案在武器装备研制过程中，应实施动态管理，应根据研制阶段和生产过程的工作进展情况适时修订、完善，直到生产定型结束，都能在工程项目的寿命周期内连续使用。在实际工作中，应该克服以下问题。

（1）按 GJB 2993《武器装备研制项目管理》的要求，在装备研制的方案阶段，编织工艺总方案，并按 GJB 1269A《工艺评审》5.1.1 条规定的工艺总方案评审内容进行评审，评审记录应具有可追溯性。有些承制单位的工艺总方案在工程研制阶段后期才编制，整个装备研制过程对工艺总方案才评审一次。充分说明对工艺管理工作的重视程度不够。

（2）工艺评审的内容是五个方面，其内容不可能在一个时期全部出现或评

审,更不能等五个方面的内容全部编制出来后一起评审。承制单位应对五个方面的内容分层次进行评审,评审记录应具有可追溯性。

(3) GJB 1269A《工艺评审》4.6 要求,工艺评审的重点对象是工艺总方案、工艺说明书等指令性工艺文件,关键件、重要件、关键工序的工艺规程和特殊过程的工艺文件。有些承制单位却对关键件、重要件、关键工序的工艺规程的评审,仅仅采取会签的形式,没有进行认真评审,无评审记录无法追溯。

(4) 工艺规程及随件流转卡等工艺文件,是装备形成的重要工艺文件,也是装备质量的可追溯性工艺文件。有些承制单位不重视该类文件的编制,编制的工艺规程在工序中没有设检验项目、内容和要求,编制的随件流转卡也不符合 GJB 726A《产品标识和可追溯性要求》5.6.4 条的规定和 GJB 9001B《质量管理体系要求》7.5.3 条 a) 的规定。

(5) 相关法规、标准要求,武器装备研制、生产单位应当对产品的关键件或者关键特性、重要件或者重要特性、关键工序、特种工艺编制质量控制文件,并对关键件、重要件进行首件鉴定。有些承制单位并不知道质量控制文件一是工艺规程,二是检验规程,基本上都认为只要通过上述工艺文件的关键件或者关键特性、重要件或者重要特性、关键工序、特种工艺等工艺文件的,就认为质量把关了。

5. 工艺评审项目及要求一览表

工艺评审项目及要求一览表

<table>
<tr><td colspan="6">一、依据
研制总要求、合同或技术协议书、《空军军事代表质量监督管理规定》、GJB 1269A—2000《工艺评审》、GJB 467A—2008《生产提供过程质量控制》、GJB 909A—2005《关键件和重要件的质量控制》等法规和标准。</td></tr>
<tr><td colspan="6">二、要求
根据产品复杂程度,建立分级、分阶段的工艺评审制度,设置评审点并纳入型号研制一级网络图;评审的重点是工艺设计的正确性、先进性、经济性、可行性、可检查性;未经评审或评审不合格时不得转入产品质量评审。</td></tr>
<tr><td>序号</td><td>项目内容及要求</td><td>合格</td><td></td><td>不合格</td><td></td></tr>
<tr><td>1</td><td>工艺总方案、工艺说明书等指令性文件的评审</td><td></td><td></td><td></td><td></td></tr>
<tr><td>1.1</td><td>对产品特点、结构、精度要求的工艺说明及要求</td><td></td><td></td><td></td><td></td></tr>
<tr><td>1.2</td><td>满足产品设计要求和保证制造质量的分析</td><td></td><td></td><td></td><td></td></tr>
<tr><td>1.3</td><td>产品的工艺分工及工艺路线的确定</td><td></td><td></td><td></td><td></td></tr>
<tr><td>1.4</td><td>工艺薄弱环节的技术措施计划</td><td></td><td></td><td></td><td></td></tr>
</table>

（续）

序号	项目内容及要求	合格		不合格	
1.5	工艺装备、试验设备、检测仪器选择的正确性，合理性及工艺装备系数的确定				
1.6	工艺（文件、要素、装备、术语、符号等）标准化程度				
1.7	材料消耗定额确定及控制的原则				
1.8	工艺研制周期的确定和费用分配的原则				
1.9	工艺方案的正确性、先进性、经济性、可行性及可检查性				
1.10	工艺总方案、工艺说明书等指令性文件的完整、正确、统一、协调				
2	关键件、重要件（特性）、关键工序工艺文件的评审				
2.1	关键工序确定的正确性及关键工序目录的完整性				
2.2	工艺规程应有明显的标记；工序控制点设置的准确性				
2.3	关键工序的工艺方法及检测要求的合理性和可行性				
2.4	关键工序的技术攻关措施				
2.5	关键工序的控制应符合 GJB 467A 第五章的要求				
3	特殊工艺文件的评审				
3.1	采取特种工艺的必要性和可行性分析				
3.2	特种工艺说明书的正确性及工艺流程、工艺参数、工艺控制要求的合理性				
3.3	特种工艺工序控制应符合 GJB 467A 第六章的要求				
3.4	特种工艺试验和监测的项目、要求、方法				
3.5	特种工艺试验、检定的原始记录				
3.6	特种工艺操作规程符合特种工艺说明书的情况				
3.7	特种工艺的技术攻关措施				
3.8	对特种工艺操作、检验人员的要求				
4	新工艺、新技术、新材料、新设备的评审				
4.1	必要性、可行性，材料的工艺性，设备的适宜性				
4.2	应具有鉴定或合格证明文件				
4.3	采用前，经过监测、试验、验证，符合规定要求的				
4.4	采用计划、措施、质量保证要求				
4.5	对操作、检验人员的要求				
5	批生产的工序能力的评审				

(续)

序号	项目内容及要求	合格		不合格	
5.1	工序能力分析				
5.2	4M1E 的控制措施				
5.3	工艺控制点精度及质量稳定要求的能力				
5.4	关键工序及薄弱环节工序能力的测算及验证				
5.5	工序统计质量控制方法的有效性和可行性				
6	对评审内容分别提出评审意见				
6.1	评审意见				
6.2	采纳情况				
6.3	确认评审报告				
7	评审提出问题的整改监督				
7.1	问题原因分析				
7.2	针对原因制定纠正措施				
7.3	问题归零				
8	归档				
8.1	资料汇总				
8.2	资料归档				

(四) 外购器材质量控制评审

1. 器材质量评审概述

GJB 1405A《装备质量管理术语》4.10 条对外购器材的解释是,外购器材是指形成产品所直接使用的非承制单位自制的器材,包括外购的原材料、元器件、零部(组)件、配套设备(含软件及软件承载平台)以及其他外协件等。

外购器材按照相关法规和国家军用标准规定,从自身角度解释属于装备;从承制单位与供应单位角度出发,相关法规及标准称外购器材;《中国人民解放军驻厂军事代表工作条例》从质量控制和质量监督的角度也称外购部件、器材等。从承制单位角度,这些外部购进的或配套的器材,都属于产品层次的六类产品之列,即系统、分系统、设备、组件、部件和零件(元器件)。作为承制单位对外购器材严格控制,是由于外购器材的质量管理体系已经发生变化后,组织应进行检查、质量控制评审和确认质量管理体系的正常运转是正常的、也是符合质量管理要求的。因此,承制单位对外购器材实施质量控制评审也是很有必要的。

根据相关法规和标准规定,武器装备研制、生产单位交付的武器装备及其配套的设备、备件和技术资料应当经检验合格;交付的技术资料应当满足使用单位对武器装备的使用和维修要求。作为配套单位的产品应按 GJB 1442A《检验工作要求》的规定,编制最终产品的检验规程,当产品已装配完毕或已加工完毕后,应按检验规程对最终产品进行检验。检验合格后才能提交。承制单位应根据供货单位提供的检验规程(技术协议的质量保证条款中明确),编制接收外购器材的验收规程,对供货单位交付的器材(产品)进行验收,验收合格后才能装机。

2. 器材质量控制依据

(1) 武器装备质量管理条例;

(2) 中国人民解放军驻厂军事代表工作条例;

(3) 产品质量保证大纲;

(4) 产品规范和验收规程。

3. 器材质量评审的内容

(1) 承制单位所选的外购器材必须符合技术文件和整机系统的要求评审。

① 评审要求。

分析掌握技术文件和整机系统对外购器材的质量要求,以便选择适用的外购器材及其供应单位。应优先使用经质量认证机构认证合格的器材。

② 评审要点。

a. 是否制定并执行了外购器材质量控制的程序文件;

b. 是否建立了合格器材和合格供应单位名录档案。

(2) 承制单位有权在合同中向器材供应单位提出相应的质量保证要求、对供应单位的质量管理体系进行考察监督评审,根据需要可向供应单位派驻质量验收代表。

① 评审要求。

a. 在外购器材的订购合同中,明确规定质量保证要求。承制单位按照外购器材质量特性的重要程度,分别规定不同的质量保证要求,一般可分为三类:一是提供合格证明文件(合格证和履历本);二是具有检验规程并提供承制方;三是具有质量管理体系并运转正常。

b. 对供应单位的质量保证能力进行考察、确认,择优订货。对供应单位进行考察监督的广度、深度及频繁程度,应根据外购器材的性质、需要数量、质量历史,以及满足质量保证要求为目的,区别对待。对于关键的外购器材,可以向供应单位派出常驻或流动的质量验收代表。上述质量保证要求,均应在合同中加以明确,供需双方共同遵守。

c. 对供应单位进行质量监督,掌握外购器材质量动态。

d. 对关键的外购器材,承制单位可向供应单位派遣质量验收代表。

② 评审要点。

a. 对外购器材是否合理区分不同类别的质量保证要求;

b. 质量保证要求是否列入合同条款;

c. 对供应单位的质量保证能力是否执行考察临督制度,有无记录和结论;

d. 派往供应单位的质量验收代表是否有效地履行职责;

e. 外购器材质量历史资料档案是否齐全。

(3) 外购新研制的器材,应当制定相应的质量控制程序和质量责任制度,重点控制技术协议书的签订、技术协调、匹配试验、复验鉴定、装机使用等环节。

① 评审要求。

承制单位制定并执行选用新研制器材的质量控制程序。选用新研制的器材时,应当经过充分论证和审批。

a. 新研制的器材,必须经过技术鉴定或设计鉴定,可以转入装备研制阶段的器材。这类器材缺乏适用性的验证,风险较大,因而要采取较严格的质量控制程序。

b. 技术协议书是制约性文件。供需双方签订技术协议书时,应详细列出新器材的技术要求和质量标准,试制、试验、试用的程序和记录,以及各方应负的质量责任。

c. 供需双方在新器材试制、试验、试用过程中,按照技术协议书的规定,进行技术协调、试加工、匹配试验、装机使用,确认已满足设计、工艺文件要求后,方可进行鉴定。承制单位对复验鉴定、试加工、匹配试验、装机使用结论的正确性负责。

② 评审要点。

a. 是否制定和执行了选用新研制器材的质量控制程序;

b. 质量控制程序对重点环节的控制是否有效。

(4) 未经进厂复验证明合格的器材,不准投入使用。

① 评审要求。

a. 承制单位对外购器材进行接收复验,是有效控制器材质量所必不可少的。承制单位必须建立和执行外购器材进厂复验制度,复验工作按规范进行。复验规范的内容应包括:复验项目,技术要求,检验、试验方法,验收标准等。

b. 对复验合格、待验或复验不合格的器材,承制单位必须建立和采用有效的方法加以鉴别。对外购器材进行复验时,应具有:供应单位的试验报告和合格证明文件或履历本,检验规程,器材质量历史情况等资料,器材复验的检测方法与验收标准,应与供应单位保持一致。待验器材应单独设置保管区域,防止未经复验而投入使用。复验不合格的器材要及时隔离,标记“禁用”。复验合格的器材,必须标明并保持合格标志。

c. 待验、复验合格、不合格的器材,必须采取有效的控制方法,分别存放,并打上不同的标记,严防待验与复验不合格的器材投入使用。

d. 当采用代用器材时,必须办理偏离许可申请、审批手续。

经派驻供应单位代表验收的器材,承制单位仍需进行必要的进厂复验,防止发生意外差错。

② 评审要点。

a. 是否对所有外购器材建立并执行了进厂复验制度;

b. 各种器材是否编有不同的复验技术文件,即各种器材的验收规程文件;

c. 对器材复验,入库、发放的控制方法是否有效;

d. 代用器材是否履行审批手续。

(5) 承制单位应编制合格器材供应单位名录,作为选用、采购的依据。

① 评审要求。

a. 制定合格器材供应单位评价标准和程序,明确规定评价依据,合格标准,考核内容、组织、方法和表格,审批责任与权限。凡列入名录的供应单位,都必须具备保证提供合格器材的资格。确定这种资格有多种途径:对供应单位进行质量保证能力的考察、审查,适时评价和审查供应单位质量控制的有效性;供应单位实际具有的能力和可能提供的质量证明;供应单位的质量历史与信誉等。承制单位应充分利用各种途径来选择合格的供应单位。

b. 合格器材供应单位名录,应按用于不同的产品品种分别编制。将评价、审批合格的供应单位编入合格器材供应单位名录,纳入成套技术资料的管理范围。列入合格器材供应单位名录的供应单位,只能表明这个单位在当时能够制造出满足质量要求的器材;一旦当这个单位的质量保证能力下降,而且不能满足最低的质量要求时,即应对名单进行调整。

c. 控制器材的采购,只限在合格器材供应单位名录中优选供应单位。当必须从未取得合格资格的供应单位采购器材时,必须单独履行审批手续,并加严进厂复验控制。当某个供应单位提供的器材不能满足最低质量保证要求,而又没有别的供应单位可供选择时,在此迫不得已的情况下,承制单位可作为“例外”处理,暂时通过改制、筛选等不经济的手段来满足使用要求。但这种单位不允许编入合格器材供应单位的名录中。

d. 根据供应单位的质量动态和器材进厂检验情况,及时修正合格器材供应单位名录,予以删除或增补。

② 评审要点。

a. 是否建立和执行了合格器材供应单位评价标准和程序,要求是否严密、合理;

b. 是否按承制产品品种分别编有合格器材供应单位名单,它是否已纳入成套技术资料管理范围;

c. 合格器材供应单位名单是否对选用、采购器材发挥了控制作用;

d. 合格器材供应单位名单是否保持了现行有效性。

(6) 承制单位应当制定外购器材保管制度。

① 评审要求。

a. 建立严格的外购器材保管制度,对器材入库、保管、发放的每个环节进行有效的控制,是保证投入使用的器材都能满足技术文件和整机、系统要求的重要手段。经验收合格的器材,按物资管理制度办理入库手续。未经质量验收和不合格的器材,不得入库。

b. 承制单位的外购器材保管制度,必须满足器材的质量保证要求。存放器材的仓库或场地,其环境条件必须满足器材的安全可靠、不变质和其他特殊要求,确保器材性能完好。

c. 对需要油封、充氮等保护处理的器材,应按规定进行保护处理并定期检查。

d. 易老化和有保管期要求的器材,按规定期限及时从仓库剔出、隔离、报废或听候处理。

e. 器材发放应有完备的领发手续,本着先进先发的原则,按批(炉)号发放,严防发生混料事故。

f. 当零件对材料有批(炉)号的追溯性要求时,材料下料前应先移植批(炉)号,并经检验人员认可。

g. 器材出库须经检验人员现场核准,并带有合格标记或证件。

② 评定要点。

a. 器材保管制度能否满足质量保证要求;

b. 是否对器材保管的有效性定期进行检查;

c. 有无错混料记录和纠正措施。

(7) 外购器材的保管人员应当接受资格考核。

① 评审要求。

a. 建立器材保管人员培训、考核制度及各类保管人员应知应会标准;器材保管人员要取得合格资格,须先经过专业培训,除熟悉器材保管制度的规定和一般保管知识外,还应掌握所管器材的物理、化学特性及其对环境条件的特殊要求,熟悉器材符号标记,熟练掌握在各种情况下出现差错的防范措施与处置方法等。

b. 器材保管人员必须经考核合格,取得资格证书后,方能上岗工作。

c. 保管人员资格证书应写明保管器材的类别,保管岗位与指定的器材类别相一致。保管人员调换工作岗位,应补充进行相应的专业培训,考核合格后方能调到新的岗位。

d. 明确规定器材保管人员的职责。

② 评定要点。

a. 对器材保管人员是否执行培训、考核制度；

b. 器材保管人员是否持证上岗；

c. 器材保管人员是否正确履行职责。

4. 常见的问题

(1) 供货单位的产品在交付之前，质量保证的方法不正确。对最终产品的检验，未按 GJB 1442A《检验工作要求》编制检验规程，对最终产品实施检验。

(2) 供货单位对装备研制的质量控制的方法不正确，即用工艺规程检验产品后交付的做法，承制单位未及时纠正，工艺规程检验是工艺控制行为，用检验规程检验产品合格后交付出厂，是质量保证行为。

(3) 承制单位在技术协议书中的质量保证要求，在文件中未提出、不规范、不明确，比如没有要求供货单位提供检验规程，作为承制单位编制验收规程的依据，不符合 GJB/Z 16《军工产品质量管理要求与评定导则》4.6.4.2.C 条器材复验的检测方法与验收标准，应与供应单位保持一致的要求。

(4) 承制单位与供货单位对最终产品的检验，都没有贯彻实施用检验规程，来用作保证产品质量要求的文件。

(5) 承制单位与供货单位的技术协议书是双方的制约性文件（GJB/Z 16《军工产品质量管理要求与评定导则》4.6.3.1），而不是产品的质量保证文件，质量保证文件是供货单位该产品的检验规程。

（五）保障设备设计方案质量评审

1. 评审概述

在工程研制阶段对保障设备设计方案质量评审的目的是：审查装备保障性设计与分析工作实现的程度及其过程与结果的正确性、合理性；规划使用保障、规划维修工作及其结果的正确性、合理性、完整性和协调性。

保障设备设计方案质量评审的时机：承制方宜在工程研制阶段适时多次安排内部评审和专题评审；合同评审宜在本阶段后期进行。

2. 评审提供的文件

(1) 保障性设计与分析文件；

(2) 保障资源规划与研制相关文件；

(3) 综合保障计划执行情况报告文件；

(4) 综合保障工作计划执行情况报告文件；

(5) 保障计划；

(6) 保障性试验准备。

3. 评审的内容

(1) 保障性设计与分析评审。

① 是否按照保障性设计准则进行了保障设计？

② 是否按照综合保障工作计划规定和要求开展了各项保障性设计与分析工作？工作是否全面、深入？

③ 保障性设计与分析的程序和方法是否科学、合理，符合有关标准等要求或规定？结果是否可信？

④ 是否将保障性分析结果及时地按照要求进行了记录？分析记录是否规范符合有关要求？

⑤ 是否对保障性指标分解与分配进行了必要的补充、修改？补充和修改是否合理？

⑥ 运输性设计是否充分考虑了下列问题？

a. 是否根据保障方案或要求制定了科学合理的装备运输的设计准则，并按此准则进行了装备设计？

b. 装备的外形尺寸、质量能否用规定的运输工具进行装卸、运输？能否在规定的道路或空间等通行？

c. 是否设置有固定的运输工具中所需的系紧点、加固设备并便于系紧和加固？

⑦ 是否将以下保障问题纳入装备设计并制定了相应的设计准则？

a. 人员上下或进出装备是否方便迅速？

b. 装备停放、遮盖、拖拉、移动、固定、吊装是否方便？有无必需的挂钩、拉钩、突钮、固定钩、结索环、吊具接口或接头、支架、垫铁或垫木、防滑链(板)、牵引钢缆(绳)、移动滚轮等？整体吊装的部组件或装置是否标明了其质心的位置？操作人员维护装备是否方便？

c. 有无必需的检查靶、清洗器材、校正仪、土木工具、加油机(枪)等附件、工具，其固定安装的位置是否便于人员存取？

d. 装备保管、封存、启封、伪装是否符合规定要求？有无必需的防尘、防雨雪、防日晒、防雷电、防盗窃设计措施？

e. 装备使用前(或再次出动)的准备工作能否满足使用或规定要求？

f. 充填加挂弹药、导弹、燃油、润滑剂、气体、液体是否简便、迅速、安全、可靠(牢固)？检查其固定确定或数量达标的方法是否简便？

g. 装备上的被测试单元与计划的测试设备是否匹配兼容？

h. 装备及其保障装备、设备所用能源(如电源、液压源、气源等)是否符合规定要求(如使用自备能源、使用外接能源)？

i. 所设计的装备能否按要求使用多种规格的燃油、润滑与防护油(剂)、液压、密封油液和气体？所使用的特殊规格燃油、润滑与防护剂、气体、液体的品种规格是否减至最少？

⑧ 是否将装备及其保障设备、备件对包装、装卸、贮存和运输保障的要求及约束条件等纳入装备设计过程？

（2）保障资源规划与研制评审。

① 是否利用保障分析结果和规划保障的有关信息提出了平时和战时使用与维修装备所需的人员数量、技术等级和专业类型？承制方编制的人力和人员需求报告，是否得到订购方确认？

② 是否合理地优化了平时和战时所需的备件和消耗品的品种和数量？承制方编制的初始备件和消耗品清单是否得到订购方确认？

③ 是否优化了保障设备配备方案？承制方编制的保障设备配套目录是否已经得到订购方确认？

④ 是否确定了使用与保障人员必须具备的知识和技能？是否已经制定了各类人员初始训练计划和教材编写计划，并开始编写训练教材或编制完成？承制方编制的保障设备配套目录是否已经得到订购方确认？

⑤ 训练设施是否已经建设或完成？培训教师是否已经有计划安排？

⑥ 是否确定了技术资料统配目录？是否根据有关标准和装备保障的实际需要编写了使用及维修保障所需的技术资料？所编写的技术资料是否适合基层级、中继级各类人员使用需求并经过初步评审？

⑦ 技术资料的内容和格式是否符合有关标准的规定？

⑧ 订购方是否及时地按照有关规定和要求向订购方提出了新研设备或新建设施方面的需求？订购方是否确认并安排了设备研制，开展了设施建设？

⑨ 各种专用保障设备是否已经完成样机研制？基层级、中继级使用的专用保障设备是否与相应的维修任务相适应？

⑩ 是否已经展开保障设备等保障资源的筹措工作？长研制周期的保障设备或设施进度能否满足需求？费用是否合理、落实到位？

⑪ 是否已经根据 GJB 1181《军用装备包装、装卸、贮存和运输通用大纲》制定并实施了装备的包装、装卸、贮存和运输大纲？是否充分利用了现有的包装、装卸、贮存和运输方面的保障资源？

⑫ 承制方提出的计算机资源保障需求是否满足订购方提出的约束条件？是否考虑了后续保障问题？能否满足后续保障需求？

⑬ 是否对有关保障资源的合理性、有效性、经济性进行了进一步的分析、试验和评价？需要评价的保障资源主要如下：

a. 人力和人员；

b. 供应保障；

c. 训练和训练保障；

d. 技术资料；

e. 计算机资源保障；

f. 保障设施；

g. 包装、装卸、贮存和运输保障；

h. 计量保障。

(3) 综合保障计划执行情况评审。

① 综合保障工作机构是否认真履行职责?

② 订购方和承制方联合成立的综合保障管理组成员是否稳定?是否在正常开展工作?

③ 是否对定型阶段的保障性试验与评价工作提出了明确的要求?

④ 是否根据装备部署方案制定了部署保障计划?

⑤ 部署保障计划中各种保障资源是否明确?

⑥ 部署保障计划中各种保障资源的落实责任是否明确?是否有明确的进度要求?

⑦ 是否根据装备的实际情况制定了保障交接计划?保障交接计划中对保障资源的交接方式、进度等是否明确?

⑧ 是否制定了现场使用评估计划?是否明确规定了现场使用评估计划的目的、评估参数、数据收集和处理方法、评价准则、评估时机、约束条件等内容?是否明确了现场使用评估所需的各种资源?

⑨ 是否对停产后保障工作进行了合理、具体的安排?

⑩ 是否充分考虑了退役报废处理中的保障问题?

(4) 综合保障工作计划执行情况评审检查单。

① 综合保障工作机构是否认真履行了职责?

② 承制方制定的综合保障工作计划是否得到订购方认可?经认可的综合保障工作计划是否得到严格执行?

③ 是否对定型阶段的保障性试验与评价工作做出了明确的安排?

④ 是否对部署保障工作进行了安排?

⑤ 部署保障工作的安排与订购方综合保障计划中的相关内容是否协调?

⑥ 是否对保障交接工作进行了安排?

⑦ 保障交接工作的安排与订购方装备综合保障计划中的相关内容是否协调?

⑧ 是否对停产后保障工作做出了明确的安排?

⑨ 是否对退役报废处理的保障工作提出了明确的建议?

⑩ 是否对转承制方和供应方参与定型阶段的综合保障工作做出了明确的安排?

(5) 保障计划评审。

① 是否针对每项使用任务明确了保障工作的程序、步骤和工作方法？

② 是否明确了对各种保障资源的要求？

③ 是否明确了每一维修级别的维修工作内容和范围？

④ 是否明确了各种预防性维修的时间、内容、程序、维修级别等？

⑤ 是否针对各种修复性维修都明确了维修级别？

⑥ 是否针对每项维修明确了维修工作程序？

⑦ 是否明确了各种维修保障资源？

⑧ 保障计划是否充分考虑了下列使用保障问题？

a. 对装备的寿命剖面、任务剖面是否作了充分地研究？

b. 是否充分考虑了装备的统配、使用方案(包括装备预计的使用年限以及装备在各种作战任务中的作用和在各种气候自然条件下的使用方法)？

c. 进行了充分的使用工作分析？

d. 是否包括了装备在各种作战任务及自然环境条件下的使用保障需求及对策,并落实到装备设计中？

e. 是否包括了装备动用准备、运输、贮存、诊断、充填加挂等方面的内容及安排？

⑨ 保障计划是否充分考虑了下列维修保障问题？

a. 是否合理地划分了维修级别,并确定各级别的维修范围？是否优化并确定了各维修级别的保障资源？维修级别设置及各级别的任务划分是否合理？是否考虑充分利用部队现有维修机构？

b. 是否按 GJB 1378A《装备以可靠性为中心的维修分析》制订了预防性维修大纲或计划？

c. 是否按 GJB 2961《修理级别分析》确定了装备及其组成部分是否进行修理？在何处修理？

d. 是否对战场抢修、抢救进行了分析与设计？是否充分考虑了抢修、抢救所需的资源？

e. 是否充分考虑了利用现有的维修资源(包括居民维修资源)？

f. 是否建立在保障性分析的基础上？

g. 是否包含了详细的计量保障工作安排？

h. 是否经过权衡选优,有效性和经济性是否能够满足保障需求？

i. 是否包括了软件保障工作安排？

(6) 保障性试验准备评审。

① 保障性试验前的各项准备工作是否明确？是否符合试验与评审计划要求？

② 是否详细规定进行试验的项目、目的、内容、主持单位、参加人员、试验时

间、判据、统计表格、问题处理等方面的要求和安排?

③ 是否明确了相关的单位、人员?

④ 是否明确了进行试验的具体程序、方法和要求?

⑤ 试验方案、程序、方法是否科学、合理、可行? 是否符合有关标准或规定?

⑥ 是否及时将试验实施计划及试验要求通知各有关部门、单位和人员?

⑦ 是否提前将试验文件等相关资料按专业分工发给有关人员,使其在试验前有充足时间做好准备工作?

⑧ 是否对试验中可能遇到的情况或问题进行充分地考虑,并作好相应的对策?

4. 常见的问题

(1) 保障设备的研制未按 GJB 2993《武器装备研制项目管理》5.4 条的要求及时展开研制工作,迟后装备研制时间太多,不能在主机或部队的试验中充分验证。

(2) 对保障设备的设计方案评审重视不够。装备研制的主管部门对保障设备的设计方案审查不及时,往往等研制装备进入设计定型状态后,才协调保障设备的问题。造成保障设备研制时间短的情况下,试验验证不够、不规范,使用可靠性差,故障率高等问题。

(3) 保障设备的使用维护说明书操作性不好。造成的原因主要是保障设备应先于装备鉴定,由于装备在试验过程与保障设备未能进行充分使用、验证,尤其是在部队的试验中,经部队使用维护人员的操作使用、改进验证,充分暴露问题,装备设计定型时随部队交付的保障设备适应性会提高,满足部队使用要求。

(六) 质量保证大纲评审

1.《大纲》评审概述

型号的《产品质量保证大纲》(以下简称《大纲》)规定了质量工作原则与质量目标、管理职责、设计要求、软件工程化要求、特殊过程和关键过程的要求、标识和可追溯性要求、监视和测量要求以及顾客沟通和顾客财产等要求,是产品研制、生产的规范性文件。GJB 1406A《产品质量保证大纲要求》对《大纲》的编写格式、内容、依据的标准以及编制单位及人员提出了基本要求;同时对《大纲》的实施与监督检查提出了明确规定及操作性很强的具体条款。如"检查结束后应形成书面报告,呈报被检查单位的负责人。被检查单位应根据报告中提出的问题和存在的薄弱环节及时采取纠正措施,并进行跟踪检查,以保证纠正措施的针对性和有效性并得到落实"等。为了贯彻《武器装备质量管理条例》第二十四条"武器装备研制、生产单位应当严格执行设计评审、工艺评审和产品质量评审制度。对技术复杂、质量要求高的产品,应当进行可靠性、维修性、保障性、测试性和安全性以及计算机软件、元器件、原材料等专题评审"的要求,首先应重视产品质量保证大纲的编制和评审,才是确保装备质量的前提。

GJB 1406A《产品质量保证大纲要求》在《大纲》编写的基本要求中明确,产品应按 GJB 450A、GJB 368B、GJB 2547A、GJB 900A、GJB 3872 和 GJB 150. 1A 等标准的要求,分别编制可靠性、维修性、保障性、测试性、安全性和环境适应性等专业大纲,并作为《大纲》的组成部分。由此可知,《大纲》的六性质量保证部分,基本上引用了经过专题评审的六性大纲,那么,对《大纲》实施专项评审也是非常正常和有必要的。

2. 《大纲》编制依据

(1) 与产品有关的法令、法规、相关标准以及本标准的要求;

(2) 合同、研制任务书及顾客的质量保证要求;

(3) 组织的质量方针、质量目标和质量管理体系文件等;

(4) 产品研制、生产计划和相关资源;

(5) 组织应满足内部或外部的质量要求;

(6) 供方的质量状况;

(7) 其他相关的计划,如项目计划、环境、健康和安全、安全性与信息管理计划等。

3. 《大纲》编制要求

GJB 9001B《质量管理体系要求》7. 1 产品实现的策划中规定,组织应编制质量计划(质量保证大纲)。顾客要求时,质量计划及调整应征得顾客同意。因此,在装备研制的方案阶段后期,产品在实施策划过程中,承制单位应草拟型号《产品质量保证大纲》并进行评审或审查,在工程研制阶段通过初样机工程设计和正样机的试制,完善、确认《产品质量保证大纲》。在《大纲》编制策划中做到:

(1)《大纲》应由质量部门或项目负责人在产品研制、生产开始前,确定产品实现所需要的过程后组织制定。

(2)《人纲》实施前应经审批。合同要求时,《大纲》应提交顾客认可。

(3)《大纲》应明确组织或供方满足质量要求所开展的活动及可能带来的风险,并对采购、研制、生产和售后服务等活动的质量控制做出规定:

a. 组织各部门实施产品质量保证的职责、权限及相互关系。

b. 根据产品应达到的功能、性能、可靠性、维修性、测试性、安全性、可生产性、人机工程和其他质量特性要求,提出各阶段相应的质量控制措施、方法和活动。对可能出现的问题或故障提出预防和纠正措施及检查方法,保证在研制、生产各阶段实现上述要求。

c. 质量保证活动所应提供的人力、物力、财力及时间、信息等资源保证要求。

(4) 产品应按 GJB 450A、GJB 368B、GJB 2547A、GJB 900A、GJB 3872 和 GJB

150.1A 等标准的要求,分别编制可靠性、维修性、保障性、测试性、安全性和环境适应性等专业大纲,并作为本大纲的组成部分。

(5) 适当时,《大纲》应进行修改。修改后的《大纲》应重新履行审批手续,必要时,再次提交顾客认可。

4.《大纲》评审内容

(1) 型号的《大纲》其质量工作原则与质量目标的编制是否符合 GJB 1406A《产品质量保证大纲要求》5.2 条的要求?

(2)《大纲》中是否明确各级各类相关人员的职责、权限、相互关系和内部沟通的方法,以及有关职能部门的质量职责和接口的关系?

(3)《大纲》中是否对研制、生产全过程中文件和记录的控制做出规定。成套资料是否符合 GJB 906《成套技术资料质量管理要求》的规定?

(4)《大纲》中是否明确规定了为达到产品符合规定要求所需要的信息,以及实施信息的收集、分析、处理、反馈、贮存和报告的要求?

(5)《大纲》中是否针对具体产品按 GJB 3206A《技术状态管理》的要求策划和实施技术状态管理活动,明确规定技术状态标识、控制、记实和审核的方法和要求?

(6)《大纲》中是否规定了参与研制、生产、试验的所有人员进行培训和资格考核的要求?当关键加工过程不能满足要求,工艺、参数或所需技能有较大改变,或加工工艺较长时间未使用时,是否规定了对有关人员重新进行培训和考核的要求?

(7)《大纲》中是否规定了与顾客沟通的内容和方法?

(8) 在设计过程质量控制方面,《大纲》是否规定了对产品任务剖面进行分析,以确认对设计最有影响的任务阶段和综合环境,通过任务剖面分析,确定可靠性、维修性、保障性、安全性、人机工程等各种定量和定性因素,并将结论纳入规范作为设计评审的标准?

(9) 在设计分析中,《大纲》是否遵循了通用化、系列化、组合化的设计原则,对性能、质量、可靠性、费用、进度、风险等因素进行综合权衡,开展优化设计。是否通过了设计分析研究?是否确定了产品特性、容差以及必要的试验和检验要求?

(10) 在设计输入中,《大纲》是否确定了产品的设计输入要求?包括产品的功能和性能、可靠性、维修性、安全性、保障性、环境条件等要求,以及有关的法令、法规、标准等要求。是否对设计输入形成了文件并进行评审和批准?

(11) 在设计输入中,《大纲》是否编制了设计规范(如系统规范、研制规范、试验规范、检验规范等)和文件,以保证设计规范化。设计规范和文件是否符合国家标准和国家军用标准的要求?为使设计采用统一的标准、规范,在进行设计前,是否编制了文件清单,供设计人员使用?

(12) 在可靠性设计中,《大纲》是否规定了按可靠性大纲,实施可靠性设计工作项目?

(13) 在维修性设计中,《大纲》是否规定了按维修性大纲,实施维修性设计工作项目?

(14) 在保障性设计中,《大纲》是否规定了按保障性大纲,实施保障性设计工作项目?

(15) 在安全性设计中,《大纲》是否规定了按安全性大纲,实施安全性设计工作项目?

(16) 在元器件、零件和原材料的选择和使用上,《大纲》是否明确规定了按GJB 450A《装备可靠性工作通用要求》工作项目 308 和工作项目 309 中的规定选择和使用元器件、零件和原材料? 是否规定了按 GJB/Z 35《元器件降额准则》的要求开展元器件降额设计?

(17) 在软件设计工作中,是否规定了按 GJB 2786A《军用软件开发通用要求》、GJB 438B《军用软件开发文档通用要求》、GJB 439A《军用软件质量保证通用要求》和 GJB/Z 102A《军用软件安全性设计指南》的要求对软件的开发、运行、维护和引退进行工程化管理并按 GJB 5000A《军用软件研制能力成熟度模型》的规定进行软件的分级、分类,对软件整个生存周期内的管理过程和工程过程实施有效地控制?

(18) 在人机工程设计中,是否规定了编制人机工程大纲的要求,在保证可靠性、维修性、安全性的条件下,能确保操作人员正常、准确的操作?

(19) 在特性分析上,是否按 GJB 190《特性分类》的原则进行特性分析,确定关键件(特性)和重要件(特性)和选定检验单元(项目)?

(20) 在设计输出上,《大纲》是否规定了设计输出的要求?

(21) 在设计评审方面,《大纲》是否根据产品的功能级别和管理级别,按GJB 1310A《设计评审》的有关要求,规定了需实施分级、分阶段评审的项目? 或需要时进行的专项评审或工艺可行性评审?

(22) 在设计验证方面,《大纲》是否规定了所要进行的设计验证项目及验证方法? 并保证在整个研制过程中,能对各项验证进行跟踪和追溯。

(23) 在设计确认/定型(鉴定)方面,《大纲》是否明确规定了确认的内容、方式、条件和确认点以及要进行鉴定的技术状态项,根据使用环境,提出要求并实施?

(24) 在设计更改的控制方面,《大纲》是否规定了按 GJB 3206A《技术状态管理》实施设计更改控制的具体要求?

(25) 在试验控制方面,《大纲》是否规定了要制定实施试验综合计划,该计划包括研制、生产和交付过程中应进行的全部试验工作,以保证有效地利用全部试验资源,并充分利用试验的结果。

《大纲》是否规定了按 GJB 450A《装备可靠性工作通用要求》、GJB 899《可靠性鉴定和验收试验》、GJB 1407《可靠性增长试验》、GJB 368B《装备维修性工作通用要求》、GJB 1032《电子产品环境应力筛选方法》的要求进行可靠性研制试验、可靠性鉴定试验、可靠性增长试验、维修性验证试验和环境应力筛选试验,其试验过程的质量管理应符合 GJB 1452A《大型试验质量管理要求》的规定。

(26) 在采购质量控制方面,对外包过程的控制《大纲》是否规定了在产品实现过程中,明确了对所有外包过程的控制要求?采购品的控制是否符合 GJB 939《外购器材的质量管理》、GJB 1404《器材供应单位质量保证能力评定》的要求?

(27) 在试制和生产过程质量控制方面,《大纲》是否对试制、生产、安装和服务过程等做出了明确规定?

(28) 工艺准备工作。在完成设计资料的工艺审查和设计评审后是否按产品研制需要提出工艺总方案、工艺技术改造方案和工艺攻关计划并进行评审;是否对特种工艺制订了专用工艺文件或质量控制程序?在过程分析中,是否对关键过程进行标识、设置质量控制点及规定详细的质量控制要求?工艺更改的控制及有重大更改时,是否采用了评审的程序?试验设备、工艺装备和检测器具是否按规定检定合格?在工艺文件准备过程中,是否按 GJB 1269A《工艺评审》的有关要求,实施分级、分阶段的工艺评审?

(29) 承制单位的元器件、零件和原材料的控制大纲,是否规定了器材(含半成品)的质量控制要求及材料代用程序?

(30) 在关键过程控制中,《大纲》是否规定了按工艺文件或专用的质量控制程序、方法,对关键过程实施质量控制的要求?

(31) 在特殊过程控制中,《大纲》是否根据产品特点,明确规定了过程确认的内容和方式?是否规定了对过程评审和批准的准则?对设备的认可和人员资格的鉴定;以及使用针对具体过程的方法和程序?是否规定了再次确认或定期确认的时机?

(32) 对关键件、重要件的控制,《大纲》是否明确规定了按 GJB 909A《关键件和重要件的质量控制》的有关规定?

(33) 对试制、生产准备状态检查,《大纲》是否明确规定何时按 GJB 1710A《试制和生产准备状态检查》的要求进行检查?

(34) 对首件鉴定,《大纲》是否明确规定了按 GJB 908A《首件鉴定》的有关规定对首件进行鉴定?

(35) 对产品质量评审,《大纲》是否明确规定了按 GJB 907A《产品质量评审》的有关规定，对产品质量进行评审，以及对评审中提出的问题，由谁负责处理、保存评审记录和问题处理记录等的具体要求？

（36）对装配质量控制，《大纲》是否规定了对装配质量进行控制的要求，包括编写适宜的装配工艺规程或作业指导书等？

（37）在标识和可追溯性方面，《大纲》是否规定了按 GJB 726A《产品标识和可追溯性要求》的有关规定对产品进行控制？并按 GJB 1330A《军工产品批次管理的质量控制要求》有关规定对产品进行标识和记录？

（38）对于顾客财产，《大纲》是否规定了对顾客提供的产品如材料、工具、试验设备、工艺装备、软件、资料、信息、知识产权或服务等进行控制的要求？

（39）对产品防护，在贮存、搬运或制造过程中，对器材（含半成品）或产品《大纲》是否采取了必要的防护措施，并明确规定了按 GJB 1443《产品包装、装卸、运输、贮存的质量管理要求》的规定，对搬运、贮存、包装、防护和交付等活动进行控制？

（40）在监视和测量方面，《大纲》是否规定了对产品进行监视和测量的要求与方法？尤其是所采用的过程和产品（包括供方的产品）进行监视和测量的方法与要求；使用的程序和接收准则；使用的统计过程控制方法；测量设备的准确度和精确度，包括其校准批准状态；要求由法律机构或顾客进行的检验或试验；产品放行的准则；生产和检验共用设备用作检验手段时的校验方法等是否有明确要求？

（41）对于过程检验，《大纲》是否明确规定了按 GJB 1442A《检验工作要求》的规定，编制了检验规程对试制和生产过程进行过程检验，并做好原始记录？

（42）对于验收试验和检验，在加工装配完成后，是否明确规定了验收试验和检验的程序、方法等要求？试验和检验中发生故障，是否规定了均应找出原因并在采取措施后应重新进行试验和检验的要求？

（43）对于环境例行试验，《大纲》是否明确规定了依据产品规范的规定，编制年度例行试验计划，并积极配合使用单位进行试验，做好试验记录？

（44）对于无损检验，《大纲》是否明确了按 GJB 466《理化试验质量控制规范》和 GJB 593《无损检测质量控制规范》的有关规定对无损检验进行控制的要求？

（45）对于试验和检验记录，《大纲》是否规定了保存试验、检验记录的要求，并根据试验或检验的类型、范围及重要性确定记录的详细程度？

（46）对于不合格品的控制，《大纲》是否规定了对不合格品进行识别和控制的要求？有关不合格品的标识、评价、隔离、处置和记录等要求是否符合 GJB 571A《不合格品管理》的规定？

(47) 在售后服务方面,《大纲》是否规定了按协议或合同要求组织技术服务队伍到现场,指导正确安装、调试、使用和维护的要求,及时解决出现的问题?

5. 常见的问题

(1)《大纲》没有按照 GJB 1406A《产品质量保证大纲要求》的内容及要求编制,产品研制和生产的特点不突出,规范性也差,将一、二代产品的相关文件,通过拷贝换一个产品的型号,该《大纲》也可以算一份文件?

(2)《大纲》中应针对产品研制和生产的特点制定相关措施,全用质量管理体系的程序文件替代,措施丝毫没有可操作性。

(3)《大纲》中对产品形成过程的质量保证文件,规定、要求得不明确,显现得不突出。如相关法规、标准要求,武器装备研制、生产单位应当按照标准和程序要求进行进货检验、工序检验和最终产品检验;对首件产品应当进行规定的检验等内容,在标准中有要求,但是《大纲》中体现不出来,有些承制单位所有的检验项目都是用工艺规程进行检验,最终产品的检验也没有检验规程。此种情景还存在产品研制过程的质量保证吗?用工艺规程检验最终产品,这仅仅只能说明是工艺控制吧。

(4)《大纲》从方案阶段后期经评审或审查后,直到生产定型前期,《大纲》未作任何修改、补充,状态标识有四个小格,F、C、S 和 D 都有,既不符合 GJB 726A《产品标识和可追溯性要求》4.2 条和 4.3 条"组织应针对监视和测量要求,对产品的状态进行标识;组织应识别产品的可追溯性要求,在有可追溯性要求的场合,组织应控制并记录产品的唯一性标识"的要求。上述做法,只能又说明该《大纲》在产品的研制和生产过程中可有可无。

(七) 专用规范的质量评审

专用规范的定义,按 GJB 6387《武器装备研制项目专用规范编写规定》(以下简称《专用规范》)的要求,就是指系统规范、研制规范、材料规范、软件规范、工艺规范和产品规范。由于系统规范、研制规范在论证和方案阶段已论述,本阶段不再赘述。

规范可分为两个层面,即作为国家军用标准的规范(以下简称标准规范)和武器装备研制项目专用规范(以下简称专用规范)。前者按 GJB 0.2 的规定编写,是军用标准的一种类型,用来对适用于多种研制项目并需进行重复采购的产品规定技术要求;后者按《专用规范》的要求进行编写,是系统工程过程的一种输出,仅适用于某一特定研制项目。

标准规范(GJB 0.2《军用标准文件编制工作导则 第 2 部分:军用规范编写规定》)可用来指导相应专用规范的编写,专用规范的内容经总结、推广而被其他项目广泛采用后也可按规定程序制定为标准规范。

GJB 6387《武器装备研制项目专用规范编写规定》指出,《中国人民解放军装备科研条例》明确规定,装备研制必须严格执行装备研制立项和装备研制总要求的两报两批制度。即立项的论证阶段《主要作战使用性能》与方案阶段前期的《研制总要求》的报批。《专用规范》是武器装备研制的系统工程过程中的技术状态文件,其中系统规范是支撑《主要作战使用性能》的综合论证;研制规范是支撑《研制总要求》的综合论证,随着研制阶段的进展,产品规范、软件规范与材料规范是支撑对应的研制规范;工艺规范是支撑对应的产品规范或(与)材料规范。

1. 评审规范概述

对《专用规范》的评审,属于装备研制过程的专项评审。当装备研制进入工程研制阶段时,常规武器和战略武器的辅机产品都属于两轮研制,即初样机研制和正样机研制(战略武器装备研制也是两轮研制,即初样研制地面试验样机和试样研制飞行试验样机)。当初样机研制或地面试验样机完成后,承制单位应着手对材料规范、软件规范、工艺规范和产品规范的草拟工作,并分层次进行评审。

产品规范描述产品的功能特性、物理特性和验证要求等;属产品规范范畴的软件规范描述软件产品(含用于产品中的软件)的软件设计与编译/汇编程序和验证要求等;材料规范描述材料的性能、形状和试验要求;工艺规范描述用于产品或材料制造的专用工艺所需的材料、设备及加工等的控制要求。专用规范一般由承制单位从工程研制阶段早期开始编制,随着研制工作的进展逐步完善,到工程研制阶段正样机和飞行试验样机试制前(完成初样机研制或地面试验样机研制)经使用部门会同研制主管部门进行转状态(C 转 S)审查确认或正式批准,纳入分承包的研制合同。

2. 评审提供的文件

(1) 草拟的各类规范;

(2) 型号研制规范;

(3) 产品质量保证大纲;

(4) 可靠性、维修性等大纲;

(5) 工艺总方案、工艺标准化综合要求。

3. 评审的内容

(1) 产品规范评审内容。

① 产品规范的编写格式、基本内容及要求是否符合 GJB 0.2《军用标准文件编制工作导则 第 2 部分:军用规范编写规定》和 GJB 6387《武器装备研制项目专用规范编写规定》的要求;

② 产品规范要求中的战术技术性能指标和作战使用要求,是否符合型号研制总要求或技术协议书的规定;

③ 质量一致性检验的项目是否正确、合理、具有可操作性，是否符合 GJB 0.2《军用标准文件编制工作导则 第2部分：军用规范编写规定》附录C的要求；

④ 单独检验项目是否与特性分析报告选取的检验项目一致，检验的方法、手段是否符合 GJB 1442A《检验工作要求》的规定；

⑤ 产品规范验证章节中，对包装箱、运输性试验、贮存等要求，是否符合 GJB 145A《防护包装规范》、GJB 1181《军用装备包装、装卸、贮存和运输通用大纲》和 GJB 1443《产品包装、装卸、运输、贮存的质量管理要求》的规定。

（2）软件规范评审内容。

① 评审说明。

软件作为系统的组成部分，同样以系统规范、研制规范为依据，随研制进展逐步形成其分配基线和产品基线。按照 GJB 2786A《军用软件开发通用要求》的规定，软件分配基线由软件需求规格说明和接口需求规格说明构成，这两类文件当属研制规范范畴；软件的产品基线由源代码、软件产品规格说明、版本说明文档、软件测试报告、运行和保障文件等构成，其中软件产品规格说明当属产品规范范畴。也就是说，软件规范又分为软件需求规格说明、接口需求规格说明和软件产品规格说明，性质上分别对应于研制规范和产品规范。由于软件的特性相比于硬件具有较大差异，因此，《专用规范》借鉴 MIL—STD—961D 的做法，将其单独作为专用规范的一类提出。

② 文档编制要求。

文档的内容是根据 GJB 2786A《军用软件开发通用要求》中各活动描述的工作任务而产生的，描述了军用软件开发过程中的主要活动信息和要求。承制单位应按照 GJB 438B《军用软件开发文档通用要求》的规定记录有关信息，编写有关文档，并按合同（或软件研制任务书）的要求交付。

文档若为电子文档，应规定电子文档的格式（如 DOC 文件、PDF 文件等）。

文档表示方式如下：

a. 表示形式：为使各文档章条的信息更加清晰可读，可采用图、表、矩阵或具他形式的表示方式进行说明。

b. 页码编制：文档正文的目录使用小写罗马数字编号；文档正文和附录均使用阿拉伯数字顺序编号；若一个文档分为若干卷，则每一卷应重新开始按顺序编号。

c. 自变量：字母 X 和 Y 为各文档小条编号的自变量。标题上圆括号中的文字在编写时要用实际内容替换。

示例：在“软件需求规格说明”文档中 3.2.X 条在实际应用时可能为

3.2.1　信号采集 – R001

3.2.2　信号传输 – R002

③ 评审内容。

a.《接口需求规格说明》的编写格式和内容,应符合 GJB 438B《军用软件开发文档通用要求》附录 C 的要求;

b.《软件需求规格说明》的编写格式和内容,应符合 GJB 438B《军用软件开发文档通用要求》附录 M 的要求;

c.《软件产品规格说明》的编写格式和内容,应符合 GJB 438B《军用软件开发文档通用要求》附录 R 的要求。

(3) 工艺规范评审内容。

① 评审内容说明。

《专用规范》规定的几类规范中,工艺规范具有一定的特殊性。形象地讲,系统规范、研制规范、材料规范、软件规范和产品规范所针对的对象是“物”,而工艺规范针对的对象是一种“过程”。《专用规范》借鉴 MIL—STD—961D 的做法,将其作为专用规范的一类,主要是因为工艺规范规定的内容是构成产品基线的必要组成部分,并且对工艺过程提出的各项要求同样需要通过相应的方式、方法予以验证,因而可以按照“规范”的格式组织编排内容。GJB 3206A《技术状态管理》也明确规定,产品技术状态文件包括工艺规范。

工程研制阶段对工艺规范的评审,实际上就是对装备生产性分析的一次大检查,生产性分析工作是标识所有硬件的关键特性,减少生产流程时间,减少材料和工时费用,确定最佳进度要求,改善检验和试验程序,减少专用生产工装和试验设备,以便顺利地转入设计定型后的试生产状态。

② 评审生产性对生产规划要素的要求。

a. 生产率和产量。生产率和产量对产品生产性有重大影响,准确地确定生产率和产量是进行产品生产性分析的前提。

b. 专用工艺装备。应按产品性能、结构特点、工艺方法、生产量和生产方法、质量保证及成本因素选择工装的品种和数量,尽量减少专用工装品种和数量。

c. 设备。一是通用和专用设备的品种、规格、数量、加工能力、排列方式;二是需外协的设备。

d. 人力资源。各类专业人员的数量、素质,从事产品生产的经验、专业培训状况等。

e. 材料供应状况。材料的交付期能否与生产计划的要求相吻合。

③ 评审内容。

一是评审图样:

a. 图样上尺寸是否适当、完整?

b. 公差是否现实、可生产,是否比功能要求严格?

c. 公差是否与多种制造工艺相符?

d. 表面粗糙度是否可以达到,是否比功能要求严格?

e. 零件的结构要素,如圆弧、圆角、倒角、弯曲半径、下陷、螺距、齿距、紧固件孔径、切削半径与锪窝等,是否标准化、典型化、规范化、通用化?

f. 螺栓、螺母、螺钉、铆钉的拧紧力矩要求是否合适?

g. 布线间隙、工具间隙、构件间隙、连接接头间隙是否符合要求?

h. 是否正确地引用所有必须的规范?

i. 胶黏剂、密封剂、复合材料、树脂、油漆、塑料、橡胶等非金属材料是否适当?

j. 是否有防止电化学腐蚀和腐蚀流体聚集的措施?

k. 焊缝是否最少,容易接近? 焊缝符号是否正确?

l. 对造成氢脆、应力腐蚀等设计问题或类似情况,是否可以避免?

m. 润滑液是否合适?

n. 污染控制是否合适?

o. 有寿命限制的材料是否已经标识? 它们可以无困难地更换吗?

p. 是否有防无线电频率干扰的屏蔽措施? 是否提供了电的和静电的连接通路?

q. 是否有备用的插头、接头?

r. 图样上是否已适当地标识出最大载荷、压力、热、非飞行产品、彩色标记、功率及危害性?

s. 所有可能的构形方案是否都表示了?

二是评审制造工艺:

a. 设计是否包含不必要的机械加工要求?

b. 关于金属件的结构要素,如平面度、圆角半径、铸造类型等是否有合适规范?

c. 在锻造、铸造、机械加工和其他制造工艺中,是否有不必要的困难?

d. 设计的工艺规范是否过分地束缚生产人员于某一工艺过程?

e. 零件能否经济组装?

f. 制造是否有定位与夹紧措施?

g. 生产上是否需要昂贵的专用工装和设备?

h. 是否规定了最经济的生产方法?

i. 制造和搬运过程中,是否有专用的搬运装置或方法,以保护关键的和敏感的产品?

j. 专用的技艺、设备、设施是否有标识,并与有关单位协调一致?

k. 不使用专用设备和工具,零件是否容易拆卸、分解、重新组装或安装?

l. 这项设计是否与车间正常的生产流程相符?

m. 是否考虑了生产过程中测量困难?

n. 设备和工装清单是否齐全?

o. 专用设备是否齐备?

p. 能否使用较简单的工艺?

q. 是否使用了尺寸奇特的孔和半径?

r. 假如采用一次成型工艺,是否规定了备选工艺?

s. 能否使用紧固件代替攻丝?

t. 是否可以去掉一些机械加工表面?

u. 是否禁止使用经济的速度和进给量进行最后表面加工?

v. 被采用的工艺过程与生产数量的要求相符吗?

w. 在设计约束范围内,是否有备选工艺?

x. 是否采用了新的工艺并经过验证?

y. 工人和技术人员是否需要专门的技术培训?

三是评审连接方法:

a. 在连接过程中,是否容易接近所有零件?

b. 在装配和进行其他连接操作时,是否会因空间狭窄或其他原因造成连接困难或根本不可能?

c. 是否能将两个或多个零件合并为一个零件?

d. 能否使用新研制的或另一种紧固件加快装配进度?

e. 能否把装配硬件规格的数量减至最少?

f. 能否更改设计以改善零件的装配与分解?

g. 能否更改设计以改善安装和维护?

h. 当规定采用热连接时,是否考虑热影响区?

四是评审涂覆材料和方法:

a. 防护涂层规定得是否合适?

b. 从材料、防护措施、制造和装配等观点,是否考虑了防腐蚀问题?

c. 特殊的表面防护要求是否标识?解决方法是否已确定?

d. 能否取消特殊的涂层和表面处理?

e. 能否采用预涂复材料?

五是评审热处理和清洗工艺:

a. 规定的材料是否容易切削?

b. 热处理后是否规定了切削工艺?

c. 包括热处理、清洗工艺及它们与其他生产领域关系在内的生产各方面是否已经评审过了?

d. 热处理规定合适吗？

e. 安排的工艺路线与制造要求(如直线度、平面度等)是否一致？

六是评审检验和试验：

a. 检验和试验要求是否适当？

b. 是否规定了超出实际要求的特殊检验设备？

c. 能否用切实可行的方法(如编制了最终产品的检验规程等)检验产品？

d. 预防高拒收率的情况或条件是否已标识？是否开始采取某些补救措施？

e. 是否提供了必要的样机和模型？

f. 专用的和标准的试验和检验设备是否到位、检定、校准、经过验证并与图样要求相符？

g. 标准的和专用的量具是否齐备？

h. 是否执行了无损检验方法？

i. 是否需要非标准化试验设备？

七是评审安全生产：

a. 设计中是否规定了静电接地要求？

b. 对易燃、易爆产品是否采取了必要的安全性防护措施？

c. 加工诸如镁合金、铜铍合金等材料，是否考虑了必要的安全措施？

d. 设计中是否规定了防无线电频率干扰要求？

e. 对放射性污染是否有防护措施？

八是评审环境要求：

a. 对满足湿、热和其他特殊环境要求是否有适当的措施？

b. 适当地加热、冷却是否被标识并执行了？

(4) 材料规范评审内容。

① 评审要求。

a. 材料选择除依据其物理的、机械的和化学性能外，还应考虑材料的成形性，切削性及连接性，以及热处理、表面处理等因素；

b. 材料应有稳定的、充足的供应，避免或控制使用关键材料；

c. 尽量选用标准材料品种和规格；

d. 设计上应规定代用材料；

e. 优先选用低成本材料。

② 评审内容。

a. 是否选择了超出设计要求的材料？

b. 是否能在需求的时间内获得全部材料？

c. 特殊规格的材料和备选材料是否已经确定？来源是否可靠，并与有关的机构进行了协调？

d. 设计规范是否过分严格禁止使用新的备选材料?

e. 设计上是否规定了需大量机械加工或用专用的生产工艺才能得到的特殊形状?

f. 规定的材料是否难以或不可能经济地制造出来?

g. 规定的材料是否与要求的生产数量相符?

h. 设计上是否有充分的灵活性,以便可以使用多种工艺方法和多种材料,而又不降低最终产品的功能?

i. 能否使用较小规格的材料?

j. 能否减少材料的品种?

k. 能否使用较便宜的材料?

l. 能否使用另一种容易加工的材料?

m. 能否避免使用关键材料?

n. 在所有可能部位,是否规定了备选材料?

o. 所有材料和备选材料是否都与计划使用的制造工艺相符?

4. 常见的问题

1)《专用规范》与"技术状态项"的关系

专用规范主要应针对技术状态项来制定,换言之,技术状态项需编制专用规范。技术状态项是指能满足最终使用要求,并被指定进行技术状态管理的硬件、软件或其集合体。在武器装备研制中,使用单位并不是对系统的所有组成部分都进行技术状态管理,通常只对技术状态项进行技术状态管理。一般情况下,可将下列项目定为技术状态项:

(1) 武器装备的系统、分系统项目和跨单位、跨部门研制的项目;

(2) 在风险、安全、完成作战任务等方面具有关键特性和重要特性的产品;

(3) 新研制的产品;

(4) 接口复杂且重要的产品;

(5) 单独采购的重要产品;

(6) 使用和保障方面需着重考虑的产品。

当某个产品,如火控系统中的雷达被指定为技术状态项时,其主要组成部分,如雷达的发射机、接收机亦有可能被指定为技术状态项。

技术状态项一般应由使用部门最终确定。

2)《专用规范》编写迟后装备研制

《专用规范》的编写迟后于装备的研制,往往容易失去《专用规范》的规范作用,使得规范不能在装备的研制过程中反复验证其规范性,等到装备设计定型之前再补编、修编,实际上试验工作都结束了,《产品规范》还没有经领导签署批准和总军事代表签署同意。不符合 GJB 1362A《军工产品定型程序和要求》5.2 的

f 条，装备申请设计定型试验的条件是“具备了设计定型试验所必需的技术文件，主要有：产品研制总要求、承研承制单位技术负责人签署批准并经总军事代表签署同意的产品规范，产品研制验收（鉴定）试验报告，工程研制阶段标准化工作报告，技术说明书，使用维护说明书，软件使用文件，图实一致的产品图样、软件源程序及试验分析评定所需的文件资料等”。

3）《专用规范》编写的内容不完整

在装备的研制过程中，应针对系统，通过系统工程过程确定其功能、性能和接口等方面的技术要求，这些要求即构成系统级功能基线的主要文件——《系统规范》。然后，将系统级的这些要求向下分配给系统级之下的各个项目，通过系统工程过程逐一地为这些项目建立设计依据，确定其性能要求、接口要求、附加的设计约束条件等而形成一套研制规范，连同其他的接口控制文件、图样等，一起构成分配基线。分配基线确立后，即应以研制规范为依据，通过系统工程过程进一步明确技术状态项目制造或生产要求，形成产品规范、材料规范和工艺规范，连同其他有关文件或图样等，构成产品基线。这三种基线正式批准后，在其后的寿命周期内就是技术状态控制的依据，不得随意更改。若需更改，则须按原批准程序审批。同理，构成这三种基线的主要文件——《专用规范》，也不得随意更改。要更改，须按规定的程序进行。但在装备研制的实施过程中，不重视《专用规范》的编制，飞机都要设计定型了，却没有编写系统规范、研制规范和产品规范等规范；仅是用设计规范替代系统规范，用技术规范替代研制规范，用制造与延寿技术条件替代产品规范，替代文件从格式、技术要求及内容、质量保证要求等方面都不符合相关标准的规定。

从规范的角度，替代文件不过是我国对装备引进修理、测绘仿制年代，学习他国装备研制、制造和质量管理的老做法。在系统工程管理及技术状态管理的装备跨越式发展时代，绝对是不符合相关的法规、标准和技术要求的，必须尽快更新观念，改变老做法，回到对武器装备实施技术状态管理的里程上。

4）《专用规范》编写的内容不规范

有些承制单位编写的产品规范，其章节“验证”中的项目与章节“要求”的内容不对应，如“要求”章节的“互换性试验检验”，在“要求”章节中应明确产品能互换的项目和不能互换的项目，并由军方多少套或部，抽多少套或部（如规定10 套或者累计 10 套抽 2 套进行试验）进行互换检验合格后恢复原样。在“验证”章节中，就要描述实际做法，结果应符合“要求”中 × 条 × 款的要求。这类试验也应该有试验大纲、试验规程、试验表格和试验报告等，其依据就是产品规范的要求。

有些承制单位对质量一致性检验项目、内容和要求不清楚，应该分 A. B. C. D 四组试验检验的，没有该项目和内容，主要是按照技术协议实施。不符合

GJB 0.2《军用标准文件编制工作导则 第2部分:军用规范编写规定》附录C和GJB 6387《武器装备研制项目专用规范编写规定》的要求。

有些承制单位对产品的包装箱、包装、运输和运输试验等项目及内容不重视,其"要求"编写在第五章,实施过程编写在第四章"验证"中。还有些承制单位对此内容只有要求,没有试验和验证的方法。不符合GJB 145A《防护包装规范》、GJB 1181《军用装备包装、装卸、贮存和运输通用大纲》和GJB 1443《产品包装、装卸、运输、贮存的质量管理要求》的规定。

(八)试制准备状态检查

1. 试制检查概述

承制单位组织在产品试制和生产(包括试生产)前的准备情况检查和检查后的评审是十分必要的,产品在研制过程的试制前,承制单位应根据产品的特点、生产规模、复杂程度以及准备工作的实际情况等,可以集中,也可以分级分阶段地进行产品的试制准备状态检查。其目的是,对试制的准备状态进行全面系统地检查并及时评审总结,能对其开工条件作出评价,规避装备研制过程的各种风险,对试制准备情况实施有效地控制,并根据产品特点列出检查项目清单,记录检查结果,通过评审总结对存在的问题制定纠正措施并进行跟踪,以保证检查活动的全面性、系统性和有效性,确保试制样机能真实显现技术状态,为正样机或飞行试验样机的制造打下技术、工艺基础,同时也为产品设计定型或设计鉴定打下良好的基础。检查结果应符合GJB 1710A《试制和生产准备状态检查》5.1试制准备状态检查的内容和要求以及相关标准的规定。

2. 检查的时机

武器装备研制和生产过程的准备状态检查及评审,一般存在以下五个类型:

(1)产品试制前。在工程研制阶段,对初样机研制完成并已通过评审后,正样机试制前,承制单位应组织对正样机的试制准备状态进行检查并通过评审后,再进行正样机试制。

在实际实施过程中,此项工作可以结合初样机评审、产品转状态(C转S)一起进行,但记录和检查报告单独归档。

(2)小批试生产。小批试生产是产品设计定型后的首批生产,在小批试生产前进行准备状态的检查并通过评审后,再进行小批试生产。

(3)批生产前。批生产是产品生产定型后的首批生产,在批生产前进行准备状态的检查并通过评审后,再进行批生产。

(4)间断性生产前。隔年度生产前(如奇数年)先进行准备状态的检查并通过评审后,再进行隔年度的生产。

(5)转厂生产前。转厂生产前应先进行准备状态的检查并通过评审后,再进行转厂生产。

3. 检查的内容

1）设计文件

（1）设计文件和有关目录应列出清单，其正确性、完整性应符合有关规定和产品试制要求；

（2）设计文件应当实行图样和技术资料的校对、审核、批准的审签制度，完成工艺和质量会签以及标准化审查；

（3）对复杂产品应进行特性分类，编制关键件（特性）、重要件（特性）项目明细表，并在产品技术文件和图样上作出相应的标识；

（4）设计文件的更改应符合相应的规定。

2）试制计划

（1）应制定试制计划，并经过审批；

（2）试制产品的数量、进度和质量应符合最终产品交付及合同要求。

3）生产设施与环境

（1）产品试制过程中必要的技术措施（包括基础设施、工作环境等）应能满足产品试制的要求；

（2）生产设备处于完好状态，能满足产品质量要求，专用设备应经过检定合格；对新增加的设备要按规定进行试运行，经检定合格后方可使用；

（3）生产设施与工作现场的布置，应能保证试制过程的安全以及产品与工艺对环境的要求。

4）人员配备

（1）应确保负责配合现场生产的设计、工艺等技术人员和管理人员具备相应的资格，在数量上和技术水平上符合现场工作的要求；

（2）应按产品生产的过程及各工序和工种的要求，配备足够数量、具有相应技术水平的操作、检验和辅助等人员；各类操作和检验人员应熟悉本岗位的产品图样、技术要求和工艺文件，并经培训、考核按规定持有资格证书。

5）工艺准备

（1）应制定试制产品的工艺总方案并经过评审；

（2）工艺文件配套齐全，能满足产品试制要求，并按规定进行校对、审核、批准三级审签；需要时，应进行了标准化审查和质量会签；

（3）关键件、重要件，关键过程、特殊过程均已识别，有明确的质量控制要求，并纳入相应的工艺文件；

（4）产品试制所必要的工艺装备，已经过检验或试用检定，并具有合格证明；

（5）检验、测量和试验设备应配备齐全，能满足产品试制要求，并在检定有效期内；

（6）采用的新技术、新工艺和新材料，已进行了技术鉴定并符合设计要求；

（7）产品试制、检验和试验过程中所使用的计算机软件产品应经过鉴定，并能满足使用要求。

6）采购产品

（1）采购文件的内容应符合有关要求，并已列出采购产品的清单。对采购产品的质量、供货数量和到货期已作出明确规定，且按规定进行了审批。

（2）外购、外协产品应有明确的质量控制要求，对供方的质量保证能力进行了评价，并根据评价的结果编制了合格供方名录，作为选择、采购产品的依据。

（3）对采购产品的验证、贮存和发放应有明确的质量控制要求，并实施了有效的控制。

（4）对采用的新产品，应按规定进行了验证、鉴定，并能满足产品的技术要求。

（5）采购清单所列产品应订购落实。到货产品应按规定进行入厂（所）复验。对未到货的产品应有措施保证不会影响生产。凡使用代用品的产品，应经过设计确认并办理了审批手续。

7）质量控制

（1）产品质量计划（质量保证大纲）的内容应能体现产品的特点，能满足合同与技术协议书的要求，并制定了相应的质量控制程序、方法、要求和措施；

（2）应在识别关键过程和特殊过程的基础上制定了专用的质量控制程序，并确保这些过程得到有效控制；

（3）已制定技术状态管理程序，能保证产品在试制过程中对技术状态的更改得到有效控制；

（4）已制定不合格品管理程序，能确保对试制过程中出现的不合格品作出标识并得到有效控制；

（5）试制所用的质量记录表格已准备齐全。

4. 检查程序及要求

1）检查组组成

（1）检查组应由一名主管领导负责产品试制和生产准备状态检查工作并担任检查组组长，明确规定一个职能部门具体负责检查的计划、组织与协调等工作。

（2）检查组一般由设计、工艺、检验、质量管理、标准化、计划、生产、设备、计量、供应等部门有经验的专业技术人员和管理人员组成。必要时，可吸收顾客或其代表参加，并可担任检查组副组长。

2）检查组职责

（1）检查组组长。负责检查组的组织、计划，领导检查工作，审查检查单，提出检查报告。

(2) 检查组成员。按照分工,确定检查项目,编制检查单,实施检查。对试制和生产准备状态及其存在的风险作出客观判断,并对检查结果,作出准确评价。

3) 检查程序

(1) 受检查的部门在准备工作完成后,应向主管职能部门提出申请检查报告并提出对本标准要求的删减内容。

(2) 组织检查组,审查申请报告并确定检查项目,将检查项目列入检查单,其格式参见 GJB 1710A《试制和生产准备状态检查》附录 A。

(3) 检查组按计划和程序实施检查。

(4) 检查组根据检查结果,填写检查报告,对产品试制或生产准备状态作出综合评价,其格式参见 GJB 1710A《试制和生产准备状态检查》附录 A。

(5) 对检查中提出的问题,由组织的负责人负责组织协调,并责成有关部门制定纠正措施,限期解决,主管职能部门负责实施后的跟踪检查。

(6) 检查合格或检查通过,检查报告由组织负责人批准后,方可开工生产。

(九) 不合格品管理

1. 管理概述

不合格品管理规定了对不合格品的识别、隔离、不可隔离时的控制,以及审理(审理包含评审和处置)的要求,本节按照 GJB 571A《不合格品管理》的要求,着重对不合格品的审理要求和程序以及处置进行叙述。

不合格品分严重不合格品、轻度不合格品和废品。严重不合格品是凡下列质量特性之一不能满足规定要求并可能造成严重后果的不合格品如:

① 功能特性、使用特性;

② 功能接口或物理接口;

③ 互换性;

④ 形状、重量、重心;

⑤ 可靠性、维修性、安全性;

⑥ 影响人员健康与安全;

⑦ 其他。

轻度不合格品是严重不合格品以外的不合格品为轻度不合格品;废品就是不能按预定要求使用或不能经济地进行返修的不合格品。

不合格品审理是不合格品管理中鉴别、隔离、审理、处置、记录等一系列活动之一的审理工作。不合格品审理包含不合格品评审和不合格品处置。承制单位由不合格品审理委员会及其常设机构(质量部门或技术部门)、不合格品审理小组和审理员等组成的分级审理不合格品的系统,独立行使职权。如果要改变其审理结论时,需由最高管理者签署书面决定。

顾客或其代表不属于承制单位不合格品审理委员会及其常设机构(质量部门或技术部门)和不合格品审理小组成员。需要时,可邀请顾客或其代表参加评审。必要时,不合格品审理委员会可吸收相关专业人员组成专题审理小组,对不合格品进行专题审理。

2. 审理要求

参与不合格品审理的人员应具有相应的资格,并经最高管理者授权,需要时,应征得顾客或其代表的同意。审理系统应由设计、工艺、质量、生产、采购等有关部门相对固定的人员组成。审理常设机构一般设置在质量部门或技术部门。研制阶段对不合格品进行审理时,应由设计师系统提出审理意见;应按 GJB 726A《产品标识和可追溯性要求》的规定对不合格品做好标识,并及时采取隔离或控制措施(当隔离不可实行时),防止非预期的使用或交付。

对返工或返修后的产品应重新进行检验,并做好记录;对废品,应采用破坏性或非破坏性的方式明显地予以标识,并加以隔离,防止误用。当采用非破坏性方式标识时,标识方法及图样大小应根据具体零件确定,但标识应醒目且不易消失。

不合格品的审理意见,仅对当次被审理的不合格品有效,不能作为以后审理不合格品或验收其他同类产品的依据。

3. 审理程序

(1) 检验人员在发现不合格品时,应做好以下工作:

① 按 GJB 726A《产品标识和可追溯性要求》的规定作好标识及时进行隔离;当隔离不可实行时,应采取有效控制措施,防止与合格品混淆;

② 按 GJB 571A《不合格品管理》附录 B“不合格品通知/审理单”认真填写,并加盖检验员印章;

③ 将“不合格品通知/审理单”送交审理小组(或人员)处置。

(2) 审理小组(或人员)对返工或明显报废的不合格品,可直接填写审理意见,签字后送交责任部门组织实施。否则,提交常设机构处置。

(3) 常设机构在接到“不合格品通知/审理单”后,按职责范围组织有关人员进行审理,提出并填写审理意见后提交责任部门组织实施;否则,提交审理委员会处置。

(4) 不合格品审理委员会负责对常设机构提交的不合格品进行审理,并填写处置意见后提交责任部门组织实施。

(5) 涉及让步接收、降级使用的不合格品,应根据产品所处的阶段和需要,提交设计师系统或顾客代表处置。经设计师系统或顾客代表填写处置结论并签名、盖章后由常设机构提交责任部门组织实施。

(6) 责任部门收到“不合格品通知/审理单”后,应按审理结论处置不合格品;并从人、机、料、法、环、测量等方面,找出不合格产生的原因,制定纠正措施。

4. 处置方式

不合格品的处置方式一般可包括:

① 返工;

② 返修;

③ 报废;

④ 让步接收;

⑤ 降级使用;

⑥ 退回供方。

不合格品审理系统分三个层次,即不合格品审理小组、不合格品审理常设机构和不合格品审理委员会。各自在不合格品审理的层次、分工和职责与权限等方面都是很明确的。不合格品审理小组(或人员)负责处理可返工或明显报废的轻度不合格品,并负责将职责范围内不能处置的不合格品提交常设机构;不合格品审理常设机构负责审理由审理小组(或人员)提交的不合格品和职责范围内的不合格品,并负责将严重不合格品或不能处置的不合格品提交审理委员会;不合格品审理委员会负责严重不合格品的审理以及由常设机构提交的不合格品,并对重大问题制定的纠正与预防措施进行审查。

(十) 首件鉴定及评审

1. 鉴定及评审概述

GJB 1405A《装备质量管理术语》中解释,首件鉴定是“对试生产的第一件(批)零部(组)件进行全面地过程和成品检查,以确定生产条件能否保证生产出符合设计要求的产品”的一种鉴定形式。承制单位在质量管理体系的程序文件中,应编制首件鉴定的程序文件,对首件鉴定的项目及内容从“过程”和“产品”两个方面提出要求,并针对产品的特点按“过程”的形式,对首件鉴定的程序进行细化,从而提高程序文件的规范性、操作性。

首件鉴定是对试制或小批试生产和批生产中首次制造的零(组)件进行全面地检查和试验,以证实规定的过程、设备和人员等要求能否持续地制造出符合设计要求的产品,首件鉴定产品的生产过程所采用的制造方法是否能代表随后在受控条件下进行批生产产品的生产制造方法。

首件鉴定不合格时,应查明不合格产生的原因,采取相应的纠正措施,并重新进行首件鉴定,或对鉴定不合格的项目重新进行首件鉴定。首件鉴定不合格的零件或组件不能批量投产。

2. 鉴定范围及时机

组织应对能代表首批生产的产品进行首件鉴定。首件鉴定的范围应包括:

（1）试制产品。

（2）在生产（工艺）定型前试生产中首次生产的新零（组）件，但不包括标准件、借用件。

（3）在批生产中产品或生产过程发生了重大变更之后首次加工的零（组）件，如：

① 产品设计图样中有关关键和重要特性以及影响产品的配合、形状和功能的重大更改；

② 生产过程（工艺）方法、数控加工软件，工装或材料方面的重大更改；

③ 产品转厂生产；

④ 停产两年以上（含两年）等。

（4）顾客在合同中要求进行首件鉴定的项目。

3. 鉴定及评审内容

GJB 908A《首件鉴定》明确规定，首件鉴定的内容应包括与产品有关的所有特性及其过程的要求，对组件进行首件鉴定时，其配套的零件及分组件应是经首件鉴定合格的零件及分组件。首件鉴定的意义在于对生产过程和能够代表首件生产的产品进行全面地检验及审查，以证实规定的过程、设备及人员等要求能否持续地生产出符合设计要求的产品。其内容是：

1）生产过程的检验及评审

（1）生产过程的运作与其策划结果的一致性。按规定的生产过程的作业文件（如工艺规程、工作指令等）进行作业，并采用过程流程卡（工艺路线卡）对过程的运作进行控制。

（2）对特殊过程确认的检查。当生产过程中含有特殊过程时，检查其特殊过程用于生产之前已进行了确认，过程参数获得了批准。

（3）器材合格。生产过程中使用的器材经进货检验且有合格证明文件，对于组合件，具有其零（组）件合格状态及可追溯性标识的配套表。

（4）生产条件处于受控状态。为生产过程所提供的资源和信息，涉及基础设施、工作环境、人员资格以及文件和记录均处于受控状态。

（5）生产过程文实不符的现象已解决。当生产过程及其资源条件与生产作业文件（如工艺规程、工作指令等）不一致时，应按规定办理更改、偏离或例外转序的批准手续，并进行记录。

2）产品的检验及评审

（1）产品特性的符合性。产品的质量特性是否符合设计图样的要求。

（2）不合格项目重新鉴定的结果。当有的质量特性不符合要求时，对不合格项目应重新进行首件鉴定，确定是否符合要求。

对于毛坯（如锻件、铸件）首件鉴定的内容还应包括用户的试加工合格的结论意见。

3）对生产过程作业文件确认

首件鉴定合格后，承制单位应对其使用的生产过程作业文件（如工艺规程、工作指令，数控加工的计算机软件源代码文档等）进行确认，并加盖“鉴定合格”的标识。首件鉴定合格后，组织才能批量投产。

4. 常见的问题

1）首件的概念不清楚

有些承制单位人员对首件鉴定的范围不清楚，总认为首件鉴定与新产品研制中的次数有关，认为在装备研制过程中，对试制、试生产产品的第一件（批）零部（组）件进行全面的过程和成品检查，就满足要求了；与产品首件鉴定的范围，尤其是变化的范围有关联却不清楚，没有按规定做首件鉴定。

2）评审不能替代首件鉴定

评审是为确定主题事项达到规定目标的适宜性、充分性和有效性所进行的活动。军工产品在研制生产过程中，从技术上、经济上，有组织地对加工制造方法的设计、生产进行审查、评价，形成明确结论，并有书面报告。

首件鉴定是对试制、批量生产、设计和工艺重大更改、非连续性批次生产或合同中有专门规定的第一件产品进行检查考核和评价的活动。

但在实际操作中，有些承制单位错误地将对零件、部件和组件的首件鉴定用评审的方式就确定了，认为评审通过了就等于首件鉴定通过了，对于生产过程的检验和产品的检验是评审的基础工作内容不清楚，是非常错误的。

3）首件检验不能替代首件鉴定

首件鉴定是对产品加工或装配的确认，批产品中只有先进行首件鉴定合格后，才能进行批生产；有了批生产，才有批次中的第一件进行检验。首件检验是产品研制生产的工序行为，是检验人员对一批零部（组）件的首件进行性能、外观和尺寸的符合性检查，首件产品检验是否合格，关系到批产品能否继续生产的问题。由此可知，首件检验替代首件鉴定是非常错误的。

（十一）初样机评审转正样机研制

1. 评审概述

相关法规和标准规定：研制单位负责武器装备的设计、试制及科研试验。除飞机、舰船等大型武器装备平台外，一般进行初样机和正样机两轮研制和完成初样机试制后，由研制主管部门或研制单位会同使用部门组织鉴定性试验和评审，证明基本达到要求和规定的战术技术指标要求，试制、试验中暴露的技术问题已经解决或有切实可行的解决措施，方可进行正样机的研制。

常规武器装备实施五个阶段研制，C 和 S 是分系统、设备以下层次产品在工程研制阶段的两个不同的研制状态（即工程设计状态和样机制造状态），样机名称为初样机,用C标示,正样机,用S标示。C转S状态评审是指C状态的初样机完成研制后评审,转入S状态正样机的研制。所以,C转S状态评审又称为初样机评审,评审合格后批准进入产品的试制状态,即正样机的研制状态。

C转S状态评审是承制单位按常规武器研制程序的规定,必须进行的一项评审工作。根据产品研制的复杂程度或产品定型等级,对于二级以上产品(含二级),待评审通过并将意见和问题修改完善后,报使用单位研制主管部门会同装备研制主管部门一起,对该产品研制的C转S状态进行审查,其提供审查的文件和审查内容与评审基本一致。使用单位研制主管部门会同装备研制主管部门审查合格后,才能转入正样机试制状态。

2. 评审提供的文件

(1) 初样机研制情况的报告、试验报告、六性分析报告等;

(2) 产品图样(原理图、交联关系图、包装图样);

(3) 软件产品及软件程序资料;

(4) 专用测试设备图样、随机工具图样;

(5) 草拟的产品质量保证大纲和工艺标准化综合要求;

(6) 草拟产品规范;

(7) 关键件(或特性)、重要件(或特性)、关键工序、特种工艺的质量控制文件以及关键件、重要件进行首件鉴定文件;

(8) 试验大纲、试验规程及相关试验表格、试验记录文件。

3. 评审的内容

(1) 初样机设计经试验验证原理、结构是否可行,技术性能是否满足研制总要求或技术协议书的要求?

(2) 软件开发和测试结果是否基本满足产品功能和性能要求?

(3) 关键技术问题是否已基本突破,遗留问题是否有解决措施?

(4) 关键件(或特性)、重要件(或特性)、关键工序、特种工艺是否编制质量控制文件? 是否具有可操作性?

(5) 关键件、重要件是否进行首件鉴定,其鉴定文件是否符合军用标准要求,并具有可追溯性?

(6) 地面试验技术指标是否协调、工作是否稳定、安全是否可靠?

(7) 设计资料、技术文件是否齐全,是否已整理完毕,符合归档条件?

(8) 评审会议是否讨论评审意见并形成评审结果。

4. 常见的问题

(1) 对初样机研制的目的是考核设计原理、结构的正确性认识不足。因此,对初样机研制的资料在评审时准备不充分,重视硬件研制,不明白资料在装备研制过程中对接口关系的重要性。比如,产品的特性分析报告等文件,只有一个关键件、重要件项目表，这些关键件、重要件项目如何来的不清楚，并不知道是通过分解后，按 GJB 190《特性分类》的要求，进行性能指标分析、设计分析识别出来的。

(2) 技术状态基线文件研制规范编写不及时，在工程研制阶段初样机都研制出来了，但承制单位没有编写研制规范，造成基线文件没有起到规范作用而产生错误的认识，认为技术协议书是产品研制的唯一依据性文件。GJB/Z 16《军工产品质量管理要求与评定导则》规定，技术协议书是产品研制的制约性文件。在供需双方签订技术协议书时，应详细列出新器材的技术要求和质量标准，试制、试验、试用的程序和记录，以及各方应负的质量责任等。

(3) 在对初样机进行评审时，有些承制单位不能提供被检查的《工艺标准化综合要求》的文件，工艺标准化综合要求文件是规定样机试制工艺标准化要求、指导工程研制阶段工艺标准化工作的型号标准化文件，也是生产定型时编制工艺标准化大纲的基础文件。

(十二) 地面试验样机评审转飞行试验样机研制

1. 评审概述

相关法规和标准规定：初样研制工作完成后，研制单位提出初样研制报告并附有关资料。使用部门应会同研制主管部门组织进行评审。评审通过后方可转入试样研制。依据要求，战略武器装备是分四个阶段（即论证阶段、方案阶段、工程研制阶段和定型阶段）研制的，其工程研制阶段的两个不同研制状态的术语与常规武器装备研制有所区别，即为初样研制状态的地面试验样机，用 C 标示，试样研制状态的飞行试验样机，用 S 标示。因此，C 转 S 状态评审是指 C 状态的地面试验样机完成研制后评审，转入 S 状态飞行试验样机的研制。所以，C 转 S 状态评审又称为地面试验样机评审，评审合格后批准进入产品的试制状态，即飞行试验样机的研制状态。但在其评审或审查的内容和提供的文件方面基本类似。

2. 评审提供的文件

(1) 地面试验样机研制情况的报告、试验报告、六性分析报告等；

(2) 产品图样（原理图、交联关系图、包装图样）；

(3) 软件产品及软件程序资料；

(4) 专用测试设备图样、随机工具图样；

(5) 草拟的产品质量保证大纲和工艺标准化综合要求；

(6) 草拟产品规范；

(7) 关键件（或特性）、重要件（或特性）、关键工序、特种工艺的质量控制文件以及关键件、重要件进行首件鉴定文件；

(8) 试验大纲、试验规程及相关试验表格、试验记录文件。

3. 评审的内容

(1) 地面试验样机设计经试验验证原理、结构是否可行,技术性能是否满足研制总要求或技术协议书的要求?

(2) 软件开发和测试结果是否基本满足产品功能和性能要求?

(3) 关键技术问题是否已基本突破,遗留问题是否有解决措施?

(4) 关键件(或特性)、重要件(或特性)、关键工序、特种工艺是否编制质量控制文件? 是否具有操作性?

(5) 关键件、重要件是否进行首件鉴定,其鉴定文件是否符合军用标准要求,并具有可追溯性?

(6) 地面试验技术指标是否协调、工作是否稳定、安全是否可靠?

(7) 设计资料、技术文件是否齐全,是否已整理完毕,符合归档条件?

(8) 评审会议是否讨论评审意见并形成评审结果。

4. 常见的问题

(1) 对地面试验样机研制的目的是考核设计原理、结构的正确性认识不足。因此,对地面试验样机研制的资料在评审时准备不充分,重视硬件研制,不明白资料在装备研制过程中对接口关系的重要性。比如,产品的特性分析报告等文件,只有一个关键件、重要件项目表,这些关键件、重要件项目如何来的不清楚,不知道是通过分解后,按 GJB 190《特性分类》的要求,进行性能指标分析、设计分析后识别出来的。

(2) 技术状态基线文件研制规范编写不及时,在工程研制阶段地面试验样机都研制出来了,但承制单位没有编写研制规范,造成基线文件没有起到规范作用而产生错误的认识,认为技术协议书是产品研制的唯一性依据性文件。GJB/Z 16《军工产品质量管理要求与评定导则》规定,技术协议书是产品研制的制约性文件。在供需双方签订技术协议书时,应详细列出新器材的技术要求和质量标准,试制、试验、试用的程序和记录,以及各方应负的质量责任等。

(3) 在对地面试验样机进行评审时,有些承制单位不能提供被检查的《工艺标准化综合要求》的文件,工艺标准化综合要求文件是规定样机试制工艺标准化要求、指导工程研制阶段工艺标准化工作的型号标准化文件,也是生产定型时编制工艺标准化大纲的基础文件。

(十三) 正样机或飞行试验样机的设计评审

1. 评审概述

工程研制阶段的设计评审应根据技术协议书和(或)相关标准要求对产品的设计、试制及鉴定试验是否满足产品技术要求进行评审。工程研制阶段设计评审的评审要求、次数、评审点及内容等应根据产品的特点及研制工作实际需要确定,必要时,应征得顾客或其代表的同意。

工程研制阶段的设计评审，对于辅机产品来说，常规武器装备和战略武器装备在工程研制阶段样机的术语不一样，但都存在两次设计评审，即初样机或地面试验样机设计方案的设计评审和正样机或飞行试验样机设计方案的设计评审工作。虽然，两次设计评审的内容基本相同，但技术要求和质量要求以及提供评审的技术文件绝不是一样的。

根据研制工作的实际需要，可组织如：可靠性、维修性、安全性、保障性专题设计评审，系统试验评审，设计复核复算评审和软件、标准化、元器件选用及电磁兼容性设计评审等专题设计评审。专题设计评审是为了降低风险，对产品质量、研制进度和经费有重大影响的专业技术进行的评审。专题评审的内容和要求可参照相关章节进行。

2. 评审提供的文件

(1) 样机研制、试验情况报告；

(2) 可靠性等六性大纲实施情况的报告；

(3) 草拟的产品规范、工艺规范、软件规范和材料规范；

(4) 型号特性分析报告；

(5) 生产图样及相关技术文件；

(6) 风险分析报告；

(7) 产品质量保证大纲。

3. 评审的内容

工程研制阶段正样机或飞行试验样机设计评审的主要内容一般包括：

(1) 产品设计的功能、理化特性、生物特性满足研制任务书和(或)合同要求的程度；

(2) 产品功能、性能分析、计算的依据和结果；

(3) 系统与各分系统、各分系统之间、分系统与设备之间的接口协调性；

(4) 可靠性、维修性、安全性、保障性大纲和质量保证及标准化大纲的执行情况；

(5) 采用的设计准则、设计规范(指设计活动中编制的规范性文件，如系统规范、研制规范、品质规范、试验规范、检验规范、包装规范等)和标准的合理性和执行情况；

(6) 故障模式、影响及危害性分析，确定的关键件(特性)和重要件(特性)清单；

(7) 安全性分析确定的残余危险清单；

(8) 人机工程和生物医学等方面的分析；

(9) 系列化、通用化、组合化设计情况；

(10) 设计验证情况及结果；

(11) 计算机软件的测试结果;

(12) 前一次设计评审遗留问题的解决情况;

(13) 元器件、原材料、零部件控制情况及结果;

(14) 设计的可生产性,工艺的合理性、稳定性;

(15) 多余物的预防和控制措施执行情况;

(16) 环境适应性分析的依据及结果;

(17) 质量问题归零执行情况;

(18) 价值工程分析;

(19) 设计定型技术状态以及技术风险分析和采取的措施;

(20) 制定的定型鉴定试验方案(或试验大纲);

(21) 其他需要评审的项目。

(十四) 正样机或飞行试验样机工艺评审及首件鉴定

1. 工艺评审概述

工程研制阶段对正样机或飞行试验样机的工艺评审,是针对样机设计评审结束后,产品形成过程对工艺设计的正确性、先进性、经济性、可行性、可检验性等进行分析、评议和工艺评审已经结束,设计图样及技术文件转化生产图样及技术文件的过程已符合相关法规和标准要求;工艺装备、设备已符合生产要求;工艺标准化要求已到位的基础上,完成对正样机或飞行试验样机首件鉴定的过程,其结果应满足 GJB 908A《首件鉴定》并符合 GJB 1269A《工艺评审》的规定和装备产品规范、工艺规范的要求。

每一评审对象的工艺评审结束后,承制单位应认真分析《工艺评审报告》提出的主要问题及改进建议,制定措施,完善工艺设计,并经技术负责人审批后组织实施。

质量部门应对评审结论的处置意见和审批后的措施实施情况进行跟踪管理。

2. 工艺评审依据

(1) 常规武器装备研制程序规定"正样机完成试制后,由研制主管部门会同使用部门组织鉴定"(在工程研制阶段的鉴定就是指首件鉴定)。

(2) 战略武器装备研制程序规定:在工程研制阶段内飞行试验样机,进行系统地面试验、飞行试验和部分鉴定定型工作(在工程阶段的部分鉴定定型就是指首件鉴定)。

(3) GJB 907A《产品质量评审》5.1 产品质量评审应具备的条件一般包括产品按要求已通过设计评审、工艺评审及首件鉴定等其他规定的要求。

3. 工艺评审的内容

(1) 按 GJB 908A《首件鉴定》的要求,对正样机或飞行试验样机进行首件鉴

定,确保资料的完整性;

(2) 按相关法规和GJB 1269A《工艺评审》的要求进行审查、评议;

(3) 工艺规范以及关键件、重要件和关键工序的工艺规程的规范性和操作性;

(4) 审查产品相关生产图样及技术文件、资料;

(5) 检查上一阶段(状态)评审发现问题的解决情况;

(6) 质量管理体系程序文件对工艺管理要求的适应性、符合性。

4. 常见的问题

在工程研制阶段,样机研制结束后,应进行工艺评审及首件鉴定。对于辅机来说,设计、工艺和产品质量评审应各有两次评审,即为初样机或地面试验样机和正样机或飞行试验样机的评审,但在实际的研制工作中,缺项目、缺内容的现象比较普遍,主要体现在:

(1) 样机制造结束后,忙于研制试验和设计定型或鉴定试验,往往不知道还应进行工艺评审,只进行产品质量评审后,转入其他工作。

(2) 个别研制单位对工艺评审的认识不正确,总认为样机出来了,产品的质量就没问题了。实际上样机出来了,仅仅是一台(套)满足要求,但生产图样及技术文件并不一定符合小批试生产的要求和需求,必须按相关法规和标准进行工艺评审及首件鉴定。

(3) 个别研制单位虽然进行工艺评审及首件鉴定,但文件资料不全,没有可追溯性。

(十五) 装备科研试验评审

1. 科研试验概述

相关法规、标准规定,装备试验按照试验性质分为装备科研试验和装备定型(鉴定)试验。装备科研试验为检验装备研制总体技术方案和关键技术提供依据。装备定型(鉴定)试验为装备定型(鉴定)提供依据。研制单位负责武器装备的设计、试制及科研试验,装备科研试验是装备研制的重要环节,研制单位和使用单位应极为重视。

主机与辅机装备试验有所不同的是,辅机的装备试验同样分装备科研试验和装备鉴定试验。承制单位完成装备科研试验后,按照相关标准应进行设计、工艺及首件鉴定和产品质量评审工作后,才能转入鉴定试验工作状态。辅机的鉴定试验分地面状态的鉴定试验和飞行状态的鉴定试验,地面状态的鉴定试验项目完成后,飞行状态的鉴定试验是随主机的装备科研试验和装备定型(鉴定)试验结束后,给出辅机的设计鉴定意见。例如配套产品鉴定试验试飞情况以及五性评估等相关意见,作为配套产品设计鉴定的依据性文件。

2. 科研试验评审项目

装备科研试验是描述装备在研制的工程研制阶段内完成的试验内容,此阶段的试验一般是承制单位自行或在驻厂军事代表具体监督下完成,其试验项目一般有:电磁兼容试验、电源特性试验、功能性能试验、环境试验、环境应力筛选、可靠性研制试验等,这些试验为排除不良元器件、制造工艺和其他原因引入的缺陷造成的早期故障或通过对产品施加适当的环境应力、工作载荷,寻找产品中的设计缺陷,以改进设计,满足或提高产品的固有可靠性水平。这些试验在装备的研制过程中都是必须做的,而且试验完成后必须进行专门的试验评审确定试验的结果。

从常规武器装备研制程序中规定研制单位负责武器装备的设计、试制及科研试验工作可知,科研试验是承制单位在工程研制阶段完成相关研制工作后所进行的试验,试验完成后,应对相关试验结果进行评审,一一给出试验结论,其评审过程及内容不再赘述。但作为与型号配套的整机(主机)和成品,在工程研制阶段的科研试验完成后,为了验证产品质量及检验装备研制总体技术方案和关键技术,使用部门会同研制主管部门,联合重点对已完成设计、工艺评审及首件鉴定的装备进行产品质量评审或审查是完全有必要的。

3. 常见的问题

(1) 装备科研试验是承制单位在武器装备的工程研制阶段,验证装备研制质量的关键环节,由于个别承制单位对科研试验理解的差异,此工作往往用摸底试验替代;

(2) 对装备科研试验的概念不清楚,认为对样机质量有把握的就不做了,质量没有底的就做一下相关试验;

(3) 正样机或飞行试验样机完成后,直接申请做设计鉴定试验,无形中增大了试验风险。

(十六) 生产准备状态检查

1. 状态检查概述

承制单位组织在产品小批试生产前的准备情况检查和检查后的评审是十分必要的。产品在研制过程小批试生产前,承制单位应根据产品的特点、生产规模、复杂程度以及准备工作的实际情况等,可以集中,也可以分级分阶段地进行产品的生产准备状态检查。其目的是,对生产的准备状态进行全面系统地检查并及时评审总结,能对其开工条件作出评价,规避装备研制过程的各种风险,对生产准备情况实施有效地控制,并根据产品特点列出检查项目清单,记录检查结果,通过评审总结对存在的问题制定纠正措施并进行跟踪,以保证检查活动的全面性、系统性和有效性,确保正样机或飞行试验样机能真实显现技术状态,为装备小批试生产的批量制造打下技术、工艺基础,同时也为产品设计定型或设计鉴定打下良好的基础。检查结果应符合 GJB 1710A《试制和生产准备状态检查》5.2 生产准备状态检查的内容和要求以及相关标准的规定。

2. 检查的时机

武器装备研制进入工程研制阶段的后期，生产准备状态检查一般有以下四种状态需检查：

(1) 小批试生产前（设计定型或鉴定之前）。小批试生产是产品设计定型后的首批生产，在小批试生产前进行准备状态的检查并通过评审后，再进行小批试生产。

(2) 批生产前。批生产是产品生产定型后的首批生产，在批生产前进行准备状态的检查并通过评审后，再进行批生产。

(3) 间断性生产前。隔年度生产前（如奇数年）先进行准备状态的检查并通过评审后，再进行隔年度的生产。

(4) 转厂生产前。转厂生产前应先进行准备状态的检查并通过评审后，再进行转厂生产。

3. 检查的内容

1）设计文件

(1) 生产图样和主要设计、试验、验收、使用等有关技术文件，应完整、准确、协调、统一、清晰，并能满足小批试生产的需要；

(2) 首件鉴定发现的问题已经得到解决；

(3) 设计更改已按规定的程序，实施了严格的控制，并符合规定的要求。

2）生产计划与批次管理

(1) 生产计划的制定应做到全面、协调，能保证均衡生产。其生产进度应符合该批次最终产品交付的要求；

(2) 已制定了完善的批次管理程序，并对制成品、在制品转批的管理作出了明确规定。

3）生产设施与环境

(1) 生产设施应按工艺准备的要求配套齐全，并保证安全；

(2) 生产设备应能符合产品小批试生产的要求，按规定保养、检修、检定，并作出相应的标志；

(3) 当生产工艺、设备使用和测量对温度、湿度、清洁度、振动、电磁场、噪声等环境有特殊要求时，其生产环境应能符合规定的要求，并有相应的控制手段和记录。

4）人员配备

(1) 应确保负责配合现场生产的设计、工艺等技术人员和管理人员具备相应的资格，在数量上和技术水平上符合现场工作的要求；

（2）应按产品生产的过程及各工序和工种的要求，配备足够数量、具有相应技术水平的操作、检验和辅助等人员。各类操作和检验人员应熟悉本岗位的产品图样、技术要求和工艺文件，并经培训、考核按规定持有资格证书。

5）工艺准备

（1）已制定了生产产品的工艺总方案并经过评审；

（2）关键工艺技术已得到解决，并纳入了工艺规程或其他有关文件；

（3）应按规定的要求进行工艺评审，对工艺总方案和关键件、重要件工艺文件以及特殊过程的工艺文件进行评审；

（4）在产品研制的基础上，工艺规程、作业指导书等各种技术文件已经确定，能满足小批试生产的质量和数量的要求；

（5）生产现场的工艺布置、工位器具的配备，应按小批试生产的要求符合工序的性质和加工程序，并实施定置管理；

（6）工艺装备、检验、测量和试验设备等，应按小批试生产配备齐全，其准确度和使用状态应能满足小批试生产的要求，并编制检修、检定计划；对检验与生产共用的工艺装备、调试设备，应有控制程序保证能按规定进行检定或校准；

（7）关键过程的控制方法已确定并纳入工艺规程。必要时，应采取统计技术进行控制，以减少加工中的变异；

（8）已制定特殊过程的质量控制程序和有关的工艺文件，能对其实施有效控制；

（9）对产品制造、检验和试验所用的计算机软件，已经过鉴定，并确保能满足生产使用的要求。

6）采购产品

（1）对提供采购产品的供方已进行质量保证能力和产品质量的评价，并编制了合格供方名录和采购产品优选目录；

（2）应在批准的合格供方名录和采购产品优选目录中选择供方和产品，并在质量、数量、交货期方面，能满足小批试生产的需求；

（3）应有完善的采购产品入厂（所）复验、筛选、检测的程序，且工作条件已经具备；

（4）应按规定的要求，实施对采购产品入库、贮存、发放的控制，其采购产品的贮存条件应能满足规定的要求。

7）质量控制

（1）产品质量计划（质量保证大纲）已经修订完善，并通过了评审；

（2）首件鉴定工作已经完成，并有逐工序及最终检验合格结论，制造工艺应符合设计要求；

（3）应有规定的程序，能对产品生产的过程和产品质量实施有效控制；

(4) 应有规定的要求,对设计、工艺文件及材料、设备的技术状态,实施严格控制;

(5) 对识别的关键过程和特殊过程,已制定了专用质量控制程序,并能实施有效控制;

(6) 已制定适用于小批试生产的不合格品管理程序;

(7) 对产品实现的过程应能实施监视和测量,并按制定的程序能实施有效控制。

4. 检查程序及要求

1) 检查组组成

(1) 检查组应由一名主管领导负责产品生产准备状态检查工作并担任检查组组长,明确规定一个职能部门具体负责检查的计划、组织与协调等工作。

(2) 检查组一般由设计、工艺、检验、质量管理、标准化、计划、生产、设备、计量、供应等部门有经验的专业技术人员和管理人员组成。必要时,可吸收顾客或其代表参加,并可担任检查组副组长。

2) 检查组职责

(1) 检查组组长负责检查组的组织、计划,领导检查工作,审查检查单,提出检查报告。

(2) 检查组成员按照分工,确定检查项目,编制检查单,实施检查。对生产准备状态及其存在的风险作出客观的判断,并对检查结果作出准确评价。

3) 检查程序

(1) 受检查的部门在准备工作完成后,应向主管职能部门提出申请检查报告并提出对本标准要求的删减内容。

(2) 组织检查组,审查申请报告并确定检查项目,将检查项目列入检查单。其格式参见 GJB 1710A《试制和生产准备状态检查》附录 A。

(3) 检查组按计划和程序实施检查。

(4) 检查组根据检查结果,填写检查报告,对产品生产准备状态作出综合评价。其格式参见 GJB 1710A《试制和生产准备状态检查》附录 A。

(5) 对检查中提出的问题,由组织的负责人负责组织协调,并责成有关部门制定纠正措施,限期解决,主管职能部门负责实施后的跟踪检查。

(6) 检查合格或检查通过,检查报告由组织负责人批准后,方可开工生产。

(十七) 质量检验工作评审

1. 检验工作概述

相关法规、标准明确规定,武器装备研制、生产单位应当按照标准和程序要求进行进货检验、工序检验和最终产品检验;对首件产品应当进行规定的检验;对实行军检的项目,应当按照规定提交军队派驻的军事代表(以下简称军事代表)检验。武器装备研制、生产单位应当对其外购、外协产品的质量负责,对采购过程实施严格控制,对供应单位的质量保证能力进行评定和跟踪,并编制合格供应单位名录。未经检验合格的外购、外协产品,不得投入使用。同时还要求,武器装备研制、生产单位交付的武器装备及其配套的设备、备件和技术资料应当经检验合格。

承制单位在装备研制、试验和修理工作中,对产品的质量检验工作应认真贯彻国家和上级主管部门颁发的有关质量法令、法规及各项规定,遵循严格把关与积极预防相结合、专职检验与操作者自检相结合的工作原则。设置能独立行使职权的质量检验部门,明确规定检验人员的职责和权限,对检验人员实行集中统一的管理,配备必要的资源,包括相应的检验技术人员、管理人员、测量装置、检验方法和适宜的工作环境,确保质量检验工作的正常开展。并确保其独立地、客观地行使职权,授权质量检验部门严格按规定的要求对产品进行独立地、符合性判定,防止不合格品的非预期使用或交付。真正做到最高管理者对最终产品质量负全责。

2. 检验工作要求

承制单位的质量检验工作,应从质量检验部门的职责与权限、检验人员的职责与权限、检验文件和检测技术和测量装置等四个方面提出具体要求,其内容应符合 GJB 1442A《检验工作要求》的具体规定。

1) 质量检验部门的职责与权限

(1) 负责管理承制单位的质量检验工作,编制或参与编制检验技术和管理文件,会签有关技术文件;

(2) 根据检验文件组织检验人员对产品(含采购产品)进行质量检验(含工序检验),做出合格与否的结论,办理产品放行的质量证明文件;

(3) 代表承制单位向军代表(或顾客代表)提交经检验合格的产品;

(4) 按规定管理和保存为产品实现的过程及产品满足要求提供证据所需要的记录;

(5) 负责对检验人员进行职业道德教育、专业技术交流、定期考核,配合人力资源部门对复岗、转岗或增加检验项目的检验人员进行培训和考核;

(6) 负责检验印章的管理工作;

(7) 负责研究和推行先进的检验方法和检测技术,提出研制、改进和引进新测量装置的需求;

(8) 按规定的授权和分工处置不合格品,参与不合格品原因分析;

(9) 参与首件鉴定、技术质量攻关、产品质量评审和对供方的质量保证能力考察等工作;

(10) 有权越级反映质量问题。

2）检验人员的职责与权限

（1）依据检验技术文件或工艺文件要求，对采购的产品、半成品（在制品）、成品合格与否做出判断，并对检验结果的正确性负责；

（2）按产品监视和测量要求及 GJB 726A《产品标识和可追溯性要求》的规定，对产品检验状态进行标识；

（3）做好检验和试验记录并及时归档；

（4）负责授权范围内不合格品的处置；

（5）有权越级反映产品质量检验问题。

3）检验文件

（1）文件要求。

承制单位应按质量管理体系的要求，结合本单位的实际情况和产品的特点编制检验文件。规定检验文件的编制、审批、发放和更改的要求，以确保检验文件的现行有效。检验文件一般包括检验计划、检验规程、检验记录和检验报告等。

（2）检验计划。

承制单位应按需要编制检验计划，检验计划一般包括：

① 检验作业计划；

② 检验保证措施；

③ 检验验收节点网络图；

④ 检验站（点）的设置；

⑤ 检验器具和测量装置的改造更新计划；

⑥ 检验人员的配备和培训计划等。

（3）检验规程。

承制单位应编制检验规程（或作业指导书），检验规程可以是工艺规程的一部分（指工序检验），检验规程一般应包括：

① 产品接收和拒收的准则；

② 检验项目、程序、方式、方法、环境和场所；

③ 检验所需测量装置和工装；

④ 测量结果的记录要求；

⑤ 抽样方案和/或批接收的标准；

⑥ 其他检验要求。

（4）检验记录。

承制单位应建立并保持检验记录，并规定记录的格式和内容。检验记录应能提供产品实现全过程的完整质量证据，并能清楚地表明产品满足规定要求的程度。检验记录应：

① 包括产品形成过程的控制记录、产品检验和试验的记录、不合格品审理的记录以及产品质量证明文件等。

② 内容与签署完整、数据准确，清晰。按规定要求进行标识、贮存、保护和检索，并能满足产品质量状况可追溯性要求。

③ 满足顾客和法律法规对保存期限的要求，与产品质量相关的记录应与产品的寿命周期相适应。记录的销毁应经授权人批准，销毁记录应予以登记。

（5）检验报告。

承制单位应根据产品特点和管理要求，编制检验日常报告和定期报告，对检验日常报告和定期报告的格式及内容做出明确规定并满足下列要求：

① 向内部有关部门提供日常检验报告。报告内容应包括检验的产品、方式、次数，出现的质量问题及接收和拒收的数量等。

② 应对检验数据进行统计分析，定期向有关部门提出产品质量分析报告和质量改进建议报告。

4）检测技术和测量装置

（1）承制单位应提供验证产品质量所需要的检测技术和测量装置，积极采用、推广先进的检测技术，不断改造、更新测量装置；

（2）使用的测量装置应具有检定合格标志，并在规定的检定周期内使用，严禁超期使用，其测量装置的测量不确定度应能满足产品检测的要求；

（3）标准实样应由设计、工艺部门会同检验部门或驻厂（所）军代表室（或顾客代表），根据有关质量文件或合同要求选定、制作，并按规定履行审批手续；

（4）规定有关部门编制标准实样目录，实行注册管理，并在规定的检定周期内使用；

（5）对生产和检验共用的工艺装备、标准实样或调试设备用作检验手段时，使用前应进行校准或验证，并按规定的周期进行复检；

（6）现场在用检验与测量装置应有状态标识，防止错用。

5）检验印章的保管要求

（1）承制单位对检验印章应统一设计、刻制并实行注册管理，确保印章的唯一性；

（2）检验人员应通过岗位培训，考核合格并取得检验员资格后，才能领取检验印章；

（3）检验印章应专人、专印、专用，不得借用或挪作它用，遗失印章应及时声明；

（4）检验人员退休、免职或长期（半年以上）脱岗，检验印章应及时收回并销毁。

3. 检验项目及要求

质量检验项目主要是根据武器装备形成的关键环节设置的检验项目内容，如对采购产品（含外购产品、外包产品）的检验、生产过程（工序）的检验、最终产品的检验、提交军代表（或顾客代表）的检验、产品包装的检验等，都应提出具体的质量检验要求，并应符合 GJB 1442A《检验工作要求》的规定。

（1）采购产品（含外购产品、外甩产品）检验要求。承制单位在武器装备的研制过程中，对采购产品的检验应有设计文件要求，即复验规范或验证规范等规范性文件，复验规范的内容应包括：复验项目，技术要求，检验、试验方法，验收标准等。检验技术人员应针对设计文件及规范的要求，针对产品的特点，编制采购产品的验收规程，其验收规程的检测方法与验收标准，应与供应单位保持一致，并符合 GJB/Z 16《军工产品质量管理要求与评定导则》的要求。

① 外购产品（含原材料，元器件，成品件）检验要求。对外购产品（含原材料，元器件，成品件）的检验，应做到：

a. 按对外购产品编制的验收规程进行复验或验证，确保未经检验或未经验证的外购产品不入库、不投产；验收过程应符合 GJB 939《外购器材的质量管理》的相关要求。

b. 对出库、入库的外购产品应按规定进行验证，符合要求后才能放行。对有可追溯要求的产品，应做好标识（如批次号、炉批号），并符合 GJB 726A《产品标识和可追溯性要求》的规定。

c. 对代用的器材，出库时应检验代料单的审批手续是否齐全。

d. 如因生产急需来不及检验而紧急放行的外购产品，应制定相关规定，严格审批。必要时，应征得顾客代表的同意。对紧急放行的外购产品应作好标识和记录，以便发现有问题产品时，能立即追回和更换。对于不能追回和更换的外购产品不能使用紧急放行。

② 外包产品的检验要求。承制单位应对外包（含外协、配套）产品进行入厂（所）检验。外包（含外协、配套）产品验收一般应注意下述内容：

a. 验证外包（含外协、配套）产品的质量证明文件或检验记录是否满足规定的要求。

b. 按对外包（含外协、配套）产品编制的验收规程进行检验，确保未经检验合格的外包（含外协、配套）产品不入库。

c. 按规定对入厂（所）外协产品进行验证，未经验证的外协产品不得投产。必要时，可在协作单位的现场实施验证，或对外协单位的生产过程进行监督。

（2）生产过程（工序）检验要求。承制单位应根据产品的特点和 GJB 9001B 的要求，对生产提供过程进行策划，确定其受控条件，并根据策划结果和受控条件，编制质量控制文件（如工艺规程、随件流程卡等）。适用时，还应根据产品的特点，编制关键过程和特殊过程的控制文件（操作规程等）。生产过程的工序检验，应按 GJB 1442A《检验工作要求》5.3.3 条的规定，工序检验用的检验规程可以是工艺规程的一部分。由此，在工序检验时注意下述内容：

① 按工艺规程中工序的规定进行过程（工序）检验，防止不合格品转入下道工序。

② 按 GJB 467A《生产提供过程质量控制》的要求，对批量生产的产品或关键件、重要件（含工序）进行首件检验。必要时，进行首件二检（自检、专检），确认合格并作出标识和记录后方可继续加工。

③ 按规定对加工中的产品实施巡回检验并记录，确保加工中的产品符合规定的要求。

④ 使用代用材料时，应按要求履行审批手续，并经检验合格。

⑤ 按 GJB 909A《关键件和重要件的质量控制》的要求，对关键过程实施有效控制，对关键件、重要件进行严格检验，并按规定记录实测数据。

⑥ 按 GJB 726A《产品标识和可追溯性要求》的规定，对产品的检验状态进行标识和可追溯性管理，防止产品在过程流转中发生混淆。

⑦ 对让步放行的产品应经批准，并有可靠的追回程序；让步放行的产品应标识并保持记录。

⑧ 检验人员对鉴别出的不合格品，应按 GJB 571A《不合格品管理》的有关规定进行标识、隔离，做好记录并填写不合格品通知单。检验人员应在授权范围内处置不合格品。

⑨ 对返修、返工的产品应重新进行检验。

（3）最终产品检验要求。承制单位应按照 GJB 1442A《检验工作要求》5.3.1 条规定，按质量管理体系的要求，结合本单位的实际情况和产品的特点编制检验文件。并按规定检验文件的编制、审批、发放和更改的要求，以确保检验文件的现行有效。检验文件一般包括检验计划、检验规程、检验记录和检验报告等。在对最终产品的检验时注意下述内容：

① 应按武器装备研制的产品规范编制最终产品的检验规程，对完工产品进行最终检验，以表明产品符合规定的要求；

② 最终产品检验合格后，应按规定向军事代表（或顾客代表）提交验收，经军事代表（或顾客代表）确认合格后，方可办理质量证明文件；

③ 经军事代表（或顾客代表）确认验收合格的产品，应按 GJB 726A《产品标识和可追溯性要求》的规定作出标识，并填写质量证明文件。

（4）提交军事代表（或顾客代表）检验要求。对最终产品检验合格后提交军事代表检验时应注意下述内容：

① 应按规定向军事代表提交经检验合格的产品（含过程）。

② 提交军事代表检验的项目与内容应由军事代表提出，经协商确定并形成文件（军检项目清单）。

③ 应将工序共检项目、军检项目纳入工艺规程。对军方独立验收的项目，应设置单独的军检工序。

④ 应负责处理军事代表在验收中提出的产品质量问题。对处理后的产品需经重新检验合格后，才可再次提交军事代表验收。

⑤ 经军事代表同意，过程检验和最终检验可以和军事代表检验合并进行。

⑥ 军检项目的检查结果应形成记录。

（5）产品包装检验要求。最终产品经军事代表检验合格后，包装工作准备完毕，提交军事代表检验前应注意下述内容：

① 应制定产品包装检验规程；

② 产品的包装材料，包装箱应符合规定的要求；

③ 检验人员应按装箱单核对装箱产品的型号、图号、名称、规格和数量以及质量证明文件是否齐全等，产品的封存及外观应符合规定的要求；

④ 产品装箱质量，包装箱识别标志及易燃、易爆、易挥发、有毒以及放射性等产品的特殊处理应符合相关的规定；

⑤ 经检验合格的包装产品应在包装箱开启处加盖检验合格封记。

（6）顾客提供产品的检验要求。顾客提供产品（含产品、零部件、工具和设备）的检验一般包括：

① 验证产品质量证明文件及外观质量，对其进行标识、保护和维护，并保持记录。

② 顾客提供的产品使用（加工）前应进行检验，符合规定的要求后方可投入使用（加工）。组织应爱护顾客提供的产品，当发生产品丢失、损坏或不适用的情况，应及时通报顾客。

4. 常见的问题

在装备的研制过程中，对装备的质量检验工作在方式、方法上门类较多，都不符合法规和相关标准的要求，尤其是对最终产品的质量检验，没能从根本上起到质量保证的作用，主要是：

1）用技术协议书替代检验规程检验

外包外协产品，提交产品时质量保证文件应是检验规程，而不是双方鉴定的技术协议书。根据 GJB/Z 16《军工产品质量管理要求与评定导则》4.6.3.1 规定，技术协议书是制约性文件，是供需双方签订技术协议书时，详细列出新器材的技术要求和质量标准，试制、试验、试用的程序和记录，以及各方应负的质量责任的制约性文件，不是质量保证文件。用质量保证文件即检验规程检验合格后的产品才能出厂。

2）用检验规范替代检验规程检验

“规范”的内容是一种要求，并不是操作性文件。武器装备在研制过程中，设计方案评审确定后，设计文件中就应根据 GJB 190《特性分类》5.3 条选定检验单元的要求，编写产品的特性分析报告，并编制检验规范提出对产品检验的项目、内容和工作要求。而后，质量检验人员应根据检验规范的项目、内容和 GJB 1442A《检验工作要求》的质量保证规定，编制产品的检验规程，而不是直接用设计文件的检验规范来检验产品。

还有些承制单位仍沿用了一代或二代测绘仿制产品的传统做法，用验收技术条件或制造与验收技术条件替代检验规程。验收技术条件与检验规范一样也是设计文件，只有检验人员依据设计文件编制的检验规程检验最终产品，既符合现行法规和相关标准的要求，又符合承制单位质量管理体系对最终产品实施质量保证的相关要求。

3）用工艺规程替代检验规程检验

工艺规程是装备研制过程中，工艺技术和管理在机加、装配等工序过程中，实施工艺技术质量控制的文件。此文件在工序过程中设有检验项目和内容来保证工序质量，也称工序质量控制，是符合武器装备研制、生产单位应当对产品的关键件或者关键特性、重要件或者重要特性、关键工序、特种工艺编制质量控制文件，并对关键件、重要件进行首件鉴定等的相关法规、标准规定的要求的。

但有些承制单位认为：GJB 1442A《检验工作要求》5.3.3 条指出“检验规程可以是工艺规程的一部分”，用工艺规程检验最终产品也是可以的。实际上讲检验规程可以是工艺规程的一部分，指的是工序过程的检验，不是产品的最终检验，任何工艺规程的检验内容，不可能代替检验规程的内容。GJB 1442A《检验工作要求》5.3.3 条规定：“检验规程一般应包括：a）产品接收和拒收的准则；b）检验项目、程序、方式、方法、环境和场所；c）检验所需测量装置和工装；d）测量结果的记录要求；e）抽样方案和/或批接收的标准；f）其他检验要求。”等。

（十八）产品质量评审

1. 评审概述

产品质量评审是武器装备在研制中，有组织地对产品质量和制造过程的质量保证工作进行的评价和审查活动。内容有：产品的性能、可靠性、维修性、保障性、安全性、环境适应性的符合性；产品性能的一致性和稳定性；产品技术状态更改控制；制造过程中的偏离许可、器材代用、让步放行情况；缺陷、故障的分析和处理；质量保证文件的执行情况；质量凭证、原始记录和产品档案的完整性等。

产品质量评审在评审之前应完成设计评审、工艺评审及首件鉴定；产品经检验或试验符合规定要求；并持有经批准的《产品质量评审申请报告》；提交的产品质量评审文件应完整、齐全。

产品质量评审应在产品检验合格后，交付分系统、系统试验之前进行。未经产品质量评审，产品不得交付。产品质量评审应有完整的记录，产品质量评审结论应形成文件，对评审提出的问题或建议，承制单位应列出代办事项并落实。

2. 评审提供的文件

（1）提交文件。提交文件为产品研制质量分析报告。主要内容包括：

① 研制过程简介；

② 技术指标符合任务书（技术协议书）情况；

③ 产品技术状态符合情况；

④ 质量保证大纲执行情况；

⑤ 产品性能指标符合情况；

⑥ 产品质量状况；

⑦ 质量问题及归零情况；

⑧ 专项评审结论；

⑨ 产品质量结论。

根据需要产品研制质量分析报告可按产品设计质量分析报告和产品生产质量分析报告分开编写。

（2）备查文件。备查文件一般包括：

① 设计评审、工艺评审或首件鉴定结论报告；

② 专项技术报告、专项评审报告；

③ 有关产品质量的记录；

④ 产品质量证明文件；

⑤ 其他文件。

3. 评审的内容

1）产品的性能、可靠性、维修性、安全性和保障性符合情况

（1）产品的性能参数是否符合设计图样和技术文件规定；

（2）质量与可靠性保证大纲是否贯彻落实，需进行的可靠性试验结论是否明确；

（3）是否具备规定的维修性；

（4）安全性要求是否在产品实现中得到贯彻落实；

（5）保障性是否按要求进行了评审。

2）产品性能的一致性、稳定性

（1）该批产品性能指标有无测试记录，技术性能指标是否趋近极限，测试记录是否完整准确；

（2）有无产品性能一致性和稳定性分析报告。

3）产品技术状态控制情况

（1）所用的设计图样、技术文件和标准是否协调一致并现行有效；

（2）技术状态更改是否按规定履行了审批手续，重要的技术状态更改是否经过系统分析并报批，是否符合“论证充分，各方认可，试验验证，审批完备，落实到位”五项原则；

（3）工艺文件是否与设计文件状态保持一致；

（4）技术状态更改记录是否全面、完备。

4）偏离、超差（含原材料、元器件等）的控制情况

（1）偏离许可的审批手续是否齐全，其内容与产品实物一致；

（2）超差特许审批手续是否符合规定要求，内容正确、合理，有经分析或论证的结论；

（3）材料代用是否履行了审批手续，是否进行了分析或试验。

5）关键过程、特殊过程质量控制情况

（1）是否编制关键过程明细表和关键过程控制文件；

（2）特殊过程是否进行了确认并有监测记录。

6）缺陷、故障的分析、处理及质量问题归零情况

（1）缺陷、故障原始记录是否完整；

（2）缺陷、故障原因是否清楚；

（3）故障有无分析处理报告，遗留问题和待办事项是否处理和落实；

（4）质量问题的归零情况。

4. 常见的问题

（1）有些承制单位对最终产品实施检验没有编制检验规程，而是用工艺规程的工序过程检验替代，没有用检验规程检验最终产品，等于最终产品没有经过质量保证文件的检验，不符合相关法规和 GJB 1442A《检验工作要求》的规定要求。承制单位必须编制最终产品的检验规程，将产品检验合格后，才具备产品质量评审的基本条件。

（2）有些辅机承制单位在装备研制过程中，正样机在工程研制阶段的样机试制状态前没有进行设计评审，正样机的设计方案仍然是初样机设计方案评审后进行修改完善的方案。在正样机试制之前应再一次对初样机形成后的方案进行设计评审通过后实施试制。否则，不符合相关法规和标准规定的分级、分阶段（分状态）进行设计、工艺和产品质量评审的要求。

（3）评审中发现正样机完成试制后，未进行首件鉴定。不符合装备研制程序正样机完成试制后，由研制主管部门会同使用部门组织鉴定，具备设计定型试验条件后，向二级定型委员会提出设计定型（鉴定）试验申请报告的规定。也不符合 GJB 907A《产品质量评审》5.1 条产品质量评审应具备的条件一般包括，产

品按要求已通过设计评审、工艺评审及首件鉴定的要求。

（十九）转入设计定型阶段研制评审

1. 评审概述

工程研制阶段工作结束时，应依据法规和相关标准要求，对该阶段工作进行评审或审查，确认达到规定的质量要求后，方可转入设计定型阶段工作。根据GJB 1362A《军工产品定型程序和要求》5.1 设计定型程序可知，申请设计定型试验是进入设计定型阶段的第一步，换句话讲，只要进行了设计定型试验，证明产品已进入了设计定型状态。因此，对设计定型试验的条件审查，是产品转入设计定型阶段研制的重点内容，也是申请设计定型试验的条件。

2. 评审的依据

转入设计定型阶段的依据实际上是证明工程研制阶段工作结束的标志内容，也是转入设计定型阶段评审的基本内容，同时还是GJB 1362A《军工产品定型程序和要求》5.2 申请设计定型试验的条件的内容。军工产品符合下列要求时，承研承制单位可以申请设计定型试验：

(1) 通过规定的试验，软件通过测试，证明产品的关键技术问题已经解决，主要战术技术指标能够达到研制总要求。

(2) 产品的技术状态已确定。

(3) 试验样品经军事代表机构检验合格。

(4) 样品数量满足设计定型试验的要求。

(5) 配套的保障资源已通过技术审查，保障资源主要有保障设施、设备，维修（检测）设备和工具，必须的备件等。

(6) 具备了设计定型试验所必需的技术文件，主要有产品研制总要求、承研承制单位技术负责人签署批准并经总军事代表签署同意的产品规范，产品研制验收（鉴定）试验报告，工程研制阶段标准化工作报告，技术说明书，使用维护说明书，软件使用文件，图实一致的产品图样、软件源程序及试验分析评定所需的文件资料等。

3. 评审提供的文件

(1) 产品研制情况、试验情况、六性分析情况等文件；

(2) 产品图样（原理图、交联关系图、包装图样）；

(3) 软件产品及软件源程序及试验分析评定、软件使用资料；

(4) 专用测试设备图样、随机工具图样；

(5) 产品质量保证大纲和工艺标准化综合要求；

(6) 技术负责人签署批准和总军事代表签署同意的产品规范；

(7) 关键件（或特性）、重要件（或特性）、关键工序、特种工艺的质量控制文件以及关键件、重要件进行首件鉴定文件；

(8) 产品检验合格的相关证明文件;

(9) 试验大纲、试验规程及相关试验表格、试验记录文件;

(10) 技术说明书,使用维护说明书,产品履历书等。

4. 评审的内容

产品转入申请设计定型试验之前,应满足 GJB 1362A《军工产品定型程序和要求》5.2 申请设计定型试验的条件外,在专项评审时应对下述内容进行评审或审查:

(1) 正样机设计经研制试验验证,原理、结构是否可行,技术性能是否满足研制总要求或技术协议书的要求?

(2) 软件开发和测试结果是否基本满足产品功能和性能要求?

(3) 关键技术问题是否已基本突破,遗留问题是否已解决?

(4) 关键件(或特性)、重要件(或特性)、关键工序、特种工艺是否编制了质量控制文件(如工艺规程、随件流转卡等)? 是否具有可操作性?

(5) 关键件、重要件和正样机(常规武器装备研制程序相关要求、GJB 907A《产品质量评审 5.1 条要求)是否进行了首件鉴定,其鉴定文件是否符合 GJB 908A《首件鉴定》要求,并具有可追溯性?

(6) 地面试验技术指标是否协调、工作是否稳定、安全是否可靠?

(7) 生产图样及技术文件是否齐全,是否已整理完毕,符合归档条件?

(8) 评审会议中是否讨论评审意见并形成评审结果。

5. 常见的问题

(1) 提交产品质量评审时,正样机未进行首件鉴定。不符合常规武器装备研制程序和 GJB 907A《产品质量评审》5.1 条等相关法规和标准的要求。

(2) 技术状态基线文件研制规范编写不及时,在工程研制阶段正样机都研制出来了,承制单位没有编写研制规范,造成基线文件没有起到规范作用,错误地认为技术协议书是产品研制的唯一依据性文件。GJB/Z 16《军工产品质量管理要求与评定导则》规定:“技术协议书是产品研制的制约性文件”,在供需双方签订技术协议书时,应详细列出新器材的技术要求和质量标准,试制、试验、试用的程序和记录,以及各方应负的质量责任等。

(3) 对正样机进行评审时,有些承制单位不能提供被检查的《工艺标准化综合要求》的文件,《工艺标准化综合要求》是规定样机试制工艺标准化、指导工艺标准化工作的工艺管理文件,也是生产定型时编制工艺标准化大纲的基础文件。

(4) 评审通过后,技术状态未确定,在设计定型试验过程中,产品的技术状态仍然是 S 状态(应进入设计定型阶段的鉴定试验状态及 D 状态),不符合 GJB 1362A《军工产品定型程序和要求》5.2 条申请设计定型试验的条件之前“产品的技术状态已确定”的要求。

四、工程研制阶段技术审查

工程研制阶段的技术审查,常规武器装备与战略武器装备的技术审查在依据的标准、技术术语、技术要求上是不一样的,为了分析问题便利、清楚,特将工程研制阶段的技术审查内容分成三部分进行解析,即为技术审查一:常规武器装备研制审查;技术审查二:战略武器装备研制审查;技术审查三:通用项目审查。审查的程序和内容是:

(一) 技术审查一:常规武器装备研制审查

1. 技术审查概述

常规武器装备工程研制阶段的技术审查,主要是依据 GJB 3273A《研制阶段技术审查》的要求,装备研制的主管部门会同装备使用单位主管研制及相关部门进行的技术审查。在装备研制的工程研制阶段,主要的技术审查有关键设计审查、首飞准备审查等。

2. 关键设计审查

1) 设计审查概述

按照 GJB 2993《武器装备研制项目管理》5.5.1.2 条的规定,在装备研制的工程研制阶段,"应按照有关国家标准进行关键设计审查,以确定:系统预期的性能能否达到、技术关键是否已经解决、各类风险试飞确已降低到可以接受的水平,试验生产是否已做好准备。在关键设计审查通过后,方可转入试制和试验状态。"关键设计审查应对各技术状态项详细设计的符合性、有效性和完整性进行确认,并审查开展系统工程管理活动的情况,以及执行通用工程要求的情况,还应对技术、费用和进度等有关的风险性进行审查,以确保详细设计结果满足研制规范的要求,并在所分配的产品规范中得以落实。

关键设计审查应在硬软件详细设计已经结束,计算机资源综合保障文档、软件用户手册、计算机系统操作员手册、软件程序员手册和固件保障手册等运行和保障文件已经修改完善后,硬件正式投入制造和软件编码、测试前进行。

完成并通过关键设计审查后,承制单位落实审查意见,并发出全套生产图样、技术文件和各种配套目录,及各种综合保障文件。使用单位跟踪管理审查意见落实情况。

2) 审查提供的文件

承制单位应提交审查组的技术资料一般包括但不限于下列:

(1) 各分系统和设备研制规范,草拟的产品规范;

(2) 全部设计技术文件;

(3) 生产图样和各种配套目录;

(4) 工艺规范等工艺指令性文件,草拟的材料规范和工艺规范;

(5) 关键技术攻关报告;

(6) 软件文档,如软件设计文档、软件测试计划;

(7) 综合保障文件,如产品手册、技术使用手册、机载设备维护手册、零件图解目录、随机文件目录、随机工具目录、随机备件目录、地面保障设备目录以及用户提出其他需要保障文件;

(8) 试验大纲或试验方案;

(9) 风险管理计划(更新)和该阶段风险评估报告;

(10) 技术状态管理计划(更新);

(11) 成品的地面试验和验收报告;

(12) 其他技术文件。

3) 审查的内容

(1) 产品设计。

① 产品设计的功能特性和物理特性满足研制规范和其他设计输入的情况;

② 产品规范初稿中的技术要求、接口要求、验证要求和包装、运输与贮存等;

③ 接口控制要求在设计中的实施情况,电气和机械接口的相容性;

④ 多余物预防和防差错设计情况;

⑤ 产品功能、性能计算分析、仿真验算和试验验证的结果。

(2) 通用质量特性设计。

① 可靠性、维修性、可用性设计评估(GJB/Z 72);

② 安全性设计和评估;

③ 故障模式、影响及危害性分析;

④ 环境适应性设计和评估;

⑤ 腐蚀防护和控制措施落实情况;

⑥ 故障模式与影响分析;

⑦ 电磁兼容性设计和评估,及设备、分系统和系统间的电磁兼容性试验情况;

⑧ 生存性和易损性评估;

⑨ 人机交互设计和评估。

(3) 特性分类和重要度分类所确定的关键件和重要件质量控制要求,及执行情况。

(4) 产品质量保证大纲贯彻情况。

(5) 产品标准化大纲贯彻情况。

① 标准贯彻实施与监督情况;

② 系列化、通用化和组合化("三化")的设计情况。

(6) 软件开发和配置管理情况,软件测试计划和规程,软件测试用资源情况。

(7) 元器件和原材料控制:

① 元器件和原材料选用目录执行情况;

② 元器件、原材料的实施、采购、测试和筛选的质量控制;

③ 元器件、原材料失效分析及改进措施。

(8) 综合保障工作,包括保障设备、用户技术资料进展情况,运输性设计、包装设计、装卸意见等(GJB/Z 147A)。

(9) 试制的准备情况,关键材料、设备、工艺和工装已解决情况。

(10) 试验验证情况:

① 试验文件的技术正确性是否符合所有规范要求;

② 试验模型、全尺寸样机或原型机;

③ 关键技术研究或验证试验情况;

④ 产品功能、性能计算分析,仿真验算和试验验证结果和应用情况等。

(11) 其他工程管理工作:

① 技术状态项控制文件;

② 价值工程更改建议;

③ 全寿命周期费用分析情况;

④ 风险分析、控制措施与风险持续监控等。

4) 审查意见

关键技术审查意见应对以下工作给出评价,一般包括但不限于下列:

(1) 技术资料的成套性和完备性评价;

(2) 产品规范初稿对研制规范的符合性;

(3) 系统同分系统、其他设备设施、计算机软件以及人员之间详细设计的相容性评价;

(4) 寿命、可靠性、维修性、测试性、安全性、保障性、环境适应性和人机工程等工作的有效性及符合性评价;

(5) 各类试验的充分性和有效性评价;

(6) 试验准备的充分性、准确性及执行情况评价;

(7) 产品质量保证大纲贯彻情况评价;

(8) 软件技术状态项详细设计的可接受程度,性能和设计结果的测试特性,以及运行和保障文档的充分性评价;

(9) 配套产品研制或采购工作评价;

(10) 综合保障工作合理性和有效性评价;

(11) 经济性分析和试制成本评估;

(12) 风险管理的有效性和可控性评价等。

3. 首飞准备审查

根据 GJB 1015《军用飞机验证要求》可知,“首飞”是指新型飞机的第一次飞行;“调整试飞”是在首飞以后,验证试飞以前,为调整飞机及其各系统、机载设备使其符合验证飞机移交状态而进行的飞行试验;“验证试飞”(也称定型试验)是用飞行试验的手段验证新型飞机是否满足《研制总要求》《定型技术状态》中规定的要求。

根据 GJB 3273A《研制阶段技术审查》中,从“首飞准备审查”一词的定义“对航空或航天装备首次飞行试验准备情况的审查”。由此可见,首飞准备审查是调整试飞、验证试飞(或定型试验)之前的关键环节。

装备科研条例规定在装备试验中,装备试验按照试验性质分为装备科研试验和装备定型(鉴定)试验。装备科研试验为检验装备研制总体技术方案和关键技术提供依据;装备定型(鉴定)试验为装备定型(鉴定)提供依据。装备的首次飞行试验(审查)实际上是装备科研试验的首次飞行试验准备的审查。只有装备科研试验中检验装备研制总体技术方案和关键技术符合要求后,才能申请转入装备定型(鉴定)试验试飞状态。

1)准备审查概述

航空或航天装备的首次飞行试验是武器装备研制过程的一项里程碑事件。首飞准备审查是对首飞技术状态及飞行准备情况的全面审查,首飞准备审查对飞行前规定试验结果、试验大纲、试验规程、试验方案、试验保障条件和试验安全措施等应达到技术上的共识。首飞准备审查可以按需分为首飞技术审查和放飞审查。首飞技术审查主要考核首飞技术状态;放飞审查主要考核放飞条件。

完成并通过首飞准备审查后,承制单位落实审查意见。订购单位跟踪管理审查意见落实情况,并督促承制单位根据试飞大纲,开展科研飞行工作。

2)审查提供的文件

承制单位应提供审查组的技术资料一般包括但不限于下列:

(1)首飞技术状态文件;

(2)首飞限制条件文件;

(3)配套产品放飞质量证明文件(合格证或履历本);

(4)首飞试飞要求、试飞大纲;

(5)首飞维护规程;

(6)首飞一级保障设备配套目录、首飞一级工具配套目录;

(7)首飞场站保障要求;

(8)首飞应急处置预案;

(9)其他技术文件等。

3）审查的内容

审查内容包括但不限于下列：

（1）审查物理技术状态是否符合设计状态和要求。

（2）审查地面试验完成情况和质量控制情况。

① 全机静力试验；

② 重要功能系统地面模拟试验；

③ 部件和全机疲劳试验；

④ 单独和综合进行的可靠性试验、维修性试验和安全性验证试验；

⑤ 电磁兼容性试验、接口兼容性试验、硬/软件兼容性试验、人机兼容性试验等；

⑥ 各种环境试验；

⑦ 动平衡试验；

⑧ 各系统机上地面试验；

⑨ 联合试车台模拟试验等。

（3）检查全机配套产品放飞结论。

（4）检查首飞技术文件的完备性。

（5）审查地面鉴定试验、飞行前规定试验、研制单位提出的特殊试验等是否符合要求。

（6）审查飞机设计、试制和地面试验等过程中出现的技术质量问题按规定得到解决或不影响首飞。

（7）飞机、试验专用测试设备和辅助设备等专用设备是否满足首飞要求。

（8）审查机务、场务和空勤准备是否符合首飞要求。

（9）审查空地勤人员培训情况。

（10）审查飞行试验安全规定、保证措施及限制条件等，如：试验应急预案、明确参试人员的应急处置职责分工、应急处置方法、安全防范措施及应急处置程序，并做好应急处置所需设备、工具等准备。

（11）审查首飞及调整试飞大纲、飞行试验方案和任务书等。

4）审查意见

首飞准备审查意见应对以下工作给出评价，一般包括但不限于下列：

（1）技术资料的成套性和完备性评价；

（2）首飞前试验的充分性和符合性评价；

（3）机务、场务和空勤准备符合性评价；

（4）飞行试验安全保障措施有效性评价；

（5）科研飞行试验大纲和试验方案对满足各种考核和试验要求的符合性评价；

（6）是否具备科研试飞条件的结论。

（二）技术审查二：战略武器装备研制审查

1. 技术审查概述

战略武器装备工程研制阶段的技术审查，主要是依据 GJB 2102《合同中质量保证要求》的规定，装备研制的主管部门会同使用单位主管装备研制及相关部门进行的技术审查。在装备研制的工程研制阶段，主要的技术审查有详细设计审查、初样研制审查、试样研制审查、综合保障审查等。

2. 详细设计审查

1）审查概述

按照 GJB 2993《武器装备研制项目管理》5.5.1.2 条的规定，在装备研制的工程研制阶段，应按照有关国家标准进行关键设计审查（GJB 2102《合同中质量保证要求》中称详细设计审查），以确定：系统预期的性能能否达到、技术关键是否已经解决、各类风险试飞确已降低到可以接受的水平，试验生产是否已做好准备。在关键设计审查通过后，方可转入试制和试验状态。关键设计审查应对各技术状态项详细设计的符合性、有效性和完整性进行确认，并审查开展系统工程管理活动的情况，以及执行通用工程要求的情况，还应对技术、费用和进度等有关的风险性进行审查，以确保详细设计结果满足研制规范的要求，并在所分配的产品规范得以落实。

详细设计审查应在硬软件详细设计工作已经结束，计算机资源综合保障文档、软件用户手册、计算机系统操作员手册、软件程序员手册和固件保障手册等运行和保障文件已经修改完善后，硬件正式投入制造和软件编码、测试前进行。

完成并通过详细设计审查后，承制单位落实审查意见，并发出全套生产图样、技术文件和各种配套目录，及各种综合保障文件。使用单位跟踪管理审查意见落实情况。

2）审查提供的文件

承制单位应提交审查组的技术资料一般包括但不限于下列：

（1）各分系统和设备研制规范，草拟的产品规范；

（2）全部设计技术文件；

（3）生产图样和各种配套目录；

（4）工艺规范等工艺指令性文件，草拟的材料规范和工艺规范；

（5）关键技术攻关报告；

（6）软件文档，如软件设计文档、软件测试计划；

（7）综合保障文件，如产品手册、技术使用手册、机载设备维护手册、零件图解目录、随机文件目录、随机工具目录、随机备件目录、地面保障设备目录以及用户提出其他需要保障文件；

(8) 试验大纲或试验方案;

(9) 风险管理计划(更新)和该阶段风险评估报告;

(10) 技术状态管理计划(更新);

(11) 成品的地面试验和验收报告;

(12) 其他技术文件。

3) 审查的内容

(1) 产品设计:

① 产品设计的功能特性和物理特性满足研制规范和其他设计输入的情况;

② 产品规范初稿中的技术要求、接口要求、验证要求和包装、运输与贮存等;

③ 接口控制要求在设计中的实施情况,电气和机械接口的相容性;

④ 多余物预防和防差错设计情况;

⑤ 产品功能、性能计算分析、仿真验算和试验验证的结果。

(2) 通用质量特性设计:

① 可靠性、维修性、可用性设计评估(GJB/Z 72);

② 安全性设计和评估;

③ 故障模式、影响及危害性分析;

④ 环境适应性设计和评估;

⑤ 腐蚀防护和控制措施落实情况;

⑥ 故障模式与影响分析;

⑦ 电磁兼容性设计和评估,及设备、分系统和系统间的电磁兼容性试验情况;

⑧ 生存性和易损性评估;

⑨ 人机交互设计和评估。

(3) 特性分类和重要度分类所确定的关键件和重要件质量控制要求,及执行情况。

(4) 产品质量保证大纲贯彻情况。

(5) 产品标准化大纲贯彻情况:

① 标准贯彻实施与监督情况;

② 系列化、通用化和组合化("三化")的设计情况。

(6) 软件开发和配置管理情况,软件测试计划和规程,软件测试用资源情况。

(7) 元器件和原材料控制:

① 元器件和原材料选用目录执行情况;

② 元器件、原材料的实施、采购、测试和筛选的质量控制;

③ 元器件、原材料失效分析及改进措施。

(8) 综合保障工作,包括保障设备、用户技术资料进展情况,运输性设计、包装设计、装卸意见等(GJB/Z 147)。

(9) 试制的准备情况,关键材料、设备、工艺和工装已解决情况。

(10) 试验验证情况:

① 试验文件的技术正确性是否符合所有规范要求;

② 试验模型、全尺寸样机或原型机;

③ 关键技术研究或验证试验情况;

④ 产品功能、性能计算分析,仿真验算和试验验证结果和应用情况等。

(11) 其他工程管理工作:

① 技术状态项控制文件;

② 价值工程更改建议;

③ 全寿命周期费用分析情况;

④ 风险分析、控制措施与风险持续监控等。

4) 审查意见

详细技术审查意见应对以下工作给出评价,一般包括但不限于下列:

(1) 技术资料的成套性和完备性评价;

(2) 产品规范初稿对研制规范的符合性;

(3) 系统同分系统、其他设备设施、计算机软件以及人员之间详细设计的相容性评价;

(4) 寿命、可靠性、维修性、测试性、安全性、保障性、环境适应性和人机工程等工作的有效性及符合性评价;

(5) 各类试验的充分性和有效性评价;

(6) 试验准备的充分性、准确性及执行情况评价;

(7) 产品质量保证大纲贯彻情况评价;

(8) 软件技术状态项详细设计的可接受程度,性能和设计结果的测试特性,以及运行和保障文档的充分性评价;

(9) 配套产品研制或采购工作评价;

(10) 综合保障工作合理性和有效性评价;

(11) 经济性分析和试制成本评估;

(12) 风险管理的有效性和可控性评价等。

3. 初样研制审查

1) 研制审查概述

战略武器初样研制审查是在设计师系统完成初样研制全部技术评审的基础上,由使用部门组织进行。

2）审查提供的文件

（1）地面试验样机研制情况的报告、试验报告、六性分析报告等；

（2）产品图样（原理图、交联关系图、包装图样）；

（3）软件产品及软件程序资料；

（4）专用测试设备图样、随机工具图样；

（5）草拟的产品质量保证大纲和工艺标准化综合要求；

（6）草拟产品规范；

（7）关键件（或特性）、重要件（或特性）、关键工序、特种工艺的质量控制文件以及关键件、重要件进行首件鉴定文件；

（8）试验大纲、试验规程及相关试验表格、试验记录文件。

3）审查的内容

战略武器初样研制审查应主要审查但不限于下列内容：

（1）全武器系统总体同各系统初样设计满足研制规范要求的程度；

（2）总体同各系统间的协调性；

（3）武器系统计算机软件符合有关国家军用标准的程度；

（4）重要试验情况和结果分析报告；

（5）试制工艺质量；

（6）型号的试制与总装质量；

（7）可靠性、维修性、安全性、电磁兼容性、人素工程、综合保障和标准化大纲的执行情况；

（8）试样设计技术状态，总体向各分系统提出的《试样设计任务书》；

（9）试样产品规范、工艺规范、材料规范和试验规范。

4. 试样研制审查

1）研制审查概述

战略武器试样研制审查是在设计师系统完成试样研制全部技术评审的基础上，由使用部门组织进行。

2）审查提供的文件

（1）飞行试验样机研制情况的报告、试验报告、六性分析报告等；

（2）产品图样（原理图、交联关系图、包装图样）；

（3）软件产品及软件程序资料；

（4）专用测试设备图样、随机工具图样；

（5）产品质量保证大纲和工艺标准化综合要求；

（6）技术状态已基本确定，产品规范双方已签署；

（7）关键件（或特性）、重要件（或特性）、关键工序、特种工艺的质量控制文件以及关键件、重要件进行首件鉴定文件；

（8）试验大纲、试验规程及相关试验表格、试验记录文件。

3）审查的内容

战略武器试样研制审查主要审查以下内容：

（1）武器系统总体与各系统试样设计满足研制规范要求的程度；

（2）试验样机研制的工艺性；

（3）飞行试验与地面大型试验的试验情况和试验结果分析报告；

（4）可靠性、维修性、安全性、电磁兼容性、人素工程、综合保障和标准化大纲的执行情况；

（5）设计定型技术状态；

（6）确认的产品规范、试验规范、材料规范、系统的验收规程和使用维护规程等。

5. 综合保障审查

1）保障审查概述

应定期召开专门会议检查综合保障要求的落实情况，检查综合保障分析、可靠性和维修性等工作进展情况。审查中发现武器装备设计上的问题应及时完善设计。综合保障审查主要包括：使用维护文件审查，保障设备推荐文件审查，出版计划、可靠性大纲、维修性大纲、培训计划等各类计划和大纲的审查和零备件清单草案审查。

2）审查的项目

（1）使用维护文件审查；

（2）保障设备推荐文件审查；

（3）出版计划、培训计划等各类计划审查；

（4）可靠性大纲、维修性大纲等各类大纲审查；

（5）零备件清单草案审查。

3）审查的内容

（1）使用维护文件审查。

使用部门对按使用维护文件出版计划完成的使用维护文件应予专门审查。审查分40%审查、80%审查、验证、出版前审查4步。

① 40%审查主要审查使用维护文件的纲目及骨架已满足要求；

② 80%审查主要审查除需试验验证的程序及数据不做定论外，所有内容已满足要求；

③ 验证是在定型试验中验证所有内容已满足要求；

④ 出版前审查是为出版发行审查定稿。

（2）保障设备推荐文件审查。

使用部门根据要求、进度、经费等对保障设备推荐文件进行审查。文件应详列维修任务及维修级别分析结果、设备技术性能指标及简图,生产厂商、生产周期、数量及价格等。进行专门的全面审查后,按批准的文件采购,并使保障设备能同主要装备同时装备部队。

(3) 出版计划、培训计划等各类计划审查。主要是审查计划的完整性、正确性、协调性等。

(4) 可靠性大纲、维修性大纲等各类大纲审查。主要是审查大纲的完整性、正确性、协调性等。

(5) 零备件清单草案审查。

根据装备的使用强度(如飞机的每月飞行小时数),以及备件的平均故障间隔时间、维修级、订货周期、单机需要量、单价、返修周期等提出其备件清单草案,供使用部门审定,批准后组织生产。零备件清单按以下分类分别审查:

① 初始备件是满足形成初始战斗力所需的零备件,包括保障设备的维修备件;

② 长订货周期备件是由于生产周期长而需提前订货以求按时提供使用部门需要的零备件,包括保障设备的维修备件;

③ 结合生产采购的备件是需要量不大,如果单独订货会引起费用增长,所以在生产装备的同时带出的备件;

④ 通用备件是非专用的只有大批生产才能降低价格的器材,可以单独订货也可以单项采购;

⑤ 后续备件属售后服务内容,是满足形成初始战斗力所需以外,寿命周期或额外所需的零备件,应另案处理。

(三) 技术审查三:通用项目审查

1. 软件规格说明审查

1) 规格说明审查概述

软件规格说明审查是为确定软件分配基线而对计算机软件配置项的软件需求规格说明和接口需求规格说明中规定的要求进行的审查。可以对集中在一起的一组配置项的软件规格说明进行审查,但对每一个配置项应单独处理。目的是向使用部门证明软件需求规格说明、接口需求规格说明和使用方案是充分的,能建立起软件配置项概要设计的分配基线。也能评价承制单位对系统、系统段或主项目各级要求是否正确理解。

软件规格说明审查一般应在工程研制阶段初期,即系统设计审查之后,在确定软件分配基线和软件配置项概要设计之前进行。

2) 审查提供的文件

(1) 软件需求规格说明书;

(2) 接口需求规格说明书;

(3) 使用方案文件。

3）审查的内容

（1）软件技术状态项目的功能概况,包括每一功能的输入、处理和输出；

（2）软件技术状态项目的全部性能要求,包括对执行时间、存储的要求和类似的约束；

（3）构成软件技术状态项目的每一软件功能之间的控制流程和数据流程；

（4）软件技术状态项目同系统内、外所有其他技术状态项目之间的所有接口要求；

（5）标明测试等级和方法的合格鉴定要求；

（6）软件技术状态项目的特殊交付要求；

（7）质量要素要求,即:准确性、可靠性、效能、整体性、可用性、维护性、测试性、灵活性、便携性、重复使用性和兼容性；

（8）系统的任务要求及其有关的使用和保障环境；

（9）整个系统中计算机系统的功能和特征；

（10）重大事件网络图；

（11）更新自上次审查以来提供的同软件有关文档；

（12）遗留问题。

2. 大型试验质量管理审查

关于大型试验的概念,GJB 1452A《大型试验质量管理要求》中的定义是:“技术难度大,试验周期长,涉及面广,耗资大的复杂武器装备试验。”此标准规定了武器装备大型试验全过程质量管理的基本内容和要求。承制单位或承试单位必须按该标准的相关质量管理要求,实施武器装备的各类大型试验。

1）试验质量管理概述

大型试验质量管理必须坚持“质量第一”的方针,进行总体质量策划,编制质量计划(质量保证大纲或质量保证措施)。严格按照试验质量计划、试验大纲、试验程序、操作规程等文件的规定组织试验。各类参试人员按规定持证上岗。保证参试产品、测量设备、试验设备及软件满足试验要求。根据质量计划的安排组织分级分阶段的试验质量检查、质量评审及质量审核。编制试验状态检查表、数据记录表等表格化文件,并严格按其要求实施记录,确保记录数据准确、完整、清晰、具有可追溯性。建立质量信息系统,对质量信息进行及时收集、分析、处理和传递。对试验过程中出现的问题分析原因,制定纠正和预防措施。保证试验环境满足要求。

2）试验的质量策划

根据试验的目的和任务,识别大型试验的过程,对试验过程中的技术难点和风险等进行分析,进行总体策划,形成质量计划,质量计划的内容一般包括:

（1）试验的质量目标和要求；

(2) 识别试验过程,确定质量控制项目、质量控制点和控制措施;

(3) 落实质量职责和权限;

(4) 针对试验项目,确定文件和资源的需求;

(5) 试验项目所需的策划、控制、评审活动以及试验的评定准则;

(6) 记录要求,以证实试验的过程、结果是否满足要求;

(7) 风险分析和评估以及故障预案安全保障措施。

3) 试验过程质量管理

(1) 试验准备过程。

① 试验任务书。

a. 大型试验应编制试验任务书(计划、合同、协议等依据性文件),并按规定进行审批。

b. 试验任务书的内容一般包括:

Ⅰ 试验名称、试验性质与试验目的;

Ⅱ 试验内容与条件;

Ⅲ 试验产品的技术条件;

Ⅳ 试验产品的技术状态;

Ⅴ 测试系统的技术状态;

Ⅵ 质量保证要求;

Ⅶ 试验任务分工和技术保障内容;

Ⅷ 试验进度要求和组织措施。

② 试验大纲。

a. 大型试验应编制试验大纲,并进行评审、会签和审批。

b. 试验大纲内容一般包括:

Ⅰ 任务来源、试验时间、地点;

Ⅱ 试验名称、试验性质与目的;

Ⅲ 试验内容、条件、方式、方法;

Ⅳ 试验产品技术状态;

Ⅴ 测试系统技术状态;

Ⅵ 试验准备技术状态;

Ⅶ 测试项目、测试设备、测量要求;

Ⅷ 试验程序;

Ⅸ 两个以上单位参试时,应明确分工与质量控制要求;

Ⅹ 试验现场重大问题的预案与处置原则;

Ⅺ 安全分析与措施;

Ⅻ 质量要求与措施;

XIII 技术难点及关键试验项目的技术保障措施;

XIV 试验风险分析;

XV 试验结果评定准则;

XVI 现场使用技术文件清单与其他要求。

③ 试验计划、试验程序、操作程序。

试验实施单位应根据试验大纲编制计划、试验程序、操作规程,并经试验有关单位会签。

④ 试验产品状态控制。

a. 按产品配套清单,对其质量证明文件和规定的项目进行检查、验收,并办理交接手续。

b. 试验产品应具备的条件:

Ⅰ 按试验任务书和试验大纲要求,试验产品及其专用工具、测试设备配套齐全;

Ⅱ 试验产品状态应与产品图样、技术文件相符合;

Ⅲ 试验产品质量证明文件齐全,并与实物相符;

Ⅳ 通过了产品质量评审;

Ⅴ 进行了可靠性、风险性分析和安全性论证。

⑤ 试验设备、测量设备的要求。

试验设备满足使用要求。测量设备应满足以下要求:

Ⅰ 测量设备应经计量检定合格,并在有效期内;

Ⅱ 故障维修后的测量设备,应重新检定合格方可使用;

Ⅲ 测量方法和测量设备的测量不确定度应满足测试要求。

⑥ 建立故障(问题)报告、分析与纠正措施系统。

建立并运行故障报告、分析与纠正措施系统,参试单位应严格按其要求执行。

⑦ 建立质量跟踪卡或点线检查和联合检查制。

编制质量跟踪卡,其内容一般包括:名称、工作内容、跟踪结果、签署;编制点线检查和联合检查表,其内容一般包括:名称、检查内容、检查结果、签署。

⑧ 组织试验准备状态检查。

检查的主要内容包括:

a. 参试产品状态的符合性;

b. 操作、指令系统状态;

c. 试验文件配套情况及试验准备过程的原始记录;

d. 技术保障及安全措施;

e. 试验环境条件;

f. 故障处置与应急预案；

g. 参试人员资格复核；

h. 质量控制点的控制状态；

i. 参试产品出现问题的处理及跟踪结果；

j. 参试产品有否遗留问题,能否进行试验；

k. 参试产品及试验状态的更改,是否充分论证及履行审批程序及跟踪结果；

l. 基础设施保障措施。

⑨ 多余物的控制要求。

内容一般包括：

a. 试验现场不应有与试验无关的物品；

b. 试验使用的工作介质应进行清洁度检查和处理；

c. 使用的工具、备品、备件等物应有清单,撤离现场时应清点无误。

⑩ 人员的控制。

a. 参试人员按“五定”上岗(定人员、定岗位、定职责、定协调接口关系、定仪器设备)。

b. 关键岗位应实行操作人员、监护人员的“双岗”或“三岗”制。

⑪ 质量控制点的控制。

a. 按照已明确质量控制点和控制措施进行自检、专检,必要时进行互检。

b. 详细填写检查记录,做到清晰、准确、无误,并保存记录。

⑫ 质量评审(审核)。

a. 按规定的要求,对试验产品、试验设备、技术文件、关键质量控制点等进行质量评审(审核)。

b. 对质量评审(审核)过程中发现的问题,实施整改并验证其实施效果的有效性,经批准后,方可进行试验。

(2) 试验实施过程。

① 严格按试验计划、试验程序和操作规程组织实施,统一指挥,保证指挥的正确性。

② 试验时对关键试验产品、关键环节,应设置工作状态监视或故障报警系统。

③ 准确采集试验数据,做好原始记录。

④ 有重复性或系列试验组成的试验,在前项试验结束后,应及时组织结果分析,发现问题及时处理,不应带着没有结论的问题转入下一项试验。

⑤ 试验过程出现不能达到试验目的时,按照试验预案规定的程序中断试验,待问题解除后试验方可继续进行。

⑥ 试验时需临时增加或减少试验项目,提出部门须办理有关手续,经有关单位会签并履行批准程序后方可实施。

(3) 质量确认。

参试单位应在试验各阶段组织质量检查和考核,合格后固化技术状态,经批准转入下阶段试验。

4) 试验结果的分析处理

(1) 收集试验产品的检测记录和报告。

(2) 对试验产品的检测记录和报告进行系统分析。

(3) 在试验实施过程完成后、撤离试验现场前,汇集、整理试验记录和全部原始数据,保证数据的完整性和真实性。

(4) 对试验数据进行处理与分析,提出试验结果评价报告。评价的内容一般包括:

① 试验是否达到任务书和试验大纲的要求;

② 试验数据采集率(信号采集率、数据采集率、关键数据采集率)质量评价;

③ 试验结果处理及处理方法;

④ 试验结果分析与评价;

⑤ 故障分析与处理情况。

5) 试验总结

试验结束后,编制试验总结报告,其报告的内容一般包括:

(1) 试验依据、目的、条件、内容、要求;

(2) 试验过程控制情况;

(3) 试验结果分析与评价;

(4) 故障分析及处理意见;

(5) 试验结论;

(6) 存在问题及改进意见;

(7) 其他。

6) 质量改进

(1) 参试单位应根据质量目标的实现情况、产品质量评审(审核)存在的问题、过程控制等方面进行系统分析,制定纠正和预防措施,持续改进大型试验的质量管理。

(2) 参试单位对试验过程中出现的故障要进行系统分析,查明原因,制定措施,举一反三,并验证实施效果的有效性。

(3) 查找是否有潜在的不合格,并制定预防措施。

(4) 试验过程发生的产品技术状态更改,经复核后进行审批,并及时落实到相应的图样和技术文件中。

7）资料归档

及时汇集、整理试验数据和技术资料，并按规定归档。

3. 定型试验准备审查

根据《中国人民解放军装备科研条例》第四章装备试验中，第二十八条可知，装备定型（鉴定）试验是为装备定型（鉴定）提供依据的。定型试验准备审查是对科研试验结果及设计定型试验准备情况及条件的全面审查。依据GJB 3273A《研制阶段技术审查》要求，根据情况可以分阶段进行审查，前者为研制主管部门组织进行的审查；后者为二级定委组织进行的审查。

1）准备审查概述

定型试验准备审查的目的是使订购单位确定已做好设计定型试验准备。定型试验准备审查对科研试验结果、设计定型试验大纲、试验规程、试验方案、试验保障条件和试验安全措施等应达到技术上的共识。

完成并通过审查后，承制单位会同军事代表机构，按有关规定向二级定委提出装备设计定型试验（试飞）申请。

2）审查提供的文件

承制单位和军事代表机构应提交审查组的技术资料一般包括（但不仅限于下列）：

（1）产品规范；

（2）产品研制（鉴定）试验报告或科研试验总结报告；

（3）军事代表机构质量监督或检验验收报告；

（4）成套图样及技术文件目录清单，各种配套目录；

（5）设计定型试验（试飞）大纲、限制条件文件；

（6）使用维护规程；

（7）软件文档，如软件测试计划、软件测评报告、软件使用文件等；

（8）应急处置预案；

（9）其他技术文件等。

3）审查的内容

审查内容包括但不限于下列：

（1）审查产品技术状态是否已基本确定，是否符合要求。

（2）审查规定试验和提出的特殊试验完成情况和质量控制情况，产品研制（鉴定）试验报告。

（3）审查软件测评情况及主要软件文档。

（4）审查保障资源配套情况，是否满足要求，包括保障设施、设备、维修（检测）设备和工具，备品备件，技术说明书，使用维护说明书等。

（5）审查确认科研试验过程中出现的技术质量问题按规定得到解决。

(6) 审查科研试验对主要战术技术指标和使用要求符合性验证情况。

(7) 审查样机或舰船是否经军事代表机构检验验收合格。

(8) 对于有样机的装备,审查配合设计定型的样机数量是否满足设计定型试验的要求。

(9) 审查设计定型的生产图样和技术文件的完备性、一致性、协调性等。

(10) 审查试验现场准备情况,如设计定型试验测试改装情况。

(11) 审查各类人员培训情况。

(12) 审查试验安全规定、保障措施及限制条件等,如试验应急预案、明确参试人员的应急处置职责分工、应急处置方法、安全处置措施及应急处置程序,并做好应急处置所需设备、工具等准备。

(13) 审查审计定型试验大纲或试验方案和试验规程等。

4) 审查意见

定型试验准备审查意见应对以下工作给出评价,一般包括(但不仅限于下列):

(1) 确认定型阶段技术状态;

(2) 通过必要的科研试验验证,关键技术问题解决情况评价;

(3) 通过各种考核和科研试验表明,性能达到批准的主要战术技术指标和使用要求程度评价;

(4) 设计定型所需产品图样和技术文件的成套性、完备性评价;

(5) 设计定型试验保障和安全保证措施有效性评价;

(6) 给出是否具备转入设计定型试验条件的结论。

第五节 设计定型阶段质量考核

军工产品设计定型,是指主要考核军工产品的战术技术指标和作战使用性能的活动,也是对新产品进行全面考核,确认其达到研制总要求和研制合同的要求,并按规定办理手续的活动。

设计定型阶段是新型武器装备研制过程中,进行全面考核,确认其达到《型号研制总要求》和合同及技术协议书的要求,并办理确认手续的阶段。主要工作是:对承制单位提供的正样机/飞行试验样机进行定型试验、考核;实施设计定型评审,办理定型手续。由军工产品定型委员会办公室分类组织,定型委员会办公室、研制单位和军事代表室具体实施。

战略武器装备研制程序中,是没有设计定型阶段和生产定型阶段之分的,但其工作内容也都在常规武器装备研制程序的设计和生产定型阶段中。因此,在第五节和第六节中,都以常规武器装备研制程序为基点编制其内容,战略武器装备研制程序中所要求的定型阶段的内容,直接引用工作内容是符合相关法规和标准的。

一、定型(鉴定)质量考核概述

军工产品设计定型阶段必须进行设计定型(鉴定)试验。对应当进行设计定型(鉴定)的产品,由承研单位会同军事代表机构或者军队其他有关单位向二级定委(或使用单位研制主管部门)提出设计定型(鉴定)试验申请,同时提交证明满足下列条件的文件资料:一是经必要的试验证明军工产品的关键技术问题已经解决;二是经研制试验或者检验证明产品性能能够达到研制总要求或技术协议书;三是产品图样(含软件源程序)和相关的文件资料齐全,满足设计定型(鉴定)试验的需要。

武器装备科研条例规定:装备试验按照试验性质分为装备科研试验和装备定型(鉴定)试验。装备科研试验为检验装备研制总体技术方案和关键技术提供依据。装备定型(鉴定)试验为装备定型(鉴定)提供依据。产品定型工作规定:军工产品设计定型试验包括试验基地(含试验场、试验中心以及其他试验单位,下同)试验和部队试验。试验基地试验主要考核军工产品战术技术指标;部队试验主要考核军工产品作战使用性能和部队适用性(含编配方案、训练要求等)。部队试验通常在试验基地试验合格后进行。

定型(鉴定)质量考核,对主机或系统与配套产品(含分系统、设备、部件、组件和零件)的考核是不一样的,但只要是军工产品的设计定型(鉴定),其考核必须符合 GJB 1362A《军工产品定型程序和要求》5.1 设计定型程序的工作顺序。

(1) 申请设计定型试验;

(2) 制定设计定型试验大纲;

(3) 组织设计定型试验;

(4) 申请设计定型;

(5) 组织设计定型审查;

(6) 审批设计定型。

二、与设计定型(鉴定)有关的质量保证要求

(一) 编制设计定型(鉴定)试验大纲并评审

产品定型工作规定,试验单位受领设计定型试验任务后,应当根据军工产品研制总要求和有关标准,拟制设计定型试验大纲,经征求研制总要求论证单位和承研单位的意见后,报二级定委审批。二级定委应当组织有关单位对设计定型试验大纲进行审查,达到规定要求的,予以批准。经审查批准的设计定型试验大纲应当满足准确地考核军工产品的各项指标和性能的要求,保证试验的质量与安全。

(二) 组织设计定型(鉴定)试验及评审

产品定型工作规定,军工产品设计定型必须进行设计定型(鉴定)试验。承

制单位或承试单位应根据研制产品试验大纲和 GJB 1452A《大型试验质量管理要求》的规定,进行设计定型试验工作,做到试验前、试验中、试验后评审的基本原则,确保试验的规范性、有效性。

(三) 组织关键性生产工艺考核

产品定型工作规定,一级定委、二级定委批准军工产品设计定型时,应当明确生产定型的条件和时间。只进行设计定型或者短期内不能进行生产定型的军工产品,在设计定型时,二级定委应当按照规定对承研单位、承制单位的关键性生产工艺进行考核。经考核的关键性生产工艺应当能满足小批试生产的需求。

(四) 组织军用软件产品定型考核

军用软件产品(以下简称“软件”)定型(含鉴定)是指国务院、中央军委军工产品定型委员会(一级定委)、专业军工产品定型委员会(二级定委),按照规定的权限和程序,对研制(含版本升级)的软件进行全面考核,确认其达到研制总要求和规定标准的活动。凡立项研制拟正式装备军队的软件,包括计算机程序、数据和文档,以及固化在硬件中的程序和数据,应当按照《军用软件产品定型管理办法》进行定型。

(五) 开展配套产品交付评审

配套产品交付评审(习惯称放飞评审)是辅机单位向主机或整机单位在主机或整机科研试验之前,交付的首部配套产品所进行的评审。评审的目的是检查配套产品的地面鉴定试验的完成情况,以及具备的鉴定状态情况,评审结果应符合 GJB 1362A《军工产品定型程序和要求》4.3 定型原则的 f)条,即“军工产品应配套齐全,凡能够独立进行考核的分系统、配套设备、部件、器件、原材料、软件,应在军工产品定型前进行定型或鉴定”的要求。

(六) 开展生产准备审查

进行生产准备审查的目的是核实系统的设计、计划和有关的准备工作是否已达到了能够允许生产,而不存在突破进度、性能和费用限值或其他准则之类的不可接受的风险程度。生产准备审查包括考虑与生产设计的完整性与可生产性,以及与为开展和维持可行的生产活动而需进行的管理准备和物质准备有关的所有问题。

承制单位必须按照 GJB 1710A《试制和生产准备状态检查》、GJB 3273A《研制阶段技术审查》的规定及要求执行,一是在功能技术状态审核之前;二是在研制生产交叉情况下经专门批准提前投产时,必须进行生产准备状态检查及预审查。

(七) 开展功能技术状态审核

技术状态审核是 GJB 3206A《技术状态管理》对技术状态项进行的技术状态标识、技术状态控制、技术状态记实、技术状态审核的技术的和管理的活动之一;

也是为确定技术状态项符合其技术状态文件而进行的检查。

功能技术状态审核是专指对装备的功能特性进行的审核。每一个技术状态项都应进行功能技术状态审核。

在正式的功能技术状态审核之前,承制方应采取必要措施配合开展技术状态审核。应自行组织内部的技术状态审核。

(八) 组织系统、分系统集成联试检查

树立系统集成思想,完善武器装备研制生产系统论证、系统设计、系统试验、系统调试、系统测试、系统考核,形成系统集成的管理机制。总设计师单位、主机单位应根据型号系统规范、研制规范要求,编制各分系统和系统设计要求的质量控制文件,即验收规范;质量部门根据设计部门验收规范的要求,编制质量部门控制的质量控制文件即验收规程,通过验收规程验收并合格的配套产品,才能进入系统或分系统质量管理体系。

设计师系统根据系统集成和联试要求的相关文件,完成各分系统、系统功能、精度检查验证,并对系统的容差分配进行协调分析和确认。

(九) 组织设计定型阶段设计评审

设计定型阶段的设计评审应根据研制总要求和(或)合同及技术协议书的要求,在经过设计定型(鉴定)试验后,对产品是否具备申请设计定型或设计鉴定的条件进行评审。评审通过后,承制单位会同使用单位联合申请设计定型(鉴定)审查。

(十) 组织设计定型审查

产品设计定型审查由二级定委组织(三级或三级以下产品的设计鉴定审查,一般由使用单位主管装备研制部门组织),通常采取派出设计定型审查组以调查、抽查、审查等方式进行。审查组由定委成员单位、相关部队、承试单位、研制总要求论证单位、承研承制单位(含其上级集团公司)、军事代表机构或军队其他有关单位的专家和代表,以及本行业和相关领域的专家组成。审查组组长由二级定委指定,一般由军方专家担任。

三、定型(鉴定)的质量评审

(一) 定型(鉴定)试验评审

1. 试验评审概述

定型(鉴定)试验评审一般是指试验前评审、试验中检查和试验后质量确认及试验总结等内容。

试验前按规定的要求,对试验产品、试验设备、技术文件、关键质量控制点等进行质量评审。对质量评审过程中发现的问题,实施整改并验证其实施效果的有效性,经批准后,方可进行试验。

试验中检查是指严格按试验计划、试验程序和操作规程组织实施,试验时对

关键试验产品、关键环节,应设置工作状态监视或故障报警系统,准确采集试验数据,做好原始记录。有重复性或系列试验组成的试验,在前项试验结束后,应及时组织结果分析,发现问题及时处理,不应带着没有结论的问题转入下一项试验。试验过程出现不能达到试验目的时,按照试验预案规定的程序中断试验,待问题解除后试验方可继续进行。试验时需临时增加或减少试验项目,提出部门须办理有关手续,经有关单位会签并履行批准程序后方可实施。试验后评审是指对试验工作的质量确认及试验总结。

一级和二级产品的定型(鉴定)试验由二级定委指定的承试方式时,试验结束并经相关单位评审通过后,装备试验实施单位应当及时拟制试验报告,报送装备试验大纲的组织拟制部门、审批部门(单位)和组织试验的部门,并抄送装备承研承制单位。证明该产品的研制技术方案和关键技术已解决,基本符合技术协议书的要求。

2. 评审提供的文件

(1) 产品规范;

(2) 经批复的试验大纲;

(3) 试验规程及操作程序;

(4) 试验产品的检测记录;

(5) 故障归零报告、工艺技术及相关技术文件;

(6) 试验总结报告。

3. 评审的内容

试验评审实际上就是对试验结果的质量确认和试验总结,其评审应从以下几个方面进行:

(1) 收集试验产品的检测记录和报告。

(2) 对试验产品的检测记录和报告进行系统分析。

(3) 对汇集、整理试验的记录和全部原始数据的完整性和真实性进行评价。

(4) 对试验数据进行处理与分析,提出试验结果评价报告。评价的内容一般包括:

① 试验是否达到研制总要求和试验大纲的要求;

② 试验数据采集率(信号采集率、数据采集率、关键数据采集率)质量评价;

③ 试验结果处理及处理方法是否正确;

④ 试验结果分析与评价;

⑤ 故障分析与处理情况。

(5) 试验总结情况。试验结束后,编制试验总结报告,其报告的内容一般包括:

① 试验依据、目的、条件、内容、要求;

② 试验过程控制情况;

③ 试验结果分析与评价;

④ 故障分析及处理意见;

⑤ 试验结论;

⑥ 存在问题及改进意见。

(二) 设计标准化最终评审

1. 评审概述

设计标准化最终评审是对新产品设计贯彻执行《武器装备研制生产标准化工作规定》和《标准化大纲》的最终检查。评审结论是确认新产品是否具备申请设计定型的条件之一。

2. 评审提供的文件

(1) 型号标准化大纲;

(2) 标准化工作计划等文件;

(3) 草拟工艺标准化大纲;

(4) 标准化工作和审查报告;

(5) 新产品标准体系表;

(6) 标准化工作管理规定、程序文件等。

3. 评审的内容

设计标准化最终评审的主要内容如下:

(1)《标准化大纲》规定的标准化目标和要求是否实现;

(2) 设计文件是否完整、正确、统一、协调并满足设计定型的要求;

(3) 是否按要求基本建立了新产品标准体系,重大标准是否已制定;

(4) 采用的标准、规范是否现行有效并符合《新产品采用标准目录》;

(5) 新产品的系列化、通用化、组合(模块)化和接口、互换性情况;

(6) 新产品达到的标准化程度和所获得的标准化效益;

(7) 历次评审遗留的标准化问题是否已经解决。

(三) 配套产品交付评审

配套产品交付评审(习惯称放飞评审)是辅机单位向主机或整机单位在主机或整机科研试验之前,交付的首部配套产品所进行的评审;也是辅机单位的正样机/飞行试验样机经过首件鉴定、完成设计鉴定试验(一般指辅机的地面试验,即电磁兼容鉴定试验、环境鉴定试验、可靠性鉴定试验等)后,交付主机参加科研试验和设计定型试验(试飞)前的评审。

在装备的研制中,辅机单位按照 GJB 1362A《军工产品定型程序和要求》4.3 定型原则 F)条“军工产品应配套齐全,凡能够独立进行考核的分系统、配套设备、部件、器件、原材料、软件,应在军工产品定型前进行定型或鉴定”和 GJB

907A《产品质量评审》5.1 条产品质量评审前应具备“产品按要求已通过设计评审、工艺评审及首件鉴定”的条件的规定。辅机产品应先于主机/整机进入鉴定状态,交付主机或整机试验或试飞用。由此,辅机单位或主机单位自制的配套产品在交付之前,必须对首件产品进行鉴定(首件鉴定),满足并通过质量评审后,转入设计鉴定状态的设计鉴定试验工作,完成设计鉴定试验内容并满足技术协议书或研制总要求的规定后,再进行配套产品交付评审。

1. 评审概述

配套产品交付评审是辅机单位的产品在设计定型阶段的一项重要工作。配套产品交付评审是指辅机装备已完成工程研制阶段的全部研制工作,转入设计定型阶段的设计鉴定状态,并完成设计鉴定大纲规定的设计鉴定试验项目并通过评审后,将产品交付主机或整机单位所进行的评审。

2. 评审提供的文件

(1) 产品研制总结;

(2) 产品规范;

(3) 环境适应性鉴定试验大纲和试验结论;

(4) 电磁兼容性鉴定试验大纲和试验结论;

(5) 电源特性鉴定试验大纲、试验规程和试验结论;

(6) 可靠性鉴定试验大纲、试验规程和试验结论;

(7) 产品图样及技术文件;

(8) 使用维护说明书;

(9) 关键性生产工艺检查情况;

(10) 小批试生产能力检查情况。

3. 评审的内容

设计定型阶段设计鉴定状态配套产品交付评审的主要内容一般包括:

(1) 产品设计的可靠性、维修性、安全性、保障性、环境适应性、电磁兼容性等分析验证结果满足合同及技术协议书要求的程度;

(2) 产品技术性能指标和结构设计评定结果全面达到合同及技术协议书要求的程度;

(3) 设计输出文件(含生产和使用)的成套性及实施标准的程度,产品的标准化程度、满足产品设计定型(鉴定)要求的程度;

(4) 研制定型过程中质量问题归零处理的有效性;

(5) 关键性生产工艺检查情况及工艺稳定性分析;

(6) 最终鉴定设计、工艺文件;

(7) 鉴定专用工艺设备的定型情况;

(8) 鉴定试验的情况及结论;

(9）质量评价；

(10）元器件、原材料、外协件、外购件的定点及定型情况；

(11）包装、搬运、贮存及维护使用保障；

(12）遗留问题的结论及处理意见；

(13）研制成本的核算及定型批生产成本的预算；

(14）研制总结及定型申请报告；

(15）其他需要评审的项目。

（四）设计定型阶段设计评审

1. 评审概述

设计定型阶段的设计评审应根据研制总要求和(或)合同及技术协议书的要求，在经过定型(鉴定)试验试飞后，对产品是否具备申请设计定型或设计鉴定的条件进行评审。

2. 评审提供的文件

(1）产品研制总结及设计定型申请报告；

(2）产品规范；

(3）标准化工作、审查报告；

(4）环境适应性鉴定试验大纲和试验结论；

(5）电磁兼容性鉴定试验大纲和试验结论；

(6）电源特性鉴定试验大纲和试验结论；

(7）可靠性鉴定试验大纲和试验结论；

(8）产品图样及技术文件；

(9）使用维护说明书；

(10）关键性生产工艺检查报告；

(11）小批试生产能力检查报告。

3. 评审的内容

设计定型(鉴定)阶段设计评审的主要内容一般包括：

(1）产品设计的可靠性、维修性、安全性、保障性、环境适应性、电磁兼容性等分析验证结果满足研制总要求或合同及技术协议书要求的程度；

(2）产品技术性能指标和结构设计评定结果全面达到研制总要求和(或)合同及技术协议书要求的程度；

(3）设计输出文件(含生产和使用)的成套性及实施标准的程度，产品的标准化程度、满足产品设计定型要求的程度；

(4）多余物的预防和控制措施的有效性；

(5）研制定型过程中质量问题归零处理的有效性；

(6）产品的工艺稳定性分析；

（7）最终鉴定设计、工艺文件；

（8）鉴定专用工艺设备的定型情况；

（9）质量评价；

（10）鉴定试验的情况及结论；

（11）遗留问题的结论及处理意见；

（12）元器件、原材料、外协件、外购件的定点及定型情况；

（13）包装、搬运、贮存及维护使用保障；

（14）研制成本的核算及定型批生产成本的预算；

（15）研制总结及定型申请报告；

（16）其他需要评审的项目。

四、设计定型阶段技术审查

（一）技术审查概述

武器装备设计定型阶段的技术审查，是军工产品定型工作机构（一般指二级定委）按照国务院、中央军事委员会的有关规定，全面考核新型武器装备质量，确认其达到武器装备研制总要求和规定标准的质量要求的全面审查。往往在项目的技术审查前，承制单位应对这些被审查的项目进行预先检查，做好迎接审查的准备工作。

对于一级和二级武器装备的技术审查项目，主要有设计定型基地试验大纲审查、部队试验大纲审查、军用软件产品定型考核、系统集成联试大纲检查、关键性生产工艺考核、生产准备审核、功能技术状态审核、基地试验报告审查、部队试验报告审查和设计定型（鉴定）审查十项。

（二）基地试验大纲审查

设计定型阶段的设计定型试验包含设计定型基地试验和设计定型部队试验。二级定委对定型装备进行设计定型试验审查时，往往分别对基地试验和部队试验进行审查。

需设计定型的一级或二级产品申请设计定型试验，必须符合 GJB 1362A《军工产品定型程序和要求》5.1 设计定型程序和 5.2 申请设计定型试验的条件后，才能申请产品的设计定型试验。承研承制单位才能会同军事代表机构或军队其他有关单位向二级定委提出设计定型试验书面申请，内容一般包括：研制工作概况，样品数量，技术状态、研制试验或工厂鉴定试验情况、对设计定型试验的要求和建议等。二级定委经审查认为产品已符合要求后，批准转入设计定型试验阶段，并确定承试单位。

根据 GJB 1362A《军工产品定型程序和要求》的规定，设计定型试验包含两个试验内容。一是设计定型基地试验；二是设计定型部队试验。二级定委审查设计定型试验大纲时，一是审查设计定型基地试验大纲；二是审查设计定型部队试验大纲。在实际操作中,仍按惯例将设计定型基地试验大纲称为设计定型试飞大纲,实际上内容仍是基地试验的内容。本节依据 GJB 1362A《军工产品定型程序和要求》、GJB/Z 170.5《军工产品设计定型文件编制指南 第5部分:设计定型基地试验大纲》的要求,对编制基地试验大纲的前提条件、试验大纲的审查内容及要求、审查提供的文件等进行描述。

1. 申请设计定型试验

根据 GJB 1362A《军工产品定型程序和要求》的规定,军工产品符合下列要求时,承研承制单位可以申请设计定型试验:

(1) 通过规定的试验,软件通过测试,证明产品的关键技术问题已经解决,主要战术技术指标能够达到研制总要求。

(2) 产品的技术状态已确定。

(3) 试验样品经军事代表机构检验合格。

(4) 样品数量满足设计定型试验的要求。

(5) 配套的保障资源已通过技术审查,保障资源主要有保障设施、设备,维修(检测)设备和工具,必需的备件等。

(6) 具备了设计定型试验所必需的技术文件,主要有产品研制总要求、承研承制单位技术负责人签署批准并经总军事代表签署同意的产品规范,产品研制验收(鉴定)试验报告,工程研制阶段标准化工作报告,技术说明书,使用维护说明书,软件使用文件,图实一致的产品图样、软件源程序及试验分析评定所需的文件资料等。

2. 基地试验大纲概述

GJB 1362A《军工产品定型程序和要求》5.4.1 条明确指出:设计定型试验大纲由承试单位依据研制总要求规定的战术技术指标、作战使用要求、维修保障要求和有关试验规范拟制,并征求总部分管有关装备的部门、军兵种装备部、研制总要求论证单位、军事代表机构或军队其他有关单位、承研承制单位的意见。承试单位将附有编制说明的试验大纲呈报二级定委审批,并抄送有关部门。二级定委组织对试验大纲进行审查,通过后批复实施。一级军工产品设计定型试验大纲批复时应报一级定委备案。

按照标准要求,承试单位上报设计定型基地试验大纲时,应根据标准要求编制设计定型基地试验大纲的编制说明,并制成 PPT 汇报材料。二级定委组织对设计定型基地试验大纲进行审查时,承试单位应详细说明试验项目能否全面考核研制总要求或技术协议书规定的战术技术指标和作战使用要求,以及有关试验规范的引用情况和剪裁理由等。

三级或三级以下产品的鉴定试验大纲的审查可参照实施。

3. 审查提供的文件

（1）产品规范、试验规范、试验规程及相关表格；

（2）试验大纲编写说明；

（3）产品的基地试验大纲；

（4）产品的六性大纲及评估方案；

（5）主要测试、测量设备汇总表；

（6）成品技术协议书；

（7）相关文件要求。

4. 审查的内容

设计定型基地试验大纲应根据研制总要求、相关军用标准等技术文件设置试验项目，能全面系统地考核产品的战术技术指标要求，在保证试验质量的前提下，试验方案应科学高效，其方法应合理可行，评定准则应客观准确。在试验过程中，应符合试验规范的要求，充分考虑参试人员、装备、设施、信息等的安全。设计定型基地试验大纲的详细内容应符合 GJB 1362A《军工产品定型程序和要求》和 GJB/Z 170.5《军工产品设计定型文件编制指南 第5部分：设计定型基地试验大纲》的要求，审查的内容一般包括：

（1）任务依据；

（2）试验性质；

（3）试验目的；

（4）试验时间和地点；

（5）被试品、陪试品数量及技术状态；

（6）试验项目、方法及要求；

（7）测试、测量要求；

（8）试验的中断处理与恢复；

（9）试验组织与任务分工；

（10）试验保障；

（11）试验安全；

（12）有关问题说明；

（13）试验实施网络图；

（14）附录。

（三）部队试验大纲审查

1. 大纲审查概述

部队试验大纲的编制应以部队试验年度计划或下达部队试验任务的有关文件、研制总要求、国家和军队的法规及规章、国家标准和 GJB/Z 170.7《军工产品设计定型文件编制指南 第7部分：设计定型部队试验大纲》为依据，针对被试品的作战使命任务和主要作战使用性能,确定试验模式、试验项目、试验流程、考核内容以及评定标准。参照有关法规、标准,对试验项目、试验流程、考核内容、数据的采集和处理方法、保障条件等进行综合协调、统筹优化。大纲条文的表述应准确、简练、易懂,层次清晰、格式规范,符合相关标准规定。

2. 审查提供的文件

(1) 下达部队试验任务的有关文件;

(2) 研制总要求或成品协议书;

(3) 被试品技术说明书;

(4) 使用维护说明书;

(5) 使用手册(操作手册)。

3. 审查的内容

(1) 任务依据;

(2) 试验性质;

(3) 试验目的;

(4) 被试品、陪试品及主要测试仪器设备;

(5) 试验条件与要求;

(6) 试验模式和试验项目;

(7) 试验流程;

(8) 考核内容;

(9) 试验数据采集、处理的原则和方法;

(10) 试验评定标准;

(11) 试验中断、中断与恢复;

(12) 试验组织与分工;

(13) 试验报告要求;

(14) 试验保障;

(15) 试验安全。

(四) 军用软件产品定型考核

军用软件产品定型(含鉴定),是指国务院、中央军委军工产品定型委员会、专业军工产品定型委员会,按照规定的权限和程序,对研制(含版本升级)的软件进行全面考核,确认其达到研制总要求和规定标准的活动。凡立项研制拟正式装备军队的软件,包括计算机程序、数据和文档,以及固化在硬件中的程序和数据,应当按照《军用软件产品定型管理办法》进行定型。

软件产品定型同硬件产品一样实行分级定型。列为主要装备研制项目的软件,实行一级定型;列为一般装备研制项目的软件,以及主要装备研制项目的配套软件,实行二级定型。对于实行一级定型和二级定型外的软件实行鉴定。

军用软件产品定型考核并没有分设计定型考核和生产定型考核。因此,常规武器装备研制程序中,生产定型考核军用软件产品的内容也按本节考核。

1. 定型考核概述

软件定型的程序一般包括定型测评、软件部队试验、申请定型、定型审查、定型审批。军用软件随所属武器系统参加基地试验时,应按武器系统目的试验大纲要求一并考核。

软件产品的定型申请由承研单位会同军事代表机构或军队其他有关单位向二级定委提出。配套软件的定型申请可随所属系统设计定型同时提出。定型申请主要内容应当包括:

(1) 软件名称或项目名称;

(2) 软件研制任务来源;

(3) 软件用途及组成;

(4) 软件研制情况;

(5) 定型测评情况;

(6) 部队试验情况;

(7) 存在的主要问题及解决情况;

(8) 定型文件目录等。

2. 审查提供的文件

(1) 软件研制总要求或系统研制总要求;

(2) 软件研制总结报告;

(3) 软件产品规范;

(4) 定型测评大纲;

(5) 部队试验大纲;

(6) 测评(试验)报告,包括厂(所)级鉴定报告、定型测评报告、部队试验报告;

(7) 重要研制阶段的软件评审报告,包括软件需求分析阶段评审报告、软件设计阶段评审报告、软件配置项测试和系统测试阶段评审报告;

(8) 软件运行程序及源程序;

(9) 软件开发文档,包括软件需求规格说明(含接口需求规格说明)、软件设计文档(含接口设计文档)、其他要求的软件开发文档;

(10) 软件配置状态报告;

(11) 软件使用、维护文档;

(12) 软件质量管理文档。

3. 定型的标准和要求

(1) 达到软件研制总要求或系统研制总要求;

(2) 软件源程序和相关文件资料、数据完整、准确、一致;

(3) 软件已通过定型测评;

(4) 软件已通过部队试验;

(5) 配套产品齐全,并已独立完成逐级考核;

(6) 软件定型文件及相关资料齐套、数据齐全。

4. 审查的项目及内容

1) 定型测评的内容

(1) 文档审查;

(2) 功能测试;

(3) 性能测试;

(4) 安装测试;

(5) 接口与交互界面测试等内容;

(6) 必要时可包括代码检查、覆盖率测试、可靠性测试、安全性测试、强度测试、可恢复性测试等。

2) 定型测评申请的条件

在具备下列条件时,承研单位应当会同军事代表机构或军队其他有关单位以书面形式向二级定委申请定型测评,其内容包括:

(1) 软件已通过内部测试;

(2) 配套软件所属系统已经通过初样评审,具备软件战术技术指标的考核条件;

(3) 软件相关文件资料齐套、数据齐全,符合国家军用标准,可以满足定型测评的要求。

3) 定型测评申请的内容

(1) 软件名称或项目名称;

(2) 软件研制任务来源;

(3) 软件用途及组成;

(4) 软件研制及测试情况;

(5) 承研单位情况;

(6) 重新申请定型测评时,其内容应当包括软件名称或项目名称、重新申请的原因、软件整改及测试情况等。

4) 定型测评大纲的内容

定型测评大纲主要内容应当包括:

(1) 编制大纲的依据;

(2) 软件用途及组成;

(3) 测试所需条件、内容、方法和评价方法;

（4）测试组织与人员；

（5）测试环境；

（6）时间与进度安排；

（7）终止条件等；

（8）重新申请定型测评时，定型测评大纲的内容可结合原有定型测评大纲编制。

5）提供定型测评机构的文档

承研单位应当根据定型测评大纲的要求，及时向定型测评机构提供定型测评所需的文档，其内容包括：

（1）源程序；

（2）可执行程序；

（3）需求分析；

（4）软件设计；

（5）软件测试；

（6）用户手册等。

6）定型测评报告的内容

定型测评报告主要内容应当包括：

（1）软件研制总要求或系统研制总要求的满足情况；

（2）文档的完整性、准确性与一致性；

（3）测试内容、发现的缺陷、影响分析及回归测试结果；

（4）软件质量评价结论。

7）申请部队试验的条件

申请部队试验应当具备下列条件：

（1）软件已通过定型测评；

（2）配套软件所属系统已具备设计定型试验的条件；

（3）软件相关文件资料及数据满足试验的需要。

8）部队试验申请的内容

部队试验申请的主要内容应当包括：

（1）软件名称或项目名称；

（2）软件用途及组成；

（3）部队试验内容；

（4）部队试验保障条件等。

9）部队试验的程序

（1）申请部队试验；

（2）审批部队试验申请及确定试验单位；

(3) 编制部队试验大纲;

(4) 审批部队试验大纲;

(5) 实施部队试验;

(6) 出具部队试验报告。

10) 部队试验的项目及内容

(1) 软件的功能、性能;

(2) 安全性、易用性、适用性等。

11) 部队试验大纲的内容

部队试验大纲应当包括:

(1) 编制大纲的依据;

(2) 试验内容;

(3) 试验方法;

(4) 试验组织与人员;

(5) 进度安排等。

配套软件可不单独编制部队试验大纲,结合所属系统试验大纲,规定专门的部队试验内容。

如果是生产定型时,所提试验内容全部改成试用内容即可。

(五) 系统集成联试大纲检查

系统或分系统一般是一个大型的、显示综合功能的任务系统或者是装备的型号系统,尤其是现代信息化装备的发展趋势,向综合化、一体化、信息化方向发展,将系统或分系统的雷达探测、敌我识别/二次雷达、通信、任务导航、电子对抗、指挥控制、信息综合显示和监控等多项先进功能融为一体,实现对空中及海面目标监视、跟踪、识别,将预警情报及时分发到地面指挥机构或其他作战单元,按地面指挥机构的任务分配,指挥引导航空兵实施空中进攻、防空作战或配合陆、海军对地、海面支援作战。必要时,也可接替地面指挥机构,独立对航空兵实施指挥。由此可以看出,系统或分系统初始状态的检查是十分重要、也是十分必要的。它是装备形成功能和性能过程中的一个重要节点,是装备工艺网络中的一项重要工序,同时也是质量监督管理部门检查考核的一个重要环节,是武器装备研制和生产中,贯彻系统集成思想,实施系统论证、系统设计、系统试验、系统调试、系统测试,通过系统考核终显系统集成管理机制的综合体现。

主机单位或分系统级单位应编制系统或分系统集成联试大纲以及集成联试规程(测试程序),并组织相关单位对系统或分系统集成联试大纲以及集成联试规程进行评审,质量部门应依据通过评审的系统或分系统的联试大纲及联试规程和产品规范的规定,编制系统或分系统级的验收规程。将配套产品验收到系统或分系统级质量管理队伍中,实施系统或分系统级质量保证。

1. 集成联试检查概述

系统或分系统集成联试检查,描述了对配套产品验收的条件和集成联试考核的内容以及系统或分系统集成联试前的总体检验或验收分系统、设备等的验收环境、验收条件、验收方法等适用于系统总体部分的检验或验收工作。系统总体部分的检验或验收工作主要定位是在各分系统功能、性能达到批准的研制总要求或技术协议书要求的基础上,检查或验收总体能够协同工作并完成系统级主要功能和性能,因此,检验的项目主要针对各分系统机上安装集成后的技术状态进行,对于不会因安装集成而发生功能、性能变化的项目(比如版本未发生变化的软件、功率等固有指标不变的硬件)未列入系统集成联试的检验或验收项目,另可单独检验或验收。

系统或分系统的集成联试工作,应依据集成联试大纲规定的内容和要求,严格按照验收规程的步骤和方法实施验收工作。其目的是通过系统接口功能联试,实现分系统间的互联互通;通过分系统电磁兼容测试和系统电磁兼容状态测试,实现系统兼容工作,形成有机的整体;通过系统集成功能和性能联试,系统主要功能和性能达到系统装机前测试验收程序规定的整机功能和性能(除必须通过试飞才能检验的项目外)要求。

2. 配套产品验收的条件

1) 验收的方式及方法

(1) 方式:配套产品的验收一般采取全检的方式,系统级检验或验收划分为两个阶段。第一阶段是审查分系统、设备出厂试验记录和分析报告,第二阶段是进行系统级机上地面检验或验收。

(2) 方法:配套产品经配套单位的质量检验部门,用质量保证文件即检验规程检验合格后,提交其军事代表进行检验验收。在配套单位的协助下进行独立检验验收或联合检验后验收(在功能、性能表中标注)并入库后,再由其质量部门办理出厂、所交付手续。

2) 验收的标准及条件

(1) 验收的标准:

① 订货合同或相关技术协议书;

② 以配套单位产品的产品规范编制的检验规程(质量保证文件);

③ 以系统级的产品规范编制的验收规程(质量控制文件)。

(2) 验收的条件:

① 配套产品经配套单位检验部门按生产图样、试验规程、标准样件和检验规程的规定检验并合格后,正式办理了提交使用单位检验验收的手续;

② 分系统完成了检验并合格后,正式办理了提交使用单位检验验收的手续;

③ 配套产品文件签署形式符合相关要求，产品验收记录由军事代表签字，产品证明文件(履历本)应由总军事代表签署；

④ 承制单位验收场所已满足配套产品的检测设备、测试环境等的验收及必备条件，其设备以及准备情况符合相关标准的要求。

3) 验收的程序

(1) 使用单位的检验验收程序：

系统或分系统交付设备清单(含四随)清点→齐套性检验→功能检验→性能检验；功能、性能检验验收按照先地面后飞行的顺序进行。

(2) 使用单位的检查路线：

审查系统或分系统交付设备清单及四随齐套及文件→机上设备安装齐套性检查(含软件)→机上地面功能、性能检查→审查出厂研制试验(科研试验)记录和分析报告。

4) 审查质量文件

(1) 质量证明文件：

① 审查合格证或履历本填写的战术技术指标内容是否与产品规范的技术要求一致；

② 审查合格证或履历本填写的机型、架次是否与飞机机型、批架次协调一致；

③ 审查配套产品的随机备件、工具、设备和随机文件是否填写完整准确，属于非互换的配套项目是否填写配套项目编号。

(2) 通知书类文件：

① 审查通知书类文件的签署、批准是否完整、准确；

② 质量检验报告的结论是否有效、规范、合格，检验的依据性文件是否充分。

(3) 其他质量文件：

审查其他质量文件应格式规范，填写清楚，内容无误，并符合相关要求。

① 系统或分系统交付设备装箱清单及四随清单；

② 系统、分系统或设备地面联试阶段测试报告及问题归零记录；

③ 系统、分系统或设备机上安装检验记录；

④ 系统或分系统接口检验记录；

⑤ 系统或分系统机上地面检验记录和报告。

3. 联试检查提供的文件

(1) 成品技术协议书；

(2) 系统或分系统产品规范；

(3) 系统或分系统检验规程；

（4）系统或分系统验收规程；

（5）系统或分系统集成联试方案；

（6）系统或分系统集成联试大纲；

（7）系统或分系统地面集成联试环境建设方案；

（8）各分系统或设备集成联试前技术状态确认细则(若干)。

4. 联试检查的内容

1）外观、标志和代号的检查

（1）铭牌、标志应正确,字符应清晰；

（2）设备(含 LRU)及电缆的外表面应无毛刺、无裂痕、无变形及明显划痕；

（3）表面涂层应均匀、无起泡、龟裂和脱落,电缆和金属件应无锈蚀；

（4）涂敷颜色应符合本型号相关规范规定的要求为合格。

2）检测设备和测试环境的检查

（1）检测设备的检查：

① 地面配套设备(使用地面指控入网系统或地面通信激励设备)；

② 地面任务支持系统(是保障任务电子系统机上地面工作的电源车、冷风车和空调车等)；

③ 地面激励设备(指 ESM 模拟信号源,IFF/SSR 询问应答激励设备)；

④ 测试仪器和辅助器材(指 220V 测试电源、频谱仪、配试衰减器、检验线缆及连接器等)。

（2）测试环境的检查：

① 除另有规定外,系统及可更换单元的功能、性能测试的试验条件(环境适应性除外),应符合 GJB 150.1A 的要求；

② 除另有规定外,电源特性应符合 GJB 181B 的规定；

③ 除另有规定外,电磁兼容性应符合 GJB 1389A 的规定。

3）地面项目检查和飞行项目检查

（1）地面项目检查:指设备或分系统装机后在地面进行检验或验收的项目。

（2）飞行项目检查:指需要在飞行中进行检验的项目,主要是通过审查飞行后的记录和分析报告的方式进行。

（3）检验的项目一般包括齐套性、功能、性能、安全性、电磁兼容性、接口、能耗、有寿件、包装检验和外观质量等。

4）检验的项目及方法

依据相关文件的要求,对照检查：

（1）通过计数、目测等手段来检验某项组成是否符合要求；

（2）依据系统软件操作安装手册,检查驻留在系统计算机内的计算机软件配置项(CSCI)及操作系统的版本号；

(3) 系统加电及初始化功能检查；

(4) 系统自检与维护功能检验；

(5) 系统各工作状态功能检验；

(6) 地面性能检验；

(7) 飞行检验（安全、结构、电气适应性检飞、综合方式检飞）；

(8) 能耗检验。

（六）关键性生产工艺考核

根据产品定型工作规定有关要求：只进行设计定型或者短期内不能进行生产定型的军工产品，在设计定型时，二级定委应当按照规定对承研单位、承制单位的关键性生产工艺进行考核，通过以开展设计定型阶段关键性生产工艺考核为切入点，带动承制单位优化产品生产工艺，完善生产条件，优化工艺流程，提高工序能力，确保产品质量稳定，满足部队使用要求，促进产品小批试生产能力快速形成。

1. 生产工艺考核概述

组织开展设计定型关键性生产工艺考核是航空军工产品设计定型工作的重要环节，也是产品通过关键性生产工艺考核作为产品设计定型的前提条件之一。从生产定型的角度出发，向前延伸了工艺管理工作，促进了产品小批试生产能力快速形成，解决了装备的批次性、稳定性等保质保量快速适应部队使用需求，保证部队较快形成战斗力发挥着重要作用。

关键性生产工艺分别从关键过程和特殊过程，检验测量和试验设备，配套产品、原材料和元器件，操作人员，生产环境，外包质量控制等方面进行考核，既强化了生产过程“人、机、料、法、环、测”等基本生产控制环节，又突出了设计定型阶段的生产过程质量控制的特点和承研单位的生产能力。

单架（套、件）产品设计定型时可不进行关键性生产工艺考核。

2. 考核的项目

关键性生产工艺是指生产中对保证设计技术要求和质量稳定性起决定作用的关键过程和技术方法。关键性生产工艺考核的主要项目如下：

(1) 产品的关键件（特性）、重要件（特性）确定的项目；

(2) 产品工艺总方案确定的新技术、新工艺、新材料项目；

(3) 对产品质量有重大影响（如易成批超差），需重点控制的工艺过程项目；

(4) 列入互换、替换性检查目录的项目；

(5) 一旦失效（比较复杂的特殊过程），经济损失大的项目；

(6) 列入工艺技术关键目录的项目。

3. 考核的内容

1）生产工艺

（1）工艺文件：

① 工艺文件能适应试生产要求，使用的各类文件为现行有效版本，其内容已转化成适合操作的形式；

② 工艺总方案、工艺规范、工艺标准化综合要求、型号关键过程工艺规程经评审合格，各种工艺文件应满足规范性、完整性、可操作性的要求，并符合有关规定和产品试生产要求。

（2）工艺装备：

① 工艺装备图样完整齐全，文实相符；

② 工艺装备完成鉴定，并按期进行检定、校准，在有效期内使用；

③ 试生产所需的工艺装备齐套，能保证工序加工质量，确保产品质量稳定。

（3）新工艺、新技术、新材料和新设备：

① 采用的新工艺、新技术、新材料、新设备，经过检验、试验、验证，表明符合规定要求，有完整的原始记录；

② 新工艺、新技术、新设备通过鉴定，并有合格结论；

③ 新工艺、新技术、新材料、新设备有质量控制措施和要求。

（4）互换性、替换性要求：

① 明确互换性、替换性检查项目；

② 制定互换性、替换性检查大纲，并开展相关项目的互换性、替换性检查。

2）关键过程和特殊过程

（1）编制产品特性分析报告，关键件、重要件项目明细表，关键过程目录，关键件（特性）、重要件（特性）和关键过程检验规程等文件，并通过评审；

（2）关键件、重要件、关键过程，应在产品、生产图样、工艺文件上做出标识；

（3）对关键过程加工的首件进行自检、专检；

（4）对关键特性、重要特性进行百分之百检验，并按规定记录实测数据；

（5）对关键特性、重要特性进行控制，并实测记录；

（6）编制特殊过程目录、确认准则和年度确认计划，对特殊过程进行控制，并实测记录。

3）检验测量和试验设备

（1）对检验测量和试验设备进行汇总分析，并能及时更新增补，保证专用检验测试能力；

（2）检验测量和试验设备配套齐全，并编制设备目录；

（3）检验测量和试验设备按规定完成鉴定；

（4）检验测量和试验设备按规定完成周期检定；

(5) 检验测量和试验设备完成校准计量,并在校准计量有效期内使用。

4) 配套产品、原材料和元器件

(1) 制定配套产品、原材料和元器件质量控制措施;

(2) 实行入厂复验和出入库管理制度,并编制有关规程,相关记录应完整清晰,能保证其可追溯性;

(3) 原材料、元器件等采购数量、批次能满足产品批量生产数量、批次的要求;

(4) 进口原材料、元器件经过试验考核,其使用比例是否符合国家和军队的有关规定;

(5) 元器件按规定进行二次筛选。

5) 操作人员

(1) 建立岗位培训考核机制,制定生产过程关键岗位清单;

(2) 关键岗位、特殊工种人员应通过专门培训,取得相应技术等级资格,持证上岗;

(3) 关键岗位实行留名制,并在需要时实行双岗制;

(4) 生产操作人员在数量上应满足产品试生产的需要。

6) 生产环境

(1) 制定生产环境管理控制制度;

(2) 主要生产、检验和储存所要求的环境条件(包括温度、湿度、洁净度、防静电等要求)和控制满足规定要求;

(3) 对生产、检验和储存等环境进行控制,形成控制和检查记录,确保生产、检验和储存等环境满足规定要求。

7) 外包(外协)质量控制

(1) 建立外包质量管理制度,对外包方的能力资质进行评价;

(2) 编制产品合格外包方目录,并经军事代表机构会签;

(3) 对外包过程进行控制、评审、批准,并经军事代表机构会签外包清单;

(4) 编制外包产品入厂(所)验收规程,并实施验收。

(七) 生产准备审查

1. 生产准备审查概述

生产准备审查是为判定在投入小批试生产前必须完成的一些具体措施落实情况的审查,审查应按照 GJB 3273A《研制阶段技术审查》、GJB 1710A《试制和生产准备状态检查》的规定,以确保最终交付部队的装备技术状态与设计定型状态一致为前提,重点审查与设计成熟程度、可生产性与稳定性,以及与为开展和维持可行的小批试生产活动而进行的管理准备和物质准备有关的所有问题。

2. 审查提供的文件

审查的文件包括但不限于下列：

（1）小批投产文件及要求文件；

（2）研制工作总结；

（3）小批投产风险评估报告；

（4）投产准备工作报告；

（5）设计定型试验报告；

（6）小批投产质量控制文件；

（7）军事代表机构质量监督报告及小批投产意见；

（8）成套图样、产品规范、工艺规范、材料规范和其他技术文件等。

3. 审查的内容

1）设计方面

（1）审查对主要战术技术指标和使用要求的符合程度；

（2）审查设计成熟程度，如寿命和可靠性等；

（3）审查主要技术质量问题解决情况；

（4）审查系统、分系统与设备等接口控制及稳定性；

（5）审查标准化大纲贯彻实施情况；

（6）审查小批交付的技术状态与设计定型技术状态的协调与一致性；

（7）审查图样和技术文件是否完备协调。

2）工艺和生产方面

（1）审查工艺总方案、工具（工装）选择原则，工艺规范等工艺文件是否齐全；

（2）审查重要工艺攻关情况，试制过程主要问题解决情况；

（3）审查工艺稳定性，及改进部件及工艺的贯彻情况；

（4）审查原材料的供货能力及质量控制，是否有可靠来源并能满足需要；

（5）审查生产能力是否满足小批试生产的年批量要求；

（6）审查试生产所需的设施、设备、专用工具（工装）和专用试验设备、标准样件等是否具备；

（7）审查人员培训、生产计划等是否满足需要。

3）试验验证方面

（1）审查设计定型试验验证情况；

（2）审查接装培训和部队领先适用情况。

4）综合保障方面

（1）审查交付所需的文件、备件、工具和设备等已经确定并可满足系统的交付进度；

(2) 审查培训教材、教具和其他器材准备情况;

(3) 审查保障设施、设备等是否满足系统的交付进度。

5) 管理方面

(1) 风险评估,审查是否存在风险,有风险是否可控;

(2) 审查运用价值工程方法和寻求降低费用的措施;

(3) 审查产品质量保证大纲实施情况;

(4) 审查技术状态管理情况;

(5) 审查小批投产的条件、数量和进度安排等;

(6) 审查质量管理体系是否持续有效运行。

4. 审查意见

生产准备审查/小批投产决策意见应对以下工作给出评价,一般包括但不限于下列:

(1) 小批投产的装备技术状态与设计定型技术状态的一致性,以及技术状态控制的有效性评价;

(2) 达到批准的主要战术技术指标和使用要求程度的评价;

(3) 风险评估及风险应对措施有效性评价;

(4) 小批投产的图样和技术文件成套性和完备性评价;

(5) 工艺装备及供货渠道稳定性评价;

(6) 给出是否具备小批投产条件的结论。

(八) 功能技术状态审核

技术状态审核是技术状态管理中,对技术状态项进行的技术状态标识、技术状态控制、技术状态记实、技术状态审核的技术和管理的活动之一,也是为确定技术状态项符合其技术状态文件而进行的检查。功能技术状态审核是专指对装备的功能特性进行的审核,每一个技术状态项都应进行功能技术状态审核。

在正式的功能技术状态审核之前,承制方应采取必要措施配合开展技术状态审核,应自行组织内部的技术状态审核。

1. 状态审核概述

功能技术状态审核可与设计定型工作结合进行。根据产品的复杂性,功能技术状态审核可分步进行,与产品的技术审查((评审)工作)相结合。功能技术状态审核待审查的试验数据应从拟正式提交设计定型的样机的技术状态试验中随机采集,如果未制造设计定型样机,则应从第一个(批)生产件的试验数据中随机采集。

功能技术状态审核完成后,审核组织者应向有关各方发放审核纪要。审核纪要至少应记录功能技术状态审核的完成情况和结果,以及解决遗留问题所必需的措施。审核纪要还应给出功能技术状态审核的结论,即认可、有条件认可或不认可。对于产品的转产、复产,应重新进行功能技术状态审核。

2. 承制方和订购方职责

1) 承制方

承制方职责一般包括:

(1) 编制技术状态审核计划;

(2) 保证分承制方参与必要的技术状态审核;

(3) 审核前,向技术状态审核组提交一份清单,列出技术状态审核中要用的文件、硬件和软件;

(4) 指定审核组副组长和本方参与人员;

(5) 与订购方协调审核日程和地点;

(6) 提供必要的资源和器材;

(7) 按技术状态审核计划做好资料准备;

(8) 做好会议记录,内容包括重要问题和对策、措施、结论和建议性意见等;交订购方确认后,形成正式的会议记录。

2) 订购方

订购方职责一般包括:

(1) 指定审核组组长和本方参与人员;

(2) 审查会议记录,保证其内容反映订购方的所有重要意见;

(3) 向承制方发出技术状态审核的结论,即认可、有条件认可或不认可。

3. 状态审核内容

审核的内容一般包括:

(1) 审核承制方的试验程序和试验结果是否符合技术状态文件的规定;

(2) 审核正式的试验计划和试验规范的执行情况,检查试验结果的完整性和准确性;

(3) 审核试验报告,确认这些报告是否准确、全面地说明了技术状态项的各项试验;

(4) 审核接口要求的试验报告;

(5) 对那些不能完全通过试验证实的要求,应审查其分析或仿真的充分性及完整性,确认分析或仿真的结果是否足以保证技术状态项满足其技术状态文件的要求;

(6) 审核所有已确认的技术状态更改是否已纳入了技术状态文件并已经实施;

(7) 审核未达到质量要求的技术状态项是否进行了原因分析,并采取了相应的纠正措施;

(8) 审查偏离许可、让步清单;

（9）对软件与硬件集合成一体的技术状态项，除进行上述审核外，还可进行必要的补充审核。

（九）基地试验报告审查

1. 试验报告概述

对基地试验报告的审查实际上是对基地试验工作的验收总结，在试验结束后进行。报告的内容及要求应符合 GJB/Z 170.6《军工产品设计定型文件编制指南 第6部分：设计定型基地试验报告》的要求。

试验结束后，承试单位编制的设计定型基地试验报告，应能全面反映设计定型基地试验大纲规定项目的完成情况，试验数据应真实准确。根据试验结果，对被试品作出客观公正的评价，结论要明确、表述应清晰、简练，相关术语、符号、代号等应规范统一。

2. 审查提供的文件

（1）定型试飞报告名称及编号；

（2）测试参数表；

（3）试飞结果和研制总要求对照表；

（4）任务系统和基本航电系统部分显示画面；

（5）新研及改型产品目录清单；

（6）基本性能试飞技术报告；

（7）振动和噪声环境测试试飞技术报告；

（8）各分系统试飞技术报告；

（9）试飞员评述；

（10）五性评估大纲和评估报告。

3. 审查的内容与要求

1）试验概况

（1）编制依据（任务下达的机关和任务编号，批复的试验大纲，相关国家标准、国家军用标准、试验数据等）；

（2）试验起止时间和地点（整个试验或某个试验段的起止时间和地点）；

（3）被试品名称、代号、数量、批号（编号）及承研承制单位；

（4）陪试品名称、数量；

（5）试验目的和性质；

（6）试验环境与条件；

（7）试验大纲规定项目的完成情况；

（8）试验中动用和消耗的装备情况；

（9）参试单位和人员情况；

（10）其他需要说明的事项。

2）试验内容和结果

应包括试验大纲规定的全部试验项目,并给出试验结果。要求如下：

（1）对每个试验项目都应简述其试验的目的、试验条件、试验方法和试验结果,必要时可给出数据处理过程；

（2）对试验项目中被试品出现的问题进行统计；

（3）对五性试验项目,依据有关故障判据进行故障统计。

3）试验中出现的主要问题和处理情况

（1）问题现象；

（2）问题处理情况；

（3）试验验证情况。

4）结论

（1）指标综合分析。依据研制总要求对被试品的试验结果进行对比评定,并附战术技术指标符合性对照表。

（2）总体评价。对被试品是否可以通过设计定型基地试验给出结论性意见。

5）存在问题与建议

根据试验中发现的问题,进行综合分析与评价,并给出产品存在的主要问题及改进建议。

（十）部队试验报告审查

1. 试验报告概述

试验报告由承试部队负责编制。试验报告应全面反映试验大纲的执行情况,实事求是地反映被试品的技术状态和试验的实施过程,从总体上对被试品作出科学、客观、公正、完整的评价。试验报告应采用准确可靠的试验数据和结论,对各种试验数据的收集和处理应准确可靠,不得随意取舍。各种试验数据必须注明其所属试验的项目名称、条件、日期,并由试验负责人和记录人员签署。试验报告应根据试验结果进行定性、定量分析,结论科学合理,逻辑严谨,论断可靠,可信度高。试验报告的表述应准确、简练,层次清晰,观点明确,符合汉语习惯,避免产生歧义。试验报告应明确指出被试品存在的主要问题,对被试品能否设计定型,给出明确、科学的结论和建议。

报告的内容及要求应符合 GJB/Z 170.8《军工产品设计定型文件编制指南 第8部分:设计定型部队试验报告》的要求。

承试单位应在装备试验过程中,按照 GJB 1362A《军工产品定型程序和要求》做好试验的原始记录,包括文字数据记录、电子数据记录和图像记录等,并及时对其进行整理,建立档案,妥善保管,以备查用。试验结束后,承试单位应在30个工作日内完成设计定型试验报告,上报二级定委,并抄送总部分管有关装备的部门、军兵种装备部、研制总要求论证单位、军事代表机构或军队其他有关单位、承研承制单位等。一级军工产品的设计定型试验报告应同时报一级定委。

2. 审查提供的文件

(1) 设计定型部队试验大纲;

(2) 部队试验实施计划;

(3) 研制总要求;

(4) 部队试验过程中各种阶段性报告和相关会议纪要;

(5) 部队试验数据和结果;

(6) 参试人员对被试品的体验报告、评价和意见;

(7) 有关国家标准和国家军用标准;

(8) 试验项目及完成情况;

(9) 试验问题统计表。

3. 审查的内容与要求

简述部队试验的总体情况,一般包括:

1) 试验概况

(1) 任务来源、依据及代号;

(2) 被试品名称(代号);

(3) 承试单位和参试单位;

(4) 试验性质、目的和任务;

(5) 试验地点(地区)、起止时间;

(6) 试验组织机构及其职责;

(7) 试验实施计划的制定与落实情况;

(8) 试验阶段划分;

(9) 试验大纲规定任务的完成情况等。

2) 试验条件说明

(1) 环境条件:

① 对试验期间经历的环境条件(主要包括地理、气象、水文、电磁条件等)进行客观描述;

② 对不符合试验大纲要求的试验环境条件进行重点说明,并给出原因。

(2) 被试品、陪试品、测试仪器和设备:

对试验期间被试品、陪试品、测试仪器和设备的基本情况(主要包括名称、数量、技术状态、工作时间或消耗情况等)进行客观描述。

(3) 承试部队:

对承试部队的基本情况(主要包括部队番号,使用兵力和装备,参试人员数量、技术水平、培训及考核情况等)进行客观描述。内容较多时,可采用表格形式描述。

（4）其他条件：

对其他需要说明的条件（如试验大纲规定的技术文件、部队试验保障等）进行客观描述。对不符合试验大纲要求的其他条件进行重点说明，并给出原因。

3）试验项目、结果和必要的说明

（1）试验项目概况。

① 从总体上归纳部队试验项目概况（包括试验项目大类、试验项目数量等），与“试验概况”部分内容应协调一致，避免重复描述。

② 试验项目应当与试验大纲保持一致。当试验项目较多时，应采用表格形式描述。

（2）各项试验的过程简述、必要的说明及结果。

① 试验过程简述一般包括试验步骤、试验条件、试验的主要内容、试验方法等。对于各项试验项目的实施过程及结果通常应逐一描述。

② 各项试验项目的结果，应按照试验大纲规定的顺序编写，必要时采用图表形式表示。对试验结果描述应遵循以下要求。

a. 试验结果重点包括使用效果，能够实现的功能或能够完成的任务及完成程度，未能实现的功能或未能完成的任务，出现的故障和存在的问题；

b. 当某项试验数据较多，不易采用文字形式表述时，可采用图表形式给出；

c. 试验中出现的故障与问题应在对应的试验项目中简要阐述，一般包括对故障和问题的描述及原因分析、采取的措施和建议等。

（3）未完成试验项目的原因及处理情况。

对于未按部队试验大纲完成的试验项目，应给出具体原因及处理情况。

4）对被试品的评价

（1）作战使用性能评价。

① 根据部队试验大纲给出的定量考核指标和评定标准，以试验数据为依据，评价被试品作战使用性能是否达到规定要求。

② 定性评价被试品（含分系统、配套产品等）的使用方便性、功能完备性和设计合理性。

（2）部队适用性评价。

① 针对部队试验大纲规定的考核内容、定量考核指标和定性评价要点，分别从可用性、可靠性、维修性、保障性、兼容性、机动性、安全性、人机工程和生存性等方面给出相应的评价结论。具体方面可根据被试品特点进行增减。

② 各项评价结论应以试验数据为基础，按照部队试验大纲提供的评定标准（或参考现役同类装备信息）进行评价。

③ 各项评价内容应重点分析对被试品作战使用的影响程度。

a. 可用性。重点评价被试品在试验期间处于能够执行任务状态的程度。可通过对使用可用度的计算,定量评价被试品可用性是否达到规定要求,无法定量评价时可进行定性评价。

b. 可靠性。通过统计被试品在试验期间的故障时间和数量等信息,重点评价各分系统、重要部件等发生故障后对被试品完成任务的影响程度。

c. 维修性。通过统计被试品在试验期间的维修时间、维修次数、维修人员数量和技术等级以及维修难易程度等信息,重点评价维修可达性、检测诊断的方便性和快速性、零部件的标准化和互换性、防差错措施与识别标记、维修安全性、维修难易程度、维修人员要求等是否达到规定的要求。

d. 保障性。通过统计被试品在试验期间的维护保养、使用保障和维修保障等信息,重点评价保障资源的适用性(主要包括保障设备、技术资料、保障设施等)、保障人员要求、保障工作量大小及难易程度等方面是否达到规定的要求。

e. 兼容性。重点评价被试品和其相关装备(设备)同时使用或相互服务而互不干扰的能力,主要包括成系统试验时全系统的匹配性和协调性、在实际自然环境和电磁环境下正常使用的程度、与现役装备间的互连、互通和互操作程度等方面。

f. 机动性。重点评价被试品进行兵力机动的能力,主要包括通过各种载体的运输能力、对各种地形的适行能力、行军和战斗状态间相互转换的速度和便捷性等方面。

g. 安全性。重点评价被试品实际使用的安全程度,主要包括有关注意事项和警示标志的设置情况、可能造成人员伤亡、设备损坏或财产损失的程度,以及危害环境程度等方面。

h. 人机工程。重点评价被试品在人机环境方面是否达到规定的要求,主要包括使用操作方便性、人机界面友好性、人机环境适应性和舒适性、工作可靠性、对操作使用人员工作能力要求等方面。

i. 生存性。重点评价被试品在不损失任务能力的前提下,避免或承受敌方打击或各种环境干扰的能力,主要包括主动防御、规避、诱骗、修复等的能力以及自救、互救及人员逃逸能力等方面。

5) 问题分析和改进建议

(1) 概括说明部队试验整个过程中暴露的问题。

(2) 对出现的问题逐一进行分析,并提出改进建议:

① 问题描述。描述问题的基本情况,包括处于被试品的部位、主要现象、后果、发生时机、次数、有无规律等。可使用图表、照片等形式在报告中予以反映。

② 产生原因。通常从使用(维修)操作、设计、产品质量等角度加以分析描述。

③ 问题处理。描述对问题采取的措施和效果。

④ 改进建议。对未解决的问题应阐明其对作战使用的影响,并提出改进建议。

6）试验结论

根据试验结果给出是否通过设计定型部队试验的结论性意见。

7）关于部队编制、训练、作战使用和技术保障等方面的意见和建议

（1）对列装部队的类型及编配的意见和建议。

结合承试部队基本情况(如承担过的任务、具备的经验等)以及完成预定目标的情况,对被试品列装部队的类型、配发标准和编配方案等提出意见和建议。

（2）对部队训练的意见和建议。

针对被试品特点,从训练内容、方法、周期、考核、保障等方面对部队训练提出意见和建议。

（3）对作战使用的意见和建议。

根据被试品作战使用性能和试验情况,从使用条件和适用范围等方面对被试品作战使用提出意见和建议。

（4）对维修和保障人员编配的意见和建议。

针对被试品特点,对被试品维修和保障人员的编配方案提出意见和建议。

（5）对训练装备、后勤和技术保障的意见和建议。

针对技术文件资料、维修和保障设备的编配要求和数量,对训练装备、后勤和技术保障等方面提出意见和建议。

（6）对装备使用管理的意见和建议。

针对装备的启封、封存、保养、使用等管理方法和要求,提出意见和建议。

(十一) 设计定型(鉴定)审查

产品设计定型审查由二级定委组织,通常采取派出设计定型审查组以调查、抽查、审查等方式进行。审查组由定委成员单位、相关部队、承试单位、研制总要求论证单位、承研承制单位(含其上级集团公司)、军事代表机构或军队其他有关单位的专家和代表,以及本行业和相关领域的专家组成。审查组组长由二级定委指定,一般由军方专家担任。审查的项目及内容有:

（1）申请设计定型试验的条件及内容;

（2）审查设计定型(鉴定)试验顺序;

（3）试验中断处理的方法;

（4）试验记录的格式及内容;

（5）审查设计定型试验报告;

（6）审查申请设计定型(鉴定)报告;

（7）审查申请设计定型(鉴定)报告的附件;

(8) 审查产品研制总结报告;
(9) 审查质量分析报告;
(10) 审查标准化工作报告;
(11) 审查军事代表室对××设计定型(鉴定)的意见;
(12) 审查设计定型部队试验报告;
(13) 审查试飞员评述意见;
(14) 审查使用维护评述意见等。

1. 定型审查概述

设计定型审查是设计定型程序中非常关键的一个装备质量控制环节,是验证装备研制的战术技术指标和部队的使用要求是否达到研制总要求的系统性审查,审查组通过以下方面:

(1) 全面审查产品研制、设计定型试验情况;
(2) 审查设计定型文件;
(3) 必要时,抽查或测试产品性能;
(4) 对产品重大技术问题的解决情况进行评定;
(5) 对产品达到设计定型标准和要求的程度进行评定;
(6) 研究存在问题的处理意见;
(7) 向二级定委提出设计定型审查意见书。

能全面反映或证明装备研制的质量以及存在的问题。必要时,当承制单位提出申请设计定型后,二级定委可以在设计定型审查前,派出设计定型工作检查组,检查设计定型工作准备情况、研制和试验出现问题的解决措施落实情况,协调设计定型工作的有关问题。

2. 定型标准和要求

产品设计定型应符合下列标准和要求:

(1) 达到批准的研制总要求和规定的标准;
(2) 符合全军装备体制、装备技术体制和通用化、系列化、组合化的要求;
(3) 设计图样(含软件源程序)和相关的文件资料完整、准确,软件文档符合 GJB 438B《军用软件开发文档通用要求》的规定;
(4) 产品配套齐全,能独立考核的配套设备、部件、器件、原材料、软件已完成逐级考核,关键工艺已通过考核;
(5) 配套产品质量可靠,并有稳定的供货来源;
(6) 承研、承制单位应具备国家认可的装备科研、生产资格。

3. 审查提供的文件

设计定型文件包括技术文件、产品图样、产品照片和录像片。设计定型文件通常包括:

(1) 设计定型审查意见书;
(2) 设计定型申请报告;
(3) 军事代表机构或军队其他有关单位对设计定型的意见;
(4) 设计定型试验大纲和试验报告;
(5) 产品研制总结;
(6) 研制总要求(或研制任务书);
(7) 研制合同;
(8) 重大技术问题的技术攻关报告;
(9) 研制试验大纲和试验报告;
(10) 产品标准化大纲、标准化工作报告和标准化审查报告;
(11) 质量分析报告;
(12) 可靠性、维修性、测试性、保障性、安全性评估报告;
(13) 主要的设计和计算报告(含数学模型);
(14) 软件(含源程序、框图及说明等);
(15) 软件需求分析文件;
(16) 软件设计、测试、使用、管理文档;
(17) 产品全套设计图样;
(18) 价值工程和成本分析报告;
(19) 产品规范;
(20) 技术说明书、使用维护说明书、产品履历书;
(21) 各种配套表、明细表、汇总表和目录;
(22) 产品相册(片)和录像片;
(23) 二级定委要求的其他文件(如工艺标准化综合要求,关键件、重要件及关键工序的工艺规程等工艺管理和技术文件)。

4. 审查的项目及内容

1) 申请设计定型试验的条件及内容

(1) 当承制单位的军工产品符合下列要求时,可以申请设计定型试验,申请设计定型试验的条件如下:

① 通过规定的试验,软件通过测试,证明产品的关键技术问题已经解决,主要战术技术指标能够达到研制总要求;

② 产品的技术状态已确定;

③ 试验样品经军事代表机构检验合格;

④ 样品数量满足设计定型试验的要求;

⑤ 配套的保障资源已通过技术审查,保障资源主要有保障设施、设备,维修(检测)设备和工具,必须的备件等;

⑥ 具备了设计定型试验所必需的技术文件，主要有产品研制总要求、承研承制单位技术负责人签署批准并经总军事代表签署同意的产品规范，产品研制验收(鉴定)试验报告，工程研制阶段标准化工作报告，技术说明书，使用维护说明书，软件使用文件，图实一致的产品图样、软件源程序及试验分析评定所需的文件资料等。

(2) 按照规定的研制程序，产品满足 GJB 1362A《军工产品定型程序和要求》5.2 申请设计定型试验的条件时，承研、承制单位应会同军事代表机构或军队其他有关单位向二级定委提出设计定型试验书面申请，内容一般包括：

① 研制工作概况；

② 样品数量；

③ 技术状态；

④ 研制试验或工厂鉴定试验情况；

⑤ 对设计定型试验的要求和建议等。

二级定委经审查认为产品已符合要求后，批准转入设计定型阶段的设计定型(鉴定)试验状态，通常用“D”表示，并确定承试单位。

2) 审查设计定型(鉴定) 试验顺序

设计定型(鉴定)试验包括试验基地试验和部队试验。试验基地试验主要考核产品是否达到研制总要求规定的战术技术指标；部队试验主要考核产品作战使用性能和部队适应性，并对编配方案、训练要求等提出建议。部队试验一般在试验基地试验合格后进行。两种试验内容应避免重复。设计定型(鉴定)试验顺序一般如下：

(1) 先静态试验，后动态试验；

(2) 先室内试验，后外场试验；

(3) 先技术性能试验，后战术性能试验；

(4) 先单项、单台(站)试验，后综合、网系试验，只有单项、单台(站)试验合格后方可转入综合、网系试验；

(5) 先部件试验，后整机试验，只有部件试验合格后方可转入整机试验；

(6) 先地面试验或系泊试验，后飞行或航行试验，只有地面试验或系泊试验合格后方可转入飞行或航行试验。

3) 审查试验中断处理的方法

试验过程中出现下列情形之一时，承试单位应中断试验并及时报告二级定委，同时通知有关单位：

(1) 出现安全、保密事故征兆；

(2) 试验结果已判定关键战术技术指标达不到要求；

(3) 出现影响性能和使用的重大技术问题；

(4) 出现短期内难以排除的故障。

4) 审查试验记录的格式及内容

承试单位应做好试验的原始记录,主要包括:

(1) 文字数据记录;

(2) 电子数据记录和图像记录;

(3) 承试单位应向承研承制单位和使用部队提供相关试验数据。

5) 审查设计定型试验报告

试验结束后,承试单位应在30个工作日内完成设计定型试验报告,设计定型试验报告通常包括以下内容:

(1) 试验概况;

(2) 试验项目、步骤和方法;

(3) 试验数据;

(4) 试验中出现的主要技术问题及处理情况;

(5) 试验结果、结论;

(6) 存在的问题和改进建议;

(7) 试验样品的全貌、主要侧面、主要试验项目照片,试验中发生的重大技术问题的特写照片;

(8) 主要试验项目的实时音像资料;

(9) 关于编制、训练、作战使用和技术保障等方面的意见和建议。

6) 审查申请设计定型(鉴定)报告

产品通过设计定型(鉴定)试验且符合规定的标准和要求时,由承研承制单位会同军事代表机构或军队其他有关单位向二级定委提出设计定型(鉴定)书面申请。申请报告通常包括以下内容:

(1) 产品研制任务的由来;

(2) 产品简介和研制、设计定型试验概况;

(3) 符合研制总要求和规定标准的程度;

(4) 存在的问题和解决措施;

(5) 设计定型意见。

7) 审查申请设计定型(鉴定)报告附件

申请设计定型(鉴定)报告的附件通常包括以下内容:

(1) 产品研制总要求;

(2) 产品研制总结;

(3) 军事代表机构质量监督报告;

(4) 质量分析报告;

(5) 价值工程和成本分析报告;

(6) 标准化工作报告;
(7) 可靠性、维修性、测试性、保障性、安全性评估报告;
(8) 设计定型文件清单;
(9) 二级定委规定的其他文件。

8) 审查产品研制总结报告

产品研制总结报告应包括以下内容:
(1) 研制任务来源;
(2) 产品概述;
(3) 研制过程;
(4) 设计定型试验情况;
(5) 出现的重大技术问题及解决情况;
(6) 主要的配套产品、设备、材料的定型(鉴定)和质量供货情况;
(7) 产品可靠性、维修性、测试性、保障性、安全性情况;
(8) 贯彻产品标准化大纲情况;
(9) 产品质量、工艺性、经济性评价;
(10) 产品达到的战术技术性能(含指标对照表);
(11) 产品尚存问题及解决措施;
(12) 对产品设计定型的意见。

报告的内容及要求应符合 GJB/Z 170.4《军工产品设计定型文件编制指南 第4部分:研制总结》的要求。

9) 审查质量分析报告

产品研制结束后,承制单位在产品质量评审时,应提交质量分析报告等文件,评审通过并修改完善后,提交设计定型(鉴定)会议审查,产品质量分析报告的主要内容包括:
(1) 概述。
(2) 质量要求。
(3) 质量控制。
① 质量管理体系。
② 研制过程质量控制。
a. 技术状态控制;
b. 设计质量控制;
c. 工艺质量控制;
d. 外协、外购产品质量控制;
e. 元器件、原材料质量控制;
f. 文件、技术资料质量控制;

g. 关键件和重要件质量控制；
h. 产品标识和可追溯性质量控制；
i. 计量检验质量控制；
j. 大型试验质量控制；
k. 软件质量控制；
l. 质量信息管理。
(4) 质量问题分析与处理。
① 重大和严重质量问题分析与处理。
② 质量数据分析。
③ 遗留质量问题及解决情况。
④ 售后服务保证质量风险分析。
(5) 质量改进措施与建议。
(6) 结论。
(7) 质量问题汇总表。

报告的内容及要求应符合 GJB/Z 170.15《军工产品设计定型文件编制指南 第15部分:质量分析报告》的要求。

10) 审查标准化工作报告

承制单位在产品的工程研制阶段,对产品的标准化工作进行了设计标准化实施评审。在设计定型阶段标准化工作基本完成后,由新产品项目技术负责人申请提出设计标准化最终评审工作,设计标准化最终评审是对新产品设计贯彻执行《武器装备研制生产标准化工作规定》和《工艺标准化综合要求》的最终检查。评审结论是确认新产品是否具备申请设计定型的条件之一。评审的主要内容如下:

(1)《工艺标准化综合要求》规定的标准化目标和要求是否实现;
(2) 设计文件是否完整、正确、统一、协调并满足设计定型的要求;
(3) 是否按要求基本建立了新产品标准体系,重大标准是否已制定;
(4) 采用的标准、规范是否现行有效并符合《新产品采用标准目录》;
(5) 新产品的系列化、通用化、组合(模块)化和接口互换性情况;
(6) 新产品达到的标准化程度和所获得的标准化效益;
(7) 历次评审遗留的标准化问题是否已经解决。

评审通过后,承制单位应将“标准化工作报告”提交设计定型(鉴定)会议审查。标准化工作报告一般包括以下内容:

(1) 概述;
(2) 型号标准化工作组建及工作情况;
(3) 型号标准化体系建立情况;

(4) 标准贯彻实施情况；

(5) 产品通用化、系列化、组合化设计与实现情况；

(6) 产品标准化程度评估；

(7) 存在的问题及解决措施；

(8) 结论和建议。

报告的内容及要求应符合 GJB/Z 170.11《军工产品设计定型文件编制指南 第 11 部分：标准化工作报告》的要求。

11) 审查军事代表室对 ××设计定型(鉴定)的意见

对某产品的设计定型(鉴定)军事代表室的意见如下：

根据相关法规和文件的精神，承制单位(名称)研制了 ××产品(型号、名称)。按照(研制合同号、名称或技术协议号、名称)要求，我室依据《武器装备质量管理条例》《驻厂军代表工作条例及其实施细则》以及《空军武器装备研制过程军事代表管理工作暂行规定》(或相关依据文件名称)，对 ××产品(型号、名称)的研制实施了全过程质量监督。质量监督情况编制的内容及要求汇报如下：

(1) 概述。

主要内容包括：

① 研制任务来源；

② 工作依据；

③ 质量监督工作起始时间；

④ 简述承担质量监督任务的组织机构、单位与分工。

(2) 研制过程质量监督工作概况。

根据 GJB 3885 和 GJB 3887 的要求，简要介绍军事代表在军工产品研制过程中开展质量监督工作的概况，主要包括研制过程质量监督工作的主要内容、方法和重点。

(3) 对研制工作的基本评价。

对承制单位在研制过程中的质量控制情况进行全面、系统的评价，并力求具体、准确、清晰，必要时可附图、表，附表的格式示例见附录 A。主要包括：

① 根据 GJB 5713 和 GJB 9001B 的要求，对装备承制单位资格审查和质量管理体系建立及运行情况进行评价。

② 根据 GJB 5709 的要求，对技术状态管理情况进行评价。主要包括技术状态的标识、控制、记实与审核的情况，以及软件配置管理等情况。

③ 根据 GJB 3885 的要求，对研制过程受控情况进行评价。主要包括分级分阶段设计评审、工艺评审和产品质量评审等情况。

④ 根据 GJB 190 和 GJB 3885 等要求，对承制单位提供的关重件(特性)、关

键工序分析和验证以及电子元器件的使用、审查等情况进行评价。

⑤ 对设计定型样机检验的情况及评价。

⑥ 根据 GJB 5711 的要求，对技术质量问题处理情况的评价。主要包括工程研制阶段和设计定型阶段暴露的主要问题的处理、归零等情况。

⑦ 必要时，对承制单位开展价值工程和成本分析情况进行评价。

⑧ 其他需要评价的内容。

（4）对产品设计定型的意见。

对产品性能、承制单位状况、图样与技术文件质量等情况进行综合评价，主要包括：

① 产品性能是否达到研制总要求规定的战术技术指标和作战使用要求；

② 设计图样及相关文件资料是否完整、准确、规范；

③ 产品配套是否齐全、质量可靠并有稳定的供货来源；

④ 应独立考核的配套产品是否已完成逐级考核并完成定型（鉴定）审查；

⑤ 承制单位是否建立了质量管理体系，是否具备国家认可的装备研制生产资质；

⑥ 产品是否具备设计定型条件，是否同意提交设计定型。

（5）问题与建议。

针对存在的问题或不足，提出进一步完善、改进的意见或建议。

报告的内容及要求应符合 GJB/Z 170.9《军工产品设计定型文件编制指南 第9部分：军事代表对军工产品设计定型的意见》的要求。

12）审查设计定型部队试验报告

部队试验报告由承试部队负责编制，应全面反映部队试验大纲的执行情况，实事求是地反映被试品的技术状态和试验的实施过程，从总体上对被试品作出科学、客观、公正、完整的评价。报告应采用准确可靠的试验数据和结论，对各种试验试用数据的收集和处理，应准确可靠，不得随意取舍。各种数据必须注明其所属试验的项目名称、条件、日期，并由试验试用负责人和记录人员签署。报告应根据试验结果进行定性、定量分析，结论科学合理，逻辑严谨，论断可靠，可信度高。报告的表述应准确、简练，层次清晰，观点明确，符合汉语习惯，避免产生歧义。报告应明确指出被试品存在的主要问题，对被试品能否生产定型，给出明确、科学的结论和建议。报告的详细内容应符合 GJB 170.8《军工产品设计定型文件编制指南 第8部分：设计定型部队试验报告》的规定，其基本内容包括：

（1）试验概况。

（2）试验条件说明。

（3）试验项目、结果和必要的说明。

（4）对被试品的评价。

（5）问题分析和改进建议。

（6）试验结论。

（7）关于部队编制、训练、作战使用和技术保障等方面的意见和建议。

（8）报告的附件。在报告正文基本内容中，有关需要详细说明的内容和试验的具体数据等，可用附件的形式给出，如：

附件1：部队试验方案；

附件2：试验车辆技术状态登记表；

附件3：试验故障统计表；

附件4：参试人员花名册。

13）审查试飞员评述意见

试飞员评述可以作为定型试飞报告的附件，也可以作为试飞技术报告的附件。试飞员评述的内容应包括：

（1）试飞简况。试飞的主要历程、飞行架次及时间、主要试飞科目等。

（2）评价。对飞机总的评价，还包括人机工程的评价，以及对飞行（员）手册，包括其中规定的各种操纵使用要求和方法、限制、边界数据等的评价。

（3）试飞中出现的主要问题及解决情况。应对试飞中驾驶和操作特点，存在的问题及解决情况作出综合评价。

（4）试飞中采取了什么驾驶技术及其效果。详细阐明试飞中为了解决某一特定问题所采用的新的驾驶技术及其效果。

（5）建议。指出试飞中存在的主要问题并提出建议。

14）审查使用维护评述意见

使用维护评述的内容应包括：

（1）简况。使用维护工作的主要历程。

（2）评价。对飞机总的评价，还包括人机工程的评价，列出全面统计的故障、故障率、出勤率和维修性参数等，对可靠性、维修性作出评估，评价随机工具、随机设备、随机文件和随机备件是否符合使用要求，综合保障是否符合要求，还应对使用维护规程作出评价。

（3）试飞中出现的主要故障及解决情况。列出使用维护中发现的主要故障、排除方法和效果。

（4）使用维护中采取了什么特殊措施及其效果。详细阐明使用维护中为了解决某一特定问题所采用的特殊方法及其效果。

（5）建议。指出使用维护中存在的主要问题并提出建议。

5. 审查意见书

产品设计定型审查意见书由审查组讨论通过，审查组全体成员签署。审查组成员有不同意见时，可以书面形式附在审查结论意见后。审查意见书通常包括以下内容：

(1) 审查工作简况；

(2) 产品简介；

(3) 产品研制、设计定型试验概况；

(4) 实际达到的性能和批准要求的对比表；

(5) 存在问题的处理意见；

(6) 对生产定型条件和时间的建议；

(7) 产品达到设计定型标准和要求的程度,审查结论意见。

第六节 生产定型阶段质量考核

生产定型阶段是新型武器装备批量生产条件进行全面考核,确认其符合要求,并办理确认手续的阶段。主要工作是:通过小批量生产考核工艺方案和工艺装备的适用性、科学性和经济性;解决设计定型遗留的技术问题和试用中发现的技术问题;进行疲劳寿命试验等。军工产品定型委员会分类组织,研制单位和军事代表具体实施。需要生产定型的军工产品,在完成设计定型并经小批量试生产后、正式批量生产前,应进行生产定型。

一、生产定型(鉴定)质量考核概述

军工产品生产定型,主要考核军工产品的质量稳定性以及成套、批量生产条件,确认其是否符合批量生产标准的活动。经过设计定型的装备在正式批量生产之前,应当进行生产定型,军工产品生产定型质量考核应按照 GJB 1362A《军工产品定型程序和要求》6.2 生产定型程序的项目要求进行考核。

(1) 组织工艺和生产条件考核；

(2) 申请部队试用；

(3) 制定部队试用大纲；

(4) 组织部队试用；

(5) 申请生产定型试验；

(6) 制定生产定型试验大纲；

(7) 组织生产定型试验；

(8) 申请生产定型；

(9) 组织生产定型审查；

(10) 审批生产定型。

军工产品生产定型阶段必须进行生产定型(鉴定)试验。对应当进行生产定型(鉴定)的产品,由承研单位会同军事代表机构或者军队其他有关单位向二级定委(或使用单位研制主管部门)提出生产定型(鉴定)试验申请,同时提交证

明满足下列条件的文件资料:一是具备成套、批量生产条件,生产工艺和质量符合规定的标准;二是达到设计定型要求和满足部队作战使用与保障要求;三是生产与验收的图样(含软件源程序)和相关的文件资料完整、准确;四是配套设备、软件、部件、器件、原材料质量可靠,并有稳定的供货来源;五是承制单位具备国家认可的装备生产资格。

二、与生产定型(鉴定)有关的质量保证要求

(一) 组织工艺和生产条件考核

使用方主管研制的监督管理部门应会同装备研制主管部门,按照生产定型的标准和要求,对承研承制单位的生产工艺和条件组织考核,并向二级定委提交考核报告。

(二) 编制部队试用大纲并评审

部队试用大纲由试用部队根据装备部队试用年度计划,结合部队训练、装备管理和维修工作的实际拟制,并征求有关部门、研制总要求论证单位、承研承制单位、军事代表机构或军队其他有关单位等的意见,报二级定委审查批准后实施。必要时,也可以由二级定委指定试用大纲拟制单位。

(三) 组织部队试用及评审

根据《军工产品定型工作规定》的相关要求,军工产品生产定型前必须进行部队试用。承制单位应配合部队试用单位根据批复的生产定型(鉴定)部队试用大纲和 GJB 1452A《大型试验质量管理要求》的规定,进行生产定型(鉴定)部队试用工作,做到试用前、试用中、试用后评审的基本原则,确保试用装备的规范性、有效性。

(四) 编制生产定型(鉴定)试验大纲并评审

根据《军工产品定型工作规定》的相关要求,试验单位受领生产定型试验任务后,应当根据军工产品研制总要求和有关标准,拟制生产定型试验大纲,经征求研制总要求论证单位和承研单位的意见后,报二级定委审批。二级定委应当组织有关单位对生产定型试验大纲进行审查,达到规定要求的,予以批准。经审查批准的生产定型试验大纲应当满足准确地考核军工产品的各项指标和性能的要求,保证试验的质量与安全。

(五) 组织生产定型(鉴定)试验及评审

根据《军工产品定型工作规定》的相关要求,军工产品生产定型必须进行生产定型(鉴定)试验。承制单位或承试单位应根据批复的生产定型(鉴定)试验大纲和 GJB 1452A《大型试验质量管理要求》的规定,进行生产定型(鉴定)试验工作,做到试验前、试验中、试验后评审的基本原则,确保试验的规范性、有效性。

(六) 组织军用软件产品定型考核

军用软件产品定型(含鉴定)是指国务院、中央军委军工产品定型委员会、

专业军工产品定型委员会，按照规定的权限和程序，对研制（含版本升级）的软件进行全面考核，确认其达到研制总要求和规定标准的活动。凡立项研制拟正式装备军队的软件，包括计算机程序、数据和文档，以及固化在硬件中的程序和数据，都应当按照《军用软件产品定型管理办法》进行定型或鉴定。

（七）开展生产准备状态检查

进行生产准备审查的目的是核实系统的设计、计划和有关的准备工作是否已达到了能够允许生产，而不存在突破进度、性能和费用限值或其他准则之类的不可接受的风险程度。生产准备审查包括考虑与生产设计的完整性与可生产性，以及与为开展和维持可行的生产活动而需进行的管理准备和物质准备有关的所有问题。

承制单位必须按照 GJB 1710A《试制和生产准备状态检查》、GJB 3273A《研制阶段技术审查》的规定及要求，在物理技术状态审核之前必须进行生产准备状态检查及预审查。

（八）开展物理技术状态审核

技术状态审核是 GJB 3206A《技术状态管理》对技术状态项进行的技术状态标识、控制、记实、审核的技术和管理的活动之一；也是为确定技术状态项符合其技术状态文件而进行的检查。物理技术状态审核是专指对装备的物理特性进行的审核。每一个技术状态项都应进行物理技术状态审核。

在正式的物理技术状态审核之前，承制方应采取必要措施配合开展物理技术状态审核。应自行组织内部的物理技术状态审核。物理技术状态审核在设计定型阶段和生产定型阶段都可根据产品的复杂程度、质量情况和生产批量进行审核。

（九）开展配套产品交付评审

配套产品交付评审（习惯称放飞评审）是辅机单位向主机或整机单位在主机或整机生产定型试验之前，交付的首部配套产品所进行的评审。评审的目的是检查配套产品的地面鉴定试验的完成情况，以及具备的鉴定状态情况，评审结果应符合 GJB 1362A《军工产品定型程序和要求》4.3 定型原则的 f）条，即"军工产品应配套齐全，凡能够独立进行考核的分系统、配套设备、部件、器件、原材料、软件，应在军工产品定型前进行定型或鉴定"的要求。

（十）组织系统、分系统集成联试检查

树立系统集成思想，完善武器装备研制生产系统论证、系统设计、系统试验、系统调试、系统测试、系统考核，形成系统集成的管理机制。总设计师单位、主机单位应根据型号设计定型时编制产品规范的要求，以及质量部门根据设计部门验收规范的要求，编制质量部门控制的质量控制文件即验收规程，通过验收规程验收并合格的配套产品，才能进入系统或分系统的质量管理体系。

设计师系统根据系统集成和联试要求的相关文件，完成各分系统、系统功能、精度检查验证,并对系统的容差分配进行协调分析和确认。

(十一) 组织生产定型阶段设计评审

生产定型阶段的设计评审应根据合同及技术协议书和产品规范的要求,在经过生产定型(鉴定)试验后,对产品是否具备申请生产定型或生产鉴定的条件进行评审。评审通过后,承制单位会同使用单位联合申请生产定型(鉴定)审查。

(十二) 组织生产定型(鉴定)审查

产品生产定型审查由二级定委组织(三级或三级以下产品的生产鉴定审查,一般由使用单位主管装备研制部门组织),通常采取派出生产定型审查组以调查、抽查、审查等方式进行。审查组由定委成员单位、相关部队、承试单位、研制总要求论证单位、承研承制单位(含其上级集团公司)、军事代表机构或军队其他有关单位的专家和代表,以及本行业和相关领域的专家组成。审查组组长由二级定委指定,一般由军方专家担任。

三、定型(鉴定)的质量评审

(一) 定型(鉴定)试验评审

1. 试验评审概述

定型(鉴定)试验评审一般是指试验前评审、试验中检查和试验后质量确认及试验总结等内容。

试验前按规定的要求,对试验产品、试验设备、技术文件、关键质量控制点等进行质量评审。对质量评审过程中发现的问题,实施整改并验证其实施效果的有效性,经批准后,方可进行试验。

试验中检查是指严格按试验计划、试验程序和操作规程组织实施,试验时对关键试验产品、关键环节,应设置工作状态监视或故障报警系统,准确采集试验数据,做好原始记录。有重复性或系列试验组成的试验,在前项试验结束后,应及时组织结果分析,发现问题及时处理,不应带着没有结论的问题转入下一项试验。试验过程出现不能达到试验目的时,按照试验预案规定的程序中断试验,待问题解除后试验方可继续进行。试验时需临时增加或减少试验项目,提出部门须办理有关手续,经有关单位会签并履行批准程序后方可实施。试验后评审是指对试验工作的质量确认及试验总结。

一级产品和二级产品的定型(鉴定)试验由二级定委指定的承试单位时,试验结束并经相关单位评审通过后,装备试验实施单位应当及时拟制试验报告,报送装备试验大纲的组织拟制部门、审批部门(单位)和组织试验的部门,并抄送装备承研承制单位。证明该产品的研制技术方案和关键技术已解决,工艺稳定,能满足批量生产的要求。

生产定型(鉴定)试验项目,经批准也可借助小批试生产批的试验考核项目,可作为考核生产定型(鉴定)试验项目。

2. 评审提供的文件

(1) 产品规范;

(2) 经批复的试验大纲;

(3) 试验规程及操作程序;

(4) 试验产品的检测记录;

(5) 故障归零报告、工艺技术及相关技术文件;

(6) 试验总结报告。

3. 评审的内容

试验评审实际上就是对试验结果的质量确认和试验总结,其评审应从以下几个方面进行:

(1) 收集试验产品的检测记录和报告。

(2) 对试验产品的检测记录和报告进行系统分析。

(3) 对汇集、整理试验的记录和全部原始数据的完整性和真实性进行评价。

(4) 对试验数据进行处理与分析,提出试验结果评价报告。评价的内容一般包括:

① 试验是否达到研制总要求和试验大纲的要求;

② 试验数据采集率(信号采集率、数据采集率、关键数据采集率)质量评价;

③ 试验结果处理及处理方法是否正确;

④ 试验结果分析与评价;

⑤ 故障分析与处理情况。

(5) 试验总结情况。试验结束后,编制试验总结报告,其报告的内容一般包括:

① 试验依据、目的、条件、内容、要求;

② 试验过程控制情况;

③ 试验结果分析与评价;

④ 故障分析及处理意见;

⑤ 试验结论;

⑥ 存在问题及改进意见。

(二) 工艺标准化最终评审

1. 评审概述

工艺标准化最终评审是对新产品制造贯彻执行武器装备研制的标准化工作规定和工艺标准化大纲的最终检查,评审结论是确认新产品是否具备批量生产的条件之一。

2. 评审提供的文件

(1) 型号标准化大纲;

（2）标准化工作计划等文件；

（3）工艺标准化大纲；

（4）标准化工作和审查报告；

（5）新产品标准体系表；

（6）标准化工作管理规定、程序文件等。

3. 评审的内容

工艺标准化最终评审的主要内容如下：

（1）检查新产品是否按工艺标准化大纲的规定实现标准化目标并完成各项任务；

（2）检查历次评审遗留的标准化问题是否已经解决。

（三）配套产品交付评审

配套产品交付评审（习惯称放飞评审）是指辅机单位交付主机或整机单位进行生产定型试飞（调整试飞）之前，对交付的配套产品所进行的评审；也是辅机单位的小批试生产的样机完成地面生产鉴定试验（一般指辅机的地面试验，即电磁兼容性鉴定试验、环境鉴定试验、可靠性鉴定试验等）后，交付主机参加生产定型试验试飞前的评审。

在装备的研制中，辅机单位按照 GJB 1362A《军工产品定型程序和要求》4.3 定型原则 F）条："军工产品应配套齐全，凡能够独立进行考核的分系统、配套设备、部件、器件、原材料、软件，应在军工产品定型前进行定型或鉴定"和 GJB 907A《产品质量评审》5.1 条产品质量评审前应具备"产品按要求已通过设计评审、工艺评审及首件鉴定"的条件的规定。辅机产品应先于主机/整机进入鉴定状态，再进行配套产品交付评审。

1. 评审概述

配套产品交付评审是辅机单位的产品在生产定型阶段的一项重要工作。配套产品交付评审是指辅机装备已完成设计定型阶段的全部研制工作，转入生产定型阶段的生产鉴定状态，完成了生产鉴定大纲规定的生产鉴定试验项目并通过评审后，将产品交付主机或整机单位所进行的评审。

2. 评审提供的文件

（1）产品小批试生产总结；

（2）产品规范；

（3）环境适应性鉴定试验大纲和试验结论；

（4）电磁兼容性鉴定试验大纲和试验结论；

（5）电源特性鉴定试验大纲和试验结论；

（6）可靠性鉴定试验大纲和试验结论；

（7）产品图样及技术文件；

(8) 使用维护说明书;

(9) 关键性生产工艺检查情况;

(10) 批生产能力/准备检查情况。

3. 评审的内容

生产定型阶段生产鉴定状态配套产品交付评审的主要内容一般包括:

(1) 产品设计的可靠性、维修性、安全性、保障性、环境适应性、电磁兼容性等分析验证结果满足合同的程度;

(2) 产品技术性能指标和结构设计评定结果全面达到合同及技术协议书要求的程度;

(3) 设计输出文件(含生产和使用)的成套性及实施标准的程度,产品的标准化程度、满足产品生产定型(鉴定)要求的程度;

(4) 设计定型后质量问题归零处理的有效性;

(5) 批量生产工艺检查情况及工艺稳定性分析;

(6) 工艺鉴定及工艺文件;

(7) 鉴定专用工艺设备的鉴定情况;

(8) 鉴定试验的情况及结论;

(9) 质量评价;

(10) 元器件、原材料、外协件、外购件的定点及鉴定情况;

(11) 包装、搬运、贮存及维护使用保障;

(12) 遗留问题的结论及处理意见;

(13) 研制成本的核算及定型批生产成本的预算;

(14) 小批试生产总结及生产定型申请报告;

(15) 其他需要评审的项目。

(四) 生产定型阶段设计评审

1. 评审概述

生产定型阶段的设计评审应根据产品规范和(或)合同及技术协议书的要求,在经过定型(鉴定)试验试飞后,对产品是否具备申请生产定型或生产鉴定的条件进行评审。

2. 评审提供的文件

(1) 产品小批试生产总结及生产定型申请报告;

(2) 产品规范;

(3) 标准化工作、审查报告;

(4) 环境适应性鉴定试验大纲和试验结论;

(5) 电磁兼容性鉴定试验大纲和试验结论;

(6) 电源特性鉴定试验大纲和试验结论;

(7) 可靠性鉴定试验大纲和试验结论；
(8) 成套生产图样及技术文件；
(9) 使用维护说明书；
(10) 生产工艺鉴定和部队试用报告；
(11) 批生产能力/准备检查报告。

3. 评审的内容

生产定型阶段设计评审的主要内容包括：

(1) 产品设计的可靠性、维修性、安全性、保障性、环境适应性、电磁兼容性等分析验证结果满足产品规范或合同及技术协议书要求的程度；

(2) 产品技术性能指标和结构设计评定结果全面达到产品规范和(或)合同及技术协议书要求的程度；

(3) 设计输出文件(含生产和使用)的成套性及实施标准的程度,产品的标准化程度、满足产品生产定型要求的程度；

(4) 多余物的预防和控制措施的有效性；
(5) 设计定型后质量问题归零处理的有效性；
(6) 产品的工艺稳定性分析；
(7) 工艺鉴定及工艺文件；
(8) 鉴定专用工艺设备的定型情况；
(9) 质量评价；
(10) 鉴定试验的情况及结论；
(11) 遗留问题的结论及处理意见；
(12) 元器件、原材料、外协件、外购件的定点及定型情况；
(13) 包装、搬运、贮存及维护使用保障；
(14) 生产定型批生产成本的预算；
(15) 小批试生产总结及生产定型申请报告；
(16) 其他需要评审的项目。

(五) 工艺鉴定及评审

产品定型工作规定,需要进行生产定型的军工产品,承制单位应当先进行小批量试生产。在小批量试生产过程中,总部分管有关装备的部门、军兵种装备部应当会同国务院有关部门和有关单位按照生产定型的标准和要求,对承制单位试生产的军工产品和生产条件进行考核、鉴定,并办理有关手续。如何对承制单位试生产的军工产品和生产条件进行考核、鉴定,这个生产条件首先就是工艺技术和工艺管理,对工艺工作的鉴定就是生产定型的主要工作之一。

生产定型的基本任务,是以批准的设计定型图样、技术资料和产品的指标、状态为依据,通过小批生产,完成成批生产前的各项生产技术准备和鉴定工作,建立成批生产的物资技术基础,确保飞机能优质、稳定地成批生产。按照成批生产的工艺文件,使用规定的工艺装备,生产出符合产品图样及技术文件的零件、部件、组件和整机,产品质量合格稳定,达到互换、替换性要求,是生产定型工作的主要目的。因此,鉴定工艺文件、鉴定工艺装备、鉴定零部组件是工艺鉴定的中心工作。工艺鉴定成为生产定型工作的主要内容。

1. 工艺鉴定概述

按照鉴定工作的级别,产品的工艺鉴定工作,只能是使用部门的派驻代表会同承制单位进行的工作,鉴定通过后,相关技术文件及资料呈报上一级部门备案。

工艺鉴定是一项大量的、细致的工作,在产品的工程研制阶段和设计定型阶段,从产品的试制状态就进行了大量的首件鉴定工作,直到小批试生产状态后,在设计定型前应完成工艺鉴定工作量的70%。在生产定型阶段的工艺鉴定工作主要是:工艺文件的鉴定,零、部、组件的鉴定,工艺装备的鉴定,电子计算机软件的鉴定,新材料、新工艺、新技术的鉴定,技术关键问题的解决和互换、替换性检查等七个方面的工作。

2. 鉴定提供的文件

(1) 工艺总方案;

(2) 工艺规范;

(3) 指令性工艺文件;

(4) 生产性工艺文件;

(5) 管理性工艺文件;

(6) 各类工艺规程;

(7) 各种鉴定合格证明文件;

(8) 各类鉴定试验表格及试验报告;

(9) 产品图样及相关技术文件。

3. 鉴定的内容

1) 工艺文件的鉴定

(1) 按照工艺规范及产品图样的要求,编制的各类工艺文件,所引用的数据是正确的,规定的工艺容差是合理的,使用的词句是确切的。

(2) 各类工艺文件(含指令性工艺文件、生产性工艺文件、管理性工艺文件),经小批试生产的使用,能生产出符合产品图样、工艺规范交接状态等要求的产品,并达到完整、配套、正确、协调为鉴定合格。底图更改完毕,在首页上加盖鉴定的印章。

(3) 工艺规程已进行试贯、填写试制原始记录表。

(4) 对所记录的全部问题,都有明确的处理意见。工人、检验员、工艺员认为符合鉴定要求时,填写鉴定合格证明文件。

(5) 底图更改完毕,在工艺规程首页上加盖鉴定的印章。

(6) 在鉴定过程中,当工艺规程的工艺程序及工艺参数有重大更改时,应对更改部分重新组织试贯,直至鉴定合格。

2) 零、部、组件的鉴定(含锻造、铸造毛坯,但不含标准件)

(1) 制造零、组件的用料,应与产品图样规定的材料相符合,代用材料必须经过规定的审批手续。

(2) 全机有《关键零件目录》。

(3) 关键零件,在产品图样及工艺文件上有明显的标志。

(4) 按照工艺文件和工艺装备生产的零、部、组件,应符合产品图样、产品规范、工艺规范和交换状态的要求,经过装配或加工鉴定合格,质量稳定,填写产品零件装配、毛坯加工合格证明文件制造单位按合格证明文件,对该项零、部、组件办理鉴定手续。

3) 工艺装备的鉴定

(1) 工艺装备鉴定的一般要求:

① 制造工艺装备所用的各类工(量)具、平台、仪器,以及划线钻孔台、型架装配机等设备,必须符合规定的技术要求。

② 标准工艺装备和样板要成套制造,经协调、检查合格,才能用于工艺装备制造。

③ 工艺装备均须贯彻合格证明书制度和定期检修制度。

(2) 模线样板:

① 模线样板必须符合产品图样、工艺规范和工艺文件要求。

② 零件样板经过使用和零件装配鉴定合格后,填写定型样板清单;按定型样板清单,在零件样板工艺单上加盖鉴定的印章,在零件样板上作出鉴定的标志。

③ 必须等工艺装备鉴定合格后,填写夹具样板鉴定合格证明文件;按合格证明文件,在夹具样板工艺单上加盖鉴定印章,在夹具样板上作出鉴定的标志。

④ 模线经过全面复查,符合产品图样、工艺规范及工艺文件,对生产中提出的问题,已全部处理完毕,在模线上作出鉴定的标志。

(3) 标准工艺装备:

① 标准工艺装备经过使用,发现的故障和不协调问题已经排除,用标准工艺装备协调制造的工艺装备已经鉴定合格。

② 经过订货、设计、制造单位鉴定合格时,填写标准工艺装备鉴定合格证明文件,并在标准工艺装备合格证明书首页加盖鉴定的印章。

③ 将底图更改完毕,在标准工艺装备图样上加盖鉴定的印章。

④ 在标准工艺装备上作出鉴定的标志。

(4) 生产用工艺装备：

① 工艺规程所规定的全部生产用工艺装备(含“00”批、“0”批、“1”批模具，夹具，型架，专用刀、量、工具，地面、试验、检验设备，专用样板等)必须配齐(生产批量不大时，可以只配到“0”批)。

② 经过小批生产的试用，发现的故障和不协调问题已经解决，可以制造出符合工艺规程、产品图样及技术文件和交接状态的产品，工艺装备图样完善齐全，工艺装备的工作部分与图样一致。

③ 经使用单位的工人、检验员、工艺员鉴定合格时，填写工艺装备鉴定合格证明文件。

④ 底图更改完毕，在工艺装备图样上加盖鉴定的印章。

⑤ 在工艺装备合格证明书首页上加盖鉴定印章。

⑥ 在工艺装备上作出鉴定的标志。

(5) 标准实样：

以标准实样为依据制造零件的单位，接到零件使用单位的零件装配合格证明文件后，在标准实样的证明文件或清册上加盖鉴定的印章。

4) 计算机软件的鉴定

(1) 按照计算机软件生产的零件，符合产品图样、工艺规范和交接状态，经装配鉴定合格，质量稳定，填写产品零件装配合格证明文件。

(2) 制造单位按合格证明文件，在该项零件的计算机软件上作出鉴定的标志。

(3) 按照计算机软件绘制的模线、制造的工艺装备，当该模线、工艺装备已经鉴定合格时，在该模线、工艺装备的计算机软件上作出鉴定的标志。

(4) 用计算机软件存储的工艺技术资料，当工艺技术资料鉴定合格时，在该计算机软件上作出鉴定的标志。

5) 新材料、新工艺、新技术的鉴定

(1) 新材料、新工艺、新技术按有关规定鉴定合格，确认质量稳定，并具备可靠的生产和检测手段，有配套的技术文件(技术说明书、工艺规程及技术文件等)。

(2) 外购新材料(含锻、铸毛坯)已经鉴定，定点供应。

6) 技术关键问题的解决

解决小批试生产制造中的技术关键，写出技术总结，并经过鉴定批准。

7) 互换、替换性检查

依据相关法规和标准的规定，进行产品互换、替换性项目特性分析，并完成互换、替换的鉴定性试验，达到规定的技术要求后，写出试验报告，并经过评审或鉴定批准。

四、生产定型阶段技术审查

(一) 技术审查概述

技术审查是武器装备研制阶段一系列结构化的技术评估过程,用以评估和验证武器装备研制项目寿命期若干关键点的技术健康状况和设计成熟程度。武器装备生产定型阶段的技术审查,是军工产品定型工作机构按照国务院、中央军事委员会的有关规定,全面考核新型武器装备质量,确认其达到武器装备研制总要求和规定标准的质量要求的全面审查。审查通过,标志着武器装备研制工作的全部结束。对于一级、二级武器装备在生产定型阶段技术审查的主要方面是:

(1) 工艺和生产条件考核;

(2) 部队试用大纲及报告审查;

(3) 基地试验大纲及报告审查;

(4) 生产准备审查;

(5) 物理技术状态审核;

(6) 生产定型(鉴定)审查等内容。

(二) 工艺和生产条件考核

1. 条件考核概述

GJB 1362A《军工产品定型程序和要求》6.2 生产定型程序中规定,进行生产定型的产品必须组织工艺和生产条件的考核。并在部队试用产品中提出,部队试用产品是试生产并交付部队使用的装备,一般选择已经通过工艺和生产条件考核的产品的要求。6.4 组织工艺和生产条件考核中要求,使用单位主管装备研制的部门应会同有关承研承制单位的主管部门,按照生产定型的标准和要求,对承研承制单位的生产工艺和条件组织考核,并向二级定委提交考核报告。

2. 考核提供的文件

(1) 工艺总方案(含工艺流程图);

(2) 工艺标准化大纲;

(3) 车间分工明细表;

(4) 工艺规范及工艺指令性文件;

(5) 全套工艺规程(电装、钳装、装配、制造和调试);

(6) 全套生产图样;

(7) 关键件、重要件汇总表;

(8) 各类工艺培训、考核报告资料;

(9) 最终产品的检验规程及检验记录;

(10) 元器件、原材料等工艺质量控制文件。

3. 条件考核的内容

工艺和生产条件考核工作一般结合产品试生产进行，主要包括以下内容：

（1）生产工艺流程；

（2）工艺指令性文件和全套工艺规程；

（3）工艺装置设计图样；

（4）工序、特殊工艺考核报告及工艺装置一览表；

（5）关键和重要零部件的工艺说明；

（6）产品检验记录；

（7）承研承制单位质量管理体系和产品质量保证的有关文件；

（8）元器件、原材料等生产准备的有关文件。

（三）部队试用大纲审查

1. 大纲审查概述

部队试用大纲由试用部队根据装备部队试用年度计划，结合部队训练、装备管理和维修工作的实际拟制，并征求有关部门、研制总要求论证单位、承研承制单位、军事代表机构或军队其他有关单位等的意见，报二级定委审查批准后实施。必要时，也可以由二级定委指定试用大纲拟制单位。

部队试用大纲应按照部队接装、训练、作战、保障等任务剖面安排试用项目，大纲应能够全面考核产品的作战使用要求和部队适应性，以及产品对自然环境、诱发环境、电磁环境的适应性，并贯彻相关标准。部队试用目的通常是：在部队正常使用条件下，通过部队试用，考核被试品的质量稳定性和满足部队作战使用与保障要求的程度，为其能否生产定型提供依据。同时为研究装备的作战使用、装备编制、人员要求、训练要求、后勤保障以及装备的科研和生产等积累资料。

部队试用大纲内容如需变更，试用部队应征得有关部门同意，并征求研制总要求论证单位、承研承制单位、军事代表机构或军队其他有关单位等的意见，报二级定委审批。批复变更一级军工产品部队试用大纲时应报一级定委备案。

2. 审查提供的文件

（1）部队试用大纲；

（2）部队试用大纲编写说明（含 PPT 资料）；

（3）被试品的产品规范；

（4）战役战术作业想定等有关试用资料；

（5）试用人员编组及分工情况；

（6）产品履历本及合格证等质量证明文件；

（7）飞行手册、技术说明书和使用维护说明书等保障资料；

（8）试用问题统计表（问题、措施及结果）。

3. 审查的内容及要求

部队试用大纲基本内容包括：

(1) 任务依据。

(2) 试用目的。

(3) 试用项目。

(4) 考核内容和方法：

考核内容通常依据被试品的作战使命、性能特点和使用要求，结合部队作战训练、装备管理和无维修工作的实际确定考核内容。将被试品及陪试品列入部队正常训练。结合作战任务，依据作战预案，成建制地组织训练。通常根据质量要求，加大训练强度。大型复杂装备的试用周期应包括春、夏、秋、冬四个季节。

(5) 试用条件与要求：

试用条件和要求一般应包括试用的时间、地区条件和要求，战术条件和要求，地理、地形、气象、水文、电磁等条件和要求。

(6) 被试品及陪试品数量、质量与编配方案：

应规定被试品及陪试品数量、质量与编配方案。

(7) 试用必须采集的资料、数据及处理的原则和方法：

应规定试用必须采集的资料、数据及处理的原则和方法。

(8) 被试品的评价指标、评价方法及说明：

应规定评价被试品质量稳定性和对部队作战使用与保障要求的满足程度的指标、评价方法，并加以必要的说明。

(9) 试用保障：

应规定试用保障的要求。通常，试用相关的软件、技术文件、资料等应配套齐全。应规定相关陆地或海上试用场地、空域、航区及主要设施、仪器设备的保障；规定相关通信、航空、航海、运输、兵力、机要及后勤保障；规定相关技术保障和人员培训等。

(10) 试用的其他要求及有关说明。

(四) 基地试验大纲审查

1. 申请定型试验

需生产定型(鉴定)的一级或二级产品申请生产定型(鉴定)试验，必须符合GJB 1362A《军工产品定型程序和要求》6.2 生产定型程序和 6.1 生产定型条件，即在完成设计定型并经小批量试生产后、正式批量生产前，才能申请生产定型(鉴定)试验。生产定型试验申请由承研承制单位会同军事代表机构或军队其他有关单位向二级定委以书面形式提出。申请报告的内容通常包括：

(1) 试生产情况；

(2) 产品质量情况；

（3）对设计定型提出的有关问题、设计定型阶段尚存问题和部队试用中发现问题的改进及解决情况；

（4）产品检验验收情况；

（5）对试验的要求和建议。

二级定委经审查认为产品已符合要求后，批准转入生产定型试验阶段，并确定承试单位。

2. 定型试验大纲概述

GJB 1362A《军工产品定型程序和要求》6.9 条指出：生产定型试验大纲参照 5.4 的规定拟制和上报。由此，生产定型试验大纲由承试单位依据研制总要求规定的战术技术指标、作战使用要求、维修保障要求和有关试验规范拟制，并征求总部分管有关装备的部门、军兵种装备部、研制总要求论证单位、军事代表机构或军队其他有关单位、承研承制单位的意见。承试单位将附有编制说明的试验大纲呈报二级定委审批，并抄送有关部门。二级定委组织对试验大纲进行审查，通过后批复实施。一级军工产品设计定型试验大纲批复时应报一级定委备案。

承试单位上报试验大纲时，应根据试验大纲要求编制试验大纲编制说明（或 PPT 材料汇报）。二级定委组织对试验大纲进行审查时，承试单位应详细说明试验项目能否全面考核研制总要求或产品规范或订货合同规定的战术技术指标和作战使用要求，以及有关试验规范的引用情况和剪裁理由等。三级或三级以下产品的鉴定试验大纲的编制可参照实施。

3. 审查提供的文件

（1）产品试生产总结；

（2）产品的试验大纲；

（3）试验大纲编写说明；

（4）产品的六性大纲及评估报告；

（5）主要测试、测量设备汇总表；

（6）成品合同；

（7）产品规范、试验规范、试验规程及相关表格。

4. 审查的内容

生产定型试验大纲的审查，应满足考核产品的战术技术指标、作战使用要求和维修保障要求，保证试验的质量和安全，贯彻有关标准的规定，内容通常应包括：

（1）编制大纲的依据；

（2）试验目的和性质；

（3）被试品、陪试品、配套设备的数量和技术状态；

(4) 试验项目、内容和方法(含可靠性、维修性、测试性、保障性、安全性实施方案和统计评估方案);

(5) 主要测试、测量设备的名称、精度、数量;

(6) 试验数据处理原则、方法和合格判定准则;

(7) 试验组织、参试单位及试验任务分工;

(8) 试验网络图和试验的保障措施及要求;

(9) 试验安全保证要求。

(五) 生产准备审查

1. 生产准备审查概述

生产准备审查是为判定在投入批生产前必须完成的一些具体措施落实情况的审查,审查应按照 GJB 3273A《研制阶段技术审查》、GJB 1710A《试制和生产准备状态检查》的规定,以确保最终交付部队的装备技术状态与设计定型状态一致为前提,审查重点与交付部队的装备批次稳定性,以及与为开展和维持可行的批生产活动而进行的管理准备和物质准备有关的所有问题的审查。

2. 审查提供的文件

审查的文件包括但不限于下列:

(1) 批生产文件及要求文件;

(2) 小批试生产工作总结;

(3) 批生产投产风险评估报告;

(4) 批生产准备工作报告;

(5) 生产定型试验报告;

(6) 批生产投产质量控制文件;

(7) 军事代表机构质量监督报告及批生产投产意见;

(8) 成套生产图样、产品规范、工艺规范、材料规范和其他技术文件等。

3. 审查的内容

1) 设计方面

(1) 审查对主要战术技术指标和使用要求的符合程度;

(2) 审查设计成熟程度,如寿命和可靠性等;

(3) 审查主要技术质量问题解决情况;

(4) 审查系统、分系统与设备等接口控制及稳定性;

(5) 审查标准化大纲贯彻实施情况;

(6) 审查小批交付的技术状态与设计定型技术状态的协调及一致性;

(7) 审查图样和技术文件是否完备协调。

2) 工艺和生产方面

(1) 审查工艺总方案、工具(工装)选择原则,工艺规范等工艺文件是否

齐全;

(2) 审查重要工艺攻关情况,试制过程主要问题解决情况;

(3) 审查工艺稳定性,以及改进部件及工艺的贯彻情况;

(4) 审查原材料的供货能力及质量控制,是否有可靠来源并能满足需要;

(5) 审查生产能力是否满足批生产的年批量要求;

(6) 审查批生产所需的设施、设备、专用工具(工装)和专用试验设备、标准样件等是否具备;

(7) 审查人员培训、生产计划等是否满足需要。

3) 试验验证方面

(1) 审查生产定型试验验证情况;

(2) 审查部队试用情况。

4) 综合保障方面

(1) 审查交付所需的文件、备件、工具和设备等已经确定并可满足系统的交付进度;

(2) 审查培训教材、教具和其他器材准备情况;

(3) 审查保障设施、设备等是否满足系统的交付进度。

5) 管理方面

(1) 风险评估,审查是否存在风险,有风险是否可控;

(2) 审查运用价值工程方法和寻求降低费用的措施;

(3) 审查产品质量保证大纲实施情况;

(4) 审查技术状态管理情况;

(5) 审查批生产的条件、数量和进度安排等;

(6) 审查质量管理体系是否持续有效运行。

4. 审查意见

生产准备审查/批生产决策意见应对以下工作给出评价,一般包括但不限于下列:

(1) 批生产投产的装备技术状态与设计定型技术状态的一致性,以及技术状态控制的有效性评价;

(2) 达到批准的主要战术技术指标和使用要求程度的评价;

(3) 风险评估及风险应对措施有效性评价;

(4) 批生产投产的图样和技术文件成套性和完备性评价;

(5) 工艺装备及供货渠道稳定性评价;

(6) 给出是否具备批生产投产条件的结论。

(六) 物理技术状态审核

技术状态审核是技术状态管理中,对技术状态项进行的技术状态标识、控制、记实、审核的技术和管理的活动之一;也是为确定技术状态项符合其技术状态文件而进行的检查。物理技术状态审核是专指对装备的物理特性进行的审核。每一个技术状态项都应进行物理技术状态审核。

在正式的物理技术状态审核之前,承制方应采取必要措施配合开展物理技术状态审核,应自行组织内部的物理技术状态审核。物理技术状态审核在设计定型阶段和生产定型阶段都可根据产品的复杂程度、质量情况和生产批量进行审核。

1. 状态审核概述

物理技术状态审核应在功能技术状态审核完成之后进行,必要时,可与功能技术状态审核同步。

物理技术状态审核可与生产定型工作结合进行;如无生产定型,可与设计定型工作结合进行。根据产品的复杂性,可开展预先的物理技术状态审核。预先的物理技术状态审核可与产品质量评审工作结合进行。待审查的试验数据和检验数据应从按正式生产工艺制造的首批(个)生产件的试验与检验中得到。在进行物理技术状态审核之前,承制方应将订购方批准的和承制方自身批准的全部技术状态更改纳入到适用的技术状态文件,并形成新的、完整的文件版本。

物理技术状态审核完成后,审核组织者应向有关各方发放审核纪要。审核纪要至少应记录物理技术状态审核的完成情况和结果,以及解决遗留问题所必需的措施。审核纪要还应给出物理技术状态审核的结论,即认可、有条件认可或不认可。对于产品的转产、复产,应重新进行物理技术状态审核。

2. 承制方和订购方职责

1)承制方职责

承制方职责一般包括:

(1)编制技术状态审核计划;

(2)保证分承制方参与必要的技术状态审核;

(3)审核前,向技术状态审核组提交一份清单,列出技术状态审核中要用的文件、硬件和软件;

(4)指定审核组副组长和本方参与人员;

(5)与订购方协调审核日程和地点;

(6)提供必要的资源和器材;

(7)按技术状态审核计划做好资料准备;

(8)做好会议记录,内容包括重要问题和对策、措施、结论和建议性意见等,交订购方确认后,形成正式的会议记录。

2)订购方职责

订购方职责一般包括:

(1) 指定审核组组长和本方参与人员;

(2) 审查会议记录,保证其内容反映订购方的所有重要意见;

(3) 向承制方发出技术状态审核的结论,即认可、有条件认可或不认可。

3. 状态审核内容

审核的内容一般包括:

(1) 审核各技术状态项有代表性数量的产品图样和相关工艺规程(或工艺卡,下同),以确认工艺规程的准确性、完整性和统一性,包括反映在产品图样和技术状态项上的更改。

(2) 审核技术状态项所有记录,确认按正式生产工艺制造的技术状态项的技术状态准确地反映了所发放的技术状态文件。

(3) 审核技术状态项首件的试验数据和程序是否符合技术状态文件的规定;审核组可确定需重新进行的试验;未通过验收试验的技术状态项应由承制方进行返修或重新试验,必要时,重新进行审核。

(4) 确认技术状态项的偏离、不合格是在批准的偏离许可、让步范围内。

(5) 审核技术状态项的使用保障资料,以确认使用保障资料的完备性和正确性。

(6) 确认分承制方在制造地点所做的检验和试验资料。

(7) 审核功能技术状态项遗留的问题是否已经解决。

(8) 对软件与硬件集合成一体的技术状态项,除进行上述审核外,还可进行必要的补充审核。

(9) 记录并维持已交付产品的版本信息及产品升级的信息。

(10) 定期备份技术状态记实数据,维护数据的安全性。

(七) 部队试用报告审查

1. 试用报告概述

试用报告由承试部队负责编制。试用报告应全面反映试用大纲的执行情况,实事求是地反映被试品的技术状态和试用的实施过程,从总体上对被试品作出科学、客观、公正、完整的评价。试用报告应采用准确可靠的试验数据和结论,对各种试验数据的收集和处理,应准确可靠,不得随意取舍。各种试验数据必须注明其所属试验的项目名称、条件、日期,并由试用负责人和记录人员签署。试用报告应根据试用结果进行定性、定量分析,结论科学合理,逻辑严谨,论断可靠,可信度高。试用报告的表述应准确、简练,层次清晰,观点明确,符合汉语习惯,避免产生歧义。试用报告应明确指出被试品存在的主要问题,对被试品能否生产定型,给出明确、科学的结论和建议。

承试单位应在装备试用过程中,按照 GJB 1362A《军工产品定型程序和要求》做好试用的原始记录,包括文字数据记录、电子数据记录和图像记录等,并及时对其进行整理,建立档案,妥善保管,以备查用。试用结束后,承试单位应在30个工作日内完成生产定型的试用报告,上报二级定委,并抄送总部分管有关装备的部门、军兵种装备部、研制总要求论证单位、军事代表机构或军队其他有关单位、承研承制单位等。一级军工产品的生产定型试用报告应同时报一级定委。

2. 审查提供的文件

(1)被试品的研制总要求摘要及有关文件;

(2)试用大纲及实施计划;

(3)战役战术作业想定等有关试用资料;

(4)试用人员编组及分工情况;

(5)经整理汇总和统计处理的试用数据和试用结果图表;

(6)未在正文中给出的试用问题统计表(内容包括试用中发现的各种问题、解决的措施及结果);

(7)被试品全貌和主要侧面照片,主要试用场面照片,试用中发生的重大技术问题的特写照片;

(8)目标靶标和目标区域照片,被击毁目标的残骸照片等(必要时列出);

(9)全面反映试用各阶段各项目试用情况的素材录像带和必要的文字说明材料;

(10)试用磁带(必要时列出);

(11)对试用中出现的重大问题的处理报告;

(12)主要试用设备的测试精度及最新标定后的有效日期;

(13)不宜写在正文中的公式和有关推导、证明;

(14)其他需要说明的问题或参考性资料等。

3. 审查的内容与要求

1)试用概况

试用概况部分通常应有以下内容:

(1)试用任务来源、依据及代号;

(2)被试品代号和名称;

(3)承试单位和参试单位名称;

(4)试用性质、目的和任务;

(5)试用地区、起止时间;

(6)试用组织机构的设立及其职责分工情况;

(7)试用实施计划的制定和落实情况;

(8)试用阶段划分,各阶段的起止时间、地点(地域)、主要工作和目的;

(9)是否完成试用大纲规定的任务等。

2）试用条件说明

（1）基本要求。

应从试用的宏观角度说明试用的总体条件，内容通常包括对环境条件、被试品、陪试品、测试仪器和设备、承试部队及其他有关条件的说明，并重点阐明如下问题：

① 试用条件是否符合或接近实际的作战使用环境和条件；

② 是否在模拟战场环境条件（战术背景）下的试用；

③ 是否按编配方案编配使用人员，具有相应的组织机构；

④ 是否是被试品成系统的试用；

⑤ 是否按被试品列装部队后可能的作战使用原则、遂行作战任务的完整流程和想定条件进行的试用；

⑥ 被试品是否进行了完成作战任务手段的试验，如以射击为完成作战任务手段的装备，是否进行了实弹射击试验；

⑦ 是否完成了试用大纲要求的特定条件下的试用等。

（2）环境条件。

气象、地形、海域海况、模拟战场环境和其他特定条件等。

（3）被试品。

① 被试品的名称、型号、研制和生产单位；

② 被试品的种类、数量、主要参数、技术状态、工作时间或消耗情况；

③ 被试品是否符合其试用大纲和规程规定的试用应具备条件的情况等。

（4）陪试品、测试仪器和设备。

① 陪试品、试用仪器和设备的名称、型号（规格）和数量；

② 陪试品、试用仪器和设备的技术状态、工作时间或消耗情况；

③ 陪试品、试用仪器和设备是否符合其试用大纲和规程规定的试用应具备条件的情况等。

（5）承试部队。

① 承试部（分）队番号、使用兵力和装备；

② 承试人员的类别、数量、专业、分工和编组情况；

③ 承试人员的军政素质、技术水平和身体条件；

④ 承试人员的培训及培训结束时的考核情况；

⑤ 承试部（分）队、人员和器材的定位情况；

⑥ 试用中途更换部（分）队和人员情况等。

（6）其他条件。

① 试用大纲和规程规定的技术文件是否齐全；

② 试用保障情况；

③ 其他需说明的条件等。

3）试用项目、结果和必要的说明

应按试用大纲规定的试用项目分类，简要叙述各项试用的实施情况和结果，阐明是否符合预定的要求，并作必要的说明。应有以下内容：

（1）试用的具体项目。

（2）各项试用的过程简述（含步骤、内容和方法等）。

（3）各项试用的结果（必要时也可采用图表形式表示）。

① 使用效果；

② 能够实现的功能或能够完成的任务及其完成的程度；

③ 未能实现的功能或未能完成的任务；

④ 出现的故障及存在的问题；

⑤ 是否符合预定的要求。

（4）各项试用必要的说明。

（5）没有完成的试用项目应说明原因和处理情况等。

4）对被试品的评价

（1）作战使用性能评价。

根据被试品各项作战使用性能试用项目的特点和要求，及有关军事训练与考核大纲的规定，对被试品的各项作战使用性能是否满足规定指标和要求分别作出评价，主要内容应包括：

① 完成要求的作战使用性能的程度；

② 达到相关军事训练与考核大纲规定要求的程度；

③ 使用的方便性；

④ 功能的完备性；

⑤ 设计的合理性；

⑥ 与战术技术指标的符合程度等。

（2）部队适用性评价。

① 可用性。评价被试品在受领任务的任意时间点上，处于能够使用并能够执行任务状态的程度。评价指标一般用百分率表示，即被试品能够执行其任务的时间百分率，无法定量评价时可进行定性评价。评价依据主要包括：

a. 被试品在需要时能否正常工作和使用；

b. 被试品能否在预期的战时环境中按预定的强度执行作战任务等。

② 可靠性。定量评价被试品在规定的条件下和规定的时间内执行其预定功能的概率和能力，即不发生故障的程度，主要包括：

a. 整个试用过程故障时间和数量的统计；

b. 按组成被试品的各分系统或对任务的影响程度所进行的故障分类。

③ 维修性。评价被试品在基层级进行维修，由具有规定技能等级的人员，

使用规定的程序、方法和资源进行维修时,恢复到规定状态的能力。主要包括:

一是定量评价:

a. 维修时间,指被试品保持或恢复到工作状态所需的时间;

b. 维修率,指规定期限内的累计维修时间与使用时间之比;

c. 所需的维修人员数量和技能等级等。

二是定性评价:

a. 维修的可达性,即维修产品时接近维修部位的难易程度;

b. 检测诊断的方便性和快速性,如需维修单元是否有故障显示,显示方式、位置是否有效;

c. 零部件的标准化和互换性,需要经常维修的单元,是否设计成最快捷的维修方式;

d. 防差错措施与识别标记;

e. 工具操作空间和工作场地的维修安全性,如是否有会损伤人员、装备的结构;

f. 人机工程要求,维修过程中是否有因过热的热源、高压、作业空间限制等而不可应急维修者;

g. 是否有难于检查的维修错误,如暗夜维修、零件安装错误等;

h. 影响维修人员数量、技术等级和专业以及所需维修检测设备的易修性;

i. 维修的难易程度;

j. 维修保障的完备程度;

k. 与维修行动有关的人力因素等。

④ 保障性。评价被试品在下列方面能够满足被试品可用性和战时使用要求的程度:

一是保障设备的完备、齐套情况,主要包括:

a. 测试、测量和检测设备;

b. 训练和训练保障设备;

c. 维修、维护设备和工具;

d. 装卸设备和工具;

e. 配件与修理件等。

二是备附件的供应满足率。

三是技术资料的完整、准确和适用性。

四是计算机资源保障。

五是保障设施。

六是人员要求。

七是运输要求。

八是训练要求。

九是软件保障性。

十是保障工作量及难易程度。

十一是与部队对现役装备管理、保障要求符合的程度评价等。

⑤ 兼容性。评价被试品和其相关装备(设备)同时使用或相互服务而不互相干扰的能力,主要包括:

a. 成系统试用时全系统的匹配性、协调性;

b. 在实际的自然环境、电磁环境下正常使用的程度;

c. 与现役装备间的互连、互通和互操作;

d. 在其设计的所有气候条件下和规定的时限内,由穿戴全套个人防护服的人员操作、维修和补给的能力等。

⑥ 机动性。评价被试品进行兵器机动的能力,主要包括:

a. 通过各种载体的运输能力,即靠人背马驮、牵引、自行或者载体,通过铁路、公路、水路、管道、海洋和航空等方式调运的能力;

b. 实际使用中对各种地形的适行能力;

c. 行军和战斗状态间相互转换的速度和便捷性;

d. 机动对其作战使用性能的影响程度等。

⑦ 安全性。通常在进行其他部分试用的同时,通过观察被试品的使用和维修来评价被试品在模拟战场环境条件下实际使用的安全程度,主要包括:

a. 可能造成部队使用人员死亡、伤害、职业疾病的程度;

b. 可能造成设备和财产损坏或损失的程度;

c. 可能造成危害环境的程度;

d. 使用注意事项和警示标志、提示等便于使用者观察、理解和明确的程度等,可采用规定的危险严重性等级和危险可能性等级进行综合评价。

⑧ 人机工程。评价被试品在人机环境方面是否满足作战使用和勤务要求,主要包括:

a. 在野战环境条件下使用时人机环境的舒适性和适应性程度;

b. 对部队操作人员、维修人员、保障人员工作能力的要求程度;

c. 上述作业人员的工作负荷和疲劳率;

d. 信息量、信息速率和作业速率是否超过极限;

e. 设计原因使作业人员出现差错的程度等。

⑨ 生存性。评价被试品在不损失任务能力的前提下,避免或承受敌方打击及各种环境干扰的能力,主要包括:

a. 主动防御、规避、诱骗、修复等的能力;

b. 自救能力。

5）问题分析和改进建议

试用中发现的各种问题，解决的措施及结果，应详细填写在相应的试用问题统计表中，可以文字、图表或照片的形式逐一在报告中予以反映。通常包括以下内容：

（1）根据对试用实施情况和试用结果的综合分析，从训练和实战使用出发，指出被试品存在的主要问题；

（2）说明上述问题的处理情况及结果；

（3）指出问题的产生属责任原因或技术原因；

（4）评估上述问题对被试品质量和部队使用的影响程度；

（5）从训练和实战使用出发，提出被试品改进设计、保障和管理或补充试用的建议；

（6）简要说明陪试品、测试仪器和设备出现的问题、排除的故障、备份件的更换和参数的调整等情况。

6）试用结论

应根据试用实施情况、试用结果综合评价及存在问题，依据被试品的研制总要求、试用大纲、试用规程、试用实施计划等相关技术文件，给出综合的试用结论，通常应：

（1）对被试品是否满足部队训练和作战使用要求作出综合结论；

（2）提出被试品能否生产定型的建议。

7）关于编制、训练、作战使用和技术保障等方面的意见和建议

通过按初步计划的编配方案、作战使用训练和技术保障方法及要求等进行上述作战使用性能和部队适用性试用，探索并提出被试品列装后，使装备的作战使用性能和部队适用性达到最佳状态的编配方案、作战使用训练和技术保障、管理方法及要求等方面的意见和建议。主要包括：

（1）被试品列装后需装备的部队类型、等级和部队装备的标准及数量等装备编配方案的意见和建议；

（2）装备部队训练（含装备使用和保障人员在训练过程中所使用的程序、规程、方法、训练设施和设备）的意见和建议；

（3）装备作战使用（含使用条件和适用范围）的意见和建议；

（4）平时和战时使用、维修和保障装备系统所需的人员数量、类型、专业及其应具备的技能和等级、人员分工和要求等人员编配方案的意见和建议；

（5）训练装备、后勤和技术保障（含技术文件资料、维修和保障设备的编配要求和数量、与训练设施和设备的采购和安装有关的保障计划）等方面的意见和建议；

（6）装备的启封、封存、保养、使用等管理方法和要求方面的意见和建议；

（7）其他需说明的使用要求和注意事项等。

（八）基地试验报告审查

1. 试验报告概述

生产定型试验是根据装备的生产定型(鉴定)试验方案编制的基地试验大纲和部队试用大纲实施的。对基地试验报告的审查实际上是对基地试验工作的验收总结,在试验结束后进行。

试验结束后,承试单位编制的生产定型基地试验报告,该报告应能全面反映生产定型基地试验大纲规定项目的完成情况,试验数据应真实准确。根据试验结果,对被试品作出客观公正的评价,结论要明确,表述应清晰、简练,相关术语、符号、代号等应规范统一。

2. 审查提供的文件

① 定型试飞报告名称及编号;

② 申请生产定型试验报告;

③ 试飞结果和研制总要求对照表;

④ 任务系统和基本航电系统部分显示画面;

⑤ 新研及改型产品目录清单;

⑥ 基本性能试飞技术报告和测试参数表;

⑦ 振动和噪声环境测试试飞技术报告;

⑧ 各分系统试飞技术报告;

⑨ 试飞员评述;

⑩ 五性评估大纲和评估报告。

3. 审查的内容与要求

(1) 试验概况。

① 编制依据(任务下达的机关和任务编号,批复的试验大纲,相关国家标准、国家军用标准、试验数据等);

② 试验起止时间和地点(整个试验或某个试验段的起止时间和地点);

③ 被试品名称、代号、数量、批号(编号)及承研承制单位;

④ 陪试品名称、数量,

⑤ 试验目的和性质;

⑥ 试验环境与条件;

⑦ 试验大纲规定项目的完成情况;

⑧ 试验中动用和消耗的装备情况;

⑨ 参试单位和人员情况;

⑩ 其他需要说明的事项。

(2) 试验内容和结果。

应包括试验大纲规定的全部试验项目,并给出试验结果。要求如下:

① 对每个试验项目都应简述其试验目的、试验条件、试验方法和试验结果。必要时,可给出数据处理过程;

② 对试验项目中被试品出现的问题进行统计;

③ 对五性试验项目,依据有关故障判据进行故障统计。

(3) 试验中出现的主要问题和处理情况。

① 问题现象;

② 问题处理情况;

③ 试验验证情况。

(4) 结论。

① 指标综合分析。依据研制总要求对被试品的试验结果进行对比评定,并附战术技术指标符合性对照表。

② 总体评价。对被试品是否可以通过生产定型基地试验给出结论性意见。

(5) 存在问题与建议。

根据试验中发现的问题,进行综合分析与评价,并给出产品存在的主要问题及改进建议。

4. 备用文件

(1) 产品试生产总结;

(2) 产品的试验大纲;

(3) 试验大纲编写说明;

(4) 产品的六性大纲及评估报告;

(5) 主要测试、测量设备汇总表;

(6) 成品合同;

(7) 产品规范、试验规范、试验规程及相关表格。

(九) 生产定型(鉴定)审查

产品生产定型审查由二级定委组织,通常采取派出设计定型审查组以调查、抽查、审查等方式进行。审查组由定委成员单位、相关部队、承试单位、研制总要求论证单位、承研承制单位(含其上级集团公司)、军事代表机构或军队其他有关单位的专家和代表,以及本行业和相关领域的专家组成。审查组组长由二级定委指定,一般由军方专家担任。主要审查的具体项目及内容如下:

(1) 审查生产定型(鉴定) 程序;

(2) 审查生产定型部队试用报告;

(3) 审查定型试验内容与申请内容的一致性;

(4) 审查生产定型试验报告;

(5) 申请生产定型(鉴定)报告的审查;

(6) 申请生产定型(鉴定)报告附件的审查;

(7) 审查产品试生产总结报告;

(8) 审查质量管理报告；

(9) 审查标准化工作报告；

(10) 审查军事代表室对×生产定型(鉴定)的意见；

(11) 审查生产定型部队试用报告；

(12) 审查试飞员评述意见；

(13) 审查使用维护评述意见。

1. 定型审查概述

生产定型审查是生产定型程序中非常关键的装备质量控制环节,是验证装备研制的战术技术指标和部队的使用要求是否达到研制总要求的系统性审查,生产定型审查按 GJB 1362A《军工产品定型程序和要求》,应成立生产定型审查组。审查组成员由有关领域的专家和定委成员单位、试用部队、承试单位、研制总要求论证单位、承研承制单位(含其上级集团公司)、军事代表机构或军队其他有关单位的专家和代表组成。审查组组长由二级定委指定,一般由军方专家担任。生产定型审查组通过以下方面：

(1) 审查产品试生产、工艺和生产条件考核、部队试用、生产定型试验、标准化工作的全面情况；

(2) 审查生产定型文件及图样；

(3) 必要时抽检或测试产品性能指标；

(4) 对产品重大技术问题的解决进行评定；

(5) 对批量生产条件进行评定；

(6) 对产品达到生产定型条件进行评定；

(7) 向二级定委提交产品生产定型审查意见书。

全面反映或证明装备研制的质量以及存在的问题。必要时,当承制单位提出申请生产定型后,二级定委可以在生产定型审查前,派出生产定型工作检查组,检查生产定型工作准备情况、研制和试验出现问题的解决措施落实情况,协调生产定型工作的有关问题。

2. 定型标准和要求

产品生产定型应符合下列标准和要求：

(1) 具备成套批量生产条件,工艺、工装、设备、检测工具和仪器等齐全,符合批量生产的要求,产品质量稳定；

(2) 经工艺和生产条件考核、部队试用、生产定型试验,未发现重大质量问题,出现的质量问题已得到解决,相关技术资料已修改完善,产品性能符合批准设计定型时的要求和部队作战使用要求；

(3) 生产和验收的技术文件和图样齐备,符合生产定型要求；

(4) 配套设备和零部件、元器件、原材料、软件等质量可靠,并有稳定的供货来源；

（5）承研承制单位具备有效的质量管理体系和国家认可的装备生产资格。

3. 审查提供的文件

生产定型文件通常包括：

（1）生产定型审查意见书；

（2）生产定型申请报告；

（3）产品试生产总结；

（4）工艺和生产条件考核报告；

（5）部队试用大纲和试用报告；

（6）生产定型试验大纲和试验报告；

（7）产品全套图样；

（8）工艺标准化大纲；

（9）工艺、工装文件；

（10）工艺标准化工作报告和审查报告；

（11）软件（含源程序、框图及说明等）；

（12）软件需求分析文件；

（13）软件设计、测试、使用、管理文档；

（14）可靠性、维修性、测试性、保障性、安全性评估报告；

（15）配套产品、原材料、元器件及检测设备的质量和定点供应情况报告；

（16）产品质量管理报告；

（17）产品价值工程分析和成本核算报告；

（18）产品规范；

（19）技术说明书；

（20）使用维护说明书；

（21）各种配套表、明细表、汇总表和目录；

（22）二级定委要求的其他文件。

4. 审查的项目及内容

1）审查生产定型（鉴定）程序

需要生产定型的军工产品，在完成设计定型并经小批量试生产后、正式批量生产前，应进行生产定型。产品的生产定型程序必须按照 GJB 1362A《军工产品定型程序和要求》执行。生产定型一般按照下列工作程序进行：

（1）组织工艺和生产条件考核；

（2）申请部队试用；

（3）制定部队试用大纲；

（4）组织部队试用；

（5）申请生产定型试验；

（6）制定生产定型试验大纲；

(7) 组织生产定型试验；

(8) 申请生产定型；

(9) 组织生产定型审查；

(10) 审批生产定型。

2) 审查生产定型部队试用报告

部队试用报告由承试部队负责编制，报告应全面反映部队试用大纲的执行情况，实事求是地反映被试品的技术状态和试用的实施过程，从总体上对被试品作出科学、客观、公正、完整的评价。报告应采用准确可靠的试验数据和结论，对各种试用数据的收集和处理，应准确可靠，不得随意取舍。各种数据必须注明其所属试用的项目名称、条件、日期，并由试用负责人和记录人员签署。报告应根据试用结果进行定性、定量分析，结论科学合理，逻辑严谨，论断可靠，可信度高。报告的表述应准确、简练，层次清晰，观点明确，符合汉语习惯，避免产生歧义。

在试用结束后30个工作日内完成试用报告。由试用部队报二级定委，并抄送有关部门、研制总要求论证单位、军事代表机构或军队其他有关单位、承研承制单位等。其中，一级军工产品的试用报告同时报一级定委备案。报告的详细内容应符合GJB/Z 170.8《军工产品设计定型文件编制指南 第8部分：设计定型部队试验报告》的规定，其基本内容包括：

(1) 试用概况；

(2) 试用条件说明；

(3) 试用项目、结果和必要的说明；

(4) 对被试品的评价；

(5) 问题分析和改进建议；

(6) 试用结论；

(7) 关于编制、训练、作战使用和技术保障等方面的意见和建议；

(8) 在报告正文基本内容中，有关需要详细说明的内容和试用的具体数据等，可用附件的形式给出。

3) 审查定型试验内容与申请内容的一致性

对于批量生产工艺与设计定型试验样品工艺有较大变化，并可能影响产品主要战术技术指标的，应进行生产定型试验；对于产品在部队试用中暴露出影响使用的技术、质量问题的，经改进后应进行生产定型试验。审查的目的是检查申请生产定型试验的内容与所做工作的一致性。

生产定型试验申请由承研承制单位会同军事代表机构或军队其他有关单位向二级定委以书面形式提出。申请报告内容通常包括以下情况：

(1) 试生产情况；

(2) 产品质量情况；

(3) 对设计定型提出的有关问题、设计定型阶段尚存问题和部队试用中发现问题的改进及解决情况；

(4) 产品检验验收情况；

(5) 对试验的要求和建议。

4) 审查生产定型(基地)试验报告

生产定型试验通常在原设计定型试验单位进行,必要时也可以在二级定委指定的试验单位进行。生产定型试验由承试单位严格按照试验大纲组织实施,在试验结束30个工作日内出具试验报告。生产定型试验报告通常包括以下内容：

(1) 试验概况；

(2) 试验项目、步骤和方法；

(3) 试验数据；

(4) 试验中出现的主要技术问题及处理情况；

(5) 试验结果、结论；

(6) 存在的问题和改进建议；

(7) 试验样品的全貌、主要侧面、主要试验项目照片,试验中发生的重大技术问题的特写照片；

(8) 主要试验项目的实时音像资料；

(9) 关于编制、训练、作战使用和技术保障等方面的意见和建议。

5) 申请生产定型(鉴定)报告的审查

产品通过工艺和生产条件考核、部队试用、生产定型试验后,承研承制单位认为已达到生产定型的标准和要求时,即可向二级定委申请生产定型。申请报告由承研承制单位会同军事代表机构或军队其他有关单位联合提出,并抄送有关单位。生产定型申请报告应包括下列内容：

(1) 产品试生产概况及生产纲领；

(2) 试生产产品质量情况；

(3) 试生产过程中解决的主要生产技术问题；

(4) 工艺和生产条件考核、部队试用、生产定型试验情况；

(5) 设计定型和部队试用提出的技术问题的解决程度；

(6) 产品批量生产条件形成的程度；

(7) 生产定型意见。

6) 申请生产定型(鉴定)报告附件的审查

承研承制单位会同军事代表机构或军队其他有关单位联合提出申请生产定型报告的同时,上报申请报告附件。申请报告附件一般包括如下内容：

(1) 产品试生产总结；

(2) 军事代表机构质量监督报告；

(3) 产品质量管理报告；

(4) 价值工程分析和成本核算报告;

(5) 工艺标准化工作报告;

(6) 可靠性、维修性、测试性、保障性、安全性评估报告;

(7) 生产定型文件清单;

(8) 二级定委规定的其他文件。

7) 审查产品试生产总结报告

承研承制单位会同军事代表机构或军队其他有关单位联合提出生产定型申请时,在申请报告的附件中就应有产品试生产总结报告,一般应包括如下内容:

(1) 产品试生产主要过程;

(2) 产品工艺和生产条件考核、部队试用、生产定型试验情况;

(3) 设计定型时提出的和试生产过程中出现的技术问题及解决情况;

(4) 生产定型文件更改和增补情况;

(5) 试生产产品质量情况;

(6) 批量生产条件;

(7) 对产品生产定型的意见。

8) 审查质量管理报告

产品试生产、工艺和生产条件考核、部队试用、生产定型试验和标准化工作总结等工作结束后,承制单位在按照 GJB 907A《产品质量评审》的规定,进行交付时的产品质量评审,并提交质量管理报告等文件审查,评审通过并修改完善后,再提交生产定型(鉴定)会议审查,产品质量管理报告的主要内容包括:

(1) 产品试生产过程简介;

(2) 技术指标达到研制总要求或技术协议书情况;

(3) 产品技术状态符合情况;

(4) 质量保证大纲执行情况;

(5) 产品性能指标符合情况;

(6) 产品质量状况;

(7) 质量问题及归零情况;

(8) 专项评审结论;

(9) 产品质量结论。

9) 审查标准化工作报告

在生产定型阶段标准化工作基本完成后,新产品项目技术负责人应申请提出工艺标准化最终评审工作。工艺标准化最终评审是对新产品制造贯彻执行《武器装备研制生产标准化工作规定》和《新产品标准化大纲》的最终检查,评审结论是确认新产品是否具备批量生产的条件之一。评审的主要内容如下:

(1) 检查新产品是否按《工艺标准化大纲》的规定实现标准化目标并完成各项任务;

（2）检查历次评审遗留的标准化问题是否已经解决。

评审通过后，承制单位应将“标准化工作报告”提交设计定型（鉴定）会议审查。标准化工作报告一般包括以下内容：

（1）概述；

（2）执行《武器装备研制生产标准化工作规定》的情况；

（3）《工艺标准化大纲》的基本情况或实施情况；

（4）取得的成绩和效益分析；

（5）存在的问题及解决措施；

（6）结论和建议。

10）审查军事代表室对×生产定型（鉴定）的意见

对某产品的生产定型（鉴定）军事代表室的意见是：根据相关法规和文件的精神，承制单位（名称）研制了××产品（型号、名称）。按照（研制合同号、名称或技术协议号、名称）要求，依据《武器装备质量管理条例》《驻厂军代表工作条例及其实施细则》以及《空军武器装备研制过程军事代表管理工作暂行规定》（或相关依据文件名称），对××产品（型号、名称）的研制实施了全过程质量监督。质量监督情况编制的内容及要求汇报如下：

（1）概述。

主要包括如下内容：

① 研制任务来源；

② 工作依据；

③ 质量监督工作起始时间；

④ 简述承担质量监督任务的组织机构、单位与分工。

（2）研制过程质量监督工作概况。

根据 GJB 3885 和 GJB 3887 的要求，简要介绍军事代表在军工产品研制过程中开展质量监督工作的概况，主要包括研制过程质量监督工作的主要内容、方法和重点。

（3）对研制工作的基本评价。

对承制单位在研制过程中的质量控制情况进行全面、系统的评价，并力求具体、准确、清晰，必要时可附图、表，附表的格式示例见附录 A。主要包括：

① 根据 GJB 5713 和 GJB 9001B 的要求，对装备承制单位资格审查和质量管理体系建立及运行情况进行评价。

② 根据 GJB 5709 的要求，对技术状态管理情况进行评价。主要包括技术状态的标识、控制、记实与审核的情况，以及软件配置管理等情况。

③ 根据 GJB 3885 的要求，对研制过程受控情况进行评价。主要包括分级分阶段设计评审、工艺评审和产品质量评审等情况。

④ 根据 GJB 190 和 GJB 3885 等要求，对承制单位提供的关重件（特性）、关

键工序分析和验证以及电子元器件的使用、审查等情况进行评价。

⑤ 对小批试生产样机检验的情况及评价。

⑥ 根据 GJB 5711 的要求，对技术质量问题处理情况的评价。主要包括工程研制阶段和设计定型阶段暴露的主要问题的处理、归零等情况。

⑦ 必要时，对承制单位开展价值工程和成本分析情况进行评价。

⑧ 其他需要评价的内容。

(4) 对产品生产定型的意见。

对产品性能、承制单位状况、图样与技术文件质量等情况进行综合评价，主要包括：

① 产品性能是否达到研制总要求规定的战术技术指标和作战使用要求；

② 产品图样及相关文件资料是否完整、准确、规范；

③ 产品配套是否齐全、质量可靠并有稳定的供货来源；

④ 应独立考核的配套产品是否已完成逐级考核并完成定型(鉴定)审查；

⑤ 承制单位是否建立了质量管理体系，是否具备国家认可的装备研制生产资质；

⑥ 产品是否具备生产定型条件，是否同意提交生产定型。

(5) 问题与建议。

针对存在的问题或不足，提出进一步完善、改进的意见或建议。

报告的内容及要求应基本符合 GJB/Z 170.9《军工产品设计定型文件编制指南 第 9 部分：军事代表对军工产品设计定型的意见》的要求。

11) 审查生产定型部队试用报告

部队试用报告由承试部队负责编制，应全面反映部队对试用大纲以及小批试生产装备在部队试用期间的使用情况，实事求是地反映被试品的技术状态和试验的实施过程，从总体上对被试品作出科学、客观、公正、完整的评价。报告应采用准确可靠的试验数据和结论，对各种试用数据的收集和处理，应准确可靠，不得随意取舍。各种数据必须注明其所属试验的项目名称、条件、日期，并由试用负责人和记录人员签署。报告应根据试用结果进行定性、定量分析，结论科学合理，逻辑严谨，论断可靠，可信度高。报告的表述应准确、简练，层次清晰，观点明确，符合汉语习惯，避免产生歧义。报告应明确指出被试品存在的主要问题，对被试品能否生产定型，给出明确、科学的结论和建议。报告的内容应符合 GJB/Z 170.8《军工产品设计定型文件编制指南 第 8 部分：设计定型部队试验报告》的相关规定，其基本内容包括：

(1) 试用概况。

(2) 试用条件说明。

(3) 试用项目、结果和必要的说明。

(4) 对被试品的评价。

(5) 问题分析和改进建议。

(6) 试用结论。

(7) 关于部队编制、训练、作战使用和技术保障等方面的意见和建议。

(8) 在报告正文基本内容中,有关需要详细说明的内容和试用的具体数据等,可用附件的形式给出。如:

附件1:部队试用方案

附件2:试用车辆技术状态登记表

附件3:试用故障统计表

附件4:参试人员花名册

12) 审查试飞员评述意见

试飞员评述可以作为定型试飞报告的附件,也可以作为试飞技术报告的附件。试飞员评述的内容如下:

(1) 试飞简况。试飞的主要历程、飞行架次及时间、主要试飞科目等。

(2) 评价。对飞机的总的评价,还包括人机工程的评价,以及对飞行(员)手册,包括其中规定的各种操纵使用要求和方法、限制、边界数据等的评价。

(3) 试飞中出现的主要问题及解决情况。应对试飞中驾驶和操作特点,存在的问题及解决情况作出综合评价。

(4) 试飞中采取了什么驾驶技术及其效果。详细阐明试飞中为了解决某一特定问题所采用的新的驾驶技术及其效果。

(5) 建议。指出试飞中存在的主要问题并提出建议。

13) 审查使用维护评述意见

使用维护评述的内容应包括:

(1) 简况。使用维护工作的主要历程。

(2) 评价。对飞机的总的评价,还包括人机工程的评价,列出全面统计的、故障率、出勤率和维修性参数等,对可靠性、维修性作出评估,评价随机工具、随机设备、随机文件和随机备件是否符合使用要求,综合保障是否符合要求,还应对使用维护规程作出评价。

(3) 试飞中出现的主要故障及解决情况。列出使用维护中发现的主要故障、排除方法和效果。

(4) 使用维护中采取了什么特殊措施及其效果。详细阐明使用维护中为了解决某一特定问题所采用的特殊方法及其效果。

(5) 建议。指出使用维护中存在的主要问题并提出建议。

5. 审查意见书

产品生产定型审查意见书由生产定型审查组讨论通过,审查组全体成员签署。审查组成员有不同意见时,可以书面形式附在审查结论意见后。审查意见书通常包括以下内容:

（1）审查工作简况；
（2）产品简介；
（3）试生产工作概况；
（4）工艺和生产条件考核、部队试用、生产定型试验、标准化工作概况；
（5）达到生产定型标准和符合部队作战使用要求的程度；
（6）审查结论意见。

第七节 “五性”评审项目及要求一览表

一、可靠性评审项目及要求（见下表）

可靠性评审项目及要求一览表

项目名称	工作内容	依　据	合格	不合格
100	可靠性及其工作项目要求的确定			
101	确定可靠性要求	GJB 1909A《装备可靠性维修性保障性要求论证》		
102	确定可靠性工作项目要求	GJB 450A《装备可靠性工作通用要求》		
200	可靠性管理			
201	制定可靠性计划			
202	制定可靠性工作计划			
203	对承制方、转承制方和供应方的监督和控制			
204	可靠性评审	GJB/Z 72《可靠性维修性评审指南》		
205	建立 FRACAS 系统	GJB 841《故障报告、分析和纠正措施系统》		
206	建立故障审查组织			
207	可靠性增长管理	GJB/Z 77《可靠性增长管理手册》		
300	可靠性设计与分析			
301	建立可靠性模型	GJB 813《可靠性模型的建立和可靠性预计》		
302	可靠性分配			
303	可靠性预计	GJB/Z 299B《电子设备可靠性预计手册》 GJB/Z 108A《电子设备非工作状态可靠性预计手册》		
304	故障模式影响及危害性分析	GJB/Z 1391《故障模式、影响及危害性分析程序》		
305	故障树分析	GJB/Z 768A《故障树分析指南》		

（续）

项目名称	工作内容	依　　据	合格	不合格
306	潜在通路分析			
307	电路容差分析	GJB/Z 89《电路容差分析指南》		
308	制定可靠性设计准则	GJB/Z 35《元器件降额准则》 GJB/Z 27《电子设备可靠性热设计手册》 GJB/Z 102A《军用软件安全性设计指南》		
309	原材料元器件选择与控制	GJB 3404《电子元器件选用管理要求》		
310	确定可靠性关键产品			
311	确定功能测试、包装、贮存、装卸、运输和维修对产品可靠性的影响			
312	有限元分析			
313	耐久性分析			
400	可靠性试验与评价	GJB/Z 23《可靠性和维修性工程报告编写一般要求》		
401	环境应力筛选	GJB 1032《电子产品环境应力筛选方法》 GJB/Z 34《电子产品定量环境应力筛选指南》		
402	可靠性研制试验			
403	可靠性增长试验	GJB 1407《可靠性增长试验》		
404	可靠性鉴定试验	GJB 899A《可靠性鉴定和验收试验》		
405	可靠性验收试验			
406	可靠性分析评价			
407	寿命试验			
500	使用可靠性评估与改进			
501	使用可靠性信息收集	GJB 1775《装备质量与可靠性信息分类和编码通用要求》		
502	使用可靠性评估			
503	使用可靠性改进			

二、维修性评审项目及要求(见下表)

维修性评审项目及要求一览表

<table>
<tr><th>项目名称</th><th>工作内容</th><th>依　　据</th><th>合格</th><th>不合格</th></tr>
<tr><td>101</td><td>确定维修性要求</td><td rowspan="18">GJB 368B《装备维修性工作通用要求》
GJB/Z 91《维修性设计技术手册》
GJB 2961《修理级别分析》
GJB/Z 57《维修性分配与预计手册》
GJB 2072《维修性试验与评定》
GJB 1775《装备质量与可靠性信息分类和编码通用要求》
GJB /Z 35《元器件降额准则》
GJB/Z 102A《军用软件安全性设计指南》
GJB 4803《装备战场损伤评估与修复手册的编写要求》
GJB 2547A《装备测试性工作通用要求》
GJB 900A《装备安全性工作通用要求》
GJB 1378A《装备以可靠性为中心的维修分析》
GJB/Z 122《机载电子设备设计准则》</td><td></td><td></td></tr>
<tr><td>102</td><td>确定维修性工作项目要求</td><td></td><td></td></tr>
<tr><td>201</td><td>制定维修性计划</td><td></td><td></td></tr>
<tr><td>202</td><td>制定维修性工作计划</td><td></td><td></td></tr>
<tr><td>203</td><td>对承制方、转承制方和供应方的监督和控制</td><td></td><td></td></tr>
<tr><td>204</td><td>维修性评审</td><td></td><td></td></tr>
<tr><td>205</td><td>建立维修性数据收集、分析和纠正措施系统</td><td></td><td></td></tr>
<tr><td>206</td><td>维修性增长管理</td><td></td><td></td></tr>
<tr><td>301</td><td>建立维修性模型</td><td></td><td></td></tr>
<tr><td>302</td><td>维修性分配</td><td></td><td></td></tr>
<tr><td>303</td><td>维修性预计</td><td></td><td></td></tr>
<tr><td>304</td><td>故障模式及影响分析—维修性信息</td><td></td><td></td></tr>
<tr><td>305</td><td>维修性分析</td><td></td><td></td></tr>
<tr><td>306</td><td>抢修性分析</td><td></td><td></td></tr>
<tr><td>307</td><td>制定维修性设计准则</td><td></td><td></td></tr>
<tr><td>308</td><td>为详细的维修保障计划和保障性分析准备输入</td><td></td><td></td></tr>
</table>

三、保障性评审项目及要求(见下表)

保障性评审项目及要求一览表

项目名称	工作内容	依　据	合格	不合格
100	论证阶段	GJB 3872《装备综合保障通用要求》 GJB/Z 151《装备保障方案和保障计划编制指南》 GJB 1909A《装备可靠性维修性保障性要求论证》 GJB/Z 147A《装备综合保障评审指南》 GJB/Z 1391《故障模式、影响及危害性分析指南》 GJB 3837《装备保障性分析记录》 GJB 1181《包装、装卸、贮存和运输通用大纲》 GJB 145A《防护包装规范》 GJB 1443《产品包装、装卸、运输、贮存的质量管理要求》 GJB 1132《飞机地面保障设备通用规范》 GJB 2100《飞机地面保障设备颜色要求》 GJB 3569《飞机地面保障设备配套目录编制要求》 GJB /Z69《军用标准的选用和剪裁导则》		
101	利用基准比较系统,分析并明确已知的或预计的保障资源约束条件			
102	拟定初始的保障方案			
103	根据使用要求拟定初步的保障性要求			
104	拟定初始的综合保障计划			
105	提出综合保障工作计划构想			
106	筹建综合保障管理组			
107	评审有关综合保障工作			
200	方案阶段			
201	通过保障性分析权衡并优化装备的设计方案、保障方案			
202	明确保障性定量和定性要求			
203	完善综合保障计划			
204	制定综合保障工作计划			
205	评审有关综合保障工作			
206	明确对重要转承制产品的保障性要求			
207	按合同规定提交有关资料			
300	工程研制阶段			
301	对设计方案、保障方案和相应的资源要求进行更细致的权衡,以满足系统战备完好性的要求			
302	确定最佳的保障方案和相应的保障资源要求			
303	研制和采购保障资源			
304	继续完善综合保障计划			
305	评审有关综合保障工作			
306	进行保障性试验与评价,暴露设计和工艺缺陷			

(续)

项目名称	工作内容	依据	合格	不合格
307	按合同规定提交有关资料			
400	设计定型、生产定型阶段			
401	进行保障性试验与评价,验证保障性设计特性是否满足合同规定的要求,验证保障资源与装备的匹配性及保障资源之间的协调性,对系统战备完好性进行初步评价			
402	继续完善综合保障计划			
500	生产、部署和使用阶段			
501	部署装备系统,提供装备所需的保障资源			
502	进行现场使用评估			
503	对系统战备完好性等进行评估			
504	进行寿命周期费用核算			
505	进行退役报废处理			

四、测试性评审项目及要求(见下表)

测试性评审项目及要求一览表

项目名称	工作内容	依据	合格	不合格
100	测试性及其工作项目要求的确定	装备测试性要求的确定应按 GJB 1909A 的要求和程序进行		
101	确定诊断方案和测试性要求			
102	确定测试性工作项目要求			
200	测试性管理			
201	制定测试性计划			
202	制定测试性工作计划			
203	对承制方、转承制方和供应方的监督和控制			
204	测试性评审			
205	测试性数据收集、分析和管理			
206	测试性增长管理			

（续）

项目名称	工作内容	依据	合格	不合格
300	测试性设计与分析	测试性评审应按 GJB/Z 72 和 GJB 3273A 规定的内容进行 测试性数据作为装备质量信息的重要内容,应按 GJB 1686A 的规定实施统一管理 应引用 GJB/Z 1391 进行分析 测试性设计准则的制定可参考 GJB/Z 91、GJB 2547A 附录 B 固有测试性评价 应在测试性工作计划 202 基础上制定详细的测试核查方案和计划,并经过订购方认可 使用期间测试性信息应参照 GJB 1775 及有关标准分类和编码		
301	建立测试性模型			
302	测试性分配			
303	测试性预计			
304	故障模式、影响及危害性分析—测试性信息			
305	制定测试性设计准则			
306	固有测试性设计和分析			
307	诊断设计			
400	测试性试验与评价			
401	测试性核查			
402	测试性验证试验			
403	测试性分析评价			
500	使用期间测试性评价和改进			
501	使用期间测试性信息收集			
502	使用期间测试性评价			
503	使用期间测试性改进			

五、安全性评审项目及要求(见下表)

安全性评审项目及要求一览表

项目名称	工作内容	依据	合格	不合格
100	安全性及其工作项目要求的确定	GJB 900A《装备安全性工作通用要求》		
101	确定安全性要求			
102	确定安全性工作项目要求			
200	安全性管理			
201	制定安全性计划			
202	制定安全性工作计划			
203	建立安全性工作组织机构			

（续）

项目名称	工作内容	依据	合格	不合格
204	对承制方、转承制方和供应方的安全性综合管理	GJB 900A《装备安全性工作通用要求》		
205	安全性评审			
206	危险跟踪与风险处置	对于属于安全性关键项目的软件，应参照 GJB/Z 142A 开展专项的安全性分析 GJB/Z 102 规定的软件安全性设计准则		
207	安全性关键项目的确定与控制			
208	试验的安全			
209	安全性工作进展报告			
210	安全性培训			
300	安全性设计与分析			
301	安全性要求分解			
302	初步危险分析			
303	制定安全性设计准则			
304	系统危险分析			
305	使用和保障危险分析			
306	职业健康危险分析			
400	安全性验证与评价			
401	安全性验证			
402	安全性评价			
500	装备的使用安全			
501	使用安全性信息收集			
502	使用安全保障			
600	软件安全性			
601	外购与重用软件的分析与测试			
602	软件安全性需求与分析			
603	软件设计安全性分析			
604	软件代码安全性分析			
605	软件安全性测试分析			
606	运行阶段的软件安全性工作			

第四章　装备质量管理要求与评审指南

第一节　综　　述

为了加强对武器装备质量的监督管理，提高武器装备质量水平，根据国务院和中央军委2010年11月1日联合发布并实施的《武器装备质量管理条例》（以下简称《条例》），在我国武器装备跨越发展的实践进程中，不断总结经验，从自主研制、自主发展角度，规定了武器装备研制中质量管理的新观念、新要求、新做法。《条例》在武器装备发展建设中强调了系统工程管理的观念和要求，将技术状态管理的方法，作为武器装备研制中质量管理和控制的法规性要求。《条例》规定，武器装备研制应当执行军用标准以及其他满足武器装备质量要求的国家标准、行业标准和企业标准；鼓励采用适用的国际标准和国外先进标准。应当建立健全质量管理体系，对其承担的武器装备论证、研制、生产、试验和维修任务实行有效的质量管理，确保武器装备质量符合要求等论证、研制、生产与试验、维修和质量监督方面质量管理的具体要求。

从对《条例》的贯彻实践情况看，军工产品的承制单位在深入贯彻执行《条例》的过程中，改变了引进修理、测绘仿制时代质量管理的旧模式，逐步按照《条例》的新要求，在武器装备的自主式研制、生产过程中落实，使《条例》的新要求起到规范、促进作用；并对建立厂（所）质量管理体系，以及对承制单位质量管理体系进行考核、评审和监督，编制、修编支持性专业标准等工作，发挥了强有力的推动和指导作用。

为了深入贯彻《条例》的要求，不断规范武器装备研制、生产与试验的质量管理工作，按照《条例》的具体内容及要求，参考GJB/Z 16《军工产品质量管理要求与评定导则》编写格式，在武器装备研制、生产实践活动的基础上，编制武器装备质量管理要求与评审指南章节，提供给军工产品承制、承试单位、修理和监督部门技术人员实施质量管理的参考，其内容包括总则，论证质量管理，研制、生产与试验质量管理和质量监督等方面对《条例》的相关要求和具体规定，武器装备质量管理要求与评审指南从三个方面，即概述、实施要求和评审要点，进行了实践性、经验性叙述和提示，可作为内部评审时参考。

第二节 引用文件

GJB 190 《特性分类》;
GJB 368B 《装备维修性工作通用要求》;
GJB 450A 《装备可靠性工作通用要求》;
GJB 467A 《生产提供过程质量控制》;
GJB 571A 《不合格品管理》;
GJB 726A 《产品标识和可追溯性要求》;
GJB 906 《成套技术资料质量管理要求》;
GJB 907A 《产品质量评审》;
GJB 909A 《关键件和重要件的质量控制》;
GJB 939 《外购器材的质量管理》;
GJB 1269A 《工艺评审》;
GJB 1310A 《设计评审》;
GJB 1330A 《军工产品批次管理的质量控制要求》;
GJB 3206A 《技术状态管理》;
GJB 3273A 《研制阶段技术审查》;
GJB/Z 3 《军工产品售后技术服务》;
GJB/Z 4 《质量成本管理指南》;
GJB/Z 16 《军工产品质量管理要求与评定导则》;
GJB/Z 379A 《质量管理手册编制指南》。

第三节 总 则

一、质量管理体系

(一) 武器装备论证、研制、生产、试验和维修单位应当建立健全质量管理体系

1. 概述

质量管理体系,它是由组织机构、职责、程序、过程和资源等方面构成的有机整体。承制单位应根据承担任务的特点,在最经济的水平上,为使国家和使用单位确信其产品、过程和服务能够满足规定的或潜在的质量要求,建立健全质量管理体系,并不断完善,努力适应武器装备论证、研制、生产、试验和维修发展变化的需要。健全的质量管理体系主要包括:

(1) 明确的不断进取的质量目标和方针、政策;

(2) 各类人员、各职能部门的质量责任制;

(3) 能独立地、客观地行使职权的质量保证组织；

(4) 完善的质量管理制度和标准、规范、程序；

(5) 有效的质量管理活动,能够确保产品形成的全过程处于受控状态；

(6) 质量记录完整,信息畅通,实施闭环管理；

(7) 设计、制造、试验、检测、分析、控制等手段满足承制产品的质量要求,并保持完好状态；

(8) 外购器材质量确有保证；

(9) 用户满意的售后服务；

(10) 质量教育坚持始终；

(11) 质量监督、审核制度化；

(12) 实行质量成本管理,达到质量与效益的统一。

2. 实施要求

(1) 根据使用要求和产品特点,建立健全质量管理体系,并保证持续有效运转。

(2) 承制单位应建立质量审核制度,对质量管理体系、过程质量、产品质量等开展系统的、独立的审核工作。质量审核应由与被审核领域无直接责任关系的人员担任。

(3) 承制单位应制订体系审核计划,按期对体系运行情况进行审查与评价,并提出审核报告,落实改进或纠正措施。

(4) 承制单位技术负责人或管理者代表委托胜任的、独立的人员,根据主客观条件变化的需要进行内部质量审核,对质量管理体系的状况和适用性作出正式评价。

3. 评审要点

(1) 综合评价质量管理体系的适用性、有效性；

(2) 是否建立了体系审核和复审制度,有无审核和复审记录、报告；

(3) 是否宣贯了 GJB 1687A《军工产品承制单位内部质量审核指南》,并按其要求有计划、有针对性实施了产品质量审核和过程质量审核。

(二) 承制单位必须建立质量责任制,最高管理者对本单位质量工作全面负责,并应当明确规定本单位业务技术部门和人员的质量职责

1. 概述

质量责任制是承制单位实行经济责任制的中心环节。同形成产品质量有关的各项职能,应在质量责任制中得到体现,做到责、权、利统一。

最高管理者是承制单位的法人代表,他必须对本单位的最终产品质量负责,因而他要对保证产品质量的各项工作负全面责任。

最高管理者的质量责任,应当分解落实到各个职能部门、车间和各类人员,形成层层负责，以保证在产品研制、生产、使用服务的全过程，各职能部门、车间和各类人员发挥各自的重要职能。

建立质量责任制，是全员参加质量管理的制度保证，旨在消除人的随意性和盲目性，把群众性的质量管理活动建立在岗位责任制的基础之上，成为有组织、有目的的自觉行动。

这里所用职称“最高管理者”，泛指具有法人资格的承制单位行政正职，如公司经理、研究（设计）院院长、基地主任等。

2. 实施要求

（1）明确规定最高管理者对本单位的最终产品质量和质量管理全面负责。大中型企事业单位可设置管理者代表，协助主管质量工作。但对质量工作负全责的仍是最高管理者，不能因设副职或管理者代表而将这种责任转移。

（2）根据军工产品研究设计，试制试验、生产准备、计划调度、采购供应、加工制造、产品检验、交付使用和售后服务等直接影响质量的各种职能和活动，确定各职能部门的权力和责任，并以文字形式规范化，成为各部门的质量责任制。职能部门总的责任是提高工作质量、工程质量，为产品质量提供可靠保证。

（3）建立各类人员的质量责任制，应使每个干部职工明确自己的质量职责，对于自己应该做什么，怎样做，按照什么标准做，做到什么程度，以及为什么要这样做，都有透彻的了解。

（4）质量保证组织通过实施立法、控制、检查，监督的职能，对各职能部门和车间的质量职责，进行组织、协调、评价，以保证质量责任制的贯彻执行。各类人员的质量职责执行情况，由各职能部门和车间进行检查、考核。

3. 评定要点

（1）最高管理者的质量责任是否明确，他对质量负全责在工作制度上是否有具体的体现；

（2）对各职能部门是否有明确的质量责任要求，质量职能是否健全；

（3）对贯彻执行质量责任制是否实施有效的监督，有无评价记录。

（三）承制单位应根据需要设置质量保证组织，质量保证组织在最高管理者的领导下行使职权

1. 概述

质量保证组织系质量专职机构的总称。按照军工企事业单位现行机构的职责分工，质量保证组织一般应包括质量（含可靠性）管理、测试、检验、计量、理化、标准化、外场服务等机构的全部或部分职能。

鉴于各企事业单位承担的军工产品任务类别、经营规模、专业技术、组织方式等不同，其质量保证组织的机构设置，应从本单位实际工作需要出发，不宜强求一致。具体工作机构设置的原则如下：

（1）领导集中统一。为使质量保证组织的各职能机构形成一个有机的整体，领导要相对地集中统一，以便有组织地开展工作。

（2）机构设置协调。一是质量保证组织与其他职能部门的机构设置要相互协调；二是质量保证组织内部的机构设置也要相互协调，根据职责、权限的不同而合理设置。

（3）职责分工明确。质量保证组织与其他职能部门之间，质量保证组织内部的各职能机构之间，都要通过建立健全质量责任制，把职责分工明确下来。

（4）联系渠道畅通。不论质量保证组织的机构是集中设置还是分散设置，都应通过一定的程序和制度，使机构之间保持密切联系，信息畅通。

科研单位的质量保证组织，对型号的管理可以采取职能机构与型号组织相结合的矩阵管理方式，复杂武器可以建立型号质量师系统，协助并督促设计师系统对研究、设计、试制、试验质量实施有效控制。

2. 实施要求

（1）承制单位根据本单位具体情况和工作需要，本着领导集中统一、机构设置协调、职责分工明确、联系渠道畅通的原则，设置质量保证职能健全的机构。

（2）集中设置的质量保证部门，或分散设置的质量管理和检验机构，必须在最高管理者直接领导下开展工作。

（3）质量保证组织在检测、查明、判断、评价和处理质量问题中，不受研制、生产进度和成本等因素的限制及人为的干扰，坚持在确保质量的前提下求效益、保进度。

（4）质量保证组织在履行职责中要坚持实事求是，运用科学手段和方法，正确地判断、处理质量问题。

3. 评审要点

（1）质量保证组织在本单位所处地位，人员构成及其素质，能否适应规定的质量保证要求。

（2）质量保证组织的机构设置，在领导、分工、协调、联系等方面是否与实施要求相一致。

（3）质量保证组织能否有效地行使职权，并向最高管理者报告工作。

（四）质量保证组织的主要职责

（1）根据质量责任制的规定，协调、评价业务技术部门的质量职责；

（2）组织编制质量保证文件，审查、会签有关技术、管理文件；

（3）参与新产品的方案论证、设计和工艺评审、大型试验、技术鉴定及产品定型，实施有效的技术状态控制；

（4）在组织实施质量保证文件的同时，应当对检验、试验、计量人员的质量职责实施监督，定期进行评定；

(5) 根据技术资料和质量保证文件,监督生产现场,管理检验印章,检验产品质量、保证交付使用的产品符合合同要求;

(6) 督促检查质量标准的贯彻执行,保证计量器具的量值与计量基准相一致;

(7) 负责不合格品的管理工作,检查督促有关纠正措施的贯彻执行;

(8) 参与考察、确认外购器材(含原材料、成件、元器件,下同)供应单位的质量管理体系,审查合格器材供应单位名单,负责复验进厂器材的质量;

(9) 负责质量信息管理,考核质量指标,参与分析质量成本,掌握质量变化趋势;

(10) 协同制定质量教育培训计划,组织群众性的质量管理活动;

(11) 组织产品出厂后的技术服务;

(12) 编制检验规程,研究检测技术。

1. 概述

质量保证组织的基本任务,是保证所有交付使用的产品符合合同要求;指令性计划下达的研制、生产项目,保证符合研制任务书(或技术协议书)和设计、工艺文件规定的要求。为了完成这一基本任务,赋予质量保证组织 12 项责任和权限。

2. 实施要求

(1) 所规定的 12 项职责,均须在组织上给予落实,明确各自的责任与权限;

(2) 明确质量保证组织与各职能部门在质量职责上的关系,处理好工作接口,在完整的质量管理体系中各司其职,各负其责;

(3) 按照闭环管理的要求,制定工作程序,保证各项质量工作按程序进行。

3. 评定要点

(1) 质量保证组织的 12 项职责,是否在组织上完全得到落实;

(2) 质量保证组织与各职能部门的工作关系是否协调;

(3) 质量保证组织对产品质量及其有关的工作质量、工程质量能否实施有效的监督;

(4) 各项工作程序是否协调、可行。

(五) 质量工作人员有权越级反映问题。任何单位或个人对越级反映质量问题的工作人员,不得打击报复

1. 概述

承制单位必须保障质量工作人员行使职权不受侵犯,敢于维护国家和用户的利益,抵制和揭露一切降低质量标准,以次充好,弄虚作假的行为。

2. 实施要求

(1) 承制单位应该加强质量工作队伍的政治思想、业务技术、职业道德建设,对质量工作人员正当行使职权,在组织上、制度上、舆论上给予充分保证。

(2) 最高管理者、总工程师或型号总设计师在职权范围内否决、改变质量保证部门对质量问题的处理决定时,必须签署书面文件,以示负责。这里所谓的“在职权范围内”,是以不违反研制任务书(技术协议书)或合同规定及有关法规为前提。

(3) 质量工作人员有越级反映质量问题的权力和义务,受行政和法律的保护。

3. 评审要点

(1) 质量工作人员行使职权,在组织上、制度上有无充分保证;

(2) 厂(所)行政、技术负责人有无超越职权范围干预质量保证部门处理质量问题的现象;

(3) 对质量工作人员越级反映质量问题,有无受到阻扰和打击报复的情况。

(六) 承制单位应当结合本单位实际情况,编制质量管理手册

质量管理手册应当包括下列内容:

(1) 质量管理的方针、政策和目标;

(2) 质量保证组织及其职责,各业务技术部门的质量职责;

(3) 产品研制、生产过程的质最控制程序和标准;

(4) 不合格品的管理和故障分析及纠正措施;

(5) 质量信息的传递、处理程序;

(6) 质量保证文件的编制、签发和修改程序;

(7) 质量工作人员资格审定办法;

(8) 群众性质量管理活动,以及检查、评价、奖惩办法;

(9) 其他有关事项。

质量管理手册的编制应当坚持指令性、系统性、可检查性的原则。

1. 概述

质量管理手册,也称质量手册,它是承制单位贯彻执行《武器装备质量管理条例》,开展质量管理工作的基本法规和准则,是本单位质量管理体系的文字表述。

(1) 手册应具有指令性。手册由本单位最高管理者批准发布,是应长期遵循的法规文件。

(2) 手册应具有系统性。手册所包含的内容,应按“质量环”的要求,对形成和影响产品质量的各个环节及因素,作出系统的、协调一致的规定。

(3) 手册应具有可检查性。手册及其支持文件的各项规定,要有明确而又具体的定性、定量要求。

2. 实施要求

(1) 按 GJB/Z 379A《质量管理手册编制指南》编制手册;

(2) 定期评价手册执行情况和手册适用性;

(3) 手册及其支持文件应随着认识的提高,经验的积累,以及科学技术的发展和任务情况的变化,进行相应的修改、补充、完善。

3. 评审要点

(1)《条例》的基本要求是否在手册中得到具体体现;

(2) 手册是否现行有效,是否按周期进行检查、评价;

(3) 手册的管理和实施情况;

(4) 有关部门和人员是否熟练运用手册。

二、质量管理

承制单位对其承担的武器装备论证、研制、生产、试验和维修任务实行有效的质量管理,确保武器装备质量符合要求。

1. 概述

军工产品质量具有特殊重要意义,尤其是随着科学技术的迅速发展,现代武器装备日趋复杂,研制生产周期长,成本费用高,协作面广,迫切要求加强质量管理,并将其规范化、程序化,以确保武器装备质量,提高军事效益和经济效益。

武器装备质量的形成,取决于武器装备的论证、研制、生产、试验和维修过程,因而论证、承制、承试和修理单位及供应单位是实施质量管理的主体。实施质量管理的基本点,一要系统,二要有效。所谓系统,即根据质量管理的原理及其实践的要求,应用适当的科学技术和技能,对形成和影响产品质量的各个环节与因素,有计划地实施系统管理。所谓有效,即一切质量管理活动应当从实际情况出发,紧紧围绕着产品的研制、生产,提高质量,降低成本,缩短周期,确保一次成功。质量管理必须从传统的事后检验为主推进到实施系统工程管理,采用技术状态管理的方法,实施全过程控制,使武器装备的研制、生产、试验和修理完全处于受控状态,必须做到如下几点:

(1) 论证、研制、生产、试验和维修活动按规定的标准、规范、程序进行;

(2) 运用科学方法,如质量评估、统计过程控制技术,随时掌握质量动态,及早发现异常,把质量隐患消除在发生之前;

(3) 一旦发生质量问题,能够及时发现和纠正,并杜绝重复发生;

(4) 对批次管理的产品质量应符合 GJB 726A《产品标识和可追溯性要求》的规定,具有可追溯性,即应按批次建立随件流转卡,详细记录投料、加工、装配、交付过程中投入产出数量、质量状况及操作者和检验者的客观证据。

2. 实施要求

通过质量培训,学习并掌握《条例》的精神实质,根据具体产品的特点,有效地落实《条例》和相关标准的各项规定和要求。

3. 评审要点

(1) 是否将《条例》列为培训内容,《条例》的精神实质是否被领导干部和全体人员所掌握;

(2) 综合评价产品质量、过程质量和质量管理体系。

三、标准化管理

(一) 武器装备论证、研制、生产、试验和维修应当执行军用标准以及其他满足武器装备质量要求的国家标准、行业标准和企业标准;鼓励采用适用的国际标准和国外先进标准

1. 概述

国家标准、军用标准、行业标准,是组织武器装备研制、生产的基本依据,对供需双方均具有约束力。这种约束力,必须以标准体系的形式在合同中确定下来,保证所执行的军用标准以及其他满足武器装备质量要求的国家标准、行业标准和企业标准得到贯彻执行。

凡没有制定国家标准、军用标准、行业标准的产品,经供需双方协商一致,可以采用或制订企业标准。但企业标准必须满足武器装备质量要求不得与国家标准、军用标准相抵触。

2. 实施要求

(1) 承制单位与使用单位签订合同,严格执行国家标准、军用标准和行业标准。当采用企业标准时,应与使用部门达成协议,确定认可方式。

(2) 承制单位应组织宣贯和实施国家标准、军用标准、行业标准。鼓励采用适用的国际标准和国外先进标准。

(3) 承制单位设立专职机构,对设计、工艺技术文件实施标准化检查,并组织制定企业标准。

3. 评审要点

(1) 承制单位在研制、生产活动中是否宣贯和实施国家军用标准以及其他满足武器装备质量要求的国家标准、行业标准。

(2) 现行企业标准与国家标准、军用标准有无抵触。

(3) 标准化检查制度和机构是否健全、有效。

(二) 武器装备研制、生产、试验和维修单位应当依照计量法律、法规和其他有关规定,实施计量保障和监督,确保武器装备和检测设备的量值准确和计量单位统一

1. 概述

承制单位必须贯彻执行《中华人民共和国计量法》和《国防计量监督管理条例》的规定,所有最高计量标准经考核合格,并申请强制检定。凡经考核或检定不合格者,不得使用。

2. 实施要求

(1) 根据本单位承担的军工产品研制、生产任务的需要,配备与之相适应的最高计量标准。

(2) 最高计量标准必须经指定的量值传递单位考核合格,并持有合格证书。

(3) 编制各类计量器具最高计量标准目录,向指定单位申请强制检定。

(4) 建立和执行最高计量标准器具的控制程序,按强制检定要求进行检定,在规定的环境条件下使用、保管。

(5) 多单位参加的大型试验,量值必须统一到国防最高计量标准,以保证量值的一致。

3. 评审要点

(1) 所配备最高计量标准器具,能否满足本单位承担任务的需要。

(2) 最高计量标准可否追溯到国家计量基、标准或国防计量最高标准,量值是否在允差范围内与计量基、标准的量值相一致。

(3) 最高计量标准器具是否执行了强制检定,周检率和合格率的完成情况是否符合规定。

(4) 最高计量标准器具的使用、保管环境条件是否符合规定。

(5) 对最高计量标准是否建立和执行了控制程序。

(三) 计量器具和测试设备,应当符合产品或者试验、测试的误差要求,并按照规定进行计量检定,在醒目位置标明“合格” 或者“禁用”的字样

1. 概述

在生产、试验、检测现场使用的计量器具和测试设备,应计算其测量能力指数 Mcp 值,保证 Mcp 值满足产品或者试验、测试的误差要求。

为了保证现场的计量器具和测试设备处于良好状态,应当根据检定规程,结合实际的技术状况、使用频率和准确度要求,合理地确定不同的检定周期,编制计量周期检定表。

在醒目位置标明“合格”或“禁用”字样,是一种控制措施,防止误用不合格的或超期未检定的计量测试手段。

2. 实施要求

(1) 健全管理机构,实行计量统一管理。

(2) 编制测量参数及计量器具选择分析表,测量能力指数 Mcp 值要满足产品或试验、测试的准确度要求。

(3) 编制计量网络图和计量周期检定表,按照规定的检定程序和周期,对计量器具及测试设备进行检定。

(4) 经检定合格的计量器具及测试设备,要在实物上作出“合格”标记。“合格”标记内容至少有检定日期、责任者、有效期。无“合格”标记者,即视为“不合格”。

(5) 经检定不合格或超过检定周期的计量器具及测试设备,要在实物上及时标记“禁用”,绝对禁止使用。合格的计量器具及测试设备在使用中发现异常时,亦应暂时给出“停用”标志,等待有关部门处理。

3. 评审要点

(1) 计量管理机构和制度是否健全;

(2) 计量器具及测试设备能否满足承担任务的误差要求;

(3) 有无计量网络图和按件(台)的周期检定表,周检率、合格率是否达到规定要求;

(4) 现场的计量器具及测试设备有无“合格”或“禁用”标志;

(5) 对使用环境条件有要求的计量器具及测试设备是否得到满足。

(四) 用于检验产品的生产用型架、夹具、标准样件、模型和其他生产工装以及测试设备,投入使用前应当验证技术性能

1. 概述

检验人员使用的检测器具,一般要求是检验专用的,不能与生产共用。但有些型面复杂的零部件,在检验时要使用工艺装备,而这些工艺装备往往是比较大型的,若专门为检验配置一套,在经济上很不合算。在这种情况下,允许检验与生产共用一套工艺装备。同样,有些比较贵重的调试设备,也允许检验与生产共用一台。这类工艺装备和调试设备,假如它们本身不合格,通过它们加工出来的零部件或调试出来的产品,必然也是不合格的;若再把它们原样用于检验,则很难发现问题。为了防止出现这种错误情况,对检验与生产共用的工艺装备的调试设备,除正常进行周期检定外,检验人员用于检验之前,应当先验证其技术性能是否合格,确认合格后方可使用。

2. 实施要求

对检验与生产共用的工艺装备和调试设备,制订和执行用于检验前的技术性能验证程序及简便有效的验证方法。未经验证的工艺装备和调试设备,不得用于检验。

3. 评审要点

(1) 对用于检验的生产用工艺装备和调试设备,是否建立了验证程序;

(2) 对执行验证程序有无监督控制措施。

(五) 计量检定人员应当依法接受资格考核

1. 概述

凡从事计量检定的工作人员,均应根据《中华人民共和国计量法》和《国防计量监督管理条例》的规定,组织专业培训,进行资格考核,合格者授予资格证书。资格证书应写明考试合格项目名称。计量检定人员承担的工作任务,不得超出其考试合格项目。未经考核合格的人员,不得单独进行计量检定工作,无权签署检定证书。

2. 实施要求

(1) 从事各项计量检定的工作人员,必须持有相应的资格证书;

(2) 考核授证单位对计量检定人员的资格负责;

(3) 计量机构领导人对正确安排计量检定人员的工作岗位负责。

3. 评审要点

计量检定人员是否有资格证书。

四、质量信息管理

(一) 武器装备论证、研制、生产、试验和维修单位应当建立武器装备质量信息系统和信息交流制度

1. 概述

质量管理是通过制定目标,组织实施,督促检查,根据检查取得的信息,及时作出处理决策,以控制和改进产品质量,完成管理上的一个个循环。实现产品质量、可靠性的控制和改进,必须借助于信息流通,构成闭环管理。

信息是承制单位和使用单位共同的资源和财富,应当共建共享,充分发挥质量、可靠性信息在质量管理中的作用。随着产品在研制、生产、使用过程中的运行,产生了大量信息,其中质量与可靠性信息,是产品质量、工程质量、工作质量状态和水平的具体反映,又是改进产品质量、工程质量、工作质量的依据。

产品可靠性信息,是质量信息管理的重要组成部分。可靠性信息是与时间、工作环境条件有关的质量特性数据,主要指产品的寿命周期内的工作时间、工作状态、工作条件记录和故障记录。系统地收集这些数据记录,在分类、归纳、统计、整理的基础上,建立可靠性数据库及故障模式,为评价可靠性水平,开展可靠性设计提供客观依据。

2. 实施要求

(1) 承制单位应建立质量、可靠性信息中心,统一管理内部、外部信息。根据统一管理,分工负责的原则,明确各职能部门收集、传递、处理信息的职责和范围,以建立一个采集数据准确、传递渠道畅通的质量信息闭环管理系统。

(2) 建立质量信息管理制度,使质量、可靠性信息的收集、传递、处理、储存、使用等各个环节的工作制度化、规范化、程序化。

(3) 编制质量、可靠性信息流程图,保证信息正常运转,及时掌握质量动态,为各级质量决策提供客观依据。

(4) 建立质量、可靠性数据库。

3. 评定要点

(1) 是否制定并执行了质量信息管理制度,是否形成闭环,有无信息流程图;

(2) 质量信息管理在组织上是否落实;

(3) 是否建立了质量、可靠性数据库;

(4) 在质量决策中是否依据质量信息的分析。

(二) 武器装备论证、研制、生产、试验和维修单位应当及时记录、收集、分析、上报、反馈、交流武器装备的质量信息

1. 概述

承制单位所有的质量管理活动,都应当如实记录下来,用以证明本单位对合同中提出的质量保证要求予以满足的程度,证明产品质量达到的水平,并为今后合同投标提供客观证据。

全过程的质量记录,是质量形成过程的历史记载。一旦发生质量问题,可以通过记录查明情况,找出原因和责任者,有针对性地采取防止重复发生的有效措施。

质量记录是质量信息的基础资料,通过对记录的归纳、整理、统计、分析,取得反映客观实际的数据。只有具备完整可靠的记录,经过加工、整理,才能取得准确的质疑信息,使质量管理决策建立在客观的基础上,从而使管理活动增强针对性,提高有效性。

2. 实施要求

(1) 承制单位应以提高质量可追溯性为目的,建立健全质量记录;

(2) 质量记录应保持系统性、完整性、正确性,文字与数据的记载正规、清晰;

(3) 妥善保管全过程的质量记录,规定与产品寿命相适应的保管期限,进行科学分类,便于随时查询。

3. 评定要点

(1) 质量记录管理制度和质量信息交流制度是否健全;

(2) 质量记录是否系统、完整、正确、清晰;

(3) 质量记录是否便于查询。

第四节 论证质量管理

一、武器装备论证单位应当制定并执行论证工作程序和规范,实施论证过程的质量管理

(一) 概述

武器装备论证单位应根据论证的特点和分类,按相关法律、法规和标准要

求,制定并执行本单位论证工作程序和规范。针对武器装备型号研制实行研制立项和研制总要求二报二批制度的论证特点,论证单位应围绕这两种类型的论证,按照 GJB/Z 20221《武器装备论证通用规范》和 GJB 4054《武器装备论证手册编写规则》的要求,给出具体内容和方法。

(二)实施要求

(1)论证单位应根据论证工作特点和分类,按相关法律、法规和标准要求,制定并执行本单位论证工作程序和要求;

(2)论证单位应根据论证工作特点和分类,按相关法律、法规和标准要求,编制研制立项综合论证报告;

(3)论证单位应根据论证工作特点和分类,按相关法律、法规和标准要求,编制研制总要求;

(4)论证文件上报前应逐级进行审查,并根据需要组织有关专家进行评审;

(5)论证文件审查后对论证报告送审稿和其他有关文件做出必要的整理和修改,并按相关文件的规定履行报批手续。

(三)评审要点

(1)论证单位是否根据论证工作特点和分类,按相关法律、法规和标准要求,制定并执行了本单位论证工作程序和要求;

(2)编制的研制立项综合论证报告,是否符合相关法律、法规和标准要求;

(3)编制的研制总要求,是否符合相关法律、法规和标准要求;

(4)论证文件上报前是否逐级进行审查,并根据需要组织有关专家进行评审。

二、武器装备论证单位应当根据论证任务需求,统筹考虑武器装备性能(含功能特性、可靠性、维修性、保障性、测试性和安全性等,下同)、研制进度和费用,提出相互协调的武器装备性能的定性定量要求、质量保证要求和保障要求

(一)概述

论证单位应根据型号论证任务需求,从作战使用性能指标入手,在通用性指标和特征性指标的项目和内容上应给出明确阐述。通用性指标是各类武器装备都应具备的指标,这些指标在全军范围内都是相同的,如可靠性、维修性、保障性、机动性、兼容性、安全性、环境适应性等。若有特殊解释,可以单独说明。

特征性指标是指那些直接反映某类型武器装备自身规律和特点的一些指标,它代表了某类型武器装备的基本属性和使用特征。在一定意义上讲,这种指标决定了某一型号是否能够发展和存在。如导弹装备的射程、威力、精度等,通

信装备的通信距离、容量、传输数率、通信覆盖范围等,都要根据具体型号装备的特点确定特征性指标项目,并给出具体解释。

论证单位在根据型号论证时,还应考虑装备的研制进度和费用,提出相互协调的武器装备性能的定性和定量要求、质量保证要求和保障要求等。

(二) 实施要求

(1) 论证单位应根据型号论证任务需求,针对产品层次,提出各类型通用性指标的定性和定量设计要求;

(2) 论证单位应针对产品层次,提出各类型装备特征性指标的设计要求;

(3) 论证单位在根据型号论证时,还应对装备的研制过程提出质量保证要求和保障要求等。

(三) 评审要点

(1) 论证单位是否根据型号论证任务需求,针对产品层次,提出了各类型通用性指标的定性和定量设计要求;

(2) 论证单位是否针对产品层次,提出各类型装备特征性指标的定性和定量设计要求;

(3) 论证单位在型号论证时,是否针对装备研制全过程,提出了质量保证要求和保障要求等;

(4) 论证文件是否符合 GJB/Z 20221.1《武器装备论证通用规范》和 GJB 4054《武器装备论证手册编写规则》的要求。

三、武器装备论证单位应当对论证结果进行风险分析,提出降低或者控制风险的措施。武器装备研制总体方案应当优先选用成熟技术,对采用的新技术和关键技术,应当经过试验或者验证

(一) 概述

论证单位应当在新型武器装备发展各项使用要求论证的基础上,对论证结果进一步从技术、经济、周期等方面进行风险分析,尤其是引起技术风险的主要因素(包括指标量化、技术难度、研制难易等因素)提出降低或者控制风险的措施,尽可能避免失误;对引起进度风险的主要因素(包括预研工作和可行性论证是否充分、计划进度考虑不周、投资强度不够、战技指标更改以及其他因素)加强专家评审、审查的频次,进一步完善总体方案;对引起费用风险的主要因素(如费用评估和预测不准、进度后拖、物价上涨)采取积极的补救措施。在武器装备研制总体方案中,应当优先选用成熟技术,对采用的新技术和关键技术,应当经过试验或者验证。

(二) 实施要求

(1) 论证单位应当对论证结果进行风险分析,提出降低或者控制风险的措施;

(2) 在研制总体方案中,应当优先选用成熟技术;

(3) 采用的新技术和关键技术,应当经过试验或者验证。

(三) 评审要点

(1) 论证单位是否对论证结果进行风险分析,提出了降低或者控制风险的措施,实施效果如何;

(2) 研制总体方案中,是否优先选用了成熟技术,适用性如何;

(3) 采用的新技术和关键技术,是否经过了试验或者验证,并具有可追溯性记录。

第五节 研制、生产与试验质量管理

一、研制过程质量管理

(一) 武器装备研制、生产与试验质量管理的任务是保证武器装备质量符合研制总要求和合同要求

1. 概述

研制总要求(或技术协议书)和合同要求,是承制单位开展研制工作及其质量管理的目标和依据,应准确、全面地反映使用单位的各种需求,包括产品的性能、寿命、可靠性、维修性、安全性,以及研制周期、费用和质量保证要求。当研制总要求(或技术协议书)和合同确需更改时,供需双方必须进行充分论证、协商,按规定报经主管机关批准。

2. 实施要求

(1) 承制单位、使用单位应对研制总要求(或技术协议书)草案和合同草案中的质量保证要求,进行分析和确认。

(2) 承制单位应建立研制总要求(或技术协议书)和合同的分析程序,以保证正确理解其所提要求。分析合同用以确认:

① 规定的要求是合适的;

② 与投标不一致的要求已得到解决;

③ 具有满足合同所提要求的能力;

④ 分析结果要形成文件;

⑤ 承制方在进行分析活动时,应与使用方交换意见,以保证双方对研制总要求(或技术协议书)和合同所提要求的理解一致,并明确接口关系。

3. 评审要点

(1) 承制单位是否建立并执行了研制总要求(或技术协议书)和合同及其草案的分析程序;

(2) 分析结果是否形成文件。

（二）承制单位订立武器装备研制、生产合同应当明确规定武器装备的性能指标、质量保证要求、依据的标准、验收准则和方法以及合同双方的质量责任

1. 概述

武器装备研制是分层次、分阶段管理的，在实际的衔接操作中是分层次、分阶段对技术协议或合同进行管理的，以层次的技术协议或合同明确规定武器装备的性能指标、质量保证要求、依据的标准、验收准则和方法以及合同双方的质量责任。根据 GJB 3206A《技术状态管理》和 GJB 6387《武器装备研制项目专用规范编写规定》要求，订立武器装备研制、生产技术协议或合同的依据，主辅机之间的依据是系统规范（其依据是研制总要求）；那么，辅机与部组件、器件之间订立武器装备研制、生产技术协议或合同的依据是产品规范。

为此，承制单位在订立武器装备研制、生产技术协议或合同时，应当明确规定武器装备的性能指标、质量保证要求、依据的标准、验收准则和方法以及合同双方的质量责任。

2. 实施要求

（1）承制单位订立武器装备研制、生产技术协议或合同应当明确规定武器装备的性能指标；

（2）订立武器装备研制、生产技术协议或合同应当明确规定质量保证条款和贯彻执行的法规及标准；

（3）技术协议或合同应当明确规定产品验收的方式、验收前应具备的条件，以及供方应提供的文件资料（如提供质量保证文件检验规程交付编制质量控制文件验收规程，验收供方的产品）；

（4）订立武器装备研制、生产技术协议或合同应当明确合同双方的质量责任。

3. 评审要点

（1）订立武器装备研制、生产技术协议或合同是否有明确的定性定量指标，其内容是否符合研制总要求或技术协议；

（2）订立的技术协议或合同是否明确规定了质量保证条款和贯彻执行的法规及标准，效果如何；

（3）技术协议或合同双方对产品的检验和验收条款、文件资料的提供是否有明确规定（承包方应考核质量控制文件即验收规程；供方应考核质量保证文件即检验规程并提交给承包方编制验收规程，保证检验与验收标准一致）。

（三）武器装备研制、生产单位应当根据合同要求和研制、生产程序制定武器装备研制、生产项目质量计划，并将其纳入研制、生产和条件保障计划

1. 概述

承制单位应根据武器装备研制、生产订立的技术协议或合同，设计部门应按

GJB 2993《武器装备研制项目管理》5.4.2 E 条的要求,编制研制工作总计划(含计划网络图),即零级网络图;质量部门应根据 GJB 9001B《质量管理体系要求》以及研制、生产程序制定武器装备研制、生产项目质量计划;工艺部门应根据 GJB 1269A《工艺评审》5.1.1 H 条的规定,编制产品研制的工艺准备周期和网络计划,以及实施过程的费用预算和分配原则。

2. 实施要求

(1) 承制单位应根据订立的技术协议或合同的要求,编制零级网络图;

(2) 承制单位质量部门应根据已讨论、评审通过的设计方案编制项目质量计划以及网络图,并将其纳入研制、生产和条件保障计划;

(3) 承制单位工艺部门应根据零级网络图和项目质量计划以及网络图,编制工艺准备周期和网络计划。

3. 评审要点

(1) 承制单位是否根据订立的技术协议或合同的要求,编制了零级网络图;

(2) 承制单位的质量部门是否根据已讨论、评审通过的设计方案编制项目质量计划以及网络图,并将其纳入研制、生产和条件保障计划中;

(3) 承制单位的工艺部门是否根据零级网络图和项目质量计划以及网络图,编制了工艺准备周期和网络计划并实施。

(四) 武器装备研制、生产单位应当运用可靠性、维修性、保障性、测试性和安全性等工程技术方法,优化武器装备的设计方案和保障方案

1. 概述

产品质量的高低,受到经费、周期、使用环境等诸多因素的制约。设计工作就是要在性能、寿命、可靠性、维修性、安全性等设计参数之间,在目标与制约条件之间,进行全面分析,综合权衡,应用优化设计技术,选择和确定产品技术参数的最佳组合。

可靠性是一种重要的产品质量特性,对寿命周期费用、技能有着重大影响。现代武器装备日益复杂,可靠性、维修性在质量特性中所占地位随之愈加突出。产品设计工作,既要运用专业技术去设计产品的性能,又要运用可靠性技术和维修性技术把可靠性、维修性设计到产品中去。保证产品的性能、可靠性、维修性、可生产性和经济性,主要是靠专业技术,在工程设计上采取保证措施,如方案优选、结构简化、新技术采用、安全系数的合理确定。运用可靠性、维修性技术,进行分析、计算、试验、评估,是完善工程设计,推动设计工作更加全面、深入地进行的有效方法。

2. 实施要求

(1) 运用系统工程原理和优化设计技术,对经费、周期等制约因素和各种设计参数,进行全面分析,综合权衡,选择和确定最佳方案;

（2）依据 GJB 450A《装备可靠性工作通用要求》、GJB 368B《装备维修性工作通用要求》和 GJB 1909A《装备可靠性维修性保障性要求论证》建立可靠性、维修性的设计、分析、试验、评估程序，纳入设计评审；

（3）掌握可靠性信息，及时进行故障分析，促进可靠性增长；

（4）建立可靠性管理制度，对可靠性保证大纲的编制、贯彻和实施进行有效的控制监督。

3. 评审要点

（1）设计人员是否掌握和应用可靠性技术、维修性技术和优化设计技术；

（2）有无可靠性、维修性设计的程序和规范，以及相应的管理制度；

（3）可靠性大纲等文件是否及时编制，签署是否符合相关法规和标准规定。

（五）武器装备研制单位应当在满足武器装备研制总要求和合同要求的前提下，优先采用成熟技术和通用化、系列化、组合化的产品

1. 概述

在武器装备研制过程中，承制单位应当在满足武器装备研制总要求和合同要求的前提下，优先采用成熟技术和通用化、系列化、组合化的产品。GJB 2993《武器装备研制项目管理》规定，设计应贯彻通用化、系列化、组合化（模块化）原则，最大限度地采用成熟的技术和现有的项目来满足装备的研制要求。控制新上技术项目的比例，在武器装备项目的研制中，新研产品的比例一般不应超过20%～30%。

2. 实施要求

（1）承制单位应当在满足武器装备研制总要求和合同要求的前提下，优先采用成熟技术和通用化、系列化、组合化设计；

（2）承制单位控制新上技术项目的比例一般不应超过20%～30%。

3 评审要点

（1）承制单位是否在新研制的项目中，优先采用了成熟技术和通用化、系列化、组合化设计；

（2）新上技术项目的比例是否控制在20%～30%范围内。

（六）武器装备研制单位对设计方案采用的新技术、新材料、新工艺应当进行充分的论证、试验和鉴定，并按照规定履行审批手续

1. 概述

新技术、新材料、新工艺的发展和应用，是提高产品质量的重要途径。按研制程序实施分阶段质量控制的一项重要任务，是在积极支持新技术、新材料、新工艺的发展和应用的同时，严格控制新技术、新材料、新工艺的采用和零部（组）件、整机的试验程序，防止新技术、新材料、新工艺未经预先研究、鉴定而在设计中采用；防止零部（组）件未经试验合格而装上整机试验；防止整机未经试验合格而进入系统试验；防止系统未经试验合格或试验不充分而进行实际使用状态试验。

2. 实施要求

（1）按研制程序控制新技术、新材料、新工艺的采用；

（2）重要零部（组）件、整机、系统的试验逐级进行；

（3）新技术、新材料、新工艺必须完成鉴定，并按要求履行审批手续；

（4）按相关要求控制进口元器件的使用。

3. 评审要点

（1）是否对新技术、新材料、新工艺的采用进行了有效控制；使用的新技术、新材料、新工艺是否进行了技术鉴定；

（2）进口元器件是否有超越比例使用的现象；

（3）重要零部（组）件是否逐级进行了鉴定后装机。

（七）武器装备研制单位应当对计算机软件开发实施工程化管理，对影响武器装备性能和安全的计算机软件进行独立的测试和评价

1. 概述

计算机软件开发实施工程化管理，指的是软件开发的过程，应首先按GJB 2786A《军用软件开发通用要求》5.2～5.27规定的26项活动内容，根据软件选择的生存周期模型实施开发。软件质量保证、软件开发文档、软件验收、软件质量监督等内容都属于软件工程化管理的内容，都有相应的法规和标准。

软件的开发过程中，开发单位应为与每个软件单元相对应的软件制定测试计划（包括规定测试需求和进度）、准备测试用例（按照输入、预期的结果和评价准则进行描述）、测试规程和测试数据。测试用例应覆盖该单元详细设计的所有方面。

2. 实施要求

（1）开发单位应为与每个软件单元相对应的软件制定测试计划、准备测试用例、测试规程和测试数据；

（2）测试应按照单元测试计划、用例和规程进行；

（3）开发软件应为独立的测试和评价。

3. 评审要点

（1）开发单位对软件的开发是否实施了工程化管理，效果如何；

（2）软件测试是否按照单元测试计划、用例和规程进行；

（3）开发单位是否测试与每一个软件单元相对应的程序；

（4）开发软件是否独立的测试和评价。

（八）武器装备研制、生产单位应当对武器装备的研制、生产过程严格实施技术状态管理。更改技术状态应当按照规定履行审批手续；对可能影响武器装备性能和合同要求的技术状态的更改，应当充分论证和验证，并经原审批部门批准

1. 概述

装备研制中的技术状态管理，就是在产品寿命周期内，为确立和维持产品的功能特性、物理特性与产品需求、技术状态文件规定保持一致的管理活动。其主要内容包括技术状态标识、技术状态控制、技术状态记实和技术状态审核。

装备研制的技术状态管理主要是依靠技术状态文件实施管理。技术状态文件是规定技术状态项的功能特性、物理特性，或从这些内容发展而来的关于技术状态项验证、使用、保障和报废要求的技术文件。技术状态文件一般分为功能技术状态文件、分配技术状态文件和产品技术状态文件。这三种技术状态文件在产品寿命周期不同阶段进行编制、批准和保持，且在内容上逐级细化。如系统规范、研制规范、产品规范、材料规范、软件规范、工艺规范等专用规范，是技术状态基线文件，也是技术状态文件的核心文件。在装备研制过程中，阐明产品设计过程应遵循的技术准则、程序、方法等基本要求的设计性文件。如品质规范、调试规范、试验规范和检验规范等，是用以陈述产品设计、调试、试验、检验过程中应遵循的技术准则、程序、方法等基本要求的标准化文件，作为指导设计、试验工作和控制其质量的依据。编制品质、调试、试验、检验规范，是承制单位标准化工作的重要组成部分。承制单位应通过编制和修订规范，不断积累经验，推进研制过程的规范化，控制设计、调试、试验、检验质量，提高工作效率。

规范既要给出必须遵循的基本要求，又不束缚设计人员创造精神的发挥。尤其是设计规范，要注意设计工作是创造性劳动这一特点。

技术状态基线建立后，对提出的技术状态更改申请、偏离许可申请和让步申请，应进行论证、评定、协调、审批。

2. 实施要求

（1）从研制工作需要和实际情况出发，有计划、有步骤地组织技术人员编制各类规范，并逐步形成操作性文件，指导产品的试制和小批试生产工作；

（2）研制单位要有各类规范的管理机构，负责规范的组织编制、修订、审查和实施监督工作；

（3）各类规范应按相应程序文件进行评审和签署。

3. 评审要点

（1）有无技术状态管理制度，编制规范的计划和程序；

（2）已有品质规范、调试规范、试验规范、检验规范等设计规范覆盖面多大，是否现行有效；

（3）武器装备研制项目专用规范是否按 GJB 6387《武器装备研制项目专用规范编写规定》编写；

（4）技术状态基线文件是否经使用方确认。

（九）武器装备研制、生产单位应当严格执行设计评审、工艺评审和产品质量评审制度。对技术复杂、质量要求高的产品，应当进行可靠性、维修性、保障性、测试性和安全性以及计算机软件、元器件、原材料等专题评审

1. 概述

按照产品的功能级别、管理级别和研制程序，进行分级、分阶段的评审，是运用早期报警的原理，在研制过程中及早发现和纠正设计缺陷的一种工程管理方法。

设计评审，是在决策的关键时刻，组织同行专家和使用、质量等有关方面代表，通过对设计工作及其成果进行详细的审查、评论，评价设计符合要求的程度，发现和纠正设计缺陷，加速设计的成熟，为批准设计提供决策咨询。设计评审主要是对方案、方法、技术关键、技术状态、计算机软件和可靠性等重点问题，进行深入审查和讨论，把集体智慧和经验运用于设计之中，弥补主管设计人员知识和经验的局限性。对设计项目的领导者和使用单位来说，设计评审是对设计质量进行监督控制的重要管理手段。

工艺评审，是对工艺总方案、生产说明书等指令工艺文件，关键件、重要件、关键工序的工艺规程，特种工艺文件等进行评审，评价工艺符合设计要求的程度，及时发现和消除工艺文件的缺陷，保证工艺文件的正确性、合理性、可生产性和可检验性。

产品质量评审，是在产品检验合格之后，交付分系统、系统试验之前，对产品质量和制造过程的质量保证工作进行的评审。着重审查技术状态更改情况及后效，制造过程的超差使用、器材代用以及缺陷、故障的分析和处理情况，运用统计数据评价该批产品性能的一致性、稳定性、对环境的适应性和可靠性，执行质量保证文件的情况，质量凭证和原始记录、产品档案的完整性。产品质量评审由设计、工艺、质量保证部门和使用方代表参加。

专题评审，是指在装备研制过程中对技术复杂、质量要求高的产品，应当组织技术人员进行可靠性、维修性、保障性、测试性和安全性以及计算机软件、元器件、原材料等专题评审。

进行专项评审，每次评审要有明确的结论，并形成书面的评审报告。

2. 实施要求

（1）根据产品的功能级别和管理级别，划分评审级别，根据研制程序，设置评审点，并在计划网络上标明；

（2）将评审工作纳入研制计划，在组织上、时间上、经费上给予必要的保证；

（3）根据产品特点，制订设计评审、工艺评审、产品质量评审和专题评审实施办法，并严格执行；

（4）评审工作要突出重点，对那些缺乏经验和无先例的领域，要评深论透；

（5）评审前要做好充分准备，写出阶段（状态）工作总结报告，对影响成败和存有疑虑等要求重点审核的问题列出清单；

（6）记录评审的过程和重点审查的问题，评审结论要形成正式书面文件，写出评审报告，提交主管决策者和使用方；

（7）参加评审人员，必须是知识和经验丰富的同行和各有关方面的专家；

（8）按照GJB 1310A《设计评审》、GJB 1269A《工艺评审》、GJB 907A《产品质量评审》标准实施。

3. 评定要点

（1）设计评审、工艺评审、产品质量评审是否建立评审制度，是否制度化；

（2）分级、分阶段评审是否列入研制计划，是否具有可追溯性；

（3）评审工作实施情况和效果如何，检查设计、工艺和产品质量评审以及专题评审记录；

（4）质量保证组织是否参与评审工作，对评审中提出的问题是否进行跟踪管理。

（十）军队有关装备部门应当按照武器装备研制程序，组织转阶段审查，确认达到规定的质量要求后，方可批准转入下一研制阶段

1. 概述

承制单位应当根据有关规定和产品特点，制定具体的研制程序，明确划分研制阶段，实施分阶段质量控制。常规武器研制分五个阶段：论证阶段、方案阶段、工程研制阶段、设计定型阶段和生产定型阶段；战略武器研制分四个阶段：论证阶段、方案阶段、工程研制阶段和定型阶段；人造卫星研制分五个阶段：论证阶段、方案阶段、初样研制阶段、正样研制阶段和使用改进阶段。

承制单位应当根据产品特点，制订具体产品的研制程序和计划网络，并严格组织实施。在每个研制阶段之间设立控制点，分阶段实施控制，前一阶段的工作没有达到要求，不能转阶段或状态。

军队有关装备部门，根据产品层次或级别，组织装备研制阶段的状态审查，确认达到规定的质量要求后，方可批准转入下一研制阶段或状态。

2. 实施要求

（1）制订并执行新产品研制程序，明确规定各阶段的任务和具体工作要求。

（2）制订和实施分阶段的质量控制办法，如通过评审、鉴定、试验、检测等手段，控制各阶段研制质量。

3. 评审要点

(1) 有无新产品研制程序和网络图,是否体现了产品特点;

(2) 研制阶段的划分与质量控制点的设置是否明确、合理;

(3) 对各阶段的研制质量是否实施有效的监督控制,有无超越研制程序的现象。

(十一) 武器装备研制、生产单位应当实行图样和技术资料的校对、审核、批准的审签制度,工艺和质量会签制度以及标准化审查制度

1. 概述

图样和技术文件是对产品技术状态的标识和说明,是工艺、制造的依据。因此,对图样和技术文件的形成过程实行严格的控制,防止由于设计人员的疏忽或经验不足而带来的图样、技术文件上的差错和缺陷,是极其重要的。

所规定的制度,是保证图样、工艺文件和技术档案达到完整、准确、协调、统一、清晰所不可缺少的。军工产品承制单位应进一步健全完善已经建立的三级审签、标准化审查制度。

质量会签是指质量保证组织对那些有关的图样和技术文件进行的审查和签署,一般包括:研制合同草案中的质量保证条款,可靠性设计文件,产品规范,各类试验大纲,重大故障分析报告和纠正措施,特性分析报告,关键件(特性)、重要件(特性)项目明细表;生产说明书;特种工艺和关键工序的工艺规程,以及工艺规程中的工序检验内容等。质量会签是对符合质量保证文件要求的正确性和产品质量的可检验性负责。

对计算机软件设计项目,应建立软件文档审查制度。

2. 实施要求

(1) 建立成套的图样、技术文件和软件文档的审签制度,工艺会签制度,质量会签制度,标准化审查制度,技术档案管理制度,更改和审批制度等,明确规定各职能部门的责任与权限;

(2) 对图样、技术文件的形成过程和更改、发放实施有效的监督控制;

(3) 建立完整的技术档案,对研制过程中形成的各种论证、分析、计算、评审、试验报告,以及协调和更改记录,均应及时加以整理,按设计项目分门别类归档。

3. 评审要点

(1) 图样、技术文件的管理机构和三级审签、工艺、质量会签制度和标准化审查制度是否健全、严密;

(2) 制度贯彻执行情况是否定期或不定期地进行监督检查,有无检查记录;

(3) 现场使用的是否是生产图样,技术文件是否完整、准确、协调、统一、清晰;

（4）技术档案是否齐全，并便于查询。

（十二）武器装备研制、生产单位应当对产品的关键件或者关键特性、重要件或者重要特性、关键工序、特种工艺编制质量控制文件，并对关键件、重要件进行首件鉴定

1. 概述

对那些技术密集、质量和可靠性要求高、单元件众多的产品，如导弹、火箭、飞机、坦克、装甲车辆、自行火炮、舰艇、鱼雷、雷达、自动化通信指挥系统及其关键分系统，以及相当复杂或可靠性要求较高的配套产品、附件，在进行技术状态分解后，应按 GJB 190《特性分类》进行设计分析，识别出产品的质量和可靠性最薄弱的环节，即“关键的少数”并列表控制。对少数关键件或者关键特性、重要件或者重要特性、关键工序、特种工艺编制质量控制文件，即工艺规范、工艺规程和随件流转卡实行重点控制，并应对关键件、重要件进行首件鉴定。

单元件分类是设计工作的一项重要任务。设计人员在对产品功能特性分析、可靠性预计和故障模式、影响及危害程度分析的基础上，按故障后果的严重性，故障发生的概率，将单元件划分为关键件、重要件和一般件。同样对那些在组合、装配过程中保证的质量特性，如间隙、紧度、匹配、兼容等，划分为关键特性、重要特性和一般特性。关键件（特性）、重要件（特性）必须在图样和技术文件上标明，并汇集编制明细表。

为了验证工艺文件的正确性和可行性，必须按照生产图样和技术文件的要求，履行首件鉴定程序，对试制和小批试生产的第一件零部（组）件进行全面的工序和成品检查、考核，以确定生产工艺和设备能否生产出符合设计要求的产品。在批生产过程中，如零部（组）件的图样、工艺有重大更改，有关零部（组）件亦应履行首件鉴定程序。此程序还适用于非连续性生产的批次和转厂生产的产品。

2. 实施要求

（1）根据 GJB 190《特性分类》和产品特点，确定技术指标分析、设计分析和选定检验单元的分析原则。

（2）在型号设计中进行特性分析（即技术指标分析、设计分析和选定检验单元），找出影响产品功能、性能和可靠性的关键特性、重要特性，提出特性分析报告，并征集有关部门的意见。

（3）根据关键特性、重要特性的分类，对单元件和组合、装配部位划分为关键件（特性）、重要件（特性）及一般件（特性），前两项在生产图样和技术文件上进行标识。

（4）将设计意图切实贯彻到制造工艺中去，工艺人员根据设计文件，编制工艺性分析报告；产品试制和小批试生产之前，工艺人员应编制产品的生产性分析报告。

(5) 设计评审、工艺评审中,将特性分析文件,以及关键件(特性)、重要件(特性)的设计参数和制造工艺作为重点评审内容之一。

(6) 编制关键件(特性)、重要件(特性)项目明细表,并交工艺、质量保证部门会签后,交使用方确认。

(7) 编制关键件或者关键特性、重要件或者重要特性、关键工序、特种工艺质量控制文件。

3. 评审要点

(1) 是否进行了产品特性分析工作,有无分析报告;

(2) 关键件(特性)、重要件(特性)分类实施与控制情况,是否按要求进行了首件鉴定;

(3) 有无关键件(特性)、重要件(特性)项目明细表,使用情况如何;

(4) 对关键件(特性)、重要件(特性)设计参数和制造工艺的审查、修改,有无控制办法;

(5) 对关键件或者关键特性、重要件或者重要特性、关键工序、特种工艺是否编制了质量控制文件,即工艺规程、随件流转卡等。

(十三) 承制单位对特种工艺,应当制定特殊的技术文件和质量控制程序,特种工艺所需的设备仪表、工作介质和工作环境必须鉴定合格

1. 概述

特种工艺一般指化学、冶金、生物、光学、声学、电子、放射性等工艺。在一般机械加工企业,特种工艺包括锻造、铸造、焊接、胶接、表面处理、热处理等。特种工艺所形成的质量特性,大都是直观不易判明的产品内在质量。

特种工艺的质量控制,主要通过控制加工参数及影响参数波动的各种因素,即除按生产操作必须符合规定的4M1E外,严格控制工艺操作、原材料、辅助材料、设备仪器仪表、工作介质及工作环境。对特种工艺必须制定并执行特殊的技术文件和质量控制程序。

2. 实施要求

(1) 根据有关特种工艺质量控制的国家军用标准,结合本单位实际,制定并执行特种工艺的技术文件和质量控制程序。

(2) 对设备仪器仪表、工作介质和工作环境进行周期检定,记录实测数据,合格者作出合格标志;不合格者或超出检定周期者,作出醒目的“禁用”标志。

(3) 改善无损检测手段。特种工艺加工的产品经检验后,必须及时作出合格与否的识别标记。

(4) 检验人员对生产现场负有监督控制的责任和权限。

3. 评审要点

(1) 是否制定并执行特种工艺技术文件、质量控制程序;

(2) 生产操作记录是否妥善保存;

(3) 对特种工艺所用设备仪器仪表、工作介质、工作环境是否进行周期检定,检定记录是否齐全,标志是否醒目;

(4) 操作、检验人员是否持证上岗;

(5) 无损检测手段是否与特种工艺相适应。

(十四) 对关键件(特性)、重要件(特性)和关键工序,承制单位应当编制专门的质量控制程序,实施重点控制

1. 概述

关键件(特性)、重要件(特挂)是在研制过程确定的,并在设计图样上标明,汇总于“项目明细表”。关键工序由工艺部门确定,其范围大体上包括:

(1) 形成关键、重要特性的工序。

(2) 加工难度大、质量不稳定、出废品后经济损失较大的工序。

(3) 关键、重要外购器材的入厂检验工序。

(4) 实施重点控制的方法,一般包括:

① 在工艺规程中对关键工序提出明确的质量控制要求,必要时选用控制图;

② 百分之百检验;

③ 详细填写质量记录,保证可追溯性;

④ 对不合格品的处理严加控制;

⑤ 质量标志清晰醒目;

⑥ 执行限额发料,确保数目清楚,不丢不混;

⑦ 实行批次管理。

已经工艺部门确认而尚未纳入工艺规程的作业指导书,应与工艺规程具有同等效力。

2. 实施要求

(1) 根据 GJB 909A《关键件和重要件的质量控制》编制专门的质量控制程序;

(2) 工艺部门组织分析关键件(特性)、重要件(特性)的设计图样资料,确定形成关键、重要特性的关键工序,编制工序质量控制程序,并定期分析验证其工程能力;

(3) 考核关键工序受控率,评价工序质量控制程序的有效性。

3. 评审要点

(1) 关键件(特性)、重要件(特性)和关键工序有无专门的质量控制程序;

(2) 对批量生产的关键工序是否定期分析验证工程能力;

(3) 关键工序有无质量控制要求,是否纳入工艺规程或编有作业指导书,执

行效果如何;

(4) 对关键工序的受控情况有无考核;

(5) 是否定期进行工序质量审核。

(十五) 武器装备研制、生产和试验单位应当建立故障的报告、分析和纠正措施系统。对武器装备研制、生产和试验过程中出现的故障,应当及时采取纠正和预防措施

1. 概述

故障的报告、分析和纠正措施系统是确保合同规定产品层次的故障都能得到报告,进行分析、采取有效的纠正措施,防止或减少同类故障再次发生。《故障报告、分析和纠正措施系统》实际上是 GJB 841 的标准名称。

另一个作用,故障报告闭环系统还可为评价故障模式、影响及危害性分析的完整性和准确性提供资料。

2. 实施要求

(1) 承担武器装备研制、生产和试验单位应当建立故障的报告、分析和纠正措施系统;

(2) 承制、承试单位在武器装备研制、生产和试验过程中出现的故障,应当及时采取记录分析、纠正处理和制定预防措施。

3. 评审要点

(1) 研制、生产和试验单位是否建立了故障报告、分析和纠正措施系统,是否有常设办事机构;

(2) 对研制、生产和试验过程中出现的故障,是否采取了记录分析、纠正处理和制定预防措施,资料具有可追溯性;

(3) 记录分析、纠正处理和制定预防措施等相关资料是否对故障模式、影响及危害性分析的完整性和准确性有促进作用。

(十六) 提交武器装备设计定型(鉴定)审查的图样、技术资料应当正确、完整,试验报告的数据应当全面、准确,结论明确。提交武器装备生产定型(鉴定)审查的图样、技术资料应当符合规定要求,试验报告和部队试用报告的数据应当全面、准确,结论明确

1. 概述

新产品研制经过试制、试验考核,达到了研制总要求(技术协议书)和合同的要求后,应根据 GJB 1362A《军工产品定型程序和要求》的要求,组织新产品定型(鉴定)工作,其包括设计定型(鉴定)和生产(鉴定)定型。

反映定型状态的成套技术资料,除应包括 GJB 1362A《军工产品定型程序和要求》的技术资料外,还应包括装备研制过程的技术资料和有关质量保证方面的资料,并对其组织审查,以满足小批试生产和批量生产质量保证工作的需要。

1）技术资料

（1）技术规范，包括系统规范、研制规范、产品规范、材料规范、软件规范、工艺规范等；

（2）生产图样，包括整机及零/部/组件结构图、安装图、随机工具图、地面设备图及各类工装图等；

（3）各类工艺文件资料；

（4）各类技术资料的更改文件；

（5）论证、设计、制造、试验等方面与生产性有关的其他技术文件。

2）质量保证资料

规范、标准，主要是指生产、试验过程中为保证质量所必需的过程控制、检验、试验和外购器材进厂复验、元器件老炼筛选等方面的规范，以及有关质量、可靠性信息的采集、处理等方面的标准化文件。

2. 实施要求

（1）根据相关法规、定型标准和产品定型委员会的要求，组织新产品定型。定型产品不得遗留重大技术问题。遗留的一般技术问题，应提出攻关措施，限期解决，并实施跟踪管理。

（2）按照GJB 906《成套技术资料质量管理要求》建立成套技术资料管理的制度。

（3）将指定的质量保证文件纳入成套技术资料，保证其完整性、协调性和现行有效性。

（4）新产品定型时，研制过程所形成的文件、记录、报告应整理归档，以保证研制工作的可追溯性。

3. 评定要点

（1）是否根据相关法规、定型标准制订了新产品定型管理制度，评价其执行情况；

（2）有无成套技术资料管理制度；

（3）成套技术资料的内容、范围是否完整、齐全，指定的质量保证文件是否纳入；

（4）遗留的一般技术问题，有无限期攻关措施并实施跟踪管理。

二、试验过程质量管理

（一）武器装备研制单位组织实施研制试验，应当编制试验大纲或者试验方案，明确试验质量保证要求，对试验过程进行质量控制

1. 概述

新产品试制工作完成后，武器装备研制单位应组织实施产品的研制试验工作，编制产品的试验大纲或者试验方案，明确试验质量保证要求，并严格按生产

图样和技术文件的要求,对试验全过程进行质量控制。在研制试验过程中,当需要对产品技术状态更改时,必须按技术状态控制的规定,进行充分论证和严格审批,并对更改情况进行记录和报告,保证现场使用的生产图样和技术文件协调一致和现行有效。

为了保证产品试验工程质量,在产品试制和试验前应按照 GJB 1710A《试制和生产准备状态检查》和 GJB 1452A《大型试验质量管理要求》对准备工作进行检查。

试制前准备状态检查内容包括生产图样,工艺规程,技术文件,外购器材,工艺装备,设备,关键岗位人员培训、考核情况,工程设计状态样机试验结果等。

试验前准备状态检查内容包括理论设计结果,试验目的、要求,试验大纲(试验方案)文件,数据采集要求,试验设备和仪器仪表的校验情况,受试产品的技术状态,试验过程中使用的故障报告、分析与纠正措施系统,以及岗位设置、人员职责等。

产品研制试验结束后,依据 GJB 907A《产品质量评审》要求,在开展产品质量评审之前,应完成设计评审、工艺评审及首件鉴定工作,达到申请设计定型(或设计鉴定)试验的条件后,承制单位和使用部门联合申请设计定型(或鉴定)试验。

2. 实施要求

(1) 制订和执行试制、试验过程的质量控制措施。

(2) 建立技术状态管理制度。试制、试验过程中出现技术状态更改、工艺更改,以及超差、代料等影响产品技术状态改变的情况,均须执行论证、审批程序和记录、报告。

(3) 制订并执行试制、试验前准备状态检查程序,记录检查情况和遗留问题。

(4) 制订并执行首件鉴定程序。

3. 评审要点

(1) 试制、试验质量是否处于受控状态,有无制度、措施保证;

(2) 是否落实了技术状态管理制度,对技术状态更改是否进行了有效控制;

(3) 是否制订并实施了试制、试验前准备状态检查程序、首件鉴定程序,产品质量评审制度执行情况如何;

(4) 是否严格控制了设计定型(鉴定)试验前的条件审查。

(二) 承担武器装备定型试验的单位应当根据武器装备定型有关规定,拟制试验大纲,明确试验项目质量要求以及保障条件,对试验过程进行质量控制,保证试验数据真实、准确和试验结论完整、正确

1. 概述

承担武器装备定型试验的单位应当根据武器装备定型有关规定和装备的

特点，在承制单位的配合下按 GJB 1452A《大型试验质量管理要求》拟制试验大纲和试验规程，明确试验项目以及质量要求和试验保障条件，并经专家审查。对试验的全过程进行质量控制，保证试验数据真实、准确和试验结论完整、正确。

2. 实施要求

（1）承试单位应按相关标准、规范编制试验大纲和试验规程；

（2）试验大纲应明确质量要求与措施，以及试验保障条件；

（3）承试单位的试验大纲拟制完成后，应组织对试验大纲的评审、会签和审批程序，定型试验条件具备后，由定委组织专家审查。

3. 评审要点

（1）试验大纲是否经过了承试单位的评审、会签和审批程序；

（2）试验大纲是否经专家审查，问题和意见是否修改和完善；

（3）试验数据是否真实、准确，试验结论是否完整、正确。

（三）试验单位所用的试验装备及其配套的检测设备应当符合使用要求，并依法定期进行检定、校准，保持完好的技术状态；对一次性使用的试验装备，应当进行试验前的检定、校准

1. 概述

试验单位所用的试验装备及其配套的检测设备应当按相关法规和标准定期进行检定、校准，保持完好的技术状态；对一次性使用的试验装备，应当进行试验前的检定、校准，两种检定、校准应有记录，并可追溯。

2. 实施要求

（1）试验单位所用的试验装备及其配套的检测设备建立了定期检定、校准管理制度，并有实施监督的措施；

（2）所用的试验装备及其配套的检测设备已按相关法规和标准进行了检定、校准，符合使用要求；

（3）对一次性使用的试验装备，应当进行试验前的检定、校准，试验装备技术状态明确，标志清晰。

3. 评审要点

（1）试验单位是否建立了试验装备及其配套检测设备定期检定、校准管理制度，是否有控制措施；

（2）所用的试验装备及其配套检测设备是否进行了检定、校准，符合使用要求；

（3）对一次性使用的试验装备，是否在管理制度中明确试验前的检定、校准要求，贯彻实施情况如何。

三、生产过程质量管理

（一）武器装备生产要求

（1）工艺文件和质量控制文件经审查批准；

（2）制造、测量、试验设备和工艺装置依法经检定或者测试合格；

（3）元器件、原材料、外协件、成品件经检验合格；

（4）工作环境符合规定要求；

（5）操作人员经培训并考核合格；

（6）法律、法规规定的其他要求。

1. 概述

各类生产操作的基本要求，即基本生产条件——人、机、料、法、环（4M1E）——必须处于受控状态。各承制单位应根据工艺性质与生产条件的特点，在满足产品质量要求的前提下，采取有效的、经济的最佳控制措施。

生产操作所必需的4M1E条件，由生产、技术、设备、动力、工具、供应、教育、劳动、人事、技安、质量保证等部门，通过履行各自质量职能给予充分保证。

2. 实施要求

（1）按照GJB 467A《生产提供过程质量控制》要求组织生产控制。

（2）设计和工艺文件、作业指导书和质量控制文件，是进行生产操作的依据，必须保证文文相符、完整清晰、现行有效。生产现场使用的文件不得任意涂改，不得使用设计图样和白图。数控、程控加工所用的软件，在投入使用前，须经运行验证合格和检验人员确认。

（3）现场使用的生产、试验设备、工艺装备和检测器具，均应按规定进行周期检定，作出检定合格标志，方能用于生产、试验和检验；超过检定周期或校验不合格的，必须标记“禁用”，不得使用。

（4）外购元器件、原材料和成件必须经入厂检验、筛选合格，附有复验合格证或标记，方可投入加工、组装。如有要求时，合格证书或标记不得消失。在制品必须具有上道工序的合格证明，方可继续加工、组装。

（5）当工艺对温度、湿度、清洁度等环境条件有要求时，必须在要求范围内进行生产操作，并记录实测数据。

（6）坚持文明生产，实行定置管理。

（7）操作人员的技术水平，必须满足工艺要求，并持有考核合格证书。操作人员进行操作前，必须消化有关工艺技术文件，核查其他生产条件，确认符合要求后方能开始工作。

（8）现场检验人员对上述生产条件，负有监督控制的责任和权限。

3. 评审要点

（1）质量控制文件对生产操作的4M1E条件有无明确要求；

(2) 技术文件、设备、工艺装备、器材、培训教育、生产、劳动、人事、技安、动力、环境等管理制度是否健全、有效；

(3) 检验人员对生产条件是否实施监督控制。

(二) 武器装备生产的工艺文件和质量控制文件必须经审查批准

1. 概述

保证产品质量符合经设计定型(鉴定)时,二级定委按照规定对承研单位、承制单位的关键性生产工艺进行考核后,设计定型(鉴定)批准的设计、工艺文件,以及合同所提要求,是组织生产及其质量管理的目标和依据。生产订购合同,应准确、全面地反映订购单位的需求,包括产品的技术状态、数量、价格、交货期和质量保证要求。当生产订购合同确需更改时,供需双方必须协商一致,按规定履行审批程序。

对设计定型(鉴定)遗留的问题,要落实技术质量攻关措施,切实加以解决。

2. 实施要求

(1) 承制单位、订购单位应对合同草案中的质量保证要求进行分析和确认。

(2) 承制单位应建立合同的分析程序,以保证正确理解合同所提要求。分析合同用以确认:

① 规定的要求是合适的;

② 与投标不一致的要求已得到解决;

③ 具有满足合同所提要求的能力。

(3) 合同分析结果要形成文件。

(4) 承制方在进行合同分析活动时,应与使用方交换意见,以保证双方对合同所提要求的理解一致,并明确接口关系。

3. 评审要点

(1) 承制单位是否建立并执行了合同及其草案的分析程序;

(2) 分析结果是否形成文件;

(3) 设计、生产定型遗留的问题是否限期彻底解决。

(三) 承制单位应当对生产过程中的零部(组)件、加工工序、工艺装备、材料、设备的技术状态更改,必须进行系统分析、论证和试验,并履行审批程序

1. 概述

在生产过程中实施技术状态管理的目的,旨在使生产的武器装备技术状态达到“文文一致,文实相符”,即生产使用的成套技术资料对技术状态的规定,无论是现场使用的还是资料室保存的,都是协调一致、现行有效的;交付使用的产品,都符合技术资料所规定的特性。

在生产过程中实施技术状态管理的重点,是控制技术状态的更改及其贯彻执行。对零部(组)件、加工工序、工艺装备、材料或生产、试验用设备的任一更改，都可能会涉及交付使用的武器装备技术状态的改变，因此在更改前必须进行系统分析，论证或试验，并履行审批手续，以保持更改的正确性，符合订购合同的要求。如果技术状态更改涉及武器装备技术状态改变时，必须取得使用方同意和上级定型机关的批准。控制技术状态，还包括对偏离许可申请、让步放行申请的控制。

2. 实施要求

（1）严格实施完整、统一的技术状态管理。

（2）对技术资料进行有效的控制，保证生产、检验现场和各职能部门所使用的图样、工艺规程和技术文件是现行有效的；失效的技术资料，及时从所有使用点上同时废除。

（3）严格控制技术状态更改。更改前要充分考虑其对系统和相邻、相关的零部（组）件的影响及相关的技术状态更改，并经论证、试验、履行审批程序。

（4）所有技术状态更改必须记录论证、试验、审批和执行更改的情况及其后效。

3. 评审要点

（1）技术状态管理制度中是否包含了完善的技术状态更改控制程序；

（2）技术资料管理能否保证所有使用的技术资料是现行有效、协调统一的；

（3）技术状态更改及其贯彻的记录是否完整、正确，有无对其进行定期检查的记录。

（四）承制单位应当实行首件自检和专检制度。对首件产品进行自检和专检，并对首件作出标记

1. 概述

首件自检、专检，通称首件二检，它不同于首件鉴定，主要是防止出现成批超差、返修、报废的预先控制手段。

首件二检一般适用于逐件加工形式。凡每个工作班开始加工、该班加工产品有三件以上的，或生产中更换操作者，更换或重调工艺装备、生产设备的，或工艺技术文件作了更改的，第一件产品加工完成后，均必须经过工人自检、检验员专检，确认合格后方可继续加工后续产品。

2. 实施要求

（1）制订首件二检制度，明确规定适用范围和控制手段、方法、程序。

（2）首件二检应填写实测记录，并在首件上作出标记，直到工作班或同批产品加工结束，标记方可消除，以便质量追踪。

（3）首件二检如出现不合格情况，应及时查明原因，采取纠正措施，然后重新进行首件加工、二检，直到合格方可定为首件。

（4）执行首件二检，不能取代加工过程中的抽检、巡检。

3. 评审要点

(1) 是否制订和执行了首件二检制度;

(2) 评价执行首件二检的效果。

(五) 武器装备研制、生产单位应当建立产品批次管理制度和产品标识制度,严格实行工艺流程控制,保证产品质量原始记录的真实和完整

1. 概述

承制单位实施批次管理的主要目的之一是保持同批产品质量的可追溯性,一旦出现质量问题,即能迅速查清其涉及范围,有针对性地采取纠正措施。批次管理一般适用于连续成批生产的产品。

承制单位应依据产品的特点及生产和使用的需要,对采购产品、生产过程的产品和最终产品,采用适宜的方法进行标识。尤其针对监视和测量要求,对产品的状态进行标识。并建立产品批次管理制度和产品标识制度。在产品的生产过程中,严格实行工艺流程控制,保证产品质量原始记录的真实和完整。

2. 实施要求

(1) 根据 GJB 1330《军工产品批次管理的质量控制要求》的要求,建立并执行批次管理制度,明确规定管理目的、范围和方法;

(2) 根据 GJB 1269A《工艺评审》编制工艺网络计划图;

(3) 按批次建立随件流转卡,详细记录投料、工序加工、总装、调试、出厂的数量、质量、责任者、检验者,并存档备查;

(4) 产品的批次标记与原始记录保持一致;

(5) 实行批次管理的产品,做到"五清六分批":产品批次清、质量状况清、原始记录清、数量清、炉批号清,分批投料、分批加工、分批转工、分批入库、分批装配、分批出厂。

3. 评审要点

(1) 是否建立和执行了与组织生产形式相适应的批次管理制度;

(2) 产品生产全过程的原始记录是否完整、正确、可追溯;

(3) 是否做到了"五清六分批";

(4) 批次管理的效果如何。

(六) 武器装备研制、生产单位应当按照标准和程序要求进行进货检验、工序检验和最终产品检验;对首件产品应当进行规定的检验;对实行军检的项目,应当按照规定提交军队派驻的军事代表(以下简称军事代表)检验

1. 概述

承担武器装备研制、生产的单位一般都有进货检验、工序检验、最终产品检验、首件检验和提交军事代表检验。这五种检验在检验性质、时机、检验文件及内容上都有很大差别。进货检验是装备研制质量把关的第一关,其质量控制文件是验收规程；工序检验是装备研制工艺管理中的工序把关，其工艺质量控制文件是工艺规程（工艺规程中含工序路线、工序控制要求、工序检验、工装设备等）；最终产品检验是装备研制的交付检验，其质量保证文件是检验规程（因交付改变性质，应是质量保证）；首件检验是装备研制的批次管理，也属于过程检验，其质量控制文件应区别机械加工首件或装配首件。机加首件按工艺质量控制文件即工艺规程检验，装配首件应编制固定项目检验规程或检验规程进行检验；军事代表检验验收是装备研制过程中质量监督的符合性检验，其质量监督文件是检验验收规程，产品通过了检验就改变了产品的属性，军事代表为军队或国家验收了产品，可以装备使用。

2. 实施要求

承制单位应根据五种检验编制相关的质量控制文件和质量保证文件。尤其是最终产品检验的质量保证文件即检验规程，绝不能用工艺规程替代，工艺规程是工艺过程的控制文件，检验规程才是产品出厂的质量保证文件，其文件必须按 GJB 1442A《检验工作要求》编制。工艺规程按 HB/Z 227.6《机载设备制造工艺工作导则 工艺规程编制》要求编制。军事代表的质量监督文件是检验验收规程，编制依据是 GJB 3677A《装备检验验收程序》和产品规范。

3. 评审要点

（1）进货检验是否用验收规程检验；

（2）工序检验是否用工艺规程检验；

（3）最终产品检验是否用检验规程检验；

（4）首件检验是否用工艺规程或检验规程（装配）检验；

（5）军事代表是否用检验验收规程检验。

（七）武器装备研制、生产单位应当运用统计技术，分析工序能力，改进过程质量控制，保证产品质量的一致性和稳定性

1. 概述

承制单位应根据产品的特点和 GJB 9001B 的要求，对生产过程进行策划，确定其受控条件，并根据策划结果和受控条件，编制质量控制文件。

运用统计技术，分析工序能力，改进过程质量控制，确定生产过程质量控制的范围、内容、组织形式、方法、程序、重点和所需资源，并应根据 GJB 467A《生产提供过程质量控制》的要求，实施生产过程质量控制，确保生产过程在受控条件下进行，保证产品质量的一致性和稳定性。

承制单位应将生产提供过程质量控制的信息纳入质量信息管理系统，确保信息传递完整、有效，信息记录清晰、正确，信息输出正确、完整和协调，并用于质量改进。

2. 实施要求

承制单位应利用对生产提供过程及其产品的监视与测量结果和其他相关的

质量信息,应用统计分析等方法,对生产提供过程及产品进行质量分析,以证实生产提供过程的有效性、产品质量的一致性和稳定性。并发现实施质量改进的机会和重点。用于评价生产提供过程有效性的指标可包括:产品合格率,废品率,返工率,返修率,一次交验合格率,过程能力指数,质量损失率,顾客满意度。

承制单位应利用质量分析的结果,确定关键问题和产生问题的根本原因,制定纠正和预防措施,以便持续改进生产提供过程的有效性和产品质量。改进效果的评价和确认应通过对下列情况的评价,确认改进效果:

(1) 生产提供过程的受控条件满足规定要求的程度;

(2) 影响生产提供过程及其产品质量的文件、人员、设备和工装、器材、方法和环境因素是否处于受控状态;

(3) 过程参数和产品特性满足规定要求的程度;

(4) 过程控制点处于受控状态;

(5) 产生不合格或潜在不合格的原因是否已经消除;

(6) 生产提供过程的有效性和产品质量是否明显改善。

如果评价发现改进没有取得明显效果时,应当重新进行原因分析并采取相应改进措施,直至取得明显效果。

3. 评审要点

(1) 承制单位是否运用统计技术,分析工序能力,改进过程质量控制,效果如何;

(2) 生产上是否需要昂贵的专用工装和设备;

(3) 不使用专用设备和工具,零件是否容易拆卸、分解、重新组装或安装;

(4) 能否用切实可行、符合标准的方法检验产品。

(八) 武器装备研制、生产单位交付的武器装备及其配套的设备、备件和技术资料应当经检验合格;交付的技术资料应当满足使用单位对武器装备的使用和维修要求;新型武器装备交付前,武器装备研制、生产单位还应当完成对使用和维修单位的技术培训

1. 概述

承制单位交付配套的设备、备件和技术资料应把它视为武器装备的组成部分,按配套的设备、备件检验规程实施检验。经检验合格才能提交军事代表。随装备交付的技术资料在装备的试验期间经过使用,对问题及意见修改后,交付的技术资料应当满足使用单位对武器装备的使用和维修要求。

新型武器装备交付前,承制单位还应当按 GJB/Z 3《军工产品售后技术服务》的规定和合同的要求,做好首次装备和规定的贮存、使用、保证期限内的装备的现场技术服务,完成对使用和维修单位的技术培训等。

2. 实施要求

（1）承制单位应按照合同要求，交付配套的设备、备件和技术资料应齐全、配套、规范，满足部队的使用和维修单位的要求；

（2）交付配套的设备、备件和技术资料中，反映的问题和意见已全部归零，并通过了使用评审；

（3）承制单位根据主管研制部门合同要求，首次装备交付时，已完成对使用和维修单位的技术培训等。

3. 评审要点

（1）承制单位交付配套的设备、备件和技术资料是否齐全、配套、规范；

（2）交付配套的设备、备件和技术资料中，反映的问题和意见是否全部归零，是否通过了使用评审；

（3）首次装备交付前，是否完成对使用和维修单位的技术培训等。

（九）产品的检验，应当严格按照检验规范和技术标准要求，编制检验规程，经过检验的成品、半成品、在制品和外购器材，应当有识别标志或合格证明

1. 概述

为使检验工作达到客观地、正确地评定产品质量的目的，必须具有能够如实暴露质量问题的用于检验的程序、规范和技术标准，作为编制检验规程并进行检验工作的依据性文件。否则，检验结果视为无效。

为了确保产品生产过程有条不紊，成品、半成品、在制品和外购器材均应有质量识别标志。凡经检验规程检验合格的，应有合格标志或附有证明文件；不合格的，应有不合格标志，并严格隔离；无质量标志或证明文件的，则视为“不合格”，不得入库、发放、流转、交付，任何接收单位或个人均有权拒收。

2. 实施要求

（1）正确制订检验的程序、规范和技术标准。检验工作必须按 GJB 1442A《检验工作要求》的要求、检验规范和技术标准进行；

（2）正确填写检验原始记录，并存档备查；

（3）根据 GJB 726A《产品标识和可追溯性要求》，制定并执行质量标志管理制度；

（4）不论库存或生产过程流转的成品、半成品、在制品和外购器材，均须有质量标志或证明文件，不得出现质量状况不明的情况。

3. 评审要点

（1）检验工作有无正确、完整的检验规范和检验规程；

（2）对检验工作是否定期实施监督；

（3）经过检验的成品、半成品、在制品和外购器材有无质量识别标志，是否形成制度；

(4) 检验记录是否具备可追溯性。

(十) 检验人员必须经过培训及资格考核,方可发给检验印章

1. 概述

检验人员是质量把关的专职人员,其资格证明是检验印章。为了确保不合格的器材不投产,不合格的在制品不继续运行,不合格的零部(组)件不装配,不合格的产品不出厂,必须确保检验人员素质,加强检验印章管理。

检验人员的资格考核内容,一是专业知识的应知应会;二是职业道德,敢于坚持原则,不徇私情;三是身体素质好,机能健全,思维反应敏锐,对视力、听力、嗅觉等有特殊要求的,应定期进行身体检查和确认。

2. 实施要求

(1) 建立检验人员培训、考核和检验印章管理制度;

(2) 检验人员必须根据其岗位任务的要求,进行应知应会的培训、考核,合格者方可发给相应的检验印章;

(3) 检验印章专人专用,检验人员免职或调离必须将其印章收回、销毁;检验人员调换岗位或增加新的检验内容时,必须重新进行培训、考核,合格者使用的检验印章交旧领新。

3. 评审要点

(1) 检验人员培训,考核制度和检验印章管理制度是否健全;

(2) 检验人员有无资格证书;

(3) 检验人员工作质量有无错、漏检记录。

四、外购器材质量管理

(一) 武器装备研制、生产单位应当对其外购、外协产品的质量负责,对采购过程实施严格控制,对供应单位的质量保证能力进行评定和跟踪,并编制合格供应单位名录。未经检验合格的外购、外协产品,不得投入使用

1. 概述

外购、外协及外包产品是指形成产品所直接使用的非承制单位自制的器材,包括外购的原材料、元器件、成件、设备、生产辅助材料,以及外单位协作的毛坯、零部(组)件和承制单位的自制产品等。正确选用符合技术文件和整机系统要求的外购、外协、外包和自制产品是承制单位的责任。由于选用不当而造成的质量问题和经济损失,由承制单位负责。

承制单位应加强对采购过程实施严格控制,对供应单位的质量保证能力、保证措施和保证资料进行评定和跟踪,并编制合格供应单位名录。

对未经质量控制文件即验收规程验收合格的外购、外协、外包以及自制产品,不得投入使用。

2. 实施要求

分析掌握技术文件和整机系统对外购、外协、外包以及自制产品的质量要求,以便选择适用的外购、外协、外包以及自制产品及其供应单位,并编制合格供应单位名录。应优先使用经质量认证机构认证合格的供应单位及产品。

3. 评审要点

(1) 是否制定并执行了外购、外协、外包以及自制产品质量要求的验收规范,并编制了各类验收规程;

(2) 是否建立了合格供应单位名录;

(3) 是否建立了自制产品的管理办法,自制产品是否经检验文件即检验规程检验合格提交。

(二) 承制单位有权在合同中向器材供应单位提出相应的质量保证要求,对供应单位的质量管理体系进行考察监督,根据需要可向供应单位派驻质量验收代表

1. 概述

根据责、权、利统一的原则,承制单位对最终产品质量完全负责,因而确定了它对供应单位有提出相应的质量保证要求的权限。

承制单位按照外购器材质量特性的重要程度,分别规定不同的质量保证要求,一般可分为三类:一是提供合格证明及相关质量保证文件;二是具有检验系统;三是具有质量保证体系。对供应单位进行考察监督的广度、深度及频繁程度,应根据外购器材的性质、需要数量、质量历史,以满足质量保证要求为目的,区别对待。对于关键的外购器材,可以向供应单位派出常驻或流动的质量验收代表。上述质量保证要求,均应在合同中加以明确,供需双方共同遵守。

2. 实施要求

(1) 在外购器材的订购合同中,明确规定质量保证要求;

(2) 对供应单位的质量保证能力进行考察、确认,择优订货;

(3) 对供应单位进行质量监督,掌握外购器材质量动态;

(4) 对关键的外购器材,承制单位可向供应单位派遣质量验收代表。

3. 评审要点

(1) 对外购器材是否合理区分不同类别的质量保证要求;

(2) 质量保证要求是否列入合同条款;

(3) 对供应单位的质量保证能力是否执行考察监督制度,有无记录和结论;

(4) 派往供应单位的质量验收代表是否有效地履行职责;

(5) 外购器材质量历史资料档案是否齐全。

(三) 外购新研制的器材,应当制定相应的质量控制程序和质量责任制度,重点控制技术协议书的签订、技术协调、匹配试验、复验鉴定、装机使用等环节

1. 概述

新研制的器材,是经过预研鉴定,可以转入实用阶段的器材。这类器材缺乏适用性的验证,风险较大,因而要采取较严格的质量控制程序。

技术协议书是制约性文件。供需双方签订技术协议书时,应详细列出新器材的技术要求和质量标准,试制、试验、试用的程序和记录,以及各方应负的质量责任。

供需双方在新器材试制、试验、试用过程中,按照技术协议书的规定,进行技术协调、试加工、匹配试验、装机使用,确认已满足设计、工艺文件要求后,方可进行定型或鉴定。承制单位对复验鉴定、试加工、匹配试验、装机使用结论的正确性负责。

2. 实施要求

承制单位制定并执行选用新研制器材的质量控制程序。选用新研制的器材时,应当经过充分论证和审批。

3. 评审要点

(1) 是否制定和执行了选用新研制器材的质量控制程序;

(2) 质量控制程序对重点环节的控制是否有效。

(四) 未经进厂复验证明合格的器材,不准投入使用

1. 概述

承制单位对外购器材进行接收复验,是有效控制器材质量所必不可少的。复验工作按规范进行。复验规范(或验收规范)的内容应包括:复验项目,技术要求,检验、试验方法,验收标准等。

对复验合格、待验或复验不合格的器材,承制单位必须建立和采用有效的方法加以鉴别。待验器材应单独设置保管区域,防止未经复验而投入使用;复验不合格的器材要及时隔离,标记“禁用”;复验合格的器材,必须标明并保持合格标志。

经派驻供应单位代表验收的器材,承制单位仍需进行必要的进厂复验,防止发生意外差错。

2. 实施要求

(1) 承制单位必须建立和执行外购器材进厂复验制度。

(2) 对外购器材进行复验时,应具有:供应单位的试验报告和合格证明文件,复验技术条件和规范,器材质量历史情况等资料。

(3) 器材复验的检测方法与验收标准,应与供应单位保持一致。

(4) 待验、复验合格、不合格的器材,必须采取有效的控制方法,分别存放,并打上不同的标记,严防待验与复验不合格的器材投入使用。

(5) 当采用代用器材时,必须办理偏离申请、审批手续。

3. 评审要点

(1) 是否对所有外购器材建立并执行了进厂复验(验收)制度;

(2) 各种器材是否编有不同的复验技术文件,即复验规程(或验收规程);

(3) 对器材复验,入库、发放的控制方法是否有效;

(4) 代用器材是否履行审批手续。

(五) 承制单位应当编制合格器材供应单位名单,作为选用、采购的依据

1. 概述

凡列入名单的供应单位,都必须具备保证提供合格器材的资格。确定这种资格有多种途径:对供应单位进行质量保证能力的考察、审查;适时评价和审查供应单位质量控制的有效性;供应单位实际具有的能力和可能提供的质量证明;供应单位的质量历史与信誉等。承制单位应充分利用各种途径来选择合格的供应单位。

列入合格器材供应单位名单的供应单位,只能表明这个单位在当时能够制造出满足质量要求的器材;一旦当这个单位的质量保证能力下降,而且不能满足最低的质量要求时,即应对名单进行调整。

当某个供应单位提供的器材不能满足最低质量保证要求,而又没有别的供应单位可供选择时,在此迫不得已的情况下,承制单位可作为“例外”处理,暂时通过改制、筛选等不经济的手段来满足使用要求。但这种单位不允许编入合格器材供应单位的名单。

2. 实施要求

(1) 制定合格器材供应单位评价标准和程序,明确规定评价依据,合格标准,考核内容、组织、方法和表格,审批责任与权限。

(2) 合格器材供应单位名单,应按用于不同的产品品种分别编制。将评价、审批合格的供应单位编入合格器材供应单位名单,纳入成套技术资料的管理范围。

(3) 控制器材的采购,只限在合格器材供应单位名单中优选供应单位。当必须从未取得合格资格的供应单位采购器材时,必须单独履行审批手续,并加严进厂复验控制。

(4) 根据供应单位的质量动态和器材进厂检验情况,及时修正合格器材供应单位名单,予以删除或增补。

3. 评审要点

(1) 是否建立和执行了合格器材供应单位评价标准和程序,要求是否严密、合理;

(2) 是否按承制产品品种分别编有合格器材供应单位名单,它是否已纳入成套技术资料管理范围;

(3) 合格器材供应单位名单是否对选用、采购器材发挥了控制作用;

(4) 合格器材供应单位名单是否保持了现行有效性。

(六) 承制单位应当制定外购器材保管制度

1. 概述

保管好外购器材,是承制单位供应部门的质量职责。建立严格的外购器材保管制度,对器材入库、保管、发放的每个环节进行有效的控制,是保证投入使用的器材都能满足技术文件和整机、系统要求的重要手段。

2. 实施要求

(1) 承制单位的外购器材保管制度,必须满足器材的质量保证要求,包括以下内容:

① 经验收合格的器材,按物资管理制度办理入库手续。未经质量验收和不合格的器材,不得入库。

② 存放器材的仓库或场地,其环境条件必须满足器材的安全可靠、不变质和其他特殊要求,确保器材性能完好。

③ 对需要油封、充氮等保护处理的器材,应按规定进行保护处理并定期检查。

④ 易老化和有保管期要求的器材,按规定期限及时从仓库剔出、隔离、报废或听候处理。

⑤ 器材发放应有完备的领发手续,本着先进先发的原则,按批(炉)号发放,严防发生混料事故。

⑥ 当零件对材料有批(炉)号的追溯性要求时,材料下料前应先移植批(炉)号,并经检验人员认可。

⑦ 器材出库须经检验人员现场核准,并带有合格标记或证件。

(2) 定期评价器材保管制度执行情况及其效果。

3. 评审要点

(1) 器材保管制度能否满足质量保证要求;

(2) 是否对器材保管的有效性定期进行检查;

(3) 有无错混料记录和纠正措施。

(七) 外购器材的保管人员应当接受资格考核

1. 概述

器材保管人员的素质,直接关系到外购器材质量有无可靠保证。器材保管人员要取得合格资格,须先经过专业培训,除熟悉器材保管制度的规定和一般保管知识外,还应掌握所管器材的物理、化学特性及其对环境条件的特殊要求,熟悉器材符号标记,熟练掌握在各种情况下出现差错的防范措施与处置方法等。否则,不能从事器材保管工作。

2. 实施要求

(1) 建立器材保管人员培训、考核制度及各类保管人员应知会标准。

(2) 器材保管人员必须经考核合格,取得资格证书后,方能上岗工作。

(3) 保管人员资格证书应写明保管器材的类别,保管岗位与指定的器材类别相一致。保管人员调换工作岗位,应补充进行相应的专业培训,考核合格后方能调到新的岗位。

(4) 明确规定器材保管人员的职责。

3. 评审要点

(1) 对器材保管人员是否执行培训、考核制度;

(2) 器材保管人员是否持证上岗;

(3) 器材保管人员是否正确履行职责。

五、不合格品管理

(一) 武器装备研制、生产单位应当建立不合格产品处置制度

1. 概述

承制单位应当建立不合格产品处置制度。首先应建立和完善不合格产品处置机构、明确不合格产品审理系统的职责、授予相应的权利、编制并形成一整套不合格产品处置的程序文件。

承制单位建立的不合格产品处置机构,应根据实际情况建立不合格产品的审理系统,并定期分析工作情况,不断完善、改进和优化。审理系统一般由不合格品审理委员会、不合格品审理常设机构和不合格品审理小组(或人员)组成。明确不合格品审理系统的职责,对不合格品进行分级审理,并保证其独立行使职权。如果要改变其审理结论时,应由最高管理者签署书面决定并存档备查。不合格品审理人员应具有相应的资格,并经最高管理者授权,需要时,应征得顾客或其代表的同意。不合格品审理系统应由设计、工艺、质量、生产、采购等有关部门相对固定的人员组成。不合格品审理常设机构一般设置在质量部门或技术部门。设计定型前对不合格品进行审理时,应由设计师系统提出审理意见。

在不合格产品处置制度中,还应当明确不合格产品的处置方式,对返工、返修,报废,让步接收,降级使用,退回供方等必须有原则性要求。

承制单位还应收集、整理并保存不合格品的有关文件及记录,定期进行综合分析,根据分析结论制定相应的纠正和预防措施。

2. 实施要求

承制单位应当建立不合格产品处置制度。首先应建立和完善不合格产品处置机构、明确不合格品审理系统的职责、授予相应的权利、编制并形成一整套不合格产品处置的程序文件。

在不合格产品处置制度中,还应当明确不合格产品的处置方式,对返工、返修,报废,让步接收,降级使用,退回供方等必须有原则性要求。如对返工或返修后的产品应重新进行检验,并做好记录。对废品,组织应采用破坏性或非破坏性

的方式明显地予以标识,并加以隔离,防止误用;当采用非破坏性方式标识时,标识方法及图样大小应根据具体零件确定,但标识应醒目且不易消失等。

承制单位还应收集、整理并保存不合格品的有关文件及记录,定期进行综合分析,根据分析结论制定相应的纠正和预防措施。

3. 评审要点

(1) 承制单位是否建立了不合格产品处置制度。

(2) 不合格产品处置机构是否完善、职责是否明确、是否授予相应权利、是否编制并形成了一整套不合格产品处置的程序文件。

(3) 针对产品特点,建立不合格产品处置方式的内容是否明确、有效,顾客意见及满意度如何。

(二) 承制单位的检验员应当按照技术文件规定检验产品,作出合格或者不合格的结论

1. 概述

鉴别产品质量,涉及符合性和适用性两种不同的判断。检验员的职责是按照技术文件检验产品,判断产品的符合性,正确作出合格或不合格的结论。对不合格品的处理,属于判断适用性的范畴,因而不能要求检验员承担处理不合格品的责任和拥有相应的权限。

2. 实施要求

承制单位应以文件明确规定检验员在判断产品符合性方面的职责,如严格按照产品图样和工艺文件的规定,编制检验规程和工艺规程检验产品,正确判明产品合格与否,对不合格品作出识别标志,填写拒收单,隔离不合格品等。同时应明确规定,检验员不承担不合格品处理的责任。

3. 评审要点

(1) 检验员的职责范围是否明确;

(2) 检验员是否处理不合格品。

(三) 承制单位的质量保证组织应当按照有关规定处理不合格品。不合格品应当有明显的识别标志,并应当与合格品相隔离。不合格品的性质和处理经过,应当记录在案

1. 概述

“不合格的器材不投产,不合格的零件不装配,不合格的产品不交付出厂”,是军工产品承制单位的质量责任。但有些不合格品的不合格程度较轻,或报废后经济损失过大需要从技术上加以考虑。能否在不影响适用性的前提下仍可使用或降额使用,这就要求对不合格品逐一作出是否适用的判断。

鉴于不合格品的适用性判断是一项技术性很强的工作,对已经设计定型的产品,承制单位应建立由质量、设计、工艺、生产等有关部门代表组成的不合格品审理组织,如称不合格品审理委员会,按照有关规定分级组织处理,它的日常办事机构设在质量保证组织或技术部门内。参与不合格品处理的人员,须经资格确认,并征得使用单位同意,由厂(所)长授权。尚未设计定型的产品如发生不合格品时,以设计部门为主负责处理。这样集中处理不合格品,既有利于正确掌握适用性,避免宽严不一,又有利于分析产生不合格品的原因,采取有效的纠正措施,防止重复发生。

不合格品应有明显的识别标志,存放在指定的隔离区,并严加控制,以避免同合格品混淆或被误用。

为了便于统计分析不合格品,分清处理责任,对不合格品的性质和处理经过应作详细记录,纳入质量档案备查。不合格品的处理结论,仅对当时被处理的不合格品有效,不能作为以后验收其他产品的依据。

2. 实施要求

(1) 承制单位按照 GJB 571A《不合格品管理》的要求,制定不合格品管理制度,建立不合格品审理组织,明确有关人员的职责、权限,以及不合格品处理程序。

(2) 承制单位领导人要保证不合格品审理组织能够独立行使职权。如要改变该组织的处理结论时,必须签署书面决定,并存档备查。

(3) 当对不合格品拟作超差使用或返修的处理,因而涉及合同规定的产品性能、寿命、互换性、可靠性、维修性时,应办理超差申请,取得使用单位同意后再作处理。

(4) 承制单位应采取有效措施控制不合格品,防止混入合格品或被误用。

(5) 详细记录不合格品处理经过及责任者。

3. 评审要点

(1) 是否建立并执行了不合格品管理制度;

(2) 不合格品审理组织能否独立行使职权,处理不合格品是否符合程序要求;

(3) 对不合格品的控制措施是否有效;

(4) 不合格品处理记录是否完整。

(四) 承制单位必须找出不合格品产生的原因,查清责任,落实纠正措施,并验明纠正后的效果

1. 概述

不合格品管理的重点在于防止重复发生。在处理不合格品之前,必须坚持“三不放过”,即原因找不出不放过,责任查不清不放过,纠正措施不落实不放过。出现不合格品后必须全力找出产生不合格品的真正原因,特别是要注重管理上、技术上的系统因素,有效地防止重复发生。

纠正措施是否正确,应验证纠正措施实施后的效果。假如纠正措施无效或效果不明显,应进一步深入分析原因,重新采取纠正措施,直到不再重复发生不合格品为止;并将有效措施纳入技术文件或形成制度,保持其后继有效性。

2. 实施要求

(1) 在处理不合格品之前,必须贯彻“三不放过”的原则;

(2) 对每项纠正措施均应验明后效;

(3) 通过标准化、制度化,保持纠正措施的后继有效性。

3. 评定要点

(1) 对不合格品是否执行“三不放过”;

(2) 检查不合格品重复发生的频数,评价纠正措施的有效性;

(3) 经后效验证的纠正措施是否纳入技术文件或管理制度。

六、使用过程质量管理

(一) 承制单位必须保证交付使用的产品质量符合研制总要求(或技术协议书)和合同规定的要求

1. 概述

承制单位的最终产品质量,不仅体现在交付时,而且要在规定的贮存、使用期内,均能保证产品的质量符合研制总要求(或技术协议书)和合同规定的要求。有些质量特性,如可靠性、维修性、寿命,以及与此有关的经济性,尚需在使用中得到全面证实。

2. 实施要求

对所有交付使用的产品建立质量档案,详细记载产品交付和使用中的质量状况。

3. 评审要点

(1) 交付使用的产品,是否建立了质量档案;

(2) 评价产品交付使用的质量历史。

(二) 承制单位应当对产品进行检查、试验,确认产品符合验收标准后,方能提交军事代表验收

1. 概述

产品提交军事代表的一次交验合格率,是评价承制单位质量保证能力和质量控制有效性的重要尺度。承制单位负有“不合格的产品不交付出厂”的责任,应具体体现在严格履行交付验收的规定。

当某种产品从经济上考虑不宜重复进行检验、试验时,经使用方同意,承制单位的检验、试验工作可与军事代表的验收工作合并进行。但承制单位不能因此而减轻自己应负的责任,应同分别进行验收一样,考核一次交验合格率。

2. 实施要求

(1) 承制单位的质量保证组织对向军事代表提交合格产品负责;

(2) 建立并执行产品交验程序,不合格的产品不向军事代表提交;

(3) 当提交军事代表的产品发生过技术状态更改(包括偏离许可、让步放行),或在产品检验、试验过程中出现过缺陷、故障(不论已否排除)时,均须将有关文件和记录,随同产品一并提交军事代表;

(4) 建立并执行产品质量审核制度,评价产品质量的符合性、质量水平及检验工作质量。

3. 评审要点

(1) 是否严格履行产品交验程序;

(2) 查阅军事代表验收产品记录,交验产品有无遗漏缺陷、故障的情况;

(3) 分析一次交验合格率,评价承制单位的质量保证能力与质量控制的有效性;

(4) 有无产品质量审核、过程质量审核制度,审核有无记录、报告。

(三) 产品出厂必须符合要求

(1) 产品出厂保证符合研制总要求(或技术协议书)和合同规定的要求,有检验机构和厂(所)长签署的产品检验合格证;

(2) 经军事代表验收合格;

(3) 有产品使用维护说明书;

(4) 包装必须符合国家有关规定或者合同的要求。

1. 概述

产品出厂时的必备条件但不是唯一条件。但不排斥合同和相关标准中规定的其他要求,如配备随机备件、工具、发运方式等。

产品出厂时,检验机构和厂(所)长签署的产品检验合格证,是承制单位对最终产品质量负责的凭证。厂(所)长签署前,应切实掌握产品的质量状况,如技术状态更改及其执行情况,检验、试验结果,缺陷和故障排除情况,是否存在质量隐患等,对产品质量有了充分把握后才能签署合格证。

随同出厂产品提供详尽的使用维护说明书,是保证使用质量所必不可少的设计文件。承制单位为部队正确使用维护武器装备提供满意的技术服务,是自己不可推卸的责任。部队由于使用维护不当而造成的故障,承制单位亦应从技术上总结经验,充实防误操作的措施。

提高产品的包装质量,不仅是保证产品免受损坏的需要,对于易燃、易爆、剧毒、放射性等产品来说,更是保证社会与人身安全的要求。包装不符合要求,产品严禁出厂。

2. 实施要求

（1）建立产品出厂前的检查制度，确认全面符合规定要求后，方许可产品出厂；

（2）厂（所）长对出厂产品负责，并责成质量保证组织进行产品出厂前的全面检查，提出检查报告；

（3）承制单位应掌握部队使用维护信息，不断完善使用维护说明书，并为使用部队提供满意的技术培训、咨询和服务；

（4）对不符合出厂要求的产品，使用单位有权拒收。

3. 评审要点

（1）承制单位是否建立并执行产品出厂前的检查制度；

（2）保证满足产品出厂条件的责任是否明确、落实。

（四）承制单位应当根据产品特点及合同的要求，制定包装、搬运、发送的质量控制程序

1. 概述

在合同中应明确规定与产品特点相适应的产品包装、搬运、发送的方式方法和责任。承制单位按合同提供必要的质量保证，对包装、搬运、发送进行有效的控制，保证产品安全无损地运到合同指定地点。

2. 实施要求

（1）分析产品特点，确定包装、搬运、发送中应注意事项及恰当的方式方法，形成技术文件。

（2）根据产品包装、搬运、发送的技术要求，制定并执行质量控制程序。特别是对易燃、易爆、剧毒、放射性产品，必须严加控制，保证万无一失。

（3）产品搬运、发送中的注意事项，须在包装箱（盒）外表醒目位置标明。

（4）产品的搬运、发送中的质量责任应落实到人。

（5）贯彻执行国务院和有关部门颁发的交通运输法规，如铁路、公路、水路货物运输规则，危险货物运输规则，爆炸物品管理规则等。

3. 评审要点

（1）对不同产品是否建立了包装、搬运、发送的质量控制程序；

（2）控制方法是否有效；

（3）包装箱（盒）上是否印有注意事项的醒目标志。

（五）承制单位应当按照合同或者有关文件规定，为使用单位提供技术服务

1. 概述

为了保证装备的使用质量，要求承制单位为使用单位提供技术服务的内容比较广泛，如编写使用维护说明书，供应维修零备件和有限寿命部件，帮助部队对使用维护人员进行培训，提供现场技术支援和咨询，产品改装、延寿，排除故障，退役处置等。根据产品的复杂、新老程度和使用情况，提供技术服务的项目及频数应当有所区别。为使技术服务有计划、有组织地进行，技术服务项目应在合同及有关文件中作出明确规定。

承制单位为使用单位提供技术服务，既有利于提高武器装备的出勤率，又有利于掌握使用信息，为改进和研制武器装备提供客观依据。

2. 实施要求

（1）根据合同和 GJB/Z 3《军工产品售后技术服务》的规定，制订技术服务实施计划；

（2）制订技术服务工作细则，建立相应的服务队伍；

（3）培训服务人员，保证服务质量，为使用单位提供满意的技术服务；

（4）建立技术服务记录，特别要注意收集整理外场使用、维护方面的意见，改进设计、制造质量和技术服务工作。

3. 评审要点

（1）对合同或有关文件规定的技术服务项目，是否编制了实施计划；

（2）技术服务的职责有无明确规定，是否根据需要设有技术服务专职队伍和工作细则；

（3）技术服务是否按计划进行，记录是否完整；

（4）是否及时处理使用方反馈的质量问题，使用方反映如何。

（六）承制单位应当同使用单位建立质量信息反馈网络，故障报告制度和采取纠正措施制度。对质量问题的处理情况，应当及时通知

1. 概述

建立质量信息反馈网络、故障报告制度和采取纠正措施制度，是承制单位和使用单位的共同责任，目的在于及时沟通质量信息，正确分析故障原因，采取有效纠正措施，促进产品质量不断改进提高。

2. 实施要求

（1）承制单位与全部或部分使用单位建立质量信息反馈网络，明确收集信息内容，统一格式和编码，制定信息传递、反馈程序和方法。

（2）建立故障报告制度，主要是贮存、使用、维修中暴露的故障，不论是设计、制造质量引起的还是使用、维修不当引起的故障，均应及时提出故障报告，以利研制、生产单位分析原因，采取改进或防范故障重复发生的措施。

（3）建立故障分析和采取纠正措施制度。主要是研制、生产单位针对厂（所）内暴露可能影响使用的或外场使用中发生的质量问题，认真进行分析，采取处理和纠正措施，并将处理、纠正方案及执行情况及时通知使用单位。

3. 评审要点

（1）有关研制、生产、使用单位之间是否建立了质量信息反馈网络，能否正常运转；

(2) 承制单位对产品使用中暴露的质量问题，是否建立并执行了故障报告、分析和纠正措施的程序。

七、质量成本管理

(一) 承制单位应当设立质量成本科目

质量成本包括质量鉴定费用，预防费用和内部、外部故障损失。

1. 概述

质量对企事业单位经济效益的影响至关重要。质量成本是用以揭示产品质量与成本之间内在联系的一种手段，它可以衡量质量管理体系在提高本单位经济效益中所发挥的作用，并为本单位经营决策提供依据。承制单位要根据合同要求和自身需要，设立质量成本科目，借以发现技术上、管理上的薄弱环节，减少故障损失，经济地满足用户要求。质量成本一般分为质量鉴定费用，预防费用和内部、外部故障损失四个子目。必要时，增设外部质量保证费用这一子目，包括为向用户提供所要求的客观证据而支付的费用。至于各项费用的具体细目，可结合实际自行确定。

鉴于新产品研制的复杂性和特殊性，质量成本工作可结合本单位具体情况，从记载、分析在质量上所花费的费用入手，逐步建立质量成本科目。

2. 实施要求

(1) 按照 GJB/Z 4《质量成本管理指南》规定，制定本单位的质量成本管理制度；

(2) 建立以总会计师和主管质量领导为主导的、各部门相协调的质量成本管理系统；

(3) 对有关人员进行培训，以提高认识，掌握原理，了解方法；

(4) 各有关职能部门要合理分工，进行有关数据的收集、统计、核算和分析。

3. 评审要点

(1) 承制单位是否建立了质量成本管理和分析制度；

(2) 承制单位是否对质量管理各方面所需的费用，明确了资金渠道，特别是预防费用的资金渠道是否得到落实；

(3) 承制单位质量成本管理系统是否运行正常；

(4) 承制单位能否随时提供所需要的质量成本资料。

(二) 承制单位应当定期对质量成本进行核算和分析，控制和降低故障损失，提高经济效益

1. 概述

记录和收集与质量有关的各种费用，主要是向各级领导提供信息，针对质量问题做出正确的决策。所以，承制单位应定期对质量成本进行核算和分析，揭示质

量上的薄弱环节和提出需要采取的纠正措施，以降低故障损失，提高经济效益。

虽然质量成本属于“管理性成本”范畴，但从实践说明，当前单纯依靠统计核算，不仅不能巩固持久，而且在一定程度上缺乏准确性。需要规定以会计核算和统计核算相结合的方法，进行质量成本核算，并逐步向以会计核算为主过渡，以达到程序化、制度化。

2. 实施要求

（1）承制单位要按承担的军工产品项目核算质量成本，分析质量成本构成，与前期比较，不断调整、改善结构，以降低总成本，提高经济效益；

（2）承制单位应规定质量成本核算办法，并根据组织生产的特点，确定质量成本的核算期，按期进行质量成本核算与分析。

3. 评审要点

（1）承制单位是否制订了质量成本核算办法，并定期进行核算和分析；

（2）承制单位内部、外部故障损失是否得到有效的控制和降低。

（三）承制单位应当利用质量成本分析资料，完善质量管理体系

1. 概述

质量成本分析资料，要能从经济上反映产品质量在其形成过程中是否处于受控状态，质量管理体系的效能如何，哪里是薄弱环节。承制单位应充分利用质量成本分析资料，作为加强质量控制、完善质量管理体系的一个管理要素，正确规定下一阶段改进质量、降低成本的新目标。

2. 实施要求

（1）承制单位各级领导从生产一开始就要重视质量成本管理工作，提出质量成本计划目标；

（2）承制单位主要领导要审阅和利用质量成本综合分析资料，针对存在的问题，督促有关部门贯彻落实纠正措施，不仅要在故障损失方面得到降低，而且要在质量管理方面得到改善和加强。

3. 评审要点

承制单位是否利用质量成本分析资料，改进质量管理体系，实际效果如何。

第六节　质量监督

（一）国务院国防科技工业主管部门和总装备部联合组织对承担武器装备研制、生产、维修任务单位的质量管理体系实施认证，对用于武器装备的通用零（部）件、重要元器件和原材料实施认证

1. 概述

承担武器装备研制、生产、维修任务单位应按照 GJB 9001B《质量管理体系要求》建立质量管理体系，将其形成文件，加以实施和保持，并持续改进其有效性，并应接受顾客的质量监督。国务院国防科技工业主管部门和总装备部联合组织对承担武器装备研制、生产、维修任务单位以及用于武器装备的通用零(部)件、重要元器件和原材料的质量管理体系实施认证。

2. 实施要求

(1) 承担武器装备研制、生产、维修任务单位应按标准要求建立并实施运作质量管理体系；

(2) 用于武器装备的通用零(部)件、重要元器件和原材料供应单位应建立并运作质量管理体系；

(3) 承制单位内部质量审核的策划、实施以及对内部质量审核员的培训；

(4) 承制单位已完成内部质量审核，即质量管理体系、过程质量审核和产品质量审核。

3. 评审要点

(1) 了解受审核方是否已按标准的要求建立并运作了质量管理体系；

(2) 确认受审核方对接受审核的准备程度，是否具备第二阶段审核的条件；

(3) 通过第一阶段现场审核信息的收集为策划第二阶段审核提供关注点、配备应有的审核资源。

(二) 国务院国防科技工业主管部门和总装备部在各自的职责范围内，组织对武器装备测试和校准试验室实施认可，对质量专业人员实施资格管理

1. 概述

承担武器装备测试和校准试验任务单位必须贯彻执行《中华人民共和国计量法》和《国防计量监督管理条例》的规定，建立并执行测试和校准实验室管理制度，所有最高计量标准经考核合格，并申请强制检定。对质量专业人员建立岗位培训制度，按年度计划实施培训，考核上岗实施资格管理。

国务院国防科技工业主管部门和总装备部联合组织对承担武器装备测试和校准实验室任务单位实施认可。

2. 实施要求

(1) 按《中华人民共和国计量法》和《国防计量监督管理条例》等国家法律、法规和相关标准建立测试和校准实验室管理制度；

(2) 所有最高计量标准已经考核合格，并申请强制检定；

(3) 对质量专业人员建立岗位培训制度，按年度培训计划实施，质量专业人员经考核合格上岗，实施资格管理。

3. 评审要点

(1) 测试和校准实验室是否建立了管理制度；

(2) 质量专业人员是否建立了岗位培训制度；

(3) 是否按年度培训计划实施,质量专业人员是否经考核合格上岗。

(三) 军事代表依照国务院、中央军事委员会的有关规定和武器装备合同要求,对武器装备研制、生产、维修的质量和质量管理工作实施监督

1. 概述

在研制、生产订购合同中,应明确规定质量保证要求。合同条款可以全部或部分引用《条例》条款或标准,也可以写明具体要求。凡纳入合同的质量保证要求,均具有强制性。承制单位、使用单位的责任是共同保证合同的圆满执行。

军事代表的职责,按照《中国人民解放军驻厂军事代表工作条例》及国家其他有关规定执行。军事代表对其派出(或委托)机关负责。

2. 实施要求

(1) 使用单位的招标书与承制单位的投标书,均应包含质量保证内容。

(2) 使用单位与承制单位通过协商,在合同中明确规定质量保证要求,军事代表监督实施。

(3) 军事代表有责任协同承制单位正确理解合同中关于质量保证的要求,使其在承制单位的质量保证体系、产品质量保证大纲或质量管理手册中得到具体体现和落实。

(4) 军事代表应作监督记录,发现问题及时(口头或书面)通知承制单位;承制单位有责任对军事代表提出的问题采取纠正措施,或给予情况说明。

(5) 承制单位应为军事代表履行职责创造必要条件。

3. 评审要点

(1) 合同中的质量保证要求是否在承制单位得到落实;

(2) 承制单位是否为军事代表履行职责创造必要条件。

(四) 军事代表应当按照合同和验收技术要求对交付的武器装备及其配套的设备、备件和技术资料进行检验、验收,并监督新型武器装备使用和维修技术培训的实施

1. 概述

在武器装备研制的质量监督中,军事代表应当根据装备研制合同或技术协议书、产品图样和产品规范等技术文件以及 GJB 1442A《检验工作要求》,编制装备检验验收规程,并按要求进行独立检验;不宜独立检验的项目,可以按有关要求会同承制单位进行联合检验,但要独立作出检验结论。

大型复杂装备应按 GJB 3899A《大型复杂装备军事代表质量监督体系工作要求》的规定做好检验验收工作的相互配合和协调,按配套关系逐级进行检验验收。对检验验收中发现的质量问题应按 GJB 5711《装备质量问题处理通用要求》的规定进行处理,及时做好检验验收过程中的记录并归档保存。

新型武器装备交付前,军事代表应监督承制单位按 GJB/Z 3《军工产品售后技术服务》的规定和合同的要求,做好首次装备和规定的贮存、使用、保证期限内装备的现场技术服务,完成对使用和维修单位的技术培训等。

2. 实施要求

(1) 军事代表应当根据装备研制合同或技术协议书、产品图样和产品规范等技术文件以及 GJB 1442A《检验工作要求》,编制装备检验验收规程,并按规程要求进行独立检验。

(2) 对检验验收中发现的质量问题应按 GJB 5711《装备质量问题处理通用要求》的规定进行处理,及时做好检验验收过程中的记录并归档保存。

(3) 新型武器装备交付前,军事代表应监督承制单位,完成对使用和维修单位的技术培训等。

3. 评审要点

(1) 军事代表是否编制检验验收规程;

(2) 发现的质量问题是否按 GJB 5711《装备质量问题处理通用要求》的规定进行处理,并记录、归档保存;

(3) 承制单位是否已完成对使用和维修单位的技术培训等。

(五) 军工产品定型工作机构应当按照国务院、中央军事委员会的有关规定,全面考核新型武器装备质量,确认其达到武器装备研制总要求和规定标准的质量要求

1. 概述

承担武器装备研制的承制单位,当装备完成设计、试制和产品质量评审(或小批试生产的试用)后,应遵照军工产品定型原则,承研承制单位应申请设计(或生产)定型试验。军工产品设计定型试验包括试验基地(含试验场、试验中心以及其他试验单位,下同)试验和部队试验。试验基地试验主要考核军工产品战术技术指标;部队试验主要考核军工产品作战使用性能和部队适用性(含编配方案、训练要求等)。部队试验通常在试验基地试验合格后进行。当试验基地不具备试验条件时,经一级定委批准,设计定型试验可以只在部队试验中进行。

战略武器以及第二炮兵常规导弹飞行试验的种类和承担试验任务的单位,由军兵种装备部提出建议,报总装备部确定。其他军工产品设计定型试验的种类和承担试验任务的单位,由二级定委确定。考核合格后方可申请设计(或生产)定型。

产品设计(或生产)定型审查由二级定委组织,通常采取派出设计定型审查组以调查、抽查、审查等方式进行。审查组由定委成员单位、相关部队、承试单位、研制总要求论证单位、承研承制单位(含其上级集团公司)、军事代表机构或军队其他有关单位的专家和代表,以及本行业和相关领域的专家组成,确认其达到武器装备研制总要求和规定标准的质量要求。审查组组长由二级定委指定,一般由军方专家担任。

2. 实施要求

（1）承制单位已完成研制试验,并已具备申请设计定型试验的条件(即技术状态已确定(冻结)、试验样品经军事代表机构检验合格、产品规范技术负责人和总军事代表都已签署批准和同意等)。

（2）定型试验大纲应满足考核产品的战术技术指标、作战使用要求和维修保障要求,保证试验的质量和安全,并贯彻了有关标准的规定。

（3）定型文件以及研制过程类、生产类、交付使用类文件的准备基本符合GJB 1362A《军工产品定型程序和要求》、GJB/Z 170《军工产品设计定型文件编制指南》和相关标准要求。

（4）产品已通过设计定型试验且符合规定的标准和要求,承研承制单位会同军事代表机构或军队其他有关单位已向二级定委提出设计定型书面申请。

3. 评审要点

（1）承制单位是否已具备申请设计定型试验的条件;

（2）承制单位是否对只进行设计定型或者短期内不能进行生产定型的军工产品的关键性生产工艺进行了自行考核;

（3）设计定型试验是否符合相关标准的要求;

（4）承制单位是否已具备申请设计定型审查的条件。

第五章　装备承制单位资格审查

第一节　概　论

承担武器装备研制、生产、试验和维修任务的单位，依据法律、法规及军用标准的要求，必须要进行承制单位资格审查，审查合格者，方可承担军工产品的研制、生产、试验和维修任务。装备承制单位资格审查是装备采购工作的重要环节，是装备建设全系统、全寿命管理的重要阶段，是为装备现代化建设，打好装备建设发展基础的关键步骤，也是贯彻落实新时期军事战略方针、做好军事斗争准备，提高部队战斗力的重要保证之一。

为了提高装备采购军事经济效益，必须要提高承制单位研制、生产、试验和修理任务的能力，促使军工企业按照军方的要求，强化对军工产品的条件建设，提高武器装备研制、生产、试验和修理任务的质量水平，使部队获得性能先进、品质优良、价格合理、配套齐全和售后技术服务满意的武器装备。

GJB 5713《装备承制单位资格审查要求》规定了装备承制单位资格审查的内容、时机、方式、程序和要求。考虑到对全书"审核"部分的全面理解和对装备质量监督工作的系统性要求，本书将该标准的审查内容、审查分类、时机与方式、审查程序和注册、变更与注销以及日常监督等内容及要求直接移用，便于读者学习、贯彻和运用。

在 GJB 5713《装备承制单位资格审查要求》中可以看出，资格审查要求的内容中包含两个方面的问题，一个是"资格审查"的内容，另一方面是"日常监督"工作。军事代表对承制单位资格的监督应从两个方面理解：

一是入门审查。具备军工产品研制、生产、试验和维修任务的资质。想干、愿意干、有一定技术储备，仅仅是问题的一方面，是否具备条件干，就要进行入门审查。因此，装备承制资格审查申请，审查合格者，方可承担军工产品的研制、生产、试验和维修任务。申请单位经过装备承制资格审查达到要求，并经装备主管机关(部门)审查同意后，被注册编入《装备承制单位名录》。

二是保持资格的审查。就是对取得资格的承制单位的保持状况进行日常监督。在 GJB 5713《装备承制单位资格审查要求》的内容中，包含"资格审查"和"日常监督"两部分内容。军事代表在日常监督过程中，对承制单位的资格状况实施监督。具备资格是一次性工作检查，通过审查需保持良好状态就行；那么“资格连续有效”则是一项经常性工作。军事代表对获得装备生产资格的承制单位应连续不断地跟踪检查其保持良好状态的情况，及时处理发现的问题。当发现承制单位的资格条件发生重大变化、不足以承担装备承制任务时，应按照一定程序终止合同，并建议从《装备承制单位名录》中注销。

第二节　审查内容

按下列要求和 GJB 5713 中《装备承制单位资格审查报告》（见本章附录 C）所列的项目进行审查：

一、法人资格

法人资格方面重点审查如下内容：

（1）法人证明文件的真实性、有效性；

（2）申请承制装备的技术领域及其经营（业务）范围的符合性。

二、专业技术资格

专业技术资格方面重点审查如下内容：

（1）专业技术能力或专业技术资格证明文件的符合性；

（2）专业技术能力是否满足需求。

三、质量管理水平和质量保证能力

质量管理水平和质量保证能力方面重点审查如下内容：

（1）质量管理体系文件的充分性、有效性；

（2）质量管理体系运行状况。

四、财务资金状况

财务资金状况方面重点审查如下内容：

（1）财务资金状况证明文件的真实性；

（2）财务制度是否健全；

（3）资金运营状况是否良好；

（4）资金规模能否满足要求。

五、经营信誉

经营信誉方面重点审查如下内容：

（1）经营信誉证明文件的真实性；

（2）近三年装备研制、生产、修理、技术服务或业务经营中是否严格履行合同；

(3) 近三年申请单位是否有违纪、违法的不良记录。

六、保密资格

保密资格方面重点审查如下内容：

(1) 保密资格证书的有效性；

(2) 保密资格等级能否满足申请承制装备的保密要求。

七、其他内容

是否满足军方提出的其他特殊要求。

第三节　审查的分类、时机、方式

一、审查分类

装备承制单位资格审查分初审、续审、复审三种类型。

二、审查时机

对申请在《装备承制单位名录》注册的单位进行初审。一般在下列时机进行审查：

(1) 申请单位提出承担装备研制、生产、修理、技术服务的申请后；

(2) 装备研制、采购、修理、技术服务招标前；

(3) 合同签定前；

(4) 其他需要时。

装备承制单位在注册资格有效期(四年)满、提出继续保留注册资格申请后,对该单位的装备承制单位资格进行续审。续审依照 GJB 5713 第 7 章的要求进行,审查内容、程序可视情裁减。

申请单位初审或续审未通过,或在注册有效期内资质发生重大变化,经整改完善、提出申请后,对该单位的装备承制单位资格进行复审。复审依照GJB 5713 第 7 章的要求进行,审查内容、程序可视情裁减。

三、审查方式分为文件审查和现场审查

(1) 文件审查是对申请单位提供的法人资格、财务资金状况、企业经营信誉和保密资格等有关证明材料进行确认的活动。进行文件审查时,还应对申请单位的专业技术资格证明材料、质量管理体系文件进行审查。

(2) 现场审查是在必要时到申请单位对其专业技术能力、质量管理水平和质量保证能力、落实军方特殊要求的实际情况进行确认的活动。

第四节　审 查 程 序

一、审查准备

（一）受理申请

军事代表机构或被授权单位受理申请单位的装备承制单位资格审查申请，对申请单位的下列材料进行确认并上报：

（1）《装备承制单位资格审查申请表》（见本章附录 A）；

（2）法人资格证明材料；

（3）专业技术资格证明材料；

（4）质量管理水平和质量保证能力证明材料；

（5）财务资金状况证明材料；

（6）企业经营信誉证明材料；

（7）保密资格证明材料；

（8）其他有关证明材料。

（二）组织审查组

装备主管机关（部门）或其授权的单位应根据上级下达的审查工作计划，组织审查组。审查组一般由 5 ~9 人组成，其中至少 1/3 应为本行业技术专家。审查组设组长 1 人。

（三）制定审查实施计划

审查组根据审查任务和要求制定文件（现场）审查实施计划（见本章附录 B），一般包括审查目的、依据、范围（涉及的装备类型、职能部门和场所）、方式、人员分工、日程安排等。

（四）通报审查实施计划

审查组应将审查实施计划报装备主管机关（部门）批准，并将审查实施计划通知申请单位。

二、实施审查

（一）文件审查

审查组对申请单位上报的《装备承制单位资格审查申请表》及其所附材料的完整性、符合性、真实性和有效性等进行审查。

（二）现场审查

（1）文件审查不足以确认申请单位的资格时，到申请单位进行现场审查。

（2）审查组长应主持召开审查组内部预备会，明确审查实施计划、人员分工和审查要求。

（3）审查组长应组织召开会议，向申请单位管理层及有关人员通报下列内容：

① 介绍审查目的、依据和范围；

② 介绍审查程序和审查实施计划；

③ 介绍审查员分工；

④ 做出保密承诺；

⑤ 对申请单位提出配合要求。

(4) 审查组根据审查实施计划，按分工对申请单位进行实地审查。

(三) 审查意见

(1) 审查员按审查内容的每一个项目实施审查时，应根据收集的客观证据，对照审查依据，提出审查意见并在关键、重要和一般项目中分别填写审查意见。

① 审查内容完全满足要求时填写“合格”；

② 审查内容主要方面满足要求，次要方面不完全符合要求时填写“基本合格”；

③ 审查内容不满足要求或主要方面不满足要求时填写“不合格”。

(2) 审查员对审查情况进行记录并按《审查记录表》(见本章附录 D)的要求，填写“审查记录单”“改进建议单”。

三、综合评议

(1) 审查组应及时召开内部会议，讨论审查过程中了解的信息和发现的问题，对审查中客观证明不足的问题，应进一步调查、核实。

(2) 审查组长应组织审查组对审查情况进行汇总分析，并对照审查目的、依据形成审查结论。审查结论包括：

① 关键项目、重要项目、一般项目全部合格。判定为“具备资格，推荐注册”。

② 出现下列情况一种，判定为“不具备资格，不推荐注册”。

a. 关键项目有 1 项(含 1 项)以上不合格。

b. 重要项目有 3 项(含 3 项)以上不合格。

c. 重要项目加一般项目之和 10 项(含 10 项)以上不合格。

③ 处于①、②之间，判定为“基本具备资格，经整改并验证合格后推荐注册”。

(3) 审查组长向申请单位通报审查情况后，编制《装备承制单位资格审查报告》(见本章附录 C)，并在该报告上签字确认。

四、通报审查结论

审查组长应在审查工作结束时组织召开会议，向申请单位管理层和有关人员通报审查综合情况和审查结论。通报的内容通常包括：

(1) 审查基本情况;
(2) 基本合格、不合格项说明;
(3) 审查结论;
(4) 整改验证及要求。

五、整改验证与上报

(1) 审查组应对基本具备资格的申请单位存在的问题提出整改期限和要求。

(2) 整改期限一般控制在1~3个月以内,对逾期未完成整改或整改未达到合格要求的申请单位,可视其为不具备装备承制单位资格。

(3) 军事代表机构或被授权单位应对申请单位的整改情况进行监督、验证,验证结果填写“基本合格/不合格项报告”(见本章附录D.3),并经申请单位、审查组长确认。

(4) 审查和整改、验证结束后,审查组应当及时向下达任务的装备主管机关(部门)提交《装备承制单位资格审查报告》。

第五节　注册、变更与注销

(1) 申请单位经过装备承制资格审查达到要求,并经装备主管机关(部门)审查同意后,应被注册编入《装备承制单位名录》。

(2) 企业名称、法定代表人、驻地发生变化的,装备承制单位应及时向资格审查主管机关(部门)提出资格证书变更申请。

(3) 在注册有效期内,装备承制单位出现下列情形之一,军事代表机构或被授权单位应及时向有关装备主管机关(部门)上报情况,提出资格注销意见:

① 泄露国家和军方机密,严重危害国家军事利益的;
② 提供的有关资料严重失实的;
③ 注册的基本条件发生重大变化、导致装备承制能力严重下降的;
④ 产品、服务及质量管理体系出现重大问题的;
⑤ 出现虚报成本、骗取合同等欺诈行为的;
⑥ 出现其他影响资格保持情况的。

(4) 有效期内被注销资格的装备承制单位,重新注册视同首次申请注册。

第六节　日常监督

(1) 军事代表机构或被授权单位对《装备承制单位名录》中注册的装备承

制单位资格的有效性进行日常监督。

（2）日常监督通常结合产品研制、生产、修理、技术服务过程和验收等活动，通过巡回检查、询问、参加有关会议和对记录进行分析等手段进行。

（3）日常监督过程中发现一般不合格项时，及时通报装备承制单位予以纠正；发现重要、关键不合格项时，应要求装备承制单位采取纠正措施限期解决，同时上报有关装备主管机关（部门）。

第七节　附　　录

附录A　装备承制单位资格审查申请表
（规范性附录）

装备承制单位资格审查申请表格式

密级________

装备承制单位资格审查申请表

申请单位名称（含代号）______________________（盖章）

组织机构代码______________________________

申 请 日 期____________年____________月____________日

中国人民解放军总装备部制

填 表 说 明

1. 申请单位:企业填写《营业执照》名称,事业单位填写《法人证书》名称,填写内部名称的应加以注明。有正式代号单位填写代号全称并使用汉字。

2. 组织机构代码:填写单位的《中华人民共和国组织机构代码证》内代码。

3. 申请日期:填写提出申请并由法定代表人签署同意之日。

4. 单位性质:按法人证书填写。

5. 所属部门:直接隶属的上级主管机关,如军工集团、地方政府主管部门。无上级主管机关的不填写。

6. 派驻的主要军事代表机构或装备采购部门:有军事代表派驻的,填写军事代表室(局)的全称;无军事代表派驻的,填写有订货业务的军事代表室(局)或大单位装备部门的全称。

7. 承制装备:填写拟申请的承制装备,按总装备部发布的《承制装备分类》填写。

8. 承制性质:填写“研制”“生产”“修理”或“技术服务”。

9. 申请单位简介:填写单位组建时间、性质、发展历史、现有规模(资产总量、员工人数、设备数量、占地和建筑总面积、上年总产值和收入总额等),曾承担过的装备研制、生产、修理、技术服务任务等完成情况(重点填写),获得科技成果情况、获得各种荣誉情况及其他方面的情况。

10. 注册资金/开办资金:前项为企业法人填写,后项为事业单位法人填写。

11. 经营范围/业务范围:前项为企业法人填写,后项为事业单位法人填写。

12. 组织机构设置:填写单位组织机构图和主要部门的职责、权限及相互关系。

13. 技术人员专业分类:按国家专业技术人员分类、行业规定或产品专业分类的有关规定填写。

14. 总体布局与占地面积:有多处位置的(包括有土地使用权的固定场所和签订租用合同的场所)应分别填写。

15. 生产、修理设备和基础设施:生产设备(含工艺装备)填写设备名称、型号规格、精度等级、数量、完好状态、生产厂及国别、生产日期、购置日期、原价值等;基础设施填写实验室、研究室、生产车间的名称、规模、功能;水、电、暖填写保障状况。填写范围自定,可另列表。

16. 检测计量设备:同生产设备。

17. 申办相关的许可证、资质证、资格证和产品认证等情况:填写证书名称、产品或业务范围、认证机构、发证日期、证书有效期等。

18. 质量管理水平和质量保证能力:填写质量管理体系建立和运行情况;通过认证、认定注册情况;其他质量活动情况,如质量管理效益型企业、QC 小组评比活动。

19. 财务资金状况:填写上年年底的、经过审计或审批的会计报表中的数据。

20. 经营信誉:填写近三年交货(列表填写产品名称、合同编号、合同签订时间、经费数额、数量、交货日期、实际交货日期或延期交货原因)、产品和服务质量、产品报价情况;依法纳税、缴纳社会保险费和参加社会信用评定的有关情况。

21. 保密资格:填写开展保密工作情况和保密资格认证的时间、等级、证书有效期。

22. 军方要求的其他情况和附件目录:按军方要求填写,附件目录按本标准规定的证明材料顺序填写。

23. 填写要求

(1) 申请表内填报的内容以及所附材料必须真实有效;

(2) 所附证明材料应符合本标准的有关规定;

(3) 纸面不够时可另加页;

(4) 表格用 A4 纸填写后必须打印,并提供电子文件;

(5) 申请表封面须加盖单位公章。

一、基本情况与申请承制装备

申请单位	全称				
	代号				
单位性质			所属部门		
法定代表人			职　　务		
联系部门			联 系 人		
地　　址			电　　话		
通信地址			邮政编码		
网　　址			传　　真		
派驻的主要军事代表机构或装备采购部门					

（续）

	序号	装备类别	具体产品名称	承制性质 （研制、生产、修理、技术服务）
申请承制装备				

二、申请单位简介

三、法人资格

法人证书注册号	
注册资金/开办资金	
所属部门	
经营范围/业务范围	
组织机构代码	
国有土地使用证编号	
房屋所有权证编号	
组织机构设置：	

四、专业技术资格

<table>
<tr><td colspan="9">技术人员情况</td></tr>
<tr><td rowspan="2">专业分类</td><td rowspan="2">总数</td><td colspan="3">专业职称</td><td colspan="4">学历</td></tr>
<tr><td>高级</td><td>中级</td><td>初级</td><td>研究生</td><td>本科</td><td>专科</td><td>中专</td></tr>
<tr><td></td><td></td><td></td><td></td><td></td><td></td><td></td><td></td><td></td></tr>
<tr><td></td><td></td><td></td><td></td><td></td><td></td><td></td><td></td><td></td></tr>
<tr><td></td><td></td><td></td><td></td><td></td><td></td><td></td><td></td><td></td></tr>
<tr><td></td><td></td><td></td><td></td><td></td><td></td><td></td><td></td><td></td></tr>
<tr><td>合计</td><td></td><td></td><td></td><td></td><td></td><td></td><td></td><td></td></tr>
<tr><td>备注</td><td colspan="8">课题负责人、主要设计人员、科研生产管理负责人、院士的姓名、年龄、职称职务、文化程度、专业、工作年限和工作岗位,可另列表附后</td></tr>
<tr><td colspan="9">设备设施情况</td></tr>
<tr><td>分　类</td><td colspan="8">内容</td></tr>
<tr><td>总体布局与占地面积</td><td colspan="8"></td></tr>
<tr><td>生产设备和基础设施</td><td colspan="8"></td></tr>
<tr><td>检测计量设　　备</td><td colspan="8"></td></tr>
<tr><td rowspan="2">设备基本情况</td><td colspan="2">总数量/台</td><td colspan="2"></td><td colspan="2">设备总功率/千瓦</td><td colspan="2"></td></tr>
<tr><td colspan="2">设备原值/万元</td><td colspan="2"></td><td colspan="2">设备净值/万元</td><td colspan="2"></td></tr>
<tr><td colspan="9">申办相关的许可证、资质证、资格证和产品认证等情况:</td></tr>
</table>

五、质量管理水平和质量保证能力

六、财务资金状况

单位:万元

类别	金额	类别	金额
1. 注册资本		6. 单位总收入	
2. 资产总额		7. 利润总额	
3. 固定资产		8. 所得税	
3.1 科研生产用固定资产原值		9. 净利润	
3.2 科研生产用固定资产净值		10. 营业利润	
3.3 固定资产净额		11. 资产负债率/%	
4. 流动资产		12. 总资产报酬率/%	
5. 实收资本		13. 净资产利润率/%	
5.1 国有资本		14. 销售利润率/%	
5.2 法人资本		15. 流动比率/%	
5.3 个人资本与外商、港澳台资本		16. 获利倍数	
备　注	依据的财务会计制度:		

七、经营信誉

八、保密资格

九、军方要求的其他情况和附件目录

十、各部门意见

<table>
<tr><td>法定代表人(签名):

年　　月　　日</td><td>申请单位(盖章)

年　　月　　日</td></tr>
<tr><td colspan="2">军事代表机构或被授权单位意见:

(盖章)
年　　月　　日</td></tr>
</table>

（续）

装备业务主管机关（部门）意见：   （盖章） 年　　月　　日
装备承制单位资格审查归口管理部门意见：   （盖章） 年　　月　　日

附录 B　装备承制单位资格审查实施计划
（规范性附录）

装备承制单位资格审查实施计划格式

<table>
<tr><td rowspan="2">申请单位</td><td>名称</td><td colspan="2"></td><td colspan="2">所属部门</td><td></td></tr>
<tr><td>代号</td><td colspan="2"></td><td colspan="2">审查类型</td><td></td></tr>
<tr><td colspan="2">地址</td><td colspan="2"></td><td colspan="2">邮政编码</td><td></td></tr>
<tr><td colspan="2">联系人</td><td></td><td>电话</td><td></td><td>传真</td><td></td></tr>
<tr><td colspan="2">审查目的</td><td colspan="5"></td></tr>
<tr><td colspan="2">审查范围</td><td colspan="5"></td></tr>
<tr><td rowspan="2">文件审查</td><td>时间</td><td colspan="5"></td></tr>
<tr><td>内容</td><td colspan="5"></td></tr>
<tr><td rowspan="2">现场审查</td><td>时间</td><td colspan="5"></td></tr>
<tr><td>内容</td><td colspan="5"></td></tr>
<tr><td colspan="2">审查依据</td><td colspan="5">1. GJB 5713—2006　2. GJB 9001B—2009
3. 有关法律法规、制度、标准　4. 装备合同等</td></tr>
<tr><td colspan="2" rowspan="8">审查组成员</td><td>姓名</td><td>工作单位及职别</td><td>分工</td><td>审查员注册资格</td><td>证书编号</td></tr>
<tr><td></td><td></td><td></td><td></td><td></td></tr>
<tr><td></td><td></td><td></td><td></td><td></td></tr>
<tr><td></td><td></td><td></td><td></td><td></td></tr>
<tr><td></td><td></td><td></td><td></td><td></td></tr>
<tr><td></td><td></td><td></td><td></td><td></td></tr>
<tr><td></td><td></td><td></td><td></td><td></td></tr>
<tr><td></td><td></td><td></td><td></td><td></td></tr>
</table>

（续）

<table>
<tr><td colspan="2" rowspan="3">审查起止
日期</td><td colspan="4">审查准备　年　月　日</td></tr>
<tr><td colspan="4">首次会议　年　月　日</td></tr>
<tr><td colspan="4">末次会议　年　月　日</td></tr>
<tr><td rowspan="2">日
期</td><td rowspan="2">时
间</td><td rowspan="2">审查小组</td><td rowspan="2">审查对象</td><td colspan="2">审查内容及要求</td></tr>
<tr><td>GJB 5713—2006</td><td>GJB 9001B 或其他相关标准</td></tr>
<tr><td rowspan="15">日</td><td rowspan="3"></td><td>第　组</td><td></td><td></td><td></td></tr>
<tr><td>第　组</td><td></td><td></td><td></td></tr>
<tr><td>第　组</td><td></td><td></td><td></td></tr>
<tr><td rowspan="3"></td><td></td><td></td><td></td><td></td></tr>
<tr><td></td><td></td><td></td><td></td></tr>
<tr><td></td><td></td><td></td><td></td></tr>
<tr><td rowspan="3"></td><td></td><td></td><td></td><td></td></tr>
<tr><td></td><td></td><td></td><td></td></tr>
<tr><td></td><td></td><td></td><td></td></tr>
<tr><td rowspan="3"></td><td></td><td></td><td></td><td></td></tr>
<tr><td></td><td></td><td></td><td></td></tr>
<tr><td></td><td></td><td></td><td></td></tr>
<tr><td rowspan="3"></td><td></td><td></td><td></td><td></td></tr>
<tr><td></td><td></td><td></td><td></td></tr>
<tr><td></td><td></td><td></td><td></td></tr>
<tr><td colspan="2">日</td><td colspan="4">与受审查单位领导沟通时间　时　分至　时　分</td></tr>
<tr><td colspan="2">保密承诺</td><td colspan="4">在审查过程中接触到的一切有关申请单位技术和管理信息，审查组全体成员有责任保守秘密，未经申请单位书面许可，不得向第三方泄露</td></tr>
<tr><td colspan="4">受审查单位意见：
（盖　章）
年　月　日</td><td colspan="2">装备主管机关（部门）意见：
（盖　章）
年　月　日</td></tr>
</table>

附录C　装备承制单位资格审查报告
(规范性附录)

装备承制单位资格审查报告格式

密级：

装备承制单位资格审查报告

□初审　　□续审　　□复审

申请单位名称(含代号)：____________________

组织机构代码：____________________

报 告 日 期：____________________

审查组组长：____________________

组织审查机关：____________________

中国人民解放军总装备部制

一、装备承制单位资格审查报告

<table>
<tr><td>申请单位</td><td colspan="3"></td><td>代号</td><td colspan="2"></td></tr>
<tr><td>地　址</td><td colspan="3"></td><td>邮编</td><td colspan="2"></td></tr>
<tr><td>联 系 人</td><td></td><td>电话</td><td></td><td>传真</td><td colspan="2"></td></tr>
<tr><td>审查目的</td><td colspan="6">确认____________是否符合 GJB 5713—2006 规定的条件并持续保持，以确定能否推荐注册</td></tr>
<tr><td>审查范围</td><td colspan="6"></td></tr>
<tr><td>审查依据</td><td colspan="6">1. GJB 5713—2006
2. GJB 9001B—2009
3. 有关法律法规、制度、标准
4. 装备合同等</td></tr>
<tr><td rowspan="10">审
查
组
成
员</td><td>姓名</td><td colspan="2">工作单位及职别</td><td>分工</td><td>审查员注册资格
（含证书编号）</td><td>签名</td></tr>
<tr><td></td><td colspan="2"></td><td></td><td></td><td></td></tr>
<tr><td></td><td colspan="2"></td><td></td><td></td><td></td></tr>
<tr><td></td><td colspan="2"></td><td></td><td></td><td></td></tr>
<tr><td></td><td colspan="2"></td><td></td><td></td><td></td></tr>
<tr><td></td><td colspan="2"></td><td></td><td></td><td></td></tr>
<tr><td></td><td colspan="2"></td><td></td><td></td><td></td></tr>
<tr><td></td><td colspan="2"></td><td></td><td></td><td></td></tr>
<tr><td></td><td colspan="2"></td><td></td><td></td><td></td></tr>
<tr><td></td><td colspan="2"></td><td></td><td></td><td></td></tr>
<tr><td colspan="7">申请单位主要参加人员：</td></tr>
<tr><td colspan="7">其他参加人员：</td></tr>
</table>

二、装备承制单位资格审查报告

申请承制装备类别	序号	军兵种装备标识	装备类别	分系统类别	承制性质（研制、生产、修理、技术服务）	备注

装备承制单位资格审查报告

审查过程综述：

1. 文件审查情况：

2. 现场审查情况说明：

3. 基本合格/不合格项说明：

装备承制单位资格审查报告

装备承制单位资格审查情况表							
审查内容	序号	审查项目	判定标准	程度	审查意见		
					合格	基本合格	不合格
A法人资格	A1	企业营业执照/事业单位法人证书	有证件且与现状相符合格;有证件与现状部分有差距基本合格;无证件或与现状不符不合格	关键			
	A2	法定代表人证书/任职证明文件	有证件且与现任一致合格;无证件或与现任不一致不合格	重要			
	A3	组织机构与管理制度	机构与制度健全且落实合格;有机构与制度并部分落实基本合格;无机构与制度或不落实不合格	重要			
	A4	组织机构代码证书	有证书且有效合格;无证书或失效不合格	一般			
	A5	国有土地使用证/租用合同	有证书或合同且满足需求合格;有证书或合同部分满足需求基本合格;无证书或合同或不满足需求不合格	一般			
	A6	房屋所有权证/租用合同	有证书或合同且满足需求合格;有证书或合同部分满足需求基本合格;无证书或合同或不满足需求不合格	一般			
	A7	其他与法人资格有关的内容	符合规定要求合格;不符合规定要求不合格	一般			

（续）

装备承制单位资格审查情况表							
审查内容	序号	审查项目	判定标准	程度	审查意见		
					合格	基本合格	不合格
B专业技术资格	B1	专业技术管理制度	制度健全且落实合格；有制度且大部分落实基本合格；无制度或大部分不落实不合格	一般			
	B2	技术人员队伍状况	技术队伍满足需要合格；大部分满足需要基本合格；不满足需要不合格	重要			
	B3	生产设备和基础设施	能保证产品实现合格；能保证大部分产品实现基本合格；不能保证产品实现不合格	重要			
	B4	检测设备和检测手段	能满足产品需要合格；大部分满足产品需要基本合格；不能满足产品需要不合格	重要			
	B5	按技术标准和技术文件生产产品的能力	能按给定文件完成产品生产合格；完成大部分产品生产基本合格；不能完成产品生产不合格	关键			
	B6	主体技术和关键技术掌握情况	完全掌握合格；掌握大部分基本合格；未掌握不合格	关键			
	B7	主要配套单位协作关系	协作关系长期稳定合格，与大部分单位协作关系稳定基本合格，协作关系不稳定不合格	一般			
	B8	其他与专业技术有关的内容	满足要求合格；大部分满足要求基本合格；不满足要求不合格	一般			

（续）

装备承制单位资格审查情况表							
审查内容	序号	审查项目	判定标准	程度	审查意见		
					合格	基本合格	不合格
C质量管理	C1	质量管理体系文件	文件齐全、有效，合格；文件基本齐全、有效，基本合格；文件不全或没有，不合格	重要			
	C2	第三方质量管理体系认证	经过认证，体系运行有效，合格；经过认证，体系运行基本正常，基本合格；未经过认证，不合格	一般			
	C3	质量管理体系运行状况	符合军方要求，运行有效，保持良好，合格；符合军方要求，运行基本有效，保持较好，基本合格；运行无效果，不合格	关键			
	C4	产品实物质量	产品质量满足军方要求，合格；产品质量主要指标满足军方要求，基本合格；产品质量指标不满足军方要求，不合格	关键			
	C5	质量管理活动的有效性	质量管理活动秩序正常，管理有力，合格；质量管理活动秩序基本正常，管理一般，基本合格；质量管理活动秩序混乱，管理不力，不合格	关键			
	C6	其他质量管理活动满足要求情况	满足，合格；基本满足，基本合格；不满足，不合格	一般			

（续）

装备承制单位资格审查情况表							
审查内容	序号	审查项目	判定标准	程度	审查意见		
					合格	基本合格	不合格
D财务资金状况	D1	财务会计管理制度	制度健全并落实合格；有制度并大部分落实基本合格；无制度或不落实不合格	重要			
	D2	会计机构设置和会计人员配备情况	设置配备齐全合格；未设置配备不合格	一般			
	D3	近三年的财务会计报告	报告真实且资金状况满足产品需求合格；报告真实且资金状况基本满足产品需求基本合格；报告不真实或资金状况不满足产品需求不合格	关键			
	D4	企业国有资产管理情况	证书齐全且资产满足需求合格；证书齐全且资产基本满足需求基本合格；无证书或资产不满足需求不合格	一般			
	D5	银行资信证明	满足产品需求合格；大部分满足产品需求基本合格；不满足产品需求不合格	一般			
	D6	其他与财务资金状况有关的内容	符合政策规定且满足产品需求合格；不符合政策规定或不满足产品需求不合格	一般			
E经营信誉	E1	近三年有无严重违法、违纪现象	无严重违法、违纪现象合格；有严重违法、违纪现象不合格	关键			
	E2	近三年产品交货记录、产品质量、服务质量状况	按合同如期交货，产品、服务质量好合格；延期3个月内交货或无重大质量问题基本合格；延期3个月以上交货、有重大质量问题不合格	重要			
	E3	近三年产品报价文件及相对应的装备订货合同	差额小于20%合格；差额20%~25%基本合格；差额大于25%不合格	一般			
	E4	银行账号未被冻结过的证明文件	未被冻结合格；冻结少于3个月基本合格；多于3个月不合格	一般			
	E5	税务登记证（国税、地税）和完税凭证	证书与完税凭证齐全合格，欠税不合格	一般			

(续)

装备承制单位资格审查情况表							
审查内容	序号	审查项目	判定标准	程度	审查意见		
					合格	基本合格	不合格
E经营信誉	E6	社会保险登记证和缴纳社会保险费的记录	证书与缴纳凭证齐全合格;欠费不合格	一般			
	E7	其他与经营信誉有关的内容	无不良记录合格;有记录已消除基本合格;有记录未消除不合格	一般			
F保密资格	F1	保密资格证书	有证书并满足产品需求合格;无证书或不满足产品需求不合格	关键			
	F2	其他与保密资格有关的内容	符合规定要求合格;不符合规定要求不合格	一般			
G根据总装备部的要求提供的相关证明文件			完全符合要求合格;大部分符合要求基本合格;不符合要求不合格	重要			

审查情况汇总表				
序号	项目重要程度	合格	基本合格	不合格
1	关键项目			
2	重要项目			
3	一般项目			
合计				

装备承制单位资格审查报告

<table>
<tr><td>审查结论：

审查组组长：

年　　月　　日</td></tr>
<tr><td>整改验证情况：

审查组组长：

年　　月　　日</td></tr>
<tr><td>组织审查机关（部门）意见：

（单位公章）：

年　　月　　日</td></tr>
<tr><td>审查报告发放清单：组织审查机关 2 份，军事代表机构或被授权单位 1 份，参与联合审查单位 1 份，申请单位 1 份</td></tr>
</table>

附录D 审查记录表
(资料性附录)

表D-1 审查记录单

受审部门/项目 编号:

时间	审 查 内 容	对应标准条款	审查记录	不合格标记

审查员:

第 页共 页

表D-2 改进建议单

编号:

<table>
<tr><td colspan="3">申请单位</td><td></td><td>申请单位代表</td><td></td></tr>
<tr><td colspan="3">审查类型</td><td colspan="3">□初审 □续审 □复审</td></tr>
<tr><td>序号</td><td>日期</td><td>部门</td><td colspan="2">建议内容</td><td>审查员</td></tr>
<tr><td></td><td></td><td></td><td colspan="2"></td><td></td></tr>
</table>

第 页共 页

表 D－3　基本合格/不合格项报告

编号：

申请单位		审查类型	□初　审　□续　审 □复　审
审查依据		陪同人员	
受审查部门 及审查方式		审查项目重要程度	□关键 □重要 □一般

基本合格/不合格事实描述： 审查员：　审查组长：　申请单位代表： 日　期：　日　期：　日　期：
整改情况(包括原因分析、纠正措施和完成情况)： 申请单位代表： 年　月　日
整改验证情况(包括验证的主要内容和结果)： 军事代表(被授权单位代表)： 日期：
整改验证情况确认： 审查组长： 日期：

第　页共　页

第六章　内部质量审核

第一节　内部质量审核概述

GJB/Z 1687A《军工产品承制单位内部质量审核指南》强调了围绕产品及其形成的过程进行质量审核并为型号的研制和生产提供服务，对装备形成的过程质量审核和产品质量审核的内容在相关章节中进行了阐述。为各承担军工产品研制和生产的组织根据各自的需求、所提供的产品、所采用的过程以及组织的规模和结构开展内部质量审核指明了方向，也为承担军工产品研制和生产的组织开展质量管理体系平台的正常运行打下了良好的基础。本章考虑到审核内容的完整性，直接引用GJB/Z 1687A《军工产品承制单位内部质量审核指南》，作为内部质量审核的内容。

第二节　内部质量审核的策划

一、质量审核的策划概述

组织的最高管理者应当确保建立有效的内部质量审核过程，以便获取满足要求的客观证据并评价实施改进的机会，内部质量审核一般可针对（但不限于）质量管理体系、过程或产品进行审核。这些审核通常称为质量管理体系审核、过程质量审核和产品质量审核。过程质量审核是对过程的运行、控制及其结果进行审查，以确定过程实现所策划结果的符合程度，并评价过程有效性；产品质量审核是对产品质量特性进行测量和评价，以确定产品质量特性符合所要求的程度。产品质量审核也是从顾客的观点来观察问题，产品质量审核一般包括产品性能、接口特性，维修性、互换性等这些顾客最关心的领域。

内部质量审核的策划应当是灵活的，除了按策划的时间间隔对质量管理体系审核外，也可作为独立评定任何过程或活动的管理工具，并允许依据审核过程中的审核发现和客观证据对审核的重点进行调整。

内部质量审核应当遵循审核原则，以保持审核过程的客观性和公正性，审核员不能审核自己的工作。

内部质量审核应当应用过程方法，在理解和满足顾客要求的基础上向过程控制延伸，注重过程的结果和产品性能，密切为重点型号的研制和生产服务。

内部质量审核应当避免将满足质量要求的职责从运作部门转移到审核管理部门。受审核的部门应当支持和配合审核工作，并及时采取措施以消除审核中所发现的不符合及其原因。

二、内部质量审核方案的策划

（一）总则

组织应当根据质量工作的需要和实际情况对内部质量审核方案进行策划，确定每年需定期或预先可确定的审核活动，并形成年度审核计划，审核方案可包括质量管理体系审核、过程质量审核和产品质量审核。

当组织的质量管理体系、过程、产品发生重大变更或发生重大质量安全问题以及需要对纠正措施进行跟踪时，组织可随时增加临时性的审核或专题性的审核活动，并纳入年度审核计划的管理之中。

（二）质量管理体系审核方案的策划

组织应当定期进行质量管理体系审核，以确定质量管理体系是否：

（1）具有稳定地提供满足顾客要求以及适用的法律法规要求的产品的能力；

（2）符合 GJB 9001B 以及组织确定的质量管理体系要求，并得到有效实施和保持。

组织应当考虑拟审核的过程和部门的状况及其重要性以及以往审核的结果，确定质量管理体系审核时间间隔。

（三）过程质量审核方案的策划

质量管理体系的过程包括与管理活动、资源提供、产品实现和测量有关的过程，组织可以根据需要独立地对任何需评价的过程进行审核，以确定过程是否：

（1）得到实施；

（2）有效地实现所要求的结果。

过程质量审核能发现过程的薄弱环节，并能间断地监督过程控制的实施。

组织应当考虑拟审核的过程的重要性和稳定性，确定过程质量审核的项目。组织应当重视对产品实现过程的审核，包括对设计和开发、采购过程，生产和服务提供过程的审核，组织可根据型号研制计划的节点预先确定对其设计和开发的审核的活动。对特殊过程应当定期进行审核。

（四）产品质量审核方案的策划

产品质量审核通常是从检验合格的产品中抽取样品，对产品质量特性进行测量，以确定其产品是否符合规定的产品接收准则的程度，并评价其测量系统或过程控制的有效性。

产品质量审核可用于产品质量趋势分析和产品质量问题的调查。

组织应当考虑拟审核的产品的成熟度和研制的难易程度，确定产品质量审核的对象。审核对象可以是中间产品,也可以是最终产品。

(五)内部质量审核方案策划的输出

组织应当以年度质量审核计划的形式作为内部质量审核方案策划结果的输出。年度审核计划的内容应当包括:

(1)审核的项目或对象与理由;

(2)审核所覆盖的范围,包括产品、过程以及涉及的部门。

内部质量审核年度计划经最高管理者或管理者代表批准后发放给相关的受审部门。

三、内部质量审核的管理职责

最高管理者应当把内部质量审核作为实现其质量方针和质量目标的一个重要管理手段,审核的结果可为进行有效的管理评审以及采取纠正、预防或改进措施提供信息。

最高管理者应当授权某个人或部门负责对内部质量审核进行管理,并确保内部质量审核所需的资源。

授权负责内部质量审核的个人或部门应当:

(1)建立和实施内部质量审核程序,确保内部质量审核工作的开展;

(2)策划内部质量审核方案,编制内部质量审核年度计划,协调和安排有关审核的活动;

(3)管理内部质量审核员;

(4)总结审核结果并提交管理评审;

(5)保存审核记录。

第三节 内部质量审核原则

审核的特征在于其遵循若干原则。这些原则使审核成为支持管理方针和控制的有效并可靠的工具,并为组织提供可以改进其业绩的信息。遵循这些原则是得出相应和充分的审核结论的前提,也是审核员独立工作时,在相似的情况下得出相似结论的前提。

一、审核员的原则

(1)道德行为:职业的基础。

对审核而言,诚信、正直、保守秘密和谨慎是最基本的。

(2)公正表达:真实、准确地报告义务。

审核发现、审核结论和审核报告真实和准确地反映审核活动。报告在审核过程中遇到的重大障碍以及在审核组和受审核方之间没有解决的分歧意见。

(3) 职业素养:在审核中勤奋并有判断力。

审核员珍视所执行的任务以及审核委托方和其他相关方对他们的信任。具有必要的能力是一个重要的因素。

二、审核的原则

(1) 独立性:审核的公正性和审核结论的客观性的基础。

审核员独立于受审核的活动,并且不带偏见,没有利益上的冲突。审核员在审核过程中保持客观的心态,以保证审核发现和结论仅建立在审核证据的基础上。

(2) 基于证据的方法:在一个系统的审核过程中,得出可信的和可证实的审核结论的合理方法。

审核证据是能够证实的。由于审核是在有限的时间内并在有限的资源条件下进行的,因此审核证据是建立在可获得信息的样本的基础上。抽样的合理性与审核结论的可信性密切相关。

第四节　内部质量审核的实施

一、总则

组织应当根据内部质量审核年度计划的安排对审核活动进行策划并组织实施。

一次完整的内部质量审核过程应当包括启动审核、现场审核的准备、现场审核的实施以及审核跟踪的全部活动。

二、启动审核

(一) 指定审核组长

组织应当为每一次审核活动指定一名审核组长,并向审核组长明确审核的目的、范围和准则。即使审核组只有一名审核员,也应当明确审核组长的职责。审核组长对审核的准备、实施和报告全面负责。

(二) 与受审核部门的沟通

审核组长应当与受审核部门就审核活动进行沟通,以便对审核活动进行协调和安排。审核组长通过与受审核部门的沟通以确定:

(1) 与受审核部门联系的渠道和人员;

(2) 审核的目的、范围和准则;

(3) 审核的实施时间;

(4) 受审核活动或对象的状况。

当发现受审核部门在可接受的审核时间内无受审核的活动或对象及证据,

或与受审核部门的其他活动有冲突或影响时,审核组长应当与受审核部门协商后向审核管理部门提出变更审核活动的建议。

(三) 组成审核组

在与受审核部门沟通并确定审核可行后,审核组长应当根据选择审核员,并组成审核组,确保审核组的整体能力能满足审核要求。在不能满足要求时,可邀请技术专家参加,以给予技术上的支持。

在产品质量审核时,可委托组织内具有独立性的检测部门对产品进行测量。

三、现场审核的准备

(一) 现场审核的策划

审核组长应当根据审核目的以及与受审核部门沟通的结果对审核活动进行策划,确定具体的审核计划并正式通知受审核部门,对有关审核事项做出说明。现场审核的策划应当确定以下内容:

(1) 审核的目的、范围和准则;

(2) 审核的日程安排;

(3) 审核组的组成等。

对于产品质量审核还应当确定产品图号、取样的状态、地点、数量以及需测量的产品质量特性、测量方法和负责测量的人员或部门等。

(二) 分配落实审核任务

审核组长应当与审核组的成员进行协商,把审核任务分配落实给每个审核员。在分配工作时应考虑审核员的专业能力、审核内容的连贯性、审核区域的相对集中以及工作量之间的平衡等。为确保审核目的的实现,审核组长可根据审核情况调整审核员的分工。

(三) 编制检查单

审核员应当按审核计划及其分工,根据审核的目的、范围和准则对自己所承担的审核任务进行策划,编制检查单,确定检查的内容和要求。

审核员可结合检查单的编制对与受审核的活动或对象有关的文件进行评审(见 GJB/Z 1681A 的附录 B),并通过评审确定现场审核的内容及要求。

在审核过程中,审核员应当利用检查单帮助自己掌握审核的进度,提示审核的重点和内容,记录审核的结果。

对于过程质量审核,检查单可采用流程图的形式,对过程中各个节点明确其审核的内容和要求。

对于产品质量审核,检查单可采用检验图表的形式,明确需测量的项目、要求及方法。

四、现场审核

(一) 首次会议

审核组长应当主持召开首次会议,对将要进行的审核活动与受审核方管理者进行沟通。首次会议的目的是:

(1) 说明审核的目的、范围;

(2) 简要介绍审核的程序和方法;

(3) 确定审核所覆盖的产品及相关过程和区域;

(4) 确定陪同审核的人员。

(二) 现场信息的收集和验证

审核员应当根据检查单收集和验证与审核目的、范围和准则有关的信息。当审核中发现可能导致不符合的线索时,无论是否属于检查单中的内容都应当予以注意并进一步审核。

审核员在现场收集和验证信息时应当做好审核记录。

收集和验证信息的方法有面谈、观察、审查文件和记录等,以及这些方法的综合应用。

1. 面谈

审核员每到一处应当向接受审核的人员说明来意,并从要求对方描述其工作开始,了解与审核活动有关的状况,按照“告诉和示范”的思路把审核引向深入。面谈获得的信息需经验证后才能作为审核证据。

2. 观察

对正在进行的过程或活动,审核员应当通过观察来收集和验证有关符合审核准则的信息,通过观察,审核员应当能够回答:

(1) 现场工作人员是否了解、得到和使用正在进行的质量活动以及与结果有关的文件?

(2) 现场工作人员是否执行了这些文件?

(3) 文件所规定的资源条件是否处于受控状态?

(4) 文件执行后是否能达到所规定的要求?

3. 审查文件和记录

对于已完成的过程或活动,审核员应当通过对这些过程和活动策划的安排及其实施结果,审查有关的文件和记录,确定其符合规定要求的程度。在审查文件和记录时,审核员应当注意对有关数据的收集和分析,以便对过程业绩和产品特性的趋势作出判断。

对于正在进行的过程或活动,通过对有关文件的审查(见 GJB/Z 1697A 附录 B),确定其文件与审核准则的符合程度,并了解受审核的过程或活动的运作方式,按其要求进行现场验证。

当收集和验证的有关信息证实受审核部门存在不符合审核准则的事实时，审核员应当向受审核部门的陪同人员说明不符合的理由，并提请其对不符合的事实现场见证。

在产品质量审核中，审核员应当通过对抽样的样品进行测量来收集信息。必要时，需调查产品的质量历史状况。审核员应当按检查单进行取样，并确保取样的独立性，如委托其他部门进行测量时，应当对其测量手段、测量环境以及测量人员的资格进行审查，如果在产品质量审核中发现测量结果与原检查结果有明显差异，或产品质量特性不合格时，应当组织有关测量人员分析原因，找出存在的问题，必要时可重新进行测量。

（三）形成审核发现

审核员应当依据审核准则对所收集的审核证据进行评审并形成审核发现。审核发现有符合和不符合两类。对符合审核准则的情况进行汇总，包括所审核的部门、职能或过程以及覆盖的产品范围。对于不符合审核准则的情况应当形成不符合项报告。

审核员在不符合项报告中应当阐明在什么地方、抽查什么情况时，发现了什么问题、不符合什么要求，以便受审核部门在制订纠正措施时对不符合的事实进行核实，也便于后续的跟踪审核时对纠正措施效果的验证。

审核组长应当对形成的审核发现进行审查，需要时可召集审核组成员共同评审审核发现。

（四）末次会议

审核组长应当主持召开末次会议，就审核发现和审核结论与受审核部门提出纠正措施要求。适当时，双方就受审核部门纠正措施的时间进度达成共识。

（五）编制和发放审核报告

审核组长应当编制审核报告并对报告的内容负责。

审核报告应当包括如下内容：

(1) 审核的目的和范围；

(2) 审核准则；

(3) 审核发现，包括符合的和不符合的；

(4) 对纠正措施的要求。

必要时，审核报告可包括建议。

审核报告连同不符合项报告由审核组长提交给审核管理部门。审核管理部门应当对审核报告和不符合项报告进行审查，对审核报告履行批准手续。审核报告应当及时发放给最高管理者、管理者代表以及受审核部门，以便及时采取纠正措施，消除所发现的不符合项及其原因。

五、审核跟踪

(一) 纠正措施的反馈

受审核部门应当对不符合项报告中提出的问题调查其原因,制订和实施纠正措施,并把所制订的纠正措施和预期完成日期的信息反馈给审核管理部门。

审核管理部门应当对受审核部门制订的纠正措施的适宜性进行评审,以确定是否对不符合项报告中提出的问题:

(1) 进行原因分析;

(2) 针对原因制订相应的纠正措施;

(3) 纠正措施能防止问题的再发生;

(4) 完成纠正措施时间的适宜性。

当发现受审核部门制订的纠正措施不能满足要求时,应当要求其重新制订纠正措施。

(二) 纠正措施的跟踪审核

审核管理部门应当指派审核员对受审核部门所采取的纠正措施的有效性进行跟踪审核,跟踪审核按受审核部门纠正措施预期完成的时间进行。

在跟踪审核时,审核员应当确定受审核部门是否:

(1) 原有的不符合已纠正;

(2) 纠正措施贯彻到位;

(3) 执行纠正措施后类似不符合项的问题未再发生。

跟踪审核的结果应当形成审核报告。跟踪审核中发现受审核部门制订的纠正措施尚未落实或类似不符合项的问题还在发生时,审核员应当按不符合处理,要求受审核部门继续采取纠正措施。

第五节　内部质量审核员的管理

一、内部质量审核员的选择

组织应当从相关的职能和层次上选择内部质量审核员,选择的内部质量审核员应当具备以下条件:

(1) 具有实际工作经验和质量管理知识;

(2) 能理解受审核的产品、过程的技术内容;

(3) 能坚持原则,客观公正,忠于职守,勤奋工作。

二、内部质量审核员的培训

组织应当对选择的内部质量审核员进行培训。通过培训,审核员应当:

(1) 熟悉并理解 GJB 9001B 的要求;

(2) 了解组织质量管理体系的运行情况;

(3) 掌握审核所需的检查、提问、评价和报告的方法以及策划、组织、交流、指导等主持审核所需的技能;

(4) 遵守内部质量审核程序及要求。

三、内部质量审核员的资格要求

内部质量审核员应当具有中等教育程度的学历,参加实际工作 5 年以上,经过内部质量审核知识的培训并获得资格后,由最高管理者或管理者代表聘任为内部质量审核员。

审核员要成为审核组长,应当在胜任审核组长的审核员的指导和帮助下完成两次完整的审核。

四、内部质量审核员的业绩评定

组织应当对内部质量审核员的业绩进行评定,并把评定的结果作为是否继续聘用的依据之一。

对内部质量审核员的业绩评定可在审核员自我总结的基础上进行。组织应当依据对审核活动监视的结果、受审核部门以及审核员所在工作部门的意见,从工作态度、工作能力、工作成果等方面进行综合评价。这种评价有助于内部质量审核队伍的建设,也有助于审核工作的不断改进。

第六节　对与过程和产品有关文件的评审

一、对过程文件的评审

(一) 总则

组织应当对确保过程有效策划、运行和控制所需的文件进行评审。

对过程文件的评审应当包括以下内容:

(1) 过程策划的输出是否满足其输入的要求;

(2) 过程的运行和控制要求是否明确。

组织应当识别受审核的过程是管理性过程、产品实现的过程还是支持性过程,以便有针对性地对其过程文件进行评审。

(二) 对有关管理性过程文件的评审

组织应当以 GJB 9001B 中的有关要求和相关的质量法规、标准以及组织的质量手册为审核准则对有关管理性过程文件进行评审,以确定文件是否:

(1) 符合审核准则;

(2) 明确做什么,由谁或哪一个部门做,何时何地以及如何做,或引用其作业文件;

(3) 规定监视和测量要求;

(4) 规定记录的要求。

在 GJB 9001B 中,有关的管理活动以及对质量管理体系和过程进行监督和测量的过程为管理性过程。

(三) 对有关产品实现过程文件的评审

组织应当对产品实现策划的输出所形成的文件进行评审。组织在对有关产品实现过程文件进行评审时应当注意以下两个方面:

(1) 过程文件之间的关系:上一个过程的输出直接形成下一个过程的输入。上一个过程的输出所形成的文件也就成为下一个过程策划的输入,并确保过程策划的输出满足其输入的要求。其顾客要求是产品实现过程策划的源头。

(2) 过程的运行和控制要求:包括过程的输入和输出要求、过程中的活动、资源、过程和产品的验证和确认、过程和产品要求的记录等。

对有关产品实现过程文件的评审应当以上一个过程的输出以及对过程运行和控制的要求为审核准则,并确定其满足要求的程度。

在 GJB 9001B 中,有关产品的实现以及对产品进行监督和测量的过程为产品实现的过程。GJB 9001B 中有关“产品实现的策划”的要求是对过程文件中有关过程运行和控制要求进行评审的审核准则。

(四) 对有关支持性过程文件的评审

组织应当对产品实现的支持性过程文件进行评审。支持性过程的输出是产品实现过程输入的一部分,以支持产品实现过程的有效运行以及对过程的监督。

组织在对支持性过程文件进行评审时应当注意其过程的输出,并确定其输出是否:

(1) 要求明确,适用时包括对提供的硬件质量以及需提供信息的要求;

(2) 与产品实现过程的要求相一致。

在 GJB 9001B 中,为产品实现提供有关资源和信息的过程为支持性过程,包括提供人力资源、基础设施、工作环境、文件、记录以及质量信息有关的过程。组织应当以产品实现策划为安排、GJB 9001B 以及质量手册中有关资源和信息的要求作为对支持性过程文件进行评审的审核准则。

二、对有关产品要求文件的评审

(一) 总则

在进行产品质量审核时,组织应当对表述顾客要求的产品规范和产品验收要求(如产品最终检验和试验规范或规程)进行评审,确保顾客的要求得到确定并予以满足。

(二) 对产品规范的评审

组织应当以合同、技术协议以及有关法律、法规为审核准则对产品规范进行评审,以确定产品规范是否:

（1）包括顾客规定的要求；
（2）符合与产品有关的法律法规的要求；
（3）规定对产品安全和正常使用所必需的要求。

（三）对产品验收要求的评审

组织应当以产品规范为审核准则，对有关产品验收要求（如产品最终检验和试验规范或规程）进行评审，以确定产品验收要求是否满足：
（1）验收的项目和要求与产品规范相符；
（2）验收的方法、测量手段及其精度能满足产品质量特性的要求；
（3）抽样方案合理；
（4）验收记录要求明确。

第七节　GJB 9001B 条款涉及相关国家军用标准对照表

相关法规、标准规定，武器装备论证、研制、生产、试验和维修应当执行军用标准以及其他满足武器装备质量要求的国家标准、行业标准和企业标准；鼓励采用适用的国际标准和国外先进标准。武器装备研制、生产、试验和维修单位应当依照计量法律、法规和其他有关规定，实施计量保障和监督，确保武器装备和检测设备的量值准确和计量单位统一。

GJB 9001B 的条款中，涉及的国家军用标准很多，下表列出的仅是涉及的常用国家军用管理标准，各承制单位应根据组织的实际来确定其需要的其他标准。

国家军用标准是在不断修订的，无论是组织还是内审员，一定要注意收集标准的最新版本。GJB 9001B 条款涉及的军用标准，见表 6－1。

表 6－1　GJB 9001B 条款涉及的军用标准对照表

序号	GJB 9001B—2009 标准条款号	涉及的常用国家军用标准	
1	前言	GJB 0.1—2001	《军用标准文件编制工作导则 第 1 部分：军用标准和指导性技术文件编写规定》
2		GJB 0.2—2001	《军用标准文件编制工作导则 第 2 部分：军用规范编写规定》
3		GJB 0.3—2001	《军用标准文件编制工作导则 第 3 部分：出版印刷规定》
4	1.2	GJB/Z 69—1994	《军用标准的选用和剪裁导则》
5	3	GJB 1405A—2006	《装备质量管理术语》

（续）

序号	GJB 9001B—2009 标准条款号	涉及的常用国家军用标准	
6	4.1	GJB 2993—1997	《武器装备研制项目管理》
7		GJB 3677A—2006	《装备检验验收程序》
8		GJB 3885A—2006	《装备研制过程质量监督要求》
9		GJB 3887A—2006	《军事代表参加装备定型工作程序》
10		GJB 3899A—2006	《大型复杂装备军事代表质量监督体系工作要求》
11		GJB 3920A—2006	《装备转厂、复产鉴定质量监督要求》
12		GJB 4072A—2006	《军用软件质量监督要求》
13		GJB 5707—2006	《装备售后技术服务质量监督要求》
14		GJB 5708—2006	《装备质量监督通用要求》
15		GJB 5709—2006	《装备技术状态管理监督要求》
16		GJB 5710—2006	《装备生产过程质量监督要求》
17		GJB 5711—2006	《装备质量问题处理通用要求》
18		GJB 5712—2006	《装备试验质量监督要求》
19		GJB 5714—2006	《外购器材质量监督要求》
20	4.2.2	GJB/Z 379A—1992	《质量管理手册编制指南》
21	4.2.3 4.2.4	GJB 832A—2005	《军用标准文件分类》
22		GJB 906—1990	《成套技术资料质量管理要求》
23		GJB 5159A—2004	《军工产品定型电子文件要求》
24		GJB/Z 16—1991	《军工产品质量管理要求与评定导则》
25		GJB/Z 113—1998	《标准化评审》
26	6.2.1	GJB 9712—2002	《无损检测人员的资格鉴定与认证》
27	6.4	GJB 150.1A—2009	《军用装备实验室环境试验方法 第1部分 通用要求》
28	6.5	GJB 630A—1998	《飞机质量与可靠性信息分类和编码要求》
29		GJB 1686A—2005	《装备质量信息管理通用要求》
30		GJB 1775—1993	《装备质量与可靠性信息分类和编码通用要求》
31		GJB 3870—1999	《武器装备使用过程质量信息反馈管理》

（续）

序号	GJB 9001B—2009 标准条款号	涉及的常用国家军用标准	
32	7.1	GJB 1406A—2005	《产品质量保证大纲要求》
33		GJB 546B—2011	《电子元器件质量保证大纲》
34	7.1 e)	GJB/Z 106A—2005	《工艺标准化大纲编制指南》
35		GJB/Z 114A—2005	《产品标准化大纲编制指南》
36		GJB/Z 220—2005	《军工企业标准化工作导则》
37	7.1 j)	GJB/Z 8171—2013	《武器装备研制项目风险管理指南》
38	7.2.2	GJB 2102—1994	《合同中质量保证要求》
39	7.1 g) 7.3.1 h)	GJB 368B—2009	《装备维修性工作通用要求》
40		GJB 450A—2004	《装备可靠性工作通用要求》
41		GJB 451A—2005	《可靠性维修性保障性术语》
42		GJB 813—1990	《可靠性模型的建立和可靠性预计》
43		GJB 899A—2009	《可靠性鉴定和验收试验》
44		GJB 900A—2012	《装备安全性工作通用要求》
45		GJB 1371—1992	《装备保障性分析》
46		GJB 1407—1992	《可靠性增长试验》
47		GJB 1909A—2009	《装备可靠性维修性保障性要求论证》
48		GJB 2072—1994	《维修性试验与评定》
49		GJB 2547A—2012	《装备测试性工作通用要求》
50		GJB 2993—1997	《武器装备研制项目管理》
51		GJB 3837—1999	《装备保障性分析记录》
52		GJB 3872—1999	《装备综合保障通用要求》
53		GJB 4050—2000	《武器装备维修器材保障通用要求》
54		GJB 4239—2001	《装备环境工程通用要求》
55		GJB 6388—2008	《武器综合保障计划编制要求》
56		GJB/Z 23—1991	《可靠性和维修性工程报告编写一般要求》
57		GJB/Z 57—1994	《维修性分配与预计手册》
58		GJB/Z 72—1995	《可靠性维修性评审指南》
59		GJB/Z 91—1997	《维修性设计技术手册》
60		GJB/Z 102A—2012	《军用软件安全性设计指南》
61		GJB/Z 145—2006	《维修性建模指南》
62		GJB/Z 147A—2006	《装备综合保障评审指南》

（续）

序号	GJB 9001B—2009 标准条款号	涉及的常用国家军用标准	
63	7.3.1 i)	GJB 190—1986	《特性分类》
64		GJB 2116—1994	《武器装备研制项目工作分解结构》
65		GJB 2737—1996	《武器装备系统接口控制要求》
66	7.1 f) 7.3.1 o)	GJB 438B—2009	《军用软件开发文档通用要求》
67		GJB 439A—2013	《军用软件质量保证通用要求》
68		GJB 1091—1991	《军用软件需求分析》
69		GJB 1267—1991	《军用软件维护》
70		GJB 1268A—2004	《军用软件验收要求》
71		GJB 2786A—2009	《军用软件开发通用要求》
72		GJB 5000A—2008	《军用软件研制能力成熟度模型》
73		GJB 5234—2004	《军用软件验证和确认》
74		GJB 5235—2004	《军用软件配置管理》
75	7.3.4	GJB1310A—2004	《设计评审》
76	7.3.6	GJB 1362A—2007	《军工产品定型程序和要求》
77		GJB 2240—1994	《常规兵器定型试验术语》
78		GJB/Z 170—2013	《军工产品设计定型文件编制指南》
79	7.3.8	GJB 907A—2006	《产品质量评审》
80		GJB 908A—2008	《首件鉴定》
81		GJB 1269A—2000	《工艺评审》
82		GJB 1710A—2004	《试制和生产准备状态检查》
83		GJB 2366A—2007	《试制过程的质量控制》
84	7.3.9	GJB 1452A—2004	《大型试验质量管理要求》
85		GJB 1309—1991	《军工产品大型试验计量保证与监督要求》
86	7.4.1	GJB 939—1990	《外购器材的质量管理》
87		GJB 1404—1992	《器材供应单位质量保证能力评定》
88		GJB 5714—2006	《外购器材质量监督要求》
89	7.4.2	GJB 3900A—2006	《装备采购合同中质量保证要求的提出》
90	7.4.3	GJB 5715—2006	《引进装备检验验收程序》
91	7.5.1	GJB 467A—2008	《生产提供过程质量控制》
92		GJB 480A—1995	《金属镀覆和化学覆盖工艺》
93		GJB 481—1998	《焊接质量控制要求》
94		GJB 509B—2008	《热处理工艺质量控制》
95		GJB 904A—1999	《锻造工艺质量控制要求》
96		GJB 905—1990	《熔模铸造工艺质量控制》
97		GJB 3363—1998	《生产性分析》

（续）

序号	GJB 9001B—2009 标准条款号	涉及的常用国家军用标准	
98	7.5.3	GJB 726A—2004	《产品标识和可追溯性要求》
99		GJB 1330—1991	《军工产品批次管理的质量控制要求》
100	7.5.5	GJB 145A—1993	《防护包装规范》
101		GJB 1181—1991	《军用装备包装、装卸、贮存和运输通用大纲》
102		GJB 1182—1991	《防护包装和装箱等级》
103		GJB 1443—1992	《产品包装、装卸、运输、贮存的质量管理要求》
104		GJB 2353—1995	《设备和零件的包装程序》
105	7.5.6	GJB 909A—2005	《关键性和重要件的质量控制》
106	7.5.7	GJB 3916A—2006	《装备出厂检查、交接与发运质量工作要求》
107	7.5.8	GJB 5707—2006	《装备售后技术服务质量监督要求》
108	7.6	GJB 2712A—2009	《装备计量保障中心测量设备和测量过程的质量控制》
109		GJB 2715A—2009	《军事计量通用术语》
110		GJB 2725A—2001	《测试实验室和校准实验室通用要求》
111		GJB 5109—2004	《装备计量保障通用要求检测和校准》
112	7.7	GJB 3206A—2010	《技术状态管理》
113		GJB 5709—2006	《装备技术状态管理监督要求》
114		GJB 6387—2008	《武器装备研制项目专用规范编写规定》
115	8.2.2	GJB/Z 379A—1992	《质量管理手册编制指南》
116		GJB/Z 1687A—2006	《军工产品承制单位内部质量审核指南》
117	8.2.4	GJB 466—1988	《理化试验质量控制规范》
118		GJB 179A—1996	《计数抽样检验程序及表》
119		GJB 1442A—2006	《检验工作要求》
120		GJB 3677A—2006	《装备检验验收程序》
121	8.3	GJB 571A—2005	《不合格品管理》
122		GJB 5711—2006	《装备质量问题处理通用要求》
123	8.4	GJB 1364—1992	《装备费用－效能分析》
124		GJB 5423—2005	《质量管理体系的财务资源和财务测量》
125		GJB/Z 127A—2006	《装备质量管理统计方法应用指南》

(续)

序号	GJB 9001B—2009 标准条款号	涉及的常用国家军用标准	
126	8.5.2	GJB 841—1990	《故障报告、分析和纠正措施系统》
127		GJB/Z 768A—1998	《故障树分析指南》
128	8.5.3	GJB/Z 1391—2006	《故障模式、影响及危害性分析指南》

第七章　质量管理体系要求检查与案例

第一节　综　　述

质量管理体系审核是用于确定符合质量管理体系要求的程度以及满足质量方针和质量目标的有效性的一种质量管理体系评价方法。质量管理体系审核的结果可用于承制单位识别改进的机会。质量管理审核可分为第一方审核、第二方审核和第三方审核。第一方审核(内部审核)是由承制单位自己或以组织的名义对其自身的质量管理体系进行的审核;第二方审核(外部审核)是由承制单位的相关方(如顾客)或由其他人员以相关方名义对承制单位的质量管理体系进行的审核;第三方审核(外部审核)是由外部独立的审核组织进行的审核,如那些对于 GB/T 要求的符合性提供认证或注册的机构。

本章主要是对 GJB 9001B《质量管理体系要求》的学习、理解,通过对承制单位质量保证各部门检查要点和质量管理体系的共性条款以及设计部门、采购部门、技术(工艺)部门、生产部门的监督,生产管理部门、质量管理部门、检验试验部门、计量设备管理部门、市场(营销)部门、技术服务部门、人力资源部门、财务部门和过程质量等的审核及检查后,积累、收集了部分对质量管理体系相关条款审核及检查的理解和常易出现的案例,供读者工作中借鉴。

第二节　质量保证部门检查要点

一、概述

对质量管理体系的检查主要是审查质量管理体系文件的适用性和监督质量体系文件的有效实施,可分为初审和日常监督。

初审在承制单位建立质量体系时实施,重点是审查质量手册、程序文件应符合质量管理的职责和接口程序、标准的规定要求,体现各质量保证部门的特点和产品特点,具体从结构和内容两个方面,按照完整性、协调性、适用性要求进行审查,提出意见,书面提交给承制单位。

日常监督主要是检查质量手册和程序文件的宣贯执行情况,以及其更改、换版的受控情况。各类人员熟悉质量手册和程序文件的有关内容;质量体系发生变化时,相关文件应及时更改,并按照规定办理审批手续;各部门和生产现场的质量手册和程序文件应是现行有效版本。一般军工企业的质量管理体系组织结构,如图7－1所示。

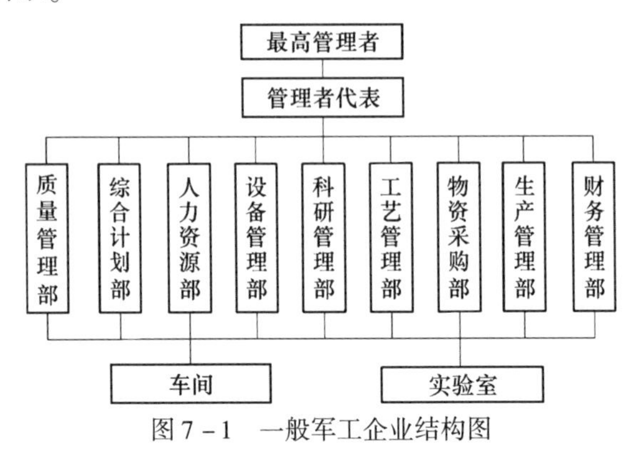

图7－1　一般军工企业结构图

二、最高管理层

对最高管理层检查一般包括:制定实施质量方针和质量目标,规定质量职责和权限,提供充分的资源,指定管理者代表和进行管理评审等。

(一) 检查的内容

(1) 所制定的质量方针和质量目标应充分反映用户需求,量化可测,具有可达性;经常组织质量方针、目标的宣贯学习;质量方针、目标为全体职工所熟悉和理解。

(2) 在质量管理体系文件中明确各项质量职能的责任单位,明确各级人员质量活动的职责权限和相互关系。

(3) 质量部门在最高管理者领导下,独立行使职权,特别是检验部门应实行一级管理。

(4) 为满足产品设计、生产、试验、修理和服务的需要,提供了充足的资源,包括人力资源、基础设施、工作环境和信息等,并根据实际需要适时调整。

(5) 最高管理者在本组织管理层中指定了管理者代表,规定其职责,并赋予相应权力。

(6) 各级领导熟悉自己岗位职责。

(7) 管理评审能按规定的时间间隔(两次间隔不长于12个月)举行,评审的结论和意见建议应形成书面文件并及时归档;评审提出的改进决议能按时落实。

(8) 八项质量管理原则被确定为最高管理者用于领导组织进行业绩改进的指导原则。

(二) 检查方式

(1) 询问;

(2) 问卷式。

三、质量管理部门

对质量管理部门检查一般包括质量管理体系策划、质量目标策划、质量管理体系文件管理、产品质量评审、不合格品控制、纠正和预防措施、质量记录、内部质量审核、统计技术和质量信息管理等。

(一) 检查的内容

(1) 制定的年度质量目标计划具体,可测量;上年度质量目标实施、检查和落实情况。

(2) 对质量管理体系文件的编制、批准、发放、更改控制情况。

(3) 型号质量保证大纲应符合 GJB 1406A《产品质量保证大纲要求》的规定。

(4) 产品质量评审对设计评审、工艺评审(正样机的首件鉴定)和产品质量评审提出的质量问题归零,否则不能转阶段或状态。

(5) 不合格品审理机构是否健全;按照规定的程序审理不合格品,纠正措施得到落实;不合格品管理符合要求。

(6) 质量记录的保管、检索、保存期限和处理符合要求。

(7) 内部质量审核有计划,有实施记录,对不合格项采取纠正措施并进行跟踪验证。

(8) 建立信息渠道,运用质量和可靠性信息,研究制定预防措施,不断改进产品质量。

(9) 明确统计技术应用的项目;对统计技术应用实施控制。

(二) 验证方式

(1) 查计划;

(2) 查文件;

(3) 查记录。

四、检验部门

对检验部门检查一般包括:产品的进货检验、工序检验、首件检验和最终产品检验、检验和试验规程、检验和试验记录、重要试验的控制和检验印章控制等。

(一) 检查的内容

(1) 制定的年度质量目标计划具体,可测量;上年度质量目标实施、检查和落实情况。

(2) 编制最终产品的质量保证文件,即检验规程、试验规程;编制进货检验的质量控制文件,即外包、外协产品的验收规程以及外购产品的验收规程(也称复验规程);签署工序、首件检验的工艺质量控制文件,即工艺规程以及随件流转卡。

(3) 按岗位合理配备人员;检验员经过培训,持证上岗。

(4) 印章管理严格;专人专用;领取或收缴有记载。

(5) 检验和试验使用的工具、设备应按规定的周期间隔进行校准;生产与检验共用的工装、设备,使用前得到校验。

(6) 按规定的要求进行进货检验;“紧急放行”时应严格审批,并征得使用部门同意。

(7) 按规定的要求进行过程检验;“偏离许可和让步”必须是可追回的产品,并有标识。

(8) 按规定标识产品的检验和试验状态。

(9) 检验记录应能清楚地表明其所依据的验收标准及其验收结果。

(二) 检查方式

(1) 检查文件;

(2) 检查记录;

(3) 现场检查。

五、档案、标准化部门

对档案、标准化部门检查一般包括:确保质量体系运行的各个场所都能得到相应文件的有效版本,防止使用失效/作废文件。

(一) 检查内容

(1) 制定的年度质量目标计划具体,可测量;上年度质量目标实施、检查和落实情况。

(2) 文件和资料(包括外来文件)收、发有记录并盖受控章。

(3) 失效、作废文件收回或盖作废章。

(4) 产品《标准化大纲》符合规定的要求。

(5) 建立了《图样和技术资料完整性目录》。

(6) 文件资料的管理及保管环境符合要求。

(二) 检查方式

(1) 检查文件;

(2) 检查记录;

(3) 检查文档现场。

六、销售部门

对销售部门检查一般包括:合同评审,合同修订,计划落实等。

(一) 检查内容

(1) 制定的年度质量目标计划具体,可测量;上年度质量目标实施、检查和落实情况。

(2) 签订销售合同前进行评审。

(3) 合同的修订。

(4) 按合同要求交付产品。

(5) 保存合同评审和执行情况的记录。

(6) 产品的包装箱、产品包装满足相关标准要求。

(7) 交付的产品满足合同规定,并配齐随机备件、工具、设备、资料。

(8) 按照合同的要求,准时、准确将产品发送到用户。

(二) 检查方式

(1) 查制度、查要求的落实;

(2) 检查实施情况。

七、采购部门

对采购部门检查一般包括:对供方评价、采购资料控制、采购产品验证、对新研制采购产品的控制以及采购产品保管、防护等。

(一) 检查内容

(1) 制定的年度质量目标计划具体,可测量;上年度质量目标实施、检查和落实情况。

(2) 对供方的质量保证能力的评价。

(3) 按"合格器材供应单位名录"采购器材。

(4) 采购产品的运输、入厂、入库、交接、复验、保管、发放及环境等按照规定执行。

(5) 新研制的配套产品必须通过了设计定型或设计鉴定。

(6) 统计分析采购器材的质量动态。

(二) 检查方式

(1) 检查计划;

(2) 检查文件;

(3) 检查记录;

(4) 检查库房现场。

八、设计部门

对设计部门检查一般包括:设计控制程序文件、设计和开发的策划、设计输入、设计输出、设计评审、设计验证、设计确认和设计更改的控制。

(一) 检查内容

(1) 制定的年度质量目标计划具体,可测量;上年度质量目标实施、检查和落实情况。

(2) 承制单位应对每项设计和开发活动进行策划,并编制设计开发计划。计划应阐明或列出应开展的活动,配备充足的资源,规定完成这些活动的负责人和职责,委派具备资格的人员完成,明确接口。

(3) 严格按照设计控制程序要求,实施分阶段的设计控制,前一阶段活动未达到要求时,不能转入下一阶段。

(4) 总设计师系统根据型号研制总要求,按程序文件要求,以"做什么? 怎么做? 做到什么程度?"的形式编写设计文件,如系统规范、研制规范、调试规范、试验规范和检验规范等设计规范方面的设计文件,并应按规定经有关部门(含使用部门)会签;规范应具有指令性、正确性、实用性、协调性,作为控制和评价设计、试验工作的准则,也是技术状态管理的基线文件。

(5) 对产品性能、可靠性、维修性、测试性、安全性和保障性进行系统分析,并进行专题评审,综合权衡,求得最佳费用效能。

(6) 采用的新技术、新器材,经过充分论证、试验和鉴定,并按照规定履行审批手续。

(7) 对复杂产品的单元件(特性),编制关键件(特性)、重要件(特性)项目明细表,并在产品设计文件和图样上作相应标识。

(8) 实行图样和技术资料的校对、审核、批准的审签制度,工艺和质量会签制度以及标准化审查制度。

(9) 设计输入应形成文件并经过评审和批准,内容应包括:战术技术指标、功能要求、环境要求、适用的法律法规要求、工艺要求、设计试验应遵循的准则和规律等;设计输入文件应与合同、标准等文件的要求一致,应规定设计输入更新的方式和途径。

(10) 设计输出应形成文件,其内容应能够依据设计输入要求,予以验证和确认。设计输出形式可以是:图样、规范、指导书、软件、程序等,设计输出文件发放前,应进行评审和批准。当采用核审方式时,核审人员与原设计人员不能为同一人,同时,还应按规定进行工艺和质量会签、标准化审查等。

(11) 按计划节点进行分级分阶段的设计评审,参加评审的人员具有代表性和相应能力,评审应有结论,评审中提出的问题应采取措施并闭环管理,保存评审的记录。

(12) 按计划和规定的方法进行设计验证,验证输出结果是否满足输入的要求,参加验证的人员应具备资格,验证依据的文件、使用的设备等处于受控状态,验证中出现的问题和采取的措施应实行闭环管理,保持验证过程的记录。

(13) 按计划的时机实施设计确认,确认的结果应能反映产品特定的预期用途和要求的满足程度;设计确认中的检查、试验和证实必须在受控条件下进行,其结果应予以记录,对出现的问题应采取措施,并实行闭环管理。对需要定型

(鉴定)的产品,应按定型工作条例和定型委员会的要求完成准备工作。

(14) 所有设计更改实施之前应由有资格的被授权人员审核、批准,以确定更改是否会影响到已批准的设计评审、验证或确认的结果;当某一局部作更改时必须评价其对整体的影响;涉及已定型产品的更改,应按照规定履行审批手续;所有的设计更改都应有记录并形成文件,并及时通知所有相关方(设计更改的控制应符合技术状态管理的要求)。

(15) 对研制部门技术状态管理的检查主要有:技术状态标识,技术状态控制,技术状态记实,技术状态审核四方面的内容,按照 GJB 3206A《技术状态管理》的要求进行检查。

(二) 检查方式

(1) 检查输出文件的完整性、全面性和规范性;

(2) 检查记录;

(3) 试验现场。

九、工艺部门

对工艺部门检查一般包括:工艺评审、试制和生产前准备状态检查、首件鉴定、特殊过程确认、关键过程管理和工装设备管理等。

(一) 检查内容

(1) 制定的年度质量目标计划具体,可测量;上年度质量目标实施、检查和落实情况。

(2) 编制产品工艺总方案、工艺标准化综合要求和工艺规范的检查。

(3) 编制各型产品的工艺规程以及随件流转卡的检查。

(4) 工艺评审。

(5) 首件鉴定。

(6) 关键过程的控制。

(7) 特殊过程的确认。

(二) 检查方式

(1) 检查文件;

(2) 检查记录;

(3) 检查现场。

十、售后技术服务部门

对售后技术服务部门监督检查一般包括:外场技术质量信息能在规定时间内及时处理;主动开展质量外访,了解使用部门需求;新装备首批装备部队后,按要求开展技术培训工作,到部队开展现场服务,及时解决出现的质量问题,并得到部队验证;对使用中出现的质量问题进行统计分析,不断改进产品质量。

（一）检查内容

（1）制定的年度质量目标计划具体，可测量；上年度质量目标实施、检查和落实情况。

（2）外场技术质量信息及时处理。

（3）主动了解使用部门需求。

（4）复杂产品首批装备部队后，按要求开展技术培训工作，进行现场服务。

（5）信息的统计和质量改进。

（二）检查方式

（1）检查计划；

（2）相关文件；

（3）记实检查。

十一、计量部门

对计量部门的检查一般包括明确检验、测量和试验设备的控制范围，配备满足测量任务精度要求的设备，按标准的控制程序规定内容进行校准和维护及标准量传的控制等。

（一）检查内容

（1）制定的年度质量目标计划具体，可测量；上年度质量目标实施、检查和落实情况。

（2）所有检验、测量和试验设备进行登记、造册、建档。

（3）配备的检测设备、计量器具满足产品测量精度要求。

（4）检测设备、计量器具按规定的周期间隔进行检定。

（5）发现检验、测量或试验设备偏离校准状态时，应评定已检验和试验结果的有效性，并形成文件。

（6）检验、测量和试验设备应带有表明其校准状态的合适的标志。

（7）校准应有适宜的环境条件。

（8）检定校准有记录。

（9）用于监视和测量的计算机软件，在初次使用前确认，必要时再确认。

（二）检查方式

（1）检查计划；

（2）检查文件；

（3）检查记录；

（4）检查现场。

十二、生产管理部门

对生产管理部门检查一般包括：均衡生产，产品批次管理，产品的搬运、存储、包装、发运和交付。

(一) 检查内容

(1) 制定的年度质量目标计划具体,可测量;上年度质量目标实施、检查和落实情况。

(2) 生产作业计划满足均衡生产的要求。

(3) 产品具有可追溯性。按照批次管理的产品,做到"五清"(即批次清、质量状况清、原始记录清、数量清、炉(批)号清)和"六分批"(即分批投料、分批加工、分批转工、分批入库、分批装配和分批出厂)的要求进行管理。

(4) 成品、半成品的入库、搬运、存储、包装按规定执行。

(5) 对外协作加工项目,按"采购"要素的规定控制。

(二) 检查方式

(1) 检查文件;

(2) 检查记录;

(3) 检查库房现场。

十三、设备管理部门

对设备管理部门的检查一般包括:承制单位应配备适合于设计生产、试验和服务的设备;对设备进行维修,保持功能和加工精度。

(一) 检查内容

(1) 制定的年度质量目标计划具体,可测量;上年度质量目标实施、检查和落实情况。

(2) 设备台账和设备档案(包括自制设备、租用设备)。

(3) 编制设备大修和维修计划。

(4) 新安装和经过大修的设备精度调整记录。

(5) 设备维修计划的完成情况及验收记录。

(二) 检查方式

(1) 检查计划;

(2) 检查文件;

(3) 检查记录;

(4) 检查维修现场。

十四、人力资源部门

对人力资源部门检查一般包括:人员考核培训管理是否归口管理;有无年度考核培训规划,各有关车间科室是否有具体的培训计划,并能按计划开展培训工作;各种人员的培训、考核、发证工作是否登记建档,保存培训记录。

(一) 检查内容

(1) 制定的年度质量目标计划具体,可测量;上年度质量目标实施、检查和落实情况。

(2) 人力资源需求分析(确定岗位能力要求)。

(3) 年度培训计划。

(4) 培训和效果评价记录。

(5) 发证记录。

(二) 检查方式

(1) 检查文件;

(2) 检查记录。

十五、财务部门

对财务部门检查主要包括质量成本管理与分析。

(一) 检查内容

(1) 制定的年度质量目标计划具体,可测量;上年度质量目标实施、检查和落实情况。

(2) 质量成本经济分析报告、质量成本技术分析报告。

(3) 年度、季度质量成本分析报告经最高管理者签阅。

(4) 质量成本执行情况的考核。

(5) 质量成本原始资料。

(二) 检查方式

(1) 检查文件;

(2) 检查记录。

十六、生产现场(车间、实验室)

(一) 检查内容

(1) 制定的年度质量目标计划具体,可测量;上年度质量目标实施、检查和落实情况。

(2) 现场使用的产品图样、文件是现行有效版本。

(3) 现场环境条件符合规定。

(4) 现场所用设备、器具处于良好状态并有合格标志。

(5) 现场所用器材有明显的合格标志。

(6) 人员经过上岗前培训,持证上岗。

(7) 执行“首件检验”制度。

(8) 产品工序间的周转落实相应的防护措施。

(9) 实施监视和测量。

(10) 现场原始记录完整准确,无随意涂改。

(二) 检查方式

(1) 查制度、查要求;

（2）检查实施情况。

第三节　有关职能部门的共性职责

共性职责是指与承制单位各职能部门都相关的质量职责。本节介绍的是这些共性职责在非归口管理部门的检查内容与案例。

一、检查内容及要求

（一）文件控制的检查

本条是对 GJB 9001B《质量管理体系要求》中4.2.3 文件控制内容的理解与检查。

1. 理解要点

（1）质量管理体系所要求的文件均应得到控制，其主要目的是确保文件的充分性和适宜性，在文件的使用现场得到有关文件的适用版本，防止使用作废文件或不适用的文件。

（2）记录是一种特殊的文件，其特殊性主要体现在记录起到的是提供所完成活动的证据的作用，不允许进行更改或更新，记录应按要求予以控制。

（3）组织应编制有关文件控制的形成文件的程序，程序中应对如下方面作出规定：

① 文件在发布前应能得到批准，以确保其适宜性（即文件的内容适合于组织及产品的情况）和充分性（即文件所阐述的要点没有漏项）。一般情况下，不同的层次、内容或重要性的文件会由不同的人员进行批准，因此，组织通常会根据其自身的管理特点，规定文件的批准权限和范围。

② 文件在实施中可能会因组织结构和职责、产品特性、过程实施方法、工作流程、法律法规，标准等发生改变而变化，这时有必要对原文件的适用性和充分性进行评审；组织也可以根据需要对文件进行定期评审以确定文件是否需要更新；文件若发生修改或更新，则需经过再次批准。

③ 组织应确保能识别文件的更改和现行修订状态，如采用控制清单、文件修订表或标识等方式。

④ 组织应确保在需要使用文件的场所能得到有关文件的适用版本。一般来说，文件有新版本后，旧版本文件就应作废了，但有时也不完全如此。如：由于产品的不断更新，其型号也不断更新，而仍有顾客在使用老型号的产品，由于配件更换的原因，顾客可能需要组织按以前的旧版本的文件/规范生产某一配件产品。在这种情况下，不能说由于该配件已有最新版本文件/规范，就认为旧版本文件/规范是作废版本，因为这时两种版本的文件/规范都是适用的。

⑤ 文件应易于识别，清晰可辨，如可采用对文件进行编号的方式来实现对

不同文件的区分,便于快速查找,文件的字迹和内容应清晰。

⑥ 标准对需控制的外来文件进行了明确的限定。策划和运行质量管理体系所需的外来文件应得到识别,并控制其分发。这样可以进一步澄清所需控制的外来文件的范围,如适用的质量管理体系标准、与产品有关的法律法规、顾客提供的图样、产品标准等。对这些外来文件应识别并管理,控制外来文件的分发并使其处于受控状态,对外来文件可能出现的变更/更新进行跟踪识别,以确保使用有关版本的适用的、有效的外来文件。

⑦ 组织应防止作废文件的非预期使用。如有可能,应考虑将这些作废文件从所有发放和使用场所及时收回。若由于法律或其他原因而保留作废文件时,应对这些作废保留的文件进行适当的标识。

⑧ 对图样和技术文件审签,应根据相关标准、规范、产品要求及本组织的情况作出规定,明确如何进行校对、审核、批准和签署;对工艺和质量会签、标准化审查也应作出规定,严格执行。

⑨ 对现场使用的产品图样和技术文件应满足协调一致、现行有效的控制要求。

⑩ 组织应识别在产品的实现过程中需要保存的哪些文件,即具体的识别出在哪一个过程、生成的哪些文件(包括记录)是需要保存的。文件按规定要求归档。

2. 检查要点

(1) 职能部门的收、发文件登记。

(2) 按照标准要求编制控制程序。

(3) 现场使用的文件应确保现行有效;文件的更改应有标识;已作废但需留用的文件应有适宜的标识。

(4) 应按规定对图样和技术文件的审签、工艺和质量会签、标准化审查,确保图样和技术文件保持一致。

(5) 文件应定期归档,做好编目,便于查询。

(二) 质量记录的检查

本条是对 GJB 9001B《质量管理体系要求》中 4.2.4 记录控制内容的理解和检查。

1. 理解要点

(1) 记录是一种特殊类型的文件,是阐明所取得的结果或提供所完成活动的证据的文件。记录可以提供产品、过程和质量管理体系符合要求及质量管理体系有效运行的证据,具有追溯、证实和依据记录采取纠正和预防措施的作用。

(2) 具有证明产品、过程和质量管理体系与要求的符合性及证明质量管理体系是否已得到有效运行作用的记录,都属本条款要控制的范畴。

（3）所有记录的内容应清晰、易于识别和检索。

（4）组织应编制形成文件的程序，以对记录进行有效控制，包括：

① 采用适宜的方式对记录进行标识，如名称、编号等方式；

② 在适宜的环境条件下存储记录，防止因存储不当而造成记录的损坏或丢失；

③ 采取适当的措施保护好记录，包括电子媒介保存的记录；

④ 采用适宜的方式以便于记录的检索，易于查找，如进行编目、归档等；

⑤ 应根据产品和过程/活动的特点，包括产品的寿命周期要求，以及顾客、法规要求及合同要求，将记录保留一定期限，以使记录在需要时发挥证实和追溯的作用；

⑥ 规定记录的处置方式，包括记录最终如何销毁的要求等。

（5）主要针对较重要产品的外包过程，目的是必要时便于查询和追溯。供方有关的记录指供方产生或供方从他处获取的记录，供方应对这些重要记录采取必要措施，程序文件中应对这些记录进行识别，规定相应的控制方式，并应在外包过程协议中予以落实。

（6）记录应能提供产品实现过程的完整质量证据。记录的完整性，包括在产品实现的各阶段形成的各种记录要齐全，满足规定的要求；还包括每个记录在内容上应完整，所规定的记录项目不应有缺漏，使军品的形成过程有完整的质量证据。

（7）记录能清楚地证明产品满足规定要求的程度，是指应尽可能给出定量的数据或可进行等级差别评价的记录，涉及产品特性，尤其是关键特性，需要有实测数据表明产品特性达成的水平。可以为产品符合性、产品质量水平、产品质量目标完成情况的评价及改进等提供信息。

2. 检查要点

（1）部门应依据质量职责建立质量记录。

（2）记录应能提供产品实现过程的完整质量证据，清楚地证明产品满足规定要求的程度。

（3）质量记录的内容应填写完整、准确、清晰，不得随意进行涂改，若需更改，应按规定进行标识。

（4）质量记录的要求应完整、定期归档，做好编目，便于查询。

（5）对供方记录控制情况进行管理的规定及其实施的证据。

（6）质量记录保管条件应符合规定要求。

（三）质量方针的检查

本条是对 GJB 9001B《质量管理体系要求》中 5.3 质量方针内容的理解与检查，可选择部门进行抽查。

1. 理解要点

(1) 质量方针应该以质量管理原则为基础,是实施和改进组织质量管理体系的全部意图和方向。

(2) 质量方针应由最高管理者制定,最高管理者应对质量方针的实现负责。

(3) 质量方针:

① 与组织的总方针相适应。组织的总方针除涉及质量方面的内容外,还会涉及到环境、安全、发展战略等方面的内容,组织的质量方针体现其质量方面的意图和方向,是组织的总方针的重要组成部分,应与组织的总方针相适应。方针应体现组织不同的产品和过程特点、发展方向,具体组织的个性。

② 方针的制定应以质量原则为基础,尤其对满足要求(是指满足顾客的要求和适用的法律法规的要求)和持续改进、增强顾客满意的内涵。例如,某装备研制生产单位制订的质量方针是:“创新改进,系统管理,精确高效,顾客满意”。其中“创新”包括技术创新和管理创新。本世纪是变革、创新的世纪,在世界范围内如此,对于武器装备来说尤其重要。“改进”反映了持续改进这一永恒的主题,而且创新本身就需要改进、离不开改进,武器装备的质量需要不断改进。“系统管理”体现了管理的系统方法这一原则,以过程方法原则为基础,强调系统有效和高效,即高效地实现目标。“精确高效”体现了装备打得准(精确)、威力大(效能高),这正是产品/过程/体系所追求的最终结果。“顾客满意”体现了为军方服务的思想体系所追求的目的。

③ 质量方针是制定和评审质量目标的框架和基础,这种框架关系表现在:质量方针为组织制定质量目标提出方向和总体原则要求,并通过目标实现落实质量方针。而质量方针是否落实通常是通过评审质量目标的实现情况来完成的。

④ 质量方针应在组织内进行沟通,使各级人员能够理解其内涵。质量方针的沟通理解不能只停留在机械的记忆,而应能使各级人员意识到自己所从事的活动的重要性和为实现本岗位的质量目标应做出的贡献。对质量方针的沟通可通过最高管理者的传达和内部沟通等过程实现,对质量方针的理解可通过培训实现。

⑤ 组织的内、外部条件和环境会不断变化,这些变化可能会导致组织的宗旨和方向、顾客群体或顾客要求发生变化,因此,组织应对质量方针持续的适宜性进行评审,并在需要时进行适当的修订。质量方针的评审可在管理评审时进行,也可根据具体情况不定期地进行,以确保质量方针能适应组织宗旨、满足顾客要求,并使质量管理体系的有效性得到持续改进。

2. 检查要点

(1) 抽查员工对质量方针的掌握情况;

（2）质量方针的批准、传达和评审的证据；

（3）管理人员应熟记质量方针内容，并能说明其内涵。

（四）质量目标的检查

本条是对 GJB 9001B《质量管理体系要求》中 5.4.1 质量目标内容的理解和检查。

1. 理解要点

（1）质量目标应建立在质量方针的基础上，在质量方针确定的框架内展开。质量目标是评价质量管理体系有效性的重要的判定指标。最高管理者对质量目标的制定与实施负有责任。

（2）质量目标的内容（尤其是对满足要求和质量管理体系有效性持续改进的承诺方面的内容）应与质量方针保持一致。

（3）质量目标应包括满足产品要求（即预期产品的质量目标和要求）所需的内容。

（4）最高管理者应确保质量目标在组织的相关职能（某项质量目标内容所涉及的职能部门）和层次（与实现某项质量目标有关的人员级别，如管理层、作业层等）得到建立，即将目标分解在不同的职能和层次，使质量目标的实现能具体落实，并增加组织对质量目标的可考核性。

（5）质量目标应是可测量的，包括定性的和定量的目标。

（6）质量方针和质量目标的关系：

① 质量方针为制定、评审质量目标提供了框架；

② 质量目标依据组织的质量方针制定和评审；

③ 质量目标在满足要求和持续改进方面应与质量方针保持一致。

（7）质量目标应包含产品实物质量方面的内容，并体现通过努力所追求的产品质量水平要求。质量目标还应体现顾客最关注的方面并考虑顾客期望的产品质量水平。组织应定期对其质量目标是否实现或有能力实现进行评价。

2. 检查要点

（1）检查本部门年度质量目标的分解情况，质量目标具有可操作性，可测量，并做到责任落实、节点明确。

（2）抽查按规定节点完成质量目标的记录。

（3）检查质量目标自查记录，对发现的问题及时采取措施。

（五）质量职责的检查

本条是对 GJB 9001B《质量管理体系要求》中 5.5.1 职责和权限内容的理解和检查。

1. 理解要点

（1）职责和权限的规定和沟通，对指挥、控制和协调组织的质量管理体系活动及实现组织的目标至关重要。最高管理者对本条款负有责任。

（2）最高管理者应确保：

① 组织内的职责、权限得到规定即要求明确组织内各部门和岗位的设置，并明确各部门和岗位的职责和权限，规定可以采用多种形式（如文件规定等），但要确保有效性。

② 组织内的职责、权限得到沟通，即在明确有关部门和岗位的职责和权限后，要求各部门和岗位之间通过各种方式（如会议、培训等）相互了解有关的职责和权限，特别是其间的接口关系，使组织的质量管理活动得以更为有效地开展。

③ 质量管理部门系指组织内为贯彻最高管理者的意图和决策，在质量方面负责综合协调或者具体负责质量控制的独立机构，通常包括：质量管理、质量检验/测试等部门等。最高管理者应为这种独立机构及其工作人员提供一种工作环境，使他们有足够的人力、物力支持，在不受行政、进度、经费及其他各种因素干扰的情况下执行任务、作出判断，独立行使职权。

④ 最终产品指组织交付顾客的产品。最高管理者对最终产品和质量管理负责，是指只有最高管理者才有对质量问题作出最终决定的权力并承担法律责任。

⑤ 最高管理者应该从顾客利益出发，不设置障碍、不隐瞒事实真相，向顾客通报产品发生的质量问题，以便顾客采取认为需要的保护措施。质量问题系指可能构成较大风险或有较大的产品缺陷，由组织和顾客协商确定。

2. 检查要点

（1）沟通职责和权限的证据。

（2）最高管理者确保质量管理部门独立行使职权的有关证据。

（3）询问部门的机构设置及主要的质量职责，是否做到分工明确，且得到具体落实。

（4）各类人员应明确自己质量职责。“六性”和软件工程等管理人员的职责、权限应得到规定。

（六）内部沟通的检查

本条是对 GJB 9001B《质量管理体系要求》中 5.5.3 内部沟通内容的理解和检查。

1. 理解要点

（1）内部沟通可以促进组织内各职能和层次间的信息交流，从而增进理解和提高质量管理体系的有效性。

（2）最高管理者应确保在组织内建立适当的沟通过程。沟通过程的建立涉及沟通的方式、时机、内容、职责、部门等，沟通方式可以是多种多样的，如质量例会、小组简报、会议、布告栏、内部刊物、联网等。

(3) 最高管理者应确保通过适宜的沟通方式，使组织内有关质量管理体系有效性方面的信息得到及时传递和理解，以提高工作的有效性和效率。

2. 检查要点

(1) 质量信息是否在相关职能部门得到有效沟通。

(2) 实施沟通活动的有关证据，沟通方式可以是会议、网络、文件、简报等。

(3) 抽查沟通记录。有关质量信息应及时得到汇总、传递，并按规定经过批准。

(七) 教育和培训的检查

本条是对 GJB 9001B《质量管理体系要求》中 6.2.2 能力、培训和意识内容的理解和检查。

1. 理解要点

(1) 通过培训和其他方法提高员工的能力，增强员工的质量意识和顾客意识，确保人员能够胜任相应的工作。

(2) 对从事影响产品质量工作的人员应：

① 确定其必备的能力要求；

② 提供培训或采取其他措施(如招聘具备相应能力的人员等)使人员获得所需的能力；

③ 评价所采取的使人员具备相应能力的措施的有效性(如工作考核、实际操作评估等)；

④ 加强质量意识的教育，使员工都认识到自己所从事的活动或工作在整个质量管理体系中的重要性和各种活动、过程之间的关联性，以及如何为实现所从事活动的质量目标做贡献；

⑤ 保存员工的教育、培训、技能和经验等方面的适当记录，以证实员工的能力。

(3) 组织应考虑人力资源的保持，依据技术、知识更新的需要考虑再培训、再教育(包括考核)。按规定的时间间隔对有关人员进行质量管理知识和岗位技能培训是人力资源保持的措施之一。由于各级管理者的素质对质量管理体系有效性的作用，本条款特别强调对管理者的培训。规定的时间间隔是指法律法规要求的时间间隔或依据能力保持、知识更新的需要由组织规定的时间间隔；规定要求持证上岗的岗位是指组织依据法律法规、行业要求上岗的人员或特殊工作人员(关键过程、特殊过程操作人员、内审人员、检验人员、试验人员、产品保管人员等)，需要通过资格考核并获得证书才能上岗。

2. 检查要点

(1) 检查年度培训计划。培训计划应包括培训内容、大纲、教师、课时、完成日期、培训人数、培训方式。

(2) 检查培训记录。应按培训计划实施培训和考试(考核),并保持记录。

(3) 检查持证上岗情况。特别是电工、锅炉工、电焊工、计量检定人员等特殊工种,应按国家规定持证上岗。

(4) 检查对从事影响产品要求符合性工作的人员应按规定的时间间隔,进行有关质量管理知识和岗位技能的培训、考核,并按规定持证上岗。

在质量管理体系中承担任何任务的人员都可能直接或间接地影响产品要求的符合性。

(八) 工作环境的检查

本条是对 GJB 9001B《质量管理体系要求》中 6.4 工作环境内容的理解和检查。

1. 理解要点

(1) 必要的工作环境是组织实现产品符合性的支持条件。不同的产品对环境条件的要求是不同的,如生产电子集成电路元器件的工作场所要求超净环境,而棉纺厂的纺纱过程要求保持一定的温度和湿度。

(2) 组织应确定实现产品符合性所需的工作环境,并对工作环境中与产品符合性有关的因素进行管理。

(3) 工作条件包括:

① 与人有关的因素:安全、健康、劳动防护、人体工效、社会影响、适宜的工作方法等;

② 与物有关的因素:噪声、温度、湿度、照明、天气、振动、污染、卫生、清洁度、空气质量、区域布置的合理性等。

(4) 通过注释对工作环境的概念进行解释,并给出一些实例,使该条款更易于理解。

(5) 工作环境包括影响产品、过程质量的环境,如未进行监视、测量、有效控制和改进,则会形成不合格产品(或输出),则必须加以控制;工作环境还包括对人身安全造成严重威胁的环境。这些因素如噪声、温度、湿度、清洁度、防静电、超净等,应进行控制,定期或持续监视以确保受控,可行且需要时还应进行测量,必要时采取改进措施,并保持相关记录。

2. 检查要点

(1) 检查对环境的监控记录。应对有环境要求的工作场所实施监控,确保符合规定要求,并保持记录。

(2) 工作现场应整洁、有序。

工作环境是指工作时所处地条件,包括物理的、环境的和其他因素,如噪声、温度、湿度、照明或天气等。

（九）过程监视和测量的检查

本条是对 GJB 9001B《质量管理体系要求》中 8.2.3 过程的监视和测量内容的理解和检查。

1. 理解要点

（1）质量管理体系所需的过程包括与管理活动、资源提供、产品实现和测量分析改进等有关的过程，组织应采用适当的方法对这些过程进行监视和测量，评价过程的业绩，证实过程是否保持其实现预期结果的能力。

（2）由于质量管理体系所需的过程很多，且不同的组织所需的过程不同，不同过程要达到的过程能力也不尽相同，所以，组织应根据不同过程的特点，采用不同的方法对不同的过程进行监视或测量，如采用调查、评审、统计技术等方法、对管理过程进行日常的监督检查、内部质量审核等。一般来说，所有的质量管理体系过程都能进行监视，而只有部分过程能被测量。在某些行业中（如服务行业），过程的监视和测量与产品的监视和测量往往是紧密联系的。

（3）为确保过程达到所策划的结果，组织应识别需监视和测量的过程，规定过程的预期结果即过程目标，分析影响过程实现策划结果能力的主要因素，对需要监视和测量的过程，确定监视和测量的项目、职责、方法和判定准则；实施过程监视和测量并保持相应记录以及采取措施的记录。例如：培训过程的监视和测量项目应包括培训有效性评价等方面；不同项目可以分别采取不同评价方式，如对培训有效性的评价方式可以考虑：培训期间的测验、培训后对学员的调查、对学员所在部门领导调查培训效果、嵌入课件中的评估机制等。

（4）如果在对过程的监视或测量中发现过程未能达到所策划的结果（或过程不具备达到所策划结果的能力），组织应对该过程采取适当的纠正和纠正措施，以确保过程结果有效，实现过程目标。

（5）注释进一步澄清实施过程的监视和测量时，应重点考虑风险。

2. 检查要点

（1）检查本部门对实施过程监视和测量的职责、项目及目标、方法、频度，并保持记录。应包括质量管理体系所有的过程，包括产品实现过程、管理过程和支持过程。

（2）监视和测量，应证实过程是否具备了实现所策划结果的能力，即是否有能力达到预期的目标。

（3）检查对过程监视和测量，应针对每个过程的特点和目标确定监视和测量的项目。

（4）当过程监视和测量的结果没有达到预期的要求时，应分析原因，并采取适当的纠正和纠正措施，确保过程有能力达到预期的要求。

（十）数据分析的检查

本条是对 GJB 9001B《质量管理体系要求》中 8.4 数据分析内容的理解和检查。

1. 理解要点

（1）组织应确定需要收集与产品、过程及质量管理体系有关的数据和信息（含监视和测量的结果方面的数据）。组织应对收集的数据进行分析，通常可以使用统计技术或其他方法进行。

（2）数据分析的目的是为证实组织质量管理体系的适宜性和有效性，并识别持续改进质量管理体系有效性的机会。

（3）数据分析的结果应提供以下方面的信息：

① 顾客对组织提供产品或服务的满意程度，应特别关注不满意的情况。

② 组织提供的产品与所确定的产品要求的符合情况。

③ 质量管理体系的过程及产品的特性和变化趋势情况，这种变化趋势方面的数据，可为组织提供采取改进措施的机会。

④ 与供方有关的信息（包括供方提供的产品质量的信息、外包过程质量的信息、供方保持其按要求提供产品的能力的信息等），这些信息可作为评价采购过程有效性的依据，以及识别采购过程改进机会的依据。

⑤ 质量经济性的内涵主要是指："组织获得相应质量水平的产品（或服务）所花费的成本，以及质量问题带来的质量损失，为在装备质量上的价值量的度量"。是从经济（成本和收益）的角度分析、评价与质量管理体系、产品符合性相关活动的财务反映，至少包括质量投入、内部损失、外部损失情况及其变化趋势的分析报告，包括由于顾客对产品质量不满意减少了市场份额或被迫降价带来的损失；以及质量改进带来的收益情况等。

2. 检查要点

（1）检查承制单位确定应收集的信息。职能部门依据本部门的质量职责对量化的质量信息进行收集，如产品质量、质量成本、过程能力等。

（2）检查信息的收集、传递部门对主管的质量职责的质量信息进行收集、统计和分析以及所采取的措施。

（3）检查信息收集、分析并保持的记录。充分利用分析结果，提出持续改进机会和措施，并将有关信息作为管理评审的输入。

（十一）纠正措施的检查

本条是对 GJB 9001B《质量管理体系要求》中 8.5.2 纠正措施内容的理解和检查。

1. 理解要点

（1）纠正是针对不合格对象（产品）的不合格事实和现象本身所采取的措

施(如返工或降级等),通过该措施的实施可达到对该不合格的纠正,但该类不合格今后可能还会再发生。而纠正措施则是为消除造成不合格事实的原因所采取的措施,通过该措施的实施,可达到防止不合格的再次发生。纠正可连同纠正措施一起实施。

(2) 在确定纠正措施时(包括对组织的质量管理体系和过程的不合格所制定的纠正措施)要视该不合格的综合影响程度而定,包括考虑组织的宗旨、市场形象、信誉、成本、经济效益等,要处理好风险、利益和成本之间的关系。通常,对已造成较严重影响和后果的不合格,组织会采取力度较强的纠正措施。

(3) 组织应制定纠正措施的形成文件的程序,以消除不合格的原因,防止不合格再发生。纠正措施程序应规定以下方面的要求:

① 评审不合格(包括体系、过程和产品质量方面的不合格,特别应关注由不合格所引发的顾客抱怨),以判断不合格的性质及其影响。

② 通过调查分析来确定产生不合格的原因。

③ 评价确保不合格不再发生的措施的需求。对于组织发现或识别出的不合格,组织都应采取相应的措施进行处置/纠正,但是并不一定需要对所有不合格都采取纠正措施。组织应根据评审不合格的影响,原因识别,根据利弊权衡,决定是否采取纠正措施(需要明确的是,对于内审或管理评审等活动中确定的不合格项,组织均应采取相应的纠正措施)。

④ 确定并实施所需要的纠正措施。如果经过评价认为需要采取纠正措施时,组织应考虑在此不合格造成的影响程度的基础上确定所需采取的纠正措施,并实施所确定的纠正措施。

⑤ 组织应将实施纠正措施后的结果进行记录。

⑥ 评审所采取的纠正措施的有效性。组织应对采取纠正措施后的效果进行评审,如果采取纠正措施后达到了防止这类不合格再次发生的目的,则可以认为该纠正措施有效,否则,组织应考虑确定并实施更为有效的纠正措施。

(4) 组织应做出有效安排,如果有证据表明供方对不合格负责时,组织应考虑向供方传递相关要求,即与 GJB 9001B 中 8.5.2. c)“评价确保不合格不再发生的措施的需求”要求是一致的,考虑采购产品(包括外包)对组织产品的影响程度、技术和经济等因素,并实施和验证纠正措施,确保纠正措施有效。

(5) 故障报告、分析和纠正措施系统是针对军用产品在研制、试验和使用中出现的故障,按规定进行记录和报告,进行工程分析和统计分析,弄清故障产生的机理,查明故障原因,实施纠正措施,防止故障再现的一个闭环系统。当与最终产品质量有关的问题发生时,应及时向顾客通报所发生的问题及所采取的纠正措施情况。

① 故障报告:对发生的所有硬件故障和软件错误,按规定的格式和要求进

行记录,并在规定的时间内向规定的管理级别进行报告。

② 故障分析:当产品的故障核实后,对故障进行工程分析和统计分析。工程分析是对发生故障产品进行测试、试验、观察、分析,确定故障部位;必要时可分解产品,进行理化试验、应力强度分析,弄清故障产生的机理。统计分析是收集同类产品的生产数量、经历的试验和使用的时间、已发生的故障数等,用来寻求该故障产品的某类故障出现的概率和统计规律。故障分析也是可靠性工程的重要基础。

③ 纠正措施:在查明故障原因的基础上通过分析、计算和必要的试验验证,提出纠正措施,经评审通过后付诸实施。跟踪验证纠正措施的有效性,并按技术状态控制要求或图样管理制度对设计或工艺文件进行更改。

2. 检查要点

(1) 检查纠正措施的形成文件的程序。

(2) 检查纠正措施的实施结果及其效果评审的证据。

(3) 检查建立并运行故障报告、分析和纠正措施系统及规定各有关部门或人员职责并有效实施的证据。

(4) 检查向顾客通报所发生的问题及所采取的纠正措施的证据。

(5) 检查当供方对不合格负责时进行有效安排的证据。

(十二) 预防措施的检查

本条是对 GJB 9001B《质量管理体系要求》中 8.5.3 预防措施内容的理解和检查。

1. 理解要点

(1) 预防措施是为消除潜在不合格或其他潜在不期望情况的原因所采取的措施。

(2) 预防措施与纠正措施不同,预防措施是针对消除潜在不合格的原因所采取的措施,这时尚不存在不合格,但不合格可能会发生。

(3) 确定预防措施时要充分考虑潜在不合格对组织的影响程度,并处理好风险、利益和成本之间的关系。通常,对可能会造成严重影响和后果的潜在不合格,组织会采取力度较强的预防措施。

(4) 组织应制定预防措施的形成文件的程序,针对质量管理体系、过程或产品中存在的潜在不合格,采取适当的措施,以防止不合格的发生。预防措施程序应规定以下方面的要求:

① 确定潜在的不合格并分析其原因。

a. 潜在的不合格通常不容易被识别,一个潜在不合格可能有多个原因,许多潜在的不合格是通过数据分析发现的,通过数据分析来表现质量管理体系的过程及产品的特性和变化趋势,当这些信息显现出不稳定的趋势时,可考虑采取预防措施。组织应对产生潜在不合格的原因进行分析。

b. 可以通过有效应用一些工程技术,获取关于产品问题的有关信息,从而识别预防措施的机会。

如失效模式及影响分析(FMEA)是一种常用的方法,是对组成产品部件的可能发生的故障类型及其对上一级乃至整个产品(系统)的影响和危害度进行分析的方法。

再如按 GJB/Z 171《武器装备研制项目风险管理指南》的内容进行风险管理。

c. 防错技术。其目的就是通过有效地设计,采用机器的方法,杜绝或降低发生错误的概率,避免人为的、设备的操作失误,培养标准的作业方法。从防错技术有效性来讲可分为三类:经防错设计后,不可能生产出不良品;经防错设计后,不良品在本工序内可以完全检测出来;经防错设计后,不良品在后工序内可以完全检测出来。

② 确定防止不合格发生的预防措施的需求。对于组织识别的潜在不合格是否都需要采取预防措施或需要采取何种预防措施,组织应针对该潜在不合格对组织的影响程度综合考虑,并不要求对所有潜在不合格都采取预防措施,而且消除潜在不合格的原因的方法也并非只有一种。因此,组织应根据潜在不合格的性质及其影响程度,来确定是否需要采取预防措施或采取何种预防措施。

③ 确定并实施所需的预防措施。如果经过评价认为需要采取预防措施时,组织应在考虑此潜在不合格造成的影响程度的基础上确定所需采取的预防措施,并实施所确定的预防措施。

④ 组织应将实施预防措施后的结果进行记录。

⑤ 评审所采取的预防措施的有效性。组织应对采取预防措施后的效果进行评审,如果采取预防措施后达到了防止不合格发生的目的,则可以认为该预防措施有效;否则,组织应考虑确定并实施更为有效的预防措施。

(5) 不合格品的控制、纠正措施、预防措施的区别,见表 7-1。

表 7-1　不合格品的控制、纠正措施、预防措施的区别

项目	不合格品的控制	纠正措施	预防措施
对象	不合格品	不合格	潜在的不合格
目的	防止不合格品的非预期使用或交付	采取措施以消除产生不合格的原因,防止不合格再发生	采取措施以消除潜在不合格的原因,防止不合格的发生
方法	识别、评审、处置	评审不合格确定不合格的原因评价,确定和实施所需的措施记录、评审、验证所采取的纠正措施的结果需要时,修改文件有关最终产品质量问题及其纠正措施向顾客通报	确定潜在不合格及其原因评价,确定和实施所需的措施记录、评审、验证所采取的预防措施的结果需要时,修改文件

2. 检查要点

（1）检查预防措施的形成文件的程序。

（2）检查预防措施的实施结果及其效果评审的证据。

（十三）领导层检查要点

本条是对 GJB 9001B《质量管理体系要求》中 4.1 总要求、第 5 章管理职责内容的理解和检查。检查承制单位领导层，一般采取与领导座谈的形式进行，最高管理者、管理者代表必须参加。

1. 主要职责

（1）向组织传达满足顾客和法律法规要求的重要性。

（2）制定质量方针、质量目标。

（3）策划质量管理体系。

（4）组织管理评审。

（5）确定组织的质量职责和权限（包括各部门、各类人员）。

（6）建立内部沟通机制。

（7）确保资源得到提供。

（8）对产品最终质量负责，确保满足顾客要求并确保顾客能及时获得产品质量问题的信息。

（9）建立不合格品审理机构，授权不合格品审理人员及权限。

2. 理解要点

（1）本条款给出了建立质量管理体系、形成文件、实施、保持和持续改进质量管理体系有效性的总的思路和要求。

（2）GJB 9001B《质量管理体系要求》中 4.1 总要求的 a）~f）条款是“过程方法”“管理的系统方法”及“PDCA 循环”的具体体现。组织建立质量管理体系时应考虑这些方法的应用。一个组织的质量管理体系是由众多与质量有关的过程所构成，而建立质量管理体系就需要系统地识别这些相互关联和相互作用的过程，并用文件的方式予以描述。

（3）为满足组织应做到：

① 识别建立质量管理体系所需要的全部过程（包括与管理活动、资源提供、产品实现和测量有关的过程）及过程之间的相互作用。组织可采用各种方法来识别这些相互关联的过程，识别这些过程的输入和输出，并考虑为使这些过程能实现将输入转化为输出所需要开展的活动和需要投入的资源。当有些过程由于组织及其产品的特点而不适用时，可以删减，但删减应符合 GJB 9001B《质量管理体系要求》中 1.2 应用的要求。

需要说明的是，组织的质量管理体系所需的过程是客观存在的，并不是因为建立质量管理体系才出现了过程，因此，组织需要做的是将已经存在的过程及其相互作用进行充分而全面的识别。

② 组织的质量管理体系是由相互关联和相互作用的过程构成的系统，为了能够有效地实施和管理这些过程，组织应根据其质量管理体系过程的特点，确定过程之间的内在联系、相互作用和运作顺序。

③ 为使过程能受控并达到预期的目标或结果，应给出过程有效运行和对过程进行控制的准则和方法，即确定过程的运行控制程序和要求等。

④ 为确保这些过程达到预期的结果，组织应提供必要的用于过程运作以及对过程监视所需的资源和信息，包括资金、人力、必要的设备等方面的资源，信息可包括顾客满意方面的信息、产品质量的符合性信息、过程运行的特性及趋势方面的信息等。

⑤ 规定对过程进行监视、测量和分析的方法，了解过程运行的趋势及实现策划结果的程度，并根据分析的结果对过程采取必要的措施，以实现过程所策划的结果和对这些过程的持续改进。为了适应有时不便于实施测量的情况，标准在“测量”后增加“适用时”。

(4) 许多组织都有外包过程，这些外包过程是组织质量管理体系所需的过程的组成部分。组织应对任何影响产品符合要求的外包过程加以确定和控制，并在质量管理体系对控制的类型和程度作出适当的规定，并根据不同外包过程的特点，对识别出的外包过程进行控制。

① 外包过程对组织提供合格产品的能力的影响大小，应考虑外包过程对产品质量影响大小的风险分析结果。如果外包过程对产品质量有重大影响，外包过程的风险程度就相对大，就应该对这样的外包过程更为严格地控制。

② 组织和供方各自在外包过程控制中分担着不同的管理职责。根据外包过程的实际情况和双方在外包协议中的约定，组织和供方承担着不同程度的管理任务，这样就使组织对外包过程的控制需要采用不同的方式。

③ 按 GJB 9001B《质量管理体系要求》中 7.4 的要求评价和选择外包过程的供方、验证外包过程输出的产品，可使外包过程具备一定的能力。这种能力的高低决定了在外包过程中组织的控制方式和程度。有些外包过程通过 7.4 能够确保满足提供合格产品的能力，但是有些外包过程还需要按其他的过程要求实施控制，如按 7.3 的要求和 7.5 等过程的要求对外包给供方的过程进行控制。

(5) 组织应接受顾客对过程的监督。“顾客”即军方。这里提出了一个总的要求，在 GJB 9001B《质量管理体系要求》各章节中提出了具体的要求，如：1.2, 7.1, 7.2.2, 7.3.4, 7.3.5, 7.3.6, 7.3.9, 7.4.1, 7.5.1, 7.5.7, 8.2.4, 8.3, 8.5.2 条等。

(6) 组织应评审外包过程是否符合组织技术能力不足或经济效益等的需求，评审该外包过程是否符合 7.1 C)“针对产品确定过程”的要求，且对外包过程的控制水平适当。管理层应对外包进行批准后予以实施,并监督外包过程的执行。

(7) 依据产品特点确定特定组织是否存在可靠性、维修性、保障性、测试性、安全性和环境适应性等工作过程,如果组织存在其中某些工作过程,则应在体系策划中做出相应安排(具体要求详见 GJB 9001B《质量管理体系要求》中 7.1)。

(8) 组织如果存在软件产品时,可参照 GJB 5000A《军用软件研制能力成熟度模型》的要求,建立、实施并改进其软件过程,不断提高其软件过程的成熟水平。GJB 5000A《军用软件研制能力成熟度模型》是军用软件研制能力评价的依据标准,作为我军加强军用软件质量管理而开展的一项工作,目前评价试点优先选择了部分承担关键和大型软件研制任务的单位进行。有关研究表明,对于以软件为主的研制单位,通过质量管理体系认证,其软件过程能力相当于成熟度 2 级。

3. 检查要点

(1) 向组织传达满足顾客要求和标准、法规要求的情况。

(2) 询问质量方针、质量目标的内涵以及宣传贯彻的情况。

(3) 管理评审的输入、输出应包括哪些内容,是如何组织开展的。

(4) 资源提供的情况(包括现状及打算)。

(5) 在不断增强顾客满意方面的主要措施。

(6) 最高管理者在质量管理体系策划过程中发挥的作用。

(7) 在确保质量部门(质量管理和检验)独立行使职权方面采取的具体措施。

(8) 最高管理者怎样对最终产品质量负责,并及时使顾客获得产品质量信息。

(9) 协助顾客对质量管理体系(各个过程)开展监督检查活动的情况。

(10) 管理者代表的职责有哪些,如何确保质量管理体系不断完善,并保持有效运行。

(11) 管埋者代表应介绍自己通过哪些环节向最高管理者报告质量管理体系的业绩和改进需求的。

(12) 组织采取哪些方式开展内部沟通。

(13) 询问如何理解生产和检验共用设备用作检验前应加以校准的要求等。

(14) 领导层如何认识质量管理体系的改进和薄弱环节。

(15) 询问组织有哪些外包过程,是如何控制的。

二、案例显现

(一) 审核发现:某厂加工合同,加工厂家为××模具加工部,未在外包供方定点厂家名录内。不符合 GJB 9001B 中 4.1 的有关要求。

（二）审核发现：某厂工艺规程第90工序为外包，但外包单位在工艺文件上不清楚，也提供不出外包的有关协议。不符合GJB 9001B中4.1关于“外包过程控制应在质量管理体系中加以识别”的要求。

（三）审核发现：某厂镀银过程外包与外包方某公司签订的镀银加工协议，而该公司是一个没有加工能力的中介公司，也不在合格供方名录中。不符合GJB 9001B中4.1的要求。经了解，镀银工序的实际外协供方为某有限公司，经查对该公司评价资料，发现只对该有限公司的热处理过程进行了评价，没有提供对其镀银过程进行评价的记录。不符合GJB 9001B中4.1和7.5.2的要求。

（四）审核发现：某厂关键件、重要件目录及其特性分类项目明细表有5个关键特性尺寸，但“特性分类技术指标和特性分析”报告规定仅有一个关键特性尺寸。不符合GJB 9001B中4.2.3“确保图样技术文件协调一致，现行有效”的要求，也不符合《质量手册》中4.2.3的规定。

（五）审核发现：某厂调试工艺无质量会签。不符合GJB 9001B中4.2.3关于“确保图样和技术文件按规定审签，工艺、质量会签”的要求。

（六）审核发现：某部科技成果鉴定证书注明，数据处理分机功耗不大于300W，而验收规程中要求不大于200W。不符合GJB 9001B中4.2.3的有关要求。

（七）审核发现：某部某车的技术方案的技术指标净重为180kg，而在鉴定证书上的净重为185kg。不符合GJB 9001B中4.2.3的有关要求。

（八）审核发现：某厂数字万用表校准记录规定，校准规程使用×××—1993，而该规程已经由×××—2005替代。不符合GJB 9001B中4.2.3的有关要求。

（九）审查发现：某部制造工艺规程等6份文件，其中某面板加工图四个配孔没有定位尺寸，无法操作加工；文件没有进行标准化审查；没有检验卡片，不符合GJB 9001B中4.2.3的有关规定。

（十）审查发现：某部工艺卡片没有经校对、质量会签、标准化审查和审批，不符合GJB 9001B中4.2.3的有关要求。

（十一）审查发现：某厂《数控工序卡片》，图形尺寸标注为117（公差-0.04～+0.20），而工序中的尺寸要求为117（公差-0.05～+0.20），不符合GJB 9001B中4.2.3的要求。

（十二）审查发现：某厂《轧制、锻造黑色金属及有色合金材料加热通用工艺规程》7.2“铜合金炉温降至终锻温度，停放时间超过5小时”，经有关人员确认应为“不超过5小时”。不符合GJB 9001B中4.2.3“为使文件是充分与适宜的，文件发布前得到批准”的要求。

（十三）审核发现：某厂依据技术决定单，对产品进行清洗，该决定单未经审批,现场已开始操作。不符合 GJB 9001B 中 4.2.3a)“文件发布前得到批准”的要求。

(十四) 审核发现:某公司压力表台账和二次表台账均没有履行审批程序。不符合 GJB 9001B 中 4.2.3a)条款中“文件发布前得到批准”的要求。

(十五) 审核发现:某厂工艺更改单将中心轮“D”状态工艺规程第 21 工序卡片中的尺寸 2.55 ±0.1 改为 3.33 ±0.1,但加工程序未进行更改。不符合 GJB 9001B 中 4.2.3 b)关于“必要时对文件进行评审与更新”的要求。

(十六) 审核发现:某厂下发的设计更改单要求:“将铸件根部圆角由 $R0.7$ 更改为 $R3$,以提高疲劳强度”。但时隔近 5 个月才下发相应的工艺更改单,不符合 GJB 9001B 中 4.2.3 b)“必要时对文件进行评审与更新”的要求。

(十七) 审核发现:某部某胶料配方更改工艺无标识,且更改内容与技术更改单内容不符。不符合 GJB 9001B 中 4.2.3 c)“确保文件的更改和现行修订状态得到识别”的要求。

(十八) 审核发现:某厂工艺规程中工序 3.2.2 工步的更改内容无任何批准手续,且已由补充工艺规程替代并在封面盖有效章。不符合 GJB 9001B 中 4.2.3 c)和 g)有关文件更改和防止作废文件非预期使用等要求。

(十九) 审核发现:某厂《××质量计划》没有按新版《质量手册》要求换版,不符合 GJB 9001B 中 4.2.3 d)“确保在使用处可获得适用文件的有关版本”的要求。

(二十) 审核发现:某厂磁粉检验说明书中,磁强计校准为一年周期,不符合 GJB 2028A 中校准周期为半年的要求,不符合 GJB 9001B 中 4.2.3 d)条“确保在使用处可获得适用文件的有关版本”的要求。

(二十一) 审核发现:某厂外购的《机械动力设备保养规范》一书作为动力设备保养的依据在多个部门使用,但没有任何受控标识。不符合 GJB 9001B 中 4.2.3 e)关于“确保文件保持清晰、易于识别”的要求。

(二十二) 审核发现:某厂技术条件(应为产品规范)×××表 2 要求:检查冲击性能 $a_k = 392\text{kJ/m}^2$,但试验报告(编号××)要求为 $a_k \geqslant 392$,该事实不符合 GJB 9001B 中 4.2.3 i)关于“确保图样和技术文件协调一致”的要求。

(二十三) 审核发现:某厂《交流数字电流表检定规程》,未经管理部门登记发放。不符合 GJB 9001B 中 4.2.3 f)关于“所需的外来文件得到识别,并控制其分发”的要求。

(二十四) 审核发现:某部标准化组《××选用标准目录》中选用了“××1×《TC4 特级钛合金技术条件》”,该技术条件为外来文件,未纳入综合档案中心管理。不符合 GJB 9001B 中 4.2.3 f)的要求。

(二十五) 审核发现:某厂 D 版质量管理手册发布后,两分厂等单位采取纸质文档发放,但不能提供 C 版手册的回收记录。不符合 GJB 9001B 中 4.2.3 g)关于“防止作废文件的非预期使用”的要求。

（二十六）审核发现:某厂关键过程控制文件,有 2010 年版本的操作指导卡 3 份和 2011 年版本的质量工序表 3 份,均有“受控”标识,实际上质量工序表已代替操作指导卡,而 2010 年版本的操作指导卡 3 份已作废。不符合 GJB 9001B 中 4.2.3 g)的有关要求。

（二十七）审核发现:某公司采购标准是 GB/T 15257—2008,而在现场查到有效版本的标准汇编中是 GB/T 15257—94,该标准没有任何作废标识。不符合 GJB 9001B 中 4.2.3 g)“防止作废文件的非预期使用,如果出于某种目的而保留作废文件,对这些文件进行适当的标识”的要求。

（二十八）审核发现:某部已归档的文件中“××规范”没有编制、校对、审批的签字记录。不符合 GJB 9001B 中 4.2.3 h)“确保图样和技术文件按规定进行审签,工艺和质量会签,标准化检查”的要求。

（二十九）审核发现:某厂某装配指令卡第 100 工序规定“每生产批抽 1%(不小于 1 件)进行成批试验”,相同编号相同版次的装配指令卡中相同工序规定“每生产批抽 1 件进行试验”。不符合 GJB 9001B 中 4.2.3 i)“确保图样和技术文件协调一致”的要求。

（三十）审核发现:某厂工艺规程中标识 25 工序为关键过程,但在此零件关键工序项目表中并未包含该工序。不符合 GJB 9001B 中 4.2.3 i)关于“确保图样、技术文件协调一致,现行有效”的要求。

（三十一）审核发现:某厂油漆过程确认表中工艺要求黏度 18 - 23(S)与《包装箱涂漆工艺规程》中油漆黏稠度 17 - 22(S)不一致。不符合 GJB 9001B 中 4.2.3 i)“确保图样、技术文件协调一致,现行有效”的要求。

（三十二）审核发现:某厂产品规范中压力脉动试验规定进口压力为 0.35MPa,回油压力为 0.8MPa,但试验报告中压力脉动试验进口压力为 $0.3^{+0.05}$ MPa,回油压力为管阻。不符合 GJB 9001B 中 4.2.3 i)“确保图样、技术文件协调一致,现行有效”有要求。

（三十三）审核发现:某厂《××关键工序项目汇总表》中,第 5 工序配磨的重要特性(Z101)为“分组件尺寸 *L* 之差不大于 0.01,但查其设计图纸要求为不大于 0.008。不符合 GJB 9001B 中 4.2.3 i)“确保图样和技术文件协调一致,现行有效”的要求。

（三十四）审核发现:某室××生产验收检验记录的检验项目与实验室检测细则不符,不符合 GJB 9001B 中 4.2.3 i)“确保图样、技术文件协调一致”的要求。

（三十五）审核发现:某部任务书中的轴距≥2000mm,而其技术方案中的技术指标则为 2100 ± 10mm。不符合 GJB 9001B 中 4.2.3 i)关于“确保图样、技术文件协调一致,现行有效”的要求。

(三十六) 审核发现:某所某图样规定按 × × 检查。 × × 规定超声波探伤方法按 AA《探伤临时说明书》2.2 条规定采用接触法。经询问无损检测中心人员,现场毛料采用水浸法和接触法超声探伤,成品用荧光法探伤。实际操作与文件规定不一致,不符合 GJB 9001B 中 4.2.3 b)的要求。

(三十七) 审核发现:某厂锻件图中标注的客户要求尺寸与客户提供的交付图纸要求的同一尺寸不一致,不符合 GJB 9001B 中 4.2.3 i)“确保图样和技术文件协调一致”的要求。

(三十八) 审核发现:某公司工艺卡片中的工艺图形标注的 d_1 尺寸的公差带与尺寸栏中 d_1 的公差带不一致,前者是(0 ~ +0.05),后者是(0 ~ +0.036)。不符合 GJB 9001B 中 4.2.3 i)“确保图样和技术文件协调一致”的要求。

(三十九) 审核发现:某厂 × × 图样要求热处理硬度 $d = 3.75 \sim 3.25$ 为重要特性 Z109,而《 × × 关键件、重要件特性目录》中控制的特性类别为 Z109C,不符合 GJB 9001B 中 4.2.3 i)“确保图样和技术文件协调一致”的要求。

(四十) 审核发现:某厂 × × 产品技术文件未包括:技术鉴定试验大纲,FMEA 分析等。不符合 GJB 9001B 中 4.2.3 j)“规定产品质量形成过程中需要保存的文件,并按规定归档”的要求。

(四十一) 审核发现:某所的《故障检查记录表》的不合格说明为安装固定检查时发现第一号支架有裂纹,长度为 7 ~ 10mm,相对应的不合格品审理单的不合格说明内容为在排故过程中,更换第 2#新支臂连接时,无法用铆钉连接。因果关系未说清,不符合 GJB 9001B 中 4.2.4“记录应能提供产品实现过程的完整质量证据,并能清楚地证明产品满足规定要求的程度”的要求。

(四十二) 审核发现:某所季度维护工作所填写的《 × × × 维护工作卡》中,第 2 项检查,操作者未填写;第 3 项检查,检验栏未填写。不符合 GJB 9001B 中 4.2.4“记录应能提供产品实现过程的完整质量证据,并能清楚地证明产品满足规定要求的程度”的要求。

(四十三) 审核发现:某厂检验员使用 R 规检查零件,但相应的工艺装备保管借用卡片无借用记录。不符合 GJB 9001B 中 4.2.4“记录应能提供产品实现过程的完整质量证据”的要求。

(四十四) 审核发现:某厂井式炉的三级保养记录卡中唯一的“主要技术参数”规定为“最高温度”,但验收标准写的是“允差≤780℃”,实测值记录的是“≤780℃”并不是具体数据,验收结论“合格”。不符合 GJB 9001B 中 4.2.4 关于“为提供符合要求及质量管理体系有效运行而建立的记录,应得到控制”的要求。

(四十五) 审核发现:某厂某部门未能提供保存归档的相关质量记录目录。

以上事实不符合程序文件××-2010 中 5.7.2“保管单位应编制归档记录的总目录,总目录应清晰、正确、完整地包含所有记录检索内容,易于检索和查阅使用”的规定,也不符合 GJB 9001B 中 4.2.4 的规定。

(四十六) 审核发现:某厂某《产品制造工艺规程》第 65 工序要求:“记录尺寸”,产品入库时检查记录尺寸。但在检查现场未能提供出要求的尺寸记录。不符合 GJB 9001B 中 4.2.4 的要求。

(四十七) 审核发现:某部在抽查三份“产品售后质量信息传递单”时发现,该三份传递单均无编号,无法进行有效控制。不符合 GJB 9001B 中 4.2.4“记录应保持清晰、易于识别和检索”的要求。

(四十八) 审核发现:某部的《仪器设备登记及维修记录》中,“技术要求”和“维修保养”内容均未填写,只有“保养日期有效期”记录。不符合 GJB 9001B 中 4.2.4 关于记录应能提供产品实现过程的完整质量证据的要求。

(四十九) 审核发现:某部制定的质量目标分解表中有“质量分析会 1 次/季”的要求,但未查到相应的记录。不符合 GJB 9001B 中 4.2.4 关于“为提供符合要求及质量管理体系有效运行的证据而建立的记录,应得到控制”的要求。

(五十) 审核发现:某中心磁探伤工艺规程中规定,零件表面磁场强度不小于 8kA/m(100GS),退磁后应不大于 0.3MT,而探伤原始记录中没有记载以上参数。不符合 GJB 9001B 中 4.2.4“记录应能提供产品实现过程的完整质量证据,并能清楚地证明产品满足规定要求的程度”的要求。

(五十一) 审核发现:某部《××外观检验标准》对外观质量提出了具体的检验内容和要求,但查《成品检查质量记录》却没有上述内容要求的检验结果。不符合 GJB 9001B 中 4.2.4 “记录应能提供产品实现过程的完整质量证据,并能清楚地证明产品满足规定要求的程度”的要求。

(五十二) 审查发现:某厂生产工艺中规定“按 2‰的比例汼入抗氧剂”,但生产工艺卡与检验记录均提供不出该要求的记载。不符合 GJB 9001B 中 4.2.4 的有关要求。

(五十三) 审核发现:某厂加工组件第 75 工序为最终检验,但提供不出该工序多个尺寸的检验记录。以上事实不符合 GJB 9001B 中 4.2.4 关于“记录应能提供产品实现过程的完整的质量证据,并能清楚地说明产品满足规定要求的程度”。

(五十四) 审核发现:某公司年度质量目标分解内容为公司年度生产计划,不是该部门的质量目标。不符合 GJB 9001B 中 5.4.1“……在组织的相关职能和层次上建立质量目标”的要求。

(五十五) 审查发现:某公司没有按要求建立××厂的年度质量目标,因而无法评定年度质量目标是否实现。不符合 GJB 9001B 中 5.4.1 的有关规定。

(五十六) 审查发现:某厂规定标准化管理职责在质量科,但实际由技术科管理。不符合 GJB 9001B 中 5.5.1 的有关规定。

（五十七）审核发现：某部质量手册质量职能分配表 7.5.7 的主控部门为市场营销部，但在质量手册 7.5.7 的条款中，没有该部门的职责，在程序文件《×××程序》中，也没有规定该部门的职责。不符合 GJB 9001B 中 5.5.1“最高管理者应确保组织内的职责、权限得到规定和沟通”的要求。

（五十八）审核发现：某部门年质量分析会记录中没有 9—11 月内容。不符合 GJB 9001B 中 5.5.3 条“最高管理者应确保在组织内建立适当的沟通过程，并确保对质量管理体系的有效性进行沟通”的要求。

（五十九）审查发现：某公司两年培训记录中缺少对培训有效性的评价意见。另，对公司两年内审记录进行审查，发现大部分的原因分析为“没有按规定执行”，或“工作中疏忽，工作责任心不强”等，反映出培训在提高员工按章办事的效果方面不好。该事实不符合 GJB 9001B 中 6.2.2 c）“评价所采取措施的有效性”的要求。

（六十）审查发现：某焊检验×××无该岗位资质，超声波检验××取证时间在探伤栏签字之后。不符合 GJB 9001B 中 6.2.2 f）“对产品质量有影响的人员应按规定时间间隔进行有关质量管理知识和岗位技能的培训、考核，并按规定要求持证上岗 ”的要求。

（六十一）审核发现：某公司调整了机构，增加了售后服务处，但人力资源处没有更新新增部门的岗位说明书。不符合 GJB 9001B 中 5.1.1 的要求。

（六十二）审核发现：某部成立的××室主要职责是产品生产（系统测试）、交付和售后服务。要求提供但未能提供测试人员和售后服务人员岗位能力职责、岗位技能的培训要求、培训计划和培训记录。不符合 GJB 9001B 中 6.2.2 a）关于“确定从事影响产品要求符合性工作的人员所必需的能力”和 6.2.2 f）关于“对各级管理者以及对产品质量有影响的人员应按规定的时间间隔进行有关质量管理知识和岗位技能的培训、考核，并按规定要求持证上岗”的要求。

（六十三）审核发现：某厂工艺规程第 20 道工序包含点焊的要求，但工艺流程卡中，该工序操作者无相应的资格证书。不符合 GJB 9001B 中 6.2.2 f）关于“对产品质量有影响的人员，应按规定要求持证上岗”的要求。

（六十四）审核发现：某厂工艺规范要求焊接过程环境控制温度为 5～35℃，相对湿度≤70%，但现场提供不出控制的相关证据，不符合 GJB 9001B 中 6.4“对需要控制的工作环境应保持监视、测量、控制和改进措施的记录”的要求。

（六十五）审核发现：某厂某成品共 60 件（现场无标识）放置场地有蜘蛛网、积尘，鸟屎及死蝴蝶，与废旧灯管放在一起。不符合 GJB 9001B 中 6.4 关于“组织应确定并管理为达到产品符合要求所需的工作环境”的规定。

（六十六）审核发现：某厂表面处理车间程序文件规定电镀车间的温度为“室温”，而 GJB 480A《金属镀覆和化学覆盖工艺》3.1 条款规定“车间温度不应低于 12℃，车间试验室温度不应低于 18℃”；不符合 GJB 9001B 中 6.4 关于“对需要控制的工作环境，应保持监视、测量、控制和改进措施的记录”的要求。

（六十七）审核发现：某产品已设计定型，但与其配套的自制功能附件，还未设计鉴定，不符合 GJB 9001B 中 7.3.6 关于“为确保产品能够满足规定的使用要求或已知的预期用途的要求，应依据所策划的安排对设计和开发进行确认。”的要求。

（六十八）审核发现：某厂质量体系文件中没有规定过程的监视和测量各部门的职责，也提供不出各部门所负责过程监视和测量的项目、方法、频次和判定准则。

（六十九）审核发现：某部年度质量目标有 10 项未达标，为此对影响产品质量的原因进行了分析并制定纠正措施 4 条，要求将其纳入操作规范，但未落实。不符合 GJB 9001B 中 8.5.2“组织应采取措施以消除不合格的原因，防止不合格的再次发生”的要求。

（七十）审核发现：某厂某产品有小凸起，原因分析为补焊后未打磨，纠正措施为教育工人、增强质量意识、严格自检。但查工艺规程补焊工序的后续工序没有明确规定打磨的工艺要求和检验要求。不符合 GJB 9001B 中 8.5.2“组织应采取措施，以消除不合格的原因”的要求。

（七十一）审核发现：某部没有提供“建立并运行故障报告、分析和纠正措施系统”有关记录。不符合 GJB 9001B 中 8.5.2 关于“组织应建立并运行故障报告、分析和纠正措施系统”的要求。

（七十二）审核发现：某部某产品分层、漆层间隙等质量问题的信息单，组织了排故，并得到了验收。但该质量问题未进行深入的分析，未制定、实施和验证纠正措施。不符合 GJB 9001B 中 8.5.2“组织应采取措施，以消除不合格的原因，防止不合格的再发生”的要求。

（七十三）审核发现：某工艺超差单，190 工序提交检验 495 件，拒收 495 件，规定为 <0.05mm，实测 0.0749mm。原因为：结构复杂设计公差较严；纠正与纠正措施为：一是与设计沟通，放宽公差，二是改进模具设计，现场加强控制。但经了解，超差问题仍然没有解决。不符合 GJB 9001B 中 8.5.2 的要求。

（七十四）审核发现：某部发出的《裂纹原因分析及整改措施》报告中，针对锻件折叠问题，制订了“增加锻件周面探伤检测”的措施。经查，工艺规程中已有该探伤工序，纠正措施针对性不强。不符合 GJB 9001B 中 8.5.2“纠正措施应与所遇到不合格的影响程度相适应”的要求。

（七十五）审查发现：某厂《××系统鉴定试验报告》共提出五个问题，但仅形成其中一个问题的故障报告。不符合 GJB 9001B 中 8.5.2 关于“组织应建立并运行产品故障报告分析和纠正措施系统”的要求。

（七十六）审核发现：某厂《服务处理单》记录了固定螺钉断裂故障，但提供不出对该故障发生原因进行分析的证据。不符合 GJB 9001B 中 8.5.2 b)“确定不合格原因”的要求。

（七十七）审核发现：某厂不合格品审理单中纠正措施要求“操作者在定位胶板后对其尺寸进行检查，钻孔前确认合格后再制孔”，但该纠正措施没有在工艺文件中得到落实。不符合 GJB 9001B 中 8.5.2 d)条“确定和实施所需的措施”的要求。

（七十八）审核发现：某厂 ×××1－1、1－2、1－3 共 3 份《不合格品审理单》中确定采取的纠正措施为“与设计协调降低喷丸强度，再进行喷丸试验”，但提供不出实施纠正措施的证据。不符合 GJB 9001B 中 8.3“应保持不合格的性质的记录以及随后所采取的任何措施的记录”的要求。

（七十九）审核发现：某部 2010 年度培训计划中没有质量管理知识的内容，因此在 2011 年度管理评审中确定了“部门质量管理培训，每年至少 2 次”的改进措施。发现 2011 年度的培训计划仍然没有关于质量管理知识的培训内容。不符合 GJB 9001B 中 8.5.2 d)条款关于“组织应确定和实施所需的措施”的要求。

（八十）审核发现：检查某厂故障报告分析和纠正措施系统运行情况时发现：没有纠正措施的验证记录。不符合 GJB 9001B 中 8.5.2 e)“记录所采取措施的结果”的要求。

（八十一）审核发现：某厂办理 17 份超差处理，其中 13 份超差原因为人为主观因素，该中心未评审采取纠正措施的有效性。不符合 GJB 9001B 中 8.5.2 f)“评审所采取的纠正措施的有效性”的要求。

（八十二）审核发现：某产品不合格原因中，35% 是由于产品划伤、磕碰伤引起，因此采取了贴保护膜，在工装上增加防护胶皮等措施。但生产线上另一型号同类产品工艺规程中没有贯彻这些措施，不符合 GJB 9001B 中 8.5.3 a)“确定潜在不合格及其原因”的要求。

（八十三）审核发现：某厂质量目标：产量完成率目标值 93%，产值完成率目标值 95%，提供不出实际完成的统计数据。不符合 GJB 9001B 中 8.4“组织应对产品质量和过程绩效与质量目标进行比较，识别改进机会”的要求。

（八十四）审核发现：某部计量器具周检合格率目标设定为≥94%，5—8 月统计值分别为 95.66%、94.80%、94.32%、94.10%，其接近或超过目标值的趋势明显，但没有采取预防措施。不符合 GJB 9001B 中 8.5.3“组织应确定措施，以消除潜在不合格的原因，防止不合格的发生”的要求。

第四节　设计部门的检查

一、检查内容及要点

（一）设计和开发策划的检查

本条是对 GJB 9001B《质量管理体系要求》中 7.3.1 设计和开发策划内容的理解和检查。

1. 理解要点

（1）设计和开发的对象可以是产品、过程或体系，因其对象不同，设计和开发的性质也不相同，可以是产品的设计和开发、过程（工艺）的设计和开发或体系的设计和开发。

（2）在 GB/T 19001、GJB 9001B 标准中“7.3 设计和开发”是指产品的设计和开发，但是工艺的设计和开发也可以按 7.3 控制。

（3）设计和开发过程是产品实现过程的关键环节，它将决定产品的特性（如功能的、性能的、物理的和感官的特性等）或规范（如研制规范、产品规范、材料规范、图样等），为产品实现的其他活动和过程（如采购、生产、服务、监视和测量等过程）提供依据，而设计和开发策划是确保设计过程达到预期目标的基础。GJB 9001B《质量管理体系要求》在兼顾设计、开发、生产、安装和服务的同时，突出了对设计和开发活动的控制要求。

（4）在对产品的设计和开发进行策划时，组织应：

① 根据产品特点和复杂程度、组织的特点和经验等因素，明确划分设计和开发过程的阶段。不同产品可以有不同的开发设计阶段，可以按照常规武器装备、战略武器和人造卫星研制程序中规定的阶段或相关标准要求规定的阶段实施。

② 明确规定每个设计和开发阶段需开展的适当的评审、验证和确认活动，包括这些活动的时机、参与人员及方式等。

③ 规定各有关部门参与设计和开发活动的人员在设计和开发活动各阶段中的职责和权限。

④ 编制产品设计和开发计划，由于受到各种条件的限制，产品设计和开发有时不能一步到位，需要时，还应对产品改进进行考虑、作出安排。产品的设计和开发计划应包括标准 7.3.1 中 a）、b）、c）的内容。

⑤ 各类专业人员共同参与设计和开发活动，体现了并行工程。设计、生产和服务人员共同参与设计和开发活动有助于设计和开发的成熟性，有利于使设计结果易于制造、产品使用中的问题及顾客要求及时反馈到设计中来，也有利于相关工作尽早展开，便于相互协调、技术准备。

⑥ 根据产品要求,识别影响或制约设计和开发的关键因素和薄弱环节以及技术上的难点,并制定和实施相关的攻关措施。

⑦ 设计和开发中确定系统规范、研制规范、产品规范、材料规范、软件规范和工艺规范、通用技术标准、元器件的选用标准等技术性标准以及在设计和开发过程所形成文件的标准化要求。

⑧ 在设计和开发过程中,根据产品的可靠性、维修性、保障性、测试性、安全性、环境适应性等要求,运用优化设计和可靠性等专业工程技术,制订并实施六性等大纲或工作计划。也可在质量计划中包括这些内容。

⑨ 特性分析的安排。进行产品特性分析,以便为确定关键件(特性)、重要件(特性)、互换性项目,检验项目以及技术状态管理和工艺管理提供依据。

⑩ 新技术、新器材、新工艺的鉴定。对产品设计和开发中采用的新技术、新器材、新工艺,在经过论证的基础上,确保经过试验和鉴定符合要求的方可用于产品。

⑪ 产品交付时需要配置的保障资源的开发。确定产品交付时需配置的保障资源,并随产品的设计和开发同时进行开发。

⑫ 参与设计和开发的供方,应在项目的质量保证大纲中明确设计和开发的职责、权限和要求,包括接口管理,及时沟通,供方应落实相关要求。

⑬ 为确保设计和开发活动以及各阶段的评审、验证和确认活动受控,按策划安排实施,且实施有效,提出监视与测量的需求。

⑭ 对设计提出的元器件等外购器材,应对选用、采购、监制、验收、筛选、复验以及失效分析等活动进行策划,确保满足设计要求。

⑮ 标准要求软件产品开发应实施软件工程化要求。对计算机软件产品进行全寿命筹划,包括需求分析、设计、实现、测试、验收、交付和使用等,并按策划安排重点做好以下工作:实施需求管理,严格控制软件任务书的更改;加强需求分析,确保软件任务书的要求均得到实现;按照 GJB 438B《军用软件开发文档通用要求》的要求,及时编制相关文档;加强软件测试和阶段评审,确保软件的质量;实施质量保证,使软件开发过程和软件工作产品符合相关规定;严格实施配置管理,控制软件技术状态的更改。

(5) 设计和开发的控制。

为了确保设计和开发按其策划的结果来运行,必须对设计和开发进行控制。

① 阶段的控制:设计和开发是按阶段控制的,上一阶段规定的工作没有完成,未经过设计等项目的评审和批准不得转入下一个阶段。

② 计划的管理:设计和开发的计划是设计和开发策划的结果之一,如果随着设计和开发的进展,需要对设计阶段的划分或控制活动等进行调整应及时对设计和开发计划进行更新。

③ 设计、制造和服务专业人员共同参与。

(6) 对参与设计和开发活动的不同小组之间的接口关系进行规定并加以管理,保持工作的有效衔接,相关信息得到及时、准确的交流和传递。

(7) 设计和开发策划的输出可以是形成文件的设计和开发计划、方案,也可以是其他形式。

(8) 随着设计和开发活动的进展,如果相关要求(如产品目标、产品要求/标准等)或资源需求等方面因素发生变化,组织应在适当时修改或更新策划的输出。

(9) 设计和开发的策划是产品实现策划 7.1 的一部分。

(10) 注释进一步澄清了对设计和开发评审、验证和确认活动的理解。

2. 检查要点

(1) 检查设计和开发策划的输出。应对设计和开发项目进行策划,编制设计和开发计划。必要时,应编制产品改进计划。

(2) 检查设计和开发计划。设计和开发计划应包括:

① 明确设计和开发阶段。

② 各阶段的评审(设置评审点)、验证、确认和其他需要开展的活动。如风险分析,特性分析,"六性"设计,软件工程化管理,新技术、新器材的论证,试验和鉴定,标准化要求等专项评审。

③ 参与设计和开发活动的部门、人员的职责、权限及接口关系和信息传递方法。

④ 在方案阶段,配套产品应形成总体技术方案,编制零级网络图,标准化大纲,可靠性、维修性、保障性、安全性、测试性和环境适应性大纲,制作初样机或原理样机,对关键技术、工艺和材料进行攻关和验证,确定所设计和开发产品的技术状态。

⑤ 在工程研制阶段应编制:原材料、元器件优选目录,元器件老化筛选规范(属于设计文件),检验规范(属于设计文件),以及进货检验的验收规范(属于设计文件),产品特性分析报告,软件工程化的管理文件和程序,新技术、新器材目录,产品交付"四随"和相关保障资源目录等,并经顾客(军事代表)审签,没有军事代表时应经用户审签。设计和开发策划的输出应形成文件,并得到批准。

(二) 设计和开发输入的检查

本条是对 GJB 9001B《质量管理体系要求》中 7.3.2 设计和开发输入内容的理解和检查。

1. 理解要点

(1) 产品的设计和开发输入是实施设计和开发活动的依据和基础。

(2) 组织应确定与产品要求有关的输入,并保持这些输入的记录(如技术协议书、主机或系统提供的技术规范即为系统规范、研制规范和“六性”大纲等）。

（3）设计和开发的输入应包括：

① 产品的功能和性能要求。产品的功能和性能要求主要来自于顾客对产品质量的需求和期望。

② 适用的法律法规要求。如健康、安全和环境等方面的要求，以及与产品有关的国军标、行业标准。

③ 借鉴或提供以前与该产品相类似的产品设计信息。既考虑以往类似产品设计的优点，也要考虑存在的不足，起到一定的借鉴作用。

④ 所必需的其他要求，如系统产品对分系统产品的要求（除功能和性能要求外），在某一方面（如贮存或搬运方面）的特定要求，或组织为了设计过程控制等需要对某产品/项目的特定要求（如需要供方提供检验规程，组织编制验收规程等，确保设计过程质量控制）。

⑤ 工艺要求。指在产品设计中要考虑可制造性（如果有的组织应用7.3的要求进行过程设计开发的控制，此“工艺要求”即指确定过程设计开发的输入要求）。

（4）组织应对所有与产品要求有关的输入进行评审，以确保设计和开发的输入要求是充分和适宜的，既完全反映了全部的产品要求，而且也适合于组织的情况。通过评审后的设计和开发输入要求应是清楚、完整、没有自相矛盾的。

2. 检查要点

检查产品的设计和开发输入文件（或记录），应符合以下要求：

（1）设计和开发输入文件（或记录）应符合规定要求。

（2）设计和开发输入规定了产品的功能、性能要求（产品设计规范、产品试验规范、技术协议书、研制合同等）；适用的法律、法规要求（包括标准）；必要的以前类似设计提供的信息（如成功的经验、成熟的技术等）；设计和开发策划中规定的其他要求（如标准化、工艺性、维修性及保障资源等）；设计和开发过程中的补充要求（如补充协议、协调单等）。

（3）应包括可靠性、维修性、保障性、安全性、测试性和环境适应性等的设计要求。

（4）根据分配需求进行软件需求分析，编制软件需求规格说明。

（5）对设计和开发输入进行评审（应邀请顾客参加），对提出问题采取措施并对实施情况进行跟踪。

（三）设计和开发输出的检查

本条是对GJB 9001B《质量管理体系要求》中7.3.3设计和开发输出内容的理解和检查。

1. 理解要点

（1）设计和开发的输出是设计和开发过程的结果，提供了产品和/或有关过程的特性或规范，该输出必须满足输入的要求。

（2）不同产品设计和开发的输出方式可以因产品特点的不同而不同（如文件、样机、图样、规范、配方、教材等），但该方式应能与设计和开发输入进行对照验证，且能够满足设计和开发输入的要求，即具有可验证性。例如：对样机而言，可以对其进行试验，并将其试验结果与设计输入的有关要求进行对比、加以验证等。

（3）设计和开发输出提供了对后续的产品实现过程的指导性文件，因此，在放行使用或实施之前应按规定由授权人员批准，并按规定进行工艺和质量会签、标准化审查。以确保其满足设计和开发输入的要求。

（4）设计和开发输出应给出采购、生产和服务提供等方面的适当信息，如提供产品所需的原材料采购规范、产品规范、产品实现过程的规范（材料规范、工艺规范和软件规范等）、产品技术说明书、使用维护说明书、安装维修手册、用户培训教材等。这些信息将为后续的产品实现过程提供指导。

（5）设计和开发的输出应包括判定产品是否合格的接收准则，如果该产品已有相应的接收准则，如国家或行业的产品标准、检验规范（属于设计文件）等，该产品的设计和开发输出中可直接引用其编制检验规程（质量保证文件），保证产品的输出质量。也可依据该产品的接收准则和产品规范以及检验规范，编制检验规程，可作为设计和开发输出的组成部分。

（6）设计和开发的输出中应规定那些影响产品正常使用和安全性方面必不可少的特性（如电气产品中的绝缘要求等）。

（7）编制关键件（特性）、重要件（特性）项目明细表，并在产品图样和技术文件上作相应标识。按设计和开发策划的安排，对复杂的产品在进行特性分析的基础上，确定关键件（特性）和重要件（特性），汇总后编制关键件（特性）、重要件（特性）项目明细表，并在零组件目录以及产品图样上进行标识。

（8）规定产品使用所必需的保障方案和保障资源要求。按设计和开发策划的要求，为了保障产品交付后尽快投入使用，发挥其效能，降低维修费用，应按装备综合保障有关标准提出装备方案及相应的保障资源，为进一步形成使用和维修保障计划、建立保障系统打下基础。

（9）应在设计开发过程中开展可靠性、维修性、保障性、测试性、安全性、环境适应性设计，给出可靠性分配、预计、故障模式、影响及危害性分析（FMECA）及试验与评价等报告；维修性和测试性分析、试验与评价等报告；产品安全性分析报告；环境适应性设计及试验与评价等报告。

（10）GJB 9001B《质量管理体系要求》中7.3.3中注1说明生产和服务提供

的信息可能包括产品防护的细节,进一步澄清了设计和开发的输出不仅包括产品本身,还包括产品防护的要求,如包装、搬运、贮存等。

(11) GJB 9001B《质量管理体系要求》中7.3.3中注2给出产品设计输出的示例,进一步澄清设计和开发的输出不仅只有产品规范,还包括工艺管理、工艺设计等的内容,以及交付后活动所涉及的内容。

2. 检查要点

(1) 对照设计输入(如技术协议书、研制计划等)检查输出文件是否齐全。

① 输出文件至少包括:产品图样,产品规范,产品技术说明书、使用维护说明书,外协件、外购元器件、成件、材料及辅助材料清单等采购信息,产品接收准则(属于设计文件)以及验收规程(属于质量控制文件),即规定产品接收的项目、要求、方法、合格证明等。

② 关键件(特性)、重要件(特性)项目明细表。

③ "四随"设备清单;使用保障方案和保障资源;防护(包装、装卸、运输)等文件。

④ 软件概要设计(流程图);详细设计(程序编码);软件用户手册等。

(2) 设计和开发输出文件,应按规定进行评审(校对、审核、批准以及工艺和质量会签、标准化审查),并满足设计和开发输入要求。主要是:

① 产品图样。明确外部接口并符合协议要求;关键件(特性)和重要件(特性)应在图样中做出标识。

② 产品规范。规定的功能、性能指标符合研制总要求或协议要求;明确产品接受准则,包括产品的试验种类及各种试验的试验项目、要求、方法和验证及判定标准等。

③ 关键件(特性)、重要件(特性)项目明细表。识别、确定关键件(特性〔参数〕)和重要件(特性〔参数〕)。

④ 编制关键件(特性〔参数〕)和重要件(特性〔参数〕)明细表。

(四) 设计和开发评审的检查

本条是对GJB 9001B《质量管理体系要求》中7.3.4设计和开发评审内容的理解和检查。

1. 理解要点

(1) 组织应按设计和开发策划的安排在适当阶段(或状态)对设计和开发的结果进行评审。评审的阶段(或状态)、内容、方式因产品和组织承担设计和开发的责任不同而不同。评审的方式可以采用车间级(科室级),厂、所级和军厂、所级的专项评审、专题评审等。在有关设计和开发评审活动的文件中应规定评审之前做什么(如评审项目需要的文档和评审人员的分工等),评审后必须产生什么记录(如会议记录、结论、问题、措施等)。

（2）设计和开发评审的目的和作用如下：

① 评价设计和开发的结果满足要求的能力，这种满足要求的能力不仅仅是指设计活动满足要求的能力，如果将工艺设计按7.3控制，则设计和开发评审还包括与该设计结果有关的其他活动的能力（如实现该设计和开发结果的生产能力、设备能力等）。

② 识别可能存在的任何导致设计和开发的结果不能满足要求的问题，并提出必要的措施加以解决。

（3）一般情况下，评审阶段有关的职能代表应参加该阶段设计和开发的评审活动。必要时，组织还可以与顾客合作召开设计评审会或请产品供应商参与评审。顾客要求时，应邀请顾客参加评审。

（4）必要时，进行可靠性、维修性、保障性、测试性、安全性和环境适应性以及元器件和计算机软件等专题评审，也可与其他设计评审一起进行。

（5）对评审中提出的问题以及采取的必要的措施进行跟踪管理，并做好记录和保存。对评审的结果和跟踪管理的结果要向顾客通报。

（6）组织应保存评审结果及由评审而采取的任何必要措施的记录。

2. 检查要点

（1）按照规定的设计、工艺和产品质量评审的专项评审顺序，检查分级、分阶段（或状态）的评审节点的评审记录，是否按节点组织评审。

（2）设计和开发评审的控制。应明确评审职责、内容、程序及记录。应进行标准化、可靠性、维修性、保障性、测试性、安全性以及计算机软件、元器件、原材料和技术状态管理等专题评审。

（3）检查评审申请和评审报告及相关记录。应符合以下要求：

① 评审报告格式及内容符合相关标准；

② 有明确的评审结论，且满足要求；

③ 对评审提出问题制定了解决措施；

④ 应邀请有关部门的代表参加评审（如：工艺、生产、质量、服务等）；

⑤ 应邀请顾客参加评审；

⑥ 没有通过评审不能转入下一阶段工作。

（五）设计和开发验证的检查

本条是对GJB 9001B《质量管理体系要求》中7.3.5设计和开发验证内容的理解和检查。

1. 理解要点

（1）设计和开发验证的目的是证实设计和开发的输出满足设计和开发输入的要求。

（2）设计和开发验证应按设计和开发策划的安排进行，一般在形成设计输出时进行。

(3) 设计和开发验证的方法如下:

① 变换方法进行计算;

② 试验证实等;

③ 与已证实的类似设计的比较结果;

④ 对设计输出结果进行评审,如对产品装配图、产品零件图、材料定额表的评审等。

(4) 组织应保存设计和开发验证的结果及由验证而采取的任何必要措施的记录,如通过力学计算后发现机床主轴的刚度不符合要求,从而对主轴结构进行更改的记录。

(5) 对于顾客要求控制的验证项目,应在相关文件中予以明确并通知顾客参加。

2. 检查要点

(1) 按照设计和开发计划规定的时间、节点及内容检查各项验证活动的开展情况,查设计和开发验证记录。

(2) 检查设计和开发验证报告,验证结果应能够证明满足设计和开发输入的要求;顾客要求控制的验证项目应邀请顾客参加,对验证中出现的问题,应采取相应措施。

(六) 设计和开发确认的检查

本条是对 GJB 9001B《质量管理体系要求》中 7.3.6 设计和开发确认内容的理解和检查。

1. 理解要点

(1) 设计和开发确认的目的是证实设计和开发的产品满足规定的使用要求或已知的预期用途要求。

(2) 设计和开发确认应按设计和开发策划的安排进行,一般情况下,应在产品交付或实施之前完成。如产品确认就要装机试验,要经过实际试飞的考核。

(3) 设计和开发确认应邀请顾客参加。

(4) 对于需要定型(鉴定)的产品应按产品定型(鉴定)要求,进行定型(鉴定)前的准备工作。

定型指国家军工产品定型机构按照规定的权限和程序,对新型(含改进、改型、技术革新、仿制)军工产品进行全面考核,确认其达到规定的标准和要求的活动。定型分为设计定型(三级以下产品称设计鉴定)和生产定型(三级以下产品称生产鉴定)。设计定型是对完成设计的军工产品的战术技术指标和作战使用性能进行全面考核,确认其达到规定的标准和要求的活动。生产定型是对军工产品质量稳定性以及成套、大批量生产的条件进行全面考核,确认其达到规定的标准和要求的活动。

(5) 设计和开发确认根据产品层次不同,确认的类型是不一样的。一般包括承制方的确认,军事代表与承制方共同确认,双方主管型号研制部门的确认,定型机构的确认等。

(6) 设计和开发确认的方式一般包括:

① 使用各种技术手段模拟试验;

② 按国家军用、行业标准规定,进行首件鉴定、批准;

③ 按国家标准规定,进行定型(鉴定)试验、批准;

④ 定型机构组织的专家审查,批复;

⑤ 在实际使用条件下试用。

(7) 组织应保存设计和开发确认结果及由确认而采取的任何必要措施的记录。

(8) 设计定型(三级以下产品称设计鉴定)与生产定型(三级以下产品称生产鉴定),在方式以及方法和检查要点上雷同。

(9) 设计验证、设计评审和设计确认的区别,见表7-2。

表7-2 设计验证、设计评审和设计确认的区别

	设计验证	设计评审	设计确认
术语	通过提供客观证据对规定要求已得到满足的认定	为确定主题事项达到规定目标的适宜性、充分性和有效性所进行的活动	通过提供客观证据对特定的预期用途或应用要求已得到满足的认定
目的	证实设计输出满足设计输入的要求	评价设计结果满足要求的能力,识别问题	证实产品满足规定的使用要求或已知的预期用途的要求
对象	设计输出(如文件、图样、样件等)	各阶段的设计结果	通常是向顾客提供的产品或样品
时机	当形成设计输出时	在设计适当阶段(或状态)	如可行,应在产品交付或生产和服务实施之前
方式	计算、试验、对比、文件发布前的评审	会议/文件传阅等	设计定型(鉴定)试验、评审或审查、批复(批准)、试用或模拟试用等

2. 检查要点

(1) 检查记录。对照设计和开发计划检查确认记录。设计和开发确认结论应能证明产品满足规定的使用要求或已知的预期用途的要求。按设计和开发计划进行确认并应邀请顾客参加。

（2）对需要设计定型（鉴定）的产品，应按照军工产品定型工作的有关规定和程序，完成设计定型（鉴定）工作。主要内容是。

① 应成立设计定型委员会以及鉴定小组，明确工作职责。

② 检查设计定型（鉴定）试验情况。主要内容包括：

a. 试验大纲（或试验方案）应符合研制合同、技术协议书或产品规范的规定；

b. 试验大纲经评审和审批；

c. 试验规程应符合试验大纲的要求；

d. 试验项目、试验方法、试验顺序、试验数据应符合试验规程的要求，试验原始记录应真实、完整；

e. 试验中暴露的问题得到有效解决；

f. 编制试验报告，试验结论满足规定的判定准则，并经批准。

③ 按照 GJB 1362A《军工产品定型程序和要求》的规定对设计定型（鉴定）符合情况进行组织内部审查。

④ 提出设计定型（鉴定）申请。符合设计定型（鉴定）条件时，申请设计定型（鉴定）审查。

⑤ 召开设计定型（鉴定）会议，作出定型结论并形成文件。

⑥ 设计定型（鉴定）审查通过后，上报设计定型（鉴定）文件、资料，批复设计定型（鉴定）。

（七）设计和开发更改控制的检查

本条是对 GJB 9001B《质量管理体系要求》中 7.3.7 设计和开发更改的控制内容的理解和检查。

1. 理解要点

（1）设计和开发更改包括对已输出的设计产品的更改，也包括阶段输出的设计产品（如对经批准的设计方案等）的更改。

（2）引起设计和开发更改的原因是多种多样的，组织应识别在各种情况下需要进行的设计和开发的更改，如在后一阶段的设计中发现已评审的前一阶段的设计结果有问题，在进行加工、测量、包装、安装、调试等过程中发现图样有问题，顾客投诉、标准变更、产品改进等。

（3）对任何设计和开发的更改，组织都要根据更改的具体情况及更改可能造成的影响程度来确定是否需要对该更改进行评审、验证、确认，并在正式实施更改前得到授权人员的批准。对重要的设计更改，应进行系统分析和验证，严格履行审批程序。

（4）设计和开发更改的评审应包括评价更改部分对产品其他组成部分和已经交付的产品可能造成的影响。如对车床主轴直径的更改，将会导致主轴孔径的相应更改,这将会影响轴的力学性能以及已交付的车床的维修和换件。

(5) 组织应保存设计更改的评审结果及由评审而采取的任何必要措施的记录。

(6) 已定型(鉴定)产品的更改按有关产品定型(鉴定)工作规定办理。

(7) 设计和开发的更改应按技术状态控制的要求进行控制。

2. 检查要点

(1) 检查承制单位的产品设计和开发更改控制文件,检查控制要求是否明确。

(2) 检查设计更改通知单。更改单的更改内容是否按规定进行了审批和会签;对重要的设计更改进行了必要的论证和试验验证。

(3) 检查更改单的落实情况。相关的设计文件得到了更改,更改标识清楚,确保产品图样、技术文件现行有效。

(4) 检查与设计更改有关产品的处理情况。设计更改所涉及的在制品、已交付产品按要求进行了处置。

(八) 试验控制的检查

本条是对 GJB 9001B《质量管理体系要求》中 7.3.9 试验控制内容的理解和检查。试验是按程序确定一个或多个特性的活动。重要的试验是指在设计和开发过程中对一些重要的验证、确认性试验、大型装备的系统联试和其他重要试验。对这些重要的试验必须加以控制,确保试验过程受控和试验结果可信。

1. 理解要点

(1) 试验前的准备。按设计和开发输出的要求和相关标准,编制试验大纲,明确试验的目的、项目、内容以及试验的程序、条件、手段和记录的要求。试验大纲需经顾客同意。根据试验大纲的要求,做好试验前的准备工作,如编制试验规程、参试产品及其技术状态的确定,试验设备的校验,参试人员的培训及分工。试验前还要对其准备的状态进行检查。

(2) 以试验大纲规范试验工作。依据试验大纲编制试验规程,按其程序实施试验,并按要求做好记录。必要时还应邀请顾客参加试验。对试验过程发生的任何问题都应分析原因、采取措施,必要时进行试验验证。待问题解决后方可继续试验。对任何超越试验程序的活动应经过严格的审批。试验程序的变更应征得顾客同意。

(3) 试验结果的处理。对所收集的试验数据进行整理、分析和处理,并对试验的结果进行评价。应确保试验数据的完整性和准确性。试验的结果应向顾客通报。

(4) 试验原始资料做好归档工作,试验过程、结果及后续措施的记录都应保存。

2. 检查要点

（1）检查研制计划。研制过程中的重要试验在研制计划中应得到明确。

（2）检查试验大纲。应编制试验大纲，符合研制合同、技术协议和产品规范的要求，并经顾客同意，邀请顾客参加试验。

（3）检查试验前准备状态。

（4）检查试验记录。承制单位按照规定的程序收集、整理数据和原始记录，分析、评价试验结果；原始记录、试验报告等的试验数据应完整、准确；试验结果应通报顾客。

（5）试验过程发生变更时应征得顾客（军事代表）同意，并按规定履行批准手续。

（6）检查试验中问题的处理情况，试验发现的故障和缺陷，应采取有效的纠正措施，并进行试验验证。

（九）技术状态管理的检查

本条是对 GJB 9001B《质量管理体系要求》中 7.7 技术状态管理内容的理解和检查。产品的技术状态管理贯穿于产品的研制、生产和使用整个寿命周期的全过程。产品的技术状态在产品实现的过程中必须进行控制和管理。

1. 理解要点

（1）对产品实施技术状态管理。组织应对技术状态管理进行策划，在实施技术状态管理中涉及两个基本的管理要素，一是技术状态项，二是基线。技术状态项是技术状态管理的基本单元。基线是指已批准的并形成文件的技术描述。技术状态管理中，一般要考虑三个基线——功能基线、分配基线和产品基线。技术状态管理主要是针对技术状态项的基线实施的管理。顾客需要时，技术状态管理升、技术状态基线及其技术状态更改应经顾客同意。

技术状态基线在 GJB 1405A《装备质量管理术语》中的 3.26 规定，在技术状态项研制过程中的某一特定时刻，被正式确认并被作为今后研制、生产活动基准的技术状态文件。技术状态基线分为功能基线、分配基线和产品基线。

（2）技术状态管理的内容。技术状态管理可包括技术状态标识、技术状态控制、技术状态记实和技术状态审核等活动。

① 技术状态标识指确定产品结构，选择技术状态项，将技术状态项的物理特性和功能特性及接口和随后的更改形成文件，为技术状态项及相应文件分配标识特性或编码的活动。

② 技术状态控制是在技术状态文件正式确立后，对技术状态项的更改，包括技术状态文件更改以及对技术状态产生影响的偏离许可和让步放行，进行评价、协调、批准或不批准以及实施的所有活动。

③ 技术状态记实是对已确定的技术状态文件、建议的更改状况和已批准更

改的执行状况所做的正式记录和报告。

④ 技术状态审核是为确定技术状态项符合其技术状态文件而进行的检查。包括功能技术状态的审核和物理技术状态审核。功能技术状态审核是为核实技术状态项是否已经达到了技术状态文件中规定的性能和功能特性所进行的正式检查;物理技术状态审核是为核实技术状态项的建造/生产技术状态是否符合其产品技术状态文件所进行的正式检查。

(3) 技术状态管理的具体作法可参见 GJB 3206A《技术状态管理》。

(4) 软件配置管理是为保证软件配置项的完整性和正确性,在整个应用配置管理的过程,是软件实施技术状态管理的通用方式,通常包括配置标识、配置控制、配置状态记实、配置评价、软件发行管理和交付等。具体作法可参见 GJB 5235《军用软件配置管理》。

2. 检查要点

(1) 检查制度与职责。组织应按标准编制并实施技术状态管理程序,明确技术状态管理责任主体及其职责;应建立技术状态管理组织(如技术状态控制委员会)并明确其职责和权限;组织应对技术状态标识、记实、控制、审核的任务、要求作出规定。

(2) 检查技术状态管理计划。应制定并实施技术状态管理计划。计划应符合合同要求,规定组织、人员的职责、技术状态管理的时间节点、主要里程碑事件;技术状态管理计划应包括标识、记实、控制、审核的内容和分承制方/供应商控制和管理要求;技术状态管理计划应提交给订购方认可。

(3) 检查技术状态标识。

① 技术状态项。应选择技术状态项(包括硬件和软件),编制技术状态项清单,并提交顾客认可。

② 应针对本单位产品情况,确定选择技术状态项总的准则。一般情况下,可将下述选为技术状态项:

a. 武器装备系统、分系统级项目等方面和跨单位、跨部门研制的项目;

b. 在风险、安全、完成作战任务等方面具有关键性的项目;

c. 采用了新技术、新设计或全面研制的项目;

d. 与其他项目有重要接口的项目和共用分系统;

e. 单独采购的项目;

f. 使用和维修方面需着重考虑的项目。

③ 选择的技术状态项应由承制方和订购方共同提出,经充分协商后确定。

④ 每个技术状态项都应有标识,标识内容一般有技术状态项的型号、序列号(或批次号)等信息,标识号应具唯一性。

(4) 检查技术状态控制。制定控制技术状态更改、偏离许可和让步的管理程序与方法;分类控制技术状态更改,确定偏离许可和让步级别。

(5) 检查技术状态记实。记录并报告各技术状态项的标识号、现行已批准的技术状态文件及其标识号。记录并报告每一项技术状态更改从提出到实施的全过程情况,按期(研制产品在转阶段时、生产产品在交付时)提供技术状态更改发放及贯彻清单;记录并报告技术状态项的所有偏离许可和让步的情况,按期(研制产品在转阶段时、生产产品在交付时)提供技术状态偏离许可及让步清单;记录并报告技术状态审核的结果,包括技术状态审核报告、不符合的状况和最终处理情况。

(6) 检查技术状态审核。在正式的技术状态审核之前,承制单位应按计划自行组织内部的技术状态审核。

技术状态审核是检查产品功能技术状态和物理技术状态是否符合技术状态文件。

① 功能技术状态审核内容的检查:

a. 试验程序和试验结果是否符合技术状态文件的规定;

b. 正式的试验计划、规范和程序执行情况,检查试验结果的完整性和准确性;

c. 检查试验报告的正确性,确认报告是否准确、全面说明了技术状态项的各项试验;

d. 检查接口要求的试验报告;

e. 对那些不能完全通过试验证实的要求,审查其分析或仿真的结果满足规范要求;

f. 检查所有批准的更改是否纳入技术文件并已实施;

g. 检查未达到质量要求的技术状态项应进行原因分析,并采取相应的纠正措施的情况;

h. 计算机软件配制项,除进行上述审核外,还可进行必要的补充审核;

i. 偏离许可和让步清单。

② 物理技术状态审核内容的检查:

a. 检查有关的生产图样、工艺规程,已确认工艺规程的准确性、完整性和统一性;

b. 检查技术状态项所有记录,确认按正式工艺制造的技术状态准确地反映了所发放的技术状态文件;

c. 试验数据和程序是否符合技术状态文件的规定;

d. 技术状态项的偏离、不合格是在批准的偏离许可、让步范围内;

e. 确认分承制单位所做的试验和检验资料,是否符合要求;

f. 功能技术状态审核遗留问题是否已解决。

二、案例显现

（一）审核发现：某厂未能提供某产品特性分析报告。该事实不符合GJB 9001B中7.3.1关于“对产品进行特性分析”的要求。

（二）审核发现：某厂科研计划中安排的研制工作，未明确设计和开发的阶段。不符合GJB 9001B中7.3.1关于“确定设计和开发的阶段”的要求。

（三）审核发现：某厂未编制研制项目的新产品项目质量先期策划和控制计划（APQP）。不符合GJB 9001B中7.3.1“组织应对产品的设计和开发进行策划和控制”的要求。

（四）审核发现：某公司未能提供产品“通用化、组合化、系列化”设计方案。不符合GJB 9001B中7.3.1关于“实施产品标准化要求”的要求。

（五）审核发现：某厂某产品设计计划书中，未安排首件鉴定和相关的设计评审。不符合GJB 9001B中7.3.1的有关要求。

（六）审核发现：某厂某产品设计计划书中，未安排设计鉴定和相关的工艺评审。不符合GJB 9001B中7.3.1的有关要求。

（七）审核发现：某系统标准化大纲中规定金属及非金属的材料选用按某企业标准执行，但这两本标准未发放到配套产品供方，这不符合GJB 9001B中7.3.1“组织应对参与设计开发的不同小组之间的接口进行管理，以确保有效的沟通”。

（八）审核发现：某厂某产品的风险分析报告中指出：“公司具有壳体、传感器等零件加工能力……制造和试验风险较低”。规定某厂负责传感器组件的加工任务，实际上因不具备能力，外包给某公司生产。不符合GJB 9001B中7.3.1 f)关于“识别制约产品设计和开发的关键因素和薄弱环节并确定相应的措施”的要求。

（九）审核发现：某厂没有贯彻GB/T 8180—2007《钛及钛合金加工产品的包装、标志、运输和贮存》标准。不符合GJB 9001B中7.3.1 g)有关要求。

（十）审核发现：某产品的可靠性维修性设计准则报告要求：“应根据《××技术协议》中规定的可靠性定量要求逐级分配可靠性指标，应按照GJB 813-1990进行可靠性建模和预计”，但提供不出可靠性指标分配报告证据。不符合GJB 9001B中7.3.1 h)“运用优化设计和可靠性……等专业工程技术进行产品设计和开发”的要求。

（十一）审核发现：某厂将技术协议书作为设计输入，但未进行评审。不符合GJB 9001B中7.3.2关于“应确定与产品有关要求的输入”“应对这些输入的充分性和适宜性进行评审”的要求。

（十二）审核发现：某部的《产品设计和开发输入汇总表》中，技术指标缺少技术协议确定的“外表面颜色为天蓝色，内表面应除油脱脂”的要求。不符合

GJB 9001B 中 7.3.2 关于“应确定与产品要求有关的输入”的要求。

（十三）审核发现：某厂未对《设计和开发计划任务书》进行评审。不符合 GJB 9001B 中 7.3.2“应对这些输入的充分性和适宜性进行评审”的要求。

（十四）审核发现：某厂的某产品《设计和开发计划任务书》中缺少技术协议书规定的高低温试验、湿热试验和霉菌试验要求。不符合 GJB 9001B 中 7.3.2 a) 设计输入应包括“功能要求和性能要求”的要求。

（十五）审核发现：某厂某产品的设计输入评审内容仅有“总体设计技术”一份文件。不符合 GJB 9001B 中 7.3.2“输入应包含：a) 功能和性能要求；b) 适用的法律、法规要求；c) 以往类似设计提供的信息；d) 设计和开发所必需的其它要求”的要求。

（十六）审核发现：某产品《××技术协议》要求转速 4875r/min、温度 -40℃ ~ -170℃，但相应的产品规范中规定 -40℃ ~ -160℃、对转速没有要求。不符合 GJB 9001B 中 7.3.3“设计输出应满足设计输入”的要求。

（十七）审核发现：某项目任务书规定，速率在（±0.01 ~ 30）°/s 范围内，分辨力为 0.01°/s，误差 < ±0.01；而验收标准规定，速率在 ±（0.1 ~ 30）°/s 范围内，分辨力不劣于 0.01°/s，无误差要求。不符合 GJB 9001B 中 7.3.3 的有关要求。

（十八）审核发现：某改装任务书规定，产品适用高度为 0 ~ 15000m，但提供不出设计验证的记录。也不符合 GJB 9001B 中 7.3.3 有关规定。

（十九）审核发现：某产品《研制任务书》中的指标为：“工作温度：-10℃ ~ +55℃”；《技术说明书》中指标规定“工作温度：0℃ ~ +50℃”。不符合 GJB 9001B中 7.3.3 有关规定。

（二十）审核发现：某产品研制方案论证报告缺少可靠性、维修性、综合保障要求和标准化要求内容，与技术协议书内容不一致。不符合 GJB 9001B 中 7.3.3 关于“设计和开发输出应满足设计和开发输入”的要求。

（二十一）审核发现：某厂《××型保障设备技术协议书》规定了某车重量为 500kg，尺寸为 4700×1700×1410（长×宽×高）；而该产品的设计输入《××车设计技术要求》中分别为 1000kg 和小于 5000×1800×1600。不符合 GJB 9001B中 7.3.3 a) 关于“设计和开发输出应满足设计和开发输入的要求”的要求。

（二十二）审核发现：某衬套密封工作面的粗糙度为××，依据的设计标准为 HB/ Z4 -95《O 型密封圈及密封件结构的设计要求》3.4.2 规定。不符合 GJB 9001B 中 7.3.3 a) 设计和开发输出应“满足设计和开发输入的要求”的要求。

（二十三）审核发现：某厂《某产品技术协议书》中对产品寿命、维修性、保障性等有明确规定,但《产品专用设计规范》未涉及以上内容。不符合 GJB 9001B中7.3.3 a)关于"设计和开发的输出应满足设计和开发输入"的要求。

(二十四)审核发现:某厂《某新成品技术协议》的技术指标中有具体的产品污染度要求,但查其产品的输出文件《技术规范》却没有该要求。不符合 GJB 9001B中7.3.3 a)设计和开发输出应"满足设计和开发输入的要求"的要求。

(二十五)审核发现:某厂入厂复验说明书中某材料检验项目为探伤,没规定具体探伤项目,不符合 GJB 9001B 中7.3.3 c)"包含或引用产品接收准则"的要求。

(二十六)审核发现:某厂《关重件项目明细表》中表明"××机构"为重要件,但该产品的设计工艺文件上未作相应标识。不符合 GJB 9001B 中7.3.3 e)关于"编制关键件(特性)、重要件(特性)项目明细表,并在产品设计文件和工艺文件上作相应标识"的要求。

(二十七)审核发现:某厂某产品 F 转 C 状态时,详细设计评审意见中的"补充后期的研制节点""补充年度工作开展情况"评审意见未得到落实。不符合 GJB 9001B 中7.3.4"评审结果及任何必要措施的记录应予保持"的要求。

(二十八)审核发现:某厂某产品已经完成研制工作,但不能提供设计评审的记录。不符合 GJB 9001B 中7.3.4 的有关规定。

(二十九)审核发现:某厂的设计评审表中记录了某产品的评审情况,但该记录显示参加评审的人员没有工艺、质量、可靠性等有关专业人员。不符合 GJB 9001B 中7.3.4 "评审的参加者应包括与所评审的设计和开发阶段有关的职能的代表"的要求。

(三十)审核发现:某厂某项目指标要求规定,电机过载能力为 10kV-A,5min,而相应的试验报告不能提供此项指标的验证记录。不符合 GJB 9001B 中7.3.5 的有关要求。

(三十一)审核发现:某厂某试验台研制任务书规定,产品应具有测试的扩展功能,目前研制任务已经完成,但课题组不能证实该项功能已经实现。不符合 GJB 9001B 中7.3.5 的有关规定。

(三十二)审核发现:某厂的《振动疲劳试验报告》显示,"在 100MPa 应力下通过 2×10^7 循环",但该部门提供不出得出上述结论的准则。不符合 GJB 9001B中7.3.5 条款关于"为确保设计和开发输出满足输入要求,应依据所策划的安排对设计和开发进行验证"的要求。

(三十三)审核发现:某厂的《设计临时更改单》,更改内容为"图样俯视图中取消(包括镀层厚度)",经确认证实应纳入图样,但至今未对图样进行更改。

不符合 GJB 9001B 中 7.3.7“设计和开发更改应符合技术状态管理要求”的规定。

（三十四）审核发现：某厂的工艺更改单将直径由 360mm 改为 359mm，但设计图上的尺寸未更改；另，某工程技术协调单中对额定速度、额定载荷等指标进行了调整，但《某技术规范》中的相应指标未得到更改。不符合 GJB 9001B 中 7.3.7“应识别设计和开发的更改，并保持记录”的要求。

（三十五）审核发现：某厂工艺评审报告提出“零件同轴度 ϕ0.02 现行工艺方法难度较大，建议改变加工方法”，且评审结论为“同意评审意见，完善资料”，但该零件工艺规程相应工序卡中未落实该意见。不符合 GJB 9001B 中 7.3.8 关于“保存试制过程和采取任何措施的记录”的要求。

（三十六）审核发现：某厂某产品已交付试制件，但提供不出首件鉴定、工艺评审和产品质量评审的记录。不符合 GJB 9001 B 中 7.3.8 a)、c)、d)的要求。

（三十七）审核发现：某厂某产品，没有进行产品质量评审。不符合 GJB 9001B中 7.3.8 d)“在产品试制完成后进行产品质量评审”的要求。

（三十八）审核发现：某厂研制并准备交付的某系统，在交付之前未进行产品质量评审。不符合 GJB 9001B 中 7.3.8 d)关于“在产品试制完成后进行产品质量评审”的要求。

（三十九）审核发现：某厂的试验记录中“承载试验、起吊试验、速度试验的加载均为 400kg；而试验大纲规定均为 500kg”。不符合 GJB 9001B 中 7.3.9 的有关要求。

（四十）审核发现：某厂某产品的鉴定试验提供不出试验前准备状态检查的记录。不符合 GJB 9001B 中 7.3.9 a)“编制试验大纲，明确要求，做好试验前的准备，并实施准备状态检查”的要求。

（四十一）审核发现：某厂试验大纲规定疲劳试验应充入 255 ± 18.6kPa 的压缩空气，但在试验报告中规定充入 260 ± 19.5kPa 的压缩空气。不符合 GJB 9001B 中 7.3.9 b)”按照试验大纲组织试验”的要求。

（四十二）审核发现：某厂《××环境验收试验大纲》规定需做公路行驶试验，试验报告中无开展此项试验的记录。不符合 GJB 9001B 中 7.3.9“对重要的试验项目，组织应按照试验大纲组织试验”的要求。

（四十三）审核发现：某厂《某产品电磁兼容试验大纲》和已通过设计定型的《电磁兼容大纲》，均无技术状态标识。不符合 GJB 9001B 中 7.7 关于“合同要求时，应对产品实施技术状态管理”的要求。

（四十四）审核发现：某厂研制的某产品，存档底图无阶段标识。不符合 GJB 9001B 中 7.7 “组织应实施技术状态管理，内容包括技术状态标识……”的要求。

（四十五）审核发现：某厂某产品《工艺评审报告》对氮化要求进行了更改并纳入了工艺规程，但查该产品的设计图样并没有变更。不符合 GJB 9001B 中 7.7"应实施技术状态管理，内容包括技术状态标识、技术状态控制、技术状态记实和技术状态审核"的要求。

（四十六）审核发现：某厂某产品的气密性检验记录中试验压力规定值为 0.5MPa 与设计规定值 0.43MPa 不一致。不符合 GJB 9001B 中 7.7"组织应实施技术状态管理"的规定。

（四十七）审核发现：某厂某产品已设计定型，现场提供的试验工艺规程标识为"S"状态。不符合 GJB 9001B 中 7.7 相关要求。

（四十八）审核发现：某厂提供不出某产品研制规范和材料规范。不符合 GJB 9001B 中 7.7"技术状态管理"的要求。

（四十九）审核发现：某厂某产品没有编制研制规范、产品规范、材料规范。不符合 GJB 9001B 中 7.7"应对产品技术状态管理"的要求。

（五十）审核发现：某厂某产品研制一级网络图、技术状态管理计划等文件中，没有规定编制系统规范、研制规范等技术状态文件的要求。不符合 GJB 9001B中 7.7 组织"应对产品实施技术状态管理"的要求。

第五节　采购部门的检查

一、检查内容及要点

（一）供方评价的检查

本条是对 GJB 9001B《质量管理体系要求》中 7.4.1 采购过程内容的理解和检查。

1. 理解要点

（1）采购过程目的是确保采购产品符合规定要求。采购产品（含外包）的质量会直接影响到组织的产品实现过程和最终产品的质量，应对采购过程进行控制。

（2）采购产品对组织的产品实现过程和组织所提供的最终产品质量的影响程度不同，因此，组织对不同采购产品及其供方的控制类型和程度也就不同，通常，对影响程度较大的采购产品，组织的要求会高一些，对其供方的要求和控制方法也会严格一些。

（3）组织应制定选择、评价和重新评价供方的准则，通常形成文件，对供方按本组织的要求提供采购产品的能力进行评价，并根据评价结果选择合适的供方。组织应在分析是否及时供货、采购品的质量稳定等采购风险基础上选择、评价供方，根据评价的结果编制合格供方名录作为选择供方和采购的依据。

(4) 对顾客要求控制的采购产品,应在有关文件中予以明确,并邀请顾客参加对供方的评价和选择。

(5) 组织在制订选择、评价和重新评价供方的准则时,可以考虑以下几个方面的因素:

① 供方产品功能性能满足要求,以及产品质量、价格;

② 供方质量管理体系的质量保证能力和遵守法律法规的情况;

③ 供方交付和后续服务情况;

④ 供方的履约能力及有关的财务状况等。

(6) 组织可以采用多种方式对供方进行评价和控制,常用的方法如下:

① 样品检验(供方提供检验规程,承制方依据供方提供的检验规程,编制验收规程进行检验);

② 对供方以往的业绩进行评定;

③ 对供方的情况进行书面调查;

④ 对供方进行现场调查;

⑤ 对供方的质量管理体系进行第二方审核等。

(7) 组织应保存对供方进行评价的结果及由评价而采取的任何针对采购产品和供方的必要措施的记录。

2. 检查要点

(1) 检查供方评价程序(含作业的检验规程等)文件,应明确选择、评价和重新评价供方的准则。

(2) 检查供方评价记录。所记载的评价要求及结果应符合评价程序文件的相关规定。顾客要求时,应邀请顾客参加对供方的评价。

(3) 检查《合格供方名录》。《合格供方名录》应按规定进行审批,并经顾客审签。

(4) 确需在合格供方名录外采购产品时,应按规定经批准并经顾客同意。

(二) 产品采购信息的检查

本条是对 GJB 9001B《质量管理体系要求》中 7.4.2 采购信息内容的理解和检查。

1. 理解要点

(1) 为保证采购产品的质量,组织必须明确地规定产品的采购要求和相关信息。例如:产品的规格、型号、数量,有关的产品标准、价格等。

(2) 由于不同的采购产品对组织的产品实现过程和最终产品质量的影响不同,因此,组织在采购信息(如采购计划、采购订单或采购合同)中表述的内容也会不同。在有些情况下,采购信息中除了包括对采购产品的必要的常规要求外,需要时还可以根据具体情况对采购要求作出以下方面的适当规定:

① 产品的批准要求，即关于采购产品的验收依据、准则或标准等，以及采购产品的验证方式。

② 程序的批准要求，即涉及采购双方应遵守的程序或协议；过程的批准要求，即指对所采购产品有关的过程方面的要求；设备的批准要求，即指与生产该采购产品或提供服务所需的特定设备；与采购产品有关的供方人员资格方面的要求；对供方与采购产品有关的质量管理体系方面的要求。

(3) 在与供方沟通或说明采购信息前，组织应确保有关的采购要求和信息是适宜的(即适合组织的产品需要)和充分的(即所提出的采购要求是全面的)。

2. 检查要点

(1) 抽查产品配套清单、材料定额清单和生产计划采购文件等。

(2) 检查采购计划。采购产品的名称、型号、规格、数量、技术标准、承制单位、交付日期等信息，与合格供方名录的有关内容相一致，并经过批准。

(3) 抽查采购合同(协议)。应在《合格供方名录》之内选择供方；采购产品的名称、型号、规格、数量等应符合采购计划的要求；明确产品技术标准和质量保证要求，需要在供方的现场进行验证时，应在合同中予以明确，并规定验收准则。

(三) 采购新设计产品的检查

本条是对 GJB 9001B《质量管理体系要求》中 7.4.4 采购新设计和开发的产品内容的理解和检查。

1. 理解要点

采购新设计和开发的产品是指组织确定采购使用、并将构成组织所提供产品一部分的采购产品，设计和开发中确定需新设计和开发的，并在组织整个产品的设计和开发策划中确定需经鉴定后才能采购使用，而由供方承担设计和开发任务的。采购新设计和开发产品必须进行有效控制。

(1) 项目和供方的确定应充分论证，并按规定审批。采购新设计和开发的产品项目，在设计和开发策划时提出论证要求，进行项目和确定供方的论证，并履行审批手续。

(2) 技术协议书或合同的签订。在签订技术协议书或合同时，应明确新设计和开发产品的要求在设计和开发过程中有关技术的协调和质量问题的处理方面的要求，以及其他技术和质量保证要求，组织需参加设计验证活动。技术协议书或合同应规定技术状态管理的要求，确保配套产品的技术状态协调一致。

(3) 产品经过验证，确认满足要求后方可使用。对新设计和开发的产品应按有关验证和确认的要求进行验证和确认，包括复验鉴定、匹配试验、装机使用，经验证和确认满足规定的产品要求后方可使用。

2. 检查要点

(1) 采购项目及供方应经过充分论证，并按规定审批。

(2) 在技术协议书或合同中,明确对供方的技术要求和质量保证要求,应邀请顾客作为第三方在合同(或技术协议)上签署。

(3) 产品经验证满足要求后方可使用。

(四) 产品保管的检查

本条是对 GJB 9001B《质量管理体系要求》中 7.5.5 产品防护内容的理解和检查。

1. 理解要点

(1) 组织应在产品内部处理和交付到顾客指定的地点期间,针对产品的符合性采取防护措施。产品防护不仅针对最终产品而言,而是包括产品实现全过程中产生或使用的产品,如原材料、生产过程中半成品、成品等。

(2) 对产品的防护应包括以下具体的活动:

① 标识:应建立并保护好有关产品防护的标识,如提示防碰撞、防雨淋等(产品的防护标识不同于 GJB 9001B 中 7.5.3 中产品的标识)。

② 搬运:在产品实现全过程中,应根据产品当时的特点,在搬运过程中选用适当的搬运设备及搬运方法,防止在产品的生产、交付及提供相关服务的过程中因搬运不当而使产品受损。

③ 包装:包括包装箱和装箱以及箱内内装物的缓冲、支撑、固定、防水,封箱等要求;根据产品的特点和顾客的要求对产品进行包装,重点是防止产品受损。

④ 贮存:各种原材料、制品、成品均应贮存在适宜的场所,贮存条件应与产品要求相适应,如必要的通风、防潮、控温、洁净、采光、防雷、防火、防鼠、防虫等条件,防止过期失效,防止产品在生产使用中或交付给顾客之前受损。

⑤ 保护:采取适宜的保护措施,确保生产使用中或交付给顾客的产品符合要求。

2. 检查要点

(1) 检查产品保管状态标识。未经进厂检验合格的产品不准入库;超期产品应及时隔离并有明显标识,防止错用。待验、合格和不合格产品应分区保管。

(2) 检查账物的一致性。做到账、物、卡一致,入库、出库记录完整、清晰。

(3) 入库产品必须有检验合格证。

(4) 材料代用应办理审批手续,并按规定经顾客审签。

(5) 产品防护。按规定放置产品,不同产品不应混放,按规定对产品进行油封、真空包装、防静电等防护措施。

(6) 库房环境。是否按照规定或产品要求对温度、湿度、防静电、防尘等环境条件进行监控,并保存相关的控制记录。

(五) 顾客财产控制的检查

本条是对 GJB 9001B《质量管理体系要求》中 7.5.4 顾客财产内容的理解和

检查。

1. 理解要点

(1) 顾客财产通常包括两类:

① 组织使用的顾客财产,如顾客提供给组织使用的设备、工装模具、包装、图样、文件,以及顾客提供的样件等。

② 构成产品一部分的顾客财产,如顾客提供的用于生产产品的原材料、零组件、分系统等。还包括由顾客提供、由组织实施服务的产品,如返厂维修的故障产品、大修产品等。

(2) 组织应爱护顾客财产。注释中进一步澄清了知识产权和顾客的个人信息均属于顾客财产。

(3) 组织应识别其控制或使用的顾客财产。

(4) 组织在接收顾客财产时应进行验证(如数量、品质、规格型号等),以确保顾客财产是适用的。

(5) 组织应对顾客财产给予保护和维护,如对顾客提供的生产设备定期进行维护和保养等。

(6) 当顾客财产发生丢失、损坏或发现不适用的情况时,组织应及时向顾客报告并加以记录。

2. 检查要点

(1) 应对顾客财产采取识别、验证、保护和维护。

(2) 发现顾客财产丢失、损坏或不适用时,应及时向顾客报告。

(3) 承制单位使用顾客财产应征得顾客同意并履行批准手续。

顾客财产可包括知识产权和个人信息。

二、案例显现

(一) 审核发现:某厂与某公司签订了某产品采购合同,但该公司未在合格供方目录中,而产品的实际提供单位某厂在目录中。不符合 GJB 9001B 中7.4.1要求。

(二) 审核发现:某厂未能提供对供方重新评价的准则和记录。不符合 GJB 9001B 中 7.4.1关于“应制定选择、评价和重新评价的准则并保持记录”的要求。

(三) 审核发现:某厂的《合格供方名录》没有经顾客的审签。不符合 GJB 9001B 中 7.4.1的相关要求。

(四) 审核发现:某厂未提供对供方进行重新评价的准则。查供方某公司供方质量保证能力调查评价资料,不能提供重新评价的相关记录。不符合 GJB 9001B 中 7.4.1关于组织应制定选择、评价和重新评价准则并记录的要求,也不符合承制方质量手册 7.4.1 的有关规定。

（五）审核发现：某厂提供不出合格供方名录，也不能提供对某供方进行评价的记录，不符合 GJB 9001B 中 7.4.1“组织应根据评价的结果编制合格供方名录”及“评价结果及评价所引起的任何必要措施的记录应予以保持”的要求，

（六）审核发现：某厂未能提供出对供方进行选择和重新评价的准则。不符合 GJB 9001B 中 7.4.1 关于“应制定选择、评价和重新评价的准则”的要求。

（七）审核发现：某厂没有编制外包合格供应商名录，不符合 GJB 9001B 中 7.4.1“组织应根据评价结果编制合格供方名录”的要求。

（八）审核发现：某厂未能提供外包和采购的合格供方评定记录。不符合 GJB 9001B 中 7.4.1 关于“评价结果及评价所引起的任何必要措施的记录应予以保持”的要求。

（九）审核发现：某厂产品的插接件由某公司提供，但该公司没有被列入合格供方名录。不符合 GJB 9001B 中 7.4.1 的有关要求。

（十）审核发现：某厂不能提供采购产品需求计划，不符合 GJB 9001B 中7.4.2“在与供方沟通前，组织应确保所规定的采购要求是充分与适宜的”的要求。

（十一）审核发现：某厂与某公司签订的某产品订货合同中，未明确订货产品应执行的技术条件和质量标准。不符合 GJB 9001B 中 7.4.2 a)“产品、程序、过程和设备的批准要求”的要求。

（十二）审核发现：某厂外购产品中转库房存放着已打开包装的产品，现场没有状态标识和台账记录以及温、湿度控制记录。不符合 GJB 9001B 中 7.4.3 关于“采购产品的标识、贮存与防护应符合 7.5.3 和 7.5.1 i) 及 7.5.5 的要求”的要求。

（十三）审核发现：某厂某橡胶件技术协议中无质量保证要求。不符合 GJB 2102《合同中质量保证要求》，4.1.1 合同中必须有质量保证要求的规定。也不符合 GJB 9001B 中 7.4.4 的要求。

（十四）审核发现：某厂采购的某产品的供方是某公司，而该公司不在“合格供方名录”之内，也没有对其评价的记录。不符合 GJB 9001B 中 7.4.1“组织应根据评价的结果编制合格供方名录，作为选择供方和采购的依据”的要求。

（十五）审核发现：某厂生产现场多个零件堆放在一起，未作任何防护。不符合 GJB 9001B 中 7.5.5 的有关要求。

（十六）审核发现：某厂胶料库中存的胶圈，规定保存期 2 年，已超期。不符合 GJB 9001B 中 7.5.5 的有关要求。

（十七）审核发现：某公司《顾客财产控制程序》中，未将返厂排故、修理的产品纳入顾客财产范围。不符合 GJB 9001B 中 7.5.4 的规定。

（十八）审核发现：某厂一批有机玻璃已超过贮存期，但未及时进行隔离或标识。不符合 GJB 9001B 中 7.5.5“组织应在产品内部处理和交付到预定的地点期间对其提供防护，以保持符合要求。适用时，这种防护应包括标识、搬运、包

装、贮存和防护”。

第六节 技术(工艺)部门的检查

一、检查内容及要点

(一) 产品工艺设计的检查

本条是对 GJB 9001B《质量管理体系要求》中 7.3“设计和开发中对工艺设计和开发”内容的理解和检查。

1. 理解要点

(1) 过程(也含工艺)设计和开发是将要求转换为产品规定的特性或规范的最关键环节。GJB 9001B “7.3 设计和开发”中,“设计和开发的对象可以是产品、过程或体系,因其对象不同,设计和开发的性质也不相同,可以是产品的设计和开发、过程(工艺)的设计和开发或体系的设计和开发”。

(2) GB/T 19001、GJB 9001B 标准中“7.3 设计和开发”虽然是指产品的设计和开发,但是工艺的设计和开发也可以按 7.3 控制。

(3) 工艺的设计和开发过程是产品实现过程的关键环节,它将决定产品的特性(如功能的、性能的、物理的和感官的特性等)或规范(如工艺规范、产品规范、材料规范、生产图样等),为产品实现的其他活动和过程(如采购、生产、服务、监视和测量等)提供依据,而工艺设计和开发策划是确保设计过程达到预期目标的手段。

(4) 在对产品的工艺设计和开发策划时,组织应:

① 根据产品特点和复杂程度、组织的特点和经验等因素,明确划分工艺设计和开发过程的阶段或状态。一般应按照常规、战略和人造卫星武器装备研制程序中规定的阶段实施。如武器装备的研制,在方案阶段就应编制工艺总方案,并组织工艺评审(GJB 2993《武器装备研制项目管理》5.4.2.n 条规定,提出试制工艺总方案,并按照 GJB 1269A《工艺评审》进行工艺评审工作)。

② 明确规定每个工艺设计和开发阶段需开展的适当的评审、验证和确认活动,包括这些活动的时机、参与人员及方式等。

③ 规定各有关部门参与工艺设计和开发活动的人员在工艺设计和开发活动各阶段中的职责和权限。

④ 编制产品的工艺设计和开发计划,由于受到各种条件的限制,产品设计和开发有时不能一步到位,需要时,还应对产品改进进行考虑、作出安排。

⑤ 各类专业人员共同参与工艺设计和开发活动,体现了并行工程。设计、生产和服务人员共同参与工艺设计和开发活动有助于设计的成熟性,有利于使设计结果易于制造、产品使用中的问题及顾客要求及时反馈到设计中来,也有利

于相关工作尽早展开,便于相互协调、技术准备。

⑥ 根据产品要求,识别影响或制约工艺设计和开发的关键因素和薄弱环节以及技术上的难点,并制定和实施相关的攻关措施。

⑦ 工艺设计和开发中确定工艺规范、工艺标准化综合要求(产品设计定型后为工艺标准化大纲)、通用工艺规范等技术标准、元器件的选用标准等技术性标准以及在工艺设计和开发过程所形成文件的标准化要求。

⑧ 特性分析的安排。参与进行产品特性分析,以便为确定关键件(特性)、重要件(特性)提供依据。

⑨ 新技术、新器材、新工艺的鉴定。参与对产品设计和开发中采用的新技术、新器材、新工艺工作,组织新工艺鉴定工作。确保经过鉴定符合要求的方可用于产品。

⑩ 参与设计和开发的供方,应在项目的质量保证大纲中明确工艺设计和开发的职责、权限和要求,包括接口管理,及时沟通,供方应落实相关要求。

⑪ 为确保工艺设计和开发活动以及各阶段的评审、验证和确认活动受控,按策划安排实施,且实施有效,提出监视与测量的需求。

2. 检查要点

(1) 工艺设计和开发策划的输出文件或其他形式的输出结果,检查工艺总方案、工艺规范、工艺标准化综合要求(设计定型后为工艺标准化大纲)、工艺规程以及随件流转卡等。

(2) 对工艺设计和开发进行策划,编制设计和开发的计划,并提供组织实施的证据。

(3) 检查关键过程明细表。应针对产品关键(特性)、重要(特性)和加工难度大、质量不稳定以及易造成重大经济损失的过程确定关键过程,编制关键过程明细表。

(二) 工艺评审的检查

本条是对 GJB 9001B《质量管理体系要求》中 7.3.8 a)条“在设计和开发的适当阶段进行工艺评审”内容的理解和检查。

1. 理解要点

新产品试制过程的工艺评审工作,主要是指工程研制阶段的正样机试制过程的评审工作,是设计要求转化为可使用的产品的重要的一个环节,是产品开发的一个重要环节,必须加以控制,以保证试制出来的产品的质量特性符合设计和开发的要求。

(1) 按新产品试制程序,制订分级分阶段的工艺评审的计划,以便组织实施和监控。

(2) 按计划开展工艺评审。顾客要求时,还应邀请顾客参加工艺评审。

(3) 工艺评审是为了评价工艺是否能够确保生产出满足设计要求的产品,对工艺设计所做的正式并形成文件的审查。涉及工艺总方案、生产说明书等指令性工艺文件以及关键件、重要件、关键工序的工艺规程,特殊过程文件等进行评审,评价工艺符合设计要求的程度,及时发现和消除工艺文件存在的问题。

(4) 问题的跟踪管理、保存试制过程和采取任何措施的记录。对在工艺评审过程中发现的任何问题及所采取的措施,应做好记录并进行跟踪管理。记录可包括工艺评审记录,还包括试制过程的记录、产品特性的记录、技术状态更改的记录以及对暴露的问题所采取的措施的记录等。

2. 检查要点

(1) 评审工作是否按照规定的节点进行。

(2) 检查评审记录。产品评审申请报告和评审报告及相关记录。检查对提出的问题是否得出了评审结论,能否满足要求;对遗留问题提出了解决措施;评审的参加者应包括有关部门的代表(设计、制造和服务、顾客)。

(三) 首件鉴定的检查

本条是对 GJB 9001B《质量管理体系要求》中 7.3.8 c)条"在试制过程中进行首件鉴定"内容的理解和检查。

1. 理解要点

新产品试制过程中的首件鉴定是将设计要求转化为产品的重要环节,是产品形成的关键步骤,必须加以控制,以保证试制出来的产品的质量特性符合设计和开发的要求。

(1) 进行首件鉴定。即对试制和小批生产的第一件零部(组)件按产品图样和工艺规程的要求进行全面的过程和成品检查。以确定生产条件,包括工艺、设备、人员、监视测量装置、原辅料、介质、环境等能否保证生产出符合设计要求的产品。

(2) 编制新产品试制过程的首件鉴定计划,以便组织实施和监控。

(3) 按计划开展首件鉴定。顾客要求时,还应邀请顾客参加新产品的首件鉴定。

(4) 问题的跟踪管理、保存试制过程和采取任何措施的记录。对在首件鉴定过程中发现的任何问题及所采取的措施,应做好记录并进行跟踪管理。记录可包括首件鉴定记录,还包括试制过程的记录、产品特性的记录、技术状态更改的记录以及对暴露的问题所采取措施的记录等。

2. 检查要点

(1) 应编制首件鉴定的计划,明确首件鉴定的项目。

(2) 应按首件鉴定的计划组织首件鉴定,并符合有关规定要求。

(四) 试生产准备状态检查记录的检查

本条是对 GJB 9001B《质量管理体系要求》中 7.3.8 b)条“在新产品试制前进行准备状态检查”内容的理解和检查。

1. 理解要点

新产品的试制是将设计要求转化为可使用的产品的一个重要的环节,是产品开发的一个重要环节,必须加以控制,以保证试制出来的产品的质量特性符合设计和开发的要求。

(1) 编制新产品试制过程的控制程序,制订试制前准备状态检查的计划,以便组织实施和监控。

(2) 按计划开展试制前准备状态检查。顾客要求时,还应邀请顾客参加新产品试制准备状态检查。

(3) 试制前准备状态的检查是在试制开工前对试制的生产条件进行检查。检查的内容应包括产品图样、工艺规程和技术文件的完整性;外购器材的检查状态;工艺装备、设备的鉴定和完好状态以及关键岗位人员的培训等。

(4) 问题的跟踪管理、保存试制过程和采取任何措施的记录。对在试制前准备状态的检查过程中发现的任何问题及所采取的措施,应做好记录并进行跟踪管理。记录可包括试制前准备状态的检查记录,还包括试制过程的记录、产品特性的记录、技术状态更改的记录以及对暴露的问题所采取措施的记录等。

(5) 试制前准备状态的检查按 GJB 1710A《试制和生产准备状态检查》的要求进行。

2. 检查要点

新产品试制前应进行试生产准备状态检查。检查内容包括:

(1) 检查生产图样和工艺文件等的完整性、规范性和一致性。

(2) 工艺规程的适用性、可操作性。

(3) 外购器材的合格状态。

(4) 工艺装备、设备的鉴定和完好状态,生产环境的符合情况。

(5) 相关人员的培训及持证上岗情况等

(五) 生产和服务提供过程确认的检查

本条是对 GJB 9001B《质量管理体系要求》中 7.5.2“生产和服务提供过程的确认”内容的理解和检查。

1. 理解要点

(1) 并非所有的生产和服务提供过程都需要进行确认。有些生产和服务提供过程所形成的产品或服务,不能由后续的测量、监视来验证其是否达到了规定要求,或存在的问题在产品使用或服务已交付后才显露出来。这样的过程主要是由过程能力来确保产品和服务满足规定的要求,因此应实施过程能力确认,以证实其可有效实现所策划的结果。例如,飞机表面涂层的喷涂过程内在质量要求很高(包括粘附强度、涂层厚度的均匀性、色泽光亮、盐雾腐蚀等耐环境性),需要对过程确认以证实过程能力满足要求,为产品质量提供信任。

(2) 有些过程如果可以通过后续的验证证实产品满足要求,需对其结果进行验证,也可不进行过程确认。

(3) 组织应根据这些过程的特点安排实施适宜确认的活动,从而使这些过程得以控制。适用时,确认的安排可包括:

① 规定用于评审和批准这些过程的准则(包括产品需达到的内在质量持性要求,即性能指标、参数要求等,以及与通过试验等进行过程确认的方法,试验后即冻结为该过程的生产工艺)。

② 对这些过程所使用的设备能力进行认可,并对操作人员的资格进行考核和鉴定。过程能力可通过试验或实际的使用情况来判定,操作人员资格可通过理论考试、实际操作评审等方法来鉴定。

③ 设备具有合格证、人员具有操作证是基本条件,在此基础上,还需针对特定产品、特定过程进行认可。

④ 确定用于过程确认的特定方法和程序(过程规范、工艺规程等),使用规定的方法和程序进行过程确认后,才能冻结过程规范。在生产过程中则应继续做好过程监视和测量,保持过程能力。

⑤ 过程实施的记录。

⑥ 必要时考虑再次安排确认,如在材料变更、产品或工艺参数变更、设备大修、产品出现严重质量问题等情况下对过程进行再次确认。

2. 检查要点

(1) 在相关文件中识别出需要确认的过程。

(2) 检查过程确认的安排及实施确认的相关证据。

(六) 标准样件、模线、样板的检查

本条是对 GJB 9001B《质量管理体系要求》中 7.5.2“生产和服务提供过程的确认”内容的理解和检查。

1. 理解要点

(1) 检验产品的生产用型架、夹具、标准样件、模型和其他生产工装以及测试设备,投入使用前应当验证技术性能。

(2) 检验人员使用的检测器具,一般要求是检验专用的,不能与生产共用。但有些型面复杂的零部件,在检验时要使用工艺装备,而这些工艺装备往往是比较大型的,若专门为检验配置一套,在经济上很不合算。在这种情况下,允许检验与生产共用一套工艺装备。

(3) 有些比较贵重的调试设备,也允许检验与生产共用一台。这类工艺装备和调试设备,假如它们本身不合格,通过它们加工出来的零部件或调试出来的产品,必然也是不合格的;若再把它们原样用于检验,则很难发现问题。

(4) 为了防止出现这种错误情况,对检验与生产共用的工艺装备和调试设备,除正常进行周期检定外,检验人员用于检验之前,应当先验证其技术性能是否合格,确认合格后方可使用。

(5) 对检验与生产共用的工艺装备和设备,制订和执行用于检验前的校准或校验程序及简便有效的验证方法。未经验证的工艺装备和调试设备,不得用于检验。

2. 检查要点

(1) 是否与军事代表共同确认了生产过程使用的工艺装备。

(2) 对用于检验的生产用工艺装备和设备,是否建立了校准或校验方法。

(3) 对执行校准或校验有无监督控制措施及记录。

(七) 生产定型(工艺鉴定)的检查

本条是对 GJB 9001B《质量管理体系要求》中 7.3“设计和开发策划”和 7.3.2“设计和开发输入生产定型中工艺鉴定”部分内容的理解和检查。

1. 理解要点

(1) 对需要生产定型的产品,应按规定完成生产定型的准备工作,并按权限组织或参加生产(工艺)定型。

(2) 产品定型的成套技术资料,必须包括合格器材供应单位名单,质量保证文件、标准,专用检测设备的设计图样,关键件(特性)、重要件(特性)项目明细表等。

(3) 组织新产品定型,包括设计定型、生产(工艺)定型。设计定型后小批试生产的装备到部队试用后,应进行工艺鉴定,其内容:

① 工艺文件的鉴定;

② 零、组、部件的鉴定(含锻、铸毛坯,不含标准件);

③ 工艺装备的鉴定;

④ 电子计算机软件的鉴定;

⑤ 新材料、新工艺、新技术的鉴定;

⑥ 技术关键问题的解决;

⑦ 互换性、替换性检查。

(4) 反映定型状态的成套技术资料,除应包括定型工作条例要求的技术资料外,还应包括指定的有关质量保证方面的资料,并对其组织审查、评审,以满足成批生产中质量保证工作的需要。

(5) 根据《军工产品定型工作条例》《战略核武器定型工作条例》和产品定型委员会的要求,将指定的质量保证文件纳入成套技术资料,保证其完整性、协调性和现行有效性。

（6）研制过程所形成的文件、记录、报告应整理归档，以保证研制工作的可追溯性。

2. 检查要点

（1）是否根据《军工产品定型工作条例》制订了新产品定型管理制度，评价其执行情况。

（2）有无成套技术资料管理制度。

（3）成套技术资料的内容、范围是否完整、齐全，指定的质量保证文件是否纳入。

（4）遗留的一般技术问题，有无限期攻关措施并实施跟踪管理。

（八）工艺文件控制的检查

本条是对GJB 9001B《质量管理体系要求》中4.2.3“文件控制”中工艺技术、管理等文件的检查。

（1）检查工艺文件控制程序。应规定产品（生产）图样和工艺技术文件的审签、质量会签、标准化审查范围。

（2）检查工艺文件发放。按照发放范围发放工艺技术文件，以便使用部门能及时获得适宜的文件。

（3）产品图样和工艺技术文件应按规定进行审签、质量会签、标准化审查。文件发放及回收应有记录；作废文件应及时收回并标识；作废但需留用的文件应有适宜的标识。

（4）检查文件更改的实施情况。

（5）检查文件归档和保管。识别产品形成过程中需要保存的文件，并及时归档、编目。归档文件的保管环境应符合规定要求。

（6）外来文件的控制。对收集所需的各类标准、法规以及外来工艺文件等外来文件，按规定控制分发并标识。

（九）年度技术改造计划及实施记录的检查

本条是对GJB 9001B《质量管理体系要求》中6.3“基础设施”内容的理解和检查。

1. 理解要点

（1）基础设施是组织运行所必需的设施、设备和服务的体系。

（2）基础设施是实现产品符合性的物质保证。组织应确定并提供为使产品满足要求所需要的基础设施，对这些基础设施进行护修和保养。

（3）不同的组织所需的基础设备可能不同。根据组织的特点，适用时，基础设施可包括：

① 建筑物、工作场所（如办公和生产场所等）和相关的设施（如水、汽、电供应设施）；

② 过程设备(如机器设备或含有计算机软件的各类控制和测试设备以及各种工具、辅具等);

③ 支持性服务(如配套用的运输或通讯服务、信息系统等)。其中“信息系统”的提出,体现了组织质量管理中信息化水平不断提高这一社会发展的趋势。

2. 检查要点

(1) 检查配备必要的基础设施的证据。

(2) 检查对基础设施进行维护和保养的证据。

(3) 查制定的年度技术改造计划,检查改造的项目及其完成情况。

(4) 检查实施记录应能证明计划已落实。

二、案例显现

(一) 审核发现:某厂提供不出硫化特殊过程确认准则“检查杂质在表面和切口上成团粒的成分”的检验结果。不符合 GJB 9001B 中 7.5.2 关于“确认应证实这些过程实现所策划的结果的能力”的要求。

(二) 审核发现:某厂锻造过程确认批准书中规定锻件始/终锻温度为940℃/800℃,确认记录卡没有记录锻造温度,记录了锻造成形的时间。不符合 GJB 9001B 中 7.5.2“生产和服务提供过程的确认”中关于“确认应证实这些过程实现所策划的结果的能力”的要求。

(三) 审核发现:某厂某产品的焊接要求是Ⅰ级焊缝,但其确认报告中,只有工艺文件规定的日常检验项目记录,而没有对Ⅰ级焊缝的要求进行验证的记录。不符合 GJB 9001B 中 7.5.2 c)“特定的方法和程序的使用”的要求。

(四) 审核发现:某厂某产品的《特殊过程确认表》中没有过程记录和试验结论的信息。不符合 GJB 9001B 中 7.5.2“应证实这些过程实现所策划的结果的能力”的要求。

(五) 审核发现:某厂某重要件关键工序:熔炼,工艺规程规定:“将合金加热到 740~760℃,保温 30min,中间搅拌不得少于 2 次,每次搅拌为 5min”。查该零件合金浇注记录,从全化开始到浇注结束,温度为 690℃和 720℃,没有保温时间的记录。而该工序“三定卡”中也没有设备型号。不符合 GJB 9001B 中 7.5.2和 7.5.6 的要求。

(六) 审核发现:某厂某产品的特殊过程确认单中记录浇注温度 1540℃,浇注速度 3s。而确认的工艺规程规定的上述工艺参数为:浇注温度 1470℃ ± 10℃,浇注速度 5~8s/组。不符合 GJB 9001B 7.5.2 关于“确认应证实这些过程实现的策划的结果的能力”的要求。

(七) 审核发现:某厂某产品的确认记录显示电压参数为 34~43V,熔化电流 280~320A;而工艺规程中规定的电压参数是 34~50V,熔化电流 150~320A。不符合 GJB 9001B 中 7.5.2“确认应证实这些过程实现所策划的结果的能力”的要求。

（八）审核发现：某厂真空热处理确认验证试验的显微组织检验、拉伸测试样件、高温持久强度试验检测的样件不是同一批次热处理的产品，不符合GJB 9001B中7.5.2关于“确认应证实这些过程实现所策划结果的能力”的要求。

（九）审核发现：某厂某产品《三防涂覆、灌封工艺过程确认报告》中未明确涂覆、灌封工艺的确认准则。不符合GJB 9001B中7.5.2关于“组织应确定为过程的评审和批准所规定的准则”的要求。

（十）审核发现：某厂某硫化特种工艺对内压、外温、外压都有具体要求，但确认记录只对内温、外温进行了实测，外压未做记录。不符合GJB 9001B中7.5.2“生产和服务提供过程的确认”中关于“确认应证实这些过程实现所策划的结果的能力”的要求。

（十一）审核发现：某厂“特殊过程确认目录”中规定喷塑、电焊等6项工艺为特殊过程，但提供不出过程确认的记录。不符合GJB 9001B中7.5.2的有关规定。

（十二）审核发现：某厂未对高频真空钎焊过程实施确认。不符合GJB 9001B中7.5.2关于“当生产和服务提供过程的输出不能由后续的监视或测量加以验证，使问题在产品使用后或服务交付后才显现时，组织应对任何这样的过程实施确认”的要求。

（十三）审核发现：某厂提供不出程序文件所要求的《特殊过程评审和批准准则》。不符合GJB 9001B中7.5.2 a)“为过程的评审和批准所规定的准则”的要求。

（十四）审核发现：某厂的成型过程确认表，无过程确认准则。不符合GJB 9001B中7.5.2 a)“为过程的评审和批准所规定的准则”的要求。

（十五）审核发现：某厂焊接特殊过程确认的无损检测记录，结论是符合工艺要求，但未能提供具体检测要求与检测的记录。不符合GJB 9001B中7.5.2 a)关于确定“为过程的评审和批准所规定的规则”的要求。

（十六）审核发现：某厂喷涂过程确认的人员，无检验操作人员。不符合GJB 9001B中7.5.2 b)“设备的认可和人员资格的鉴定”的要求。

（十七）审核发现：某厂的锻造特殊过程确认的设备为1t/3t自由锻锤，但确认记录中只有3t自由锻设备，无1t设备记录。不符合GJB 9001B中7.5.2 b)的要求。

（十八）审核发现：某《工艺规程》的氮化参数规定：“Kn（氮势）≈0.02”，《特殊过程确认报告》确认的参数是0.66。不符合GJB 9001B中7.5.2 c)应确认“特定的方法和程序的使用”的要求。

（十九）审核发现：某厂《试生产工艺规程》中要求正硫化 80min，《特殊过程过程确认表》却没有上述参数的确认结果。不符合 GJB 9001B 中 7.5.2 c）确认"特定的方法和程序的使用"的要求。

（二十）审核发现：某厂未能提供对熔焊焊接过程参数的确认记录。不符合 GJB 9001B 中 7.5.2 d）"记录的要求（见 4.2.4）"。

（二十一）审核发现：某厂的合金熔焊工艺在 5 年前进行了确认，不能提供按规定 5 年进行再确认的记录。不符合 GJB 9001B 中 7.5.2 e）条"再确认"的规定。

第七节　生产部门的监督检查

一、检查内容及要点

（一）普通车间的检查

本条主要是对 GJB 9001B《质量管理体系要求》中 7.5.1 生产和服务提供的控制内容的理解和检查。但也包含了 7.5.2 生产和服务提供过程的确认和 7.5.6关键过程的内容。

1. 理解要点

（1）生产和服务提供过程直接影响组织向顾客提供的产品或服务的符合性质量，组织应对生产和服务提供过程进行策划，包括人、机、料、法、环、测等影响生产和服务提供过程质量的所有因素，并依据策划结果对过程加以控制，使其处于预期的控制状态下。

（2）根据产品或服务的类型及产品或服务提供过程的特点，适用时考虑如下受控条件：

① 生产和服务提供部门应得到表述产品特性的有关信息，如产品规范、图样、样件、色标、包装要求、服务规范等，明确产品需达到的产品要求。

② 并非所有的生产和服务提供都需要有相应的作业指导书，但在如果没有作业指导书就可能会导致生产或服务提供过程失控的情况下，应向这些活动的操作者提供作业指导书。作业指导书的形式可以是多种多样的，如工艺过程卡、工艺规程等。

③ 使用适合于生产和服务提供所需要的适宜的设备，以保证这些设备能够持续稳定地生产合格产品或提供符合要求的服务。

④ 应配置并使用合适的监视和测量设备，在生产和服务提供过程中对过程特性进行监视和测量，使这些特性控制在规定的范围内。

⑤ 按策划的安排对产品放行、交付、交付后的活动实施控制。产品和服务提供的控制范围，不仅指对生产过程或服务提供过程的控制，也包括对产品放行

(如组织内部各工序间的放行)、交付(指交付给顾客)、交付后活动(如交付后的零配件的供应、培训、上门服务、软件的维护和升级等售后服务)的控制,在这些活动中组织应按规定的要求和程序开展活动。

⑥ 对于生产和服务提供过程中使用的计算机软件,如数控加工用软件,在正式用于生产和服务提供前,应通过对样件试加工的验证或首件的确认并履行批准手续。

⑦ 器材代用需经审批。由于受到采购的条件和时间的限制,有时会使用代用器材。对于使用的代用器材必须确保其性能要求不低于所代用的器材要求并需经过审查和批准。对于涉及关键或重要特性的器材代用应征得顾客同意。

⑧ 原材料和其他辅助材料的质量和稳定性是影响产品质量的重要因素,应确保获得与策划要求相一致的原、辅材料。

⑨ 工作环境条件。当产品特性形成的过程受环境条件影响时,应对其工作环境条件进行并在控制,相应的过程文件中作出明确的规定。如对温度、湿度、清洁度、多余物、防静电等环境条件。

⑩ 首件产品的检验。生产和服务提供的过程中,应对首件进行自检和专检,并对首件作出标记。其目的是为了正确理解产品特性要求,核查生产条件及其状态,防止成批性质量问题的发生。

⑪ 根据产品特点,使用最清楚实用的方式规定技艺评定准则,如文字描述、图样、标准,或者样件、样板或图示等。

(3) 生产和服务过程中,如设备、材料、工艺等更改时,需经授权人员审批。评价对产品质量特性的影响,其目的是确保过程持续受控,满足过程能力的要求。

2. 检查要点

(1) 检查关键工序目录和“三定”情况。应编制关键工序目录,并对关键工序施行“三定”,即定工序(工艺)、定人员、定设备。

(2) 检查工艺文件。检查工艺规程、工序卡片,关键工序应编制作业指导书,并在相关工艺文件中标识;工艺规程应经批准。现场使用的工艺文件应现行有效(或适宜)、完整清晰,工序超越应按规定办理审批手续。

(3) 工艺规程的更改。更改单应经批准;按照更改单要求更改相关工艺文件,并有更改标记;重要工艺更改应经试验和鉴定。

(4) 生产现场应保证整洁,无杂物,产品摆放有序,以适当的方式对产品进行状态标识。对有温度、湿度、清洁度、防静电等有要求的生产现场,应实施监控并记录,应符合规定要求。

(5) 检查随件流转卡。应有产品名称、型(图)号、加工数量、使用材料、批次等内容,按规定进行了检验并合格,返工的产品经过再检验。

(6) 检查首件检验。按规定进行首件检验并标记。关键工序的关键或重要特性首件作实测记录。

(7) 检查操作人员的上岗证。实际操作和上岗证上的工种一致。关键工序的操作人员与“三定”要求相符合。

(8) 生产设备满足加工精度要求,并按规定进行日常保养。

(9) 测量设备应满足测量能力要求,有检定(校准)合格的标识,并在有效期内。检查生产和检验共用设备用作检验前的校准(校验)情况。

(10) 检查和零件的保管。按规定对工、夹、量具进行了周期检定(校准),账、物、卡一致。存放的零件应有产品标识和状态标识,按规定进行防护处理,入、出库记录齐全。

(11) 检查生产用计算机软件的确认情况。生产和服务提供使用的计算机软件应经确认和批准。

(12) 检查特殊过程的控制。

① 应按照经确认批准的工艺文件进行操作;

② 现场使用的设备符合工艺要求、操作人员符合确认时的规定;

③ 对过程参数(如电流、温度、时间等)进行监控,并保持记录。

(二) 锻造车间的检查

除按“(一)普通车间的检查”要求进行检查外,还应检查以下内容:

(1) 工艺规程或作业指导书还应明确始锻温度、终锻温度、规定的测量仪器等,符合相关标准的规定。

(2) 锻造过程的实测记录和控制记录,真实、准确、有效。

(3) 锻件及模锻件的外观、尺寸及硬度应逐件检验,标准硬度块应在检定有效期内。

(4) 检查锻件在完成检验后的按规定进行油封情况及记录。

(三) 铸造车间的检查

除按“(一)普通车间的检查”要求进行检查外,还应检查以下内容:

(1) 工艺规程和作业指导书应规定浇铸起始温度、熔液炉到铸模间的距离等过程参数。

(2) 按规定对产品进行理化试验、化学成份测定、样件力学性能试验等并保持记录。

(3) 浇铸记录与工艺要求相一致。

(4) 抽查产品的无损检测报告。

(5) 现场使用的特种检测设备应经定期检定并在有效期内。

(6) 金属模的定期鉴定情况,检查模具保管和防护等受控情况。

（四）热处理车间的检查

热处理：将固态金属合金在一定介质中加热、保温和冷却，改变其整体或表面组织，从而获得所需要性能的加工方法。

除按“（一）普通车间的检查”要求检查外，还应检查以下内容：

（1）检查工艺规程和作业指导书应规定各种温度、保温时间、冷却方法、使用的加热炉类别等与实际的符合情况。

（2）检查炉温均匀性测试时间应符合规定间隔；测试方法符合标准规定；测试结果满足规定要求。当测试结果不能满足要求时，应做出限用标识或降级使用标识。

（3）检查炉温升降温度、保温温度及保温时间应符合工艺规程和作业指导书的要求；自动记录表盘上的记录曲线应注明相应的产品和日期。

（4）检查淬火槽。淬火槽应尽量靠近加热炉，并备有槽盖；槽液温度应保持在规定范围内（20～100℃），槽液介质应定期（一般2个月）分析，分析结果应符合标准要求和工艺规定。

（5）检查制件装炉情况。制件装炉前应按规定清理表面污物；制件的装炉位置在加热炉的有效区间内，并记录炉批号。

（6）检查工作环境。要有良好的通风排尘条件，存放和使用的易燃和有毒物品应符合技安和环保要求。

（五）表面处理车间的检查

表面处理：改善工件表面层的力学、物理或化学性能的加工方法。

除按“（一）普通车间的检查”要求检查外，还应检查以下内容：

（1）工艺规程和作业指导书应明确规定表面处理所用电压和电流等过程参数。

（2）抽查各种槽液分析报告。槽液分析时间间隔应符合标准规定的分析周期；槽液成分应符合规定要求；分析报告应按规定进行审签。

（3）标准溶液应有标定合格标识并在有效期内；失效试剂应及时隔离；标准溶液配置的原始记录审签符合标准规定。

（4）检查工作环境。生产现场应清洁整齐，通风良好，工作槽应挂标牌，标明槽液成分和工作温度，超出规定范围和逾期未分析的工作槽应挂禁用牌。

（5）随件流转卡应记录表面处理过程各工序的加工、检验情况。

（6）现场检查过程参数设置和监控。参数（如工作电流）设置应符合规定，并实施连续监测和调整。电镀和电化学氧化生产中所用的电流、电压表的精度不低于1.5级，高强度钢电镀电源的纹波系数不大于10%，镀硬铬电源的纹波系数不大于5%。

（7）生产现场零件标识和批次管理按规定执行；操作人员持证上岗（上岗

证有效期应为两年）。

（六）焊接车间的检查

焊接：利用热能或压力，或二者同用，并且加或不加填充材料将工件连接成一整体的方法。

除按“（一）普通车间的检查”要求检查外，还应检查以下内容。

（1）专用工艺规程和作业指导书应明确规定：

① 焊接方法、焊条或焊丝及工艺参数；

② 焊接坡口加工规定、暂焊点分布、间隙等要求；

③ 焊后对焊缝进行检测和修补的规定要求。

（2）检查焊条质量检验报告，检验报告应标明符合标准和工艺文件规定。

（3）检查焊接实际操作与工艺规范符合情况和记录的完整性、真实性。

（4）检查无损检测和焊缝力学性能试验报告，查焊缝质量与工艺规范的符合情况。焊缝存在缺陷，检查修补记录，查修补次数符合标准规定和修补后进行热处理、重新检验情况。

（5）生产现场焊接设备标识、工艺参数记录与工艺文件的一致性，操作者持证上岗等情况。

（七）硫化车间的检查

硫化：橡胶的硫化是指通过化学反应，使线型（包括轻度支链型）聚合物分子变成空间网状结构的分子，从而使可塑性的生胶转变为具有高弹性高强度的硫化胶。

除按“（一）普通车间的检查”要求进行检查外，还应检查以下内容：

（1）专用工艺规程或作业指导书应明确规定不同材料下的硫化温度、时间、压力等参数。

（2）检查硫化过程实施记录，查操作过程是否符合工艺规程要求。

（3）性能试验报告结果应符合工艺规程要求，性能试验应在零件放置 6 小时后进行。

（4）检查硫化模具鉴定和试用情况。

二、案例显现

（一）审核发现：某厂使用的设备型号、编号与工序规定使用的不一致。不符合 GJB 9001B 中 7.5.1“组织应策划并在受控条件下进行生产和服务提供”的要求。

（二）审核发现：某厂工艺文件中规定对 10 种规格的导线压接进行拉力试验，提供不出拉力试验记录。不符合 GJB 9001B 中 7.5.1“组织应策划并在受控条件下进行生产和服务提供”的要求。

（三）审核发现：某厂材料代料单，未规定代料批次或代料期限。不符合

GJB 9001B 中 7.5.1 h)的相关要求。

(四) 审核发现:某厂精铸车间工艺规程未规定浇包、坩埚表面质量的检查要求。不符合 GJB 9001B 中 7.5.1“组织应策划并在受控条件下进行生产和服务提供”的要求。

(五) 审核发现:某厂某产品工序 37、42 调试试验未按规定进行,也未办理任何手续。不符合 GJB 9001B 中 7.5.1“组织应策划并在受控条件下进行生产和服务提供”的要求。

(六) 审核发现:某厂某产品 90 工序为真空淬火,工艺卡片未规定真空炉的类别及真空度控制要求。不符合 GJB 9001B 中 7.5.1 关于“组织应策划并在受控条件下进行生产和服务提供”的要求。

(七) 审核发现:某厂工艺规程规定使用 L2/L3 试片进行镀层结合力检查,实际使用的是 LY12 试片。不符合 GJB 9001B 中 7.5.1 关于“组织应策划并在受控条件下进行生产和服务提供”的要求。

(八) 审核发现:某厂焊接工艺规程中要求在批量焊接前应进行首件焊接强度试验,而现场采用每周定期试验的方式进行。不符合 GJB 9001B 中 7.5.1 “组织应策划并在受控条件下进行生产和服务提供”的要求。

(九) 审核发现:某厂所使用的 × × × 加工软件,未经确认和审批。不符合 GJB 9001B 中 7.5.1 g)“生产和服务使用的计算机软件,应经确认和审批”的要求。

(十) 审核发现:某厂某产品铸炼记录中显示的出炉温度为 752℃,而工艺规定为 740 ~ 750℃。不符合 GJB 9001B 中 7.5.1 关于“组织应在受控条件下进行生产”的要求。

(十一) 审核发现:某厂镀膜工艺记录中,真空度一项实测为 3×10^{-3} Pa,而工艺文件规定为 $4 \sim 5 \times 10^{-3}$ Pa,不符合 GJB 9001B 中 7.5.1 关于“组织应在受控条件下进行生产”的要求。

(十二) 审核发现:某厂某产品数控程序未经确认和审批。不符合 GJB 9001B中 7.5.1 g)“生产和服务使用的计算机软件,应经确认和审批”的要求。

(十三) 审核发现:某厂现场提供的首件两检记录卡中,判定合格的依据是参数更改的会议纪要。不符合 GJB 9001B 中 7.5.1 关于“组织应在受控的条件下进行生产和服务提供”的规定。

(十四) 审核发现:某厂某产品已经完成研制鉴定工作,但不能提供工艺文件。不符合 GJB 9001B 中 7.5.1 的有关规定。

(十五) 审核发现:某厂已生产完工某产品 30 套,但车间提供不出工艺文件。不符合 GJB 9001B 中 7.5.1 的有关要求。

（十六）审核发现:某厂未对“四随”产品在包装箱内的装箱和固定方法做出规定。不符合 GJB 9001B 中 7.5.1“组织应策划并在受控条件下进行生产和服务提供”的要求。

（十七）审核发现:某厂油封包装现场干燥箱内有 4 盘防潮砂,其中 3 盘厚度 70mm。不符合《产品油封与包装》中防潮砂在盘内的厚度不允许超过 30mm 的规定,也不符合 GJB 9001B 中 7.5.1“组织应策划并在受控条件下进行生产和服务提供”的要求。

（十八）审核发现:某厂某产品工艺规程规定,一次投入加工最大数量不应超过 60 件, 实际投入加工为 89 件。不符合 GJB 9001B 中 7.5.1“在受控条件下进行生产”的要求。

（十九）审核发现:某厂正在实施 50 工序,而提供的装配记录显示已完成 75 工序,且不能提供工序超越的手续,不符合 GJB 9001B 中 7.5.1 关于“组织应策划并在受控条件下进行生产和服务提供”的规定。

（二十）审核发现:某厂某产品工艺规程某工序为“车中心孔”,现场施工卡中该工序为“去棱度”。不符合 GJB 9001B 中 7.5.1 关于“组织应策划并在受控条件下进行生产和服务提供”的要求。

（二十一）审核发现:某厂某工序要求用超声波清洗组合件,但在相应的《工艺路线记录卡》没有进行该工序的记录。不符合 GJB 9001B 中 7.5.1 的要求。

（二十二）审核发现:某厂某产品始锻和终锻温度分别为 840℃ 和 760℃。而工艺规程规定“始锻温度为 880℃,终锻温度为 750℃”。不符合 GJB 9001B 中 7.5.1 关于“组织应策划并在受控条件下进行生产和服务提供”的要求。

（二十三）审核发现:某厂某产品始锻温度要求 1130 ± 10℃,但实际的始锻温度记录为 1110℃。不符合 GJB 9001B 中 7.5.1 关于“组织应策划并在受控条件下进行生产和服务提供”的要求。

（二十四）审核发现:某厂没有执行工序由“水洗”改为“酸洗”的要求,周转卡片中也没有工序吹砂的记录。不符合 GJB 9001B 中 7.5.1“组织应……在受控条件下进行生产和服务提供”的要求。

（二十五）审核发现:某厂某产品流程卡(首件鉴定流程卡)记录显示:多个工序的操作与工艺规程中要求的不一致。不符合 GJB 9001B 中 7.5.1 关于“组织在策划并在受控条件下进行生产和服务提供”的要求。

（二十六）审核发现:某厂两种零件采用同一工艺参数加工。而镀层厚度分别为 5 ~ 8μm 和 3 ~ 5μm。不符合 GJB 9001B 中 7.5.1 关于“组织应策划并在受控条件下进行生产和服务提供”的要求。

（二十七）审核发现:某厂机床大修后不能恢复机床的精度指标,生产现场该设备没有限用标识,生产工人也不知道有限用要求。不符合 GJB 9001B 中

7.5.1 c）“使用适宜的设备”的要求。

（二十八）审核发现：某厂工艺规程规定要使用样板刀进行加工生产，但经清查未发现有该工艺设备。不符合 GJB 9001B 中 7.5.1 c）“使用适宜的设备”的要求。

（二十九）审核发现：某厂工艺规程 45、65 工序均为探伤，未明确超声探伤设备。不符合 GJB 9001B 中 7.5.1 c）“使用适宜的设备”的要求。

（三十）审核发现：某厂真空淬火炉为Ⅲ类，保温精度为 +/ -10.9℃。不符合 GJB 509A 中Ⅲ类设备炉温精度≤10℃的要求，也不符合 GJB 9001B 中 7.5.1 c）关于“使用适宜的设备”的要求。

（三十一）审核发现：某厂未能提供首件检验记录和数控软件确认记录，不符合 GJB 9001B 中 7.5.1 g）、k）关于“生产和服务使用的计算机软件，应经确认、审批和首件检验”的要求。

（三十二）审核发现：某厂工序检验卡片规定的“量具”为“目测”。不符合 GJB 9001B 中 7.5.1 i）“以清楚实用的方式规定技艺评定准则”的要求。

（三十三）审核发现：某厂《关键件工艺规程》要求使用齿轮测量头来测量产品的特性，但未能提供出齿轮测量头的任何相关信息，不符合 GJB 9001B 中 7.5.1 d）关于“获得使用监视和测量设备”的要求。

（三十四）审核发现：某厂的工艺规程要求多个工序使用量环来测量产品，但未能提供该量。不符合 GJB 9001B 中 7.5.1 d）“获得使用监视和测量设备”的要求。

（三十五）审核发现：某厂技术文件规定对零件喷丸前检查内容为“除非图样另有规定，零件喷丸前的尺寸及表面粗糙度应满足图样上的全部要求”，但车间并没有监视或测量零件粗糙度的设备。不符合 GJB 9001B 中 7.5.1 d）“获得使用监视和测量设备”的要求。

（三十六）审核发现：某厂用于溶液配制和滴定试验的工作室没有室温控制装置。不符合 GJB 9001B 中 7.5.1 中 j）关于“按规定控制温度……环境条件”的要求。

（三十七）审核发现：某厂关键件、重要件目录中将某零件定为重要件；但工艺规程未作关键工序标识，也未确定控制方法。不符合 GJB 9001B 中 7.5.6 的相关要求。

第八节　生产管理部门检查

一、检查内容及要点

（一）产品标识和可追溯性检查

本条主要是对 GJB 9001B《质量管理体系要求》中 7.5.3 标识和可追溯性内容的理解和检查。

1. 理解要点

(1) 为防止在产品实现过程中产品或其监视测量状态的混淆和误用,以及实现必要的对产品和服务的追溯,组织应使用适宜的方法在产品实现的全过程中,识别产品及其监视和测量状态。产品的标识通常可分为产品状态标识、监视和测量标识以及唯一性标识(即可追溯性标识)三种。

(2) 产品状态标识的作用是用来区分容易混淆的产品(如外形相似/相同但材质不同的产品等),这种标识是用来标明产品的不同规格型号、不同特点或不同特性的,以达到防止产品在使用中混淆的目的。在产品实现过程的每个阶段中进行适当的产品状态标识。产品状态标识可以用色标、标签、标牌等方式,标识的内容主要反映产品的名称、型号、规格、数量或者是地点、方向、位置等。

(3) 产品的监视和测量状态是指产品在实现过程中所显示的状态,如检验和试验状态(如待检、合格、不合格、待定)、加工状态(如正加工、待加工)、服务状态(如正在清洗车、车位已满)。产品的监视和测量状态标识的作用是防止不同状态产品在使用中混淆,特别是防止误用了不合格品。这种标识可以采用标签(如合格证)、印章(如合格,不合格)、区域(如红区、绿区、黄区)、标牌(如车位已满)、记录等方式。

(4) 军工产品可追溯性的要求。一是描述产品形成在各阶段中的状态;二是产品的形成是依据文件接口,在技术文件上描述的状态的唯一性;三是产品形成过程中,文件与实物的一致性,如对硬件产品可涉及原材料和零部件的来源、加工过程的历史、鉴定与否等。为了实现产品的可追溯性,组织应采用唯一性标识来识别这种产品,并做好相应的记录。

(5) 实施批次管理:对于批量生产的产品需实施批次管理,包括对原材料以及热加工炉批的管理。批次管理是为保持同批产品的可追溯性,分批次进行投料、加工、转工、入库、装配、调试、检验、交付,并做出标识的活动。其做法如下:

① 按批次建立记录,如随件流转卡。用于记录本批产品的投料、加工、装配、调试、检验、交付的数量、质量状况、操作者和检验者。这是过程实施的记录,应予以保存。

② 记录批次标记并与实际相一致。产品的质量检验记录中应记载产品的批次标记,并保持一致。

③ 能进行产品的追溯。按建立的记录,应能追溯产品交付前的情况和交付后的分布、场所。因此,在记录上,要记录原材料或装配零组(部)件的批次号,以便向前追溯;还要记录产品入库的合格证明以及有关不合格品审理结果的文件编号,包括过程中遗留的待处理产品的去向和所在场所。在产品交付时,应记录发放的产品批次号、合格证号以及去向。通过原始记录,能进行产品的追溯。

(6) 技术状态管理是保持标识和可追溯性的一种方法。

(7) 产品标识、监视和测量状态标识以及唯一性标识之间的区别，见表7-3。

表7-3　产品状态标识之间的区别

	产品状态标识	监视和测量状态的标识	产品唯一性标识
目的	区分不同规格型号、特点或特性的产品，防止在产品实现过程中的混淆	区分不同监视和测量状态的产品，防止误用不合格品	实现产品和服务的可追溯性
标识的必要性	产品容易发生混淆时才需要的标识	在产品实现过程中必须有的标识	掌握产品形成状态
标识的可变性	在产品实现过程中通常是不变的	在产品实现过程中可随监视和测量状态的变化而发生变化	是唯一性（不可变）的标识

2. 检查要点

(1) 检查产品标识和可追溯性的规定要求，批次管理是否实施应“五清”（即批次清、数量清、质量清、原始记录清、炉批号清）、“六分批”（即分批投料、分批加工、分批转工、分批入库、分批保管、分批装配）。

(2) 检查产品标识的使用情况。

(3) 检查产品唯一性标识的规定、记录、使用情况。

(二) 订货合同与交付要求落实的检查

检查年度和月份生产计划，应能满足订货合同的交付要求和工厂整体计划。

(三) 中央零件库的检查

除按“(一)产品标识和可追溯性检查”要求进行检查相关内容外，还应检查如下内容：

(1) 检查台账，抽查部分零件，查账、物、卡相符情况。

(2) 查分批次入库、存放、配套情况。

(3) 查零件按规定进行油封等防护措施落实情况。

(四) 库房环境的检查

除按“(一)产品标识和可追溯性检查”要求进行检查相关内容外，还应检查以下内容：

(1) 检查库房环境规定落实情况。

(2) 查实测记录应符合规定要求，并定人定时记录。

二、案例显现

(一) 审核发现：某厂不同规格铜棒、黄铜棒、铝青铜棒、锡青铜棒、铝青铜管混放在一起，且军用、民用材料混放。不符合 GJB9001B 中 7.5.3 的要求。

（二）审核发现：某厂成型工序所采用的胶液，没有批次管理。不符合 GJB 9001B中 7.5.3“组织应按规定实施产品的批次管理”的要求。

（三）审核发现：某厂实验间存放的零件无任何产品或状态标识。不符合 GJB 9001B 中 7.5.3 关于“适当时，组织应在产品实现的全过程中使用适宜的方法识别产品。……针对监视和测量要求识别产品的状态”的要求。

（四）审核发现：某公司中央零件库温湿度记录未及时填写。不符合 GJB 9001B中 7.5.5 的相关要求。

第九节　质量管理部门的检查

一、检查内容及要点

（一）质量管理体系策划检查

本条主要是对 GJB 9001B《质量管理体系要求》中 5.4.2 质量管理体系策划内容的理解和检查。

1. 理解要点

（1）质量管理体系策划是组织战略性决策的体现，是建立或改进质量管理体系时的重要活动。

（2）通过质量管理体系策划对质量目标的实现及达到标准 GJB 9001B 中 4.1 总要求提供保证。

（3）最高管理者应确保对组织的质量管理体系进行策划，以实现如下要求：

① 组织已制定的全部质量目标；

② 按照 GJB 9001B 中 4.1 总要求已识别的与质量管理体系有关过程的策划结果。

（4）质量管理体系策划的输出可以是组织编制的质量管理体系文件或其他相应的证据。

（5）GB/T 19001、GJB 9001B 标准的其他条款中涉及的策划是质量管理体系策划的一部分。

（6）组织面临的内、外部要求、环境发生重大变化时，往往会引起质量管理体系的变更，这种变更会涉及过程、资源、组织机构、职责等多个方面。因此，组织在实施质量管理体系的变更前，应对如何实施质量管理体系的更改进行策划，以确保质量管理体系的完整性，防止质量管理体系的局部失效。

（7）如果顾客提出了质量管理体系的特殊要求，顾客的特殊要求涉及例如，相关军用标准或规范有新的要求、军方对装备研制生产有新的要求、顾客对体系改进提出新的要求（包括出现重大质量问题时）等，组织应在体系策划中做出适当安排,确保顺利实施。

2. 检查要点

(1) 检查策划应包括的信息。GJB 9001B 标准的要求;顾客的要求和期望;相关法律法规和产品标准要求;与产品有关的要求。

(2) 检查策划的内容。承制单位的质量方针、质量目标、质量管理体系范围、质量管理体系所需过程、确定过程的程序和相互作用、规定职责和权限、确定必要的资源和信息、确定对过程实施和控制的准则和方法。

(3) 检查体系过程的策划。识别体系所需所有过程、识别过程的输入和输出、确定每个过程需要的资源和信息、过程的监视和测量方法。

(4) 按体系文件控制要求检查体系文件。

(二) 体系文件控制的检查

本条主要是对 GJB 9001B《质量管理体系要求》中 4.2.3 文件控制中体系文件控制内容的检查。除按 4.2.3 文件控制中要求进行检查相关内容外,还应检查如下内容。

(1) 质量体系文件编制。

① 检查质量手册、程序文件以及管理性文件等。质量手册应满足 GJB 9001B《质量管理体系要求》和有关法律法规的要求;程序文件至少包括 GJB 9001B《质量管理体系要求》要求;程序文件应符合质量手册的规定,且具有可操作性。

② 检查体系文件的审批。质量手册应由最高管理者批准,其他体系文件应由授权人批准。

(2) 检查体系文件应有受控标识。所用体系文件都应有受控标识;体系应有唯一的编号。

(3) 检查体系文件发放。检查体系文件发放记录,按规定的发放范围,确保部门都应得到所需的体系文件。

(4) 检查体系文件的更改。更改单应经授权人批准;体系文件更改应有记录,并按规定的办法进行更改。

(三) 质量记录的检查

本条主要是对 GJB 9001B《质量管理体系要求》中 4.2.4 记录控制中体系文件控制内容的检查。除按 4.2.4 记录控制中要求进行检查相关内容外,还应检查如下内容。

(1) 检查质量记录控制程序。承制单位应编制记录控制的程序文件,规定记录标识(编号),储存、保护、检索、处置要求,规定各种记录的保存期限及相关职责。

(2) 质量记录的保存时间应满足顾客和法律法规要求,与产品的寿命周期相适应。

(3) 检查质量记录应符合程序文件规定、按时归档。

(四) 质量目标检查

本条主要是对 GJB 9001B《质量管理体系要求》中 5.4.1 质量目标中体系文件控制内容的检查。除按 5.4.1 质量目标中要求进行检查相关内容外,还应检查如下内容。

(1) 检查组织的年度质量目标(质量计划)。应制定年度质量目标,且进行分解、有可测量性(可检查、可操作)。

(2) 检查年度质量目标的实施情况。质量管理部门应对质量目标的完成情况进行定期检查。

(3) 检查质量管理部门的年度质量目标。

(五) 管理评审记录检查

本条主要是对 GJB 9001B《质量管理体系要求》中 5.6 管理评审内容的理解和检查。

1. 理解要点

(1) 管理评审又称为质量管理体系评审,是对质量管理体系进行评价的一种方法。

(2) 管理评审是最高管理者的职责之一,管理评审的对象是组织的质量管理体系,该项活动应由最高管理者亲自主持实施。

(3) 管理评审的目的是通过按策划的时间间隔对质量管理体系进行系统的评价,提出并确定各种改进的机会和变更的需要(包括质量方针和质量目标),确保质量管理体系持续的适宜性、充分性和有效性。其三性的具体内容含义如下。

① 质量管理体系持续的适宜性。任何一个组织的质量管理体系都是动态的,面临着各种内部或外部的变化,如质量管理体系标准的换版、新的法律法规的颁布、市场需求和顾客期望的发展和变化、组织领导调整、产品的更新等,都有可能影响到质量管理体系的适宜性。这就要求组织能够及时地识别和分析这些变化,并对质量管理体系进行适当的变更,以使质量管理体系保持与所处的客观情况相适应的能力,以及对质量方针和质量目标达成的适宜性。

② 质量管理体系持续的充分性。组织在建立质量管理体系的过程中,或是对质量管理体系重新策划时,围绕能力,尤其需要考虑资源条件是否充分(如人员、设施、机构设置及职责安排等)。即要求组织应能够针对其自身质量管理体系的特点以及发展和变更的需求,能力满足顾客要求和控制需要的充分性。应充分地识别质量管理体系所需的条件作出明确而充分的规定,以保证质量管理体系持续的充分性。

③ 质量管理体系持续的有效性。质量管理体系有效性是指完成所策划的活动并实现所策划的结果的程度。策划包括制定质量方针、质量目标,并通过质量管理体系的建立、实施和改进以实现质量方针和质量目标的全部活动。质量管理体系的有效性体现在质量方针和质量目标的实现程度上,也体现在与质量管理体系有关的过程业绩和产品的符合性、顾客满意的程度、质量管理体系是否得到有效运行、针对不合格采取的纠正或预防措施是否实施有效等诸多方面。

(4) 管理评审是组织的质量管理体系中的一个重要过程,组织在进行质量管理体系策划时,即应考虑管理评审的时机、时间间隔、评审的内容、评审的方式等。最高管理者应按照策划的时间间隔实施管理评审。

(5) 在进行管理评审时,应包括对组织的质量管理体系所需的改进和变更进行评审,还应包括对质量方针和质量目标持续的适宜性进行评审。

(6) 组织应保存实施管理评审有关的记录,并按记录控制程序的规定加以管理。

2. 检查要点

(1) 检查管理评审频次。两次管理评审的时间间隔应符合质量手册或程序文件的规定(一般不得超过 12 个月)。顾客有要求时,组织应邀请顾客参加管理评审。

(2) 检查评审输入。评审输入应形成文件,其内容应包括内部审核结果、顾客反馈、过程的业绩和产品的符合性、纠正和预防措施的状况、以往管理评审的跟踪措施、可能影响质量管理体系的变更、改进的建议及质量经济性分析。

(3) 检查评审输出。评审的输出应形成评审报告,报告至少包括对质量管理体系适宜性、充分性和有效性作出评价,体系、过程和产品存在的问题和改进意见,对资源的需求等内容。

(4) 管理评审活动实施的证据能否体现出持续改进。

(5) 检查纠正措施的检查记录。管理评审报告中提出的纠正措施得到了有效实施,并验证其有效性。

(六) 顾客满意度测量的检查

本条主要是对 GJB 9001B《质量管理体系要求》中 8.2.1 顾客满意内容的理解和检查。

1. 理解要点

(1) 组织建立、实施和持续改进质量管理体系的一个重要目标就是增强顾客满意。因此,顾客满意可作为测量质量管理体系绩效的指标之一,应是质量管理体系的质量目标之一,是衡量质量管理体系有效性的重要内容。

（2）组织应监视顾客对组织是否满足其要求的感受方面的信息，并确定获取和利用顾客满意或不满意信息的方法，包括信息的来源、收集的频次、对数据的分析评审以及后续的处理等。

（3）组织应确定获取顾客满意信息的渠道和方式。获取顾客满意信息的渠道和方式可以多种多样，如发放书面调查表、回访、电话询问调查、召开顾客座谈会等。信息可以来自组织外部（如顾客或媒体反馈的信息等），也可以来自组织内部不同部门（如销售或售后服务部门反馈的信息等）；信息可以是书面的（如调查表），也可以是口头的（如电话沟通）。

（4）组织应对收集到的顾客满意信息进行分析，并利用此结果找出差距作为改进的依据。对顾客提出的意见或改进建议，应予以重视，给予及时答复，并综合考虑技术可行性和成本等因素，以及对组织的影响程度，必要时，实施改进措施。

2. 检查要点

（1）检查顾客满意度测量方法。确定顾客满意度的测评办法及顾客满意度指标，明确需要收集的相关信息及收集方法。

（2）检查顾客满意度测评记录。

（3）检查对顾客抱怨作出安排的证据，并将处理结果及时通报顾客的证据。

（七）质量信息、数据分析和改进的检查

本条主要是对 GJB 9001B《质量管理体系要求》中 6.5 信息、8.4 数据分析、8.5 改进及 8.5.1 持续改进内容的理解和检查。

1. 理解要点

（1）质量信息是组织确保产品质量及质量管理体系有效性的重要资源之一，也是以事实作为决策依据的质量管理原则应用的基础。同时顾客也希望通过质量信息的获取，加强顾客对产品质量的监督以提高对产品质量的信心；并增强顾客对产品质量的了解，有助于产品的正确使用和维护。此条款的目的就是为了加强对质量信息的管理，通过制定文件化的信息管理程序，建立信息管理系统，对质量信息进行有效管理，确保质量信息的准确收集、妥善保存和共享、快速传递、处理和有效利用。

（2）质量信息包括与产品有关的信息及与管理相关的信息。组织应确定对质量信息的需求，特别要考虑顾客对产品信息的要求，包括质量信息的识别及收集、贮存、传递、处理和利用等各个环节的管理。

（3）质量信息管理的方式、工具和手段应有助于信息共享、传递和处理、利用，但也应注意信息安全和保密。

（4）应建立可靠的与顾客进行质量信息沟通的渠道，在向顾客及时传递其所需质量信息的同时，也要收集顾客对产品和管理反馈的信息。

(5) 持续改进是一个组织永恒的主题,由于组织要以顾客为关注焦点,而顾客的要求是不断变化的,所以一个组织要想持续地满足顾客的要求、不断增强顾客满意的程度,就必须开展持续改进活动。

(6) 持续改进质量管理体系的有效性,要求组织要不断寻求对质量管理体系过程进行改进的机会,以实现质量方针和质量目标。改进措施可以是日常渐进的改进活动,也可以是重大的改进活动。

(7) 持续改进是一个螺旋式提升的过程,在 GB/T 19000 标准中质量管理体系基础"2.9 持续改进"明确了持续改进的基本逻辑步骤。

(8) 持续改进是一个过程,包括以下活动的实施,目的是促进质量管理体系、过程、产品有效性提高。实施的内容如下:

① 通过质量方针和质量目标的建立,确定改进的方向和追求,质量方针和目标的制定体现持续改进,评审也体现持续改进;

② 通过数据分析识别改进机会,以便采取相应的纠正和预防措施;

③ 审核的目的是符合性和有效性的评价,内部审核发现的薄弱环节,通过对这些问题所采取的措施实施改进;

④ 通过管理评审对质量管理体系充分性、适宜性、有效性进行评审,发现改进的机会,管理评审的输出重点是改进的决定和措施;

⑤ 通过纠正措施或预防措施的实施,避免不合格的发生或再发生,持续改进。

(9) 组织应根据质量目标制定质量管理体系年度改进计划,规划质量改进工作,并通过实施年度改进计划、检查完成情况,持续改进质量管理体系有效性。

2. 检查要点

(1) 检查控制文件。制定质量信息和数据的控制方法,明确质量信息和数据的需求、来源、收集途径和方法、统计和分析办法、信息和数据统计结果的运用等内容。

(2) 检查信息和数据收集、分析记录。记录应符合质量信息管理控制文件或方法的要求。

(3) 通过收集、分析,是否发现了不合格,分析了原因,针对不合格的原因、潜在的不合格问题,评价了纠正、预防措施的需求,确定并实施了纠正、预防措施并评价验证纠正、预防措施的有效性。

(4) 检查故障报告、分析和纠正措施系统的运行情况,检查的内容如下:

① 是否建立故障报告、分析和纠正措施委员会和系统(体系)并纳入体系文件,明确职责;故障报告流程、格式和记录要求;故障核实、调查、分析及试验验证的要求和方法。

② 检查故障报告、分析和纠正措施系统的实施记录。对在产品研制、生产

和使用过程中出现的故障,应按规定进行登记、报告,按照 FRACAS 系统的要求填写和保持相关记录。

(5) 检查制定管理体系年度改进计划及有效实施的证据。

(八) 质量体系内部审核的检查

本条主要是对 GJB 9001B《质量管理体系要求》中 8.2.2 内部审核内容的理解和检查。

1. 理解要点

(1) 内部质量管理体系审核是评价质量管理体系的一种方法。

(2) 组织应按策划的时间间隔进行内部审核,发现质量管理体系中的不合格,并通过实施纠正和预防措施进一步提高质量管理体系的符合性和有效性。

(3) 内部审核的目的是确定质量管理体系是否符合产品实现的策划的安排、标准的要求和组织所确定的质量体系的要求,确定其是否得到有效的实施和保持。

(4) 审核方案可根据 GB/T 19000 标准中的 3.9.2 要求,针对特定时间段所策划并具有特定目的的一组(一次或多次)审核。审核方案包括策划、组织和实施审核的所有必要的活动。对审核方案进行策划时应考虑拟审核的过程和区域的状况、重要性以及以往审核的结果,规定审核的准则、范围、频次、目的和方法等。

(5) 组织应制定内部审核形成文件的程序,并规定以下相关内容:

① 策划和实施审核的职责和要求,包括如何策划和实施审核的具体职责、方法、程序和相关要求等。

② 审核结果的报告和记录保持的职责和要求,包括报告审核的结果的要求、方法、内容以及应保持哪些审核记录等。

③ 审核的职责,包括审核人员的职责和资格,通常审核人员应经过培训和资格认可,并与受审核对象无直接责任和管理关系,从而确保审核过程的公正性和客观性。组织还应确保内部审核员具有与审核任务相适应的能力,包括基本素质和知识技能满足要求,对所审核的产品、过程(活动)及相关标准和法规较熟悉,从而确保内部审核的有效性。

(6) 如果在内审时发现不合格,与该不合格有关的受审区域的管理者应针对不合格及时进行原因分析,本着举一反三的原则采取相应的纠正和纠正措施,消除不合格的原因,避免此类不合格重复发生。组织应对采取的纠正措施进行跟踪验证,确保纠正措施有效实施,并记录和报告验证的结果。

（7）内部审核和管理评审的比较，见表 7－4。

表 7－4　内部审核和管理评审的比较

	内部审核	管理评审
目的	质量管理体系的符合性和有效性	从战略高度确保质量管理体系的适宜性、充分性和有效性
评价依据	审核准则（包括 GB/T 19001 和 GJB 9001B）	顾客的期望和需求、相关方的期望和需求、组织的追求
实施者	审核员	最高管理层和中层管理人员
方法	系统、独立地获取客观证据，与审核准则对照，形成文件化的审核发现和结论的检查过程	最高管理层和中层管理人员以提供的数据分析为决策依据，从战略高度评审质量方针、目标适宜性和达成情况，对质量管理体系的持续的适宜性、充分性和有效性进行评审，适应内外部环境变化，提出体系、过程、产品的改进和资源的需求，提升组织绩效
输出结果要求	应对质量管理体系是否符合要求，以及是否有效实施和保持作出结论，并形成记录	确保质量管理体系持续的适宜性、充分性和有效性，提出改进的决策，并形成记录

2. 检查要点

（1）检查内部审核形成文件的程序和策划形成的审核方案。

（2）检查审核实施的有关证据包括审核计划、内审员、检查表、审核记录、不符合报告、审核报告等。

（3）检查组织应对审核进行策划及年度审核计划。审核计划应包括审核的目的、范围、审核组组成、审核日期、审核组成员及分工，审核日程等内容检查不符合项报告（包括外部审核）及整改记录。顾客有要求时，组织应邀请顾客共同进行审核。

（4）检查审核报告。实施报告是审核输出，至少应包括审核的概述、审核发现不合格项的数量、分布情况、审核结论等内容。

（5）检查不符合项报告。不符合项报告至少应包括发现的时间、地点、不合格事实描述、审核依据等内容。责任单位对不符合项的整改，包括纠正不符合事实、分析产生不合格的原因，制订并实施纠正措施。对不符合项的整改情况进行验证，检查纠正措施的针对性和有效性，当纠正措施未达到应有效果时，责任单位应重新采取纠正措施。

（九）不合格品控制的检查

本条主要是对 GJB 9001B《质量管理体系要求》中 8.3 不合格品控制内容的理解和检查。

1. 理解要点

(1) 为防止不合格产品的非预期使用或交付,组织应确保对不符合产品要求的产品加以识别和控制。

(2) 组织应制定对不合格品进行控制的形成文件的程序,程序中应规定对不合格品隔离、标识、审理和处置的职责、权限和控制要求。

(3) 由于不合格品的程度和影响不同,对不合格品的处置可采取多种方法。适用时,对不合格品处置的方法可分为:

① 采取措施,消除发现的不合格,如制造业中采取的返工或降级(返工:为使不合格产品符合要求而对其采取的措施;降级:为使不合格产品符合不同于原有的要求而对其等级的变更)。

② 对不合格品采取经返修或不经返修让步使用或放行(让步:对使用或放行不符合规定要求的产品的许可;返修:为使不合格产品满足预期用途而对其所采取的措施)。经返修或不经返修让步使用或放行不合格品的前提是该不合格品尚能满足产品的预期使用要求,这种情况必须经过有关授权人员的批准,适用时还需经过顾客批准。

③ 防止不合格品的原预期使用或应用,可采取报废、回收、销毁等方法。

(4) 有些不合格产品是在交付给顾客之后或在产品投入使用时才发现的,在这种情况下,组织应根据不合格品已造成的影响或潜在的影响程度,采取适当的处理措施,如调换、维修,涉及设计、制造缺陷需召回。

(5) 不合格品在经过纠正后应再次进行验证,以证实其符合要求。

(6) 组织应记录不合格品的性质及对不合格品所采取的任何措施,包括经批准的让步记录。

(7) 建立不合格品审理系统,规定各级别审理的职责和权限,并保证其独立行使职权。参与不合格品审理的人员需经资格确认,并征得顾客的同意,由最高管理者授权(经过授权的检验人员也可参与相应级别的不合格品审理)。按规定的职责和权限对不合格品进行审理,确定处置意见,并对是否要进一步采取纠正措施提出要求。对于不合格品审理的结论,如要改变需由最高管理者签署书面决定。不合格品审理的结论,仅对当时被审理的不合格品有效,不能作为以后审理不合格品的依据。顾客可不受审理结论的影响而做出独立的判定。

2. 检查要点

(1) 检查不合格品审理系统。

① 检查不合格品审理控制文件。应明确不合格品的标识、隔离、登记方法,规定各级不合格品审理人员的审理权限及不合格品审理过程、审理记录的管理等。

② 检查不合格品审理人员名单。应明确各级不合格品审理人员及审理权

限，并由最高管理者授权和顾客确认。

（2）检查不合格品审理记录。

① 不合格品的审理过程、审理记录和审理结论应符合文件规定，不合格品须由不合格品审理人员做出处置。对顾客要求控制的审理项目，其结果应经顾客确认。对顾客在产品检验、试验（包括例行试验、可靠性验收试验等）、验收时发现的不合格品，应按与顾客的有关约定处理。

② 检查已交付产品的处理记录。若发现不合格品涉及已交付产品时，应对已交付的产品采取适当的措施。

③ 检查纠正措施的记录。经审理，需要采取纠正措施的，应制订、落实纠正措施，并验证其有效性。

（3）检查对不合格品隔离、标识、记录、审理和处置等控制及再次验证的证据。

（十）过程监视和测量的检查

本条主要是对 GJB 9001B《质量管理体系要求》中 8.2.3 过程监视和测量中，质量管理部门对过程监视和测量控制文件和记录的检查。除按 8.2.3 过程的监视和测量中要求进行检查相关内容外，还应检查：

1. 检查要点

（1）检查过程监视和测量控制文件。承制单位应在相应的管理职能和层次上，规定对过程监视和测量的职责，确保过程有效运行。承制单位应制订过程监视和测量控制文件，明确需要监视和测量的过程、确定适当的监视和测量方法及其预期达到的结果（或目标），实施监视和测量还应包括软件质量保证和过程的绩效。

（2）检查过程监视和测量记录。过程应在受控情况下运行，并达到预期的结果。当发现过程能力不足时，应采取纠正和纠正措施。

（十一）质量保证大纲的检查

本条主要是对 GJB 9001B《质量管理体系要求》中 7.1 产品实现的策划中组织应编制质量计划（质量保证大纲）；顾客要求时，质量计划及调整应征得顾客同意内容的理解和检查。

1. 理解要点

（1）产品实现策划是一项活动，该活动的输出形式应适宜于产品的特点和组织的运作特点，并能够在组织中得以实施，策划的输出可以是口头的、文件化的或实物形式的，例如：图样、产品规范、样件、质量计划（质量保证大纲）、作业指导书等。

（2）组织应编制质量计划（质量保证大纲），针对某一特定的产品、项目或合同的质量管理体系的过程的策划，规定由谁及何时应使用哪些程序和相关资源的文件，就是该产品、项目、合同或过程的质量计划。

(3) 质量计划中的通用部分可直接引用质量手册、程序文件或作业指导书等文件的相关内容。

(4) 质量计划（质量保证大纲）的保证活动部分应按 GJB 1406A《产品质量保证大纲要求》的内容编制。

2. 检查要点

(1) 检查质量保证大纲的编制。对研制和订货项目编制质量保证大纲，质量保证大纲应经顾客审签。

(2) 质量保证大纲应对需要开展的质量保证活动及其要求做出明确的规定。

二、案例显现

（一）审核发现：某厂进行管理评审，其输入缺少过程的业绩和产品符合性、改进的建议等两项内容；且管理评审输出的改进意见也未制定整改措施。不符合 GJB 9001B 中 5.6 的有关要求。

（二）审核发现：某厂未能按月向质量安全部上报售后服务信息。不符合 GJB 9001B 中 6.5 关于"按规定收集、贮存、传递、处理和利用"的要求。

（三）审核发现：某厂质量分析报告中因工厂质量问题造成产品返厂 95 台次，但报告中没有对返厂故障原因进行分析，也没有针对原因制定纠正和预防措施。不符合 GJB 9001B 中 6.5 关于"组织应按规定收集、贮存、传递、处理和利用信息"的要求。

（四）审核发现：某部提供外部质量信息分析报告中，共输出了 4 项措施，但未提供落实的证据。不符合 GJB 9001B 中 6.5 关于"组织按规定收集、贮存、传递、处置和利用"的规定。

（五）审核发现：某厂产品质量满意率 95.79%，产品包装满意率 95%，产品供货满意率 94.74%，都未达到厂 96% 的质量目标要求，也没有实施改进。不符合 GJB 9001B 中 8.2.1 关于"组织应对顾客反馈作出适当的安排，必要时实施改进"的要求。

（六）审核发现：某厂的内部审核，无"7.3.9 试验控制"过程；无"6.5 质量信息"过程，不符合 GJB 9001B 中 8.2.2 的要求。

（七）审核发现：某厂不合格品记录的"锻铸件划线报告"中无不合格品审理的类别，部分审签人员不是不合格品审理授权人员。不符合 GJB 9001B 中8.3 关于"参与不合格品审理的人员，须经资格确认"的要求。

（八）审核发现：某厂由于水布印痕超标报废，但没有处置过程的记录，不符合 GJB 9001B 中 8.3"应保持不合格的性质的记录以及随后所采取的任何措施的记录"的要求。

（九）审核发现：某厂《不合格品控制程序》中的职责未作明确，不合格品性质表述与 GJB 571A 中要求不一致，不符合 GJB 9001B 中 8.3“不合格品控制以及不合格品处置的有关职责应在形成文件的程序中作出规定”的要求。

（十）审核发现：某厂不合格品审理人员名单未征得顾客同意。不符合 GJB 9001B 中 8.3“参与不合格品审理的人员，须经资格确认，并征得顾客的同意”的要求。

（十一）审核发现：某厂《不合格品管理》规定“不合格品审理记录”的“审理小组结论”栏由检验室主任、工艺员等签署，但《不合格品审理人员授权书》未对检验室主任授权。不符合 GJB 9001B 中 8.3“参与不合格品审理的人员，须经资格确认，并征得顾客的同意，由最高管理者授权”的要求。

（十二）审核发现：某厂金属材料表面有裂纹，处理结论：挑选使用；金属材料表面有腐蚀，处理结论：同意转库；但不能提供不合格品审理的资料。不符合 GJB 9001B 中 8.3“应保持不合格品性质的记录以及随后所采取的任何措施的记录”的要求。

（十三）审核发现：某厂交付的产品，有 2 件产品的不合格报告单记录为，结论为锻件尺寸不合格，但审理意见：能满足加工要求，原样交付，没有顾客签字同意。不符合 GJB 9001B 中8.3的要求。

（十四）审核发现：某厂《产品超越处理单》中的不合格品审理人员不在最高管理者授权、顾客同意的不合格品审理人员名单内。不符合 GJB 9001B 中8.3“参与不合格品审理的人员，须经资格确认，并征得顾客同意，由最高管理者授权”的要求。

（十五）审核发现：某厂的质量手册和相关程序文件对于不合格品审理人员没有明确资格确认准则。不符合 GJB 571A 中“不合格品审理人员应具有相应的资格”的要求，也不符合 GJB 9001B 中 8.3 的要求。

（十六）审核发现：某厂 X 射线探伤报告单，对发现的不合格不做记录。不符合 GJB 9001B 中 8.3 的要求。

（十七）审核发现：在某厂审核时未能按要求提供数据分析报告。不符合 GJB 9001B 中 8.4 的规定。

（十八）审核发现：某公司未能提供年度质量管理体系改进计划。不符合 GJB 9001B 中 8.5.1“组织应编制、实施质量管理体系年度改进计划”的要求。

（十九）审核发现：某厂质量目标“××产品合格率>83%”，在 4、5、6 月均未实现，对未实现目标的原因进行了分析，但未采取相应措施。不符合 GJB 9001B中 8.5.1“组织应利用质量方针、质量目标、审核结果、数据分析、纠正措施和预防措施以及管理评审，持续改进质量管理体系的有效性”的要求。

（二十）审核发现：公司的《过程的监视和测量控制程序》中缺少过程的监

视和测量的判定准则。不符合 GJB 9001B 中 8.2.3 的相关规定。

(二十一) 审核发现:某公司质量管理体系已进行了换版,但未提供前一版的收回记录。不符合 GJB 9001B 中 4.2.3 的相关规定。

第十节　检验试验部门的检查

一、检查内容及要点

(一) 试验控制检查

本条主要是对 GJB 9001B《质量管理体系要求》中 7.3.9 试验控制内容的理解和检查。

1. 理解要点

试验是按程序确定一个或多个特性的活动。大型的试验是指在设计和开发过程中对一些重要的验证、确认性试验、大型装备的系统联试以及其他大型试验。对这些重要的试验必须加以控制,确保试验过程受控和试验结果可信。

(1) 试验前的准备。按设计和开发输出的要求和相关标准,编制试验大纲,明确试验的目的、项目、内容,以及试验的程序、条件、手段和记录的要求。试验大纲需经顾客同意。按照试验大纲的要求,做好试验前的准备工作,如参试产品及其技术状态的确定,试验设备的校验,参试人员的培训及分工。试验前还要对其准备的状态进行检查。

(2) 按试验规程进行试验。试验大纲审查通过后,应依据试验大纲的要求编制试验规程,按程序进行试验,并按规定要求做好记录。必要时还应邀请顾客参加试验。对试验过程发生的任何问题都应分析原因、采取措施,必要时进行试验验证。待问题解决后方可继续试验。对任何超越试验程序的活动应经过严格的审批。试验过程的变更应征得顾客同意。

(3) 试验结果的处理。对所收集的试验数据进行整理、分析和处理,并对试验的结果进行评价。应确保试验数据的完整性和准确性。试验的结果应向顾客通报。

(4) 试验的质量管理应符合 GJB 1452A《大型试验质量管理要求》的规定。

(5) 试验原始资料做好归档工作,试验过程、结果及后续措施的记录都应保存。

2. 检查要点

检查重要试验控制。重要试验:重要的试验包括设计和开发过程、设计定型(鉴定)试验等。军工产品的试验都应按照标准 GJB 9001B 中 7.3.9 的要求进行试验控制。

(1) 检查试验大纲。重要试验应编制试验大纲,试验大纲应符合研制合同(技术协议)、技术规范(技术条件)和试验任务书的规定,并经评审和批准,经顾客审签。

(2) 检查试验前准备状态检查记录。重要试验(如鉴定试验)应进行准备状态检查,应满足规定要求。

(3) 检查原始记录和试验报告。按照试验大纲要求进行试验,按规定要求收集、整理数据,试验结论正确,试验报告应经签署和批准,并经顾客审签。试验过程中发生的变更需征得顾客同意,并按规定履行批准手续。

(二) 采购产品的入厂复验的检查

本条主要是对 GJB 9001B《质量管理体系要求》中 7.4.3 采购产品的验证内容的理解和检查。

1. 理解要点

(1) 对采购的产品实施检验、验证等活动,是确保采购产品满足规定的采购要求的重要环节。

(2) 产品的验证可以在组织处进行,也可以在供方处进行。

在采购组织处对采购产品进行验证可以采用来料检验、试验、测量等方法,或查验供方提供的产品合格的证据(如合格证)等。

(3) 当组织或组织的顾客在供方现场对采购产品进行验证时,组织应根据供方的质量保证能力和产品的重要性、验证成本等具体情况,规定对采购产品实施验证等活动的方式和内容。当组织或组织的顾客提出要在供方的现场对采购产品实施验证时,组织应在采购信息(如采购合同)中规定验证的方式和采购产品的放行方法(如经过某授权人员的批准才能放行产品等)。顾客参加验证活动时,接受产品的质量责任仍然由组织承担。

(4) 对采购产品应规定复验准则,并进行检验或验证,保持采购产品的验证记录。如委托供方进行验证时,也应规定相应要求,并保持委托实施验证的协议、实施验证且符合要求的相关记录。

2. 检查要点

(1) 检查复验规程。应编制产品复验规程并征得顾客同意。复验规程应明确抽样方法、检验试验项目及顺序、检验试验方法、判定准则等内容。对需进行特种检测复验的采购产品应编制特种检测复验说明书。

(2) 检查复验记录。复验记录中的结果应符合复验准则要求。复验不合格的产品不得入库。定期评价采购产品的质量状况。

(3) 检查检验状态标识。应对复验产品的状态标识作出规定,并按规定进行标识。

（三）过程检验的检查

本条主要是对 GJB 9001B《质量管理体系要求》中 8.2.4 产品的监视和测量内容的理解和检查。

1. 理解要点

（1）武器装备质量管理条例规定，武器装备研制、生产单位应当按照标准和程序要求进行进货检验、工序检验和最终产品检验；对首件产品应当进行规定的检验等活动，这些过程检验质量保证或控制的验证文件是不一样的，应严格区别，相互又不能借用或混用。例如，检验规程属于质量保证文件；验收规程就属于质量控制文件；工序检验是用工艺控制文件进行检验，即工艺规程；最终产品检验是用质量保证文件进行检验，即用最终产品的检验规程进行检验。

（2）产品的监视和测量是用于验证产品特性应满足产品要求的活动。

（3）产品的监视和测量不仅针对最终产品，也包括采购的产品和过程中的产品。

（4）不同的产品所需实施的产品的监视和测量不同，组织应针对不同产品的特点，依据产品实现过程策划的安排，在产品实现的适当阶段对产品的特性进行监视和测量，应按照军用产品特性是否符合要求规定接收标准、相应的检验和试验规范，规定在各阶段应进行的检验和试验项目，明确需经顾客检验验收的项目，每项检验和试验应达到的要求，以及需要建立的检验和试验记录等。一般包括：

① 何时何地需要对产品进行监视和测量（如制造业中的进货检验、过程检验、最终检验等）；

② 每个阶段进行监视和测量的依据是什么，一般指产品的接收准则（如供方的检验规程、承制单位的验收规程等）；

③ 用什么方法进行监视和测量（如抽检方案等）；

④ 由哪个部门或哪些人员实施产品的监视和测量；

⑤ 监视和测量要形成什么证据（如检验或验证记录等）。

（5）组织应保存产品符合接收准则的证据（如检验记录等），该证据应指明有授权放行产品的人员（如该产品的检验员等）。

（6）通常情况下，向顾客放行或交付产品时，应完成产品实现策划中安排的各项活动/过程，并经监视和测量合格。如果由于某些原因，在策划安排的某些活动/过程未圆满完成之前向顾客交付时，应经过组织内有关授权人员的批准，适用时，还需经过顾客的批准。

需要提请注意的是，这种提前放行或交付的情况在有些行业中对有些产品是不允许的。在此，军标就提出更为严格的要求，即所有例外放行前均应按规定履行审批手续，由授权人员审批，并征得顾客同意。组织还应对放行的产品进行适当标识和记录,目的是当发现问题时能够采取相应措施,追回私更换产品。

(7) 应对检验印章实施控制。规定检验印章的发放条件,使用、管理和监督检查的要求,确保检验印章能清楚地起到对产品符合性鉴证和明确放行责任者的作用。

(8) 检验和试验的区别,见表7-5。

表7-5　检验和试验的区别

项目	检验	试验
目的	通过观察和判断,适当时结合测量、试验所进行的符合性评价	按照程序确定一个或多个特性
目的	对产品实物质量与产品标准的符合程度进行评价	确定产品特性
方法	通过观察和判断,适当时结合测量、试验(试验也是检验的方法之一)。	按照规定程序、方法确定产品的一个或多个特性

2. 检查要点

(1) 检查产品的监视和测量的有关规定、产品的接收准则等。

(2) 按照产品的监视和测量策划的安排,实施监视测量的记录。抽查工序和零部件的检验记录(如工艺规程、随件流转卡)。检验的数量、项目及检验结果的判定应符合规定要求,检验不合格的零部件不得转入下道工序。

(3) 如果有例外放行的情况,是否进行了有效控制。

(4) 对检验印章实施控制的证据。

(5) 检查首件检验记录。首件检验是否按规定进行,关键工序的两检(即自检和专检)是否记录实测数据。

(6) 对顾客要求控制的项目,是否按要求实施了固定项目提交检验。

(四) 特殊过程检验的检查

本条主要是对GJB 9001B《质量管理体系要求》中8.2.4产品的监视和测量内容的理解的基础上,除按8.2.4产品的监视和测量内容要求检查外,还应对特殊过程检验的内容要求进行检查。

检查要点:

(1) 检查特殊过程的检验。是否按要求进行必要的特殊检测和试验,明确检测和试验项目、方法及判定标准。如:

① 锻造过程:无损检测。如声波探测、X射线探测等。

② 铸造过程:低倍组织检验、化学成分检测等。

③ 热处理过程:金相(化学成分)分析等。

④ 表面处理过程：镀后氢脆性试验、膜层连续性试验、膜层重量试验、膜层封闭性试验、镀(膜)层硬(厚)度试验、镀(膜)层结合力试验等。

⑤ 焊接过程:无损探伤等。

(2) 抽查检测、试验、分析报告。应符合规定要求。

(五) 最终产品检验和试验检查

本条主要是对 GJB 9001B《质量管理体系要求》中 8.2.4 产品的监视和测量内容的理解的基础上,除按 8.2.4 产品的监视和测量内容要求检查外,还应对最终产品检验的内容、要求进行检查。

检查要点:

(1) 检查产品出厂交付检验规程或试验规程。应编制出厂检验规程或试验规程,明确抽样方法、检验试验项目及顺序、检验试验方法、判定准则等内容,应符合 GJB 1442A《检验工作要求》和产品规范的规定。

(2) 抽查产品出厂检验试验记录。检验方式应符合产品规范的规定,检验项目、顺序及结果等应符合检验规程的规定。不宜重复检验的项目,组织应邀请顾客共同进行检验。

(3) 检查产品提交记录。产品应成套提交,应办理提交手续,明确产品型号、批次、数量等,提交顾客的产品必须经检验合格。未经顾客检验验收合格的产品不得入库。

(4) 检查例行试验情况。按照产品规范或合同要求编制例行试验计划,并经顾客同意。例行试验计划应明确试验的时机、样本数量、代表的产品范围。例行试验产品应由顾客在检验验收合格的产品中抽取,试验的项目、顺序及结果符合规定要求。应保存试验的原始记录,并编制例行试验报告。试验报告应经顾客审签。

(六) 检验、试验状态标识检查

本条主要是对 GJB 9001B《质量管理体系要求》中 8.2.4 产品的监视和测量内容理解的基础上,除按 8.2.4 产品的监视和测量内容要求检查外,还应对检验、试验现场状态标识的要求进行检查。

检查要点:

检验、试验现场的待检(试)产品、经检验(试验)合格产品与不合格产品应分区放置,并有明显的标识。

(七) 检验、试验设备标识检查

本条主要是对 GJB 9001B《质量管理体系要求》中 8.2.4 产品的监视和测量内容理解的基础上,除按 8.2.4 产品的监视和测量内容要求检查外,还应对检验、试验现场设备标识的要求进行检查。

检查要点:

检验、试验设备应有周期检定(校准)标识,注明有效期限,并在有效期内。

(八)检验印章管理检查

本条主要是对 GJB 9001B《质量管理体系要求》中 8.2.4 产品的监视和测量内容理解的基础上,除按 8.2.4 产品的监视和测量内容要求检查外,还应对检验印章管理进行检查。

检查要点:

(1)检查检验人员的管理。军工产品的检验人员应实行一级管理。

(2)检查检验印章的管理。检验人员必须经培训、考试合格,检验印章发放、回收应登记。检验人员在退休、免职或长期脱岗的(半年以上),应收回并销毁检验印章。

(3)检查检验印章保管。检验印章应由专人保管,以防止丢失。

(九)不合格品控制检查

本条主要是对 GJB 9001B《质量管理体系要求》中 8.2.4 产品的监视和测量内容理解的基础上,除按 8.2.4 产品的监视和测量内容要求检查外,还应对不合格品管理进行检查。

检查要点:

(1)检查不合格品记录。对不合格品进行登记,登记的内容至少包括零件名称、图号、不合格品描述及审理结果。不合格品处置应办理审批手续,按照不合格品审理人员的权限审理不合格品。

(2)经返工和返修的产品应重新进行检验和试验。

(3)检查报废产品的管理。对报废产品应进行登记,并隔离存放,确保不被误用。

(十)返厂产品的修理检查

本条主要是对 GJB 9001B《质量管理体系要求》中 8.2.4 产品的监视和测量内容理解的基础上,除按 8.2.4 产品的监视和测量内容要求检查外,还应对返厂产品的修理进行检查。

检查要点:

(1)检查返厂修理产品的检验、提交和发运记录。对外场退修的产品是否及时修复,按规定进行出厂检验,并向军事代表提交。

(2)检查返厂修理产品的修理工艺文件,是否符合产品特性要求。

(3)产品在保证期内,故障成品厂内修理周期一般不得超过 30 天;超过 30 天的,承制单位应提供周转替换件。

二、案例显现

(一)审核发现:某厂提供不出对某零件“焊缝背面余高 <1.5mm”的检查

记录。不符合 GJB 9001B 中 8.2.4 关于“组织应对产品的特性进行监视和测量，以验证产品要求已得到满足。这种监视和测量应依据所策划的安排(见 7.1)在产品实现过程的适当阶段进行”的要求。

(二) 审核发现:某厂电镀通用工艺卡关于《不合格槽液电镀零件的质量检验要求》规定:按要求对槽液分析周期内最后加工的一槽(成一批)零件,按 3% 的比例进行抽检,超过 100 件的抽 5 件。未能提供相关的抽检记录。不符合 GJB 9001B 中 8.2.4 关于“组织应对产品的特性进行监视和测量”的规定要求。

(三) 审核发现:某厂某零件的装配工艺对全部螺栓进行定力拧紧的检验要求、内容、方法、标准、结果判定不明确。不符合 GJB 9001B 中 8.2.4“产品的监视和测量”关于“组织应对产品的特性进行监视和测量,以验证产品要求已得到满足”的要求。

(四) 审核发现:某厂《工艺规程》的检验试验要求进行“卸荷循环试验”,却没有对此进行过试验的记录。不符合 GJB 9001B 中 8.2.4“应对产品的特性进行监视和测量,以验证产品要求已得到满足”的要求。

(五) 审核发现:某厂未按要求对某产品编制“产品检验规程”。不符合 GJB 9001B中 8.2.4 的有关要求。

(六) 审核发现:某厂室一名检验员岗位已调整,但检验印章未收回,不符合 GJB 9001B 中 8.2.4“组织应对检验印章实施控制”的要求。

(七) 审核发现:某厂某产品制造与验收技术条件规定某产品负载质量不小于 120kg,但提供不出对该指标进行检验的记录。不符合 GJB 9001B 中 8.2.4“组织应对产品的特性进行监视和测量”的要求。

(八) 审核发现:某厂某产品工序要求“当压力 $P=0.15$MPa 时进行增压试验,应保证其密封性”,但记录显示压力为 0.147MPa 时进行密封性检查”。不符合 GJB 9001B 中 8.2.4“监视和测量应依据所策划的安排”的要求。

(九) 审核发现:某厂工艺规程某工序为检验,共检验 11 个尺寸,但是在工艺图纸上找不到其中 3 个尺寸位置,不符合 GJB 9001B 中 8.2.4 关于“对产品检验的项目应在文件中作出规定”的要求。

(十) 审核发现:某厂工艺规程对规定“检查规定截面弦宽尺寸……,加工前应适当抽查该尺寸”。但未规定抽查的方式和数量,也提供不出检查该尺寸的记录。不符合 GJB 9001B 中 8.2.4 的要求。

(十一) 审核发现:某厂工艺规程对某零件规定了“保持表面粗糙度 Ra 上限 0.4μm”,但未规定验收测量方式,也没有标准样件。不符合 GJB 9001B 中 8.2.4的要求。

(十二) 审核发现:某厂编制了某产品试验大纲,但提供不出该产品试验结果的报告。不符合 GJB 9001B 中 7.3.9 c)“按规定的程序收集、整理试验数据和原始记录,分析、评价试验结果”的规定。

第十一节　计量、设备管理部门的检查

一、检查内容及要求

(一) 监视和测量设备检查

本条主要是对 GJB 9001B《质量管理体系要求》中 7.6 监视和测量的控制内容的理解和检查。

1. 理解要点

(1) 监视是指采用适宜的监视设备,对生产和服务提供过程进行监视,评审这种过程是否处于正常状态;测量是指为测定量值的一组操作,需要通过测量提供数据;校准是指在规定条件下,为确定测量仪器或测量系统的示值或实物量具所体现的值与被测量相对应的已知值之间关系的一组操作;检定是指国家法制计量部门为确定或证实测量器具完全满足检定规程的要求而做的全部工作。

(2) 监视和测量设备直接影响产品或过程的测量和监视结果的正确性和有效性。

(3) 组织应确定在产品实现过程中需实施的监视和测量活动,以及在监视和测量活动中需要使用的监视和测量设备,以提供产品符合要求的证据。

(4) 组织应建立监视和测量设备控制过程,确保监视和测量设备的特性与被监测对象的监测要求相适应,确保结果可信。例如,为确保测量结果的可信,除了测量设备校准要求外,还应保证测量设备的计量要求,如量程、最大允许误差、示值误差、分辨力等,与被测量对象(产品或过程特性)相适应。

(5) 当测量设备用于产品特性和过程参数等方面的测量时,必须确保该测量设备及其测量结果的有效性。必要时,应对测量设备:

① 组织应根据国家的有关规定,并充分考虑测量设备在组织中的使用频次和场合,合理地确定测量设备的校准、检定或验证的周期。

② 当测量设备可以溯源到国际或国家的测量标准时,应定期或在使用前对测量设备进行校准(指未经政府授权的用标准器进行的测量)或检定(指政府授权的计量测试部门所进行的测量);当无可追溯的测量标准时,组织应记录自行校准或验证的依据。

③ 在测量设备使用过程中,可根据需要对测量设备进行适当地调整或再调整,但应防止可能使测量结果失效的调整。

④ 组织应采用适宜的方法确保测量设备的校准状态得到识别(如使用校准标签或记录等)。

⑤ 组织应采用适宜的搬运和维护方法,防止测量设备因搬运或维护不当而导致的损坏或失效。测量设备的储存条件和环境应能达到防止测量设备损坏或失效的要求。

(6) 如果发现经核准或检定的测量设备偏离校准状态或不符合要求时,组织应对该测量设备以前的测量结果的有效性进行评价和记录,并采取必要的措施,对该测量设备及任何受到影响的产品进行适当的处理。

(7) 组织应保存对测量设备进行校准、检定或验证的记录。

(8) 对生产和检验共用设备的校准:生产和检验共用的设备通常有工装、型架、量具、测试仪器。根据共用设备的结构、精度情况,由组织决定可在年投产前或每批投产前进行验证(校准),以确保其受控、适用,以证明其能用于产品的接收。

(9) 当计算机软件用于监视和测量时,在初次使用前应对计算机软件是否具备满足预期的测量能力进行确认,需要时,进行再确认。

(10) 注释中对计算机软件进行确认的典型活动给出具体说明,提高标准可操作性。

2. 检查要点

(1) 组织是否确定了所须实施的监视和测量活动并配备适用的监视和测量装置。

(2) 对测量设备进行校准、检定、验证和控制的相应证据。

(3) 识别设备测量校准状态的方法及其效果的证据。

(4) 偏离校准状态时,对测量结果的评价记录,以及对测量设备和受到影响的产品采取措施的证据。

(5) 对用于监视和测量的计算机软件的确认和/或再确认的证据。

(二) 计量体系确认证书检查

本条主要是对 GJB 9001B《质量管理体系要求》中 7.6 监视和测量的控制内容理解的基础上,除按 7.6 监视和测量的控制的相关要求检查外,还应对计量体系确认证书进行检查。

检查要点:

承制单位计量部门应经上级计量认证机关确认,并持有计量体系确认证书。

(三) 计量设备分类及唯一性标识检查

本条主要是对 GJB 9001B《质量管理体系要求》中 7.6 监视和测量的控制内容理解的基础上,除按 7.6 监视和测量的控制的相关要求检查外,还应对计量设备分类及唯一性标识进行检查。

检查要点:

检查计量设备台账。应有计量设备类别和统一编号,且分类符合规定要求。

（四）最高标准计量设备检查

本条主要是对 GJB 9001B《质量管理体系要求》中 7.6 监视和测量的控制内容理解的基础上，除按 7.6 监视和测量的控制的相关要求检查外，还应对最高标准计量设备进行检查。

检查要点：

（1）抽查标准计量设备档案。档案中应包括：设备出厂合格证、国际和国防计量认可证、说明书、检定准则（检定标准）、检定合格证等资料。

（2）检查标准计量设备检定情况。标准计量设备应实施强制性检定，并在有效期内。

（五）监视和测量设备检定周期检查

本条主要是对 GJB 9001B《质量管理体系要求》中 7.6 监视和测量的控制内容理解的基础上，除按 7.6 监视和测量的控制的相关要求检查外，还应对监视和测量设备检定周期进行检查。

检查要点：

（1）检查周期检定表。组织应编制监视和测量设备检定周期表，明确检定周期和检定计划，并经批准。

（2）检查监视和测量设备检定周期调整情况。当监视和测量设备一次检定合格率不符合要求时，应适当缩短检定周期。

（六）周期检定控制检查

本条主要是对 GJB 9001B《质量管理体系要求》中 7.6 监视和测量的控制内容理解的基础上，除按 7.6 监视和测量的控制的相关要求检查外，还应对周期检定控制进行检查。

检查要点：

（1）检查检定（送检）计划。检定计划应明确各监视和测量设备的送检期限。

（2）检查送检记录。对照检定计划，抽查实际送检情况，实际送检日期应在检定计划规定送检期限内。

（七）共用设备用作检验前的校验控制检查

本条主要是对 GJB 9001B《质量管理体系要求》中 7.6 监视和测量的控制内容理解的基础上，除按 7.6 监视和测量的控制的相关要求检查外，还应对生产和检验共用设备用作检验前的校验控制进行检查。

检查要点：

（1）检查生产和检验共用测量设备清单。是否编制了生产和检验共用测量设备，确定生产和检验共用测量设备，明确每台生产和检验共用测量设备用作检验前的校验（校准）方法。

(2) 抽查用作检验前的校验(校准)记录。应符合校验(校准)方法的规定。

(八) 测量结果的有效性评价检查

本条主要是对 GJB 9001B《质量管理体系要求》中 7.6 监视和测量的控制内容理解的基础上,除按 7.6 监视和测量的控制的相关要求检查外,还应对测量结果的有效性评价进行检查(含检验和试验中的测量)。

检查要点:

(1) 检查评价办法。组织应制订有效性评价办法,明确参加人员及其准则、有效性分析和对分析结果的处置方法。

(2) 检查计量设备修理记录、计量设备报废单等,抽查有效性评价记录。当发现测量设备不合格时,按照有效性评价方法,对已检验和试验结果的有效性进行评价,当需要对产品质量进行追溯时,应保存追溯记录。

(九) 监视和测量设备检定检查

本条主要是对 GJB 9001B《质量管理体系要求》中 7.6 监视和测量的控制内容理解的基础上,除按 7.6 监视和测量的控制的相关要求检查外,还应对监视和测量设备检定进行检查。

检查要点:

(1) 检查监视和测量设备检定标准。监视和测量设备应有国家检定标准,并现行有效。当没有国家检定标准时,应编制校准规程。

(2) 监视和测量设备检定情况。检定工作环境应符合检定标准的规定;检查的内容、方法及结果,应符合检定准则规定;所有计量标准符合量值传递规定,并在检定有效期内。

(3) 检查检定状态标识。监视和测量设备的待检定、检定合格和不合格状态有明显标识,应分区放置。检定合格的设备应有检定合格标识。

(十) 计算机软件初次使用前确认及再确认的规定和记录检查

本条主要是对 GJB 9001B《质量管理体系要求》中 7.6 监视和测量的控制内容理解的基础上,除按 7.6 监视和测量的控制的相关要求检查外,还应对用于监视和测量的计算机软件在初次使用前确认及再确认的规定和记录进行检查。

检查要点:

(1) 检查是否明确了用于监视和测量计算机软件初次使用前进行确认及再确认的规定。

(2) 检查监视和测量的计算机软件初次使用前确认及再确认时的记录,应符合要求。

(十一) 监视和测量设备的保管检查

本条主要是对 GJB 9001B《质量管理体系要求》中 7.6 监视和测量的控制内容理解的基础上,除按 7.6 监视和测量的控制的相关要求检查外,还应对监视和测量设备的保管进行检查。

检查要点：

（1）检查计量设备台账。抽查设备，是否账、物一致，并在检定有效期内。

（2）检查封存和报废计量设备。封存和报废设备是否隔离存放，并有明显标识。

（十二）设备的管理及维护检查

本条主要是对 GJB 9001B《质量管理体系要求》中 6.3 基础设施内容的理解和检查。

1. 理解要点

（1）基础设施是组织运行所必需的设施、设备和服务的体系。

（2）基础设施是实现产品符合性的物质保证。组织应确定并提供为使产品满足要求所需要的基础设施，对这些基础设施进行维护和保养。

（3）不同的组织所需的基础设备可能不同。根据组织的特点，适用时，基础设施可包括：

① 建筑物、工作场所（如办公和生产场所等）和相关的设施（如水、汽、电供应设施）；

② 过程设备（如机器设备或含有计算机软件的各类控制和测试设备以及各种工具、辅具等）；

③ 支持性服务（如配套用的运输或通信服务、信息系统等），其中“信息系统”的提出，体现了组织质量管理中信息化水平不断提高这一社会发展的趋势。

2. 检查要点

（1）检查设备管理制度（程序）。应制定设备管理制度，明确设备购置、验收、安装调试、维护修理、鉴定、报废的职责权限、程序要求。

（2）检查设备台账。建立设备台账，设备台账应包括设备名称、型号、编号、生产厂家、购置日期、完好状态等信息。

（3）检查设备维护保养计划，检查近两年设备二保、三保、项修、大修计划，保养记录与保养内容一致，维护保养周期应符合设备管理制度的要求。

（4）检查设备三保、项修、大修后精度检测情况。对照《设备完好标准》抽取精度检测记录，检查是否符合规定要求。

（5）抽查设备维护人员上岗资格证明。

（6）检查设备标识是否符合规定要求。设备完好率是否满足生产要求。

（7）检查设备现场使用环境条件是否满足设备使用要求。

二、案例显现

（一）审核发现：某厂办理的修理延期申请单，没有经批准。不符合 GJB 9001B中 6.3“基础设施”关于“组织应确定、提供并维护为达到符合产品要求所需的基础设施”的要求。

（二）审核发现：某厂某试验台的“二保”规定了5项保养内容，但不能提供相应的检查记录。不符合GJB 9001B中6.3关于“组织应确定、提供并维护为达到符合产品要求所需的基础设施”的要求。

（三）审核发现：某厂一台设备已批准报废，但修理计划中仍安排进行B类修理。不符合GJB 9001B中6.3关于“组织应确定、提供并维护为达到产品符合要求所需的基础设施”的要求。

（四）审核发现：某厂的数控镗铣床的定位精度，允差为0.0024mm，经过检测后实际定位精度为x向0.007、y向0.008、z向0.005，超出了设备的精度要求。不符合GJB 9001B中6.3关于“组织应确定、提供并维护为达到符合产品要求所需的基础设施”的要求。

（五）审核发现：某厂浇注设备未执行GJB 905中4.11“每年检查一次技术指标参数，每半年检查一次功率和熔化速度”的规定，不符合GJB 9001B中6.3“组织应确定、提供并维护为达到符合产品要求所需的基础措施”的要求。

（六）审核发现：某厂标识有“完好设备”的两台控制柜上缺失温度表，且部分开关的功能标识因锈蚀严重难以辨认。不符合GJB 9001B中6.3“组织应确定、提供并维护为达到符合产品要求所需的基础设施”的要求。

（七）审核发现：某厂立式铣加工中心设备，三保后检定实测值均超过规定的精度要求。没有采取任何措施，且保养意见为“完好”。不符合GJB 9001B中6.3关于“组织应确定、提供并维护为达到符合产品要求所需的基础设施”的要求。

（八）审核发现：某厂电阻炉三级保养要求测炉盖温度小于150℃，炉壳温度小于70℃，绝缘电阻大于0.5MΩ，但在保养后没有实测记录。不符合GJB 9001B中6.3关于“组织应确定、提供并维护为达到符合产品要求所需的基础设施”的要求。

（九）审核发现：某厂年度设备大修、更新、改造计划中的多台设备的大修未实施，也未办理调整手续。不符合GJB 9001B中6.3关于“组织应确定、提供并维护为达到符合产品要求所需的基础设施”的要求。

（十）审核发现：某厂未按GJB 509B规定对Ⅱ级设备每三个月进行炉温均匀性检测。不符合GJB 9001B中6.3关于“组织应确定、提供并维护为达到符合产品要求所需的基础设施”的要求。

（十一）审核发现：某厂某设备上9处（指示灯或旋钮）脱落功能标识关键设备电热脱蜡釜列为“C”类设备，但现场设备标牌上标识为“B”类。不符合GJB 9001B中6.3“组织应确定提供并维护为达到符合产品要求所需的基础措施”的要求。

（十二）审核发现：某厂不能提供测量软件确认记录。不符合 GJB 9001B 中 7.6 关于“当计算机软件用于规定要求的监视和测量时，应确认其满足预期用途的能力。确认应在初次使用前进行，并在必要时予以重新确认”的要求。

（十三）审核发现：某厂工艺规程的工序卡片未规定多个尺寸检验的检测用具及精度要求。不符合 GJB 9001B 中 7.6 关于“组织应确定需要实施的监视和测量以及所需的监视和测量设备”的要求。

（十四）审核发现：某厂一把卡尺示值超差，该卡尺已做了报废处理，但未能提供对该卡尺以往测量结果的有效性评价的记录。不符合 GJB 9001B 中 7.6 关于“当发现设备不符合要求时，组织应对以往测量结果的有效性进行评价和记录”的要求。

（十五）审核发现：某厂监视和测量装置检定计划中，进行检定和溯源的监视和测量装置共 46 项，其中 7 项未按计划进行检定。不符合 GJB 9001B 中 7.6 的有关要求。

（十六）审核发现：某厂数字电压表贴有“限用证”，但是未标示出限用范围。不符合 GJB 9001B 中 7.6 的有关规定。

（十七）审核发现：某厂滚塑机上的 4 只热电偶无校准标识。不符合 GJB 9001B中 7.6 的有关要求。

（十八）审核发现：某厂不能提供对现有三坐标测量机使用的计算机软件进行确认的记录。不符合 GJB 9001B 中 7.6 关于“当计算机软件用于规定要求的监视和测量时，应确认其满足预期用途的能力”的要求。

（十九）审核发现：某厂的量角器及流量试管未经计量检定。不符合 GJB 9001B中 7.6 关于“测量设备应按照规定的时间间隔或在使用前进行校准和（或）检定（验证）”的要求。

（二十）审核发现：某厂数字万用表校准记录备注中，填写有“校验、修理”，但未记录修理内容，也不能提供以往测量结果的有效性评价记录。不符合 GJB 9001B中 7.6 的有关要求。

（二十一）审核发现：某厂数显卡尺（检验专用）检定时发现内量爪尺寸超差，在“测量设备偏离标准信息反馈单”上签署“不追踪”意见。不符合 GJB 9001B中 7.6 的要求。

（二十二）审核发现：某厂数显温度控制仪不符合要求的时间是在使用过程中（还未到下一个定期检定时间），没有对以往测量结果的有效性进行评价。不符合 GJB 9001B 中 7.6 的要求。

（二十三）审核发现：某厂耐震压力表定期检定记录中，示值超差，结论报废。没有对该压力表以往测量结果的有效性进行评价。不符合 GJB 9001B 中 7.6 关于“当发现设备不符合要求时，组织应对以往测量结果的有效性进行评价和记录”的要求。

(二十四) 审核发现:某厂电流表计量结论为“严重超差,无法调修”;压力表的计量结论为“示值超差,无法调修”。但对上述测量器具在使用过程中是否会影响产品质量未进行评价。不符合 GJB 9001B 中 7.6 关于“当发现设备不符合要求时,组织应对以往测量结果的有效性进行评价和记录”的要求。

(二十五) 审核发现:某厂真空钎焊炉的热电偶处于超期使用状态。不符合 GJB 9001B 中 7.6 的要求。

(二十六) 审核发现:某厂轴承镀铬检验记录,“轴承外径,公差范围 +0.006mm~ +0.02mm”,使用的测量工具的精度只有 0.01mm。不符合 GJB 9001B中 7.6 的要求。

(二十七) 审核发现:某厂共有生产和检验共用设备××件,用于检验前未按标准要求实施校准或校验。不符合 GJB 9001B 中 7.6 的要求。

(二十八) 审核发现:某频率计检定项目中的“时间间隔测量”,在检定原始记录上没有记载检定结果。不符合 GJB 9001B 中 7.6 a)“对照能溯源到国际或国家标准的测量标准,按照规定的时间间隔进行检定”的要求。

(二十九) 审核发现:某厂《测量设备周期检定校准计划》中未按照规定的 6 个月的检定周期安排白光照度计的检定。不符合 GJB 9001B 中 7.6 b)“按照规定的时间间隔或在使用前进行校准和(或)检定(验证)”的要求。

(三十) 审核发现:某厂压力检验源设备上的压力表无任何标识,不符合 GJB 9001B 中 7.6 c)“具有标识,以确定其校准状态”的要求。

(三十一) 审核发现:某厂用于钢丝酸洗液浓度和密度测量的比重计无检定合格证。不符合 GJB 9001B 中 7.6 c)“具有标识,以确定其校准状态”的要求。

(三十二) 审核发现:某厂的数字温度仪表在仪表台账中记录为“T”(停用),但现场发现该仪表仍在使用。不符合 GJB 9001B 中 7.6 c)关于监视和测量装置应“具有标识,以确定其校准状态”的要求。

(三十三) 审核发现:某厂箱式炉控制柜上智能仪表无计量合格标识。不符合 GJB 9001B 中 7.6 c)关于测量设备应“具有标识,以确定其校准状态”的要求,也不符合承制方质量手册 7.6 的相关规定。

(三十四) 审核发现:某厂某零件工序要求按曲压模和图样检验,而该曲压模用于检验前未进行校验。不符合 GJB 9001B 中 7.6 f)关于“生产和检验共用的设备用作检验前,应加以校准或校验并作好记录,以证明其能用于产品的接收”的要求。

(三十五) 审核发现:某厂存在生产和检验共用的检测设备,但未建立生产和检验共用检测设备目录,也提供不出共用设备用作检验前的校准或校验的记录。不符合 GJB 9001B 中 7.6 f)关于“生产和检验共用的设备用作检验前,应加以校准或校验并作好记录”的要求。

（三十六）审核发现：某厂拉力用的弹簧秤属于生产和检验共用检测设备，但不能提供用于检验前的校准记录。不符合 GJB 9001B 中 7.6 f）关于“生产和检验共用的设备用作检验前，应加以校准或检验并做好记录”的要求。

第十二节　市场（营销）部门的检查

一、检查内容及要求

（一）产品实现策划检查

本条主要是对 GJB 9001B《质量管理体系要求》中 7.1 产品实现的策划内容的理解和检查。

1. 理解要点

（1）产品实现过程包括将顾客的要求转化为产品，并交付给顾客，直至交付后活动实施的所有过程，是质量管理体系四大过程之一，是产品实现的直接过程。产品实现过程的策划是指对组织提供的产品、项目或合同的实现过程的策划。

（2）产品实现的策划是质量管理体系策划的一部分，针对产品策划其实现过程时，应与质量管理体系其他过程的要求相一致，应符合 GJB 9001B 中 4.1 提到的要求：识别被策划的产品所需的所有过程，确定过程的相互作用和顺序，确定控制、监测和改进这些过程的具体方法和准则等。

（3）对产品实现进行策划时应确定的适当内容包括：

① 产品的质量目标和要求。即针对特定的产品明确其质量目标和要求，这些要求可能包括在相应的产品标准或产品特性及有关的法律法规中，只有全面、准确地识别产品的质量目标和要求，才能为识别过程、控制过程提供依据。

② 确定产品实现所需的过程、文件和资源的需求。确定与该产品有关的过程，包括管理过程、产品实现过程与支持性过程，以及为控制过程所需的文件（如程序、作业指导书等）。同时，还要确定与过程相关的资源需要（涉及产品实现全过程所需的资源，包括产品使用和维护阶段的资源需求）。

③ 确定为实现该产品所需开展的各项监视和测量活动及产品的接收准则产品可以包括采购产品、过程产品和最终产品，为了确保产品符合要求，在其实现过程中需要实施必要的监视和测量活动（包括验证、检验、试验、监视、测量等活动）。产品的接收准则可以为判断产品符合性提供依据。

④ 建立能证明各过程及产品符合要求所需的记录。

（4）产品实现策划是一项活动，该活动的输出形式应适宜于产品的特点和组织的运作特点，并能够在组织中得以实施，策划的输出可以是口头的、文件化的或实物形式的，例如：系统规范、研制规范、图样、产品规范、样件、质量计划（质量保证大纲）、作业指导书等。

（5）组织应编制质量计划（质量保证大纲），针对某一特定的产品、项目或合同的质量管理体系的过程的策划，规定由谁及何时应使用哪些程序和相关资源的文件，就是该产品、项目、合同或过程的质量计划。质量计划中的通用部分可直接引用质量手册、程序文件或作业指导书等文件的内容。保证活动部分应符合 GJB 1406A《产品质量保证大纲要求》规定的内容要求。顾客要求时，组织编制的质量计划（质量保证大纲）应征得顾客的同意，其调整应再次征得顾客的同意。

（6）GB/T 19001 标准中 7.3 是对产品设计和开发的要求，但是，如需要（如，对于特定行业过程的设计开发比较严格和复杂，或者产品设计开发与过程设计开发同时进行），组织可将 7.3 条款的要求应用于对产品实现过程的开发。

（7）确定产品实现过程（如，设计、生产、服务、采购/外包等）所适用的标准和规范，以及标准化工作要求。此要求应以产品标准化大纲或质量计划（质量保证大纲）等方式作出规定，作为控制和评价工作的依据，并进行监督检查。

（8）当产品含有计算机软件时，应识别并规定相关过程，并在其生存周期内按软件工程方法进行管理。软件工程是指用工程化方法构建和维护有效的、实用的和高质量的软件，目标是提供具有正确性、可用性且成本适宜的软件产品。

（9）可靠性是指产品在规定条件下和规定时间内完成规定功能的能力。为了确定和达到产品的可靠性要求而开展的一系列技术和管理活动被称为可靠性工程。可靠性工程活动涉及装备全寿命过程的各个阶段，其目标是确保新研制和改型的装备达到规定的可靠性要求，保持和提高现役装备的可靠性水平，以满足装备战备完好性和任务成功性要求，降低对保障资源的要求，减少寿命周期费用。不同的装备可以提出不同的可靠性定性要求和定量要求。可靠性定性要求是为了获得可靠的产品，对产品设计、工艺、软件及其他方面提出的非量化要求。可靠性定量要求通常可选择的参数和指标有：可靠度 $R(t)$、平均故障前时间（MTTF）、平均故障间隔时间（MTBF）、故障率（λ）等。

（10）安全性是指不导致人员伤亡、危害健康及环境，不给设备或财产造成破坏或损失的能力。如果我们把危及安全的事件视为特殊的故障，安全性就可理解为可靠性的特例。

（11）维修性是指产品在规定的条件下和规定的时间内，按规定的程序和方法进行维修时，保持或恢复到规定状态的能力。维修工作与故障的检测、产品的测试紧密相关，所以把及时并准确地确定产品的状态，并隔离其内部故障的能力称为测试性。

不同的装备可以提出不同的维修性定性要求和定量要求。维修性定性要求是为使产品能方便快捷地保持和恢复其功能，对产品设计、工艺、软件及其他方面提出的非量化要求。维修性定量要求可以选择以下适当的参数和指标提出，例如，平均修复时间(MTTR)、平均预防性维修时间、维修停机时间率、维修工时率、恢复功能用的任务时间(MTTRF)。在测试性方面，主要有故障检测率(FDR)、故障隔离率(FIR)、虚警率(FAR)。

(12) 测试性是指产品能及时、准确地确定其状态(可工作、不可工作或性能下降)并隔离其内部故障的一种设计特性，测试性已发展为一项专门的工程技术，有时我们一般地说维修性时也可包含测试性。

(13) 保障性是指装备的设计特性和计划的保障资源满足平时战备和战时使用要求的能力。保障性也是产品的一种质量特性，为确定和达到产品保障性要求而开展的一系列技术和管理活动就是综合保障工作，或称保障性工程。"好保障""保障好"六个字是综合保障问题的简单概括。

装备保障性要求同样可分为定性要求和定量要求。保障性定性要求在设计特性方面，就是要把装备自身设计得易于保障的那些定性的要求，与可靠性、维修性、测试性设计中的某些定性要求有密切关系。保障性定性要求在保障资源方面，就是从产品研制开始就要同步考虑和安排提供适宜的保障资源的那些定性要求。如人力与人员、供应保障、保障设备、技术资料、训练保障、保障设施、包装、装卸、贮存和运输保障、计算机资源等。

保障性的定量要求通常以与战备完好性相关的指标提出，例如：使用可用度(AO)、能执行任务率(MCR)、出动架次率(SGR)、再次出动准备时间。装备保障资源方面的定量要求包括保障设备利用率、保障设备满足率、备件利用率、备件满足率、人员培训率等。

(14) 环境适应性是指装备(产品)在其寿命期预计可能遇到的各种环境的作用下能实现其所有预定功能和性能和(或)不被破坏的能力。是装备(产品)的重要质量特性之一。可靠地实现产品规定任务的前提下，产品对环境的适应能力，包括产品能承受的若干环境参数的变化范围。环境适应性是武器装备的重要质量特性，应根据装备环境工程的要求，把环境试验贯穿于武器装备的设计、制造、小批试生产和采购的各个阶段，通过环境试验，充分暴露武器装备在设计、制造、小批试生产及材料选用等方面存在的环境适应性问题，及时改进研制质量，提高装备的环境适应能力。

(15) 对产品实现各阶段所需收集和分析的产品质量评价和改进的数据进行策划。

(16) 技术状态是指在技术文件中规定的并在产品中达到的功能特性和物理特性。技术状态管理是指应用技术和技术管理手段对产品技术状态进行标识、控制、记实和审核的活动。

(17) 风险存在于组织的各个方面,可能涉及产品设计和开发、生产、使用等各个阶段,应针对产品实现过程的各阶段制定风险管理计划,进行风险分析和评估。风险分析是对特定的不希望事件发生的可能性(概率)及发生后果综合影响的分析活动。从产品要求的确定、设计和开发、采购到生产和服务提供,包括交付及交付后的活动,应对有关技术、进度及费用的风险进行风险分析和评估,识别需关注和控制的薄弱环节,制定控制和降低风险的措施并实施。各阶段风险分析文件必要时提供给顾客。

(18) 质量目标和要求中包括可靠性、维修性、保障性、测试性、安全性和环境适应性的要求,可以编制专项计划,也可以在质量计划中体现。具体工作可参见相关国家军用标准。

2. 检查要点

(1) 设计和开发新产品一般应编制研制网络图,明确研制过程需要开展的活动及节点,并提供给顾客。检查网络图、质量保证大纲、产品规范、作业指导书等。产品设计和开发策划时应确定以下主要内容:

① 产品的质量目标和要求;

② 产品实现所需的过程、文件和资源的需求;

③ 产品所要求的验证、确认、监视、测量、检验和试验,以及产品接收准则;

④ 为实现过程及其产品满足要求提供证据所需的记录;

⑤ 产品标准化要求;

⑥ 计算机软件工程化管理要求;

⑦ 产品可靠性、维修性、保障性、测试性、安全性和环境适应性等要求;

⑧ 产品质量评价和改进的数据收集和分析要求;

⑨ 技术状态管理要求;

⑩ 风险管理要求。

(2) 检查产品风险分析和评估报告。在产品实现的各阶段进行风险分析和评估,形成各阶段风险分析文件,并提供给顾客。

(3) 检查计算机软件工程化管理情况,软件开发计划、软件质量保证计划、软件配置管理计划、软件评审和验收等工作情况及相关记录的保持情况。

(4) 检查策划输出文件的评审情况,应保持评审的记录,输出文件应按规定批准。

(二) 产品要求的确定检查

本条主要是对 GJB 9001B《质量管理体系要求》中 7.2.1 与产品有关的要求

的确定内容的理解和检查。

1. 理解要点

(1) 组织只有充分了解与产品有关的全部要求后,才做到通过满足要求达到增强顾客满意的目的。

(2) 与产品有关的要求如下:

① 顾客明示的要求。顾客明示的要求可以包括对产品固有特性的要求(如使用性能、可靠性等)、对产品的交付要求(如交货期、包装等)以及与产品有关的服务要求(如售后服务)等。这些要求可以通过招标书、合同、技术协议书等文件的方式加以规定,也可以通过口头方式(如电话订货)加以约定。

② 顾客虽然没有明确规定,但规定的用途或已知预期的用途所必需的要求。有些与产品有关的要求,顾客虽然未以书面或口头方式明确提出,但对于该产品规定的用途或已知预期用途而言,有些要求是必须达到的,这些要求通常是隐含的或不言而喻的。显然,相对于与产品有关的其他三个方面的要求而言,顾客未明确规定的要求是最难全面识别的。

③ 适用于产品的法律法规要求。适用于产品的法律法规要求是组织必须履行的要求,这些要求可以涉及与武器装备产品有关的专业技术标准、环境、安全、健康等诸多方面。由于与产品有关的法律法规和标准具有动态性、行业性等特征,因此组织应重视掌握这些信息,当涉足新产品、新领域、新行业时,应识别相应的特定要求。

④ 组织认为必要的任何附加要求。通常这些要求是组织为了增强顾客满意而主动做出的某些承诺(如免费送货上门等),以及成本要求等。

(3) 注释进一步澄清了交付后活动可能包括哪些内容。

2. 检查要点

(1) 检查与产品有关的要求是否在研制和生产之前得到了确定,并形成文件。这些要求应包括:顾客规定的要求,包括对交付及交付后活动的要求;顾客虽未明示,但规定用途和已知的预期用途所必需的要求;适用于产品的法律法规要求及组织认为必要的附加要求。

(2) 检查与软件产品以及与产品可靠性、维修性、保障性、安全性、测试性等有关的要求是否已得到确定。

(三) 合同评审检查

本条主要是对 GJB 9001B《质量管理体系要求》中 7.2.2 与产品有关要求的评审内容的理解和检查。

1. 理解要点

(1) 与产品有关的要求一经确认,就形成了组织与顾客之间的一种“合同关系或制约关系”,如果组织不能实现这些要求,就要承担不能履行“合同”的责任，这不仅仅只是经济损失，还影响到组织的信誉和顾客的信任。因此，组织应对确定的与产品有关的要求进行评审。

（2）评审的时机：组织向顾客作出提供产品的承诺之前。

（3）评审的目的和作用：

① 对 GJB 9001B 中 7.2.1 确定的四个方面的要求进行评审，确保组织能够全面、准确地理解，并以适当的形式（如投标书、合同、技术协议书等）规定这些要求。通过对这些要求的评审，要解决与产品有关的四个方面的要求之间可能存在的模糊或矛盾的情况（如顾客规定的要求可能会与相关法律法规的要求相矛盾）。

② 确保当合同或技术协议书的要求与以前表述的要求不一致时，例如，产品接口位置、尺寸有不同要求，需评审其技术可行性，包括与周边有无运动干涉现象。在确保对不一致的要求能够解决时，才能与顾客签订合同。

③ 确保组织有能力满足规定的要求，包括对质量、数量、交付及服务等相关的全部要求。

④ 对履行承诺的风险进行充分识别、分析和评价，包括技术方面、交付方面、生产能力方面等，是风险管理工作的源头，也是"与产品有关要求的评审"的核心。

（4）如果顾客是以口头方式提出的要求，这时组织应考虑用适宜的方式对这些要求进行确认（如复述顾客的要求、再次请顾客认可等）。

（5）组织应保持评审结果以及由评审而须采取措施的有关记录。

（6）当产品要求发生变更时，组织应将变更的信息及时传达到有关职能部门和人员，并确保相关的文件得到更改，从而保证有关部门和人员了解产品要求的变更情况，以便及时地采取相应的措施以满足变更的要求。如果组织提出的产品要求变更影响到顾客要求时，其相应的更改应得到顾客同意。

（7）在有些情况下，组织可能无法对产品的每一个订单以正式评审的方式进行产品要求的评审（如网上销售），这时组织可以对其提供的"产品目录或广告"进行评审，以确保产品目录或广告中规定的产品（商品）的规格、型号等信息均是正确无误的，且组织有能力提供这些产品。

2. 检查要点

（1）检查合同评审控制的要求。承制单位对不同类别的合同，是否规定了评审的办法及评审时机，评审记录的保持明确了要求。

（2）检查合同评审的实施情况。研制合同（技术协议）和销售合同应在签订之前进行评审。当产品要求发生变更影响到顾客的要求时，其变更应征得顾客同意。

（3）产品要求发生变更，应确保相关文件得到修改，并确保相关人员已变更的要求。

(4) 合同的进度和交付要求应在研制和生产计划得到落实。

(四) 与顾客的沟通检查

本条主要是对 GJB 9001B《质量管理体系要求》中 7.2.3 顾客沟通内容的理解和检查。

1. 理解要点

(1) 组织应确定与顾客沟通所需进行的活动,做出如何与顾客沟通的有效安排。

(2) 与顾客的沟通主要包括以下几个方面:

① 产品信息,产品信息可以体现为产品广告、目录、宣传册等,组织应确保向顾客公布的产品信息的真实性,不能误导顾客,也不能作出没有能力的承诺。

② 在顾客提出问询、在合同或技术协议书的处理过程中以及对合同或技术协议书进行修改时与顾客的沟通。

③ 针对顾客反馈的产品方面的信息(包括满意的和抱怨的信息),与顾客进行的沟通。

④ 在产品实现的过程中,顾客有可能对原来自己提出的要求进行变更,所以组织应在产品实现过程中不断地征求顾客的意见和要求,在理解顾客的要求上取得进一步的认识,并与顾客达成共识。同时,经常向顾客通报产品要求实现的情况,以便得到顾客的理解、支持和帮助。

⑤ 体系策划时应考虑顾客对体系的特殊要求,当质量管理体系发生重要变化应及时与顾客沟通。

(3) 组织应针对以上各个方面的内容,实施适宜且有效的方式与顾客进行沟通,使组织能准确地了解顾客要求及顾客的满意程度,并针对沟通过程出现的问题及时采取相应的措施。

2. 检查要点

(1) 检查与顾客沟通的内容和方法是否得到明确或规定。沟通的内容包括:产品信息;问询和定单的处理(包括修改);顾客反馈,包括顾客抱怨;对顾客的要求的理解与实现;质量管理体系的变化以及需发出的技术通报等。

(2) 检查顾客信息的收集,是否及时传递给相关部门。

(3) 检查是否向顾客及时反馈产品质量信息的处理及产品实现的实际情况。

(五) 半成品的保管检查

本条主要是对 GJB 9001B《质量管理体系要求》中 7.5.5 产品防护内容理解的基础上,除按 7.5.5 产品防护的相关要求检查外,还应对半成品库和半成品的保管进行以下检查。

(1) 检查半成品库环境记录。应符合半成品的存储要求,且对库房的温、湿度进行监控。

(2) 对照半成品的台账抽查。半成品应有合格证明文件,账、物、卡应一致。

(3) 检查半成品标识。标识至少包括产品名称、型号、油封包装日期、存储期限。超期半成品应有明显标识,并予以隔离。

(4) 抽查半成品油封包装,应符合油封包装要求。

(六) 产品包装和发运检查

本条主要是对 GJB 9001B《质量管理体系要求》中 7.5.5 产品防护内容理解的基础上,除按 7.5.5 产品防护的相关要求检查外,还应对产品包装和发运进行以下检查。

(1) 检查交付记录,是否按合同交付节点完成交付任务。

(2) 检查产品包装。包装箱及填充物是否符合规定,满足产品防护要求。

(3) 产品"四随"设备应一起交付。装箱单和产品相符。

二、案例显现

(一) 审核发现:某厂某产品实现策划和设计开发策划文件,仅有一份开发计划,该计划中没有针对产品确定文件、资源需求,没有确定产品所要求的验证、确认、监视、检验、试验活动和产品接受准则等,也没有对标准要求的"标准化""六性"、特性分析等工作进行策划。不符合 GJB 9001B 中 7.1 和 7.3 的要求。

(二) 审核发现:某厂产品规范规定应进行产品功能检验,但功能检验要求中没有提出具体检验项目及检验方法。不符合 GJB 9001B 中 7.1 c)关于"产品所要求的验证、确认、监视、测量、检验和试验活动,以及产品接收准则"的要求。

(三) 审核发现:某厂某产品标准化大纲中,未引用 GJB 3363《生产性分析》等相关国军标。不符合 GJB 9001B 中 7.1 e) 关于"组织应确定产品标准化要求"的规定。

(四) 审核发现:某厂没有编制某产品的工艺总方案。不符合 GJB 9001B 中 7.1 的有关要求。

(五) 审核发现:某厂将研制任务书作为产品实现的策划文件,其内容中缺少关于工艺总方案、成套交付、所需的记录等方面的要求。不符合 GJB 9001B 中 7.1"在对产品实现进行策划时,应确定以下方面的内容:d)、e)、f)"的要求。

(六) 审核发现:某厂对签订的多份销售合同,提供不出合同评审的记录。不符合 GJB 9001B 中 7.2 的有关要求。

(七) 审核发现:某厂的标准化大纲、选用标准目录中,均未选用 GJB 5100、GJB 2374 等标准。不符合 GJB 9001B 中 7.2.1"组织应确定顾客规定的要求"以及"与产品有关法律法规要求"等。

第十三节　技术服务部门的检查

一、检查内容及要点

（一）技术服务机构及制度检查

本条主要是对 GJB 9001B《质量管理体系要求》中 7.5.8 交付后的活动内容理解和检查。

1. 理解要点

交付后的活动主要是指组织开展的售后技术服务活动。

（1）对交付后活动的控制要求。对交付后活动的控制应包括技术文件的准备和管理、服务的实施、验证和报告、信息收集和分析等环节的控制。组织应对这些活动进行策划、规定，并按规定实施。

（2）交付后活动的内容和要求。产品交付后的活动通常可包括技术培训、技术咨询、安装、维修、备件及配件提供、产品延寿、退役等。要求组织对这些活动要有充分的技术和资源作支持，并按规定实施。

（3）对于交付的产品当规定需要委派技术服务人员到使用现场跟踪服务时，组织应做好人员的配备及其现场组织工作，以满足顾客的要求。随产品交付的技术文件，如技术说明书、使用维护说明书、操作手册、用户手册等，应确保现行有效、持续更新。

（4）关注收集和分析产品在使用和服务中的信息，作为识别改进的机会。

（5）交付后发现问题时，应及时调查处理，通过原因分析后采取相应的纠正和纠正措施，并按规定报告情况。

2. 检查要点

（1）检查承制单位技术服务机构的设立情况，人员配置是否充足。

（2）检查技术服务工作制度的建立情况，技术服务工作的内容要求是否征得顾客同意。

（3）检查技术服务工作的实施情况，以及技术培训、现场服务、问题处理的记录等。

（4）检查信息的收集和分析，利用相关记录。

（5）检查产品交付后，在使用过程中质量问题处理的情况。

（二）技术服务工作实施的检查

本条主要是对 GJB 9001B《质量管理体系要求》中 7.5.8 交付后的活动内容理解的基础上，对承制单位提供技术服务工作实施情况进行检查。

（1）技术服务包括：技术培训、提供技术服务资料与零备件、现场技术服务、处理质量问题、技术通报、质量信息管理、专项技术支援。

(2) 检查技术培训,其内容包括:

① 制定技术培训计划,编制培训大纲,按规定报批;

② 编写技术培训教材、制作教具等,培训准备工作;

③ 按培训大纲开展培训,并对培训效果进行考核和评价,按要求及时上报培训工作总结。

(3) 检查技术资料与零备件提供,其内容包括:

① 产品交付时,检查随机交付的技术资料、零备件、工具和设备等;

② 交付后技术资料更改时,对交付的技术资料及时更改;

③ 检查备件的提供情况,检查零备件订货、追加订货和紧急求援订货是否得到及时有效落实,以保证在役装备的使用需要;

④ 检查备件的储备情况,是否根据产品的使用实际,确定零备件的品种和数量,以保证装备排故周转急需。

(4) 检查外场技术服务工作,其内容包括:

① 现场指导部队正确安装、调试、使用和维护装备;

② 现场解决技术和质量问题,开展现场带教工作;

③ 协助进行故障分析和故障排除工作;

④ 收集装备交付使用中出现的故障和质量问题,及时反馈使用意见。

(5) 检查质量问题的处理,其内容包括:

① 检查外场问题的处理情况,装备发生质量问题时,承制单位是否及时派出服务人员赶赴现场,分析原因、采取相应措施排除故障;不宜在现场处理的,应将故障件及时返回处理,必要时应提供备件。

② 装备在部队发生严重质量问题时,应及时上报业务主管部门,并按批复要求处理。

③ 制定排故计划,外场排故使用的器材、备件,应按规定经过检验验收合格,排故工作结束,与使用单位办理排故确认手续。

(6) 检查技术通报落实情况。出现需在现役装备上贯彻的批次性检查排故或加装技术措施、变更技术资料或使用维护说明书、规定或变更装备寿命或其有寿件控制时限等情况时,应编制技术通报并报批,按照批复要求落实技术通报。

(7) 检查质量信息管理,其内容包括:

① 使用单位反馈的质量信息的传递、处理情况;

② 质量外访等收集质量信息的处理情况;

③ 上级机关质量通报的处理情况。

(8) 部队执行作战、演习、阅兵、抢险救灾、专机等重要任务时,承制单位应及时提供专项技术支援。专项技术支援的内容包括:

① 指导安装、调试、排除故障、战伤抢修等;

② 进行加改装,参加试验试飞;

③ 提供技术咨询、技术资料和必要的备件、器材、工具、仪器设备。

(三) 应急预案检查

本条主要是对 GJB 9001B《质量管理体系要求》中 7.5.8 交付后的活动内容理解的基础上,除对 7.5.8 交付后的活动内容及要求进行检查外,还应对承制单位制定的应急情况下的技术服务工作预案进行以下检查。

检查要点:

承制单位制定工作预案,满足应急情况下的技术服务工作需要。

(四) 交付后软件维护、实施、验证和报告检查

本条主要是对 GJB 9001B《质量管理体系要求》中 7.5.8 交付后的活动内容理解的基础上,除对 7.5.8 交付后的活动内容及要求进行检查外,还应对承制单位在质量管理体系相关文件中,交付后软件维护活动的实施、验证和报告做出规定进行以下检查。

检查要点:

检查交付后软件维护活动的实施、验证和报告等活动得到规定,并确保实施。

二、案例显现

(一) 审核发现:某厂的信息反馈单记录,某产品在使用中出现异响,但未及时答复解决。不符合 GJB 9001B 中 7.5.8 关于"对交付后活动提供充分的技术支持和资源"的要求。

(二) 审核发现:某厂开展技术培训,但未编制培训大纲。不符合程序文件中应"根据顾客要求及产品使用情况,制定技术培训计划,确定技术资料和培训时间、编写技术培训大纲"的规定,也不符合 GJB 9001B 中 7.5.8 的要求。

(三) 审核发现:某厂未能提供技术服务计划及开展技术服务情况的证据。不符合 GJB 9001B 中 7.5.8 b)"对交付后活动提供充分的技术支持和资源,按规定委派技术服务人员到使用现场服务"的要求。

(四) 审核发现:某厂某产品返厂修理,半年后仍未交付出厂。不符合 GJB 9001B中 7.5.8 关于"组织应对交付后活动的实施、验证和报告作出规定并予以控制"的要求。

第十四节 人力资源部门的检查

一、检查内容及要点

岗位人员能力需求检查。本条主要是对 GJB 9001B《质量管理体系要求》中 6.2 人力资源内容的理解和检查。

1. 理解要点

(1) 能力是经证实的应用知识和技能的本领。审核能力是经证实的个人素质以及经证实的应用知识和技能的本领。

(2) 组织应根据质量管理体系各工作岗位、质量活动及规定的职责确定对人员能力的要求,以选择能够胜任的人员。

(3) 可从教育、培训、技能和经验等方面评定影响产品质量的人员的能力。

(4) 注释进一步澄清影响产品要求符合性工作的人员包括质量管理体系中承担任何任务的人员,包括直接和间接从事影响产品要求符合性工作的人员。

2. 检查要点

(1) 检查各类岗位能力要求的确定情况。

(2) 检查岗位人员的实际能力是否符合确定的能力要求。特种岗位人员资格必须符合法律法规要求。

(3) 检查年度教育、培训计划及实施情况的记录。是否按规定的时间间隔对有关人员进行质量管理知识和岗位技能的教育、培训;是否按计划完成教育、培训工作,并保持记录。

(4) 检查教育、培训的评价。应按规定对教育培训实施评价,当教育培训不满足要求时,应采取措施。

(5) 检查持证上岗情况。查上岗证规定的岗位与实际情况的一致性,上岗证应在有效期内。

二、案例显现:

(一) 审核发现:某厂培训记录中缺少对培训有效性的评价意见。不符合 GJB 9001B 中 6.2.2 c)“评价所采取措施的有效性”的要求。

(二) 审核发现:某厂没有规定培训措施有效性的评价方法和准则,也没有对可靠性知识等培训效果的有效性进行评价。不符合 GJB 9001B 中 6.2.2 c)“评价所采取措施的有效性”的要求。

(三) 审核发现:某厂培训计划要求需对加工人员进行一次全面、系统培训,未保持培训记录。不符合 GJB 9001B 中 6.2.2 e)“保持教育、培训、技能和经验的适当记录”的要求。

第十五节　财务部门的检查

一、检查内容及要点

(一) 财务活动报告程序检查

本条主要是对 GJB 9001B《质量管理体系要求》中 5.6.2 评审输入和 8.4 数据分析内容的理解和检查。

1. 理解要点

(1) 管理评审输入是为管理评审提供的信息,是管理评审有效实施的前提条件。

(2) 为了达到管理评审的目的,管理评审输入应围绕体系的评价、目标完成情况,寻找改进机会,应输入质量经济性分析的结果,通过质量经济性分析,能够应用财务语言,量化地分析质量管理体系运行的有效性并发现改进的机会。

2. 检查要点

(1) 检查是否明确规定了质量成本的分类、质量成本信息的收集以及统计方法。质量成本一般包括:预防成本、鉴定成本、内部损失、外部损失。

(2) 质量管理体系财务活动一般包括:有关质量的预防成本、鉴定成本、内部故障、外部故障损失的统计与分析。

(3) 检查质量成本有关信息的统计、分析记录的保持情况。

(二) 质量成本分析报告检查

本条主要是对 GJB 9001B《质量管理体系要求》中 5.6.2 评审输入和 8.4 数据分析内容的检查。除对 5.6.2 评审输入和 8.4 数据分析内容的检查外,还应检查质量成本分析报告的内容。

检查要点:

(1) 检查是否按规定的周期对质量成本数据进行统计分析。

(2) 质量成本分析报告应作为输入提交管理评审。

二、案例显现

审核发现:某厂的管理评审报告中,评审输入缺少"以往管理评审的跟踪措施"。不符合 GJB 9001B 中 5.6.2 e)管理评审的输入应包括"以往管理评审的跟踪措施"信息的要求。

第十六节 过程质量的检查

一、检查内容及要点

(一) 外包过程控制检查

本条主要是对 GJB 9001B《质量管理体系要求》中 4.1 总要求中的外包过程内容的理解和检查。

1. 理解要点

(1) 许多组织都有外包过程,这些外包过程是组织质量管理体系所需的过程的组成部分。组织应对任何影响产品符合要求的外包过程加以确定和控制,并在质量管理体系对控制的类型和程度作出适当的规定,并根据不同外包过程的特点,对识别出的外包过程进行控制。

(2) GJB 9001B《质量管理体系要求》4.1 总要求中,“注 2”和“注 3”给出了适当的说明。注 2 给出了外包过程的定义;注 3 说明了影响外包过程控制的类型和程度的因素:

① 外包过程对组织提供合格产品的能力的影响大小,应考虑外包过程对产品质量影响大小的风险分析结果。如果外包过程对产品质量有重大影响,外包过程的风险程度就相对大,就应该对这样的外包过程更为严格地控制。

② 组织和供方各自在外包过程控制中分担着不同的管理职责。根据外包过程的实际情况和双方在外包协议中的约定,组织和供方承担着不同程度的管理任务,这样就使组织对外包过程的控制需要采用不同的方式。

③ 按 GJB 9001B《质量管理体系要求》中 7.4 采购的要求评价和选择外包过程的供方、验证外包过程输出的产品,可使外包过程具备一定的能力。这种能力的高低决定了在外包过程中组织的控制方式和程度。有些外包过程通过 7.4 能够确保满足提供合格产品的能力,但是有些外包过程还需要按其他的过程要求实施控制,如按 GJB 9001B《质量管理体系要求》中 7.3 设计和开发的要求和 7.5 生产和服务提供等过程的要求对外包给供方的过程进行控制。

(3) 组织应接受顾客对过程的监督。“顾客”即军方,在这里提出了一个总的要求,在 GJB 9001B《质量管理体系要求》各章节中提出了具体的要求,例如,1.2、7.1、7.2.2、7.3.4、7.3.5、7.3.6、7.3.9、7.4.1、7.5.1、7.5.7、8.2,4、8.3、8.5.2 条等。

(4) 组织应评审外包过程是否符合组织技术能力不足或经济效益等的需求,评审该外包过程是否符合 GJB 9001B《质量管理体系要求》7.1 产品实现的策划中 c)“针对产品确定过程”的要求,且对外包过程的控制水平适当。

(5) 管理层应对外包进行批准后予以实施,并监督外包过程的执行。具体实施要求详见 7.4 的要求。如果顾客对组织的外包过程有要求时,外包过程须经顾客同意。外包也含“外协”。

(6) 依据产品特点确定特定组织是否存在可靠性、维修性、保障性、测试性、安全性和环境适应性等工作过程,如果组织存在其中某些工作过程,则应在体系策划中做出相应安排。

(7) 组织如果存在软件产品时,可参照 GJB 5000A《军用软件研制能力成熟度模型》的要求,建立、实施并改进其软件过程,不断提高其软件过程的成熟水平。GJB 5000A《军用软件研制能力成熟度模型》是军用软件研制能力评价的依据标准,作为我军加强军用软件质量管理而开展的一项工作,目前评价试点优先选择了部分承担关键和大型软件研制任务的单位进行。实践表明,对于以软件为主的研制单位,通过质量管理体系认证,其软件过程能力相当于成熟度 2 级。

2. 检查要点

(1) 对承制单位外包过程识别的检查。

组织应在质量管理体系文件中识别外包过程,纳入质量管理体系范围。

(2) 对外包过程控制的检查。

① 检查承制单位对外包过程的控制要求、控制方式和程度是否做出了明确规定。

② 检查供方的评价和选择。对供方是否建立有效的质量管理体系、是否有必要的生产检测设备和人力资源、是否有提供合格产品的能力等做出评价,根据评价的结果编制合格供方名录,作为选择供方的依据。

③ 检查对外包产品的技术、质量要求等是否明确。

④ 检查对外包产品检验、试验、验收,保持检验、试验、验收的记录。

⑤ 检查外包过程的特殊过程。特殊过程外包时应对确认的控制提出要求。

(3) 接受顾客监督和进行追溯的相应证据。

(二) 关键过程监督检查

本条主要是对 GJB 9001B《质量管理体系要求》中 7.5.6 关键过程内容的理解和检查,实际上就是对关键过程的控制的理解和检查。

1. 理解要点

(1) 关键过程是对形成产品质量起决定作用的过程。一般包括形成关键、重要特性的过程;加工难度大、质量不稳定,易造成重大经济损失的过程。对形成产品质量起决定作用的过程。

(2) 关键过程对形成产品质量起决定作用,抓不住关键,就失去了重点。GJB 9001B《质量管理体系要求》在强调对一般过程实施控制的同时,突出了对关键过程的控制。关键过程如果未能得到正确识别和有效控制,将可能导致不可接受的风险。

(3) 关键过程的识别。按照关键过程的定义,对生产和服务提供的过程中关键过程进行识别和确定。关键过程一般包括:

① 形成关键、重要特性的过程;

② 加工难度大、质量不稳定,易造成重大经济损失的过程等。

(4) 编制关键过程明细表。对已确定的关键过程进行汇总,编制关键过程明细表,明确与关键过程有关的产品、过程(工序)及特性。

(5) 对关键过程的控制需执行关键过程控制文件。对关键过程实施控制除了执行 GJB 9001B《质量管理体系要求》中 7.5.1 生产和服务提供的控制的要求外,还需控制:

① 对关键过程的标识包括对过程场所的标识和在过程(工艺)规程上进行标识,以及在生产和服务提供的过程随工流程卡上进行标识。

② 设置控制点,对过程参数和产品关键或重要特性进行监视和控制,确保产品的关键或重要特性的形成满足要求。

③ 实施首件自检和专检,按所使用的测量装置给出的测量结果进行记录。当测量装置能给出具体测量值时,应记录实测的数据。

④ 对关键或重要特性的百分之百检验,只要可行就应当实施。由于产品特点和批量的原因不能实施百分之百检验时,可采用抽样方案或用其他方法验证。

⑤ 适用时,运用统计技术识别和确定、控制、改进过程,确保过程能力满足要求,并进一步提升过程能力。

⑥ 由于关键过程对于产品质量形成非常重要,一旦发现产品质量的问题,需要对该过程进行追溯。应按 GJB 9001B《质量管理体系要求》7.5.3 标识和可追溯性中有关可追溯性和批次管理的要求实施。对关键过程可编制专用的过程控制卡,也可将对关键过程的控制要求纳入过程的作业文件中去,如工艺规程。如采用专用的关键过程控制卡时,应在其过程(工艺)规程相应的工序中引用其控制卡的编号,以便进行控制和使用。

2. 检查要点

(1) 检查关键过程的识别和确定。

(2) 检查关键过程明细表。编制关键过程明细表,明确关键过程名称及关键特性。

(3) 检查关键过程的控制。对关键过程的控制是否执行了关键过程控制文件:

① 检查关键过程的标识。对关键过程的标识包括对过程场所的标识和在工艺规程上进行标识,在随件流转卡上标识。

② 检查关键过程控制点。组织应设置控制点,对过程参数和产品的关键或重要特性进行连续的监视和控制。

③ 检查首件产品自检专检记录。实施首件产品自检和专检,按所使用的测量设备给出的测量结果进行记录。当测量设备能给出具体测量值时,应记录实测数据。

④ 检查产品关键或重要特性实施百分之百检验的记录。可行时应对产品关键或重要特性实施百分之百检验。不能实施百分之百检验时,可用其他科学合理的方法验证。

⑤ 适用时(如产品质量不稳定)应采用统计技术(如质量控制图),对产品的质量特性趋势进行监视和控制。

⑥ 检查记录、可追溯性。依据工艺规程编制操作过程的随件流转卡,按批次管理要求做好记录,确保其可追溯性。

二、案例显现

（一）审核发现：某厂某产品的加工有多个关键工序，但不能提供装配中关键工序二检的记录。不符合 GJB 9001B 中 7.5.6 关键过程中关于“填写质量记录，保持可追溯性”的要求。

（二）审核发现：某厂某重要件的重要特性是同轴度，但其工艺卡片未能明确具体的关键工序。不符合 GJB 9001B 中 7.5.6 的有关要求。

（三）审核发现：某厂确定了关重件（特性），但没有编制关键工序目录，工艺文件中没有关键工序标识，不符合 GJB 9001B 中 7.5.6 关于“组织应识别关键过程，编制关键过程明细表”和“对关键过程进行标识”的要求。

（四）审核发现：某厂提供的某关键过程进行首件检验的记录。不符合 GJB 9001B中 7.5.6 关于“对首件产品进行自检和专检，并作实测记录”的要求。

（五）审核发现：某厂某关键件的关键工序为加热和模锻，提供不出加热工序“三定表”。不符合 GJB 9001B 中 7.5.6 的规定。

（六）审核发现：某厂某零件关键工序为加热和模锻，不能提供对关键特性进行检验的记录。不符合 GJB 9001B 中 7.5.6 和 8.2.4 条款的要求。

（七）审核发现：某厂某零件为关键件，未纳入《关键件、重要件目录》。不符合 GJB 9001B 中 7.5.6 的有关要求。

（八）审核发现：某厂未对某零件重要特性参数进行标识，关键工序的“三定表”中对加工设备未规定具体设备。不符合 GJB 9001B 中 7.5.6 a）“对关键过程进行标识”的要求。

（九）审核发现：某厂某零件的关键工序热处理要求为表面硬度60～65HRC（ZT），但查热处理工艺记录卡片，记录的硬度为 HRA＝83～84。不符合 GJB 9001B 中 7.5.6 b）关于对关键过程“设置控制点，对过程参数和产品关键或重要特性进行有效监视和控制”的要求。

（十）审核发现：某厂某零件的焊接工序为关键过程，不能提供对该工序进行首件检验实物记录。不符合 GJB 9001B 中 7.5.6 c）“对首件进行自检和专检，并作实测记录”的要求。

（十一）审核发现：某厂将某零件进行外包加工，但该零件没有包含在《外包加工目录》中，不符合 GJB 9001B 中 4.1 的相关规定。

参考文献

[1] GB/T 23694—2009《风险管理 术语》.
[2] GB/T 6988.1—2008《电气技术用文件的编制　第一部分:规则》.
[3] GJB 0《军用标准文件编制工作导则》.
[4] GJB 0.1—2001《军用标准文件编制工作导则　第1部分:军用标准和指导性技术文件编写规定》.
[5] GJB 0.2—2001《军用标准文件编制工作导则　第2部分:军用规范编写规定》.
[6] GJB 0.3—2001《军用标准文件编制工作导则　第3部分:出版印刷规定》.
[7] GJB 145A—1993《防护包装规范》.
[8] GJB 150.1A—2009《军用装备实验室环境试验方法　第1部分 通用要求》.
[9] GJB 151A—1997《军用设备和分系统电磁发射和敏感度要求》.
[10] GJB 152A—1997《军用设备和分系统电磁发射和敏感度测量》.
[11] GJB 179A—1996《计数抽样检验程序及表》.
[12] GJB 181B—2012《飞机供电特性》.
[13] GJB 190—1986《特性分类》.
[14] GJB 368B—2009《装备维修性工作通用要求》.
[15] GJB 431—1988《产品层次、产品互换性、样机及有关术语》.
[16] GJB 437—1988《军用软件开发规范》.
[17] GJB 438B—2009《军用软件开发文档通用要求》.
[18] GJB 439A—2013《军用软件质量保证通用要求》.
[19] GJB 450A—2004《装备可靠性工作通用要求》.
[20] GJB 451A—2005《可靠性维修性保障性术语》.
[21] GJB 466—1988《理化试验质量控制规范》.
[22] GJB 467A—2008《生产提供过程质量控制》.
[23] GJB 480A—1995《金属镀覆和化学覆盖工艺》.
[24] GJB 481—1988《焊接质量控制要求》.
[25] GJB 509B—2008《热处理工艺质量控制》.
[26] GJB 546B—2011《电子元器件质量保证大纲》.
[27] GJB 571A—2005《不合格品管理》.
[28] GJB 593—1998《无损检测质量控制规范》.
[29] GJB 630A—1998《飞机质量与可靠性信息分类和编码要求》.
[30] GJB 726A—2004《产品标识和可追溯性要求》.
[31] GJB 813—1990《可靠性模型的建立和可靠性预计》.
[32] GJB 832A—2005《军用标准文件分类》.
[33] GJB 841—1990《故障报告、分析和纠正措施系统》.
[34] GJB 897A—2004《人-机-环境系统工程术语》.

[35] GJB 899A—2009《可靠性鉴定和验收试验》.
[36] GJB 900A—2012《装备安全性工作通用要求》.
[37] GJB 904A—1999《锻造工艺质量控制要求》.
[38] GJB 905—1990《熔模铸造工艺质量控制》.
[39] GJB 906—1990《成套技术资料质量管理要求》.
[40] GJB 907A—2006《产品质量评审》.
[41] GJB 908A—2008《首件鉴定》.
[42] GJB 909A—2005《关键件和重要件的质量控制》.
[43] GJB 939—1990《外购器材的质量管理》.
[44] GJB 1032—1990《电子产品环境应力筛选方法》.
[45] GJB 1091—1991《军用软件需求分析》.
[46] GJB 1132—1991《飞机地面保障设备通用规范》.
[47] GJB 1181—1991《军用装备包装、装卸、贮存和运输通用大纲》.
[48] GJB 1182—1991《防护包装和装箱等级》.
[49] GJB 1267—1991《军用软件维护》.
[50] GJB 1268A—2004《军用软件验收要求》.
[51] GJB 1269A—2000《工艺评审》.
[52] GJB 1309—1991《军工产品大型试验计量保证与监督要求》.
[53] GJB 1310A—2004《设计评审》.
[54] GJB 1330A—2019《军工产品批次管理的质量控制要求》.
[55] GJB 1362A—2007《军工产品定型程序和要求》.
[56] GJB 1364—1992《装备费用 - 效能分析》.
[57] GJB 1371—1992《装备保障性分析》.
[58] GJB 1378A—2007《装备以可靠性为中心的维修分析》.
[59] GJB 1389A—2005《系统电磁兼容性要求》.
[60] GJB 1404—1992《器材供应单位质量保证能力评定》.
[61] GJB 1405A—2006《装备质量管理术语》.
[62] GJB 1406A—2005《产品质量保证大纲要求》.
[63] GJB 1407—1992《可靠性增长试验》.
[64] GJB 1442A—2006《检验工作要求》.
[65] GJB 1443—1992《产品包装、装卸、运输、贮存的质量管理要求》.
[66] GJB 1452A—2004《大型试验质量管理要求》.
[67] GJB 1573—1992《核武器安全设计及评审准则》.
[68] GJB 1686A—2005《装备质量信息管理通用要求》.
[69] GJB 1710A—2004《试制和生产准备状态检查》.
[70] GJB 1775—1993《装备质量与可靠性信息分类和编码通用要求》.
[71] GJB 1909A—2009《装备可靠性维修性保障性要求论证》.
[72] GJB 2028A—2007《磁粉检测》.
[73] GJB 2041—1994《军用软件接口设计要求》.
[74] GJB 2072—1994《维修性试验与评定》.
[75] GJB 2100—1994《飞机地面保障设备颜色要求》.

[76] GJB 2102—1994《合同中质量保证要求》.
[77] GJB 2116—1994《武器装备研制项目工作分解结构》.
[78] GJB 2240—1994《常规兵器定型试验术语》.
[79] GJB 2254—1994《武器装备柔性制造系统术语》.
[80] GJB 2353—1995《设备和零件的包装程序》.
[81] GJB 2366A—2007《试制过程的质量控制》.
[82] GJB 2374—1995《锂电池安全要求》.
[83] GJB 2434—1995《军用软件测试与评估通用要求》.
[84] GJB 2472—1995《铬鞣黄中高强度耐压密封革规范》.
[85] GJB 2488—1995《飞机履历本编制要求》.
[86] GJB 2489—1995《航空机载设备履历本及产品合格证编制要求》.
[87] GJB 2547A—2012《装备测试性工作通用要求》.
[88] GJB 2635A—2008《军用飞机腐蚀防护设计和控制要求》.
[89] GJB 2692A—2012《飞行事故调查程序和技术要求》.
[90] GJB 2712A—2009《装备计量保障中心测量设备和测量过程的质量控制》.
[91] GJB 2715A—2009《军事计量通用术语》.
[92] GJB 2725A—2001《测试实验室和校准实验室通用要求》.
[93] GJB 2737—1996《武器装备系统接口控制要求》.
[94] GJB 2742—1996《工作说明编写要求》.
[95] GJB 2786A—2009《军用软件开发通用要求》.
[96] GJB 2873—1997《军事装备和设施的人机工程设计准则》.
[97] GJB 2891—1997《大气数据测试系统静态压力检定规程》.
[98] GJB 2926—1997《电磁兼容性测试实验室认可要求》.
[99] GJB 2961—1997《修理级别分析》.
[100] GJB 2993—1997《武器装备研制项目管理》.
[101] GJB 3206A—2010《技术状态管理》.
[102] GJB 3207—1998《军事装备和设施的人机工程要求》.
[103] GJB 3208—1998《新机进场试飞移交验收要求》.
[104] GJB 3210—1998《飞机坠撞安全性要求》.
[105] GJB 3273A—××××《研制阶段技术审查》.
[106] GJB 3363—1998《生产性分析》.
[107] GJB 3367A—2008《飞机变速恒频发电系统通用规范》.
[108] GJB 3369—1998《航空运输性要求》.
[109] GJB 3404—1998《电子元器件选用管理要求》.
[110] GJB 3569—1999《飞机地面保障设备配套目录编制要求》.
[111] GJB 3660—1999《武器装备论证评审要求》.
[112] GJB 3669—1999《常规兵器贮存试验规程》.
[113] GJB 3677A—2006《装备检验验收程序》.
[114] GJB 3732—1999《航空武器装备战术技术指标论证规范》.
[115] GJB 3837—1999《装备保障性分析记录》.
[116] GJB 3845—1999《航空军工产品定型审查报告编写要求》.

[117] GJB 3870—1999《武器装备使用过程质量信息反馈管理》.
[118] GJB 3872—1999《装备综合保障通用要求》.
[119] GJB 3885A—2006《装备研制过程质量监督要求》.
[120] GJB 3886A—2006《军事代表对承制单位型号研制费使用监督要求》.
[121] GJB 3887A—2006《军事代表参加装备定型工作程序》.
[122] GJB 3898A—2006《军事代表参与装备采购招标工作要求》.
[123] GJB 3899A—2006《大型复杂装备军事代表质量监督体系工作要求》.
[124] GJB 3900A—2006《装备采购合同中质量保证要求的提出》.
[125] GJB 3916A—2006《装备出厂检查、交接与发运质量工作要求》.
[126] GJB 3919A—2006《封存生产线质量监督要求》.
[127] GJB 3920A—2006《装备转厂、复产鉴定质量监督要求》.
[128] GJB 3967—2000《军用飞机质量监督规范》.
[129] GJB 3968—2000《军用飞机用户技术资料通用要求》.
[130] GJB 4050—2000《武器装备维修器材保障通用要求》.
[131] GJB 4054—2000《武器装备论证手册编写规则》.
[132] GJB 4072A—2006《军用软件质量监督要求》.
[133] GJB 4239—2001《装备环境工程通用要求》.
[134] GJB 4803—1997《装备战场损伤评估与修复手册的编写要求》.
[135] GJB 5000A—2008《军用软件研制能力成熟度模型》.
[136] GJB 5100—2002《无人机用涡轮喷气和涡轮风扇发动机通过规范》.
[137] GJB 5109—2004《装备计量保障通用要求检测和校准》.
[138] GJB 5159—2004《军工产品定型电子文件要求》.
[139] GJB 5234—2004《军用软件验证和确认》.
[140] GJB 5235—2004《军用软件配置管理》.
[141] GJB 5283—2004《武器装备发展战略论证通用要求》.
[142] GJB 5313—2004《电池兼容辐射暴露限值和测量方法》.
[143] GJB 5423—2005《质量管理体系的财务资源和财务测量》.
[144] GJB 5707—2006《装备售后技术服务质量监督要求》.
[145] GJB 5708—2006《装备质量监督通用要求》.
[146] GJB 5709—2006《装备技术状态管理监督要求》.
[147] GJB 5710—2006《装备生产过程质量监督要求》.
[148] GJB 5711—2006《装备质量问题处理通用要求》.
[149] GJB 5712—2006《装备试验质量监督要求》.
[150] GJB 5713—2006《装备承制单位资格审查要求》.
[151] GJB 5714—2006《外购器材质量监督要求》.
[152] GJB 5715—2006《引进装备检验验收程序》.
[153] GJB 6117—2007《装备环境工程术语》.
[154] GJB 6387—2008《武器装备研制项目专用规范编写规定》.
[155] GJB 6388—2008《武器综合保障计划编制要求》.
[156] GJB 6463—2008《理化检测人员资格鉴定与认证》.
[157] GJB 9001B—2009《质量管理体系要求》.

[158] GJB 9712A—2008《无损检测人员资格鉴定与认证》.
[159] GB/T 19000—2000《质量管理体系　基础和术语》.
[160] GJB/Z 3—1988《军工产品售后技术服务》(被 GJB 5707 替代).
[161] GJB/Z 16—1991《军工产品质量管理要求与评定导则》.
[162] GJB/Z 17—1991《军用装备电磁兼容性管理指南》.
[163] GJB/Z 23—1991《可靠性和维修性工程报告编写一般要求》.
[164] GJB/Z 27—1992《电子设备可靠性热设计手册》.
[165] GJB/Z 34—1993《电子产品定量环境应力筛选指南》.
[166] GJB/Z 35—1993《元器件降额准则》.
[167] GJB/Z 57—1994《维修性分配与预计手册》.
[168] GJB/Z 69—1994《军用标准的选用和剪裁导则》.
[169] GJB/Z 72—1995《可靠性维修性评审指南》.
[170] GJB/Z 77—1995《可靠性增长管理手册》.
[171] GJB/Z 89—1997《电路容差分析指南》.
[172] GJB/Z 91—1997《维修性设计技术手册》.
[173] GJB/Z 94—1997《军用电气系统安全设计手册》.
[174] GJB/Z 99—1997《系统安全性工程手册》.
[175] GJB/Z 102A《军用软件安全性设计指南》.
[176] GJB/Z 105—1998《电子产品防静电放电控制手册》.
[177] GJB/Z 106A—2005《工艺标准化大纲编制指南》.
[178] GJB/Z 108A—2006《电子设备非工作状态可靠性预计手册》.
[179] GJB/Z 113—1998《标准化评审》.
[180] GJB/Z 114A—2005《产品标准化大纲编制指南》.
[181] GJB/Z 115—1998　GJB 2786《武器装备软件开发》剪裁指南.
[182] GJB/Z 116—1998《售后技术服务质量监督规范》(被 GJB 5707 替代).
[183] GJB/Z 122—1999《机载电子设备设计准则》.
[184] GJB/Z 127A—2006《装备质量管理统计方法应用指南》.
[185] GJB/Z 141—2004《军用软件测试指南》.
[186] GJB/Z 142—2004《军用软件安全性分析指南》.
[187] GJB/Z 145—2006《维修性建模指南》.
[188] GJB/Z 147A—2006《装备综合保障评审指南》.
[189] GJB/Z 151—2007《装备保障方案和保障计划编制指南》.
[190] GJB/Z 170—2013《军工产品设计定型文件编制指南》.
[191] GJB/Z 171—2013《武器装备研制项目风险管理指南》.
[192] GJB/Z 220—2005《军工企业标准化工作导则》.
[193] GJB/Z 299B—1998《电子设备可靠性预计手册》.
[194] GJB/Z 379A—1992《质量管理手册编制指南》.
[195] GJB/Z 768A—1998《故障树分析指南》.
[196] GJB/Z 1391—2006《故障模式、影响及危害性分析指南》.
[197] GJB/Z 1687A—2006《军工产品承制单位内部质量审核指南》.
[198] GJB/Z 20221—1994《武器装备论证通用规范》.

[199] GJBz 20517—1998《武器装备寿命周期费用估算》.
[200] KJB 9001A—2006《航空军工产品承制单位质量管理体系要求》.
[201] HB/Z 227—1992《机械设备制造工艺工作导则》.
[202]《中华人民共和国政府采购法》. 全国人大常委会. 2002 年 6 月主席令第 68 号.
[203]《武器装备质量管理条例》. 国务院,中央军委. 2010 年 11 月 1 日.
[204]《中国人民解放军驻厂军事代表工作条例》. 国务院,中央军委. 1989 年 9 月 26 日.
[205]《军工产品定型工作规定》. 国务院,中央军委. 2005 年 9 月 20 日.
[206]《军用软件产品定型管理办法》. 国务院,中央军委. 2005 年 11 月.
[207]《武器装备研制设计师系统和行政指挥系统工作条例》. 国务院,中央军委. 1984 年 4 月 4 日.
[208]《武器装备研制合同暂行办法》. 国务院,中央军委. 1987 年 1 月 22 日.
[209]《中国人民解放军装备条例》. 中华人民共和国中央军事委员会. 2000 年 12 月 [2000]军字第 96 号.
[210]《中国人民解放军装备科研条例》. 中华人民共和国中央军事委员会. 2004 年 2 月 [2004]军字第 4 号.
[211]《中国人民解放军装备采购条例》. 中华人民共和国中央军事委员会. 2002 年 10 月 [2002]军字第 50 号.
[212]《中国人民解放军计量条例》. 中华人民共和国中央军事委员会. 2003 年 7 月 29 日.
[213]《常规武器装备研制程序》《战略武器装备研制程序》《人造卫星研制程序》. 国家计委,财政部,总参谋部,国防科工委. 1995 年 8 月 28 日.
[214]《军用软件质量管理规定》. 总装备部. 2012 年 10 月.
[215]《全军驻厂军事代表继续教育通用教材》. 总装备部. 2001 年 10 月.
[216]《关于进一步加强高新武器装备质量工作的若干要求》. 总装备部. 2005 年.
[217]《装备全寿命标准化工作规定》. 总装备部.
[218]《武器装备研制生产标准化工作规定》. 国防科工委. 2004 年 2 月 19 日.
[219] 张公绪. 全面质量管理词典. 北京:经济科学出版社,1991.
[220] 空军装备技术部.《空军航空工程辞典》. 北京:中国科学技术出版社,1998.